Klaus Schmidbauer

Oliver Jorzik

Wirksame Kommunikation – mit Konzept

Klaus Schmidbauer
Oliver Jorzik

Wirksame Kommunikation – mit Konzept

Ein Handbuch für Praxis und Studium

www.talpa.de

ISBN 978-3-933689-16-0

Der einzige Faktor, der in der Welt des Überflusses knapp wird, ist die menschliche Aufmerksamkeit.

Kevin Kelly, Mitbegründer des Magazins „Wired“

Ein Plädoyer für das Konzept

Die Unternehmens- und Marketingkommunikation steckt mitten in einem grundlegenden Wandel. In den letzten Jahren sind zahlreiche neue Medien, Kanäle und Instrumente entstanden. Der Aktionsradius der Kommunikation hat sich immens erweitert und die Kommunikationsaufgaben werden immer komplexer. Gleichzeitig steigt die Kommunikationsflut in der modernen Gesellschaft weiter an und die Aufmerksamkeit der Zielgruppen wird zur Mangelware. Experten sagen, dass im Schnitt 98 von 100 Kommunikationsimpulsen[1] unbemerkt verloren gehen.

In dieser Situation wird das Konzept als Voraussetzung für eine durchsetzungsstarke Kommunikation unentbehrlich. Allein mit Bauchgefühl und Routine lassen sich heutzutage die kommunikativen Herausforderungen nicht mehr in den Griff bekommen. Wer gehört und gesehen, akzeptiert und verstanden werden will, der muss mit durchdachtem Konzept an die anstehenden Kommunikationsaufgaben gehen.

Unser Handbuch wendet sich an alle Praktiker aus dem weiten Feld der Unternehmens- und Marketingkommunikation. Einsteiger sind genauso angesprochen wie erfahrene Kommunikationsprofis. Großen Wert legen wir darauf, dass auch Unternehmen und Institutionen mit kleiner Kommunikationsabteilung und überschaubarem Etat mit der Konzeptionsmethodik arbeiten können. Strategische Kommunikationsplanung lässt sich schon mit minimalem Aufwand betreiben.

Gleichzeitig sprechen wir die Studierenden der vielen Kommunikationsstudiengänge und die Teilnehmerinnen und Teilnehmer fachspezifischer Weiterbildungskurse an. Wer Hilfestellung für seine Seminararbeit oder Thesis sucht, findet auf den nachfolgenden Seiten alles, was notwendig ist. Viele wollen nach ihrem Studium ihre Karriere in einer Kommunikationsagentur oder einem Unternehmen starten. Wer konzeptionssicher in diesen Prozess geht, hat eine höhere Entscheidungssicherheit und erzielt schon früh im Berufsleben ein besseres Ergebnis.

Das Buch funktioniert auf zwei Ebenen. Wer die nötige Starthilfe sucht, um in die Konzeptionsarbeit einzusteigen, bekommt einen umfassenden Leitfaden. Wer schon in der Konzeptionspraxis steht und deshalb selektiv an das Thema herangeht, findet im Buch viel methodische Vertiefung und Detailwissen aus der Konzeptionspraxis. Gestandene Praktikerinnen und Praktiker können ihr vorhandenes Wissen auffrischen und neue Impulse sammeln.

Am Ende des Buches stellen wir ein Fallbeispiel vor, das zeigt, wie wir als Konzeptioner die Konzeptionsmethodik in der Praxis anwenden, um eine kniffelige Kommunikationsaufgabe mit System zu lösen. Mit dem Beispiel fassen wir die einzelnen Methodenschritte des Buches noch einmal zusammen und stellen das Ordnungsprinzip der Konzeptionslehre im direkten Praxiseinsatz vor.

Allen Leserinnen und Lesern sei versprochen, dass unser umfangreiches Handbuch einfach geschrieben und flüssig zu lesen ist. Auf den üblichen PR- und Werbe-Slang haben wir weitgehend verzichtet, Quellenangaben und Fußnoten auf das Wesentliche beschränkt.

Aus Gründen der Lesbarkeit sind die mehr als 600 Seiten nicht durchgehend „gegendert". Sobald im Buch zum Beispiel vom Konzeptioner und seinem Auftraggeber die Rede ist, sind damit ausdrücklich auch die Konzeptionerin und die Auftraggeberin gemeint. Zudem sprechen wir im Buch hauptsächlich von Unternehmen. Die beschriebene konzeptionelle Schrittfolge eignet sich aber genauso gut für Ministerien, Behörden, Hochschulen, Stiftungen, Vereine und andere Organisationen.

Ein Hinweis ist uns noch wichtig: Das Buch wurde über weite Strecken in der Wir-Form geschrieben. Beim abschließenden Gegenlesen fiel uns auf, dass manche Passagen so rüberkommen, als würden die beiden Autoren ihre Konzepte im Teamwork entwickeln. Dem ist nicht so. Wir beide sind notorische Einzelkämpfer und haben tatsächlich nie gemeinsam an einem Konzept gearbeitet. Aber als Kämpfer für das Konzept verstehen wir uns als „ein Team im Geiste".

Konzeption ist keine Kunst. Jeder kann es. Dieses Buch zeigt, wie es geht.

Berlin, im März 2017

Klaus Schmidbauer

Oliver Jorzik

Inhalt

11 **01. Der Einstieg**
12 Schlüsselstellung der Kommunikation
21 Kommunikation braucht Konzeption

25 **02. Grundlagen der Konzeptionsarbeit**
26 Die Funktionen des Konzepts
32 Der Aufbau des Konzepts
42 Die Arten des Konzepts
50 Die Realisierung des Konzepts

65 **03. Analyse bringt Klarheit**
66 Analytischer Block im Überblick
69 Die Aufgabe
74 Das Briefing
104 Die Recherche
126 Der Faktenspiegel
132 Die Ist-Analyse

177 **04. Strategie trifft Entscheidungen**
178 Strategischer Block im Überblick
182 Die Kommunikationsziele
203 Die Zielgruppen
238 Die Positionierung
259 Die Botschaften
276 Der strategische Weg

289 05. Umsetzungsplanung schafft Tatsachen
290 Operativer Block im Überblick
292 Die Themenplanung
319 Die Kreativplanung
341 Das Maßnahmensystem
419 Die zeitliche Dramaturgie
434 Die Erfolgskontrolle
457 Die Budgetierung

475 06. Konzept begleitet die Realisierung
476 Die Präsentation
517 Die Dokumentation
535 Die Begleitung der Umsetzung
543 Der Blick nach vorne

551 07. Konzeptbeispiel veranschaulicht die Praxis
552 Die Vorbemerkung
553 Das Briefing des Auftraggebers
557 Das Konzept | 1. Analytische Basis
566 Das Konzept | 2. Strategischer Kurs
574 Das Konzept | 3. Operative Umsetzung

591 08. Anhang
592 Abbildungsverzeichnis
595 Literaturhinweise
599 Quellenverzeichnis
611 Stichwortverzeichnis
617 Autoren im Profil
619 Wir sagen Danke!

01

Der Einstieg

› Schlüsselstellung der Kommunikation
› Kommunikation braucht Konzeption

Schlüsselstellung der Kommunikation

Kommunikation entscheidet

„Kommunikation entscheidet? Von wegen! Kommunikation ist nicht so wichtig. Hauptsache, unsere Leistung stimmt!" Die Aussage hören wir regelmäßig, wenn wir zum ersten Vorgespräch in Unternehmen kommen, weil ein Kommunikationskonzept erstellt werden soll. Man macht uns unmissverständlich klar, dass wir Kommunikationsleute nicht die erste Geige spielen. „Wenn es unserem Forschungsteam gelingt, die Präzision des neuen Messgerätes um ein halbes Mikrometer zu verbessern, dann bringt das weit mehr als Ihr gesamtes Kommunikationskonzept", sagte neulich der Vorstand eines großen deutschen Unternehmens – und er meinte es ernst.

Heute ist in fast allen Unternehmen, Vereinen, Verbänden, Stiftungen und Behörden eine Kommunikationsfunktion fest verankert und personell abgesichert. Aber allzu oft gilt die Kommunikation als „nice to have" und nicht als „must have". Die Kommunikationskultur scheint wenig ausgeprägt und Kommunikationsressourcen werden knappgehalten. Kommunikationskonzepte sind oft nur standardisierte Planungspapiere, die Jahr für Jahr mit dem gleichen bewährten Maßnahmenkanon immer wieder neu aufgelegt werden.

Ohne Frage ist eine stimmige Leistung wichtig für den Erfolg. Auf lange Sicht geht es nicht ohne solide Substanz. Aber reicht das? Uns begegnen Unternehmen, die eine herausragende Leistung bieten, die sich aber nicht gut „verkaufen" und deshalb auf der öffentlichen Bühne schlecht dastehen. Ihr Können kommt nicht zur Geltung. Auf der anderen Seite sehen wir Unternehmen, deren Leistungen eher Durchschnitt sind. Allerdings vermögen sie, sich vorteilhaft zu präsentieren und stehen deshalb bei ihren Zielgruppen blendend da.

Warum ist das so? Dazu ein kleines Beispiel aus der Verhaltensökonomie. In einer US-amerikanischen Universität teilt der Professor seine Studierenden in zwei Gruppen. Beiden Gruppen liest er wortwörtlich den gleichen Text zu einem Fachthema vor. Die Studentinnen und Studenten sind vom Fach und kennen sich mit dem Thema bestens aus. Bei beiden Gruppen leitet der Professor den Text mit genau den gleichen Worten ein. Lediglich ein kleiner Halbsatz unterscheidet sich. Der ersten Gruppe erklärt er, der Text sei von einem fleißigen Studenten kurz vor dem Abschluss verfasst. Die zweite Gruppe erfährt, dass der Text von einem genialen Wissenschaftler mit Nobelpreisambitionen stamme. Beide Gruppen sollen den fachlichen Wert des Textes mit Schulnoten bewerten. Sie beurteilen beide den gleichen Text (= die gleiche Leistung) und dennoch kommt es hinterher zu einer Abweichung von fast zwei Schulnoten zugunsten des genialen Wissenschaftlers. Woran liegt das? Auf beiden Texten klebt ein imaginäres Etikett, das die Texte unterschiedlich

„ausprcist". Dies führt dazu, dass die Studierenden die Inhalte anders wahrnehmen und bewerten, obwohl sie von ihrem Professor aufgefordert wurden, nur nach streng fachlichen Kriterien zu bewerten. Ein kurzer Halbsatz verändert alles. Er führt dazu, dass die Studierenden alles in einem anderen Licht sehen. Letztendlich entscheidet nicht die Wirklichkeit, sondern der intuitive Mechanismus der Wahrnehmung.

Ein Unternehmen kann noch so gut sein, die Klasse nützt ihm wenig, wenn es nicht als erfolgreich wahrgenommen wird. Vielfach geht es nur um moderate Verzerrungen der Wirklichkeit, aber manchmal weichen Wahrnehmung und Wirklichkeit dramatisch voneinander ab. In der modernen Medien- und Informationsgesellschaft nehmen die Menschen die Mehrzahl ihrer Informationen nicht selbst wahr, sondern bekommen sie vermittelt. Sie haben das Fußballspiel am Wochenende nicht selbst gesehen, sondern lesen nur den Bericht im Internet. Sie haben die Rede des Innenministers zum neuen Datenspeicherungsgesetz nie gehört und den Gesetzestext nie gelesen, sondern nur den Kommentar im Fernsehen gesehen. Diese mehrfach gefilterten Informationen verbinden die Menschen mit entsprechenden Bildern im Kopf, speichern sie ab und bewerten sie als Tatsachen und als Wirklichkeit.

Und hier entsteht ein grundsätzliches Problem: Es gibt keine Wirklichkeit, sondern nur die Wahrnehmung einer vermittelten und stark vereinfachten Wirklichkeit. Vermittelt wurde die Wirklichkeit durch Kommunikation. Kommunikation transportierte die Bilder und Botschaften, gab ihnen Sinn. Kommunikation ist unsere Verbindung zur Welt. Kommunikation ist der Grundstoff des Zusammenlebens in unserer Gesellschaft. In dieser grundlegenden Funktion wird die Kommunikation zu einem entscheidenden Erfolgsfaktor für Unternehmen. Wer nicht gut kommuniziert, der verliert. Inzwischen erkennen immer mehr Unternehmen und Institutionen die Bedeutung der Kommunikation und intensivieren ihre Kommunikationsarbeit, aber der Weg ist nicht einfach, sondern stellt sie vor große Herausforderungen.

Kommunikationsflut steigt

Kommunikation hat es immer schwerer, sich bemerkbar zu machen, denn der Pegelstand der Kommunikation steigt ständig und erreicht neue Rekordhöhen. Jeden Tag dringen Tausende von Werbebotschaften und PR-Aussagen auf uns ein und es werden ständig mehr. 1984 wurden täglich 384 Werbespots im deutschen Fernsehen[2] ausgestrahlt. 1990 erhöhte sich deren Zahl auf rund 838 und 2012 war die Flut auf 9.710 TV-Spots täglich[3] angestiegen. Bis zu 5.000 Werbebotschaften versuchen einen durchschnittlichen deutschen Konsumenten pro Tag zu erreichen[4]. Allein im Jahr 2015 wurden 69.130 neue nationale Marken in Deutschland[5] angemeldet. Diese Informationsmengen können TV-Zuschauer, Zeitschriften-Leser und Online-Nutzer nicht annähernd verarbeiten. Sie machen dicht. In der Fachsprache kennen wir dieses Phänomen der Verweigerung unter dem Namen „Werbereaktanz".

Als Konsequenz müssen große Unternehmen einen immensen Werbedruck erzeugen, um sich ausreichend bemerkbar zu machen. Zum Beispiel hat Volkswagen 225,5 Mio. in einem Jahr in die Werbung gesteckt, Mediamarkt / Saturn 205,8 Mio. Euro und Lidl 201,5 Mio Euro.[6] Es ist wie bei einer Gruppe Trommler, bei der jeder Trommler versucht, lauter zu trommeln als die anderen, und mit der Zeit entsteht eine ohrenbetäubende Kakophonie.

Die Überflutung hat längst die Public Relations erreicht. Tag für Tag prasseln auf Journalisten unzählige Presseinformationen ein. Wie gehen sie damit um? Sie scrollen die Mailbox runter und halten nach Überschriften Ausschau, die hängen bleiben! Und wie viele Presseinfos führen am Ende zu einer Veröffentlichung? Wenn es gut läuft, zwei oder drei! Mit anderen Worten: Der Pegel der Kommunikation steigt auch hier und steht den Redaktionen bis zum Hals.

In Zeiten der wachsenden Kommunikationsflut müssen sich PR- und Marketing-Abteilungen in Unternehmen über eins im Klaren sein: Sie gewinnen die rare Aufmerksamkeit nur, wenn sie den Nerv der Menschen treffen und ihnen nicht auf die Nerven gehen. So einfach – und doch so schwer.

Der Mensch hat ein geniales Gehirn, das in Bruchteilen von Sekunden Milliarden assoziative Muster aufrufen und miteinander verbinden kann. Dieses Gehirn ist ein wahres Wunder der Evolution, besitzt aber einen Flaschenhals: die bewusste Wahrnehmung. Wie die Gehirnforschung herausgefunden hat, verarbeitet das Gehirn unbewusst gigantische 360.000 Bits/Sekunde, bewusst erreicht es dagegen nur schmale 40 Bits/Sekunde.[7]

Abbildung 1: Der schmale Spalt der bewussten Wahrnehmung

40 Bits/Sekunde kann der Mensch bewusst wahrnehmen. Das sind fünf gängige Worte oder ein einfaches Bild. Mehr geht nicht. Durch diesen schmalen Spalt muss es die Kommunikation schaffen.

Mit steigender Kommunikationsflut gehen die Menschen nicht in Reizen unter und ertrinken. Das Gehirn weiß sich zu helfen. Es macht dicht und lässt nur die Impulse über die bewusste Wahrnehmung ins Präsenzgedächtnis, die relevant sind oder relevant erscheinen.

Wer trotz knapper Aufmerksamkeit mit seiner Kommunikation Wirkung erzielen will, sollte sich bei der Planung von Kommunikation auf ein paar fundamentale Regeln stützen, die einfach zu merken sind. Ohne die Regeln kann die Kommunikation nicht funktionieren.

1. Regel – Wirksame Kommunikation ist einfach

Viele Kommunikationsaufgaben sind vielschichtig, die darzustellenden Produkte und Themen kompliziert. Kommunikationsverantwortliche reagieren in dieser Situation gern mit einem entsprechend komplexen Kommunikationskonzept, das ein weit verzweigtes Geflecht von Zielgruppen mit ausdifferenzierten Argumentationsketten bedienen will. Das macht sich gut auf dem Papier, funktioniert in der Praxis jedoch nur selten. Wer in der Praxis bestehen will, sollte sich bewusst sein: Je komplexer eine Aufgabe, je komplizierter ein Thema, desto einfacher muss die Kommunikation sein.

Der Ursprung für die Kommunikationsregel liegt in der besonderen Art und Weise, wie wir Menschen die Welt wahrnehmen und unsere Wahrnehmungen einordnen. Die klassische Ökonomie hatte sich lange Zeit den „Homo Oeconomicus" zum Vorbild genommen. Gemeint ist der rational abwägende Mensch, der Nutzen und Aufwand vergleicht und am Ende zu einem logisch gut begründeten Ergebnis kommt. Diesen Homo Oeconomicus gibt es nicht.[8] Er wäre in unserer Welt nicht überlebensfähig. Die Komplexität von Alltag und Umwelt erfordert blitzschnelles Erkennen, Entscheiden und Reagieren. Deshalb baut der Mensch auf intuitive Mechanismen, die seit dem Höhlenzeitalter tief in seinen Handlungen verankert sind. Er vertraut intuitiv auf den ersten Eindruck. Er nimmt etwas Neues wahr und ordnet es sofort in die passende Schublade seines Gehirns ein. Für und Wider werden nicht umständlich abgewogen. Vielmehr wirft der Mensch schnell seine Wahrnehmungsanker aus und macht in Sekundenbruchteilen die eigene Bewertung daran fest.

Es gibt eine ganze Serie von Experimenten, die den Vorgang beleuchten. Beispielsweise sollen sich zwei Probanden-Gruppen die Homepage eines Unternehmens anschauen. Der einen Gruppe gibt man drei Sekunden Zeit, um sich ein Bild zu machen, der anderen Gruppe 30 Minuten. Welches Imagebild bleibt hängen? Erstaunlicherweise haben am Ende beide Gruppen in etwa das gleiche Bild im Kopf. Die Gruppe, die gründlich nachgeschaut hat, kann zwar mehr Eindrücke nennen, differenzierter urteilen, aber in der Summe beschreibt sie das gleiche Gesamtbild. Denn die Probanden der beiden Gruppen haben ihr Bild im Ursprung aus dem ersten Eindruck gewonnen. Spannend wird es, wenn man der Gruppe, die nur wenige Sekunden hatte, in einem zweiten Durchgang reichlich Zeit lässt, um ihren Eindruck zu vertiefen und gegebenenfalls zu ändern. Die übergroße Mehrzahl der Gruppenmitglieder hält dennoch am ersten Eindruck fest, Korrekturen bilden die Ausnahme. Die Verhaltenswissenschaft hat festgestellt, dass Menschen, sobald sie ihren ersten Eindruck durch zusätzliche Informationen vertiefen, diejenigen Informationen aufwerten, die ihren Eindruck bestärken: „Das habe ich ja schon immer gesagt!" Dagegen werden Informationen, die dem Eindruck widersprechen, abgewertet: „Ich weiß, aus welcher Ecke das kommt. Da kann man nichts drauf geben!"

Einen einmal gefestigten Eindruck durch Kommunikation zu bewegen, fällt schwer. Deshalb muss es das Ziel des Kommunikationskonzepts sein, schon mit dem ersten Eindruck einen guten Eindruck zu hinterlassen. Und das klappt nur, wenn in der ersten Ansprache keine vielgestaltigen, komplexen Bilder, sondern einfache, klare Botschaften vermittelt werden.

Aber es geht nicht nur um den ersten Eindruck. Das Naturgesetz der Einfachheit gilt auch für die weitere Vertiefung von Inhalten. Kommunikationsinhalte, die längere Kausalketten mit mehreren Botschaften nutzen, können sich in der Regel selbst bei interessierten Zielgruppen nicht durchsetzen. Drei bis fünf Botschaften lassen sich verständlich vermitteln, lernen und erinnern. Bei sechs bis sieben Botschaften fängt es an, schwierig zu werden. Und bei mehr als sieben Botschaften ist das Scheitern vorprogrammiert.[9] Die Argumentationskette wird nicht mehr verstanden. Das bedeutet: Wer etwas zu sagen hat, sollte sich kurzfassen. Wirksame Kommunikation braucht einfache klare Argumentationslinien, um die Zielgruppen abzuholen. Wenn wir uns in einem Kommunikationskonzept zwischen drei guten Argumenten oder neun sehr guten Argumenten entscheiden müssten, würde unsere Wahl mit hoher Wahrscheinlichkeit auf die drei guten fallen.

2. Regel – Wirksame Kommunikation ist ungewöhnlich

Im sozialen Leben sind Anpassung und Nachahmung der Normalfall. Es wirken tief verankerte soziale Mechanismen. Wer beispielsweise beruflich in seiner Firma Erfolg haben will, muss sich an die vorgegebenen sozialen Normen halten. Er zeigt damit, dass er dazugehört. Menschen gehen sogar soweit, den Urteilen ihrer Gruppen zuzustimmen, obwohl sie erkennen, dass die Urteile falsch sind. Sie fürchten, ansonsten die Solidarität der Gruppe zu verlieren.

Anpassung verspricht Erfolg im Alltag. Völlig anders läuft es in der Kommunikationsarbeit. Wer sich mit seinen Botschaften und Bildern anpasst, geht unter. Wirksame Kommunikationskonzepte verstehen sich auf die kontrollierte, gut dosierte Abweichung von der Norm. Man muss sich abheben, ungewöhnlich und außerordentlich sein, um in der Kommunikationsflut aufzufallen und im Gedächtnis haften zu bleiben.

Die bewusste Wahrnehmung verfügt nur über einen schmalen Steg zur realen Welt. Sie ist daher so konstruiert, dass sie alles, was wie gewohnt daherkommt, einfach durchwinkt, ohne Spuren zu hinterlassen. Man stelle sich vor, wir würden alle gewohnten Dinge und Vorgänge des Lebens im Kopf abspeichern, wir könnten uns zum Beispiel an jedes Mal Zähneputzen der letzten zehn Jahre erinnern. Wo kämen wir da hin? Unser Kopf wäre mit lauter sinnlosem, redundantem Ballast überfüllt. Deshalb haben wir für die vielen gewohnten Abläufe einen eingebauten „Autopiloten", der uns sicher durch den Alltag führt, ohne das Großhirn zu bemühen und wertvollen Speicher zu verschwenden. Nur bei allem was ungewöhnlich ist, werden die Antennen des Bewusstseins ausgefahren. Der neue Reiz muss eingeordnet werden, weil er Belohnung bedeuten oder Gefahr bringen könnte.

Erstaunlich viele Unternehmen haben Probleme mit der geforderten Abweichung von der Norm. Zwar reden sie gerne und viel von Alleinstellungsmerkmalen, in ihren Kommunikationskonzepten nutzen sie jedoch vor allem Anpassungsstrategien und wundern sich, dass wenig dabei herauskommt. Sobald ein Mitbewerber ein neues Nutzenargument wie „Termintreue" in den Vordergrund stellt, muss das eigene Unternehmen unbedingt auch die Termintreue herausstellen. Denn man möchte in der Wahrnehmung der Kunden nicht hinter die Konkurrenz zurückzufallen. Dabei funktioniert es genau andersrum: Wenn alle Konkurrenten auf Termintreue setzen, dann ist das Argument auswechselbar geworden. Es führt bei den Zielgruppen nicht zu Aufmerksamkeit, sondern zum Abschalten, denn Termintreue ist der Normalfall geworden. Besser wäre es, einen großen Bogen darum zu machen und sich ein anderes, unverbrauchtes Argument zu suchen.

Kontrollierte Abweichung von der Norm bedeutet, in der eigenen Haltung und im eigenen Handeln das herauszustellen, was im Vergleich zu den anderen Akteuren außergewöhnlich, besser noch: einmalig ist. Man entwickelt im Rahmen der konzeptionellen Arbeit einen individuellen starken Charakter – und dieser unverwechselbare Charakter prägt die gesamte Kommunikation.

3. Regel – Wirksame Kommunikation ist emotional

Kehren wir noch einmal zum Homo Oeconomicus zurück – dem rational abwägenden und entscheidenden Menschen. Der Neurowissenschaftler Antonio Damasio stellt in einem seiner Bücher einen Patienten mit Namen Elliot vor[10], bei dem durch einen Unfall das limbische System – der Sitz der Emotionen im Gehirn – die Funktion eingestellt hat. Keine Gefühle mehr, es regiert allein das Großhirn. Für die Ökonomen der alten Schule stellt das den Idealfall dar, denn Elliot ist einer, der tatsächlich rein rational entscheiden kann. Damasio stellt jedoch fest, dass sein Patient ohne die Gefühlsebene völlig hilflos ist und keinerlei Entscheidungen trifft.

Es ist die richtige Mischung aus Verstand und Gefühl, die uns sicher durch den Tag bringt. Ohne Gefühl geht es nicht. Das gilt nicht nur für die Marketingkommunikation, sondern unbedingt auch für die Public Relations. Aktionen und Kampagnen, die mit sachlichen Argumenten allein auf den Verstand zugeschnitten sind, kommen nicht an. Es braucht die angemessene Prise Emotion. Wirksame Kommunikation muss sich gut anfühlen.

In der Vergangenheit waren wir mit unseren Konzepten immer dann besonders erfolgreich, wenn es uns gelang, die Zielgruppe emotional für unsere Botschaften zu öffnen. Kopflastige Kampagnen sind uns dagegen häufig verunglückt. Wobei man es mit der Gefühlsdosis nicht übertreiben darf. Reine Emotion bietet den Zielgruppen keine Punkte, an denen sich der Verstand festhalten kann. Er gleitet ab und schlägt Alarm. Es kommt vielmehr darauf an, wenige griffige Fakten mit passenden Emotionen aufzuladen. Die Fakten werden unbedingt gebraucht, damit der Mensch seine emotionale Präferenz rational begründen kann.

In diesem Zusammenhang soll eine große Gefahr erwähnt werden: Starke Emotionen schlagen Fakten – vor allem in Krisensituationen. Wenn wir in der Vergangenheit in einer kritischen Kommunikationssituation steckten, in der die Wellen hochschlugen und sich die Zielgruppen aufregten, dann mussten wir wiederholt schmerzhaft erfahren, dass in der aufgeheizten Situation unsere Fakten resonanzlos verpufften und kaum Wirkung zeigten. Besser ist es, abzuwarten, bis die emotionale Temperatur gesunken ist und sich die Köpfe wieder abgekühlt haben. Erst dann entwickeln rationale Fakten die nötige Überzeugungskraft.

4. Regel – Wirksame Kommunikation ist assoziativ und episodisch

Ein Bild sagt mehr als tausend Worte. Das Gehirn bringt assoziative Hochleistungen, es kann mehrere Milliarden assoziative Muster in Bruchteilen von

Sekunden aufrufen und miteinander verbinden. Hingegen bereiten abstrakte Begriffe große Schwierigkeiten und sind für das Gehirn kaum zu greifen. Wer den Kunden erzählt, dass seine Mitarbeiter „ein kompetentes High-Performance-Team bilden, das Maßstäbe in der IT-Branche setzt", darf sich nicht wundern, dass von dieser bildarmen Phrase wenig haften bleibt. „Unser Team ist der FC Bayern der IT-Branche" führt dagegen zu einem Wow-Effekt. Auch in Worten können Bilder stecken und Worte wie Bilder wirken.

Das Gehirn liebt episodische Reize. Wenn sich einzelne Bilder zu wechselvollen Geschichten verbinden, dann sind die Menschen voll da, steigen tief ein und erinnern sich lange daran. Innerhalb der konzeptionellen Arbeit lohnt es sich, über die Umwandlung der eigenen Botschaften in starke Bilder und gute Geschichten gründlich nachzudenken. Bilder und Storys sind Andockpunkte für das Gehirn. Je stärker und treffender ihre Darstellung, desto stärker die Anziehungskraft der Kommunikation. Ein gutes Kommunikationskonzept versteht sich darauf, Bilder zu erzeugen und Geschichten zu erzählen.

5. Regel – Wirksame Kommunikation ist sozial

Die Kommunikation ist das essenzielle Bindemittel, das Individuen, Gruppen und Gesellschaft zusammenbringt und Gemeinsamkeit herstellt. Daher gelten für alle Unternehmen und Institutionen in ihrer gesamten Kommunikation ohne Ausnahme die sozialen Regeln des Zusammenlebens. Wer sich darüber hinwegsetzt und nicht sozial konform kommuniziert, schürt automatisch Misstrauen und Ablehnung. Wer seine Kommunikationsarbeit sozial konsistent gestaltet, der übernimmt Verantwortung und verdient Vertrauen.

Die soziale Dynamik der Kommunikation ist eine Chance, die sich positiv zur Resonanz- und Akzeptanzverstärkung nutzen lässt. Man stelle sich vor, die Bürger einer Stadt sollen mit einer Kommunikationskampagne dazu gebracht werden, in der geschlossenen Ortschaft vor Schulen langsamer zu fahren. In dieser Situation steigen die Erfolgschancen, wenn man zuerst über die Medien der Stadt eine Umfrage bekannt macht, in der sich die große Mehrzahl der Bewohner für einen sicheren Schulweg ausgesprochen hat. Diese Welle der Zustimmung trägt die Kampagne und gibt ihr deutlich mehr Kraft.[11] Die Menschen streben danach, sich konsistent zu verhalten. Da sich die öffentliche Meinung in der Befragung klar bekannt hat, wächst die Wahrscheinlichkeit, dass danach viel mehr Bürger die Kampagne unterstützen und den Fuß vom Gaspedal nehmen.

Die soziale Dynamik birgt aber auch Risiken für die Kommunikation. Nehmen wir den Geschäftsführer eines Unternehmens, der in seiner Rede vor der versammelten Belegschaft mehrmals betont, wie wichtig ihm der offene Dialog im Unternehmen ist, um am Ende seiner Rede die Nachfrage eines Mitarbeiters mit der Bemerkung abzubügeln, „dass er keine Lust habe, auf banale Fragen zu antworten". Das vorangegangene Dialogangebot wird durch den Affront unglaubwürdig und der Vorgesetzte untergräbt die eigene Vertrauensstellung. Unternehmen und Institutionen sollten sich davor hüten, durch rücksichtslose Kommunikation als Soziopathen aufzutreten. Es ist brandgefährlich, eigene Aussagen nach kurzer Zeit in ihr Gegenteil zu verkehren oder Versprechen nicht einzuhalten. Kurzfristig mag inkonsistente Kommunikation gutgehen und das gewünschte Resultat bringen. Langfristig führt sie zu einer tiefgreifenden Erosion des Vertrauens. Was gesagt wird, muss auch gelebt werden.

Kommunikation braucht Konzeption

Mit Konzept Kurs halten

Fassen wir zusammen. Kommunikation muss einfach sein und sie muss wohl temperiert von der Norm abweichen. Sie soll emotional berühren, assoziativ und episodisch aufgebaut sein und darf das soziale Beziehungsfeld nie aus dem Blickfeld verlieren. Um die fünf „Naturgesetze der Kommunikation" zu achten und zu nutzen, braucht es eine systematische Konzeptionsarbeit, die Zusammenhänge erkennt, Bezüge erstellt und daraus systematisch Konsequenzen für die zukünftige Kommunikationsarbeit entwickelt.

Diese Erkenntnis hat sich anscheinend noch nicht durchgesetzt, denn beständig müssen wir im Konzeptionsalltag gegen eine weit verbreitete „Dominanz des Operativen" ankämpfen. Kommunikationsbeteiligte neigen dazu, sofort in Aktionismus zu verfallen und anstehende Herausforderungen auf der Maßnahmenebene lösen zu wollen. „Unsere Presseresonanz geht zurück, wir brauchen dringend ein paar neue PR-Maßnahmen. Lassen Sie sich bis morgen mal was einfallen!", sagt der eine. „Alle unsere Mitbewerber sind schon auf Facebook, wir müssen dringend auch auf Facebook!", meint der andere. Beide liegen falsch. Taktischer Aktionismus führt direkt ins Abseits. Denn ohne klare Strategie als Kompass kann jeder Weg der falsche sein. Nur mit Strategie und Konzept lassen sich Probleme nachhaltig lösen.

In manchen Unternehmen bekommen wir auf unsere Forderung nach konzeptioneller Ausrichtung der Kommunikation ausweichende Antworten. Für eine Konzeptentwicklung fehle die Zeit, heißt es. Oder man beteuert, nicht so richtig zu wissen, wie das Konzeptionieren anzugehen sei. Keine Ausreden! Konzepte sind in jeder Situation machbar. Der Aufwand bleibt überschaubar, denn praktikable Konzepte sind kleine Schnellboote und keine großen Tanker. Das Wissen um die konzeptionelle Schrittfolge kann jeder in diesem Handbuch nachlesen und das Wissen ist alles andere als kompliziert. Es basiert auf einem einfachen Dreisprung, den jeder nachvollziehen kann. Im ersten Schritt wird analysiert und ein kompaktes Lagebild skizziert. Im zweiten Schritt errichtet man auf dem Boden des Lagebilds die strategischen Eckpfeiler für die zukünftige Kommunikation. Und im dritten Schritt legen die Beteiligten konkrete Mittel und Maßnahmen fest, die entlang der strategischen Eckpfeiler in Formation gebracht, durch eine punktgenaue Evaluierung überprüft und ständig weiterentwickelt werden.

Es gibt Unternehmen, die auf Nachfrage ein oder mehrere Konzepte vor uns auf dem Tisch ausbreiten. Man arbeite schon lange mit Konzept, erklärt man uns stolz. Wir blättern, lesen und stellen fest: Zwar steht auf den Papieren vorne Konzept drauf, aber leider ist kein Konzept drin. Es handelt sich um Ideenskizzen oder Maßnahmenplanungen, ohne analytische Einsichten und mit rudimentären strategischen Ansätzen. Solche Planungspapiere sind besser als nichts, aber nicht gut genug, um die Kommunikation auf dem besten Weg nach vorne zu bringen.

Ohne Konzeption ist in der komplexen und volatilen Gegenwartsgesellschaft keine erfolgreiche Kommunikationsarbeit möglich. Ein gutes Konzept ist ein Segen, denn es bringt eine deutliche Erleichterung für alle Kommunikationsbeteiligten. Endlich gibt es einen festen Orientierungsrahmen, an dem alle ihre Aktivitäten ausrichten können. Das Grundgerüst jedes Konzepts sind bewährte methodische Arbeitsschritte, die Hilfestellung geben und den Kommunikationsweg absichern, damit das konzeptionelle Ziel erreicht wird.

Die bewährte Methodik allein reicht jedoch nicht für ein erfolgreiches Konzept. Zur Rezeptur gehören weitere wichtige Zutaten wie Intuition und Kreativität. Intuition – damit meinen wir das innere Fingerspitzengefühl für Kommunikation, das jeder von uns in sich trägt. Direkt nach der Geburt haben die meisten von uns nach Kräften geschrien. Das war unsere erste Kommunikationsbotschaft. Seitdem senden und empfangen wir permanent Botschaften. Im Laufe der Jahre haben wir eine große intuitive Kommunikationserfahrung aufgebaut, die tief in uns verankert ist und automatisch über den Bauch aktiviert wird. Unser Gefühl sagt uns etwas. Und diesem inneren Gefühl sollte man zuhören, auch wenn es um die institutionelle Kommunikation von Unternehmen geht. Zu jedem guten Konzept gehört eine Prise Intuition.

Hinzu kommt die Kreativität. Gute Kommunikation erfordert eine kontrollierte Abweichung von der Norm. Diese Forderung gilt ausnahmslos für jedes Konzept. Erfolgreiche Konzeptionerinnen und Konzeptioner planen nicht in ausgefahrenen Bahnen, sondern weichen immer wieder von der Spur ab und richten ihr Konzept eine Idee anders aus. Nur durch die kreative Zuspitzung, durch die ungewöhnliche Akzentuierung wird Kommunikation interessant und kann die Aufmerksamkeit der Zielgruppen gewinnen. Ein Konzept ohne Kreativität ist wie ein Zombie – irgendwie kalt, steif und seelenlos.

Die richtige Methode gemixt mit einer Portion Intuition und mit guten Ideen, daraus kann ein erfolgreiches Konzept entstehen. Wir betonen „kann entstehen". Denn alle, die bereits Konzepte entwickelt haben, wissen aus eigener – teilweise leidvoller – Erfahrung, dass es das perfekte Konzept, das zu 100 Prozent sicher funktioniert, nicht gibt. Die Konzeptionslehre ist keine exakte Wissenschaft, sondern eine Disziplin, die sich mit komplexen Kommunikationssituationen und vielen Instabilitätspunkten konfrontiert sieht. Das bedeutet bedauerlicherweise: Vor Überraschungen ist man nie geschützt.

Wir können uns an Konzepte erinnern, von denen wir völlig überzeugt waren, dennoch sind sie in der Umsetzung auf halbem Weg stecken geblieben. Irgendwo hat es nicht gestimmt, was vorher niemand ahnen konnte. Durch die konzeptionelle Arbeit lässt sich das Risiko verkleinern, aber nie ausschließen. Oder positiv formuliert: Wer mit Konzept kommuniziert, gewinnt erheblich an Sicherheit und erhöht seine Erfolgschancen.

02

Grundlagen der Konzeptionsarbeit

› Die Funktionen des Konzepts
› Der Aufbau des Konzepts
› Die Arten des Konzepts
› Die Realisierung des Konzepts

Die Funktionen des Konzepts

Schlüsselfunktionen der Konzeption

Das Kommunikationskonzept ist das Navigationsinstrument für alle Kommunikationsaktivitäten, die sich aus Analyse und Strategie ableiten. Alle Aktivitäten führen nach ihrem Ablauf über die Feedbackschleife der Erfolgskontrolle wieder zum Konzept zurück, denn die integrierte Erfolgskontrolle schafft eine aussagekräftige Bewertungsgrundlage für Erfolg und Misserfolg. So können die Folgeplanungen für die nächste Kommunikationsperiode auf sicherer Basis aufsetzen, da geeignete Vergleichsdaten und Erfahrungswerte vorliegen.

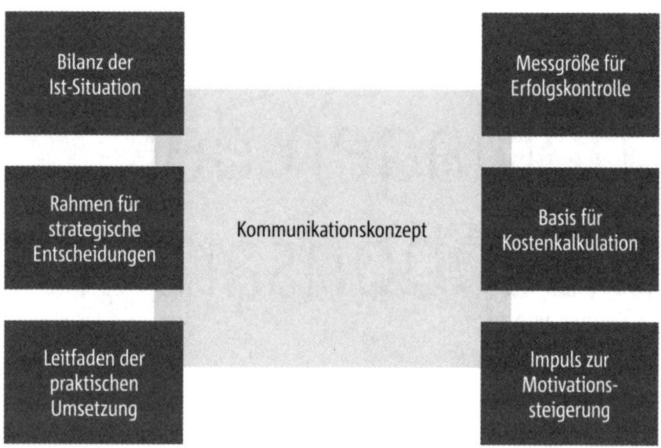

Abbildung 2: Funktionen des Kommunikationskonzepts

Man kann das Anforderungsprofil des Konzepts natürlich noch wesentlich breiter fassen. Das sind nur die wichtigsten Funktionen, die in jedem Fall dazugehören.

Damit das Kommunikationskonzept als Navigationsinstrument in der Praxis voll einsetzbar ist, sollte es sechs zentrale Funktionen erfüllen.

Bilanz der Ist-Situation: Auf der analytischen Ebene des Konzepts geht es um Transparenz. Wer den Blick nach vorne richten will, muss wissen, wo er steht. Es ist wie bei einer Wanderung auf fremdem Terrain. Natürlich kann man einfach loslaufen in der Hoffnung, auf dem unbekannten Gelände irgendwie einen Weg zum Ziel zu finden. Aber die Wahrscheinlichkeit ist groß, dass man sich verläuft. Deshalb ist es für die Kommunikation eines Unternehmens von zentraler Bedeutung, Ausgangsposition und Umfeldkonstellation vorher möglichst exakt zu bestimmen, damit unnötige Schleifen und Umwege vermieden werden. Das klappt allerdings nur, wenn man ungeschönt und ehrlich analysiert. Das heißt, man darf sich nicht nur mit den Stärken und Chancen beschäftigen, sondern muss genauso intensiv Schwächen und Risiken unter die Lupe nehmen. Wer sich keine Gedanken darüber macht, welche Schwächen behindern und welche Risiken lauern, gerät schnell mit dem Rücken zur Wand.

Rahmen für strategische Entscheidungen: Auf der strategischen Ebene ist das Kommunikationskonzept eng mit den Unternehmenszielen und der Zukunftsplanung des Unternehmens verbunden. Es unterstützt, fördert und begleitet die Geschäftsstrategie und wird zum zentralen Impulsgeber für neue Kommunikationsoptionen. Das Konzept richtet den Blick nach vorne und macht die Chancen im Kommunikationsumfeld sichtbar. Als Navigator zeigt es uns einen soliden strategischen Lösungsweg auf, der sich aus der Ist-Situation und den Ergebnissen der Erfolgskontrolle ableitet. Die Beteiligten bekommen die nötigen Orientierungshilfen, um ihre zukünftigen Kommunikationsaktivitäten auf Kurs zu bringen.

Leitfaden für praktische Umsetzung: Auf der operativen Ebene müssen mit schlagkräftigen Aktivitäten greifbare Resultate erzielt werden. Das Konzept bestimmt das System der agierenden Mittel und Maßnahmen. Alle an der Realisierung Beteiligten richten sich an dem vorgezeichneten System aus. Sie wissen zu jedem Zeitpunkt der Umsetzung, was bereits erreicht wurde, welche Aufgaben noch vor dem Team liegen und wie die nächsten Schritte ablaufen – oder wie es ein Auftraggeber formulierte: „Durch das Konzept kommt mehr Effizienz in den ganzen Apparat!“

Messgröße für die Erfolgskontrolle: Kommunikation läuft in vielen Unternehmen permanent unter hohem Druck. Die Personalausstattung im Team ist dürftig und der gehetzte Kommunikationsleiter findet im täglichen Strom von Informationen und Entscheidungen keine Möglichkeit, um innezuhalten und grundsätzlich darüber nachzudenken: „Ist das, was ich da mache, tatsächlich sinnvoll, zeitgemäß und marktgerecht?“ In der Folge wird jahrelang notgedrungen nach demselben Schema F kommuniziert – „durchaus mit Erfolg“, wie die Geschäftsleitung immer wieder betont. Doch irgendwann eskalieren die Probleme. Die Besucherzahlen des Tages der offenen Tür sinken drastisch oder die Kunden bestellen reihenweise den monatlichen E-Mail-Newsletter ab. Die Kommunikation hat den Anschluss verpasst. Soweit darf es nicht kommen! Konzeption heißt permanente Kontrolle. Jedes Mittel und jede Maßnahme gehören regelmäßig auf den Prüfstand. Nur wer seine Kommunikationsaktivitäten kritisch immer wieder hinterfragt, findet Wege zur Optimierung und Ansatzpunkte für mehr Effizienz. Das Kommunikationskonzept bildet hierfür den nötigen Bezugsrahmen. Es zieht klare Messlinien in die Kommunikation ein, um die Ziele mit den Resultaten zu vergleichen und die zentralen Ansatzpunkte für notwendige Veränderungen zu finden.

Ökonomische Planungsgrundlage: Das Kommunikationskonzept versetzt die relevanten Führungskräfte und Controller des Unternehmens in die Lage, alle notwendigen Kursentscheidungen für die Kommunikation zu treffen. Es zeigt an, welche finanziellen Größenordnungen für welche Aktivitäten notwendig sind und welche Ergebnisse damit voraussichtlich erzielt werden. Fällt die Entscheidung für das Konzept, dient es in der weiteren Planung als Basis für eine detaillierte Kostenkalkulation.

Impuls zur Motivationssteigerung: Das Geheimnis eines guten Konzepts besteht nicht allein in Machbarkeit und Realitätssinn, sondern auch in seiner Dynamik und seinem Ideenreichtum. Mit einem lebendigen Konzept erzielt das Unternehmen eine nicht zu unterschätzende psychologische Wirkung bei allen Beteiligten im Unternehmen. Es verstärkt das „Wir-Gefühl" und erzeugt Aufbruchsstimmung. Gute Kommunikationskonzepte holen Mitarbeiterinnen und Mitarbeiter aus der Zuschauerposition und machen sie zu Mitwirkenden. Durch die aktive Beteiligung der eigenen Kräfte erhöht sich die Wirkung nach außen.

Problemzonen der Konzeption

Ein Kommunikationskonzept ist nicht „in Stein gemeißelt". Im Gegenteil! – In der Praxis ist es ständig Belastungstests ausgesetzt und Veränderungsdynamiken unterworfen. Es können jederzeit Situationen eintreten, in denen ein weitgehend ausgearbeitetes Konzept vom Auftraggeber überraschend in Frage gestellt, modifiziert oder gar verworfen wird. Für die Konzeptionsbeteiligten sind solche Fälle mit großem Frust verbunden, weil viel Zeit, Leidenschaft und Kreativität, die in den Entstehungsprozess einflossen, auf einmal umsonst sind.

Oft können wir Konzeptioner solche Konzeptionskrisen verhindern oder zumindest abfedern, wenn wir rechtzeitig die Warnzeichen entdecken und konsequent darauf reagieren. Denn es sind immer wieder die gleichen Problempunkte, die dazu führen, dass Konzeptionsprozesse aus der Bahn geraten.

Fehlende Vertrauensbasis: Eine häufige Problemursache sind Briefings, bei denen die briefenden Auftraggeber dem Konzeptionsteam nicht voll vertrauen. Wichtige Informationen werden kosmetisch überdeckt oder aus unternehmenspolitischen Gründen nicht zugänglich gemacht. Ein Imageproblem bei Kunden, ein schlechter Ruf bei Journalisten und ähnliche Problempunkte werden nicht ins Gespräch gebracht. Die Briefenden sind misstrauisch und fürchten die Folgen einer möglichen Indiskretion: „Wenn Kunden, Medien oder Investoren davon erfahren? Bloß nicht! Und erst die Konkurrenz, die würde sich ins Fäustchen lachen!" So berechtigt die Ängste auch sein mögen, das Verschweigen von unangenehmen Wahrheiten führt zu falschen Lösungsvorschlägen im Konzept, weil wesentliche Problemlagen von uns Konzeptionsspezialisten nicht oder nur unzureichend erfasst werden. – Was tun? Natürlich lässt sich dem Misstrauen durch entsprechende vertragliche Verschwiegenheitsklauseln auf der formalen Ebene begegnen. Aber auch ein noch so gut formuliertes NDA (Non-Disclosure Agreement – Verschwiegenheitsklausel bzw. Vertraulichkeitsvereinbarung) kann eine vertrauensvolle persönliche Beziehung nicht ersetzen. Ohne Vertrauensvorschuss entsteht kein schlagkräftiges Konzept. Wer ein Konzept entwickelt, muss alles tun, um die nötige Vertrauensbasis herzustellen. Bleibt trotz allem das ungute Gefühl, dass unangenehme Inhalte verschwiegen wurden, dann müssen die kritischen Punkte vom Konzeptioner innerhalb der Recherchephase überprüft werden. Fördert die Recherche Ungereimtheiten zutage, hält man Rücksprache mit den Auftraggebern, um die Punkte zu klären.

Die Führung bleibt in der Defensive: Die Chefs auf Auftraggeberseite haben zwar grünes Licht für das Konzept gegeben, aber halten sich ansonsten auffällig zurück. Der laufende Konzeptionsprozess wird nicht sichtbar unterstützt, eventuell verweigert die Führungsebene „aus Termingründen" dem Konzeptionsteam sogar ein Gespräch. Weil die Chefetage abwartet, spüren die Abteilungsleiter auf der Ebene darunter keinerlei Druck und kümmern sich nicht weiter um das Konzept. Bei den Mitarbeiterinnen und Mitarbeitern kommt dadurch die Meinung auf, dass das Konzept wahrscheinlich nur ein Strohfeuer sei. – Was tun? Konzeption bedeutet Veränderung – und Veränderung braucht Führung. Deshalb muss das Konzeptionsteam alles tun, um die Führungsebene von Anfang an aus der Deckung zu holen und an die Spitze der Bewegung zu setzen. Alle im Unternehmen erkennen, dass die Führung voll hinter dem Konzept steht und das Ausbremsen des konzeptionellen Prozesses nicht duldet.

Zu viele Konzeptköche verderben den Brei: In einigen Fällen reden auf der Auftraggeberseite im konzeptionellen Entstehungsprozess zu viele Personen mit. Die Intention mag richtig sein: Die Unternehmensleitung möchte alle maßgeblichen Abteilungen und Personen an Bord holen, mitreden und mitentscheiden lassen. Doch je größer der Kreis der Mitwirkenden wird, desto mehr wächst das Risiko, dass das Konzept zwischen verschiedenen Abteilungsinteressen zerrieben wird und zu einem kraftlosen Konsenspapier verkommt. Das Marketing beschwert sich, dass „zu wenig kundenorientierte Maßnahmen enthalten sind". Dem Vertrieb gefällt nicht, dass „die Absatzförderung zu kurz kommt". Die PR-Abteilung sieht „Probleme, weil die bisherige Image-Positionierung des Unternehmens verlassen wird". Wenn sich jetzt auch noch eine „Koalition der Unwilligen" bildet, hat das Konzept keine Überlebenschance. – Was tun? Um das Mitreden in konstruktive Bahnen zu lenken, muss das Konzept im Rahmen eines moderierten Workshops entwickelt werden. Die relevanten Abteilungen sind aufgefordert, konstruktiv mitzugestalten und nicht destruktiv zu meckern.

Wesentliche Entscheider fehlen in der Präsentation: Die Präsentation ist die Stunde der Wahrheit. Jetzt entscheidet sich, ob ein Konzept „gekauft" wird oder nicht. Aus diesem Grund ist es dramatisch, wenn aus vorgeschobenen oder tatsächlichen terminlichen Gründen z. B. die Geschäftsleitung nicht am Termin der Konzeptpräsentation teilnimmt. Eine unangenehme Situation für das Konzeptionsteam, denn ohne die Verantwortlichen, die letztendlich die Entscheidung treffen müssen, wird die Präsentation zum „Schaulaufen". Aber nicht nur das Fehlen der Entscheider ist heikel. Das Konzept bekommt auch Probleme, sobald Fachabteilungen, die innerhalb der Kommunikationsumsetzung eine herausragende Rolle spielen, beim Präsentationstermin fehlen. Wenn auf der werblichen Ebene besondere Akzente gesetzt werden, muss das Marketing vertreten sein. Sind Vertriebsaktionen für die Umsetzung wichtig, sollte die Vertriebsleitung mit im Raum sitzen. Fehlen die Akteure in der Präsentation, ist die Gefahr groß, dass sie sich nicht angemessen berücksichtigt fühlen und das Konzept später ausbremsen. – Was tun? Die Konzeptpräsentation wird so früh als möglich terminiert und die Teilnahme aller relevanten Kräfte sichergestellt. Wir versuchen bereits im Briefinggespräch, den Präsentationstermin zu fixieren. Falls eine Hauptperson dennoch nicht teilnehmen kann, wird ein Extra-Termin angesetzt, bei dem wir als ausführende Konzeptioner das Konzept ein zweites Mal persönlich präsentieren.

Personelle Veränderungen auf Auftraggeberseite: Bleiben wir noch einen Moment bei den handelnden Personen. Verlässt z.B. unser zentraler Ansprechpartner oder ein maßgeblicher Entscheider mitten im Konzeptionsprozess das Unternehmen, können zwei Probleme auftreten. Entweder die vakante Stelle kann nicht zeitnah besetzt werden, sodass ein Vakuum entsteht und der konzeptionelle Prozess nicht vorankommt. Oder eine neue Person tritt ihre Tätigkeit an und will sich profilieren. Alle bisherigen Aktivitäten werden auf den Prüfstand gestellt und damit auch das laufende Konzept. Nicht selten bringt die neue Führungskraft eigene Agenturen und Berater ein, die den konzeptionellen Kurs vollkommen anders sehen. Damit wäre das Konzept nur noch Makulatur. – Was tun? Ehrlich gesagt, sind wir in der Situation ziemlich ratlos. Wir stellen in der Rückschau fest, dass wir als freie Konzeptioner die meisten unserer Auftraggeber nicht wegen Leistungsproblemen, sondern wegen Wechsel unserer jeweiligen Ansprechpartner verloren haben.

Falsche Zusammensetzung des eigenen Konzeptionsteams: Viele Konzepte entstehen nicht als Solo, sondern als Team-Leistung. Allerdings können durch Fehlbesetzungen im Team gravierende Probleme auftreten. Der Teamleiter ist mit anderen Jobs beschäftigt und lässt die Dinge schleifen. Die Recherchen werden von Praktikanten übernommen, die überfordert sind. Die Strategen und die Kreativen im Team können nicht miteinander und arbeiten aneinander vorbei. Diese und andere Besetzungsprobleme führen zu Reibungsverlusten und im Ergebnis zu einem Konzept mit Qualitätsmängeln. – Was tun? Es lohnt sich, mit allen Mitteln (notfalls mit harten Bandagen) darum zu kämpfen, dass das Konzeptionsteam fachlich und menschlich optimal besetzt ist. Alle, die beim Konzeptionsprozess dabei sind, müssen nicht nur nominell ins Team berufen, sondern zu einem Team geschmiedet werden. Dazu braucht es entsprechende „Team-Tools" wie beispielweise einen Auftakt-Workshop, regelmäßige Schulterblicke, regen WhatsApp-Austausch und Feedbackrunden.

Veränderungen im Umfeld: Neben den genannten Ursachen beim Auftraggeber oder im eigenen Team können auch Umfeldprobleme auftreten, die ein gut geplantes Konzept zu Fall bringen. Märkte sind in Bewegung, Konsumenten entscheiden sich anders, die Politik greift ein und die öffentliche Meinung ändert sich. Über Nacht stimmen plötzlich die Voraussetzungen für das Konzept nicht mehr und alles muss geändert werden. Das Beispiel der Solarbranche in Deutschland zeigt, wie eine einfache politische Entscheidung bei der EEG-Umlage dazu führt, dass Solarunternehmen, deren Geschäftsmodell auf Subventionen aufbaute, binnen kürzester Zeit in wirtschaftliche Schieflage geraten sind. Quasi „von einem Tag auf den anderen" waren plötzlich alle ehrgeizigen Kommunikationskonzepte obsolet und die Kommunikationsverantwortlichen mussten komplett neu ansetzen. Gestern war es die Solarbranche, welcher Markt, welche Branche wird es morgen sein? Sind es Banken, Versicherungen oder Automobilhersteller? In einer sich immer schneller drehenden Welt wächst die Wahrscheinlichkeit, dass Brüche entstehen und Unvorhergesehenes passiert. – Was tun? Ein Konzeptionsprozess ist so konstruiert, dass er sich flexibel auf Veränderungen einstellt. Eine wichtige Membran ist hier die Recherche. Sie hört nie auf, hat ihre Fühler immer ausgefahren und hält das Konzept auf der Höhe der Zeit. Ergeben sich Veränderungen, dann werden diese zeitnah erfasst und in Absprache mit dem Auftraggeber die richtigen Konsequenzen gezogen.

Alles in allem zeigen die genannten Problembeispiele eins: Die Entwicklung eines Kommunikationskonzepts wird gern gleichgesetzt mit strategischem Denken und kreativen Ideen. Beide Komponenten sind wichtig, aber sie reichen nicht aus. Genauso wichtig sind Einfühlungsvermögen, Geduld und Ausdauer.

Der Aufbau des Konzepts

Einfache Definition

Was ist ein Konzept? Der Altmeister der Konzeptionslehre in Deutschland, Klaus Dörrbecker, definierte in seinem 1996 erschienen Standardwerk: Das Kommunikationskonzept ist ein "methodisch entwickeltes, kreatives und in sich schlüssiges Planungspapier für kommunikationspolitische Problemlösungen intern und extern."[12] Die Definition von Dörrbecker ist zeitlos, weil sie so einfach und verständlich ist. Schauen wir uns die Komponenten seiner Definition näher an:

- **Methodisch entwickelt:** Jedes Konzept folgt einer nachvollziehbaren methodischen Logik. Es besteht aus einzelnen Schritten und Elementen, die nahtlos aufeinander aufbauen und ein zusammenhängendes System bilden. „Ich weiß, die Hälfte meiner Werbung ist vergeblich. Ich weiß nur nicht, welche Hälfte." So soll sich einst Henry Ford beklagt haben. Die Konzeptionsmethodik ist wie ein Geländer entlang des Abgrundes des Vergeblichen. Sie hält uns auf dem Weg und vermindert die Wahrscheinlichkeit, dass unser Kommunikationskonzept abstürzt.

- **Kreativ:** Ein Konzept ist kreativ, weil es eingefahrene Klischees und gängige Standards überwindet und unverbrauchte Ideen für die Kommunikationsarbeit liefert. Die Kommunikation hebt sich ab, fällt auf und prägt sich ein. Der kreative Anspruch gilt für alle Konzepte. Auch ein informationsorientiertes PR-Konzept oder ein technikorientiertes Konzept für Investitionsgüterkommunikation braucht kreative Impulse.

- **In sich schlüssig:** Die Ableitungen, die ein Konzept trifft, sind schlüssig und frei von Widersprüchen. Sie sind einfach und klar formuliert. Je komplexer das Kommunikationsproblem, desto stringenter sollte die konzeptionelle Lösung sein. In der Praxis gilt: Schafft es der Konzeptioner nicht, sein Konzept in einer Minute einem Außenstehenden überzeugend zu erklären, dann ist sein Kurs noch nicht schlüssig genug.

- **Planungspapier:** Jedes Konzept wird dokumentiert und ist damit für jedermann nachlesbar und überprüfbar. Dazu sind keine dicken Booklets notwendig, oft reicht ein übersichtliches „Management Summary". In einem Punkt müssen wir Dörrbecker allerdings ergänzen: Das schriftliche Papier ist geduldig und reicht allein nicht aus, das Konzept muss unbedingt präsentiert werden. Die Präsentation ist in den letzten Jahren erheblich wichtiger geworden als die schriftliche Dokumentation.

- **Kommunikationspolitisch:** Im Konzept geht es um die tragenden Teile des kommunikativen Gebäudes und nicht um die Ausstattungsdetails. Die Konzeptionsmachenden sind keine Handwerker, die sich um die Details kümmern, sondern Architekten der Kommunikation, die an der großen Linie arbeiten. Aus diesem Grund betrachtet das Konzept die Dinge stets mit kommunikationspolitischem Weitblick.

- **Problemlösung:** Die Konzeptionsprofis sind in jedem Fall der Lösung des Kommunikationsproblems verpflichtet. Sie tun alles, um ein plausibles und miteinander vernetztes Setting an Maßnahmen zu finden, das zur Aufgabenstellung passt und die angestrebten Zielgruppen auch erreicht. Alle Planungsschritte richten sich daran aus, die Problemlösung wird in keiner Sekunde des Konzeptionsprozesses aus den Augen verloren. Das sei ausdrücklich betont, weil manche Konzeptionsteams dazu neigen, während der Arbeit zu kreativen Höhenflügen abzuheben und vor lauter tollen Ideen das eigentliche Problem aus dem Augen zu verlieren. Das darf nicht passieren, Kreativität ist wichtig, aber sie bleibt der Problemlösung verpflichtet.

- **Intern und extern:** Ein Konzept kennt nicht nur eine Bewegungsrichtung, sondern orientiert sich gleichermaßen in Richtung Unternehmen (intern) und Umfeld (extern). Es bezieht die Mitarbeiterinnen und Mitarbeiter als Absender in die Kommunikation ein. Sie sollen sich hinter die Kommunikation stellen und in ihrem Sinne sprechen.

Um dieser Definition zu genügen, braucht das Kommunikationskonzept eine Grundkonstruktion, die aus drei großen Schritten besteht.

Schrittfolge der Konzeption

Es gibt das Neun-Phasen-Modell[13], den 10-Schritte-Regelkreis[14], die Mehrstufen-Rakete der Konzeption[15] – unterschiedliche Konzeptionsexperten gehen unterschiedlich an das Konzept heran. Alle Schrittfolgen sind nachvollziehbar und machbar. Wer genauer hinschaut, der erkennt, dass alle auf drei essenziellen Schritten basieren, die als genetischer Code in allen Kommunikationskonzepten stecken.

Die drei Grundschritte muss jedes Konzept beinhalten – ganz gleich, ob groß oder klein, ob für eine kurze Aktionszeit von zwei Monaten oder für eine lange Kampagnendauer von zwei Jahren angelegt. Sie garantieren die nötige Statik, um die Konzeptionsarbeit fest in den Griff zu bekommen.

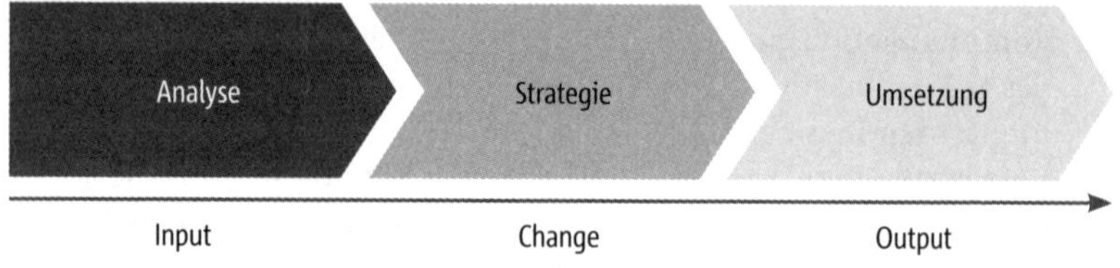

Abbildung 3: Management-Bausteine der Kommunikation

Die Analyse liefert den nötigen Fakten-Input für die Konzeption. Die Strategie bestimmt die Veränderung, den „Change" der Kommunikation. Der Output wird durch die Umsetzungsplanung mit den konkreten Maßnahmen erzeugt.

Analyse, Strategie, Umsetzung – mit den Schritten wird das Konzept zum Navigator für die gesamte Kommunikationsarbeit. Zuerst klärt die Analyse die Frage: „Wo stehen wir?" Ausgehend von der vorgegebenen Problem- und Aufgabenstellung wird die Ist-Situation bestimmt. Die anschließende Strategie fragt: „Wohin wollen wir?" Sie weist in die Zukunft und trifft die situationsadäquaten Richtungsentscheidungen. In der anschließenden Umsetzung wird geklärt: „Wie machen wir das?" Ausgerichtet an der Strategie werden die passenden Maßnahmen ausgewählt, mit Budget versehen und zeitlich eingeordnet. Mit dem Dreiklang der Kommunikationsplanung – Situationsbestimmung, Richtungsbestimmung, Umsetzungsplanung – schaffen wir uns einen leistungsstarken Kompass, der uns in bewegten Märkten und Öffentlichkeiten auf Kurs hält. Der Kompass dient auch als Wegweiser, um die Zusammenarbeit zwischen den beteiligten Akteuren zu regeln: zwischen den betroffenen Abteilungen des Unternehmens, zwischen den einzelnen Kompetenzbereichen in den Abteilungen, zwischen ausführenden Mitarbeitern und Vorgesetzten, zwischen Unternehmen und externen Dienstleistern.

Um es noch einmal zu wiederholen: In jedem Kommunikationskonzept müssen die drei Grundschritte zu finden sein. Fehlt ein Block, dann handelt es sich im methodischen Sinne nicht um ein Konzept. Auch müssen die drei Blöcke immer nacheinander abgearbeitet werden: Zuerst Analyse, dann Strategie und zuletzt die Maßnahmen. Die Reihenfolge ist wichtig. Wer bereits in der Analyse anfängt, über Maßnahmen oder Zeitplanung zu diskutieren, hat das Prinzip der Konzeption nicht verstanden.

Die Schritte können unterschiedlich gewichtet sein. Eine Strategieskizze legt den Schwerpunkt auf den strategischen Kurs und streift die Umsetzung nur am Rande. Dagegen konzentriert sich ein Maßnahmenkonzept nach kurzer strategischer Herleitung vorrangig auf die Einzelheiten der operativen Umsetzung.

Konzept zwischen Unternehmens- und Marketingkommunikation

Bis vor einigen Jahren war es in vielen Unternehmen Usus, dass jedes Kommunikationsressort seine Kommunikationsaktivitäten in Eigenregie konzipierte. Ressort- und Abteilungsdenken überwogen. Einer unserer Auftraggeber sprach vom Gollum-Prinzip: „Alles meins!" In den Unternehmen gab es ein Werbekonzept, ein PR-Konzept, ein Messekonzept, ein Online-Konzept etc. – und sie waren selten aufeinander abgestimmt. Jede Abteilung achtete mit Argusaugen darauf, genügend Leuchttürme der Kommunikation mit großen Etats unter den eigenen Fittichen zu versammeln, denn das versprach Prestige, Anerkennung und die Beachtung der Geschäftsleitung.

Die isolierte Konzeption der verschiedenen Fachressorts hat inzwischen erheblich an Bedeutung verloren, stattdessen setzt sich eine Zweiteilung von Kommunikation und Konzeption durch.[16] Es wird generell zwischen Unternehmenskommunikation und Marketingkommunikation unterschieden. Die Zweiteilung ist auf der kulturellen, organisatorischen und instrumentellen Ebene verankert und hat sich im Alltag deutscher Unternehmen weitgehend etabliert.

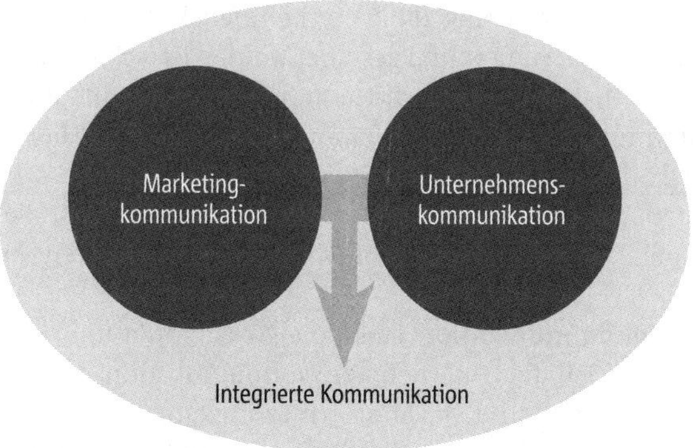

Abbildung 4: Die zwei Seiten der Kommunikation

Während sich Unternehmenskommunikation vorrangig Image und Reputation widmet, orientiert sich die Marketingkommunikation an den Bedürfnissen des Marktes und der Verbraucher. Die integrierte Kommunikation verbindet die beiden Welten und schafft einen gemeinsamen Rahmen.

Die **Unternehmenskommunikation** plant und koordiniert alle Maßnahmen, mit denen sich ein Unternehmen am (Meinungs-)Markt kommunikativ darstellen will. Die Kommunikation zielt primär auf Image, Reputation und Glaubwürdigkeit des Unternehmensauftritts ab. Sie schafft Transparenz und sichert die Legitimität des Unternehmens, indem sie nachvollziehbare Argumente für das unternehmerische Handeln liefert. Bei der Vermittlung von

Botschaften wird vorrangig mit Fakten und Sachinformationen gearbeitet. Denn nur so kann das Unternehmen auf dem Meinungsmarkt glaubwürdig auftreten und auf kritische Nachfragen souverän antworten.

Die Unternehmenskommunikation behält alle Stakeholder eines Unternehmens im Blick behält und spricht sie bei Bedarf mit Kommunikation an. Dazu zählen Kunden, Mitarbeiter, Händler und Lieferanten genauso wie Kapitalgeber, Politiker und Medien. Die Ansprache soll für einen kontinuierlichen Dialog mit den relevanten Stakeholdern sorgen und die Reputation des Unternehmens absichern.

Zum vielfältigen Instrumentarium der Unternehmenskommunikation gehören klassische PR-Aufgaben wie Medien- und Pressearbeit, Unternehmenspublikationen und Corporate Events. Hinzu kommen neue Aufgaben, die den Kompetenzrahmen der Unternehmenskommunikation erweitern. Die erste Aufgabe etabliert die Strategien und Instrumente der Corporate Social Responsibilty (CSR). Das Unternehmen bekennt sich zu einer ganzheitlichen Verantwortung für sein Planen und Handeln. Während CSR über viele Jahre nur eine Alibi-Funktion hatte, stellen sich heute immer mehr Unternehmen hinter ihr Bekenntnis und wollen das glaubwürdig kommunizieren. Die zweite Aufgabe verbindet die Unternehmenskommunikation mit den Investor Relations. Gesteuert und gestaltet werden Botschaften, Themen und Storys für den Finanzmarkt. Die dritte Aufgabe schlägt eine Brücke zur politischen Kommunikation, den sogenannten Public Affairs. Hier hilft die Unternehmenskommunikation die politischen Ansprüche und Argumente des Unternehmens zu transportieren. Die vierte neue Aufgabe ist die Online-Relations, die den Dialog mit den Öffentlichkeiten im weltweiten Netz pflegt.

Die **Marketingkommunikation** stellt die Absatzförderung in den Mittelpunkt. Während sich die Unternehmenskommunikation der Beeinflussung von Meinungsmärkten und Stakeholdern widmet, orientiert sich die Marketingkommunikation primär an Absatzmärkten und Kunden und stellt den Verkauf von Produkten und Dienstleistungen in den Vordergrund. Zu dem Zweck richtet sie sich an den aktuellen Bedürfnissen und Erwartungen der vorhandenen und potenziellen Kunden aus und versucht deren Kaufverhalten zu beeinflussen.

Methodisch gesehen ist die Marketingkommunikation eng verbunden mit dem Marketing und den vier Marketingmixfaktoren Produktpolitik, Preispolitik, Distributionspolitik und Kommunikationspolitik. Die Praxis sieht anders aus. In vielen Unternehmen beinhaltet die Bezeichnung Marketing in der Realität nur die Marketingkommunikation. Marketingkonzepte sind in Wirklichkeit Kommunikationskonzepte und die Personen, die diese Konzepte verantworten, heißen zwar Marketingleiter, sind aber in Wirklichkeit nur für die Marketingkommunikation zuständig.

Die Marketingkommunikation besteht z. B. aus Werbung, Verkaufsförderung, Product Placement, Direktmarketing, Merchandising, Events und Sponsoring. Alle Instrumente werden im Sinne des Marketings zur Absatzförderung eingesetzt. Vor diesem Hintergrund ist es einleuchtend, dass eine wichtige Schnittstelle der Marketingkommunikation in Richtung Vertrieb weist. Der Vertrieb hat in den meisten Unternehmen hohen Einfluss auf die Marketingkommunikation. In der Konsequenz empfiehlt sich eine enge, vertrauensvolle Zusammenarbeit zwischen den beiden Bereichen, bei der sich die Marketingkommunikation aber nicht zum Dienstleister des Vertriebs degradieren lassen darf. Der Vertrieb hat die Zahlen des nächsten Quartals im Kopf und tut alles, um das Soll zu erreichen. Im Gegensatz dazu hält die Marketingkommunikation ihre strategische Linie, handelt mit Weitblick – und stellt sich im Einzelfall auch gegen die kurzfristigen Interessen des Vertriebs.

Die **integrierte Kommunikation** verbindet die beiden Welten von Unternehmenskommunikation und Marketingkommunikation unter einem gemeinsamen Dach. Häufig fallen in dem Zusammenhang auch andere Bezeichnungen für integrierte Kommunikation wie „Kommunikation mit ganzheitlichem Ansatz“, „Gesamtkommunikation“ oder „360-Grad-Kommunikation“[17]. Experten, die aus der Werberichtung kommen, verwenden gern den Begriff der „Crossmedia-Kommunikation“[18]. Integrierte Kommunikation zielt darauf ab, alle Kommunikationsinstrumente und -aktivitäten eines Unternehmens möglichst perfekt aufeinander abzustimmen, um eine in sich schlüssige, kraftvolle Gesamtkommunikation zu erreichen. Durch das gut organisierte Zusammenspiel der Disziplinen wird das Profil von Unternehmen und Marken geschärft und die Positionierung am Markt gestärkt. Zunehmend achten Unternehmen darauf, die Unternehmens- und Marketingkommunikation systematisch zu verzahnen, sodass Zielgruppen keine widersprüchlichen Signale erhalten, sondern nach Möglichkeit abgestimmt angesprochen werden. Wir schreiben bewusst „nach Möglichkeit“, denn bei der Integration von Strategie und Maßnahmen gibt es noch deutlich Luft nach oben.

Umfassende integrierte Kommunikationsprozesse benötigen einen hohen Grad an Professionalisierung, damit sich die Synergien wie erhofft einstellen. Gibt es im Unternehmen eine Kultur der Abgrenzung, fürchten Abteilungsleiter Macht- und Kontrollverlust, verkehren sich alle Bemühungen eines orchestrierten Zusammenspiels der einzelnen Kommunikationsbereiche schnell ins Gegenteil. Dann gibt es sogar negative Synergieeffekte, weil sich durch viele kleine Reibungsverluste in der Abstimmung Umsetzungsprobleme verstärken, sodass am Ende nur Fragmente einer systematischen Kommunikation übrigbleiben.

Umso wichtiger wäre ein integriertes Konzept als Grundlage. Aber trotz aller Integrationsfortschritte der vergangenen Jahre gibt es zurzeit noch kein etabliertes Standardverfahren für die Entwicklung von integrierten Kommunikationskonzepten. Vielfach ist entscheidend, wer im Konzeptionsprozess den berühmten „Hut aufhat", respektive aus wessen Feder das integrierte Kommunikationskonzept stammt. Bilden Werber oder Kreativmanager das Kraftzentrum im Konzeptionsprozess, steht die kreative Leitidee mit starken Bildmotiven im Vordergrund. Dominiert die „Erklärdisziplin" Public Relations, überwiegen strategische Überlegungen, sachorientierte Botschaften und ein durchdachtes Themenmanagement den Inhalt des integrierten Konzepts. Beide Konzepte mögen vorne drauf „Integriertes Kommunikationskonzept" stehen haben, aber sie lesen sich wie aus anderen Welten.

Normative Verankerung der Konzeption

Jedes Unternehmen hat ein normatives Fundament, dass seine Persönlichkeit und seine Kultur, sein Planen und Handeln von Grund auf bestimmt. Das Kommunikationskonzept braucht das normative Fundament als Mutterboden.

Das Konzept ist wie eine junge Pflanze, die im vorhandenen Boden des Unternehmens gepflanzt und sorgsam gepflegt werden muss. Bekommt das Konzept nicht den nötigen Rückhalt und eine zuverlässige Unterstützung aus dem Unternehmen, dann spendet der Boden keine Nährstoffe, das Konzept kümmert vor sich hin und geht schnell ein.

Wir erleben, dass Konzepte mit viel Elan und Ehrgeiz entwickelt und auf den Weg gebracht wurden. Alle beteiligten Kommunikationsleute im Unternehmen waren begeistert und freuten sich über das tolle Planungsergebnis. Aber sobald die konkrete Umsetzung begann, schlug die Stimmung um. Der Chef hatte keinen Nerv für Kommunikation und gab keinerlei Rückhalt. Die Führungskräfte hielten sich auf Distanz, die Fachabteilungen zogen nicht richtig mit. Einige der langjährigen älteren Mitarbeiter räsonierten: „Das haben wir doch gleich gesagt, das bringt doch alles nichts!" Die Rechtsabteilung äußerte überraschend Bedenken und am Ende verschwand das Konzept auf Nimmerwiedersehen in der Schublade. Das abschließende Urteil der Beteiligten fiel vernichtend aus. Das Konzept habe viel versprochen, doch wenig gehalten. Der ganze Aufwand wäre umsonst gewesen, das hätte man sich wirklich sparen können. Und überhaupt: Konzepte sind Mist!

Mag sein, dass einzelne Konzepte tatsächlich Mängel aufweisen und der Unmut berechtigt ist. Wir müssen jedoch ständig mitansehen, dass das fertige Konzept in der Umsetzungsphase alleingelassen wird und zwischen die internen Mühlen gerät, bis nur noch Stückwerk übrigbleibt. Das hat uns im Laufe der Zeit zu der Erkenntnis gebracht, dass es nicht ausreicht, ein gutes Konzept zu entwickeln. Zugleich muss man das normative Umfeld des Unternehmens mit allen Widrigkeiten im Auge behalten und die erforderlichen Voraussetzungen schaffen, damit das fertige Konzept Wurzeln schlägt und sich entwickelt. Dazu nehmen wir stets das unternehmensinterne Fundament in den Blick, auf dem Kommunikation und Konzeption gründen.

Das normative Fundament bildet einen langfristig stabilen Rahmen, der durch Normen, grundlegende Ziele, organisatorische und kulturelle Prinzipien umrissen wird.[19] Um das Konzept erfolgreich im Unternehmen zu implementieren, darf man allerdings nicht nur die offiziellen, schriftlich fixierten Normen ins Kalkül ziehen. Genauso wichtig, teilweise sogar wichtiger, sind die inoffiziellen Grundströmungen und Stimmungslagen. Wenn man konzeptioniert, sollte man sich nicht von offiziell proklamierten normativen Ansprüchen blenden lassen, sondern behält die real gelebte Kultur im Blick. Die Realität weicht oft deutlich von der Soll-Norm ab.

Abbildung 5: Die normative Basis des Konzepts

Ein Kommunikationskonzept kann in der Umsetzung nur funktionieren, wenn es eine angemessene Kompatibilität zwischen dem zukünftigen konzeptionellen Kurs und den vorhandenen normativen Schnittstellen des Unternehmens gibt.

Mit folgenden normativen Größen müssen sich Konzeptionsprofis zur Absicherung ihrer Konzeptionsarbeit auseinandersetzen:

› **Ziele:** Dazu zählen Unternehmensziele, langfristige Marketingziele, Leitbilder, aber auch Corporate-Social-Responsibility-Normen, Nachhaltigkeitsverpflichtungen oder Gendering-Regeln. Jedes Kommunikationskonzept ist diesen übergeordneten Zielen verpflichtet und richtet sich entsprechend daran aus.

- **Führung:** Das Konzept muss sowohl auf der Fach- als auch der Führungsebene bestehen. Wenn die Chefetage nicht hinter dem Konzept steht und sich ausklinkt, oder wenn die mittlere Führungsebene abwinkt und sich weigert, das Konzept in die Abteilungen zu tragen, dann wird es schwierig. Ohne Akzeptanz und Unterstützung von oben verliert jedes Konzept schnell den Respekt an der Basis. Wir geben uns nicht zufrieden, wenn die Führung das jeweilige Konzept nur „abnickt". Unsere Intention ist es, eine aktive Unterstützung der Kommunikation sicherzustellen. Daher gehört die nachhaltige und frühzeitige Integration der relevanten Führungskräfte zu den Grundprinzipien der Konzeptionsarbeit.

- **Organisation:** Der Kommunikationsbereich bildet in den meisten Unternehmen keine schlagkräftige geschlossene Formation. Er zerfällt vielmehr in mehrere „Hoheitsgebiete", die mehr oder weniger unabhängig voneinander agieren, sich bisweilen ignorieren oder sogar bekämpfen. Es kann passieren, dass die Marketingkommunikationsleute in einer anderen Stadt sitzen als die PR-Abteilung und auch ansonsten auf die „grauen Socken" aus der PR nicht gut zu sprechen sind. Einig sind sich Marketing und PR nur, wenn es darum geht, die „Hoodies" aus der neugegründeten Online-/Social-Media-Abteilung nicht für voll zu nehmen. Events und Messen liegen gar nicht in der Verantwortung der Kommunikationsleute, sie sind den jeweiligen Produktabteilungen zugeordnet. Die interne Kommunikation wird von der Personalabteilung verantwortet. Solche Strukturen haben sich über die Jahre fest etabliert und jeder Änderungswunsch löst erhebliche Widerstände aus. Das sind keine idealen Voraussetzungen für ein Kommunikationskonzept. Dennoch muss sich das Konzept an den Gegebenheiten orientieren. Es empfiehlt sich deshalb, den konzeptionellen Prozess nicht im Alleingang durchzuziehen. Stattdessen werden alle relevanten Abteilungen einbezogen und beteiligt. Nur gemeinsam kann die Kommunikation stark werden.

- **Prozesse:** Das Konzept ist so aufgebaut, dass es in die etablierten Prozesse der Ablauforganisation des Unternehmens passt. Wenn ein Entscheidungsprozess im Unternehmen bestimmte Stationen und Zeiten braucht, müssen die Determinanten im Konzept berücksichtigt werden. Das Konzept darf nicht zum Bremsklotz werden, der sich quer zu den etablierten Abläufen schiebt. Es darf auch keine Blackbox sein, die bis auf die Kommunikationsabteilung keiner durchschaut. Deshalb stellen wir unsere Konzepte regelmäßig in wichtigen internen Gremien vor, sorgen für die nötige Präsenz im Intranet, stellen sicher, dass alle relevanten Kräfte über die aktuellen Abläufe im Bilde sind.

- **Kultur:** Jedes Unternehmen ist ein eigener Kulturraum – und jeder Kulturraum ist anders. Es gibt unterschiedliche Sichtweisen und Wahrheiten, Machtspiele und Führungsstile, Riten und Gruppennormen. In manchen Unternehmen herrscht ein kooperativ mildes Klima, in anderen bläst ein kalter Wind. Hier gibt es große Kulturunterschiede zwischen Verwaltung und Produktion. Dort lässt sich beobachten, dass die alte Stammbelegschaft, die viele Jahre dabei ist, alle neuen Entwicklungen blockiert. Das Kommunikationskonzept reagiert auf die jeweiligen klimatischen Verhältnisse und stellt sich soweit möglich und sinnvoll darauf ein.

Für alle Konzeptionsbeteiligten bedeutet das: Der konzeptionelle Arbeitsprozess ist mit der Fertigstellung und Verabschiedung des Konzeptpapiers längst nicht abgeschlossen. Die Verantwortung reicht weiter. Die Beteiligten wissen um die Bedeutung des normativen Umfelds, richten das Konzept entsprechend aus und begleiten es durch die operative Umsetzung. Vor allem in der ersten Zeit der Realisierung ist eine ständige Beobachtung und Pflege notwendig.

Kurzfristig wird das Konzept an den etablierten Normen ausgerichtet, denn normative Konstellationen lassen sich nicht über Nacht ändern. Während des konzeptionellen Entstehungsprozesses sind alle relevanten Akteure im Unternehmen angemessen zu informieren und einzubeziehen. Man behält die internen Entwicklungen im Blick und reagiert, sobald die Macht des Faktischen das Konzept aus dem Gleichgewicht zu kippen droht. Und selbst nach der Realisierung bekommt das Konzept noch Unterstützung. Seine Resultate werden anschaulich dargestellt und der internen Öffentlichkeit als Erfolg vermittelt. Alle bekommen mit, dass sich das Konzept gelohnt hat.

Mittel- und langfristig sollte das Unternehmen an den normativen Widrigkeiten arbeiten, um mit der Zeit ein Umfeld zu schaffen, indem die Kommunikationskonzepte von allen Beteiligten als Chance erkannt und breit unterstützt werden. Vor allem Interferenzen und Lücken in der Zusammenarbeit aller Kommunikationsbereiche haben Priorität und werden mit Nachdruck angegangen.

Die Arten des Konzepts

Kleine und große Konzepte

Unabhängig davon, ob ein Konzept PR-orientiert, marketinggetrieben oder der integrierten Kommunikation verpflichtet ist, gilt die Aussage: Gute Kommunikation ist immer Kommunikation mit Konzept. Und unabhängig davon, ob es sich um eine große Kampagne oder eine kleine Aktion handelt, kommt es bei konzeptionell geplanter Kommunikation auf die kluge Verbindung von methodischer Stringenz, kreativem Ideenreichtum und handwerklicher Genauigkeit an. Große und kleine Konzepte sind keine Qualitätsmerkmale an sich, sondern unterscheiden sich vor allem in der Komplexität der Aufgabenstellung, dem Planungszeitraum, dem Umfang der Kommunikationsaktivitäten und in der Folge durch den jeweiligen Arbeitsaufwand, der mit der Entwicklung verbunden ist.

Eine kleinere Konzeptskizze zu einem „Tag der offenen Tür" deckt mit Vorabwerbung und Nachbereitung einen Zeitraum von vielleicht drei Monaten ab und kommt mit fünf Seiten Konzeptumfang aus. Eine große Informations- und Aktivierungskampagne zum Thema AIDS-Prävention entwirft eine planerische Linie über drei bis fünf Jahre und dementsprechend umfangreich ist das hinterlegte Kommunikationskonzept. Zum großen Konzept gehört nicht nur eine umfangreiche Analyse und eine ausgefeilte Strategie, sondern auch ein komplexes Umsetzungssystem mit vielen Einzelmaßnahmen. Je komplexer die Aufgabe, je mehr Kommunikationsinhalte vermittelt werden, desto umfangreicher wird das Konzept. Nicht zuletzt hängt der Umfang von den zur Verfügung stehenden finanziellen und personellen Ressourcen ab. Ein kleiner Etat führt zu einem kleinen Konzept.

Abhängig vom Umfang des Kommunikationskonzepts haben wir es auf der organisatorischen Seite mit unterschiedlicher „Manpower" zu tun, die am Konzeptionsprozess beteiligt ist. Ein kleines Projekt- oder Maßnahmenkonzept entsteht meist als Solo eines einzelnen Konzeptioners. Große Masterpläne oder Kampagnenkonzepte erfordern den Einsatz ganzer Teams. Das bedeutet, dass die relevanten Konzeptions- und Maßnahmenteile von unterschiedlichen Spezialisten abgedeckt werden. Da gibt es z. B. die Kreativen, die eine Leitidee entwickeln, den Medienprofi, der die Medienstrategie ausformuliert, die Event-Spezialistin, die sich um die integrierten Veranstaltungen kümmert und die Online-Expertin, die für die webbasierte Kommunikation zuständig ist.

Bei großen Konzepten kommt in unserer Praxis regelmäßig ein Team von fünf bis sieben Personen zusammen. Noch größere Teams versuchen wir zu umgehen, weil sie zulasten des konzeptionellen Schwungs gehen. Gefährlich sind klaffende Kompetenzlücken. Ein Konzept entwickelt sich in Richtung Social Media, im Team gibt es aber niemanden, der Ahnung von sozialen Netzen hat. Oder die kreativen Ideen eines Konzepts schreien geradezu nach einer grafischen Veranschaulichung, dem Team fehlt jedoch der Grafiker. Man kann die Lücke lassen oder mit Bordmitteln dilettieren, nur das geht zu Lasten der Konzeptqualität. In keiner anderen Branche gibt es so viele Freiberufler für jede nur denkbare Spezialaufgabe wie in der Kommunikationsbranche, deshalb empfiehlt es sich, die Kompetenzlücke mit einem freien Profi zu schließen.

In unser beruflichen Praxis begegnen uns je nach Aufgabenstellung ganz unterschiedliche Arten von Konzepten. Die Gebräuchlichsten der Konzeptarten wollen wir in einer Übersicht mit ihren jeweiligen Funktionen und Besonderheiten vorstellen.

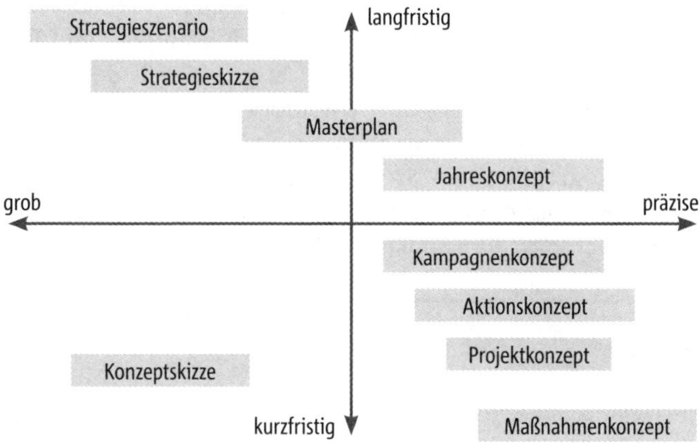

Abbildung 6: Verschiedene Konzeptionstypen

Die verschiedenen Konzeptionstypen in der Übersicht. Unterschieden werden Konzepte, die kurzfristig oder langfristig angelegt sind und sich im Grad der Detaillierung unterscheiden.[20]

Strategieszenario

Das Strategieszenario[21] ist ein echtes High-End-Produkt. Es entwickelt langfristige Perspektiven, macht größere Zusammenhänge sichtbar, lotet Potenziale aus und vergleicht verschiedene mögliche Szenarien. Ursprünglich aus der klassischen Managementlehre kommend, wird es mittlerweile regelmäßig im Kommunikationsbereich eingesetzt, um Kommunikationsrisiken und -chancen abzubilden und strategische Konsequenzen zu ziehen.

Die Szenario-Technik wird immer dann relevant, wenn die Situation im schnellen Umbruch und die Zukunft unklar sind. Im Spannungsfeld zwischen Best-Case und Worst-Case vergleichen die Szenarien verschiedene Handlungsoptionen und leiten Handlungsempfehlungen ab. In der Regel werden die Empfehlungen auf der strategischen Ebene formuliert. Es geht um kommunikationspolitische Perspektiven, nicht um konkrete Mittel und Maßnahmen.

Zentrale Leitfragen sind: Wie verändern sich Wirtschafts- und Meinungsmärkte und welche Auswirkungen haben die Entwicklungen auf unsere Kommunikation? Wie entwickeln sich die Zielgruppen hinsichtlich z. B. Kaufgewohnheiten oder Mediennutzungsverhalten und wie müssen wir auf Marketing- und PR-Ebene darauf reagieren? Welche Themen beschäftigen die Zielgruppen in Zukunft, welche gesellschaftlichen Trends lassen sich heute schon ablesen und wie kann das Unternehmen die Themen und Trends proaktiv besetzen?

Das Strategieszenario verlangt von Konzeptionerinnen und Konzeptionern viel Erfahrung, eine starke Sensibilisierung für Trends, methodische Sicherheit im Bereich „Research" und eine hohe Analysefähigkeit. Auf Basis des Strategieszenarios werden essenzielle Richtungsentscheidungen für die Kommunikation getroffen. Vor allem, wenn es um Risikoanalysen im Rahmen der Risiko- und Krisenkommunikation geht, tragen wir Konzeptioner mit unseren konzeptionellen Szenarien eine hohe Verantwortung. Eine falsch angelegte Kommunikationsstrategie kann zu Verlust von vielen Arbeitsplätzen oder sogar zum Konkurs des Unternehmens führen.

Strategieskizze

Die Entwicklung eines Strategieszenarios für eine Kommunikationsaufgabe ist relativ selten. Die Strategieskizze treffen wir häufiger an. Es soll auf lange Sicht ein neuer Kommunikationskurs eingeschlagen werden und die Strategieskizze legt die essentiellen Koordinaten für den Kurs fest. Da die Ausgangssituation relativ gesichert und stabil ist, wäre das Differenzieren in verschiedene Szenarien übertrieben. Vielmehr trifft die Strategieskizze eine eindeutige Richtungsentscheidung und fährt einen klaren Kurs. Die Skizze ist ein kompaktes Papier, das sich als Diskussionsgrundlage für die Kommunikationsverantwortlichen versteht. Zuerst wird eine tragfähige analytische Basis entwickeln, der Schwerpunkt des Papiers liegt dann auf der Strategie. Die Umsetzung spielt so gut wie keine Rolle. Wenn Maßnahmen erwähnt werden, dann um die Wirkungsweise der Strategie zu verdeutlichen.

Die Strategieskizze entsteht häufig als Vorstufe zu einem vertiefenden Kommunikationskonzept. Die Skizze wird abgestimmt und auf ihrer Basis entsteht im nächsten Schritt zum Beispiel ein konkreter Masterplan.

Masterplan

Ein Masterplan ist ein übergeordnetes Dachkonzept, das als zentrales, langfristiges Steuerungsinstrument für die Umsetzung von komplexen Kommunikationsaufgaben dient. Er hat sozusagen die „Leitlinienkompetenz" für die zukünftige Kommunikation. Der übergreifende Masterplan deckt alle Kommunikationsdisziplinen und einen langen Kommunikationszeitraum ab. Da er sich als genauer Marschplan für die Kommunikationsarbeit versteht, muss der Masterplan wesentlich genauer und verbindlicher als ein Strategieszenario oder eine Strategieskizze sein. Aus ihm leiten sich alle weiteren Schritte der Kommunikationsplanung ab – beispielsweise in Form von Jahreskonzepten oder speziellen Konzepten für einzelne Disziplinen wie Online-Kommunikation, Promotion oder Messen. In der Regel ist der Masterplan auf Zeitzyklen zwischen drei und fünf Jahren angelegt und erreicht einen hohen Detaillierungsgrad in der Analyse und im strategischen Teil des Konzepts. Die operative Umsetzung ist integriert, geht aber nicht ins Detail. Hier bleiben Gestaltungsspielräume für die anschließenden speziellen Konzepte. Zum Masterplan gehören auch erste grobe Zeitpläne und Budgeteinschätzungen.

Masterpläne sind zeit- und arbeitsaufwendig. Sie werden z. B. für die Einführung einer neuen Produktlinie oder als Begleitung eines umfangreichen Change-Prozesses entwickelt. Bei keiner anderen Konzeptart ist es so wichtig, ein schlagkräftiges Team zusammenzustellen, das sich tief in das Konzept einarbeitet. Eine einzelne Person kann den Aufwand eines Masterplans kaum bewältigen. In der Regel sind Masterpläne auch keine Schnellschüsse, sie benötigen eine längere Entwicklungszeit, die zwischen zwei Monaten und einem halben Jahr liegt. Aus dem Masterplan entstehen in der nächsten Konkretisierungsstufe z. B. die Jahreskonzepte.

Jahreskonzept

Das Jahreskonzept ist in vielen Organisationen der wichtigste Baustein für die Kommunikationsplanung. In ihm werden alle Maßnahmen für das kommende Jahr festgelegt und zeitlich eingeordnet – wie der Messeauftritt, die jährliche Bilanzpressekonferenz und der Geschäftsbericht. Das Jahreskonzept besteht aus einem eingeführten Maßnahmenstamm, der fortgesetzt und weiterentwickelt wird. Hinzu kommen neue Maßnahmenideen, die der laufenden Kommunikation laufend frische Impulse geben.

Beim Jahreskonzept handelt es sich um ein konkretes Planungspapier mit ausgearbeiteten und verbindlichen Maßnahmen-, Zeit- und Budgetplänen. Mit dem Konzept werden die Ressourcen für das Folgejahr verteilt, sodass

Controlling und Geschäftsleitung genau wissen, in welchem Zeitraum für welche Maßnahme welche Geldmittel und personellen Ressourcen vorgesehen sind. Je nach organisatorischem Zusammenschnitt und der Größe eines Unternehmens erarbeiten häufig die einzelnen Abteilungen – PR, Marketingkommunikation, Messen, Online – für ihren Bereich die Jahresaktivitäten aus, die danach in einen Gesamtjahresplan zusammengefasst werden. Bei getrennten Fachabteilungen ist es wichtig, dass alle Bereiche abgestimmt planen, um möglichst viele Synergien zu erzeugen. Isolierte Kommunikationsansätze gehören der Vergangenheit an, die Zukunft gehört den integrierten Lösungen.

Kampagnenkonzept

Während das Jahreskonzept unterschiedliche Inhalte, Anlässe und Themen der Kommunikation in einem Konzept vereint, fokussieren sich Kommunikationskampagnen[22] auf ein einziges Thema, ein spezielles Produkt oder eine Dienstleistung. Es entsteht eine Einführungskampagne, eine Imagekampagne, eine Aufklärungskampagne, eine Wahlkampagne, eine Widerstandskampagne – je nach Aufgabenstellung. Eine Kampagne will etwas bewegen. Die Kräfte werden gebündelt und ein möglichst hoher Kommunikationsdruck angestrebt, um eine hohe Aufmerksamkeit der Zielgruppe zu erreichen. Die Aktivitäten laufen nur einen begrenzten Zeitraum und haben ein feste Dramaturgie. Große Kampagnen wie die berühmte Anti-Aids-Kampagne „Gib Aids keine Chance" erstrecken sich zwar scheinbar über mehrere Jahre, in Wirklichkeit bestehen die langlaufenden Kampagnen aber aus mehreren Kampagnenwellen, die aufeinander aufbauen.

Das Kampagnenkonzept legt seinen Schwerpunkt auf starke Botschaften, eine aufmerksamkeitsstarke Leitidee und eine dichte Formation von Maßnahmen. Es ist stets ein integriertes Konzept, das genau die Kommunikationsdisziplinen und -instrumente in Formation bringt, die notwendig sind, um die gestellte Aufgabe optimal zu lösen.

Früher waren Kampagnen oft klassische Werbekampagnen. Allerdings war ein hohes Budget notwendig, wenn man zur besten Sendezeit massiv TV-Spots platzieren, ganzseitige Anzeigen in Tageszeitungen schalten oder großflächig Plakatflächen besetzen wollte. Solche Werbekampagnen sind ob der hohen Kosten heute selten geworden. Nur wenige können es sich noch leisten, mit hohem Werbedruck Aufmerksamkeit zu „erkaufen". Moderne Kampagnen generieren durch die geschickte Anordnung und Verpackung von echten Inhalten („Content") eine hohe Präsenz über alle Kanäle – von den sozialen Netzwerken bis zu den klassischen Medien. Es sind alle Gewerke der Kommunikation professionell vertreten und sie spielen gekonnt zusammen.

Aktionskonzept

Das Aktionskonzept ist die abgespeckte kleine Variante des Kampagnenkonzepts und in unserer beruflichen Praxis häufig anzutreffen. Ein Kennzeichen ist die kurze zeitliche Begrenzung auf Aktionstage, Aktionswochen oder einen Aktionsmonat. Die Aktion setzt klare kompakte Schwerpunkte in Bezug auf Inhalte und Zielgruppen – beispielsweise ein Berufsschulaktionstag unter dem Motto „Alkohol im Straßenverkehr: Sicherheit für junge Fahrer". Die damit verbundenen Aktionsmaßnahmen beschränken sich auf wenige Maßnahmen wie beispielsweise einen Fahrwettbewerb in einem 3D-Fahrsimulator am Aktionsort Berufsschule. Die Maßnahmen arbeiten alle auf einen einzigen Tag, den Aktionstag hin.

Wie bei der großen Kampagne gilt auch bei der Kommunikationsaktion: Routine ist der natürliche Feind der Kommunikation. Das heißt, es kommt auf eine geschlossene Dramaturgie der Aktion an. Das Aktionsthema muss spannend aufbereitet sein, einen hohen Informations- und Aktivierungsgrad besitzen, damit es für die Zielgruppe, für die Medien und potenzielle Kooperationspartner interessant ist. Wie das Kampagnenkonzept verbindet auch das Aktionskonzept unterschiedliche Kommunikationsdisziplinen zu einer eng verzahnten Einheit.

Aktionskonzepte stehen in der Regel solitär. Sie können aber auch Teilkonzepte eines umfangreichen Masterplans oder eines Jahreskonzepts sein. Inhaltlich lassen sie sich in einen größeren Erzählrahmen einbinden, sie verstehen sich dann als Ereignispunkte in der Lebensgeschichte eines Produkts oder einer Dienstleistung.

Projektkonzept

Projektkonzept und Aktionskonzept ähneln sich – die Begriffe werden oft auch synonym benutzt. Beide Konzeptarten sind kompakt im Umfang, beinhalten jeweils mehrere aufeinander abgestimmte Kommunikationsmaßnahmen. Das Hauptunterscheidungsmerkmal ist der Faktor Zeit. Während das Aktionskonzept eine zeitliche Dramaturgie mit hoher Dynamik und einem Handlungsfaden aufweist, fehlt dem Projektkonzept die zeitliche Stringenz. Zwar legt auch hier die Zielsetzung einen zeitlichen Horizont fest, aber die an diesem Ziel ausgerichteten Kommunikationsaktivitäten haben keine zwingende dramaturgische Dichte. Aktionskonzepte haben einen überschaubaren Zeitrahmen. Der Rahmen für ein Projektkonzept kann von wenigen Wochen bis hin zu mehreren Jahren reichen.

Ein Beispiel soll die Unterschiede verdeutlichen. Ein Modeunternehmen veranstaltet einen sechswöchigen Model-Contest unter den eigenen jungen Kunden, der über drei Vorentscheidungen bis zum Finale läuft und systematisch über die sozialen Medien begleitet wird. Dabei handelt es sich um Kommunikation, der ein Aktionskonzept zugrunde liegt. Andererseits will ein Mobilfunkunternehmen zukünftig alle Kunden, die sich in den nächsten Jahren durch Beschwerden im Callcenter als potenzielle Wechsler zu erkennen geben, bei Bedarf mit gezielten Kommunikationsmaßnahmen ansprechen und umstimmen. Für diese Kommunikationsaufgabe wird ein Projektkonzept entwickelt.

Das Projektkonzept beinhaltet Analyse und Strategie, legt seinen Schwerpunkt aber eindeutig auf die konkrete Umsetzung mit einer genauen Maßnahmenbeschreibung. Alle Einzelschritte werden plausibel und nachvollziehbar erklärt, sodass ein klares Gesamtbild der Projektumsetzung entsteht.

Maßnahmenkonzept

Das Maßnahmenkonzept konzentriert sich auf eine bestimmte Kommunikationsmaßnahme, die für einen klar definierten Adressatenkreis bestimmt und mit einer konkreten Zielsetzung verbunden ist. Es ist nicht irgendeine Standardmaßnahme, sondern eine Maßnahme, die in ihrer Wertigkeit und Bedeutung eine herausragende Stellung als Highlight besitzt. Daher werden an die Umsetzung hohe Erwartungen hinsichtlich Kreativität und Professionalität gestellt.

Noch stärker als Aktions- und Projektkonzepte sind Maßnahmenkonzepte handfeste Arbeitspapiere, die eine hohe Aussagekraft und Verbindlichkeit bei Zeit- und Kostenplanung sowie Aufgabenverteilung und Ressourcenbedarf besitzen. Hier wird punktgenau gearbeitet. Maßnahmenkonzepte werden beispielsweise für ein neues Kundenmagazin oder den Relaunch des Mitarbeiterfestes entwickelt. Sie haben fast immer Arbeitscharakter und keinen repräsentativen Charakter. Aus dem Grund wird diese Art des Konzepts in manchen Fällen nicht als Text ausformuliert oder als Präsentation sehenswert aufbereitet, sondern lediglich stichwortartig in einer übersichtlich strukturierten Tabelle erfasst.

Wichtig ist bei dieser Konzeptart, dass eine enge Anbindung an die Kommunikationsstrategie gewährleistet bleibt, sodass die Maßnahme nicht isoliert erscheint, sondern perfekt in die Gesamtkommunikation eines Unternehmens eingebunden wird. Mehrere Maßnahmenkonzepte können sich zu einem Maßnahmenkomplex zusammenschließen. Alle Maßnahmen sind aufeinander abgestimmt und eng verzahnt. Sie greifen wie Zahnräder innerhalb eines Uhrwerks reibungslos zusammen.

Konzeptskizze

Die Konzeptskizze – auch Konzeptentwurf genannt – entwirft die Grundzüge für eine Kampagne, eine Aktion, ein Projekt oder eine einzelne Maßnahme. Die Skizze ist zunächst nur ein Ideenpapier, um einen ersten Eindruck von der Kommunikation zu vermitteln. Sie enthält keine exakten Zielformulierungen, keine ausgefeilten Botschaften und Themen. Die Maßnahmen und zeitlichen Abläufe sind ebenfalls nur grob erfasst. Es soll deutlich werden, was das Besondere der Konzeptidee ist und warum sich eine Umsetzung lohnt. Die Konzeptskizze weckt Interesse und regt zur Diskussion an.

Agenturen setzen die Konzeptskizze gern als Verkaufshilfe an. Sie bieten dem Auftraggeber eine kostenlose Skizze an, die unter Beweis stellt, dass sich das Agenturteam in die Aufgaben des Kunden hineindenken kann. Mit der Skizze als „Appetizer“ hoffen sie auf den großen Auftrag.

Die Konzeptskizze besteht aus wenigen Seiten Text oder einer kleinen Präsentation. Sie lässt sich in wenigen Minuten vorstellen und macht neugierig auf mehr. Bekommt die Konzeptskizze grünes Licht, dann wird sie weiter ausgearbeitet. Ein vertiefendes Kampagnen-, Aktions-, Projekt- oder Maßnahmenkonzept entsteht.

Die Realisierung des Konzepts

Keine Angst vor Konzepten: Einfach machen!

„Ich habe noch nie ein Konzept geschrieben!" Wer als Kommunikationsprofi oder talentierte Nachwuchskraft zum ersten Mal eigenständig ein Konzept entwickelt, sieht zunächst einen riesigen Berg Arbeit vor sich. Sie oder er hat sich schon mit dem Thema Konzeptionslehre beschäftigt, vielleicht ein Methodenbuch gelesen oder einen Konzeptionsworkshop besucht. Doch jetzt wird es ernst und ein handfestes Kommunikationskonzept muss auf die Beine gestellt werden – mit allen Schritten, die dazugehören.

Das Ganze steht wie üblich unter Zeitdruck, die Fristen sind eng gesetzt und die Erwartungshaltung ist hoch, denn der Chef wünscht sich „einen richtigen Knaller". Da stellt sich die bange Frage: „Wie komme ich zum fertigen Konzept? Welches ist der Weg, der mich schnell und sicher zum Ziel führt?" Zunächst einmal Entwarnung! Konzepte entwickeln ist nicht schwer und unsere pragmatische Aufforderung lautet: „Einfach machen!"

Hinderlich ist eine weit verbreitete Angst vor dem Konzept. Vielleicht liegt es daran, dass viele Fachbücher und Vorträge zum Thema Kommunikationskonzeption den Eindruck einer hohen Wissenschaft vermitteln. Ihr verwissenschaftlichter Sprachduktus und die Überbetonung eines perfekten Methodenansatzes flößen Respekt ein. Sie unterscheiden in einen richtigen Konzeptionsweg und viele falsche Wege. Diese Unterscheidung suggeriert ein hohes Risiko des Scheiterns und erzeugt ein ungutes Gefühl im Bauch. Dabei ist die Angst völlig unnötig, weil es in der Praxis der Kommunikationskonzeption nicht nur einen, sondern viele mögliche Wege gibt. Es existiert ein verzweigtes Wegenetz der Kommunikation, auf dem man über unterschiedliche Strecken zum avisierten Ziel gelangen kann.

Nehmen wir die typische Situation eines Unternehmens, das eine Wettbewerbsausschreibung – den berühmten „Pitch" – für ein Kommunikationskonzept startet. Erwartet die Kommunikationsleiterin des Unternehmens, dass die fünf eingeladenen Agenturen alle ein ähnliches Ergebnis liefern? Das könnte man durchaus annehmen, schließlich konzipieren alle auf der Basis des gleichen Briefings, arbeiten mit der gleichen methodischen Schrittfolge und haben das gleiche Kommunikationsinstrumentarium zur Verfügung. Da läge es doch nahe, dass infolge gleiche logische Schlüsse gezogen und ähnliche Lösungen entwickelt würden. Das passiert aber nicht! In aller Regel entwerfen die fünf Agenturen fünf ganz unterschiedliche Lösungswege und vermutlich liegen alle Konzepte mit ihrer Lösung richtig. Wie kann das sein? Das liegt daran, weil es in der Kommunikationskonzeption nicht den einen idealen Weg zum Ziel, weil es keine perfekte Lösung gibt. Im komplexen Netzwerk der Kommunikation gibt es zahlreiche Wege und man kann auf mehreren möglichen Konzeptionskursen mit unterschiedlichen Streckenführungen zum Ziel kommen. Und bevor man es nicht umgesetzt hat, weiß keiner zu 100 Prozent, welcher Kurs der Beste ist.

In diesem Buch werden Methoden und Instrumente der Konzeption beschrieben, die bei der Kursbestimmung helfen. Es geht aber keinesfalls darum, die Methoden möglichst stringent und buchstabengetreu zu befolgen. Für die immer wieder neue Suche nach kreativen und überzeugenden Lösungen gibt es kein Standardverfahren. Jedes Konzept ist ein Unikat, Lösungen von der Stange verbieten sich. Wir Konzeptionsschaffende müssen uns jedes Mal aufs Neue einen eigenen Weg erschließen, unterwegs jeden Schritt mit Bedacht wählen und mit Überraschungen rechnen. Die Konzeptionsmethodik gibt uns wertvolle Hilfslinien und Orientierungspunkte vor – nicht mehr, aber auch nicht weniger.

Wer zum ersten Mal ein Kommunikationskonzept entwickelt, der sollte sich nicht gleich an einem Masterplan oder einem großen Kampagnenkonzept versuchen, sondern mit kleinen Konzepten beginnen, deren Aufgabenstellungen eine hohe Erfolgswahrscheinlichkeit haben. Das kann ein einzelnes Maßnahmenkonzept für einen Messeauftritt sein oder ein kleines Aktionskonzept für ein anstehendes Jubiläum. Einsteigen sollte man mit Konzepten, die schnelle Erfolge und viele nützliche Erfahrungen versprechen. Mit der Zeit kann man sich dann an die konzeptionellen Schwergewichte wagen.

Wer macht das Konzept?

Jemand muss das Kommunikationskonzept entwickeln, diesen Jemand nennen wir Konzeptionerin bzw. Konzeptioner. Das ist keine offizielle Berufsbezeichnung, sondern eher eine Berufung. Die Rolle der Konzeptioner hat sich in letzter Zeit stark verändert. Früher waren sie die Spezialisten, die nach gründlichem Briefing an ihren Arbeitsplatz verschwanden, hinter verschlossenen Türen arbeiteten und nach mehreren Wochen dem Auftraggeber ein schlüsselfertiges Konzept mit tollen Ideen präsentierten.

Diese Rolle ist ein Auslaufmodell. Es geht weg von der allwissenden externen Fachkraft, die für die Sonderaufgabe „Konzepterstellung" engagiert wird, hin zu Moderatoren und Lotsen der Kommunikationskonzeption, die aktiv steuern, an den richtigen Stellen intervenieren und durch den Prozess führen. Diese fachlich veränderte Rolle hat Auswirkungen auf den Konzeptionsprozess selbst. Konzepte werden zunehmend nicht nach dem klassischen Top-Down-Prinzip entwickelt, bei der ein Konzeptionsprofi auf Basis eines schriftlichen Briefings „am grünen Tisch“ allein oder mit einem kleinen Team lineare Lösungen von A bis Z entwickelt und sich nach Abgabe des Konzepts wieder dezent zurückzieht. Dieses Konzeptionsverständnis ist nicht mehr zeitgemäß.

Stattdessen gehört es zum modernen Konzeptionsverständnis, in gemeinsamer Arbeit mit dem Auftraggeber „bottom-up“ die Aufgabenstellung zu präzisieren und das Konzept zu entwickeln. Vom Kopf auf die Füße stellen! Der Vorteil des partizipativ ausgerichteten Werkstattprinzips: Die Beteiligten auf Auftraggeberseite arbeiten aktiv an der Lösung mit und bringen die eigene Branchenexpertise in den Konzeptionsprozess ein. Widerstände und Bedenken kommen von Beginn an auf den Tisch, werden bearbeitet und diskutiert. Ideen des Auftraggebers fließen in alle Phasen des Konzeptionsprozesses ein. Und am Ende steht eine Lösung, an der alle mitgearbeitet haben, die weitgehend akzeptiert ist und von allen mitgetragen wird. Die Beteiligten beim Auftraggeber haben einen wesentlichen Beitrag zum Gelingen geleistet und für den Konzeptionsprozess aktiv Verantwortung übernommen.

Das kooperative Werkstattprinzip, bei dem in einem kompakten Workshop die grundlegenden Schritte des Konzepts gemeinsam angegangen und Lösungsansätze erarbeitet werden, ist jedoch keine Harmonieveranstaltung, die Kommunikation auf Kompromisse aufbaut. Es muss sichergestellt sein, dass offen und intensiv argumentiert und um die beste Position gerungen, wenn nötig sogar gestritten wird.

Vor diesem Hintergrund dürfen sich Konzeptionsschaffende nicht als neutrale Servicekraft verstehen, die den Konzeptionskurs der Diskussion der Workshop-Teilnehmer überlassen. Als Kommunikationsprofis tragen sie Verantwortung für einen Erfolg versprechenden Kommunikationskurs, halten das Steuer fest und hängen ihre Fahne nicht in den Wind. Sie kennen alle Kommunikationsverstärker und -hemmnisse und dirigieren den Kurs entsprechend. Der Austausch zwischen Auftraggeber und uns Konzeptionsspezialisten ist immanent und der Konzeptionsfortschritt wird im Dialog weiterentwickelt. Durch das Werkstatt-Prinzip entwickelt sich der Planungsprozess vom klassischen linearen briefingbasierten Auftrag hin zu einem feedbackbasierten Arbeitsmodell. Weg vom routinierten Abarbeiten der einzelnen Methodenschritte hin zu einem offenen und dynamischen Prozess mit den Konzeptionsmethoden als Wegweiser für die gemeinsame Arbeit.

Prozess der Konzeption

Im Mittelpunkt der Konzeptionsentwicklung nach dem Werkstattprinzip steht ein Konzeptionsworkshop, bei aufwendigen Kampagnen und Masterplänen können es auch mal zwei oder drei Workshops werden. In dem Workshop entstehen die Grundzüge des Konzepts als Gemeinschaftsarbeit von Konzeptioner und Auftraggeber.

Im Vorfeld wird der Workshop gründlich vorbereitet. Innerhalb der Vorbereitungszeit liegt der Arbeitsschwerpunkt auf der Sammlung der notwendigen Informationen. Erst wenn alle Daten, Fakten und Hintergrundinformationen für das Konzept gesammelt sind und zur Verfügung stehen, kann der Workshop beginnen.

Wichtig für den Erfolg ist die richtige Zusammensetzung der Workshop-Teilnehmer. Der Workshop kann aus nur zwei Teilnehmern bestehen, schon in diesem kleinen Rahmen ist der Austausch möglich, allerdings mit begrenzter Impulskraft. In der Regel liegt der Teilnehmerkreis bei sechs bis 12 Personen. Neben uns Konzeptionsfachkräften sind die Kommunikationsverantwortlichen und die relevanten Fachabteilungen des Auftraggebers einbezogen, im Einzelfall kann auch ein Vertreter der Führungsebene dabei sein. Allerdings sollte gewährleistet werden, dass durch die Führungspräsenz der offene Austausch nicht leidet, weil sich alle Teilnehmer zurückhalten und nur in Richtung der Führungskraft schielen.

Falls sich das Konzept im Umsetzungsteil auf eine bestimmte Fachrichtung – z. B. Eventkommunikation oder Social-Media-Marketing – konzentriert, sollten unbedingt Teilnehmerinnen und Teilnehmer im Raum sein, die genügend Fachkompetenz für eine erste grobe Maßnahmenplanung mitbringen. Wird der Teilnehmerkreis des Workshops zu groß, verliert die Workshop-Arbeit automatisch an Tempo. Aufgrund unserer Erfahrung wird bei über 20 Teilnehmern der Rahmen gesprengt und eine zielgerichtete Konzeptionsarbeit ist nicht mehr möglich.

Der Konzeptionsworkshop dauert nicht länger als ein bis zwei Tage. In dieser Zeit kommt es darauf an, zusammen mit dem Auftraggeber an einer richtungweisenden Lösung zu arbeiten. Die gemeinsame Arbeit besteht aus drei großen Konzeptionsschritten: Analyse, Strategie und Umsetzungsplanung. Gemeinsam werden die wesentlichen Parameter skizziert, es geht noch nicht um die Details, sondern um die große konzeptionelle Linie.

Eine zentrale Stellung innerhalb des Workshops haben wir Konzeptionerinnen und Konzeptioner. Wir fungieren als Lotsen und Moderatoren und führen durch den Workshop. Wir stellen sicher, dass alle Teilnehmer ihre Ideen und ihr Wissen einbringen können, dass die Konzeptionsarbeit nach vorne gerichtet ist und sich nicht in Details oder Randnotizen verliert. Wir kennen die Methodik der Konzeption, führen die Teilnehmer Schritt für Schritt voran und protokollieren die Ergebnisse. Als Anwälte der Kommunikation achten wir darauf, dass die Ergebnisse realistisch machbar sind und den Regeln der Kommunikation folgen.

In der Nachbereitung nehmen wir die Ergebnisse des Workshops mit ins Büro und feilen sie aus. Aus der Arbeitsskizze des Workshops wird ein gründlich ausgearbeitetes Kommunikationskonzept. Arbeiten wir als externe Konzeptioner, die nicht im Unternehmen angestellt sind, dann haben wir einen festen Ansprechpartner im Unternehmen, der während der Ausarbeitung hilft und eventuell vorhandene Wissenslücken füllt, weitere Kontaktpartner vermittelt und die Tür zum Unternehmen offenhält. Aber bitte nur einen Ansprechpartner und keine drei oder vier, wie es regelmäßig vorkommt! Es muss jemand im Unternehmen als Kontakt bestimmt sein, der den richtigen Überblick und guten Kontakte in das Unternehmen hat.

Im Rahmen der Umsetzungsplanung des Konzepts tauchen bei einzelnen Maßnahmen Spezialprobleme auf, bei denen wir Konzeptioner als Generalisten nicht die nötigen Fachkenntnisse besitzen – zum Beispiel, wenn es um Handelspromotion oder Mobile Marketing geht. In dem Fall wird es notwendig, die entsprechende Fachabteilung des Auftraggebers oder externe Spezialisten einzubeziehen, um eine professionelle Lösung abzusichern. Die Fachleute können mit ihrem Expertenblick beurteilen, ob eine spezielle Idee oder Maßnahme technisch umsetzbar ist und welche Kosten damit verbunden sind.

Eine wichtige Entscheidung, die noch gefällt werden muss: In welcher Form ist das Konzept fertigzustellen? Handelt es sich um ein umfangreiches schriftliches Konzept-Booklet von 50 Seiten und mehr? Oder reicht eine PowerPoint-Präsentation mit dem Konzept in Stichworten? Vielleicht ist auch ein komprimiertes „Executive Summary“ angemessen, das auf ein bis drei Seiten, eine hochgradig verdichtete Version des Kommunikationskonzepts wiedergibt. Ganz gleich auf welche Dokumentationsform die Entscheidung fällt, eines ist unabdingbar: Das fertige Konzept muss präsentiert werden.

Konzepte müssen „verkauft“ werden

Es reicht nicht aus, ein gutes und wirkungsstarkes Konzept zu entwickeln. Das Konzept muss unbedingt auch verstanden und von den Auftraggebern offen angenommen werden. Das funktioniert nur mit Informationstransparenz und nachvollziehbaren Argumenten im Rahmen einer mündlichen Präsentation vor den Entscheidern. Es geht darum, das Vertrauen in das Konzept als sinnvolle und machbare Lösung zu fördern. Deshalb lautet die Regel: Jedes Konzept wird präsentiert – und jede Präsentation muss so gestaltet werden, dass sie „verkauft“.

Eine Konzeptpräsentation ist kein Wissenschaftsvortrag, sondern ein monologisches „Verkaufsgespräch". Die Konzeptionspräsentation „verkäuferisch" anzugehen, darf nicht dazu führen, sein Gegenüber zu unterschätzen. Oftmals ist in Unternehmen eine Menge Wissen und Erfahrung in der Bewertung von Kommunikationsstrategien vorhanden. Platte Verkaufsrhetorik fällt sofort auf und führt zur Abwehrhaltung. „Als langjährige Online-Experten wissen wir" oder „aus unser Erfahrung heraus können wir Ihnen sagen", diese Standard-Phrasen, die sich einer Überprüfung verweigern, führen nicht zu Akzeptanz beim Gegenüber. Vielmehr sorgen sie für Verweigerung und Ablehnung. Es kommt darauf an, das Konzept mit dem Auftraggeber im besten Sinne zu teilen. Gute Konzeptionerinnen und Konzeptioner fühlen sich in die Materie ein und verstehen ihre Auftraggeber. Sie bauen auf deren Wünschen und Wissen auf und tun alles, um mit ihrem Konzept verständlich und verständnisvoll rüberzukommen.

Wenn in der Kommunikation alles beim Alten bleibt, dann braucht man kein Konzept. Ein gutes Konzept trägt kreative Veränderung in eine Organisation, es werden alte Regeln gebrochen, liebgewonnene Gewohnheiten über Bord geworfen und neue Aspekte sichtbar gemacht. Das Konzept wagt einen Blick über den berühmten Tellerrand hinweg, der alte ausgetretene Pfad der Kommunikation wird verlassen, um neue Potenziale der Ansprache zu erschließen. Das führt in manchen Unternehmen zu heftigen Diskussionen direkt im Anschluss an die Präsentation. Ein neues Konzept wird nicht von allen mit offenen Armen empfangen, denn Veränderungen erleben viele als einen Verlust von Sicherheit. Eine gut vorbereitete Präsentation ist auf diese Abwehrhaltung vorbereitet und fängt die Zweifler ein. Ist das Konzept im Workshop entstanden, dann springen uns in der Präsentation die Workshop-Teilnehmer bei und unterstützen unsere Überzeugungsarbeit.

Zeitaufwand für die Konzeption

In den Zeiten vor der Digitalisierung schienen die Uhren langsamer zu laufen. Für ein durchschnittliches Kommunikationskonzept hatten die Konzeptionsmacher zwei bis drei Monate Zeit. Sie brauchten die Zeit, denn allein die an das Briefing anschließende Recherche von externen Daten und Fakten dauerte teils mehrere Wochen. Auch damals schon gab es Schnellschüsse und ein Konzept musste innerhalb weniger Tage fertiggestellt werden, aber das waren Ausnahmen.

Heutzutage haben sich die Durchlaufzeiten für Konzepte wesentlich verkürzt. Die durchschnittliche Zeit vom schriftlichen Briefing bis zur „Deadline" des fertigen Konzepts liegt bei vier bis sechs Wochen. Schnellschüsse sind keine Ausnahme, sondern eine Selbstverständlichkeit. Das Internet und die

Digitalisierung der Arbeit machen die Beschleunigung möglich. Eine Recherche lässt sich jetzt, wenn es darauf ankommt, in wenigen Stunden erledigen. Die Aussage „Wir benötigen das Konzept in zwei Wochen!" löst bei Konzeptionsfachleuten heutzutage keine Panik aus. Selbst ein Konzept quasi über Nacht lässt sich in den Griff bekommen. Leidet darunter die Qualität? Nein, das muss nicht sein. Wenn die notwendigen Informationen vorhanden sind, kann auch ein schnelles Konzept ein gutes Konzept sein.

Es gibt allerdings eine Ausnahme, bei der ist ein hohes Tempo brandgefährlich. Die Ausnahme tritt immer dann ein, wenn kreative Leistung mit guten Leitideen, tollen Slogans und sehenswerten Skribbles gefragt ist. Die kreative und gestalterische Entwicklung braucht eine gewisse Reifezeit. Gute Ideen lassen sich nicht übers Knie brechen, sie müssen Schritt für Schritt entwickelt werden und sich langsam ausformen. Schnellschüsse führen zu einem gefährlichen Qualitätsverlust und in der Folge auch zu einem Verlust in der Kommunikationswirkung. Und um an der Stelle gleich einer weit verbreiteten Lebensweisheit zu widersprechen: Nein, die erste Idee ist in der Regel nicht die Beste!

Wieviel Zeit muss man für ein Konzept einplanen? Die folgenden Werte sind Erfahrungsgrößen und Durchschnittswerte aus unserer Praxis. Wir geben die Zeit in Wochen an, damit ist nicht die reine Arbeitszeit, sondern die Zeitspanne vom ersten Briefing bis zu Fertigstellung des Konzepts gemeint.

Konzeptart	Zeitspanne (ohne Kreation und Gestaltung)	Zeitspanne (mit Kreation und Gestaltung)
Masterplan, Kampagnenkonzept	6 bis 15 Wochen	8 bis 24 Wochen
Jahreskonzept	4 bis 10 Wochen	8 bis 15 Wochen
Strategieszenario, Strategieskizze	3 bis 8 Wochen	nicht relevant
Aktionskonzept, Projektkonzept	2 bis 6 Wochen	4 bis 10 Wochen
Konzeptskizze, Maßnahmenkonzept	1 bis 3 Wochen	2 bis 4 Wochen

Abbildung 7: Zeitspanne für Konzepterstellung

Die Zeitangaben für die einzelnen Konzeptarten sind Durchschnittswerte. Je nach Auftraggeber und Aufgabenstellung kann es bis zur Fertigstellung des Konzepts schneller gehen oder mehr Zeit benötigt werden. Unser Rekord nach unten liegt bei zwölf Stunden für ein fertiges Konzept und nach oben bei einem ganzen Jahr.

Im direkten Anschluss stellt sich die Frage, wie Konzeptionerinnen und Konzeptioner ihre Entwicklungsarbeit innerhalb der drei großen Konzeptschritte gewichten: Analyse, Strategie und Umsetzung. Die meisten Außenstehenden überrascht die lange Zeit, die man als externe Kraft aufwenden muss, um ins Thema zu kommen und wie schnell im Gegensatz dazu die anschließende Strategie auf die Beine gestellt wird. Die Erklärung ist einfach: Externe brauchen viel Zeit, um über eine gründliche Analyse Licht ins Thema zu bringen. Aber steckt man erst einmal im Thema und überblickt die Lage, dann macht es schnell Klick-Klick im Kopf und die strategischen Schritte stehen. Anders ist es mit der konzeptionellen Planung der Umsetzung. Da steckt wiederum viel Detail- und Fleißarbeit drin, man muss gründlich planen, ergänzende Recherchen betreiben und die Machbarkeit jeder einzelnen Maßnahme absichern. Das kostet Zeit.

Konzeptart	1. Schritt **Analyse**	2. Schritt **Strategie**	3. Schritt **Umsetzung**
Masterplan, Kampagnenkonzept	**40 %**	**15 %**	**45 %**
	30 %	25 %	45 %
Jahreskonzept	**40 %**	**10 %**	**50 %**
	25 %	25 %	50 %
Strategieszenario, Strategieskizze	**45 %**	**45 %**	**10 %**
	35 %	55 %	10 %
Aktionskonzept, Projektkonzept	**25 %**	**15 %**	**60 %**
	15 %	25 %	60 %
Konzeptskizze, Maßnahmenkonzept	**15 %**	**15 %**	**70 %**
	10 %	20 %	70 %

Abbildung 8: Aufwand für Analyse, Strategie und Umsetzungsplanung

Die oberen, fetten Prozentwerte in jeder Zeile beziehen sich jeweils auf externe Konzeptioner mit solider Konzeptionserfahrung. Die direkt darunter stehenden Prozentwerte in Light-Schrift stellen den Aufwand für unternehmensinterne Konzeptionsverantwortliche ohne große Konzeptionserfahrung dar. Es handelt sich um Durchschnittswerte, die je nach Einzelfall erheblich abweichen können.

Bei jeder Konzeptart werden beständig alle drei Schritte des Konzepts abgearbeitet. Ohne den Dreisprung läuft kein Kommunikationskonzept. Die Proportionen der einzelnen Schritte sind – wie obenstehende Tabelle veranschaulicht – je nach Konzeptart völlig unterschiedlich.

Kosten eines Konzepts

Natürlich interessiert sich jeder, der ein Kommunikationskonzept beauftragt, für das Thema Kosten. „Was kostet denn Ihr Konzept und was kriege ich dafür?" So lautet eine der ersten Fragen. Unsere Antwort: „Das kommt darauf an!"

Viele Kommunikationskonzepte entstehen im Kontext von Wettbewerbsausschreibungen, sogenannten „Pitches". Da treten mehrere Agenturen gegeneinander an. Jede erstellt ein Konzept mit gründlicher Analyse und Strategie, mit tollen Leitideen und wunderbaren Visualisierungen und – das Ernüchternde ist – nur ein Konzept gewinnt. Die anderen Konzepte werden nicht umgesetzt und nur mit Ausfallhonoraren entlohnt, die über einen symbolischen Wert kaum hinausgehen. Treten drei Agenturen gegeneinander an, ist der Verlust noch überschaubar. Wir erleben aber Pitches, bei denen 7, 9, 12 oder 15 Agenturen „in die Bütt" gehen. Unser Rekord liegt schon etwas zurück. Klaus Schmidbauer hat 1999 an einem Pitch teilgenommen, an dem über 200 Agenturen sich mit einem Konzept beteiligt haben. So viele Konzepte „für die Tonne", es bricht uns das Herz.

Überdies nutzen Agenturen das Kommunikationskonzept gern als Akquisitionsinstrument. Um ins Geschäft zu kommen, wird das Konzept (eigentlich das Herzstück der Kommunikation) „für lau" erstellt. Und wenn nicht umsonst, dann wird es zu einem Bruchteil des Aufwands in Rechnung gestellt. Woran liegt das? Wird der Wert von Konzepten nicht erkannt? Es liegt an einem weit verbreiteten Geschäftsverständnis der Branche, das da lautet: „Das Konzept kostet wenig, verdient wird mit der Umsetzung." Oder anders formuliert: „Wir sehen das Konzept als spekulative Investition, die wir mit dem Umsetzungsetat locker wieder reinholen." Als Folge leidet die Qualität vieler Konzepte, weil die Agenturen versuchen, das Konzept auf Low-Budget-Niveau zu realisieren. Bei genauem Hinschauen sind viele dieser Konzepte keine vollwertigen Problemlösungen für den Kunden, sondern schlagen Lösungen vor, die der Agentur den notwendigen Deckungsbeitrag garantieren. Auf der anderen Seite schätzen viele Kunden das Konzept nur als nettes „Add-on", denn was wenig kostet, ist wenig wert.

Aber mal abgesehen von Pitch und Akquisition, was kostet ein Konzept, wenn es regulär bezahlt wird? Die Deutsche Public Relations Gesellschaft (DPRG) definiert Konzeptionen als „pauschalisierungsfähige Leistungen", d.h. Leistungen, die zu einem Festpreis angeboten werden können[23]. Dabei wird unterschieden zwischen:

- **Kleine Konzeption:** beinhaltet die Leistungsbestandteile kurze Analyse, Ideenskizze, kurzer Maßnahmenplan und Kostenplan. Die Spanne für Honorarkosten bewegt sich zwischen 1.500 und 2.500 Euro.

- **Mittlere Konzeption:** ähnelt dem Leistungsspektrum einer kleinen Konzeption, wobei die Analyse und der Maßnahmenplan detaillierter und umfassender sind. Zusätzlich zu diesen Leistungen kann eine mittlere Konzeption die Präsentation der Konzeption umfassen. Die Kostenspanne beträgt 3.000 Euro bis 5.000 Euro.

- **Große Konzeption:** unterscheidet sich im Vergleich zu einer mittleren Konzeption im Umfang der einzelnen Leistungen. Darüber hinaus enthält eine große Konzeption umfangreiche Recherchetätigkeiten sowie die Erstellung eines detaillierten Zeit- und Kostenplans. Die Kostenspanne für die Honorarkosten bewegt sich zwischen 5.000 und 10.000 Euro. Aber es gibt auch umfassende integrierte Kommunikationskonzepte und Masterpläne, die eine Größenordnung von 20.000 bis 50.000 Euro erreichen.

Die Kostenberechnung ist nicht nur abhängig von der tatsächlich geleisteten Arbeit, sondern auch von der Größe und dem Namen der Agentur. Größere Agenturen haben in der Regel höhere Gemeinkosten, die sich im Preis für ein Konzept und höheren Honorarsätzen niederschlagen. Das Image, das man sich mit einer größeren Agentur einkauft, hat ebenfalls seinen Preis. Und natürlich hält eine größere Agentur einen größeren Apparat vor, der mitbezahlt werden muss, aber im Notfall auch eine schnelle Umsetzung möglich macht. Auf der anderen Seite kennen wir freiberufliche Konzeptionerinnen und Konzeptioner, die ihre Konzepte deutlich unter den oben genannten Pauschalhonoraren anbieten und damit Selbstausbeutung betreiben.

Wir persönlich bieten nur das eigentliche Kommunikationskonzept in Text- oder Präsentationsform an. Agenturen gehen in ihren Leistungen weit darüber hinaus. Ihre Konzepte beinhalten auch grafische Entwürfe für Websites, Muster von Werbematerialien, Storyboards für YouTube-Clips und ähnliches. Entsprechend hoch ist die Erwartungshaltung an das Konzept bei manchen Auftraggebern. Um die Erwartung nicht zu enttäuschen, empfehlen wir, die konzeptionellen Leistungen nicht zu pauschalisieren und besser den Aufwand in Einzelpositionen transparent zu machen. Für die eigene Aufwandsberechnung sowie die Kostentransparenz gegenüber dem Kunden erfolgt die Aufschlüsselung der angefallenen Dienstleistungen nach Honorarstunden/-tage zu festen Honorarsätzen. Hierzu ein kleines Rechenbeispiel für ein größeres Kommunikationskonzept:

	Leistung	Tage	EP	Summe
1.	Bestimmung der Ausgangslage mit Recherche und Stärken-/Schwächen-Profil	3,0	900 €	2.700 €
2.	Entwicklung der Strategie	2,5	900 €	2.250 €
3.	Entwicklung der Leitidee inklusive Visualisierung	2,0	1.000 €	2.000 €
4.	Maßnahmenentwicklung mit Evaluation	3,0	900 €	2,700 €
5.	Detaillierter Zeit- und Budgetplan	1,5	900 €	1.350 €
	Gesamtsumme Netto	**12,0**		**11.000 €**

Abbildung 9: Kostenbeispiel für ein Konzept

An obigem Konzept hat ein kleines Team 12 Tage gearbeitet. Unter der Position 3, der kreativen Leitidee, wurde ein „Key Visual" (Schlüsselbild) als Erkennungszeichen in drei Varianten gestaltet. Das Konzept entstand als PowerPoint-Booklet mit 56 Folien, eine mündliche Präsentation fand nicht statt. Nach einem Korrekturvorgang (sieben Stunden ohne Berechnung) wurde das Konzept vom Kunden verabschiedet und bezahlt.

Die genannten Honorare sind marktüblich für unsere Heimatstadt Berlin. In Düsseldorf oder München liegen die Preise etwas höher, in kleineren Städten und ländlichen Regionen in der Regel niedriger. Für gemeinnützige Nonprofit-Organisationen ist interessant: Bisweilen gewähren Agenturen auch attraktive Rabatte, wenn sich das kreative Ergebnis des Kommunikationskonzepts als gutes Referenzprojekt in die eigene Imagewerbung einbinden oder als Wettbewerbsbeitrag für einen der vielen Kommunikations-Awards verwenden lässt.

Was macht ein gutes Konzept aus?

Wie erkennt man als Entscheider, dass ein vorgelegtes Konzept tatsächlich gelungen ist und das Honorar verdient? Welche Kriterien erlauben eine realistische Einschätzung? Als Auftraggeber sollte man bereits im Vorfeld der Konzeption die Kommunikationsaufgabe eindeutig definieren und davon ausgehend feste Kriterien entwickeln, um die Qualität des fertigen Konzepts sicher bewerten und vergleichen zu können. Die nachfolgende Checkliste dient hierfür als erste Orientierungshilfe. Die Kriterien ermöglichen es, ein fertiges Kommunikationskonzept zu durchleuchten, das beispielsweise von einer Agentur, einem Freelancer oder von Kräften im eigenen Unternehmen entwickelt wurde.

Bewertungskriterium	Kommentar	Bewertungsskala 1-6					
		1	2	3	4	5	6
Methodik nachvollziehbar			2				
Analyse treffend und aussagekräftig				3			
Ziele klar und konkret			2				
Zielgruppe genau erfasst		1					
Botschaften zielgruppenorientiert		1					
Gesamtstrategie überzeugend					4		
Ideen kreativ und passend				3			
Maßnahmen schlüssig und machbar			2				
Budgetrahmen eingehalten			2				
Teamauftritt kompetent			2				
Präsentation gekonnt		1					
Gesamteindruck			2				

Abbildung 10: Beispiel für eine Bewertungsmatrix

Die Bewertung erfolgte anhand von Schulnoten. Das Konzept schnitt insgesamt durchschnittlich ab. Es war kein Flop, hat aber auch niemanden vom Hocker gerissen. Herausragend waren lediglich der überzeugende Bezug zur Zielgruppe, die passgenauen Botschaften und die gekonnte Präsentation.

Das Bewertungsschema gibt den üblichen Standard wieder, je nach Kommunikationsobjekt und Aufgabenstellung muss es angepasst werden. Folgende Kriterien werden im Standardfall bewertet:

› **Methodik nachvollziehbar:** Aufbau und Struktur des Konzepts sind verständlich und transparent. Die methodischen Werkzeuge wurden korrekt eingesetzt.

› **Analyse treffend und aussagekräftig:** Die Beschreibung der Ist-Situation entspricht den Tatsachen und spiegelt die wesentlichen Aspekte wieder.

› **Ziele klar und konkret:** Die Kommunikationsziele schlagen die richtige Richtung ein und sind so konkretisiert, dass eine Erfolgskontrolle möglich ist.

› **Zielgruppen verstanden:** Die wichtigen Zielgruppen wurden erfasst. Das Konzept beschreibt ihre Motive und Verhaltensmerkmale treffend.

› **Botschaften zielgruppenorientiert:** Die Botschaften sind auf das Wesentliche reduziert. Sie lassen sich beweisen und sind auf die Interessenlage der Zielgruppen zugeschnitten.

› **Gesamtstrategie überzeugend:** Alle strategischen Koordinaten ergeben ein rundes Bild, stützen und stärken sich gegenseitig.

› **Ideen kreativ und passend:** Die kommunikativen Gestaltungsideen ragen heraus und bleiben im Gedächtnis. Sie passen zum Kommunikationsobjekt und zur Zielgruppe.

› **Maßnahmen schlüssig und machbar:** Die Maßnahmen verbinden den bewährten Maßnahmenstamm mit neuen Ideen. Sie erscheinen machbar. Die Ableitung aus der Strategie ist erkennbar.

› **Budgetrahmen eingehalten:** Die Kommunikationsmaßnahmen sind realistisch kalkuliert und sprengen nicht den vorgegebenen Etat.

› **Team-Auftritt kompetent:** Die Konzeptionsbeteiligten traten zu Briefing, Rebriefing und zur Präsentation professionell auf.

› **Präsentation gekonnt:** Die Präsentation war verständlich, interessant und hat das Konzept gut rübergebracht.

Die einzelnen Kriterien werden mit einem einfachen Punkte- oder Notensystem bewertet. Wenn mehrere Personen bewerten, bildet man aus allen Bewertungen Durchschnittswerte. Kriterien, die besonders wichtig sind, können zusätzlich mit einem Gewichtungsfaktor versehen werden, sodass sie stärker in die Gesamtbewertung einfließen. Je nach Aufgabe und Ist-Situation lassen sich weitere relevante Kriterien in die Liste aufnehmen – wie z. B. das Verständnis für die Branche, die Qualität vorhandener Medienkontakte oder die Erfahrungen im Bereich Online-Kommunikation.

Jedes Bewertungsraster hat seine natürlichen Grenzen. Daher unser Rat: Man verlässt sich nicht allein auf die quantitativen Ergebnisse der Auswertung. So muss in der täglichen Zusammenarbeit vor allem die Chemie zwischen Auftraggeber und Auftragnehmer stimmen. Genau dieser “menschliche Faktor” lässt sich nur schwer in ein Bewertungsraster packen. Oder das Konzept präsentiert eine herausragende kreative Idee, die alles überstrahlt und mit der Note 1 nicht angemessen bewertet wäre. Oder man spürt, dass ein Konzept mit viel Liebe zum Detail und Verständnis für die Branche entwickelt wurde, nur leider wurde dieser Umstand in der Checkliste nicht als maßgebliches Kriterium erfasst. Keiner hatte es bei der Zusammenstellung der Kriterien auf dem Schirm. Solche Besonderheiten sollten nicht unberücksichtigt bleiben. Es muss im gut begründeten Einzelfall möglich sein, das Bewertungsraster zu durchbrechen und sich gegen die nackten Zahlen zu entscheiden.

Übrigens können Konzeptionsteams die Checkliste selbst nutzen, um am Schluss ihrer Konzeptionsarbeit die eigene Leistung kritisch zu überprüfen. Bei einer solchen Schlussprüfung muss in jedem Fall ein weiteres Kriterium ergänzt werden: „Perfekt auf den Kunden zugeschnitten." Nur, wenn sich der Auftraggeber mit dem Resultat rundum wohlfühlt und auf die Umsetzung freut, hat das Kommunikationskonzept eine Chance. Ein gutes Konzept ist ein Maßanzug für den Kunden, der wie angegossen sitzt.

Sofern es keine Einschränkungen durch restriktive Compliance-Regeln gibt, sind in der freien Wirtschaft die Beteiligten in Ihrer Bewertung relativ frei. Anders sieht es im öffentlich-rechtlichen Bereich aus. Bei Ausschreibungen von öffentlichen Verwaltungen und Institutionen für Kommunikationskampagnen und -projekte hat sich in den vergangenen Jahren ein undurchdringlicher bürokratischer europaweiter Vergabe-Dschungel herausgebildet, der es für viele kleine Konzeptionsteams – Agenturen wie Freelancer – wenig attraktiv macht, an Ausschreibungen teilzunehmen. Seitenlang werden Referenzlisten, Arbeitsproben, Versicherungsnachweise, Mindestlohnbescheinigungen, Angaben über Agenturstruktur und Qualifikation der Mitarbeiter verlangt. Die Frage, ob der Dienstleister einen kompetenten Beitrag zur Lösung der Kommunikationsaufgabe leisten kann, rückt dabei in den Hintergrund. Das Ergebnis sind konzeptionelle Standardlösungen von immer denselben Anbietern, die den hohen Aufwand noch stemmen können. Viele Agenturen und Teams haben es inzwischen aufgegeben, an solchen Konzeptausschreibungen teilzunehmen.

03

Analyse bringt Klarheit

› Analytischer Block im Überblick
› Die Aufgabe
› Das Briefing
› Die Recherche
› Der Faktenspiegel
› Die Ist-Analyse

Analytischer Block im Überblick

Aktuelles Lagebild entwickeln

Bevor im strategischen und operativen Block der Konzeption der zukünftige Weg der Kommunikation vorgezeichnet wird, benötigen wir als Orientierungsgröße für den Weg ein kompaktes, möglichst aussagekräftiges Bild der aktuellen Ist-Situation. Wie ist der Status des Unternehmens hier und heute? Alle für die Kommunikation relevanten Daten, Fakten und Hintergrundinformationen werden in diesem ersten wichtigen Arbeitsschritt, dem analytischen Block, gesammelt und sortiert, gefiltert und bewertet.

Da wir von außen in wechselnde Unternehmen kommen und die Spezifika der Unternehmen und Branchen in der Regel nicht ausreichend kennen, brauchen wir bei jedem Konzept für die grundlegende Analyse viel Zeit und Geduld. Wir müssen uns erst hineinfinden, alle relevanten Bereiche verstehen und den nötigen Durchblick entwickeln. Im Schnitt fließt überproportional viel Zeit – bis zu 50 Prozent unseres Gesamtarbeitsaufwands – in die analytischen Arbeitsschritte. Es wäre fahrlässig, sich kürzer zu fassen. Denn wer mit seiner Konzeption im Nebel stochert und sich auf Vermutungen statt Einsichten stützt, gerät schnell vom strategischen Weg ab und bleibt stecken.

Günstiger sind die Einstiegsvoraussetzungen, wenn die Konzeptionsverantwortlichen als Mitarbeiter direkt aus dem Unternehmen stammen. Sie kennen die Verhältnisse im Betrieb und im Umfeld bestens. Sie haben die meisten Fakten und Erfahrungswerte parat und können sofort darauf aufbauen. Wer im Thema steckt, hält den Zeitaufwand für die Analyse kürzer. Meist reichen etwa 15 Prozent der gesamten konzeptionellen Arbeitszeit aus. Allerdings laufen die „Insider" schnell in eine Falle. Unternehmensinterne Konzeptionsverantwortliche sind häufig der Meinung, auch die restliche noch verbliebene Analysezeit einsparen zu können, indem sie gänzlich auf die Analyse verzichten. Schließlich stecken alle Beteiligten tief im Thema und wissen aus der täglichen Arbeit, wie die Verhältnisse sind: „Uns macht keiner was vor!" Diese Sicherheit ist trügerisch. Denn zum einen ist es ratsam, die gewohnten Denkschablonen zu hinterfragen. Zum anderen stellt sich jedes Mal heraus, dass sieben Kollegen, die gemeinsam an einem Konzept arbeiten, sieben verschiedene Bilder und Einschätzungen der aktuellen Ist-Situation im Kopf haben. Wenn man die Abweichungen nicht diskutiert und angleicht, startet man von unterschiedlichen Ausgangspunkten in die anschließende Strategie und kommt sich ins Gehege. Im schlimmsten Fall arbeiten die Beteiligten nicht mehr gemeinsam an der Strategie. Im Hin und Her der Argumente bilden sich Fronten, die nur schwer zu bewegen sind, denn jeder beharrt auf seiner Position.

Noch etwas spricht für die Analyse: Menschen, die längere Zeit in einem Unternehmen und in einer Branche für bestimmte Zielgruppen arbeiten, entwickeln den berüchtigten Tunnelblick, der ihr Gesichtsfeld stark einschränkt. Experten gehen davon aus, dass der Tunnelblick spätestens nach drei Jahren Betriebszugehörigkeit einsetzt. Die Analyse ist eine wirksame Therapie dagegen. Sie hilft, sich zu öffnen und alte Konventionen aufzubrechen. In vielen Fällen macht es Sinn, zusätzlich externe Personen in die Analyse einzubeziehen. Der unvoreingenommene, querlaufende Blick der „Externen" öffnet neue, ungewöhnliche Einsichten, die den Erfahrungshorizont der internen Beteiligten deutlich erweitern. Und das ist gut so, denn wirksame Konzepte brechen Grenzen auf und gehen neue Wege. Deshalb unser Appell: Die Analyse ist ein Muss! Ohne eine vernünftige Analyse funktioniert kein Konzept. Man muss innehalten, sich umschauen und neu abwägen – dieser notwendige Schritt ist durch nichts zu ersetzen.

Wenn wir den Konzeptionsbeteiligten eines Unternehmens diese konsequente Vorgehensweise ans Herz legen, dann stoßen wir zunächst auf wenig Begeisterung. Nach der Analyse gibt es dann doch viel Zustimmung: „Gut, dass wir den Ist-Status in Ruhe sondiert haben. Viel Neues ist zwar nicht rausgekommen, aber so klar konturiert und übersichtlich hatten wir unsere Lage noch nie vor Augen." Alle schauen auf den Ist-Zustand und bestätigten: „Ja, genau, da stehen wir." Die Fakten der Analyse bestätigen das Bauchgefühl der Beteiligten und geben Sicherheit.

Es gibt eine weitere Gefahrenstelle in der Analyse. Wie wir bereits erläuterten, besitzt das Gehirn ein enormes assoziatives Talent. Während der analytischen Arbeit denken die Beteiligten nicht nur über die Ist-Situation nach, gleichzeitig laufen automatisch Assoziationsketten in Richtung Zukunft. Es blitzen Ideen auf, was konzeptionell zu tun sei und wie man es angehen könnte. Man fängt spontan an, über Strategie und Umsetzung nachzudenken. Bei solchen spontanen Vorüberlegungen innerhalb der Analyse schrillen bei uns die Alarmglocken. Zwar sollte man die strategischen und operativen Ideen aus der Analysephase als Merkhilfe für später aufschreiben, aber keinesfalls ausdiskutieren und aufgrund der ersten Eindrücke irgendwelche Pflöcke einschlagen. In der Analyse wird lediglich diszipliniert die Ist-Situation beleuchtet und nicht in die Zukunft geschaut. In der Analyse sind alle neugierig und bleiben neutral, offen für alle Seiten. Es fallen keine Vorentscheidungen.

Die Analysearbeit innerhalb des Kommunikationskonzepts hat ein festes Schema und baut sich in vier großen Schritten auf. Die ersten beiden Arbeitsschritte konzentrieren sich darauf, die aufgabenrelevanten Fakten zu sammeln und zu sortieren:

› **Schritt 1 – Aufgabe + Briefing:** Der Auftrag für das Konzept wird in der Aufgabenstellung konkretisiert, im Unternehmen abgestimmt und verabschiedet. Erst wenn alle Verantwortlichen hinter der Aufgabe stehen, kann es weitergehen. Im anschließenden Briefing fixiert der Auftraggeber alle für die Aufgabe maßgeblichen Parameter und Prämissen. Das Briefing redet Klartext und setzt uns Konzeptioner auf Schiene.

› **Schritt 2 – Recherche:** Der Konzeptioner bzw. die Konzeptionerin ist auf der Hut und verlässt sich nicht allein auf die Briefing-Informationen des Auftraggebers. Die anschließende Recherche überprüft, vertieft und ergänzt die Informationen über glaubwürdige externe Quellen.

Im dritten und vierten Arbeitsschritt werden die zahlreichen in Briefing und Recherche gesammelten Informationen gefiltert und bewertet:

› **Schritt 3 – Faktenspiegel:** Der Faktenspiegel ist die schriftliche Sammlung aller für die Kommunikationsaufgabe relevanten Daten und Fakten. Nur die für die Aufgabe maßgeblichen Informationen werden ausgewählt und auf wenigen Seiten übersichtlich strukturiert dargestellt.

› **Schritt 4 – Ist-Analyse:** Der Faktenspiegel enthält noch zu viele Informationen. In der anschließenden Ist-Analyse wird mit Hilfe von geeigneten Analysewerkzeugen weiter reduziert und verdichtet. Das Endresultat ist ein schlüssiges Lagebild, das möglichst konturenscharf und kompakt ist.

Je aussagekräftiger die Analyseergebnisse ausfallen, desto besser sind die Voraussetzungen für die anschließende Strategie. Der Aufwand lohnt sich, denn ohne eine professionelle Analyse kann kein gutes Konzept entstehen.

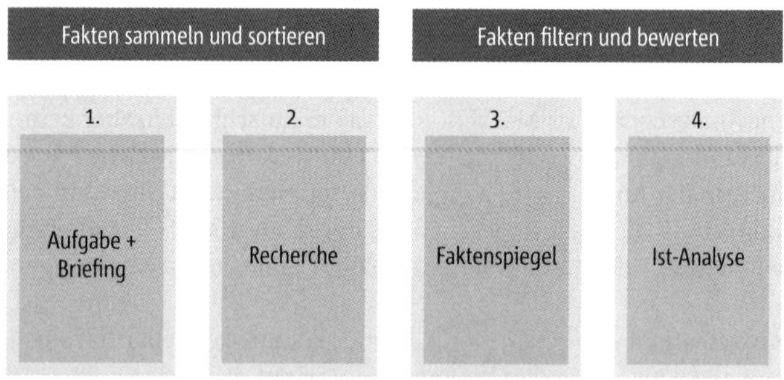

Abbildung 11: Der analytische Block im Überblick

Eine gute Analyse ist eine ausdauernde, disziplinierte Fleißarbeit. Erst muss man alle relevanten Fakten sammeln und die Komplexität des Falls aufbauen, um danach die Fakten wieder radikal zu filtern und auf die essenziellen Faktoren zu konzentrieren.

Die Aufgabe

Mögliche Aufgabenfelder

Die Aufgabe ist das Saatkorn für die Kommunikationskonzeption. Aus ihrem Keim wachsen Analyse, Strategie und operative Umsetzungsplanung. Die Fixierung der Aufgabe liegt zeitlich vor dem Briefing. Sie stößt den Briefing-Prozess an und bleibt während der gesamten konzeptionellen Arbeit gegenwärtig. Das Konzeptionsteam ist auf die Aufgabe eingeschworen und darf sich in keiner Phase der konzeptionellen Arbeit davon anbringen lassen.

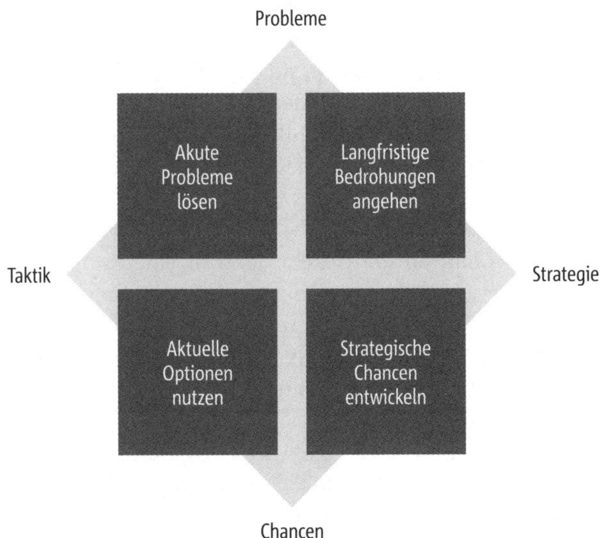

Abbildung 12: Die vier Aufgabenfelder

Eine Aufgabenstellung kann kurzfristig taktischer Natur sein, eine langfristige strategische Perspektive entwickeln oder beides miteinander verbinden. Die meisten Aufgaben leiten sich aus anstehenden Problemen ab. Aber auch aus Chancen können sich Aufgaben entwickeln.

Welche Arten von Kommunikationsaufgaben gibt es? Auslöser einer Aufgabe kann ein bestehendes Problem sein, das ein Eingreifen zwingend erfordert, oder eine sich bietende Chance, die kommunikatives Handeln lohnenswert macht. Aufgaben können kurzfristig und taktischer oder langfristig und strategischer Natur sein. Aus den Dimensionen entstehen die vier großen Aufgabenfelder:

- **Akute Probleme lösen:** Es ist dringend. Die gestellte Aufgabe muss eine schnelle handfeste Problemlösung bringen. Zum Beispiel schließt zum Monatsende die Filiale einer Hörgerätehandelskette. Deren Stammkunden sollen gehalten und zur benachbarten Filiale umgeleitet werden.

- **Aktuelle Optionen ergreifen:** Auch hier geht es sofort zur Sache. Die Aufgabe identifiziert ein sich kurzfristig öffnendes Chancenfenster, das sich als Verstärker für die Kommunikation anbietet. Zum Beispiel besucht der Bundespräsident in einigen Wochen einen gemeinnützigen Behindertensportverein. Der Verein will den Anlass nutzen, um möglichst viel Öffentlichkeit für sein Anliegen herzustellen und neue Sponsoren zu gewinnen.

- **Langfristige Bedrohungen angehen:** Die Aufgabe initiiert ein Konzept, dass ein grundlegendes Problem auf lange Sicht strategisch angeht. Zum Beispiel will die Handwerkskammer das Problem des Fachkräftemangels durch eine mehrjährige Kommunikationskampagne angehen, die Handwerksbetriebe motiviert, verstärkt Migranten als Auszubildende einzustellen.

- **Strategische Chancen entwickeln:** Es wird eine Kommunikationsaufgabe formuliert, die helfen soll, langfristige Optionen zu nutzen. Zum Beispiel hat eine Computerspielfirma eine neue Produktlinie für Frauen entwickelt. Das Marktsegment ist noch klein, wird aber deutlich wachsen. Die Kommunikation soll die neue Linie auf Dauer in dem Zielgruppenmarkt verankern.

Es herrscht allgemein die Auffassung, dass die Aufgabenstellung eine Bringschuld des Auftraggebers sei. In der Praxis entpuppt sich diese Auffassung als kurzsichtig. Viele Kommunikationsabteilungen in Unternehmen kämpfen damit, dass sie nicht ausreichend mit Aufgaben versorgt werden. Da Führungskräfte oder Fachabteilungen aufkommende Probleme oder Chancen nicht erkennen und in Kommunikationsaufgaben übersetzen, müssen die Kommunikationsabteilungen selbst in die Offensive gehen, die Vorzeichen deuten, Konzeptionsbedarf feststellen und Vorschläge für konkrete Aufgabenstellungen unterbreiten.

Andererseits machen sich manche Fachabteilungen gern selbstständig. Sie gehen Kommunikationsaufgaben in Eigenregie an und lassen die Kommunikationsabteilung aus dem eigenen Haus außen vor. Wir stellen des Öfteren während eines Briefinggesprächs im Unternehmen verblüfft fest, dass einzelne Fachabteilungen im Alleingang eine Produktwebsite oder einen Messeauftritt realisiert haben und der eigene Kommunikationsbereich davon keine Ahnung hat. In dem Fall müssen die Kommunikationsleute aktiv werden und die zu ihrem Verantwortungsbereich gehörenden Aufgaben einfordern und wieder an sich binden. Das Finden und Fixieren von geeigneten Aufgaben in Unternehmen ist in hohem Maße eine Holschuld der Kommunikationsverantwortlichen. Man muss „Aufgabenakquisition“ betreiben.

Entwicklung der konkreten Aufgabe

Ganz gleich, woher die Aufgabe kommt und wer sie formuliert, es ist hilfreich, jede Aufgabe schriftlich festzulegen und damit für alle Beteiligten sichtbar zu manifestieren. Dazu reichen meist wenige Zeilen Text:

- **Ausgangslage:** Es wird kurz und knapp das für die Aufgabe relevante Szenario im Unternehmen und am Markt formuliert – zum Beispiel: „Die Demokratie-Stiftung wird 25 Jahre alt. Sie ist mit ihren Projekten zu einem festen Bestandteil des Unterrichts an deutschen Schulen geworden.“

- **Problem/Chance:** Aus der Ausgangslage ergeben sich Probleme oder Chancen. Die werden auf den Punkt gebracht – zum Beispiel: „Eine aktuelle Befragung zeigt, dass trotz des langjährigen Schul-Engagements rund 60 Prozent der Lehrer die Projekte der Demokratie-Stiftung nicht kennen.“

- **Aufgabe:** Durch eine adäquate Aufgabenstellung wird auf das Problem oder die Chance gezielt reagiert – zum Beispiel: „Der Anlass des anstehenden Jubiläums soll genutzt werden, um Bekanntheit und Akzeptanz der Stiftungsprojekte bei den Lehrern deutlich zu erhöhen.“

- **Vorgehen:** Es folgt eine knappe Antwort auf die Frage, wie die Aufgabe anzugehen ist – zum Beispiel: „Um das notwendige Konzept zu erstellen, ist ein Pitch mit fünf Agenturen geplant. Die Organisation übernimmt das Vorstandsbüro, das Briefing erfolgt durch das Pressereferat.“

- **Bedingung:** Bisweilen gibt es für die anstehende Aufgabe eine elementare Prämisse. Sie fließt in die Aufgabenstellung ein – zum Beispiel: „Das Kampagnenkonzept kann nur angegangen werden, wenn der Stiftungsrat auf seiner nächsten ordentlichen Sitzung am 6. Juni zustimmt.“

Die verantwortlichen Konzeptioner müssen bei jeder Aufgabe überprüfen, ob sie korrekt und realistisch gestellt ist. Sie dürfen auf keinen Fall eine Aufgabe nur folgsam durchwinken: „Wenn das so gewollt ist, dann machen wir das so!“ Denn immer wieder wird man mit Aufgabenstellungen konfrontiert, die gut gemeint, aber schlecht gemacht sind. Der Auftraggeber schätzt die Situation falsch ein und will an der falschen Stelle den Hebel ansetzen. In der Verantwortung der Konzeptioner liegt es, solche Fehleinschätzungen zu erkennen und lenkend einzugreifen. Typische Fehler bei der Erstellung von Kommunikationsaufgaben sind:

- **Es wird eine operative Aufgabe formuliert, das Problem ist aber strategischer Natur:** Die Aufgabe lautet: „Entwickeln Sie ein neues Format für unser Kinderfest, da die Besucherzahlen seit Jahren zurückgehen!" Wer genauer hinschaut, erkennt, dass das eigentliche Problem im Rückgang der Familien im Einzugsgebiet liegt. Der demografische Wandel macht sich bemerkbar. Ein neues Eventformat dürfte keine nachhaltige Problemlösung bringen. Eventuell muss das Konzeptionsteam die gesamte Zielgruppe und damit das Kinderfest in Frage stellen.

- **Es wird eine Aufgabe formuliert, die keine Kommunikationsaufgabe ist:** Die Aufgabe lautet: „Senken Sie durch gezielte Kommunikationsmaßnahmen die Beschwerdequote der Kunden, bezogen auf unser neues Heizsystem ThermoFlott!" Tatsache ist, dass das genannte Heizsystem einen technischen Konstruktionsfehler hat. Mit Kommunikation kann ein solch substanzieller Fehler nicht behoben werden. Im Gegenteil, eine kommunikationskosmetische Reaktion würde das Problem langfristig noch vergrößern. Die Konzeptioner warnen vor der entstehenden Falle und raten, die technische Entwicklungsabteilung in die Aufgabe einzubeziehen.

- **Die Aufgabe doktert an den Symptomen herum und ignoriert die Ursachen:** Die Aufgabe lautet: „Wie eine aktuelle Befragung festgestellt hat, kennt die Zielgruppe der „Young Performer" unser Weiterbildungsangebot nicht ausreichend. Bitte erhöhen Sie mit der zu konzipierenden Kampagne kurzfristig den Bekanntheitsgrad." Der Bekanntheitsgrad lässt tatsächlich zu wünschen übrig, die eigentliche Problemursache liegt jedoch im unpassenden Image des Unternehmens. Die gleiche Befragung hatte nämlich festgestellt, dass das Unternehmen als „rückständig" gesehen wird und damit für die Young Performer nicht akzeptabel ist. So lange das Image nicht modernisiert wird, gibt es keine realistische Chance für Kommunikationserfolg. Für die Konzeptioner heißt das: Wir stellen beim Auftraggeber den Bezug zum Image her und machen gleichzeitig klar, dass eine Imagemodernisierung nicht über Nacht läuft, sondern eine mittel- bis langfristige Aufgabe darstellt.

- **Die Aufgabe verlangt das Unmögliche:** Die Aufgabe lautet: „Alle sportinteressierten Bürgerinnen und Bürger in Bayern und Baden-Württemberg sollen das neue Sportangebot kennenlernen und sich für einen Schnupperkurs interessieren. Für die Umsetzung steht ein Etat von 7.200 Euro zur Verfügung." – Die Aufgabe ist nicht zu lösen. Der kleine Etat steht in einem krassen Missverhältnis zur riesigen Zielgruppe. Darauf dürfen sich die Konzeptionsbeteiligten keinesfalls einlassen. Sie müssen ihren Auftraggeber auf den Boden des Machbaren zurückholen, um gemeinsam eine realistische Aufgabe zu formulieren.

› **In die Aufgabe wird zu viel hineingepackt:** Die Aufgabe lautet: „Wir wollen als moderner Wohndienstleister in die Offensive gehen. Dazu gehört, den Bekanntheitsgrad für unsere barrierefreien Seniorenwohnungen zu erhöhen, gleichzeitig vermehrt Familien mit Kindern zu gewinnen und unsere Studentenwohnungen besser auszulasten. Außerdem wollen wir die wohnenden Mieter binden und ihnen die Notwendigkeit der anstehenden Mietpreiserhöhung erklären. Nicht zuletzt geht es uns darum, Kontakte zur kommunalen Politik aufzubauen, um Akzeptanz für unsere Neubauprojekte sicherzustellen." – Es macht wenig Sinn, diese Aufgabenfülle in ein einziges Konzept zu zwängen. Ein Kommunikationskonzept ist kein „Gemischtwarenladen". Es gilt, bereits im Vorfeld – in Abstimmung mit dem Auftraggeber – die Menge der Aufgaben zu reduzieren und sich auf das Wesentliche zu konzentrieren.

› **Die Aufgabe ist unscharf umrissen:** Die Aufgabe lautet: „Zum Jahreswechsel oder später wird unser Unternehmen einen neuen Marketing-Vorstand bekommen. Sein Verantwortungsbereich soll neu zugeschnitten werden. Die Verhandlungen mit den Bewerbern laufen. Wir planen die Neubesetzung mit einer Personality-Kampagne zu begleiten. Bitte entwickeln Sie uns umgehend ein maßgeschneidertes Kommunikationskonzept." – Wer den Vorstandsposten erhält, ist nicht klar. Welche Kompetenzen er bekommt, ist noch im Fluss. Der Termin steht nicht fest. Aber ein Konzept muss her – und maßgeschneidert soll es sein. Das kann nicht funktionieren. Die Konzeptioner schlagen stattdessen vor, das Kommunikationskonzept soweit als möglich vorzubereiten, um sofort, wenn die Umrisse schärfer werden, eine Lösung nach Maß anzubieten.

Die Beispiele zeigen, dass Kommunikationsaufgaben genau gesichtet, kritisch bewertet und mit großer Umsicht fixiert werden müssen, damit sich keine Fehler einschleichen. Denn ein Fehler in der Aufgabenstellung zieht sich als Störfaktor durch die gesamte Konzeption, sorgt für Unwucht im Arbeitsprozess und verhindert eine optimale Lösung.

Das Briefing

Funktion und Ablauf des Briefings

Das Briefing ist ein mehrstufiger Prozess von Information und Instruktion durch die beauftragenden Personen über alle Fakten, Hintergründe und Einschätzungen, die im Zusammenhang mit der anstehenden Kommunikationsaufgabe relevant sind. Kurz gesagt: Die Auftraggeber reden Klartext und sagt den Konzeptionsverantwortlichen, was Sache ist.

Der Begriff „Briefing" stammt aus dem US-amerikanischen Militärjargon. Briefing stand ursprünglich für die Einsatzbesprechung vor dem Manöver oder der Schlacht. Später hat die amerikanische Werbe- und PR-Branche den Begriff übernommen und von dort wurde er nach Deutschland importiert.[24] Briefing kommt von „brief" wie „kurz" und „to brief" im Sinne von „instruieren". Das bedeutet, ein gutes Briefing überzeugt durch seine Klarheit, seine Eindeutigkeit. Es verzichtet auf epische Breite und managementtypische Verklausulierungen.

Grundlegende Einweisung („Instructions")	Flankierender Abgleich („Reviews")
Schriftliches Briefing	Rebriefing
Briefingvorbereitung	Update-Briefing
Mündliches Briefing	Feedback-Briefing
Briefingnachbereitung	Debriefing

Abbildung 13: Die Schritte des Briefings im Überblick

In der Realität der Konzeption gelingt es nie, alle obigen Briefingschritte durchzuführen. Vor allem die „Review"-Schritte kommen oft zu kurz. Das obige vollständige Prozessmodell ist deshalb als idealtypisch zu sehen.

Der mehrstufige Prozess des Briefings begleitet die gesamte konzeptionelle Entwicklung und greift sogar noch in der Umsetzungsphase des Konzepts. Das Hauptgewicht liegt auf den grundlegenden Einweisungsschritten des Briefings am Anfang der Arbeit. Sie schaffen die notwendigen Grundlagen und bilden den Einstieg in das Kommunikationskonzept. Erst wenn sie abgeschlossen sind, kann die eigentliche Konzeptionsentwicklung beginnen. An die grundlegenden Einweisungsschritte schließen sich die ergänzenden Abgleichschritte an. Der Abgleich greift irgendwann mittendrin an unterschiedlichsten Stellen von Konzept und Umsetzung. Er aktualisiert, präzisiert, korrigiert und zieht am Schluss Bilanz. Die Einweisungs- und Abgleichschritte im Briefingprozess haben eine vorgegebene Reihenfolge. Sie bedingen einander und laufen koordiniert ab.

Bevor wir in die einzelnen Schritte von Einweisung und Abgleich einsteigen, sei angemerkt, dass im Folgenden der idealtypische Ablauf eines Briefings beschrieben wird. Die konzeptionelle Realität sieht vielfach anders aus. Oft kommen nicht alle aufgeführten Prozessschritte zum Einsatz, wenn die Zeit knapp ist, die Aufgabe es nicht erfordert oder der Auftraggeber wenig Briefing-Bereitschaft zeigt.

Wir bewegen uns chronologisch durch die Arbeitsschritte des Briefings und beginnen innerhalb der Einweisung mit dem schriftlichen Briefing.

Schriftliches Briefing

Die beiden Hauptelemente der Einweisung sind schriftliches und mündliches Briefing. Die systematische Instruktion beginnt mit dem schriftlichen Briefing. Das dazu notwendige Briefingpapier sollte rechtzeitig vor dem mündlichen Briefingtermin bereitliegen und den inhaltlichen Rahmen für ein zielorientiertes Gespräch schaffen. Versierte Konzeptionerinnen und Konzeptioner bestehen darauf, als Grundlage ihrer Arbeit stets ein schriftliches Briefingpapier zu erhalten. Den Wunsch äußern sie mit Nachdruck und geben sich nicht mit Ausflüchten zufrieden. Manche Auftraggeber scheuen sich, ihre Briefingvorgaben in die Schriftform zu bringen. Sei es, weil sie sich nicht festlegen wollen oder weil sie keine Zeit oder keine Lust zum Ausformulieren haben.

Das Argument „keine Zeit" gilt jedoch nicht. Schließlich kommt Briefing von „kurz" – und ein kurzes Papier lässt sich mit überschaubarem zeitlichen Aufwand formulieren. Wer besonders wenig Zeit hat, kann sich sogar das Formulieren sparen und das Briefingpapier in tabellarischer Form mit Stichworten gestalten. Bei kompakten Aufgabenstellungen reicht bereits ein einseitiges Briefingpapier aus, um das Wesentliche zu sagen. Im Regelfall braucht der Auftraggeber zwei bis drei Seiten für die maßgeblichen Parameter. Maximal fünf Seiten sind akzeptabel. Alles was darüber liegt, sprengt den straffen Rahmen und ist im methodischen Sinne kein professionelles Briefing mehr. Wer unbedingt umfangreiche Inhalte vermitteln will, kann das in Form eines Anhangs tun. Das eigentliche Briefing muss kurz und bestimmt bleiben und die Konzeptionsbeteiligten auf eindeutigen Kurs bringen.

Dass wir uns so vehement für das schriftliche Briefing aussprechen, hat gute Gründe. Aus eigenen leidvollen Erfahrungen wissen wir nur zu gut, dass die schriftliche Form eine Art „Lebensversicherung" in der Zusammenarbeit mit Auftraggebern darstellt:

› **Sicherheit der dokumentierten Form:** Ein schriftlich verfasstes Briefing legt schwarz auf weiß fest, was gefordert ist. Wenn sich nach der Konzeptfertigstellung die Auftraggeber nicht mehr erinnern können, was sie im Briefing mitgeteilt haben, dokumentiert das Papier die Sachlage. Man ist auf der sicheren Seite. Gibt es nur mündliche Briefing-Anweisungen, dann kann es böse Überraschungen geben. Wir haben mehr als einmal erlebt, dass man uns nach der Präsentation unseres Konzepts zu verstehen gab, dass wir die Auftraggeber falsch verstanden und das Thema verfehlt hätten. Ohne schriftliches Dokument als Gegenbeweis wäre der „schwarze Peter" bei uns gelandet.

› **Gewinn an inhaltlicher Substanz:** Wer ein Briefing zu Papier bringt, will sich nicht blamieren. Daher setzt sich der Auftraggeber an seinen Schreibtisch und überlegt genau, was er schreiben will. Der Text soll Hand und Fuß haben und in den Augen aller Beteiligten bestehen. Schriftliche Briefings besitzen daher deutlich mehr Substanz und Verbindlichkeit als mündliche Briefinggespräche, bei denen „locker vom Hocker" erzählt wird.

› **Konsens der abgestimmten Inhalte:** Viele Unternehmen nutzen die Erarbeitung des schriftlichen Briefings, um Ziele und Rahmenbedingungen des anstehenden Konzepts mit allen relevanten Abteilungen im Vorfeld abzustimmen. Das daraus resultierende Papier ist allen bekannt und hat allgemeinen Konsens gefunden. Die Wahrscheinlichkeit, dass sich im konzeptionellen Prozess eine Abteilung plötzlich anders besinnt und querstellt, sinkt erheblich.

Hin und wieder weigern sich die beauftragenden Personen beharrlich, ein schriftliches Briefing zu verfassen. Vor allem dann, wenn die Konzeptionsverantwortlichen im Unternehmen angestellt sind und ihre Auftraggeber aus der eigenen Führungsetage kommen. Die Chefs finden einfach keine Zeit. Aber auch in diesem Fall braucht niemand auf eine schriftliche Instruktion verzichten, denn es gibt einen Ausweg. Man schreibt das Papier selbst und legt es dem Vorgesetzten zur Korrektur und Freigabe vor. Den gleichen Kniff wendet man übrigens an, wenn das Briefingpapier mit 40, 50 oder mehr Seiten eindeutig zu lang geraten ist und den Auftrag unwägbar macht. Die Konzeptionsverantwortlichen gehen her und ziehen aus der langen Version eine zwei- bis dreiseitige Essenz mit den wesentlichen Parametern, die sie im Anschluss dem Auftraggeber zur Überprüfung an die Hand geben.

z. B. Ausformuliertes Briefing

Theater Spaltpilz: Nicht immer, aber wieder öfter ausverkauft!

Briefing

Unser Theater

Unser Theater heißt Spaltpilz. Wir bieten jungen Theatertalenten eine kleine, aber feine Bühne. Unser gemeinsames Ziel ist die kreative und lustvolle Zerstörung konventioneller Theaterschablonen. Dabei mixen wir Neuinszenierungen von klassischen Bühnenwerken mit aktuellen Stücken unbekannter Autoren. Der Schwerpunkt liegt auf dem Schauspiel. Bisweilen wagen wir uns auch an Tanz und Musical.

Wir sind ein unabhängiges und freies Theater, das ohne öffentliche Gelder auskommt. Wir finanzieren uns allein über Eintrittskarten, Gastronomie und Sponsoren.

Unser Theater ist seit 20 Jahren im örtlichen Kulturzentrum zu Hause und hat 112 Plätze. Wir spielen an vier Tagen in der Woche, vier Abendvorstellungen und dazu eine Sonntagsmatinee. Zurzeit bereiten wir zusammen mit Schülern der örtlichen Schauspielschule eine moderne Version des Trauerspiels „Stella" von Johann Wolfgang von Goethe vor.

Unser Problem. Ihre Aufgabe

Unsere Platzauslastung ist in den letzten drei Jahren um 15 Prozent gesunken. Diese Zahl liest sich harmlos, ist für uns auf Dauer aber existenzbedrohend. Es gibt nur eine Lösung: Wir brauchen wieder mehr Zuschauer! Und zwar plötzlich!

Ihre Aufgabe ist es, ein Konzept für die systematische Besucherfindung und -bindung zu entwickeln, welches trotz des kleinen Budgets schnell große Erfolge erzielt. Wir wünschen uns mehr als eine Ansammlung von Maßnahmenideen. Gefragt ist ein durchdachtes Kommunikationskonzept, dass wir mit Ihnen als Berater in Eigenregie durchführen können. Uns idealistisch zur Seite stehen eine Grafikerin und ein freier Journalist.

Unser Publikum

Primäre Zielgruppe ist unser Publikum. Wir haben keine richtige Zielgruppenanalyse zur Verfügung, aber das Team, das bei uns die Kasse und den Einlass macht, sagt uns, dass unser Publikum im Schwerpunkt unter 35 Jahre alt ist und sich für das Theater begeistert. Man kann von einem gehobenen Bildungsgrad ausgehen, das Einkommen ist aber nicht unbedingt gehoben.

Leider versetzen uns die Zahlen des Statistikamts der Stadt einen Dämpfer, denn die Zahl der Bürgerinnen und Bürger unter 30 Jahren nimmt

seit Jahren ab und wird weiter deutlich an Masse verlieren. Unsere Erkenntnis: Allein nur mit jungem Stammpublikum kann der Spaltpilz nicht überleben.
Wir haben uns deshalb entschlossen, vermehrt älteres Publikum zu erreichen. Unsere Hoffnung liegt vor allem auf den sogenannten „Nestflüchterfamilien": Die Kinder sind gerade aus dem Haus, die Eltern haben wieder viel freie Zeit und wollen aus ihrem Leben etwas machen. Um diese ältere Zielgruppe zu erreichen, haben wir unser Programm moderat angepasst (mehr bekannte Stücke), den Gastronomiebereich aufgewertet (vegane Spitzenküche zu moderaten Preisen) und uns neue Sitze (ergonomisch und gepolstert) angeschafft. Wir sind bereit! Jetzt muss es nur noch kommen, das neue Publikum.

Unsere Konkurrenz

In erste Linie ist das örtliche Stadttheater als Konkurrenz zu nennen. Das Theater hat einen guten Ruf, ist aber nicht bekannt für den letzten Schrei. Sprich: Unsere Inszenierungen sind eine Idee wilder und kreativer. Allerdings fällt natürlich jedem Besucher sofort auf, dass unsere Inszenierungen im Vergleich zum Stadttheater mit minimalistischem Aufwand über die Bühne gehen.
Nicht übersehen darf man auch die indirekte Konkurrenz: das tägliche Fernsehprogramm sowie Netflix & Co. Wir müssen es schaffen, dass Leute, die schon länger nicht mehr im Theater waren, ihre „Hintern hochkriegen " und sich wieder ins kulturelle Leben stürzen.

Ein paar abschließende Informationen

Bei uns gibt es kein spezielles Management. In unserem Theater sind die Schauspieler auch zuständig fürs Management. Sie werden Ihr Konzept folglich vor dem Ensemble präsentieren und um Akzeptanz werben. Kein einfaches Publikum, denn einige unserer Ensemble-Mitglieder stehen dem Marketing kritisch gegenüber. Auf der anderen Seite können Sie davon ausgehen, dass alle Schauspieler und Teile unseres Stammpublikums als Botschafter aktiv in die Kommunikation einbezogen werden können.
Zur Einstimmung in unsere Zusammenarbeit würden wir Sie gerne zur Generalprobe von „Stella" am nächsten Dienstag um 17:00 Uhr einladen. Im Anschluss an die Probe stehen Ihnen Schauspieler und Helfer für alle Fragen zur Verfügung. Falls Sie vorher noch Klärungsbedarf haben, wenden Sie sich bitte an Wiebke Günther, die unser Büro leitet und von uns allen am besten erreichbar ist.

z. B. Tabellarisches Briefing

Agenturbriefing: Feierabendticket der Verkehrsgesellschaft Wellstadt

	Ansprechpartner	Vertretung
Name	Anja Leuchtenbürger	Michael Beverungen
Funktion	Leiterin Marketingkommunikation	Projektassistenz
E-Mail	leuchtenbuerger@vgws.info	beverungen@vgws.info
Telefon	237 78 - 50	237 78 - 503

Aufgabe

› Kurzfristig wirksames Kommunikationskonzept zur Vermarktung des neuen Feierabendtickets für Bus und Bahn im gesamten Tarifgebiet

Prämissen

› Die Vorschriften zur Personenbeförderung der VGWS sind zu beachten
› Die Gestaltungsrichtlinien unseres aktuellen CD-Manuals 3.07 gelten
› Es darf keine „Kannibalisierungseffekte" bezüglich anderer Tarifprodukte geben
› Die Regionalbahn ist als Partner angemessen einzubeziehen

Produkt

› Das Feierabendticket ist gültig von 19:00 bis 01:00 Uhr
› Am Freitag und Samstag bis morgens um 03:00 Uhr
› Der Preis liegt bei 4,90 Euro
› Das Ticket berechtigt zu beliebig vielen Fahrten im Tarifgebiet
› Erhältlich in allen Automaten und Verkaufsstellen (nicht direkt in Bus und Bahn)

Ziele

› Steigerung der Bekanntheit des Ticket-Angebots im gesamten Tarifgebiet
› Erhöhung der Ticketverkaufszahlen um 30 Prozent
› Gewinnung neuer Zielgruppen für den ÖPNV

Zielgruppen
- › Stamm- und Gelegenheitsfahrgäste der VGWS (ohne Abo-Kunden)
- › Bewegliche, freizeitaktive Menschen über 18 Jahre
- › Autofahrer, Motorradfahrer
- › Besucher und Gäste der Stadt

Benefit / Fahrgastnutzen
- › Preisvorteil schon ab der dritten Fahrt
- › Hohe Mobilität für Freizeit, Kultur und Geselligkeit
- › Bequemlichkeit (nur ein Ticket lösen)

Tonalität
- › Informativ, bürgernah
- › Frisch, kreativ, aber nicht schrill

Bereits vorhandene Maßnahmen
- › Spezieller Feierabend-Flyer (10.000 Stück auf Lager)
- › Plakat (700 Stück auf Lager)
- › Produktseite auf der Website

Planungsdaten
- › Konzeptfertigstellung: 22. Kalenderwoche (Präsentation beim Vorstand)
- › Endgültige Auftragserteilung / Beginn Umsetzung: 27. Kalenderwoche
- › Start: 38. Kalenderwoche
- › Etat: 90.000 Euro Gesamtbudget inklusive Media

Anlagen
- › Feierabend-Flyer
- › CD-Manual
- › Infoblatt „Vorschriften zur Personenbeförderung"
- › Ergebnisse der aktuellen Fahrgastbefragung
- › Imagebroschüre VGWS
- › Pressespiegel zur Einführung des Feierabend-Tickets

Das perfekte schriftliche Briefing gibt es nicht. Jedes Briefingpapier lässt Lücken und wirft Fragen auf. Das Papier reicht jedoch allemal aus, um die gewünschte Grundrichtung zu erkennen und sich ein erstes Bild zu machen. Aber selbst mit dem besten Briefingpapier läuft das Konzept nicht sicher auf der Schiene. Deshalb muss sich an die schriftliche Instruktion in jedem Fall ein vertiefendes mündliches Briefinggespräch anschließen. Erst die Kombination schafft ein tragfähiges Fundament für die Konzeptentwicklung.

Vorbereitung des Briefinggesprächs

Da das bevorstehende Briefinggespräch wichtige Weichen für die konzeptionelle Arbeit stellt, sollte man sich Zeit für eine gründliche Vorbereitung nehmen. Im ersten Vorbereitungsschritt wird das vorliegende schriftliche Briefing gründlich studiert und Satz für Satz seziert. Was sind die Kernaussagen? Wo gibt es Lücken? Wo liegen Widersprüche und wo Unklarheiten? Alle offenen Fragen werden notiert. Um sich im entscheidenden Gespräch auf wesentliche Fragen konzentrieren zu können, wird eine kurze Briefingrecherche angesetzt. Die Briefingrecherche gibt einen ersten aufschlussreichen Einblick in Unternehmen und Umfeld. Eine Stunde lang geht man ins Internet – zum Beispiel auf die Website des Auftraggebers, auf die Seite der führenden Fachzeitschrift oder die Seite des zuständigen Branchenverbandes – und sammelt relevante Informationen.

Die Briefingrecherche bringt zwei wichtige Vorteile. Zum ersten lassen sich die üblichen Standardfragen – „Wie viele Mitarbeiter haben Sie?" „In welchen Städten gibt es Standorte?" „Wann wurde das Unternehmen gegründet?" – bereits im Vorfeld beantworten und müssen nicht im Briefinggespräch gestellt werden. So gewinnt man wertvolle Zeit. Ein professionell geführtes Briefinggespräch hält sich nicht mit Standardfragen auf, es konzentriert sich auf die essenziellen Zusammenhänge. Zum zweiten ermöglicht die Recherche, in die Aufgabe einzusteigen und Witterung aufzunehmen. Später im Briefinggespräch ist der Konzeptioner informierter und kann besser mitreden. Der Auftraggeber gewinnt Vertrauen und bestätigt: „Ich merke schon, Sie sind im Thema."

Die Ergebnisse der Briefingrecherche erweitern das Faktenfundament des schriftlichen Briefings. Jedoch sind damit bei weitem nicht alle Fragen beantwortet. Häufig werden sogar weitere Unklarheiten und Widersprüche erkennbar. Im nun folgenden Vorbereitungsschritt erfassen die Konzeptionsverantwortlichen alle noch offenen Fragen und Probleme auf einer schriftlichen Frageliste und stellen damit sicher, dass im Briefinggespräch kein wichtiger Aspekt vergessen wird. Die Frageliste fasst sich kurz, in der Regel reicht eine Seite mit Fragen aus. Die wichtigen Fragen stehen oben und werden zuerst beantwortet, die ergänzenden Fragen folgen weiter unten. Wenn sie im Gespräch der Zeitnot zum Opfer fallen, ist das nicht weiter dramatisch.

Wir haben gute Erfahrungen damit gemacht, die Frageliste im Vorfeld unseren Gesprächspartnern per Mail zur Verfügung zu stellen. Die Gesprächspartner bekommen so Gelegenheit, das Briefinggespräch gezielt vorzubereiten. Die Vorarbeit zahlt sich aus, denn der „Output" einer vorbereiteten Frage- und Antwortrunde erhöht sich deutlich.

Mündliches Briefing

Das mündliche Briefing dient der vertiefenden Instruktion und ist gleichzeitig eine vertrauensbildende Maßnahme. Selten wird die Bitte um ein Briefinggespräch vom Auftraggeber abgelehnt. In aller Regel besteht er sogar auf diesem Gespräch, er will den beauftragten Konzeptionsprofi besser kennenlernen und die Sicherheit bekommen, dass dieser die Aufgabe ernst nimmt und ein Gefühl für die Feinheiten entwickelt.

Auch für das mündliche Briefing gilt die Devise „Fasse dich kurz!". Daher sind Briefinggespräche im Durchschnitt etwa eine Stunde lang, können je nach Komplexität der Aufgabe aber auch länger gehen. In der Praxis haben sich drei Arten von mündlichen Briefings bewährt. Welche Art für die anstehende Aufgabe die Richtige ist, ist frühzeitig mit dem Auftraggeber abzustimmen:

› **Das Einzelbriefing:** In einer Gesprächsrunde sitzen auf der Auftraggeberseite alle für die anstehende Aufgabe relevanten Personen bzw. Abteilungen im Raum – vom F&E-Chef über den Vertriebsleiter bis hin zum Pressesprecher. Je nach Themenaspekt greifen die jeweils fachkundigen Personen in das Gespräch ein und geben Antwort. Vorteil der Gesprächsart ist die verdichtete Form. Ein einziges Gespräch ermöglicht einen umfassenden Überblick. Nachteil ist die politische Gemengelage, die sich aufgrund der vielen Beteiligten ergibt. Im Beisein der anderen Abteilungen werden manche Gesprächspartner vorsichtig reagieren und sich diplomatisch zurückhaltend äußern. Es sind nur die offiziellen Statements des Unternehmens oder der Fachabteilungen zu hören, informelle Informationen und die Gerüchte des „Flurfunks" bleiben außen vor. Besonders zäh wird die Gesprächsrunde, sobald der Chef dabei ist. Viele Mitarbeiterinnen und Mitarbeiter trauen sich nicht, offen zu reden und halten sich mit ihren Einschätzungen zurück.

› **Die Briefingreihe:** Die Konzeptioner sprechen in mehreren Runden einzeln oder in kleinen Gruppen mit den Verantwortlichen auf Auftraggeberseite. Durch Gespräche in kleiner Runde entsteht eine intimere Gesprächsatmosphäre, die dazu führt, dass sich die Gesprächspartner öffnen, ehrlicher und authentischer kommunizieren. Es ist zudem spannend und aufschlussreich, von den Abteilungen das gleiche Problem aus ganz unterschiedlichen Richtungen geschildert zu bekommen. Vorteil der Gesprächsserie ist die Vielfalt und Tiefe der gewonnenen Informationen. Der Nachteil liegt im hohen Zeitaufwand. Zudem kommt es bisweilen zu diametral gegensätzlichen Aussagen der Beteiligten, die in der Summe nicht den erhofften Durchblick bringen, sondern Verwirrung stiften.

- **Der Briefingworkshop:** Manchen Auftraggebern gelingt es nicht, ihren Bedarf so klar zu formulieren, dass ein tragfähiges Briefing entsteht. Am Ende bekommen wir ein schriftliches Briefing, das mehr Fragen aufwirft als beantwortet, denn eigentlich wissen die Verantwortlichen nicht so genau, wo es hingehen soll. In der speziellen Situation hilft ein Briefingworkshop. Der Workshop ist mehr als nur eine Frage- und Antwortrunde. Er dauert drei bis vier Stunden. Wir übernehmen die Moderationsrolle, gemeinsam mit den Auftraggebern konkretisieren wir zuerst die Aufgabenstellung und erarbeiten dann Schritt für Schritt alle wichtigen Parameter des Briefings. Flipcharts und Pinnwände kommen zum Einsatz und alle Ergebnisse werden schriftlich festgehalten. Vorteil: Wir haben im Workshop die nötigen Steuerungsmöglichkeiten und stellen ein Briefing sicher, das keine Lücken lässt. Der Nachteil: Unser Workshop muss gut vor- und nachbereitet werden, das kostet viel Zeit. Außerdem kostet er Nerven, denn widerstrebende Abteilungen und Interessengruppen auf einheitliche Briefingaussagen einzuschwören, kann ein hartes Stück Arbeit sein.

z. B. Frageliste für Briefing

FairFood Service GmbH: Unternehmen als Kunden gewinnen

Fragen zur Kommunikationsaufgabe

Aufgabe und Prämissen

- FairFood ist der erste Caterer der Region, der ausschließlich ökologische und fair gehandelte Speisen anbietet. Es ist ein strategisches Kommunikationskonzept zu entwickeln, das auf diese Alleinstellung aufbaut und sich auf die Gewinnung von Unternehmenskunden konzentriert. Haben wir die Aufgabe richtig verstanden?
- Welche grundlegenden Prämissen grenzen die Aufgabe ein und müssen deshalb bei der Konzeptentwicklung unbedingt im Blick bleiben?

Unternehmen und Angebot

- Wo will FairFood im Jahre 2025 auf dem Markt und bei den Zielgruppen stehen? Was ist die große unternehmerische Vision, die Sie antreibt?
- Welche konkreten kurzfristigen Ziele wollen Sie bis Ende des nächsten Jahres durchgesetzt haben? Welche Aufgabe fällt der Kommunikation bei der Zielerreichung zu?
- FairFood bietet ein breites kulinarisches Spektrum. Welchen Anteil haben die einzelnen Facetten am Gesamtangebot? Was sind die kulinarischen Highlights?

- Sie wollen Geschäftskunden erreichen. Welche Unternehmen peilen Sie vorrangig als Kunden an? Wie lassen sich diese Kundengruppen näher beschreiben?
- Zu welchen Anlässen wird FairFood gebucht? Wer sind die Entscheider in den Unternehmen? Wie laufen aus Ihrer Erfahrung die Entscheidungsprozesse ab?
- Die konsequente Ausrichtung auf ökologische und faire Angebote ist die Alleinstellung von FairFood. Wo sehen die Kunden die wesentlichen Vor- und Nachteile?
- Welche anderen Stärken machen FairFood aus? Gibt es Stärken, die zwar heute noch nicht ausgeprägt sind, die sich aber in kurzer Zeit entwickeln lassen?
- Wo sehen Sie die maßgeblichen Schwächen von FairFood, die relevant für die Ansprache der Unternehmenskunden sind?
- Wenn sich die eigenen Mitarbeiter zu FairFood bekennen, wie würden sie sich äußern? Wo sehen Sie die Talente und wo die Handicaps Ihres Teams?
- Wie sah Ihre Marktkommunikation bisher aus? Welche Instrumente haben sich bewährt? Wo gab es Probleme?

Markt und Wettbewerb

- Wie schätzen Sie die Bekanntheit von FairFood bei den regionalen Unternehmen ein? Wie ist das Image draußen auf dem Markt?
- Wer sind Ihre Hauptmitbewerber? Wie sind diese aufgestellt? Wo liegen deren Stärken und Schwächen?
- Berichten die Medien über FairFood? In welchen Netzwerken sind Sie aktiv? Welche Partner können wir in die Kommunikation einbinden?
- Gibt es aktuelle gesellschaftliche, gastronomische oder kulinarische Trends, die wir nutzen können? Sehen Sie draußen im Umfeld Gefahrenstellen, die uns bedrohen?

Ganz gleich ob Einzelbriefing, Gesprächsreihe oder Briefingworkshop, in jedem Fall ist zu beachten, dass aus dem Gespräch weder eine nette Plauderei noch eine Selbstdarstellungsveranstaltung des Auftraggebers wird. Wir bezeichnen ein Briefinggespräch als ein „freundliches Verhör“[25]. Einerseits wird eine vertrauensvolle freundliche Gesprächsatmosphäre hergestellt, um eine Verbindung zum Auftraggeber aufzubauen. Andererseits muss hellwach zugehört und hart nachgefragt werden, um der ganzen Wahrheit auf die Spur zu kommen. Die Konzeptioner schlüpfen in die Rolle eines Detektivs. Das bedeutet: Sie bringen ein gesundes Misstrauen mit, glauben ihrem Gegenüber nicht jede Aussage und haken nach, sobald sie Lücken oder Widersprüche entdecken. Besondere Vorsicht ist angesagt, wenn alle Antworten im

Briefinggespräch wie offizielle Statements aus der Imagebroschüre klingen. Hinter den Hochglanzaussagen könnte sich manch unangenehme Wahrheit verbergen.

Entwickelt ein externes Team – z. B. aus einer Agentur – das Konzept, entsteht bisweilen die Idee, das gesamte Team zum Briefinggespräch mitzunehmen, damit alle den O-Ton des Auftraggebers hören. Das hat etwas für sich, dennoch raten wir bei größeren Konzeptionsteams (mehr als drei Personen) von einer geballten Präsenz vor Ort ab. Zu viele Ohren auf der Seite der Fragenstellenden haben zur Folge, dass der Gesprächspartner vorsichtig wird und sich mit seinen Antworten zurückhält. Das Team muss sich mit offiziellen Darstellungen begnügen, die im Unternehmen allgemeiner Konsens sind. Dabei liegt der Sinn des mündlichen Gesprächs gerade darin, dicht an den Auftraggeber heranzukommen und hinter die Kulissen zu schauen. Wenn das gelingt, dann vertraut einem der Auftraggeber zum Beispiel an: „Ganz unter uns gesagt, an das neue Produkt glaubt nur der Juniorchef. Und der steht unter der Fuchtel des Seniors." Solche ungeschminkten Wahrheiten sind Gold wert. Das Gold kann aber in der Regel nur in kleinen Runden gehoben werden.

Wer aber dennoch mit einem größeren Team ins Briefing geht, sollte das Gespräch gut vorbereiten. Alle Teilnehmer aus dem Konzeptionsteam bekommen eine Rolle zugewiesen. Statisten darf es nicht geben. Ein Teammitglied moderiert und führt die Fragerunde, zwei weitere Teammitglieder wechseln sich mit den Fragen ab und der Vierte schreibt mit. So oder ähnlich könnte die Aufteilung aussehen.

Auf der anderen Seite ist es schwierig, als Konzeptionsprofi allein in einem Briefinggespräch zu sitzen. Denn man muss genau zuhören, die richtigen Fragen stellen und gleichzeitig alle Antworten möglichst gut mitschreiben. Es mag Multitasking-Naturtalente geben, die alles gleichzeitig können, aber in der Regel ist eine Person überfordert. Zudem ist man psychologisch im Nachteil, wenn man alleine einem mehrköpfigen Gremium gegenübersitzt. Daher sitzen wir in der Regel zu zweit, manchmal zu dritt in der Briefingrunde.

Gut geeignet für ein Briefinggespräch ist der Standort des Auftraggebers. Einige Agenturen und Konzeptioner bevorzugen die eigenen Räume für den Termin, denn so sparen sie Zeit. Das ist zu kurz gedacht. Vor Ort beim Kunden lernt man die Räumlichkeiten kennen, begegnet den Mitarbeiterinnen und Mitarbeitern im Flur, schnuppert ein wenig von der Arbeitsatmosphäre in der Kommunikationsabteilung. Das sind wichtige Erfahrungen für die konzeptionelle Arbeit. Hinzu kommt, dass sich der Kunde im eigenen Haus in gewohnter Umgebung sicher fühlt und dadurch eher ins Plaudern gerät als in fremder Umgebung. Der vermehrte Zeitaufwand zahlt sich aus.

Da der Zeitrahmen des Briefinggesprächs eng bemessen ist, gilt es, die Zeit im Blick zu behalten und durch eine gekonnte, straffe Gesprächsführung möglichst viel „Honig zu saugen". Das heißt, die Konzeptioner führen das Gespräch, nicht der Auftraggeber. „Gekonnte Gesprächsführung" klingt schwierig, ist aber keine große Kunst. Ein paar einfache Regeln helfen:

› **Persönlich und locker einsteigen:** Man fällt nicht gleich mit ersten Sachfragen ins Haus. Am Anfang stehen eine kurze Begrüßung und eine Vorstellungsrunde. Auch ein kleiner Small Talk zum Aufwärmen ist nicht verkehrt.

› **Zweck und Aufgabe zusammenfassen:** Man wiederholt gleich zu Beginn noch einmal das Ziel der Briefingrunde und fasst die gestellte Kommunikationsaufgabe mit eigenen Worten zusammen. Der Auftraggeber greift korrigierend ein oder bestätigt, dass alles richtig verstanden wurde.

› **Keine Diskussionen führen:** Manche Fakten und Hintergrundinformationen mögen die Gesprächsteilnehmer anreizen und eine Diskussion auslösen. Ein Wort gibt das andere und die Zeit vergeht. Stopp! Ein Briefinggespräch ist kein Debattierclub, sondern eine straff geführte Frage- und Antwortrunde.

› **Keine strategischen und operativen Vorgriffe:** Erst nach Abschluss der Analysephase, sobald man die Ist-Situation sicher einschätzen kann, dürfen eigene konzeptionelle Vorstellungen mit den Kunden besprochen werden. Wer schon während des Briefinggesprächs mit den Kunden in strategische und operative Planungen einsteigt, verliert seine neutrale Position, die für die analytische Arbeit von hoher Bedeutung ist.

› **Frei mit der Frageliste umgehen:** Als Richtschnur für die Gesprächsführung haben wir die Frageliste zur Hand. Sie wird nicht Punkt für Punkt von oben nach unten abgearbeitet, sondern dient als Orientierungshilfe, um inhaltlich auf Kurs zu bleiben. Je nach Gesprächsverlauf können Fragen weggelassen und neue Fragen hinzukommen.

› **Offensiv fragen und nachhaken:** Der Auftraggeber antwortet. Nur leider ist die Antwort lückenhaft oder widersprüchlich. Dann bleibt der Konzeptioner dran und fragt gezielt nach. Mit präzisen Nachfragen zeigt er sich neugierig und interessiert, jedoch nicht besserwisserisch und misstrauisch. Erklärtes Ziel ist es, am Ende des Briefinggesprächs ein tieferes Verständnis von Aufgabe und Ist-Situation gewonnen zu haben.

› **Über Schwächen offen reden:** Für das Verständnis ist es wichtig, alle relevanten Schwächen von Unternehmen und Kommunikationsobjekt in

Erfahrung zu bringen. Manche Auftraggeber tun sich schwer, offen über ihre Schwächen zu reden, sie weichen aus. Solche Widerstände dürfen den Fragesteller nicht aufhalten. Die Schwächen müssen auf den Tisch.

› **Psychologische Fragen stellen:** Um Widerstände beim Auftraggeber abzubauen und tiefergehende Antworten zu bekommen, kann es im Einzelfall sinnvoll sein, sich an gängigen Fragetechniken aus der Psychologie zu orientieren. Fällt es dem Auftraggeber beispielsweise schwer, offen über die Handicaps seines Unternehmens zu reden, hilft man ihm, aus seiner gewohnten Rolle auszusteigen und die Situation aus einem anderen Blickwinkel zu sehen: „Stellen Sie sich bitte vor, Sie wären ab sofort nicht mehr Marketingleiter hier bei der Maier-Otto AG, sondern bei Ihrem Hauptkonkurrenten. An welchen Punkten würden Sie dann im Wettbewerb bei Maier-Otto angreifen?" Solche Fragen wirken Wunder. Sie sollten aber nicht massiv eingesetzt werden, denn dann nutzen sie sich schnell ab.

› **Weitschweifigkeit eingrenzen:** Schwierig sind Auftraggeber, die zu weitschweifenden Ausführungen neigen. Jede ihrer Antworten dauert mehrere Minuten. Im Sinne eines „freundlichen Verhörs" ist es dem Fragenden durchaus erlaubt, lange Antworten zu unterbrechen und das Gespräch stringent zu führen – zum Beispiel mit den Worten: „Herr Jacoby, das ist ein wichtiges Thema, aber nicht zentral für unsere Aufgabenstellung. Da wir nur noch wenige Minuten Zeit haben, sollten wir uns auf die offenen Fragen konzentrieren." Mit diplomatischem Geschick gelingt es, den Redefluss zu unterbrechen.

› **Nicht über „Peanuts" reden:** Briefinggespräche sollen analytische Einsichten fördern und eine solide Grundlage für die anschließende Strategie legen. Das Gespräch bewegt sich auf der kommunikationspolitischen Ebene und behält den großen Überblick. Kleinteiliges hat im Gespräch nichts zu suchen. Wer mit dem Kunden mehrere Minuten über die falschen Schriftgrößen im letzten Nachhaltigkeitsbericht oder über den hohen Materialschwund im Werbemittelager sinniert, verschenkt wertvolle Zeit.

Einen Standard zum Abschluss der Briefingrunde bildet die Bitte um ein Rebriefing, falls im Verlauf der konzeptionellen Arbeit Fragen oder Probleme auftauchen. Eventuell wird gleich ein Termin für das Rebriefing festgelegt.

Nachbereitung des Briefinggesprächs

Damit kommen wir zur nächsten Etappe des Briefingprozesses, der Gesprächsnachbereitung. Die Nachbearbeitung erfolgt kurz nach dem Gespräch, möglichst am gleichen Tag, so lange der O-Ton der Briefingrunde frisch im Kopf ist. Die Konzeptionsbeteiligten setzen sich zusammen, lassen das vorangegangene Gespräch Revue passieren und analysieren den Gesprächsverlauf. Dabei konzentrieren sie sich auf Lücken, Widersprüche und Unklarheiten in der Darstellung des Auftraggebers. Die kritischen Punkte werden schriftlich vermerkt. Aus der Merkliste wird ein Rechercheplan entwickelt. Im Plan steht, welche offenen Punkte über welche Kanäle bis zu welchem Zeitpunkt zu recherchieren sind. Noch ein weiterer Arbeitsgang gehört in die Nachbereitung. Wir schreiben einen Briefingbericht, der alle wesentlichen Informationen aus dem Gespräch enthält. Den Bericht senden wir an unseren Auftraggeber. Er enthält nur die offiziellen Angaben des Gesprächspartners. Alles, was unter der Hand und im Vertrauen gesagt wurde, hat darin nichts zu suchen.

z. B. Briefingbericht

Ernst & Sohn Maschinenbau: Das 50-jährige Jubiläum

Briefingbericht

Termin:	12. Juli 2016
Thema:	Kommunikationskampagne zum 50-jährigen Jubiläum
Ort:	Hauptverwaltung Ernst & Sohn
Teilnehmer:	

- Leopold Ernst (Geschäftsführer Ernst & Sohn)
- Viktoria Schrader (Leiterin Unternehmenskommunikation Ernst & Sohn)
- Klaus Schmidbauer (Konzeptioner)

Inhalte:

Nachdem das 25-jährige Jubiläum in wirtschaftlich schwierige Zeiten fiel und kaum gefeiert wurde, soll der 50-jährige Geburtstag ein echter Höhepunkt werden. Herr Ernst betonte, dass es ihm mit dem Fest nicht um einen nostalgischen Rückblick in die Wirtschaftswunderjahre des Anfangs gehe. Für ihn weist der Blick eindeutig nach vorne. Das Unternehmen ist mit seinen aktuellen Innovationen fit für die Zukunft.

Wichtig ist ihm außerdem die nationale Ausrichtung der Jubiläumsaktivitäten. Es soll bewusst der regionale Rahmen gesprengt werden, denn inzwischen gehört Ernst & Sohn zur nationalen Spitzengruppe im Maschinenbau. Frau Schrader ergänzte, dass durch die nationale Ausrichtung aber keinesfalls das regionale Netzwerk vernachlässigt werden dürfe. Als der größte Arbeitgeber der Region habe man eine maßgebliche Stellung und hohe Verpflichtung.
Die Jubiläumsaktivitäten müssen den üblichen Rahmen sprengen. Ein Festakt und eine Chronik sind zwar gewünscht, aber dabei soll es keinesfalls bleiben. Ernst & Sohn wünscht sich eine Jubiläumskampagne, die vielfältige Maßnahmen über das Jahr zum Einsatz bringt. Der Schwerpunkt soll zum einen auf Maßnahmen für Unternehmenskunden aus dem Mittelstand liegen (aktuell etwa 220 Kunden mit Schwerpunkt Süddeutschland). Eine zweite Säule ist die Kommunikation nach innen. Man erhofft sich, durch das Jubiläum den Stolz und die Verbindung der 293 Mitarbeiter zum Unternehmen deutlich zu stärken. Die Familien sind einzubeziehen.
Kritisch sieht Frau Schrader die „Altlast", dass Ernst & Sohn aus einem früheren Unternehmen heraus entstanden ist, welches in der Zeit des Nationalsozialismus militärisches Gerät hergestellt und Zwangsarbeiter beschäftigt hat. Sie befürchtet, Journalisten könnten dieses dunkle Kapitel ans Licht zerren und damit das Jubiläum beschädigen. Herr Schmidbauer sagte zu, dieses Problem in seine konzeptionellen Überlegungen einzubeziehen.
Das aktuelle Corporate Design ist knapp 18 Jahre alt. Es wirkt von der Zeit überholt und passt nicht zur innovativen Ausrichtung des Unternehmens. Ein Relaunch zum Jubiläum steht zur Diskussion. Frau Schrader regt an, schon in der Konzeptionsphase die Designagentur Rotpunkt einzubeziehen, die das Unternehmen seit Jahren betreut. Ansprechpartner ist dort Günther Hacke. Herr Schmidbauer wird umgehend Kontakt mit ihm aufnehmen.
Ernst & Sohn steht für weitere Auskünfte jederzeit zur Verfügung. Ein Rebriefing soll Ende Juli stattfinden. Danach ist Herr Ernst für drei Wochen in Urlaub. Das fertige Konzept muss bis spätestens Ende August vorliegen. Eine Präsentation im Hause ist erwünscht. Dafür wird Frau Schrader mit den relevanten E+S-Führungskräften einen geeigneten Termin abstimmen.

Die Angaben des Briefingberichts bilden die Grundlage der weiteren Konzeptentwicklung. Sie gelten als korrekt und genehmigt, sofern der Auftraggeber nicht innerhalb von zehn Werktagen Korrekturen oder Ergänzungen einbringt.

Nachdem der Briefingbericht an den Auftraggeber gegangen ist, herrscht oft Funkstille. Es kommt keine Reaktion. Nach einer angemessenen Wartezeit – vielleicht drei oder vier Tage – melden wir uns beim Auftraggeber und haken nach. Manchmal ist ein zweites und drittes Erinnern nötig, bis schlussendlich die Korrekturen zurückkommen. Die Korrekturen sind wichtig und wertvoll, da erfahrungsgemäß in fast jedem Bericht Fehler und Missverständnisse stecken. Ohne die Korrekturen des Auftraggebers würde das Konzept auf fehlerhaften Annahmen gründen, was im Einzelfall fatale Folgen haben kann. Bei schwierigen Themen ist es uns schon passiert, dass so viele Korrekturen im Briefingbericht standen, dass wir eine zweite Berichtsversion zum Kunden schicken und um erneute Durchsicht bitten mussten, um alle Verständnisprobleme zu beheben.

Noch eine letzte Anmerkung zur Nachbereitung: Bei einem Konzept in Teamwork hatten wir empfohlen, nicht mit dem ganzen Team ins Gespräch zu gehen. Jetzt zur Nachbereitung kommt auf alle Fälle das Team zusammen und lässt sich ausführlich berichten. Alle werden auf den aktuellen Stand gebracht.

Mit Abschluss der Nachbereitung sind die elementaren Einweisungsschritte des Briefingprozesses abgeschlossen. Die beschriebenen Schritte müssen unbedingt am Anfang stehen. Erst wenn sie beendet sind, geht es mit der konzeptionellen Arbeit weiter.

In der korrekten zeitlichen Reihenfolge beginnt direkt nach den Einweisungsschritten des Briefings die Recherche. Auf sie gehen wir später ein. An dieser Stelle bleiben wir auf der Spur des Briefings. Während der gesamten Konzeption und auch während der Umsetzung gibt es begleitende Schritte des Abgleichs, die methodisch ebenfalls zum Briefing gehören. Ohne diese Schritte könnte kein präzises Kommunikationskonzept entstehen. Der Abgleich hilft, das Konzept besser auf Kurs zu halten. Bei großen und langwierigen Konzeptionen mit einem ständig im Stress stehenden Auftraggeber kann es sinnvoll sein, alle Termine für den Abgleich schon im Briefinggespräch zu fixieren. Im Normalfall werden die Abgleichschritte jedoch nach Bedarf kurzfristig mit dem Kunden vereinbart. Sobald dringender Gesprächsbedarf besteht, telefoniert man oder kommt persönlich zu einem weiteren Gespräch zusammen.

Rebriefing[26]

Das Rebriefing ist fester Bestandteil des Kommunikationskonzepts. In Wettbewerbspräsentationen wundern wir uns regelmäßig, wenn uns der Auftraggeber auf die Frage nach einem Rebriefing antwortet, dass wir die Ersten seien, die danach fragen. Anscheinend verzichten einige Konzeptionsprofis auf die Chance des Rebriefings. Das halten wir für fahrlässig.

Bis vor einigen Jahren bestand das Rebriefing hauptsächlich in einer Überprüfung durch den Auftraggeber, ob die Aufgabe richtig verstanden wurde. Da die Kommunikationsaufgaben und die daraus resultierenden Strategien immer komplexer geworden sind, hat sich im Laufe der Zeit die Funktion des Rebriefings erheblich erweitert. Heute ist es das zentrale Instrument zur inhaltlichen Nachjustierung des Konzepts während der gesamten Entwicklungsarbeit. Das Rebriefing macht konzeptionelle Präzisionsarbeit erst möglich.

Das Rebriefing erfolgt zeitlich flexibel innerhalb der analytischen und strategischen Arbeitsschritte. Der richtige Zeitpunkt ist z. B. gekommen, wenn die Ergebnisse der Analyse eines Kundenfeedbacks bedürfen oder erste strategische Ideen entstehen, die nicht kongruent zum Briefing des Kunden sind und deshalb dringend abgeglichen werden müssen. Ohne eine Klärung mit dem Auftraggeber wäre es schwierig bis unmöglich, konzeptionell zielgerichtet weiterzuarbeiten. Das Rebriefing sollte idealerweise in Form eines zweiten persönlichen Gesprächs erfolgen. Gelegentlich ist ein solches Treffen nicht möglich oder vom Auftraggeber nicht erwünscht. In dem Fall können die Beteiligten das Rebriefing auch am Telefon führen oder per Mail kommunizieren. Während im vorangegangenen Briefinggespräch kurze Fragen gestellt wurden und der Auftraggeber ausführlich geantwortet hat, wechselt jetzt die Gewichtung. Die Konzeptionsbeteiligten schildern analytische Erkenntnisse und strategische Vorstellungen, formulieren Fragen und beleuchten Probleme. Der Auftraggeber reagiert darauf mit kurzen Bewertungen und Einordnungen. Um Missverständnisse zu vermeiden, werden die Resultate des Rebriefings in einem kurzen Sachbericht festgehalten und vom Auftraggeber überprüft.

Manche Konzeptionsspezialisten melden sich während der Konzeptentwicklung mehrmals beim Auftraggeber und bitten um weitere Rebriefings. Diesem Ansinnen stehen wir kritisch gegenüber. Eine zweite Rebriefingrunde erscheint uns bei komplizierten Fällen erlaubt. Werden noch mehr Rückfragerunden gefordert, dann entsteht der leise Verdacht, dass sich die konzepterstellende Person „alles absegnen" lässt und kein Risiko eingehen will. Die konzeptionelle Führung liegt jedoch eindeutig bei uns Konzeptionern. Wir haben im Idealfall das Wissen und die Erfahrung und bestimmen daher den strategischen Kurs. Durch ständiges Rückversichern darf die Verantwortung nicht auf den Auftraggeber abgewälzt werden.

Die Begriffe „Rebriefing" und „Schulterblick" werden von vielen im Konzeptionsalltag synonym genutzt. Das ist kein Drama, aber methodisch nicht korrekt. Das Rebriefing findet während der analytischen und strategischen Entwicklungsarbeit statt. Es geht im Abgleich mit dem Auftraggeber um grundsätzliche Fragen und strategische Denkansätze. Der Schulterblick erfolgt im operativen Teil der Konzeptionsarbeit. Dann sind bereits erste kreative Ideen und Designs entstanden, Mittel und Maßnahmen werden konkretisiert. Beim Schulterblick lässt man den Auftraggeber auf die eigene Werkbank schauen und den Zwischenstand der Arbeit mitten im Entstehungsprozess begutachten. Der Auftraggeber wirft einen Blick auf die Anzeigenlayouts, er sichtet erste Slogans oder geht auf konkrete Programmideen für eine Kundenveranstaltung ein.

Ein Schulterblick kann hilfreich, aber auch schädlich sein – je nachdem. Hilfreich ist er, wenn der Auftraggeber sich auf konstruktive Anmerkungen beschränkt und keinerlei Zensur ausübt. Schädlich wird der Schulterblick, sobald sich der Auftraggeber massiv in den Entstehungsprozess einmischt und dem Konzeptioner Anweisungen erteilt. Falls der über die Schulter Blickende zur Einmischung neigt, raten wir von einem Schulterblick ab. Ist das nicht möglich, weil auf einen prüfenden Blick bestanden wird, spielen wir mit verdeckten Karten und zeigen nur unstrittige Ideen und Maßnahmen. Unsere Highlights halten wir bewusst für die Konzeptpräsentation zurück.

Dringend anzuraten ist ein Schulterblick, wenn wir Konzeptioner nur von der Fachebene – beispielsweise der Marketingleitung – gebrieft wurden und erstmals in der Präsentation auf den federführenden Entscheider aus dem Vorstand treffen, mit dem „nicht gut Kirschen essen" ist. Durch den Schulterblick kann bösen Überraschungen in der Präsentation vorgebeugt werden. In der Regel kennt die Marketingleitung die neuralgischen Punkte ihres Vorgesetzten und warnt vor einschlägigen Gefahrenstellen und Fettnäpfchen. Wir erinnern uns an einen Chef, der sofort ausrastete, sobald auf einer PowerPoint-Folie das Wort „Nachhaltigkeit" auftauchte. Oder ein Vorstand reagierte höchst allergisch, weil das Prüfsiegel eines Produkts nicht auf allen Layouts der Werbeunterlagen zu sehen war.

z. B. Rebriefing-Bericht

Hochschule Bühl: Werbung Studiengang Wissenschaftsmarketing

Ergebnisse des Rebriefings

Termin: 15. August
Gespräch: Telefonat
Teilnehmer:

- Dr. Ottmar Geißen (Kanzler HS Bühl)
- Reiner Umbreit (Agentur ScienceTeam)

Zusammenfassung des Telefonats

Verstehen wir die Aufgabe richtig, dass es in den ersten Monaten mehr darum geht, Image für den neuen Studiengang aufzubauen, als massiv neue Studenten zu gewinnen?
Korrekt, im ersten Jahr können wir nur 20 Studenten aufnehmen. Wir reden intern allerdings von Reputation und nicht von Image. Die Reputation hat hohe Priorität – zumal wir ein starkes Netzwerk externer Partner aufbauen wollen. Außerdem bereiten wir die Akkreditierung des Studiengangs vor.
Als Hauptkonkurrent hat das Team unserer Agentur die Technische Universität ausgemacht. Deren Vorteil sehen wir in der engen Zusammenarbeit mit zwei großen Forschungsinstituten. Wir planen, uns als Studieninteressenten auszugeben, um so weitere Einblicke zu bekommen.
Auch wir sehen die Kooperation als den maßgeblichen Vorteil. Wie können wir erfolgreich dagegen argumentieren? Sie können gern Kontakt mit der Uni aufnehmen. Bitte stellen Sie sicher, dass keine Querverbindung zu unserer Hochschule sichtbar wird.
Welche Professoren und Lehrbeauftragte haben Sie für die Vorlesungen gewonnen? Die Agentur überlegt, mit einigen der Namen Werbung zu machen.
Wir mailen Ihnen bis Freitag ein Dokument mit Kurzprofilen aller Lehrkräfte. Welche Namen für die Kommunikation nützlich sind, entscheiden Sie bitte selbst.
Der Studiengang hat einen großen Unterrichtsblock mit „Online-Marketing". Wir sehen diesen Schwerpunkt als ein herausragendes Merkmal, eventuell sogar als Alleinstellung.
In der Tat ist ein Schwerpunkt erkennbar. Aber wir wollen ihn im ersten Studienjahr nicht herausstellen, weil wir speziell in diesem Bereich noch nicht optimal aufgestellt sind. Es könnte Qualitätsprobleme geben.
Auf welchen Studien- und Weiterbildungsmessen ist die Hochschule im kommenden Wintersemester präsent? Lohnt sich eine Integration des Studiengangs?
Wir sind auf sieben Messen mit einem eigenen Stand dabei. Allerdings ist der Stand mit allen Inhalten bereits in der Produktion. Es gibt deshalb nur eingeschränkte Präsentationsmöglichkeiten.
Wer wird an der Konzeptpräsentation in drei Wochen teilnehmen? Wie viel Präsentationszeit bekommen wir?
Von Seiten der Hochschule werden wir mit fünf Personen anwesend sein. Wir geben Ihnen 1,5 Stunden Zeit. Bitte stellen Sie eine kleine Agenturvorstellung an den Anfang.

Update-Briefing

Ein weiterer Schritt im begleitenden Briefingprozess ist das Update-Briefing – manche sagen auch „Nachbriefing“ dazu. Während das Rebriefing normalerweise vom Konzeptioner initiiert wird, kommt die Initiative zum Update-Briefing von der Seite des Auftraggebers. Sein Update-Briefing kann mündlich oder schriftlich erfolgen.

Das Update ist ein fakultativer Schritt, den der Auftraggeber nur ansetzt, wenn sich wesentliche konzeptionelle Rahmenbedingungen mitten in der konzeptionellen Arbeit weiterentwickeln oder verändern. Da nur ein Konzept, das auf der Höhe der Zeit bleibt, seine Wirkung voll entfaltet, bringt der Auftraggeber die Konzeptionsbeteiligten auf den neuesten Stand.

Im günstigen Fall ist das Update-Briefing eine reine Aktualisierung. Es wird lediglich informiert und alles läuft weiter wie geplant. Im ungünstigen Fall beinhaltet das Update-Briefing erhebliche Kursänderungen. Es wird neu instruiert und alles geht zurück auf Los. Das ist eine Form des Briefings, die wir überhaupt nicht mögen. Man stelle sich vor, wir sind in der konzeptionellen Arbeit weit vorangekommen, die Fertigstellung rückt in Sichtweite – doch plötzlich kommt ein Anruf des Auftraggebers, der dringend um ein Gespräch bittet. Er sei untröstlich, aber er habe gestern mit der Konzernmutter in den USA gesprochen, die neue Planungszahlen durchgegeben habe und daraufhin wäre völlig überraschend eine Kursänderung notwendig geworden. Das Konzept solle jetzt nicht mehr auf Familien mit Kindern, sondern auf die Zielgruppe der „Best Ager“ zugeschnitten werden. Für uns stellt eine solche überraschende Kursänderung einen Schock dar, denn sie hat zur Folge, dass wir unsere bisherige Entwicklungsarbeit „in die Tonne treten“ und von vorne anfangen.

Feedback-Briefing

Das Feedback-Briefing schließt den Konzeptionsprozess ab. Zu diesem Zeitpunkt ist das Kommunikationskonzept fertiggestellt und wir übergeben das fertige Konzeptpapier oder präsentieren das Ergebnis vor der versammelten Entscheiderrunde. Im günstigen Fall stimmt die Runde dem Konzept zu und gibt grünes Licht für die Umsetzung. Dann dient das Feedback hauptsächlich der Bewertung und Feinabstimmung. Die Verantwortlichen auf Auftraggeberseite kommentieren und beurteilen die einzelnen Konzeptbestandteile, liefern zusätzliche Hinweise, ergänzen eigene Erfahrungswerte, weisen auf Schwachpunkte hin und äußern ihre Änderungswünsche. Als Resultat des Feedback-Briefings machen wir uns an die Arbeit und geben dem Konzept den letzten Feinschliff, bevor die Umsetzung beginnt.

Im ungünstigen Fall merken wir bereits während der Präsentation an den gemischten Reaktionen der Zuhörer, dass unser Konzept nicht ankommt. Am Ende unseres Vortrags fällt der Beifall verhalten aus, dann entsteht ein längeres Schweigen, bis einer der Zuhörer das Wort ergreift: „Wir sehen, dass Sie sich Mühe gegeben haben, aber wir müssen leider feststellen, dass Sie unsere Erwartungen nicht getroffen haben." Der Auftraggeber ist mit dem Konzept unzufrieden, er hat das Gefühl, dass seine Briefingvorgaben unzureichend eingelöst wurden. Aber der Konzeptioner soll noch eine Chance bekommen: „Da wir gesehen haben, dass Sie sich für unser Thema engagieren und einige Dinge völlig richtig erkannt haben, möchten wir Ihnen eine zweite Chance geben. Wir setzen uns morgen intern noch einmal zusammen, halten notwendige Änderungen fest und würden Sie dann Anfang nächster Woche zu einem korrigierenden Briefing bitten." Damit gibt der Auftraggeber zu verstehen, dass er Mängel rügt und eine Nachbesserung erforderlich ist.

Das Feedback-Briefing dient in dem Fall der gründlichen Korrektur und Neuausrichtung des Konzepts. Das gemeinsame Gespräch besteht aus einer Reihe von Änderungs- und Ergänzungswünschen, die einen erneuten intensiven Einstieg in die Konzeptarbeit erfordern. Die Mängelrüge darf nicht dazu führen, dass wir demütig alle Korrekturen entgegennehmen und mechanisch ausführen. Denn es kann passieren, dass das Bündel der Änderungswünsche zu einem gordischen Knoten führt, der nicht zu lösen ist. Hier heißt es, die Stellung zu halten, auf konzeptionelle Stringenz und operative Machbarkeit zu achten. Die anfängliche Unzufriedenheit und die notwendigen Nachbesserungen führen im Übrigen nicht zu einem Vertrauensverlust beim Kunden, eher im Gegenteil. Stimmt das konzeptionelle Endergebnis, ergeben sich daraus besonders robuste Kundenbeziehungen.

z. B. Feedback-Briefing

Verkehrsministerium: Feedback Konzept Radfahrkampagne

Glücksstadt, 17. Oktober

Sehr geehrte Frau Schmidt!
Wir haben Ihr Konzept mit Interesse gelesen und bedanken uns für Ihre engagierten Vorschläge. Wie wir Ihnen telefonisch bereits mitgeteilt haben, sehen wir an einigen Stellen noch einen erheblichen Änderungsbedarf. Vor allem Ihre Zielgruppendefinition und die daraus resultierende Positionierung treffen nicht die Intention des Fachreferats. Wir bitten Sie, unsere Korrekturangaben in Ihr Konzept einzuarbeiten und uns die neue Konzeptversion bis zum 2. November als PDF-Dokument zur Ver-

fügung zu stellen. Für eventuelle Rückfragen steht Ihnen weiterhin Herr Schmittgall zur Verfügung.

Ihr Konzept	**Unsere Korrektur**
Das Thema Sicherheit beim Radfahren soll positiv motivierend angegangen werden.	Keine Horrorbilder, keine Angstszenarien, aber dennoch wollen wir dem Radfahrer seine hohe Gefährdung vor Augen führen.
Schwerpunkt auf junge Familien mit Kindern legen und an das Verantwortungsgefühl appellieren.	Wir verstehen Ihre Argumente, dennoch besteht unser Staatssekretär auf der jungen Zielgruppe zwischen 15 und 25 Jahren.
Das Konzept positioniert Radfahren als großen Familienspaß.	Wir wollen weder die Familie ansprechen, noch Radfahren als Spaß darstellen. Bitte entwickeln Sie eine neue Positionierung für obige Zielgruppe.
Die Kampagne soll fokussiert kommunizieren und alle anderen Gruppen von Radfahrern außen vor lassen.	Als Ministerium haben wir gegenüber den Bürgerinnen und Bürgern eine Informationspflicht und müssen alle angemessen einbeziehen.
Ihre Kampagne will im Frühling starten und bis in den Herbst laufen.	Sie haben Recht, der Frühling wäre ideal. So kurz vor der Wahl bekommen wir aber Probleme. Starten Sie im Sommer nach der Wahl.
Im operativen Teil planen Sie eine spezielle Kampagnenwebsite.	Es gibt einen Grundsatzbeschluss, alle Verkehrsthemen über die Ministeriumswebsite laufen zu lassen.
Sie wollen im Sommer eine Infotour für Radfahrer durchführen.	Denken Sie daran, alle deutschen Regionen angemessen zu berücksichtigen. Wir wollen nicht nur in die Hauptstädte der Bundesländer gehen.
Sie wollen auf breiter Front Unternehmen als Partner in die Kommunikation einbeziehen.	Grundsätzlich sind wir einverstanden! Wir bitten Sie, bei der Wahl der Partner sensibler vorzugehen. Die vorgeschlagene Brauerei geht nicht.

Debriefing

Das finale Instrument des Briefingprozesses fehlt noch: das Debriefing.[27] Andere gängige Begriffe für Debriefing sind Nachbesprechung oder Manöverkritik. Wenn die Feuerwehr nach einem Löscheinsatz zurück in die Wache kommt, setzen alle die Helme ab und besprechen den Einsatz nach. Es gibt keine Hierarchien, alle tauschen sich auf Augenhöhe aus, benennen Erfolge und Fehler. Ähnlich sollte es in der Kommunikation laufen. Das Kommunikationskonzept ist verabschiedet, die Planungen sind gelaufen, alle Maßnahmen wurden umgesetzt und die Erfolgskontrolle liegt vor. Ganz zum Schluss setzen wir uns mit den ausführenden Personen zusammen und analysieren gemeinsam die Resultate des Konzepts in der praktischen Umsetzung. Was hat funktioniert und was ist schiefgegangen? Wo liegen die markanten Abweichungen zwischen dem konzeptionellen Soll und dem realen Ist? Manche Aufraggeber meinen: „Wozu denn ein Debriefing? Wir haben doch den schriftlichen Evaluierungsbericht, da steht doch alles drin. Mehr ist nicht nötig." – Stimmt nicht! Die Tabellen und Diagramme der Evaluierung können das Debriefing keinesfalls ersetzen. Denn im Debriefing geht es nicht nur um Daten und Fakten, genauso wichtig, wenn nicht wichtiger, sind authentische Eindrücke und lebendige Erfahrungsberichte der direkt Beteiligten.

Ein gutes Debriefing ist mehr Storytelling als Statistikauswertung. Da bilanziert beispielsweise die Erfolgskontrolle, dass während der Messe über 2.000 Broschüren an Interessenten verteilt wurden. Ein voller Erfolg! In der Nachbesprechung berichtet jedoch die Standbesatzung, dass die meisten Broschüren in den Gängen und Papierkörben der Messehalle gelandet sind, kaum ein Messebesucher hat sie eingepackt und mit nach Hause genommen. Der vermeintliche Erfolg entpuppt sich als Flop. Für jedes Kommunikationskonzept gilt: Nur wer die authentischen Frontberichte aus der Umsetzung kennt, kann zukünftig Fehler vermeiden und den Wirkungsgrad der Kommunikation mit dem nächsten Konzept deutlich verbessern. Das Debriefing ist für alle, die an der Entwicklung der Konzeption beteiligt waren, eine wertvolle Lernerfahrung.

Im Kommunikationsalltag führt das Debriefing leider ein Schattendasein. Bei vielen Konzepten kommt es nicht zur Schlussbesprechung und wir wissen nicht, was aus unseren Ideen in der rauen Wirklichkeit geworden ist. Nicht selten liegt der Grund im unternehmenspolitischen Bereich. Der Auftraggeber will unbedingt sicherstellen, dass das Konzept mit seinen Maßnahmen im Unternehmen als Erfolg bewertet wird. Darum sollen Schwierigkeiten und Mängel zurückgestellt und die positiven Ergebnisse ins Licht gerückt werden. Ein Debriefing hingegen verlangt Klartext und benennt die Kritik. Es würde eine „Umetikettierung" zum Erfolg unmöglich machen.

Eine Debriefingrunde dauert etwa zwei bis drei Stunden. Das Treffen wird sorgfältig vorbereitet und läuft nach einer vorgegebenen Agenda ab:

› **Präsentation der Ergebnisse der Erfolgskontrolle:** Die maßgeblichen Daten und Fakten der Evaluierung werden zu Tabellen und Schaubildern zusammengefasst und anschaulich präsentiert.

› **Kurze Abschlussberichte der Projektbeteiligten:** Zum Beispiel berichtet der Vertrieb über die Resonanz der Stammkunden, der Messebetreuer fasst die Bilanz der diesjährigen Messen zusammen und die Online-Leute präsentieren repräsentative Kommentare auf Facebook und Twitter.

› **Gemeinsamer Dialog der Beteiligten:** Die Debriefing-Teilnehmer diskutieren die Eindrücke, Berichte und Ergebnisse und vergleichen die konzeptionellen Vorgaben mit den tatsächlichen Ergebnissen. Wichtig ist die Augenhöhe aller Beteiligten und die tolerante Fehlerkultur. Ein Debriefing ist kein Anlass für den Vorgesetzten/Auftraggeber, sich aufzuschwingen und dem Team gehörig den Kopf zu waschen.

› **Konkrete Konsequenzen und Arbeitsaufträge:** Am Ende des Gesprächs ziehen die Beteiligten die entsprechenden Schlussfolgerungen und identifizieren den Handlungsbedarf. Daraus leiten sich dann die Arbeitsaufträge für das nächste Kommunikationskonzept ab.

Inhalte des Briefings

Was sind die Inhalte, die im Rahmen des Briefings ausgeleuchtet werden? Welche Fragen stellen wir dem Auftraggeber, um unser Konzept auf eine solide Grundlage zu stellen? Die richtige Antwort lautet: „Es kommt darauf an!" Je nach Auftraggeber und Aufgabe müssen die Fragen individuell für jedes Konzept zusammengestellt werden. Um die grundsätzliche Orientierung zu erleichtern, nimmt man am besten den nachfolgenden Briefingkompass zur Hand. Der Kompass bildet das komplette Spektrum möglicher Fragenkomplexe in der Unternehmens- und Marketingkommunikation ab. Wir haben den Kompass inzwischen im Kopf und rufen seine Skala intuitiv auf, immer dann, wenn wir an Briefingfragen arbeiten. Allen Konzeptionierenden, die noch keine große Routine haben, sei empfohlen, den Kompass während der Zusammenstellung der Briefingfragen vor sich auf den Schreibtisch zu legen.

Die Aufgabenstellung ist die Kompassnadel im Zentrum des Briefingkompasses. Sie legt die Richtung der konzeptionellen Arbeit fest und sollte im Briefinggespräch frühzeitig abgefragt werden. Weil viele Auftraggeber ihre Aufgaben im schriftlichen Briefing nicht eindeutig formulieren, gehen wir auf Nummer sicher: „Ich wiederhole jetzt noch einmal Ihre Aufgabenstellung mit meinen Worten. Bitte sagen Sie mir, ob ich die Aufgabe richtig verstehe." Überraschenderweise kommen viele Auftraggeber an der Stelle ins Rotieren und bessern nach. Es folgen Ergänzungen oder Korrekturen, um die Aufgabe besser einzunorden.

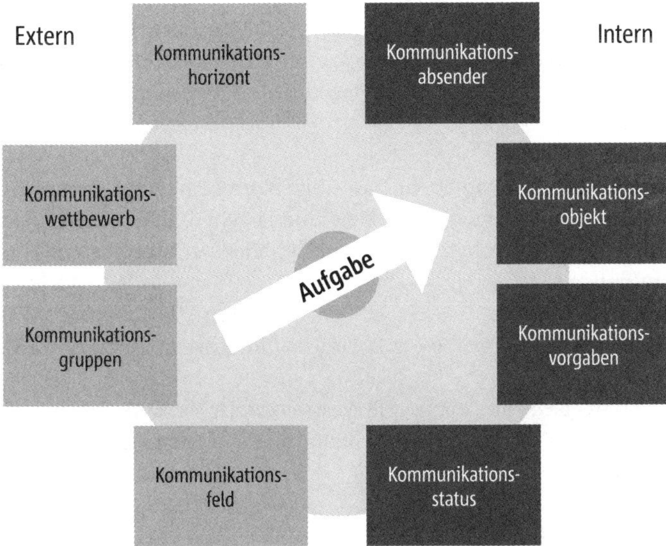

Abbildung 14: Der Briefingkompass

Der übersichtliche Kompass ist eine allgemeine Orientierungsgröße, die für alle Konzeptionsfälle einsetzbar ist, aber je nach Aufgabenstellung modifiziert oder unterschiedlich gewichtet werden muss. Anfänger legen den Kompass am besten vor sich auf den Tisch, wenn sie am Briefing arbeiten. Erfahrene Konzeptersteller haben den Kompass im Kopf.

Die 360-Grad-Kompass-Skala ist in zwei Sektoren unterteilt. Auf der rechten Seite steht der interne Sektor mit allen Fakten und Fragen, die sich mit dem Unternehmen beschäftigen:

› **Kommunikationsabsender:** In diesen Abschnitt gehören Fragen zum kommunizierenden Unternehmen und zur Kommunikationsabteilung, die das Konzept später durchführen soll.

  › Unternehmen – z. B. Größe, Standorte, Umsatzzahlen, Historie
  › Leistung – z. B. Portfolio, Neuheiten, Stärken, Schwächen
  › Personal – z. B. Führung, Mitarbeiterzahl, Motivation, Fluktuation
  › Kommunikationsabteilung – z. B. Ressourcen, Kompetenzen, Handicaps

- **Kommunikationsobjekt:** Das Objekt der Kommunikation steht im Mittelpunkt des Konzepts. Es soll als „Star" publikumswirksam auf die öffentliche Bühne gestellt und groß herausgebracht werden. Kommunikationsobjekt kann je nach Aufgabenstellung ein Unternehmen, ein Produkt, eine Dienstleistung, ein Projekt, eine Idee, ein Thema oder eine Person sein.

  - Profil – z. B. Art, Funktion, Design, Preis, Verpackung
  - Performance – z. B. Umsatz, Gewinn, Kundenbindung, Entwicklung
  - Qualitäten – z. B. Grundnutzen, Zusatznutzen, Alleinstellung, Schwächen

- **Kommunikationsvorgaben:** Das Konzept entsteht nicht frei im Raum. Es hält sich an übergeordnete Ziele und Regeln. Damit sich die Konzeptionsprofis entsprechend orientieren können, müssen sie wissen, was vorgegeben ist.

  - Normative Vorgaben – z. B. Unternehmensziele, Leitbilder, CSR-Regeln
  - Strategische Vorgaben – z. B. Vertriebsziele, Marketingziele
  - Operative Vorgaben – z. B. Etatgrößen, Zeitvorgaben, fixe Instrumente

- **Kommunikationsstatus:** Kein Kommunikationskonzept fängt bei null an. In jedem Unternehmen gibt es etablierte Kommunikationsinstrumente, die sich bewährt haben und deshalb vom Konzept übernommen werden. Um sie ins Konzept einzubauen, muss zuerst Inventur gemacht werden.

  - Corporate Design – z. B. Name, Logo, Slogan, Key Visual, Bilderwelt
  - Fixe zukünftige Ereignisse – z. B. Messen, Tag der offenen Tür, Jahrestagung
  - Externe Stamminstrumente – z. B. Jahrespressekonferenz, Website, Imagebroschüre
  - Interne Stamminstrumente – z. B. Intranet, Mitarbeiterzeitschrift, Schwarzes Brett

Vom internen geht es zum externen Sektor des Briefingkompasses. Auch auf der linken Seite gibt es vier große Abschnitte, die nacheinander abgefragt werden:

- **Kommunikationsfeld:** Darunter ist das direkte Umfeld zu verstehen, in dem sich der Kommunikator tagtäglich bewegt. Beim Unternehmen ist das der Markt. Der Markt ist die Arena, in der das Unternehmen mit vollem Einsatz aktiv ist.

  - Markt – z. B. Größe, Struktur, globale Einflüsse, Prognosen
  - Umfeld – z. B. Nachbarschaft, Standortsituation, Vernetzung
  - Regeln – z. B. staatliche Regeln, Branchenregeln, technische Normen

- **Kommunikationsgruppen:** Das sind alle Personen oder Gruppen, die mit dem Unternehmen direkt oder indirekt in Beziehung stehen. Dazu gehören Gruppen, mit denen das Unternehmen schon lange kommuniziert. Aber auch Gruppen, zu denen es keinen Kontakt gibt, die aber zukünftig für die Kommunikation wichtig werden könnten.

  - Kunden – z. B. Stamm, Potenzial, Einstellung, Verhalten
  - Mittler – z. B. Medien, Meinungsbildner, Beeinflusser
  - Partner – z. B. Unternehmen, Verbände, Vereine, Prominente
  - Interne Gruppen – z. B. Führungskräfte, Verwaltung, Produktion
  - Antagonisten – z. B. Einzelpersonen, Bürgerinitiativen, Online-Foren

- **Kommunikationswettbewerb:** Betrachtet werden die relevanten Mitbewerber und ihr Kommunikationsverhalten. Will das Unternehmen erfolgreich sein, muss es sich abheben und eine Idee anders kommunizieren. Um anders zu kommunizieren, sollte die konzepterstellende Person wissen, mit welchen Positionierungen und Argumenten die Konkurrenten aktuell in die Kommunikation gehen. Gerade in diesem Abschnitt des Kompasses ist Vorsicht angesagt, denn sobald es um die Konkurrenz geht, neigen die Auftraggeber zu einer subjektiv verzerrten Darstellung.

  - Profil der Konkurrenz – z. B. Menge, Art, Größe, Marktanteile, Entwicklung
  - Kommunikation der Konkurrenz – z. B. Positionierung, Botschaften, Kampagnen
  - Indirekte Konkurrenten – z. B. Substitution durch benachbarte Branchen/Märkte

- **Kommunikationshorizont:** Während es sich beim Kommunikationsumfeld um die Mikroebene handelt, wird der Blick nun auf die Makroebene gelenkt. Ein Unternehmen agiert in einer Gesellschaft, einem Land, einer bestimmten Kultur – und dort gibt es Trends, Moden und Entwicklungen, die der Kommunikation helfen oder sie behindern.

  - Relevante Trends – z. B. Entschleunigung, Work-Life-Balance, Nachhaltigkeit

- Gesellschaftliche Entwicklung – z. B. Überalterung, Migranten, Gendering
- Gesetzgebung – z. B. Mindestlohn, Datenschutz, Jugendschutz

Der Briefingkompass ist vielseitig einsetzbar. Der Auftraggeber kann ihn nutzen, um sein schriftliches Briefing auszuarbeiten. Wir Konzeptioner verwenden ihn, um im Vorfeld des Briefinggesprächs eine lückenlose Frageliste zusammenzustellen. Später bei der Auswertung des Briefinggesprächs greifen wir erneut zum Kompass, um Informationslücken zu erkennen. Auch bei der Erstellung des Faktenspiegels kommt der Briefingkompass zum Einsatz, um entsprechend der acht Felder des Kompasses den Faktenspiegel zu strukturieren.

Einen wichtigen Fragenbereich lässt der Briefingkompass aus, da es dort nicht um inhaltliche, sondern um technische Fragen geht. Diese technischen Fragen gehören ebenfalls auf die Frageliste und ins Briefinggespräch. Abgefragt werden:

- **Konzept-Timing:** Wann liegen die Termine von Rebriefing und Schulterblick? Bis wann muss das Konzept komplett fertiggestellt sein? Wie lange dauert der Entscheidungsprozess bis zur endgültigen Verabschiedung des Konzepts? Welche Puffer sind einzuplanen?

- **Konzept-Präsentation:** Wie groß wird der Zuhörerkreis bei der Konzeptpräsentation sein? Wer ist anwesend? Wer sind die Entscheider? Wie viel Zeit steht für die Präsentation zur Verfügung? Wo soll die Präsentation stattfinden? Welche technischen Hilfsmittel sind vor Ort?

- **Konzept-Dokumentation:** Reicht ein Ausdruck der Präsentation als „Handout"? Oder muss das Konzept als Text ausformuliert und als Booklet gedruckt werden? Benötigt der Auftraggeber für wichtige interne Entscheider eine Kurzfassung des Konzepts? Wie viele Exemplare des Konzepts werden benötigt? Gehört zur Dokumentation auch die Budgetierung?

- **Konzept-Erstellung:** Soll das Konzept von uns allein im Büro oder gemeinsam mit dem Auftraggeber im Workshop erstellt werden? Mit wem halten wir während der konzeptionellen Arbeit Kontakt? Wer steht für das Rebriefing zur Verfügung? Ist ein Schulterblick wichtig? Muss eine Diskretionsvereinbarung unterschrieben werden? Wie ist während der Recherche bei der Ansprache Dritter vorzugehen?

In der Summe ist für das Briefing ein weites Feld an Fakten und Fragen interessant. Bei größeren Kommunikationskonzepten kommen sehr viele Informationen zusammen. Es dürfen aber nicht zu viele Informationen werden. Um eine Informationsflut zu verhindern, sammeln wir diszipliniert nur Informationen innerhalb des vorgegebenen Aufgabenkorridors. Manche Auftraggeber geben Unterlagen weiter, die ihnen am Herzen liegen, die aber nicht direkt mit dem anstehenden Kommunikationsfall zu tun haben. Selbstverständlich nehmen wir die Unterlagen höflich entgegen, aber legen sie im Büro gleich zur Seite. Es dürfen keinesfalls wichtige Briefinginformationen übersehen werden, aber genauso gefährlich sind zu viele Informationen, die den Überblick erschweren. Wer Kommunikationskonzepte entwickelt, sollte die Kunst beherrschen, sich auf die wesentlichen Informationen zu konzentrieren.

Die Recherche

Funktion und Art der Recherche

Im Briefing hat der Auftraggeber die aus seiner Sicht maßgeblichen Informationen und Instruktionen weitergegeben. Manche Konzeptionsverantwortlichen nehmen die Aussagen 1 zu 1 als „Marschbefehl" und legen auf der Stelle los. Das ist vorschnell, denn sie sollten wie Detektive sein und den Aussagen des Auftraggebers mit einer gesunden Portion Misstrauen begegnen. Ein schlagkräftiges Konzept baut auf den Realitäten auf und nur im Ausnahmefall sind Realität und Darstellung im Briefing tatsächlich deckungsgleich. Im Normalfall finden sich in jedem Briefing kleine Widersprüche oder sogar drastische Abweichungen. Genau an der Stelle kommt die Recherche ins Spiel. Die Recherche nutzt externe, neutrale Quellen, um zusätzliche Daten, Fakten und Hintergrundinformationen zu sammeln, die den Sachstand absichern. Im Rahmen der Konzeptionsarbeit hat die Recherche vier zentrale Aufgaben:

- **Fehlende Informationen ergänzen:** Das Briefing war aufschlussreich, aber dennoch bleiben erkennbare Informationslücken, die geschlossen werden müssen, damit ein komplettes Bild entsteht. Die anschließende Recherche vervollständigt möglichst viele der blinden Stellen.

- **Oberflächliche Informationen vertiefen:** Einige aufgabenrelevante Themenbereiche wurden im Briefingprozess kurz angerissen, sind aber nicht ausreichend transparent. Die Recherche vertieft den Blick auf das Thema und beseitigt inhaltliche Unklarheiten.

- **Falsche oder verzerrte Informationen korrigieren:** Der Auftraggeber hat nicht immer Recht. An manchen Stellen irrt er, teilweise stellt er die Dinge in einem für ihn günstigen Licht dar und bisweilen will er sogar auf eine falsche Fährte führen. Aufgabe der Recherche ist es, hinter die Fassaden zu schauen und die realen Verhältnisse zu beleuchten.

- **Relevante Informationen gewichten:** Im Briefing wurden bestimmte Tatsachen benannt, deren Bedeutung sich nicht sicher einschätzen lässt. Marginalien oder Essenzen? Die Recherchearbeit hilft bei der richtigen Einordnung und Priorisierung der Informationen.

Eine gründliche Recherche muss sein. Konzeptionskollegen, die einzig auf das Briefing aufbauen und nicht hinterfragen, wählen den Weg des geringsten Widerstandes beim Auftraggeber. Aber dieser Weg führt nicht zu einem schlagkräftigen Konzept. Denn die Konzeptionsverantwortlichen sind nicht Befehlsempfänger des Auftraggebers, sondern Expertinnen und Experten für umsichtige, strategische Kommunikationsplanung. Als solche haben sie die Verpflichtung, den Auftraggeber zu führen, falls der sich mit seinen Briefing-Vorgaben auf Um- oder Abwege begibt.

Die Forderung, jedes Konzept mit einer Recherche zu flankieren, gilt auch für die interne Konzeptionsplanung in Unternehmen. Wir raten innerhalb des Rechercheprozesses alle eingeübten unternehmensinternen Auslegungen und Sichtweisen in Frage zu stellen und sich das Lagebild neu zu erarbeiten. Externe, neutrale Quellen sind hierfür ein gutes Korrektiv.

Die Recherchearbeit führt schnell in einen unübersichtlichen Informationsdschungel, in dem sich vor allem Anfänger leicht verlaufen. Man hält Ausschau und sammelt Fakten, zu Beginn der Recherche bedeutet jeder neue Fakt einen echten Erkenntnisgewinn, der Rechercheur blickt besser durch und fühlt sich sicherer. Mit zunehmender Faktenmenge flacht die Gewinnkurve ab. Plötzlich ist der Wendepunkt da und die Kurve fällt wieder ab. Zusätzliche Informationen führen nicht zu mehr Sicherheit, im Gegenteil, sie steigern erneut die Unsicherheit. Es lässt den Rechercheur das ungute Gefühl nicht los, etwas Wesentliches übersehen zu haben. Also sammelt er weiter, irgendwann hat er komplett den Überblick verloren und sich hoffnungslos im Dschungel der Informationen verirrt. Um der Falle auszuweichen, halten wir uns an eine Überlebensregel: So knapp wie möglich recherchieren, aber nicht zu knapp! Der Rechercheprozess für ein Kommunikationskonzept konzentriert sich auf die essenziellen Fakten, statt sich in akribischer Gründlichkeit zu verlieren. Der Prozess wird straff organisiert und durchgezogen.

Während der gesamten Recherchearbeit ist man den klassischen Maximen des journalistischen Arbeitens verpflichtet.[28] Vor allem die Validität der Fakten wird großgeschrieben. Immer wenn der Recherchierende auf wesentliche Erkenntnisse stößt, die den strategischen Kurs maßgeblich prägen könnten, ist eine gründliche Prüfung angesagt. Kommt der Fakt nur als Tatsachenbehauptung daher oder gibt es überprüfbare Einzelheiten? Bei der Absicherung der wichtigen Fakten darf man nicht schludern. Der Recherchierende muss sich darüber im Klaren sein, dass bestimmte Rechercheergebnisse zu tragenden Säulen des konzeptionellen Gebäudes werden können. Stellt sich später heraus, dass sie auf falschen Tatsachen beruhen, gerät das Gebäude ins Rutschen.

Briefing und Recherche werden miteinander koordiniert, wobei das Briefing einen zeitlichen Vorlauf hat und die Recherche eine direkte Reaktion auf die Erkenntnisse des Briefings ist. Wie das Briefing, so ist auch die Recherche ein fortlaufender Prozess, der die gesamte Konzeptionserstellung bis zum Schluss begleitet. Der Prozess der Recherche unterteilt sich in drei große Arbeitsschritte: Vorrecherche, Hauptrecherche und Nachrecherche.

Vorrecherche	Hauptrecherche	Nachrecherche
Briefingrecherche	Sekundärrecherche	Aktualisierungsrecherche
Rechercheplanung	Primärrecherche	Ergänzungsrecherche
	Rechercheabgleich	

Abbildung 15: Der Rechercheprozess im Überblick
Die Recherche vergleicht die Aussagen des Auftraggebers mit der Realität. Ohne prüfende Recherche geht es nicht. In der Regel gibt die Recherche entscheidende Hinweise für die konzeptionelle Lösung.

Briefingrecherche

Die Vorrecherche hat die Aufgabe, erste Grundlagen zu legen und das Terrain abzustecken. Schon während des laufenden Briefings wird mit den Recherchearbeiten begonnen. Mit den Vorgaben des schriftlichen Briefings als Orientierung begeben wir uns zunächst auf eine kurze schlaglichtartige Suche. In der Briefingrecherche werden grundlegende Informationen gesammelt. Sie sollen helfen, der gestellten Aufgabe schärfere Konturen zu geben. Die Recherche dient der Vorbereitung des bevorstehenden Briefinggesprächs. Durch den Erkenntnisgewinn der Recherche lässt sich das Gespräch sicherer und mit mehr Fingerspitzengefühl gestalten.

Die Briefingrecherche stützt sich im Wesentlichen auf Informationen aus dem Internet. Falls es sich ergibt, können weitere Schritte wie ein ergänzendes Telefonat mit Fachleuten, die sich mit dem Thema gut auskennen, oder das schnelle Überfliegen eines passenden Fachbuchs hinzukommen. Man fasst sich kurz und investiert nur wenig Zeit. Ein bis zwei Stunden sind für die Briefingrecherche ausreichend. Gesammelt werden Informationen zum Unternehmen und zum Kommunikationsobjekt, zur Zielgruppe und zur Branche. Es geht um erste Eindrücke und Hinweise.

Rechercheplanung

Auch die Rechercheplanung gehört zur Vorrecherche. Sie findet unmittelbar nach der mündlichen Briefingrunde statt. Die Rechercheplanung basiert auf den Resultaten des Briefings und verfolgt die Spuren weiter. Die sorgfältige Planung der Recherche stellt sicher, dass die Informationsfindung diszipliniert erfolgt und in der zur Verfügung stehenden Zeit möglichst viele verwertbare Erkenntnisse zusammenkommen. Vor allem, wenn sich mehrere Personen an der Recherche beteiligen, empfiehlt es sich, als Arbeitsgrundlage einen schriftlichen Rechercheplan zu fixieren und Verantwortlichkeiten zu definieren. Das ein- bis zweiseitige Planungspapier hat eine tabellarische Form und bestimmt folgende Parameter:

- **Auflistung der offenen Fragen und Probleme:** Die Konzeptionsbeteiligten sichten die vorliegenden Briefing-Resultate, erkennen offene Problempunkte und stellen sie zu einer Liste zusammen – zum Beispiel: „Keine klare Antwort des Kunden zur Frage nach den Auswirkungen der neuen EU-Norm auf die Qualitätskontrolle."

- **Priorisierung der Fragen und Probleme:** Die Liste ordnet alle offenen Probleme je nach Bedeutung für die Aufgabenstellung in die Prioritäten A, B und C ein. Kernprobleme werden mit einem A markiert, marginale Probleme bekommen nur ein C – zum Beispiel: „Die EU-Norm bekommt Priorität A, da das Unternehmen die Produktqualität in der zukünftigen Marketingkommunikation ganz nach oben stellen will."

- **Formulierung von Ergebnishypothesen:** Die Hypothese dient als Orientierungshilfe für die Recherchearbeit. Die Recherche muss sie prüfen – zum Beispiel: „Wir haben den Verdacht, dass unser Auftraggeber die Bedeutung der neuen EU-Normen bewusst herunterspielt."

- **Konkrete Festlegung der einzuschlagenden Recherchewege:** Man entscheidet sich bei jedem Problem vorrangig für einfache und kurze Recherchewege, aufwendige Wege werden hintenangestellt. Nur wenn die kurzen Wege nichts bringen, wird der Aufwand erhöht. Es ist das Ziel, die offenen Fragen möglichst schnell und eindeutig zu klären – zum Beispiel: „Anruf bei Prof. Müller, einem Experten für EU-Normen, sowie Auswertung der Presseresonanz zur neuen EU-Norm."

- **Zuordnung der Rechercheaufgaben:** Erfolgt die Recherche im Team, werden die Personen bestimmt, die für die einzelnen Rechercheaufgaben verantwortlich sind – zum Beispiel: „Die Auswertung der Presseresonanz rund um die EU-Norm wird vom Volontär Maximilian Hoffmann mit Unterstützung der Presseabteilung übernommen."

- **Eingrenzung des Zeitvolumens:** Man legt fest, welche Zeit für die einzelne Rechercheaufgabe investiert wird. Dabei handelt es sich um eine Maximalgröße, die möglichst nicht überschritten werden sollte – zum Beispiel: „Für die Recherche zur Presseresonanz sind insgesamt fünf Arbeitsstunden eingeplant."

- **Terminierung der Rechercheaufgaben:** Es wird ein fixer Termin für das Vorlegen der Ergebnisse festgelegt. Der verantwortliche Rechercheur tut alles, um den Termin einzuhalten – zum Beispiel: „Die Ergebnisse sollen spätestens bis zur Zwischenbilanzrunde im Juni schriftlich vorliegen."

› **Mögliche Kosten bestimmen:** Falls es im Rahmen einzelner Rechercheaufgaben zu finanziellen Ausgaben kommt, werden anfallende Kosten identifiziert und Limits fixiert – zum Beispiel: „Kauf der Branchenstudie zu den Auswirkungen der EU-Norm auf den deutschen Mittelstand. Die Studie kostet 320 €. Weitere Ausgaben bedürfen einer vorherigen Absprache."

Der Rechercheplan – meist in Tabellenform ausgearbeitet – bleibt übersichtlich. Die Obergrenze liegt bei 12 bis 15 Rechercheaufgaben, mehr führen zur Rechercheüberlastung und Informationsflut. Bei Teamrecherchen gilt der fertige Rechercheplan gleichzeitig als Arbeitsanweisung für alle Beteiligten. Jeder kennt seine Rechercheaufgabe und legt los.

An erster Stelle der Tabelle stehen die Rechercheaufgaben der Priorität A. Falls die Zeit nicht reicht, werden am Ende die Aufgaben der Priorität C zurückgestellt. Bei großen Konzeptionen und entsprechend aufwendigen Rechercheprozessen hält jeder Rechercheur des Teams seine Ergebnisse in einem Recherchebericht schriftlich fest. Der Bericht ist maximal eine Seite lang und listet stichwortartig die wesentlichen Ergebnisse auf. In einem abschließenden Fazit wird das Resultat der Rechercheaufgabe auf den Punkt gebracht.

z. B. Rechercheplan

Erdgas als Dauerbrenner | Vorgehen Recherche

Kunde: Wohlig Gas AG

Konzept: Bindung der privaten Erdgaskunden
Recherchleitung: Benno Stratmann
Termin: 13. Februar 2016
Deadline für alle Recherchejobs

	Problem	Hypothese	Recherchejob	Aufwand	ABC	Anmerkung
1.	Einstellung Erdgaskunden	Wollen vor allem Energiekosten sparen	› Roundtable mit ausgewählten Kunden › Auswertung Verbandsstudie	› 6 Std. (Benno) › 2 Std. (Julia)	A	› Kosten für Bewirtung Kunden
2.	Steigende Kündigungsquote Kunden	Wechseln zu Billiganbieter	› Vertriebsteam interviewen › Ehemalige Kunden kontaktieren	› 3 Std. (Benno) › 3 Std. (Astrid)	A	› Interview auf Vertriebstreffen › Nach Absprache mit Wohlig Gas › Datenschutz beachten
3.	Neuer Konkurrent	Geht nur über Preis	› Als Kunde auftreten und beraten lassen › Werbung sichten und auswerten	› 3 Std. (Tayfun) › 1 Std. (Julia)	B	› Nach Absprache mit Wohlig Gas
4.	Kaum Nutzung Kundenbereich Website	Nutzung zu kompliziert	› Gastzugang holen und testen	› 1 Std. (Astrid)	B	› Auf PC und Smartphone testen
5.	Teure Anzeigen in Tageszeitung	Von Stammkunden nicht wahrgenommen	› Im Roundtable klären	› s.o. (Benno)	B	› Anzeigenmuster mitnehmen und zeigen
6.	Gasversorgung wird als unsicher gesehen	Negative Medienberichte	› Auswertung Medienresonanz	› 2 Std. (Astrid)	C	› Nur die letzten 3 Jahre
7.	Steigende Zahl Kunden 50+	Chance für Kundenbindung	› Auswertung Kundendatei › Fachbuch „Silver Ager“ sichten	› 3 Std. (Astrid) › 4 Std. (Benno)	C	› Datenschutz beachten › Preis: 69 Euro

z. B. Recherchebericht

Jugend hat Zukunft in Europa | Rechercheergebnisse

Konzept: Kommunikationskampagne für Schülerwettbewerb
Recherche: Maximilian Fuhrberg
Problem: Geringe Teilnahme am Wettbewerb
Hypothese: Zu großes Angebot an Schülerwettbewerben
Recherchewege:

› Lehrergespräch im Luther-Gymnasium am 12. April
› Gespräch mit verschiedenen Schülern der Oberstufe
› Sichtung der Unterlagen von anderen Wettbewerben

Fakten

› Im letzten Jahr bekam das Luther-Gymnasium 28 Aufforderungen zur Teilnahme an einem Wettbewerb. Darunter 19 Wettbewerbe für die Oberstufe. Die Lehrer sprachen von einer Inflation der Wettbewerbe.
› Nach Angaben der Lehrer ist in anderen Schulen und Regionen die Zahl der Wettbewerbe ähnlich hoch.
› Alle drei Lehrer sind bereit, an Wettbewerben teilzunehmen, würden aber maximal zwei Wettbewerbe pro Klasse und Schuljahr nutzen.
› Den Lehrern ist eine einfache Durchführung des Wettbewerbs in der Klasse wichtig, der Europa-Wettbewerb waren ihnen zu aufwendig.
› Zwischen Ausschreibung und Einsendeschluss lagen nur drei Monate. Die Zeit wurde als zu kurz bewertet.
› Andere Wettbewerbe präsentieren sich „schlüsselfertiger“, die Lehrer haben kaum Arbeit damit. Als besonders vorbildlich wurde der Mobbing-Wettbewerb bewertet.
› Das Thema Europa wird von den Schülern als „wenig sexy“ angesehen, aber nicht abgelehnt. Andere Wettbewerbsthemen stehen höher im Kurs.
› Wichtig für die Teilnahme sind die Preise. Die Einladung zum Workshop mit einem Europa-Abgeordneten schien bei allen Gesprächspartnern wenig Zugkraft zu haben.
› Die Schüler fanden den Wettbewerbstext zu gestelzt und wenig stimulierend. Andere Wettbewerbe sind in der Ansprache moderner, frischer.

Fazit

› Tatsächlich gibt es ein Überangebot an Wettbewerben an Schulen. Das scheint aber nicht der ursächliche Grund für die schlechte Teilnahmeresonanz zu sein. Auch das Thema Europa scheint nicht

schuld zu sein. Es ist in erster Linie die umständliche Form und Aufmachung des Wettbewerbs, die zum Misserfolg geführt hat.
› Wir müssen im Rebriefing am 5. Mai klären, ob es noch möglich ist, an den Wettbewerbspreisen, den Bedingungen und Unterlagen Verbesserungen vorzunehmen.

Einstieg in die Hauptrecherche

Nach Abschluss der Rechercheplanung starten die Schritte der Hauptrecherche. In der Phase laufen die Recherchearbeiten auf Hochtouren. Aufgabe der Hauptrecherche ist es, alle Lücken zu schließen und dem Konzept ein tragfähiges Fundament zu verschaffen. Die Arbeiten der Hauptrecherche laufen zeitlich konzentriert und inhaltlich koordiniert auf Basis der Rechercheplanung.

Wer führt die Hauptrecherche durch? Häufig werden in der Praxis Praktikanten oder Volontäre für diese als lästig empfundenen Arbeiten abkommandiert. Das ist bequem – aber nicht klug. Es reicht nicht aus, das Konzept vom Schreibtisch aus zu entwickeln und sich „aus dem Feld" lediglich Bericht erstatten zu lassen. Ein guter Konzeptioner darf kein Schreibtischtäter sein, sondern muss sich mit der Realität seines Falls auseinandersetzen und vor Ort authentische Erfahrungen mit der Situation sammeln. Das mag bisweilen anstrengend sein, doch es gehört dazu. Nur wer seine Nase mittenrein gesteckt hat, kann die Situation wirklich einschätzen.

Wieviel Zeit investiert man in die Hauptrecherche? Wir investieren zwischen einem halben Tag bei kompakten Konzepten und bis zu fünf Tagen Zeitaufwand bei großen Masterplänen. Kennt man Thema und Auftraggeber bereits gut und scheint die Aufgabe nur wenige Unklarheiten zu beinhalten, dann reicht wenig Recherchezeit. Ist der Auftraggeber neu und das Thema vertrackt, dann müssen wir tiefer einsteigen und mehr Zeit investieren. Grundsätzlich gilt als Regel, dass man die Hauptrecherche erst beenden darf, wenn sich der Nebel gelichtet hat und Durchblick entsteht.

Wie läuft die Hauptrecherche ab? Die Konzeptionsmethodik legt fest, dass die Hauptrecherche auf zwei methodischen Wegen durchzuführen ist: der Sekundärrecherche und der Primärrecherche.

Sekundärrecherche

Hier greifen die Recherchierenden auf bereits vorhandenes Material zurück und werten es für die eigenen Zwecke aus. In der Konzeptionspraxis gilt die Losung, dass Sekundärrecherche vor Primärrecherche geht. Das hat pragmatische Gründe: Auf sekundären Wegen lassen sich in kürzerer Zeit mit weniger Aufwand mehr Ergebnisse erzielen. In unserer Praxis sind über 90 Prozent aller Recherchearbeiten Sekundärrecherchen.

Heute kann eine Recherche im wahrsten Sinne des Wortes über Nacht ablaufen. Wir bekommen am Nachmittag einen Blitzauftrag. Es winkt doppeltes Honorar für die Entwicklung einer Konzeptskizze bis zum Bürobeginn am nächsten Tag. Trotz der kurzen Zeit steht am Anfang eine Recherche. Nachdem wir telefonisch gebrieft wurden, geht es abends zuerst für drei bis vier Stunden ins Internet, wir überprüfen und ergänzen unsere Informationen. Es ist erstaunlich, wie viele aufschlussreiche Fakten sich in der kurzen Zeit finden. Der Sachstand reicht aus, um darauf über Nacht ein Kommunikationskonzept zu gründen. Am nächsten Morgen gegen 8:00 Uhr steht das Konzept und kann beim Auftraggeber abgeliefert werden.

Fehlende Zeit ist also kein Problem mehr. Das Problem besteht darin, dass sich selbst in kurzer Recherchezeit zu viele Informationen anhäufen. In der Menge der Daten, die aus dem weltweiten Netz sprudeln, wird es schwierig, die wirklich sachdienlichen Hinweise herauszufiltern. Denn leider wird das Internet von zweit- und drittklassigen Informationsquellen überschwemmt. Bei der Recherche muss man vorsichtig sein und die Validität der Quelle gründlich prüfen. Dabei helfen folgende Vorsichtsmaßnahmen:[29]

- **Zweite Quelle suchen:** Gibt es weitere solide Quellen, die den jeweiligen Fakt stützen und belegen?

- **Form bewerten:** Wie professionell ist die grafische und textliche Gestaltung der Quellen-Website? Bei schlechter Gestaltung sollte man vorsichtig werden.

- **Absender überprüfen:** Wer ist der Herausgeber der betreffenden Website bzw. Autor des entsprechenden Beitrags? Was ist über Herausgeber und Autor im Internet zu finden? Dazu googelt man die Namen.

- **Herausgeber / Autor kontaktieren:** Was sagen die Websitemacher zu ihrer Information? Welche Belege können sie anführen? Man schickt eine E-Mail und bittet um vertiefende Darstellung.

- **Experten fragen:** Was sagen Kenner der Materie zur Website? Im Rahmen der Primärrecherche werden Experten angesprochen und interviewt.

- **Rebriefing nutzen:** Wie schätzt der Auftraggeber die Quelle ein? Wir bitten den Kunden, die Quelle und die dort gefundene Information zu bewerten.

Bei umfangreichen Online-Recherchen ist die Zuhilfenahme einer unterstützenden Software sinnvoll. Mit Notizblock-Apps wie Onenote, Evernote oder Google Keep lassen sich alle Arten von Dokumenten mit einem Mausklick erfassen, strukturiert ablegen, mit Notizen versehen und später im Volltext komfortabel durchsuchen. Zudem können Fotos, Videos oder Sprachnotizen integriert werden. Teilweise digitalisieren wir sogar alle vorliegenden Offline-Materialien eines Konzeptionsfalls und fügen sie in den digitalen Notizblock ein.

Viele Informationen besitzen eine kurze Halbwertzeit. Neue Märkte entstehen beinahe über Nacht, das Zielgruppenverhalten ändert sich und die Kommunikationssituation ist in stetigem Fluss. In der Sekundärrecherche darf deshalb nur aktuelles Material aus dem gleichen Jahr oder dem Vorjahr genutzt werden. Ältere Unterlagen sichten die Beteiligten mit großer Vorsicht, da veraltete Informationen auf das Kommunikationskonzept toxisch wirken.

Uns ist wichtig, nicht ausschließlich über das Internet Sekundärrecherche zu betreiben, sondern ergänzend auch klassische Offline-Wege einzusetzen. Eine gründliche Recherche vor Ort in einer guten Fachbibliothek fördert noch ganz andere Erkenntnisse zu Tage und stellt andere Querverbindungen her als die schnelle Internetrecherche. Das Blättern in Fachzeitschriften gibt mehr Gefühl für die Branchenkultur als der Besuch der entsprechenden Branchen-Website. Offline-Recherchen fühlen sich handfester und authentischer an.

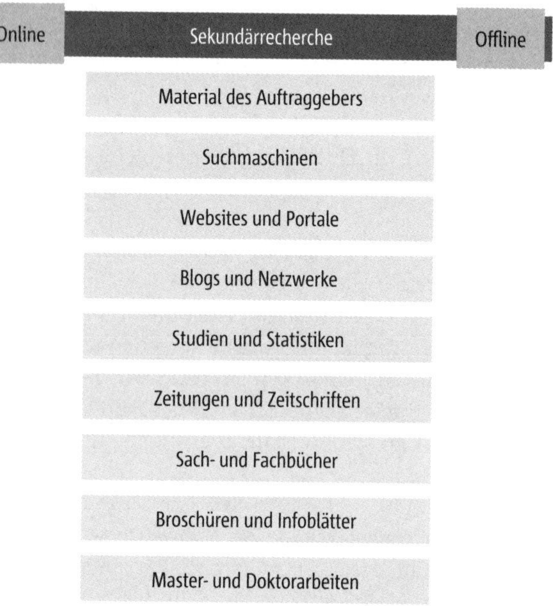

Abbildung 16: Die Sekundärrecherche im Einsatz

Es gibt unendliche Mengen von Quellen und Materialien online und offline. Die große Kunst ist es, sich auf das wirklich Wesentliche zu konzentrieren, ohne oberflächlich zu werden. Es sollten nicht nur die bewährten Standardwege der Recherche eingeschlagen werden, bisweilen kommen die interessantesten Ergebnisse aus unkonventionellen Richtungen.

Bei der Sekundärrecherche können Konzeptionerinnen und Konzeptioner auf eine ganze Palette von Quellen zurückgreifen, die online und offline zur Verfügung stehen.

Das Material des Auftraggebers: Es wird in jedem Fall zuerst gesichtet. Im Rahmen des schriftlichen und mündlichen Briefings übergibt der Auftraggeber üblicherweise einen ganzen Stapel an Unterlagen. Das können die letzten Geschäftsberichte sein, die PowerPoint-Folien einer aktuellen Unternehmenspräsentation oder die Chronik zum 100-Jährigen Jubiläum. Zusätzlich fragt man gezielt wichtige Materialien ab. Unentbehrlich für die Konzeptionsarbeit sind in der Regel:

- **Planungsrelevante Unterlagen** wie das Unternehmensleitbild, das „Brand-Manual" oder der gültige „Style-Guide" mit allen Gestaltungsregeln.
- **Alte Konzepte** wie Marketing-, Kommunikations-, Online-, Werbe- und Public-Relations-Konzepte aus den Vorjahren.

- **Vorhandene Dokumentationen** und Evaluierungsberichte rund um sämtliche Aktivitäten der Kommunikation.

- **Sammlung der Pressemitteilungen** der letzten Periode und dazu der Pressespiegel mit der Dokumentation der Medienresonanz.

- **Musterexemplare** von Anzeigen, Plakaten, Broschüren und anderen relevanten Werbe- und Informationsmitteln.

- **Externe Materialien**, die dem Auftraggeber vorliegen, wie Zielgruppenbefragungen oder Marktanalysen des Branchenverbandes.

Suchmaschinen: Sie bilden den zentralen Dreh- und Angelpunkt in jeder Online-Recherche – allen voran Google. Es lohnt sich, nicht nur die erste Seite der Suchergebnisse zu sichten, denn oben auf der Ergebnisliste landen nicht immer die Seiten mit den besten Inhalten, sondern die mit der professionellsten Suchmaschinenoptimierung. Neben Google, Yahoo, Bing u. a. nutzt man je nach Aufgabenstellung spezielle Suchmaschinen wie zum Beispiel base-search.net für die Suche nach wissenschaftlichen Quellen oder buzzsumo.com für die gezielte Suche in sozialen Netzwerken. Wer regelmäßig mit Suchmaschinen recherchiert, sollte sich nicht auf die pure Eingabe von Suchbegriffen beschränken. Google & Co. beherrschen diverse Such-Operatoren, die eine Suche präzisieren. Zum Beispiel können bei Google mit einem Pluszeichen mehrere Begriffe verbunden, mit einem Minuszeichen Begriffe ausgeschlossen werden. Neben diesen Basisstandards gibt es erweiterte Suchoperatoren, die eine feinere Justierung ermöglichen. Zum Beispiel gibt „allintitle:" nur Treffer aus, bei denen sich alle definierten Suchbegriffe in der Überschrift befinden. Ein nützliches Feature, dass wir bei Recherchen ständig verwenden, findet sich bei Google unter „Suchoptionen" und „Zeitraum festlegen". Unter dem Menüpunkt kann man die Suche zeitlich begrenzen und veraltete Websites und Dokumente von vornherein ausschließen.

Websites und Portale: Jedes Unternehmen agiert in einem bestimmten Markt- und Wettbewerbsumfeld und das Umfeld bildet sich virtuell im Netz ab. Im Rahmen der Internetrecherche tasten wir das Bild ab. Wir schauen uns auf den Seiten des Auftraggebers um, sichten die Branchenportale und die Seiten der Fachverbände. Immer einen Besuch wert sind die Websites von Fachzeitschriften, die aktuelle Branchenneuigkeiten online stellen. Auch die Seiten der maßgeblichen Konkurrenten erfordern eine gründliche Inspektion. Bei der Recherche stellt sich heraus, dass das Netz nie vergisst. War ein Unternehmen vor langer Zeit in eine Krise mit entsprechender Medienberichterstattung verwickelt, so sind die Spuren noch nach Jahren zu sehen. Alle Versuche, die Negativthemen zu deckeln, fruchten wenig. Um verdeckte Infoschätze zu heben, empfiehlt sich die sogenannte „Querrecherche". Begegnet einem auf der Website eine aufschlussreiche Tatsache, dann wechselt man zur Suchmaschine, tippt den entsprechenden Suchbegriff ein und entdeckt aufschlussreiche Querverbindungen zu anderen Websites, die diese Tatsachen vertiefen und ganz neue Aspekte zu Tage fördern. Die neuen Aspekte werden erneut gegoogelt und so dringt man tiefer und tiefer ins Geflecht der Informationen ein.

Weblogs und soziale Netzwerke: Beide haben in den letzten Jahren erheblich an Bedeutung gewonnen. Manche Experten betreiben mit großer Leidenschaft einen eigenen Blog zu ihrem Spezialthema. Auf XING oder LinkedIn gibt es themenadäquate Fachgruppen mit Tausenden von Mitgliedern, die teilweise lebhaft diskutieren. Auf Jobportalen und Unternehmensbewertungsseiten berichten ehemalige Mitarbeiter und lassen tief in die Befindlichkeiten des Unternehmens blicken. Auf der Facebook-Seite des Unternehmens reden unzufriedene Kunden Klartext, möglicherweise betreiben Kritiker sogar einen speziellen „Watchblog“ zum Unternehmen. Über die Kanäle und Plattformen des Social Web kann man hinter die Kulissen vieler Unternehmen schauen und neue aufschlussreiche Einsichten gewinnen. Es ist erstaunlich, mit welcher unbedarften Offenheit dort kommuniziert wird und wie gläsern unsere Welt in den letzten Jahren geworden ist. Beiträge aus dem Social Web sind jedoch subjektiv geprägt und müssen mit der nötigen kritischen Distanz bewertet werden. Wer im Social Web recherchiert, hat zwei grundsätzliche Möglichkeiten:

› **Passive Sammlung:** Der Recherchierende bleibt in Deckung. Er sucht anonym nach aufschlussreichen Quellen und sammelt im sozialen Netz nützliche Informationen, ohne große Spuren zu hinterlassen.

› **Aktiver Dialog:** Der Recherchierende geht in die Offensive, nutzt das soziale Netz, um Fragen zu stellen, Auskünfte einzuholen und Erfahrungen auszutauschen. Wer offen in Erscheinung tritt und aktiv nachfragt, sollte das Vorgehen von seinem Auftraggeber autorisieren lassen und mit Bedacht kommunizieren.

Studien und Statistiken: Zu jedem nur denkbaren Thema finden sich Studien im Netz – von Medien und Marktforschungsinstituten, Hochschulen und Forschungseinrichtungen, Verbänden und Interessenvertretungen. Einige der Studien stehen kostenlos zur Verfügung, man kann sie sich als PDF-Dokument downloaden oder als gedruckte Broschüre per Post anfordern. Andere Studien kosten viel Geld. Gibt es für den Kauf der Studien keine Mittel, sollte man dennoch am Ball bleiben. Jede Studie wurde bei ihrer Veröffentlichung mit gezielter Pressearbeit bekannt gemacht. Man findet fast immer eine Pressemitteilung, die einige zentrale Ergebnisse der Studie bekanntmacht.

Falls man als Studierender an einer Arbeit schreibt, drücken die Studienvermarkter hin und wieder ein Auge zu und stellen die ganze Studie oder einzelne Kapitel zum Sonderpreis oder kostenfrei zur Verfügung. Für die punktgenaue Konzeptionsarbeit besonders interessant sind Studien, deren komplette Datenbank im Netz steht. Die Daten lassen sich flexibel zusammenstellen und individuell auswerten. So kann man die Online-Auswertungsmaske auf die eigene Aufgabenstellung zuschneiden und beispielsweise auf eine relevante Altersgruppe oder ein Bundesland eingrenzen. Solche Online-Datenauswertungen bieten z.B. die Markt- und Media-Studie „Best for Planning" der Gesellschaft für integrierte Kommunikationsforschung.[30]

Es zahlt sich aus, die tragenden Säulen der Kommunikationsstrategie durch entsprechende Daten und Statistiken abzustützen. Statistische Ergebnisse haben eine hohe Glaubwürdigkeit. Wenn wir dem Auftraggeber in der Konzeptpräsentation verkünden, er solle seine Zielgruppe überdenken, weil wir aus langjähriger Erfahrung ihm dazu raten, ernten wir häufig vehementen Widerspruch: „Das mag ja Ihre Erfahrung sein, meine Erkenntnis ist eine ganz andere!" Sobald wir in unserer Präsentation jedoch ein Statistik-Diagramm an die Wand werfen und verkünden „Infratest dimap hat unlängst festgestellt, dass 70 Prozent der jungen Zielgruppe ...", schwenken fast alle Auftraggeber um. Empirischen Daten wird selten widersprochen und Statistiken scheinen eine magische Deutungshoheit zu besitzen.

Zeitungen und Zeitschriften: Das Spektrum der klassischen Printmedien ist im Bereich der Branchen-, Fach- und Special-Interest-Medien besonders vielfältig. In Deutschland gibt es Tausende der spezialisierten Verlagsmedien. In manchen Branchen, wie der Automobilwirtschaft oder im Lebensmittelsektor, liegt die Zahl der Medien im dreistelligen Bereich. Über Fachzeitschriftenverzeichnisse im Internet kann man gezielt nach ihnen suchen und anschließend über die Website der relevanten Zeitschriften erste Bracheninformationen sammeln. Außerdem lohnt es sich, zwei oder drei Print-Ausgaben als Probe anzufordern, um sich in die Materie einzulesen und ein Gespür für die Besonderheiten der Branche zu entwickeln. Manche Verlage bieten ein kostenloses Probeabo, man darf nur nicht die rechtzeitige Abo-Kündigung vergessen.

Gedruckte Sach- und Fachbücher: Bücher sind für uns nach wie vor ein wichtiges Informationsmedium. Wir leihen oder kaufen regelmäßig konzeptionsrelevante Werke. Das Leihen ist einfach geworden. Über die Online-Kataloge bekommt man schnell heraus, welche Bibliothek welche Bücher zum anstehenden Konzeptionsfall im Bestand hat. Relevante Bücher reservieren wir online. Bei einigen Bibliotheken kann man sich die Bücher sogar per Kurier ins Büro liefern lassen.

Mit dem Kauf von Büchern sind wir vorsichtig geworden, da es große Qualitätsschwankungen gibt. Für uns als Außenstehende ist nur schwer erkennbar, ob ein Fachbuch zum anstehenden Konzeptionsthema schlecht, veraltet oder für Laien unverständlich ist. Aus diesem Grund fragen wir unseren Auftraggeber im Briefinggespräch, ob er uns ein Buch zum besseren Einstieg ins Thema empfehlen würde. Die Empfehlungen sind nützlich und helfen uns weiter, bisweilen kommt es zu einem echten Aha-Erlebnis: Das Buch transportiert nicht einfach nur Fakten, es lässt uns eintauchen in die Welt der Branche, wir sind mittendrin und erspüren unser Thema.

Viele Fachbücher gibt es inzwischen auch als E-Books. Die elektronischen Bücher sind für die Recherche nur begrenzt zu verwenden. Die Seitenzahlen sind bei E-Books nicht eindeutig und für Quellenangaben ungeeignet. Auch fällt uns auf, dass die Inhalte von Bücher, die nur elektronisch und nicht gedruckt erscheinen, teilweise „quick & dirty" zusammengestellt wurden und eine ungenügende Qualität haben.

Broschüren und Infoblätter: Viele Unternehmen und Institutionen veröffentlichen Corporate-Publishing-Produkte. Damit sind Unterlagen gemeint, die nicht werblich, sondern informationsgetragen sind. Bei der Recherche im Internet stößt man auf zahlreiche PDFs von Firmenmagazinen, Rundbriefen, Broschüren, Faltblättern und Flyern, die interessante Infos liefern. Meist gibt es die Corporate-Publishing-Unterlagen auch in einer gedruckten Version, aber der Druck ist sekundär geworden, da die meisten Interessenten die Online-Version bevorzugen. Viele Corporate-Publishing-Unterlagen sind mit einer gewissen Vorsicht zu bewerten, da es sich um „Verkaufspapiere" eines Unternehmens oder einer Institution mit entsprechender tendenzieller Berichterstattung handelt.

Master- und Doktorarbeiten: Sie können über entsprechende Verzeichnisse im Internet gesichtet und über spezialisierte Verlage online oder offline bestellt werden. Es empfiehlt sich, vorher genau die Zusammenfassung und das Inhaltsverzeichnis zu lesen. Dissertationen und Masterarbeiten nähern sich ihrem Thema mit den Prinzipien des wissenschaftlichen Arbeitens an und wirken für jemand, der es in einer pragmatischen Recherche auf schnelle Ergebnisse abgesehen hat, kompliziert und umständlich. Hinzu kommt, dass die Preise für den Erwerb solcher Arbeiten übertrieben hoch sind, das Verhältnis von Kosten und Nutzwert stimmt selten.

Primärrecherche

Der primäre Weg der Hauptrecherche ist im Vergleich zum sekundären Weg aufwendig. Bei vielen Konzepten mangelt es an Zeit oder Geld für den primären Weg und die Recherche beschränkt sich auf sparsame Sekundärsuchen. Das macht uns nicht glücklich, denn eigentlich lautet die Regel, dass man kein Konzept entwickeln sollte, ohne vorher in die Realität des Falls eingetaucht zu sein. Darum versuchen wir, wann immer möglich, zur Klärung von zentralen Recherchefragen „ins Feld zu gehen" und Ergebnisse aus erster Hand zu sammeln.

Der Großteil unserer Primärrecherche läuft nach wie vor offline im wirklichen Leben ab. Seit einiger Zeit beziehen wir aber auch auf dem primären Weg Online-Recherchen ein. Wie läuft eine Online-Primärrecherche ab? Zwei Beispiele verdeutlichen die Möglichkeiten. Im ersten Beispiel entsteht ein Konzept, das die Nutzung von Social Media in der internen Mitarbeiterkommunikation forcieren will. Im Zuge der Recherche beteiligen wir uns an einer Diskussionsgruppe auf der Businessplattform XING, die sich speziell mit interner Kommunikation beschäftigt. Wir fragen bei den Teilnehmern nach, welche Erfahrung sie mit Social Media in der internen Kommunikation machen. Da wir uns dabei an die Regeln der Gruppe halten, offen und fair kommunizieren, bekommen wir zahlreiche Antworten und können dadurch einen aufschlussreichen Dialog zum Thema führen. Im zweiten Beispiel geht es um die Bekanntmachung einer Tutorenplattform für Studierende. Wir organisieren ein virtuelles Roundtable über Skype, an dem mehrere Studierende aus verschiedenen deutschen Hochschulen teilnehmen, die ihre Erfahrungen im Kontakt mit Tutoren einbringen. Die Erfahrungsberichte werden aufgezeichnet, als Videoclips online gestellt und wiederum von anderen Studierenden kommentiert. Bei jeder anstehenden Primärrecherche lohnt es, kreativ zu überlegen, ob der Online-Weg in Frage kommt und wie er realisiert werden kann.

Die Besichtigung des Unternehmens: Die Besichtigung steht am Beginn der Primärrecherche. Falls es der Auftrag erlaubt, lassen wir uns nicht nur in der Produktion und den Verkaufsräumen herumführen, sondern steigen tiefer ein und nehmen zum Beispiel an einer anstehenden Betriebsversammlung oder einer Jahrespressekonferenz teil und sammeln authentische Stimmungsbilder. Für manche Konzepte machen wir sogar ein kleines Praktikum von ein bis drei Tagen im Unternehmen, gehen mit einem Vertriebsmitarbeiter auf Außendiensttour oder helfen im Ladengeschäft als Verkäufer aus. Zur Primärrecherche vor Ort im Unternehmen gehören bei Bedarf sogar „Undercover"-Aktivitäten. Bis auf unseren direkten Ansprechpartner weiß beim Auftraggeber niemand von diesem Einsatz. Wir rufen an, geben uns als Kunden aus, vereinbaren einen Termin und überprüfen die Beratungsleistung.

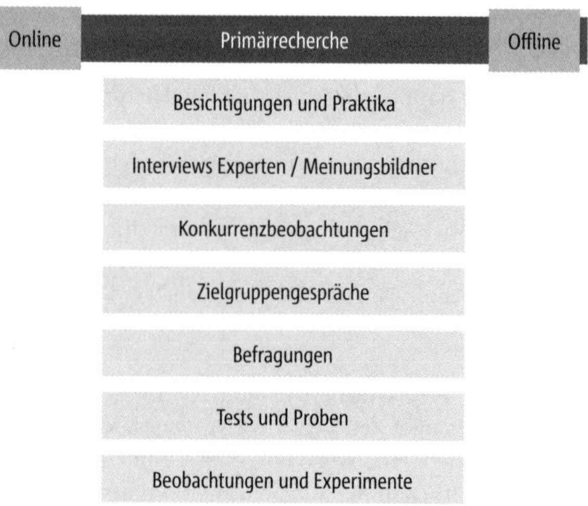

Abbildung 17: Primärrecherche im Einsatz

Die Ergebnisse der primären Nachforschungen sind eindrücklicher und gehen tiefer als das sekundäre Material. Aus Fakten werden Erfahrungen. Weil der Arbeitsaufwand jedoch hoch ist, kommt leider in vielen Konzeptionsfällen der direkte Rechercheweg zu kurz.

Oder wir beschweren uns über einen vermeintlichen Produktmangel und prüfen, wie das Serviceteam darauf reagiert.

Interviews mit Experten und Meinungsbildern: Die Interviews sind für Konzeptthemen zu empfehlen, die einen fachlich komplizierten Background haben oder sich in einem Umfeld bewegen, der starken Veränderungen unterworfen ist. So wie es für fast jedes Konzeptthema ein aufschlussreiches Buch oder eine passende Studie gibt, so gibt es für jedes Thema einen oder mehrere anerkannte Experten. Die themenadäquaten Experten sind leicht zu finden, während der Sekundärrecherche im Internet stößt man schnell auf sie und findet in der Regel auch eine Kontaktadresse.

Konzeptionsanfänger sind der Meinung, dass Experten vielbeschäftigt sind und zu wenig Zeit haben, um auf Anfragen zu reagieren. Die Angst ist unbegründet. In der Vergangenheit waren fast alle angesprochenen Experten bereit, uns weiterzuhelfen. Normalerweise senden wir zuerst eine Mail, stellen uns kurz vor und schildern unser Anliegen. Auf die Mail bekommen wir eigentlich immer Antwort. Nicht selten bietet man uns ein klärendes Telefongespräch an und teilweise werden wir sogar zu einem persönlichen Treffen eingeladen. Die Auskünfte des Experten erfassen wir in einem schriftlichen Protokoll und hängen sie in den Anhang unseres Konzepts. Kommt es auf

Details an, schneiden wir die Gespräche mit. In Präsentationen kommen wir gern auf die Expertengespräche zurück und zitieren markante Aussagen.

Es macht einen Unterschied, ob man mit Experten oder mit Meinungsführern spricht. Experten haben das Wissen und kennen sich aus. Meinungsführer haben meist nur begrenzt Ahnung vom Thema, aber hohen Einfluss und die nötige Deutungshoheit. Deshalb können bei bestimmten Themen zusätzliche Gespräche mit Meinungsführern wertvolle Hinweise liefern. Geht es um das Thema Verkehrssicherheit, reden wir mit einem führenden Lobbyisten der Autoindustrie oder des ADAC. Wollen wir uns über die Situation an deutschen Krankenhäusern schlau machen, kann ein Gespräch mit einem Vertreter der entsprechenden Gewerkschaft oder der Deutschen Krankenhausgesellschaft sinnvoll sein.

Konkurrenzbeobachtungen: Bei einigen Konzeptionsfällen stellt sich früh heraus, dass ein wesentlicher Schlüssel zum Erfolg in der Abgrenzung von den Mitbewerbern liegt. Ist das der Fall, führt kein Weg an einer Konkurrenzanalyse vorbei. Die Analyse beginnt mit der Sondierung der relevanten Konkurrenten. Meist hat das uns beauftragende Unternehmen eine große Zahl von Konkurrenten und es macht keinen Sinn, alle unter die Lupe zu nehmen. Wir filtern und die notwendige Filterung erfolgt in Abstimmung mit dem Auftraggeber im Rahmen von Briefing oder Rebriefing. Nur die Hauptkonkurrenten rücken in den Fokus. Die Analyse beginnt mit der Sichtung der Websites der Hauptkonkurrenten, geht über einen Besuch im Kundenzentrum bis hin zu einem fingierten Interessentenbesuch auf dem Messestand. Man kann auch auf der Facebook-Seite des Konkurrenten um Rat fragen und die Reaktion auswerten oder beim Pressesprecher anrufen und sich Hintergrundmaterial schicken lassen. Um die Vergleichbarkeit zu gewährleisten, erfolgen bei allen Konkurrenten die gleichen Analyseschritte, die anschließend nach den gleichen Kriterien bewertet werden. Die Ergebnisse erfassen wir mit einer Tabelle. In den Tabellenspalten stehen die Konkurrenten direkt vergleichbar nebeneinander.

Zielgruppengespräche: Der direkte, authentische Kontakt zu den Zielgruppen ist ein Muss in jeder Recherche. Nur wenn die Zielgruppe zu einer guten Bekannten wird, kann man für sie ein Konzept maßschneidern. Beispielsweise bekommen wir den Auftrag, ein Kommunikationskonzept für ein städtisches Seniorenzentrum zu entwickeln. Während der konzeptionellen Entwicklungsarbeit gehen wir mehrmals zum wöchentlichen Seniorencafé ins Zentrum und kommen mit den Gästen bei Kaffee und Kuchen ins Gespräch. In einem anderen Fall müssen wir ein Konzept für die Ansprache von Existenzgründern erstellen. Wir besuchen eine Start-up-Messe, laufen von Stand zu Stand und führen intensive Gespräche mit vielen Gründerinnen und Gründern.

Die Zielgruppenkontakte im Rahmen der Recherche reichen von Einzelinterviews bis zu Roundtable-Gesprächen in größeren Runden. Im Regelfall sollte der Kontakt zur Zielgruppe persönlich erfolgen. Aber auch Telefongespräche oder Online-Kontakte sind möglich.

Der O-Ton der Zielgruppe hat für uns einen enormen Aha-Effekt. Wir nutzen ihn nicht nur in der Hauptrecherchephase, sondern machen in der Nachrecherche zusätzlich eine Art Schulterblick mit der Zielgruppe. Ist uns beispielsweise ein tolles Aktionslogo eingefallen, dann checken wir die Reaktion der Zielgruppe auf das Logo ab, bevor wir damit beim Auftraggeber ins Rennen gehen. Hin und wieder nehmen wir eine kleine Videocam mit zu den Zielgruppengesprächen und zeichnen Gesprächspassagen auf, schneiden sie zu einer kurzen Sequenz mit knackigen Zitaten zusammen und führen sie dem Auftraggeber in der Konzeptpräsentation vor. Solche Szenen an Originalschauplätzen mit Originalprotagonisten gehen den Auftraggebern jedes Mal wie Traubenzucker sofort ins Blut.

Standardisierte Befragungen: Sie stellen eine Sonderform der Zielgruppengespräche dar. Eine Befragung der Zielgruppe mittels eines standardisierten Fragebogens schafft quantifizierbare Ergebnisse und leistet hervorragende Überzeugungsarbeit beim Auftraggeber.

Bei Befragungen gibt es viele Unwägbarkeiten, daher ist eine professionelle Durchführung ratsam. Markt- und Meinungsforscher bieten ein umfassendes Leistungspaket an. Das Spektrum reicht von der großen Meinungsumfrage mit repräsentativer Stichprobe bis zur kleinen Blitzumfrage via Internet. In unserer Konzeptionspraxis ist der Auftraggeber in den meisten Fällen nicht bereit, in eine professionelle Durchführung zu investieren. Deshalb können wir nur in Ausnahmefällen auf die Hilfe von Marktforschern zurückgreifen und realisieren im Konzeptionsalltag die meisten Befragungen in Eigenregie mit Bordmitteln.

Dazu entwickeln wir einen kleinen standardisierten Fragebogen, gehen auf die Straße oder stellen den Bogen in einem passenden Zielgruppen-Forum online. Mindestens 50 Interviews sollen zusammenkommen, besser sind 100 bis 200 Interviews. Es dürfen nicht zu viele Fragen gestellt werden, schon drei Fragen reichen aus, bei fünf bis sieben Fragen liegt für uns die Obergrenze. Dazu kommen die notwendigen soziodemografischen Angaben. Alle Bögen werden ausgewertet und die Ergebnisse in anschaulichen Diagrammen erfasst. Bei den Auswertungen muss man auf angemessene Fallzahlen achten. Wenn in einer Befragung die Gruppe der unter 20-Jährigen nur zwölf Befragte umfasst und bestimmte Fragen für diese kleine Gruppe noch einmal speziell ausgezählt werden, dann handelt es sich nicht um eine statistische Auswertung, sondern um „Kaffeesatz-Leserei".

Befragungen mit Bordmitteln sind empirisch nicht abgesichert, das sollte man nie aus den Augen verlieren und die nötige Interpretationsdistanz halten. Auch muss man dem Kunden die Einschränkung stets klar darstellen. Umso überraschender ist für uns, dass die Resultate bei den Auftraggebern dessen ungeachtet einen nachhaltigen Eindruck hinterlassen.

Tests und Proben: Hier geht es vor allem um unsere Selbsterfahrung. Unser Kommunikationsobjekt ist ein Produkt und wir probieren das Produkt selbst aus. Ist das Kommunikationsobjekt eine Dienstleistung, testen wir die Leistung. Wer ein Kommunikationskonzept fürs DRK-Blutspenden entwickelt, sollte sich einen Blutspenderpass ausstellen lassen und zum Blutspenden gehen. Wer ein Konzept für eine neue Nachtbuslinie nach Amsterdam schreibt, muss im Bus gesessen und die Fahrt durch die Nacht erlebt haben. Wer ein Konzept für ein neues veganes Kochbuch entwickelt, tut gut daran, in den nächsten Tagen und Wochen öfter mal mit seiner Familie nach Rezepten aus dem Buch zu kochen.

Beobachtungen und Experimente: Sie laufen ähnlich wie Tests und Proben – nur fungiert hier die Zielgruppe als Proband. Auch in dem Bereich arbeiten wir in den meisten Fällen mit Bordmitteln. Die Experimente haben nur einen begrenzten Umfang und die Ergebnisse vermitteln authentische Eindruck. Wir wollen beispielsweise herausfinden, wie Studierende als Hauptzielgruppe auf einen innovativen Elektroroller reagieren. Also stellen wir einen Roller auf den Campus der benachbarten Uni, lassen Studierende zur Probe fahren und beobachten ihre spontanen Reaktionen.

Bei vielen Aktivitäten der Primärrecherche ist eine vorherige Abstimmung mit dem Kunden wichtig, sonst entstehen unliebsame Feedback-Effekte. Man muss zuerst fragen, ob man eine Straßenbefragung durchführen oder einen bestimmten Expertenkontakt aufnehmen darf, um unnötigen Ärger zu vermeiden.

Rechercheabgleich

Unabhängig, ob man als Einzelkämpfer recherchiert oder die Recherche im Team erfolgt, den Abschluss der Hauptrecherche markiert der Rechercheabgleich. Besondere Bedeutung hat der Abgleich bei einer Teamrecherche. Üblicherweise handelt es sich um eine gemeinsame Sitzung der beteiligten Rechercheure, zu der alle Rechercheergebnisse vorgelegt und abgestimmt werden. In der Sitzung tragen die Rechercheure ihre Ergebnisse in einer Zusammenfassung vor. Gemeinsam vergleicht und bewertet das Team die Ergebnisse, überprüft die ursprünglichen Hypothesen und zieht ein Fazit. Oft stellt man fest, dass die Recherche zwar viel Klarheit gebracht hat, dass es aber trotzdem noch ein bis zwei blinde Stellen im Gesamtbild gibt. An besagten Stellen bleiben die Beteiligten dran und beleuchten sie in der anschließenden Nachrecherche.

Der Rechercheabgleich beendet die Phase der Hauptrecherche. Wie das Briefing, so hört auch die Recherche niemals auf. Es gibt weitere Schritte, die methodisch zur Recherchearbeit gehören, aber erst während der Strategie, der operativen Planung oder der Umsetzung greifen. Die Schritte bezeichnet man als Nachrecherche.

Aktualisierungsrecherche

Zur Nachrecherche gehört die Aktualisierungsrecherche mit einer permanenten Aktualisierung der Informationsbasis. Viele Konzeptionsprozesse brauchen mehrere Wochen, manche sogar einige Monate. In der Zeit tut sich einiges in der Welt. Die Zielgruppe ändert ihre Meinung, ein neuer Konkurrent taucht auf oder die Preise sinken. Die Konzeptionsbeteiligten dürfen nicht blocken und sagen, dass sie das alles nicht interessiert, weil die Hauptrecherche abgeschlossen und das Konzept fast fertig ist. Nein, der Radar muss eingeschaltet und der Informationsstand mit der Aktualisierungsrecherche auf der Höhe der Zeit bleiben. Deshalb wird im Hintergrund permanent weiterrecherchiert. Kommt es zu wesentlichen Veränderungen, die Auswirkungen auf das Konzept haben, dann wird der Auftraggeber eingeschaltet und über die neuen Erkenntnisse informiert. Falls notwendig, werden entsprechende Kursanpassungen im Kommunikationskonzept vorgenommen.

Ergänzungsrecherche

Der zweite Bestandteil der Nachrecherche ist die Ergänzungsrecherche. Während der laufenden Entwicklungsarbeit am Konzept gewinnt überraschend ein Zielgruppensegment an Bedeutung, das in Briefing und Recherche keine Rolle spielte. Fakten zur Zielgruppe? Fehlanzeige! Wir reagieren sofort, nehmen die Recherche wieder auf und ergänzen die fehlenden Informationen. Auch wenn es im konkreten Einzelfall eine erhebliche Mehrarbeit bedeutet, führt kein Weg daran vorbei. Die Ergänzungsrecherche greift übrigens nicht nur im strategischen Teil des Konzepts, sondern kommt auch in der operativen Planung zum Einsatz. Ein Event soll in der Frankfurter Paulskirche stattfinden. Ist die Kirche überhaupt zu mieten? Passen genügend Leute rein? Die Fragen sollten geklärt sein, bevor die Paulskirche im Konzept als „Location“ vorgeschlagen wird.

Verzahnung von Briefing und Recherche

Alle Briefing- und Rechercheschritte laufen abgestimmt und sind miteinander verzahnt. Man kann von einer gemeinsamen Dramaturgie sprechen. Das nachfolgende Schaubild verdeutlicht das zeitliche Zusammenspiel.

	Analytischer Block	Strategischer Block	Operativer Block	Umsetzung
Schriftliches Briefing				
Vorrecherche				
Mündliches Briefing				
Rechercheplanung				
Hauptrecherche				
Rebriefing				
Schulterblick				
Nachbriefing				
Nachrecherche				
Debriefing				

Abbildung 18: Abgestimmte Dramaturgie von Briefing und Recherche

Beide Analyseschritte laufen in Permanenz. In jeder Phase der konzeptionellen Arbeit begleiten uns das Briefing und die Recherche. Bei großen Konzepten ist eine gut abgestimmte Dramaturgie erforderlich.

Es soll ein Konzept für ein Kommunikationsprojekt entwickelt werden. Auslöser für die konzeptionelle Arbeit ist das schriftliche Briefing. Auf Basis des Papiers starten wir eine kurze Vorrecherche und gehen mit den gewonnenen ersten Eindrücken in das mündliche Briefinggespräch. Sofort nach dem Gespräch planen wir die Hauptrecherche, um die Lücken aus schriftlichem und mündlichem Briefing zu schließen. Die Hauptrecherche wird parallel auf sekundären und primären Wegen durchgeführt. Die Ergebnisse fließen in die zusammenfassende Analyse und die anschließende Strategie ein. Während der analytischen und strategischen Arbeit kann jederzeit ein Rebriefing angesetzt werden. In der operativen Phase erfolgt bei Bedarf ein Schulterblick auf die entstehenden Gestaltungselemente und Maßnahmen. Parallel kann es jederzeit zu Nachbriefings durch den Kunden kommen oder wir müssen wegen auftauchender Probleme in die Nachrecherche gehen. Nachrecherche und Nachbriefing greifen auch während der operativen Planung und der eigentlichen Umsetzung. Das gesamte Kommunikationsprojekt wird mit einem Debriefing abgeschlossen, das die Resultate transparent macht und den Beteiligten wichtige Hinweise für die zukünftige Konzeptionsarbeit gibt.

Der Faktenspiegel

Maßgebliches in komprimierter Form

Briefing und Recherche haben jede Menge Informationen geliefert. Bei größeren Konzepten kommen schon mal über 1.000 Seiten zusammen und selbst bei kleinen Konzepten erreicht der Umfang regelmäßig den dreistelligen Bereich.

Abbildung 19: Die Faktensammlung

Eine Materialsammlung für ein Konzept aus dem Jahr 2009. Drei Aktenordner voll mit Unterlagen waren zusammengekommen und wollten gesichtet werden. Heute sammeln wir nicht mehr Papier, das Material wird komplett digital erfasst.

Die Mehrzahl der Daten und Fakten liegt in digitaler Form vor. Alle Informationen, die noch analog auf Papier stehen, werden spätestens jetzt digitalisiert. Die Digitalisierung kann man für eine erste Filterung der Fakten nutzen. Es wird nicht Seite für Seite ohne Ansehen der Inhalte digitalisiert, nur die Seiten, die relevante Informationen beinhalten, kommen in den Scanner. Halt, auch das mit dem Scanner stimmt nicht hundertprozentig. Seit einiger Zeit gibt es hervorragende Apps für Tablet und Smartphone, die das Konzeptionsleben bequemer machen. Beim Blättern und Lesen der Dokumente stößt man auf eine Passage, die wichtige Fakten enthält. An der vakanten Stelle hält man kurz das Tablet darüber, löst aus und schon ist die Passage digital erfasst. Sie lässt sich als Bilddatei oder PDF im Originallayout ablegen oder eine integrierte OCR-Software wandelt die Passage in ein Format um, das sich von einer Textverarbeitung bearbeiten lässt.

Am Ende sitzen wir vor einer umfangreichen Faktensammlung, Dutzende, Hunderte, Tausende von kleinen Indizien, die für das Konzept eine Rolle spielen könnten, aber nicht zwangsläufig müssen. In der Summe sind es zu viele Fakten, um daraus ein kompaktes, schlüssiges Kommunikationskonzept zu entwickeln. An der Stelle kommt der Faktenspiegel zum Einsatz. Seine Aufgabe besteht darin, die vorhandene Komplexität zu reduzieren. Aus der Vielfalt der Informationen sind die tonangebenden Fakten auszuwählen und zu einem klaren, kompakten Lagebild zusammenzuführen. Der Faktenspiegel ist die komprimierte und strukturierte Sammlung aller für die anstehende Kommunikationsaufgabe relevanten Daten, Fakten und Hintergrundinformationen.[31]

Warum ist das Konzentrat des Faktenspiegels erforderlich? Durch die systematische Sichtung und Auswahl der Fakten für den Faktenspiegel steigen wir tief in die Materie ein, werden mit allen Einzelheiten vertraut und gewinnen gleichzeitig einen guten Überblick. Die Erstellung des Faktenspiegels ist wie ein Training, das fit für den anstehenden Konzeptionsfall macht. Außerdem kann der übersichtliche Faktenspiegel bei komplizierten Fällen vom Auftraggeber ohne Aufwand überprüft werden. In manchen Fällen ist es sogar entscheidend, einen Zwischenstopp einzulegen und mit dem Auftraggeber den Faktenspiegel durchzusprechen und inhaltliche Missverständnisse zu beseitigen. Bei einer Konzeption in Teamarbeit wird der Faktenspiegel zum gemeinsamen Status quo, von dem alle Beteiligten ausgehen. Neue Beteiligte lassen sich problemlos in die laufende Konzeptionsarbeit integrieren. Sie müssen sich nicht durch Materialstapel kämpfen, die schnelle Lektüre des Faktenspiegels führt sie umgehend ins Thema.

Die Zusammenstellung des Faktenspiegels ist ein Verdichtungsprozess, der eine hohe Konzentration und gründliche Arbeit erfordert. Falls man Fakten überlesen hat, fehlen Steine im Mosaik des Lagebildes. Sie können in der anschließenden Strategie keine Rolle spielen. Falls es sich dabei um konzeptionell wichtige Fakten handelt, hat diese Flüchtigkeit fatale Folgen für das Kommunikationskonzept.

Erstellung des Faktenspiegels

Die Erstellung des Faktenspiegels besteht aus zwei Arbeitsschritten. Im ersten Schritt erfolgt eine grobe Vorauswahl durch schnelles „Scannen" des gesamten Materials. Im zweiten Schritt geht es ans Lesen und Prüfen des ausgewählten Kernmaterials, um die für die Konzeptaufgabe maßgeblichen Fakten herauszufiltern.

Im Prozess der Vorauswahl werden alle vorliegenden Materialien schnell überflogen. Man liest die Inhalte nicht vollständig durch, sie werden „gescannt". Als Ergebnis entstehen mehrere Stapel mit Informationen.

Alle Materialien, die für die Aufgabe nicht essenziell sind, aber vertiefende oder ergänzende Informationen enthalten, bilden den Stapel des Zusatzmaterials. Dieser Stapel wird nicht gelesen und im Detail ausgewertet, er bleibt

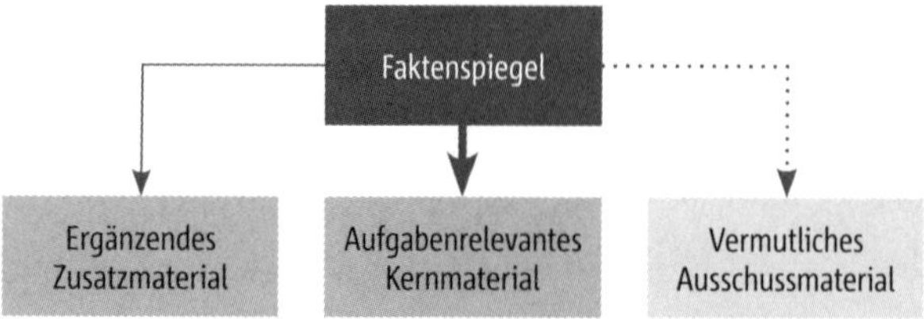

Abbildung 20: Faktenspiegel als Informationskonzentrat

Ein guter Faktenspiegel ist so schlank wie möglich. Dennoch ist es ratsam, auf Nummer sicher zu gehen und im Zweifelsfall lieber einen Fakt zu viel in den Spiegel zu übernehmen, als einen Fakt zu wenig. Ein Fakt, der nicht im Spiegel auftaucht, ist für das Konzept so gut wie verloren.

jedoch in Bereitschaft. Im Faktenspiegel finden sich später an den entsprechenden Stellen Hinweise und Links zum ergänzenden Zusatzmaterial im Hintergrund. Bei Bedarf kann man jederzeit darauf zugreifen.

Daneben wächst der Stapel mit dem vermuteten Ausschussmaterial. Dieses Material enthält bei schneller Durchsicht keine für das Konzept relevanten Inhalte. Es wird aber keinesfalls gelöscht oder weggeschmissen, sondern für den Fall der Fälle aufgehoben. Gelegentlich kommt es vor, dass bestimmte Unterlagen, die anfangs keine Bedeutung hatten, im Laufe des Konzeptionsprozesses plötzlich wichtig werden und neu bewertet werden müssen.

Im Mittelpunkt steht der Stapel mit dem relevanten Kernmaterial. Alle Materialien, die für die Kommunikationsaufgabe relevant sind, werden dort abgelegt. Eine Faustregel besagt, dass nicht mehr als ein Drittel des gesamten Materials im zentralen Stapel landen sollte. Denn das Kernmaterial muss genau in Augenschein genommen werden. Zeile für Zeile, Seite für Seite werden gelesen, jeder Fakt einzeln gesichtet und bewertet. Hat ein Fakt hohe Bedeutung für die anstehende Kommunikationsaufgabe, wird er rausgeschrieben oder mit Copy & Paste rauskopiert. Dabei bleibt stets die Verbindung zur Fundstelle im Kernmaterial enthalten. Arbeitet man noch klassisch auf Papier, dann bekommt der Fakt eine Ordnungszahl und die Zahl verweist auf die ursprüngliche Quelle, wo die Fundstelle wiederum die gleiche Zahl trägt. Bei digitaler Verarbeitung werden alle Fakten mit ihren Quellen verlinkt, sodass man vom Faktenspiegel jederzeit auf das gesamte relevante Quellenmaterial zurückgreifen und sich das inhaltliche Umfeld anschauen kann, in welches der Fakt eingebettet ist. Diese Verknüpfung von Fakten und ihren Quellen erfolgt mit großer Sorgfalt, denn in der weiteren konzeptionellen Arbeit passiert es ständig, dass man einen Fakt vertiefen und seinen Zusammenhang überprüfen will. Hat man keine Brücke zur Quelle gebaut, dann beginnt die Suche nach der Stecknadel im Materialhaufen und die kostet Nerven.

Der fertige Faktenspiegel ist ein mehrseitiges Textdokument, strukturiert, knapp und aussagekräftig formuliert. Keine wortreichen Erklärungen und keine stilistischen Verzierungen, sondern der pure Informationsstoff. Faktenspiegel sind zwischen fünf und 15 Seiten lang. Mehr Seiten verdünnen die Essenz und sind im methodischen Sinn kein Faktenspiegel. Tabellen, Schaubilder oder Fotos werden sparsam integriert, aber nur dann, wenn sie einen substanziellen Informationswert haben.

Der Faktenspiegel enthält neben den ausformulierten Fakten eine systematische Verlinkung mit den Quellen im Kernmaterial und den Hinweisen zum ergänzenden Zusatzmaterial. Unterhalb des Konzentrats des Faktenspiegels steckt in tieferen Schichten ein immenses Informationsvolumen. Der gesamte Wissenshorizont rund um die konzeptionelle Aufgabenstellung ist in Sekunden im Zugriff. Nichts geht verloren. Der Spiegel ist nur die sichtbare Spitze des Eisbergs.

Wir entwickeln den Faktenspiegel in schriftlicher Form als Word-Dokument oder auch als Textdokument in den bereits erwähnten Notizblock-Apps. Man kann einen Faktenspiegel auch als Wiki anlegen. Die passende Wiki-Software lässt sich im Internet kostenlos downloaden. Ein Faktenspiegel-Wiki ist besonders nützlich, wenn mehrere Beteiligte an der Sichtung des Materials sowie der Erstellung und Nutzung des Faktenspiegels beteiligt sind. Alle arbeiten gemeinsam am Wiki für das Konzept. Die Besonderheit des Wikis ist, dass Faktenspiegel, Kernmaterial und Zusatzmaterial in einer Sammlung vereinigt sind.

z. B. Seite aus einem Faktenspiegel

Sprachschule Globus | Faktensammlung

Auszug

3.1 Teilnehmer als Zielgruppe

› Stammteilnehmer: 25 bis 40 Jahre, 60 Prozent weiblich, mittlerer bis gehobener Bildungsgrad, aufstiegsorientiert.
› Teilnehmerpotenzial: Nach Einschätzung des Auftraggebers Migranten (Integration) und ältere Zielgruppen über 60 Jahren (Freizeitgestaltung).
› Radius: maximal 45 Minuten vom Wohnort, Anreise zu 60 Prozent mit dem ÖPNV, 20 Prozent Fahrrad, 10 Prozent Auto und 10 Prozent zu Fuß.

- Grund für Sprachkurs: 70 Prozent berufliche Gründe, 25 Prozent private Gründe, fünf Prozent andere Gründe. Meist sind schon Grundkenntnisse vorhanden, die aufgefrischt und erweitert werden sollen.
- Berufliche Gründe: Neuer Job mit fremdsprachlichen Anforderungen, Aufstieg innerhalb des Unternehmens, Kritik an Sprachkenntnissen durch Vorgesetzte.
- Private Gründe: Arbeit des Partners, Urlaub und Reisen, Hobby, Leidenschaft für eine bestimmte Sprache, Unterstützung für eigene Kinder in der Schule.
- Andere Gründe: Individuelle Gründe wie z.B. ein Sportler, der regelmäßig bei internationalen Wettkämpfen antritt.

Quellen:
- Aktuelle Teilnehmerbefragung der Sprachschule
- Protokoll Roundtable-Gespräch mit Teilnehmern
- Protokoll Besuch eines „Schnupperabends" für Interessenten

Zusatzmaterial:
- OECD-Studie „So leben Migranten in Deutschland"
- Destatis-Statistik „Die beliebtesten Fremdsprachen in Deutschland"

3.2 Unternehmen als Zielgruppe
- Marketingziel: Verstärkt Unternehmen als Kunden gewinnen, die ihre Mitarbeiter als Teilnehmer schicken.
- Bisherige Anteile: 8 Prozent bei klassischen Sprachkursen, 30 Prozent bei Business-Englisch, fünf Prozent deutsche Sprachkurse für ausländische Arbeitnehmer.
- Bisherige Business-Kunden: mittelständische Unternehmen aus der Region auf internationalen Märkten aktiv.
- Kontakte: Meist über private Teilnehmer, die in ihren Unternehmen eine Weiterempfehlung aussprechen.
- Hauptprobleme: Wenige regionale Unternehmen mit internationalem Kundenradius, geringe Bereitschaft in Weiterbildung der Mitarbeiter zu investieren.
- Chance: IHK bildet eine Interessengemeinschaft, in der international agierende Unternehmen zusammenkommen sollen.

Besonders anschaulich ist die unkonventionelle Methode, bei der die Beteiligten den Faktenspiegel tatsächlich an die Wand pinnen. Es sieht aus wie in einer dieser TV-Krimiserien, wo die ermittelnden Kommissare aus dem Morddezernat die wichtigen Hinweise und Fakten eines Falls auf einer großen Wand sammeln. Jeder Fakt ist eine angepinnte Karte mit Stichworten, und die strukturierte Sammlung aller Karten an der Wand ergibt den Faktenspiegel.

Querverbindungen werden mit Strichen oder Schnüren sichtbar gemacht. Steht man vor der großen Pinnwand, hat man vor sich das komplette Panorama der Ist-Situation. Die räumliche Darstellung hilft, die Zusammenhänge des Konzeptionsfalls plastisch zu erfassen, braucht aber entsprechenden Platz und die Konzentration auf einen einzigen Konzeptjob zur gleichen Zeit. Arbeitet man zur gleichen Zeit an mehreren Konzeptionen, werden mehrere Faktenspiegel auf Pinnwänden zum unübersichtlichen Spiegelkabinett.

Der Faktenspiegel ist nie fertig, er entwickelt sich permanent weiter. Sobald per Nachbriefing und Nachrecherche neue aktuelle Informationen hereinkommen oder sich Tatbestände ändern, wird der Spiegel entsprechend angepasst. Zu jedem Zeitpunkt bleiben die Inhalte auf der Höhe der Zeit, der Faktenspiegel ist ein Spiegel der Gegenwart. Die permanente Aktualisierung ist unerlässlich, denn der Faktenspiegel bleibt nach Abschluss der analytischen Arbeiten auf dem Arbeitstisch und während aller nachfolgenden konzeptionellen Schritte im Einsatz. Es wird andauernd auf den Spiegel zurückgegriffen. Man liest bei Bedarf noch einmal nach und vergegenwärtigt sich die Grundkonstellation seines Konzepts.

Die Ist-Analyse

Mission: Transparenz schaffen

Der Faktenspiegel steht, seine Lektüre wird für alle Beteiligten zu einem Aha-Erlebnis. Wer die strukturierte Sammlung der wesentlichen Fakten das erste Mal liest, fängt an zu verstehen, wie die Dinge zusammenhängen. Damit ist ein wichtiger Schritt getan, aber die analytische Arbeit hat ihr Ziel noch nicht erreicht. In der Praxis der Konzeption zeigt sich, dass die Menge der Informationen im Faktenspiegel zu groß ist, um eindeutige Muster herauszuarbeiten und daraus eine klare strategische Linie abzuleiten. Es gibt zu viel Interpretationsspielraum.

Um zielstrebig voranzukommen, muss die Faktensammlung des Spiegels weiter reduziert werden. Für die Aufgabe gibt es spezielle Analysewerkzeuge. Der Einsatz der Analysewerkzeuge stellt den Kernpunkt der gesamten analytischen Arbeit dar, jetzt wird alles auf den Punkt gebracht. Mit Hilfe der Werkzeuge lässt sich klar fokussieren, was der Stand der Dinge ist. Die Analysewerkzeuge sind jedoch keine präzisen Messgeräte, deren Ergebnisse 100-prozentig genau und bindend sind. Sie sind nützliche Hilfsmittel, die einen einfachen methodischen Mechanismus zur Verfügung stellen, um das Lagebild weiter zu schärfen und auf die konzeptionsentscheidenden Konturen zu verdichten. Aus Fakten werden Faktoren. Aus der Vielzahl der relevanten Fakten des Faktenspiegels werden maßgebliche Faktoren für die weitere Konzeptionsarbeit. Die Faktoren sind das Baumaterial für die anschließende Kommunikationsstrategie. Um eine ungefähre Größenordnung zu nennen: Im Faktenspiegel stehen vielleicht 120 bis 150 Fakten, mit Hilfe der Analyseinstrumente verdichten wir das Bild auf 20 bis 30 bestimmende Faktoren.

Es gibt eine breite Palette von bewährten Analyseinstrumenten, die zur Verfügung stehen. Je nach Aufgabenstellung und Ist-Situation kann auch eine Kombination mehrerer Instrumente genutzt werden. Grundsätzlich empfiehlt sich keine aufwendige „Instrumenten Schlacht". Der Einsatz der Werkzeuge erfolgt sparsam und koordiniert. Das mit Abstand gebräuchlichste Analyseinstrument in der Kommunikationskonzeption ist die SWOT-Analyse.

SWOT-Analyse als Standardwerkzeug

Die SWOT-Analyse stammt aus dem amerikanischen Marketing und wurde dort in den 1960er-Jahren an der Harvard Business School entwickelt. Das Akronym SWOT steht für Strengths, Weaknesses, Opportunities and Threats

– oder auf Deutsch: Stärken, Schwächen, Chancen und Risiken. In die hiesige Unternehmens- und Marketingkommunikation zog die SWOT in den Neunzigerjahren ein und hat sich inzwischen als Standardinstrument der Analyse etabliert.[32]

Die SWOT-Analyse kennt fast jeder in der Kommunikationsbranche und die meisten haben sie schon einmal ausprobiert. Ursprünglich kommt die SWOT aus dem Marketing und die Kommunikationsleute adaptierten sie von dort. Aber Vorsicht, die ursprüngliche SWOT-Analyse im Marketing und die daraus abgeleitete SWOT-Analyse in der Kommunikation dürfen keinesfalls verwechselt werden. Die Marketing-SWOT geht von der tatsächlichen Stellung auf dem Markt, die Kommunikations-SWOT vom psychologischen Bild in den Köpfen der Zielgruppe aus. Hinter der Marketing-SWOT verbirgt sich eine gründliche, systematische Analyse der relevanten Parameter, die alle Bereiche und Facetten erfasst und über viele Seiten geht. Manche Unternehmensberatungen haben sie bis ins Detail perfektioniert. Die Kommunikations-SWOT verdichtet die Sicht auf ein kompaktes SWOT-Kreuz mit den vier Feldern Stärken, Schwächen, Chancen und Risiken. Das Kreuz sollte immer auf eine einzige Seite passen. Viele Marketing-SWOTs nutzen numerische Bewertungen und Gewichtungsfaktoren, um messbare Ergebnisse zu erzielen. Die Kommunikations-SWOT basiert auf den Fakten des Faktenspiegels, die von den Kommunikationsverantwortlichen intuitiv bewertet und ausgewählt werden.

Weil die SWOT-Analyse beliebt ist, findet man im Internet unzählige Beispielanalysen und Erklärungen. Dabei fällt auf, dass sich viele Nutzer im Netz die Methodik der SWOT nach Belieben zurechtbiegen. Viele SWOT-Analysen sind methodisch unsauber, einige geradezu abenteuerlich falsch. Man sollte deshalb genau hinschauen, bevor man sich ein SWOT-Modellbeispiel aus dem Internet als Inspiration für die eigene Konzeption nimmt. Meist verwirrt das Beispiel mehr, als dass es weiterhilft.

Von Trendsettern aus der Kommunikationsbranche ist zu hören, dass die SWOT-Analyse grobkörnig, altbacken und überholt ist. Es sei Zeit für neue Analyseinstrumente mit feineren Stellschrauben und mehr Differenzierungsmöglichkeiten. Das mag so sein, allerdings ist uns bisher kein Instrument begegnet, das auch nur annähernd so schnell, robust und zuverlässig funktioniert wie die SWOT-Analyse. Aus diesem Grund bleiben wir der SWOT treu und empfehlen sie weiter.

In der klassischem SWOT-Analyse[33] stehen oben die beiden Felder der Stärken und Schwächen. In diesen Feldern listet man die relevanten Eigenschaften und Charaktermerkmale des Kommunikationsobjekts und seines direkten Einflussbereichs auf. Stärken und Schwächen sind Binnenfaktoren. Sie liegen

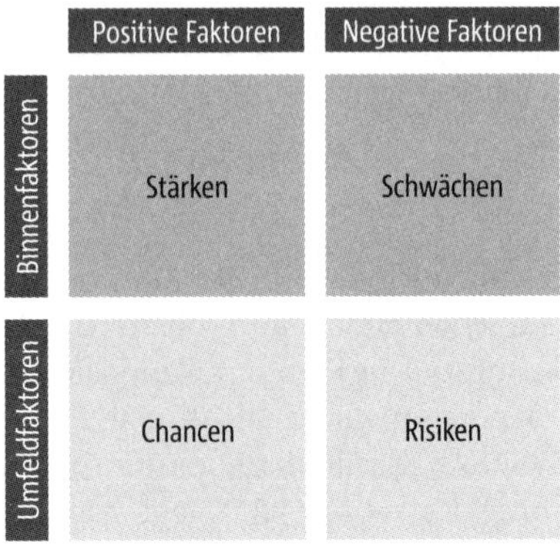

Abbildung 21: Das Kreuzschema der SWOT-Analyse

Wenn in einer SWOT die Felder von Schwächen und Risiken mehr Faktoren enthalten als die Felder Stärken und Chancen, dann sollten die Alarmglocken schrillen. Die Situation ist kritisch. Besonders gefährlich sind Mangelerscheinungen bei den Stärken. Schwächelt dieses zentrale Feld sollte man zwingend in die Nachrecherche gehen und Verstärkung suchen.

in der Verantwortung des Kommunikationsabsenders und können von ihm direkt beeinflusst werden:

› **Die Stärken:** Sie beschreiben die maßgeblichen Vorteile und Talente des jeweiligen Kommunikationsobjekts und seines direkten Einflussbereichs – zum Beispiel die „hervorragende Jugendarbeit" eines Fußball-Vereins oder der „schnelle 24-Stunden-Service" eines Dienstleistungsunternehmens.

› **Die Schwächen:** Darunter fallen die Handicaps und Nachteile des Kommunikationsobjekts und seines Einflussbereichs – zum Beispiel „die unmotivierten Trainer" eines Fitnessstudios oder die „ständig überfüllten Vorlesungen" an einer Hochschule.

Wann qualifiziert sich ein Faktor als Stärke oder Schwäche? Jede SWOT-Analyse braucht einen festen Maßstab als Relationsgröße. Ein Maßstab, der immer wieder gern genommen wird, geht allerdings gewaltig in die Irre. In Unternehmen werden die Stärken und Schwächen bevorzugt aus dem eigenen Blickwinkel gesehen: „Hier fühlen wir uns stark. Da sehen wir noch Schwächen." Die Bewertungsweise ist naheliegend, führt aber zu einer selbstreferenziellen Binnensicht. Die Gefahr ist groß, dass es der Analyse im Resultat an Umsicht und Weitblick fehlt. Eine solide SWOT betrachtet die Stärken und Schwächen deswegen stets in Relation zum Umfeld. Eine wichtige Relationsgröße im Umfeld ist der Wettbewerb. Sobald ein Faktor erkennbar besser ist als bei den Wettbewerbern, wird er zur Stärke. Ist er deutlich schlechter, ordnet man ihn als Schwäche ein. Als Maßstab kann man die Performance des Hauptmitbewerbers nehmen oder das Durchschnittsniveau des gesamten Mitbewerberfeldes. Nicht unbedingt zu empfehlen ist der beste Mitbewerber als Relationsgröße, denn das führt zur Frustration, wenn zu wenige echte Stärken zusammenkommen. Eine SWOT, die den Wettbewerb als Relationsgröße nimmt, wird meist durch eine vorauslaufende Konkurrenzanalyse vorbereitet. Dazu später mehr.

In einer eindeutigen Konkurrenzsituation, in welcher der Erfolg der Kommunikation von der signifikanten Abgrenzung zur Konkurrenz abhängt, sind die Konkurrenten-Eigenschaften die richtige Relationsgröße. In allen anderen Fällen betrachtet man die Stärken und Schwächen der SWOT besser aus dem Blickwinkel der Zielgruppe. Nur wer den Nerv der Zielgruppe trifft, kann langfristig Erfolg haben. Zum Beispiel definiert sich die Hauptzielgruppe eines Fachbuchverlags mit „Ingenieuren, die sich weiterbilden wollen". Genau die Merkmale des Verlags, die besagte Ingenieure gut und wichtig finden, macht man zu Stärken. Merkmale, bei denen die Zielgruppe kritisch den Kopf schüttelt, fließen in das Feld Schwächen ein. Man versetzt sich in die Hauptzielgruppe und setzt deren Brille auf. Alles, was nicht der Sichtweise der Zielgruppe entspricht, hat in der SWOT nichts zu suchen.

Stärken und Schwächen stehen „in Bezug zum Kommunikationsobjekt und seines direkten Einflussbereichs". Das Kommunikationsobjekt ist der in der Aufgabenstellung vorgegebene „Gegenstand", um den sich in der zukünftigen Kommunikation alles dreht. Gegenstand haben wir in Anführungszeichen gesetzt, denn der Begriff darf nicht wörtlich genommen werden. Gegenstand der Kommunikation kann ein Produkt, eine Dienstleistung, eine Organisation, eine Person, eine Idee, eine bestimmte Verhaltensweise und vieles mehr sein. Was bedeutet „... und seines direkten Einflussbereichs"? Mit der Ergänzung haben viele, die zum ersten Mal konzipieren, ihre liebe Not. Nehmen wir an, Kommunikationsobjekt ist ein neues Smartphone-Modell. Dann führen wir im Feld Stärken nicht nur vorteilhafte Merkmale ins Feld, die das Smartphone selbst, sondern auch Merkmale, die den Hersteller betreffen und auf das Smartphone abstrahlen. Ist der Hersteller für seine grundsolide Qualität bekannt, dann stärkt dieser Imagevorteil die Kommunikation des Smartphones. Zum direkten Einflussbereich gehören alle Faktoren, die innerhalb der Grenzen im „Hoheitsgebiet" und „Machtbereich" des Kommunikationsabsenders liegen.

Unten im SWOT-Kreuz stehen die Chancen und Risiken. Die beiden Felder der SWOT sind für konzeptionsrelevante Außenfaktoren aus dem relevanten Umfeld reserviert. Es handelt sich nicht um eigene Faktoren, sondern um Fremdfaktoren. Da sie außerhalb des eigenen Hoheitsgebiets liegen, können sie vom Kommunikationsabsender nicht oder nur mittelbar beeinflusst werden. Der Absender hat die Faktoren nicht exklusiv für sich, sie sind für alle Marktteilnehmer und die anderen Mitbewerber zugänglich und ebenfalls beeinflussbar:

- **Die Chancen:** Man schaut sich im externen Umfeld um und entdeckt attraktive Optionen und Möglichkeiten, die als Verstärker für die zukünftige Kommunikation nutzbar sind. Chancen können gesellschaftliche Trends, Modeströmungen, Marktveränderungen, Zielgruppenentwicklungen oder Mitbewerberschwächen sein – zum Beispiel der „neue Trend zur Familie" für eine Kette von Familienhotels oder das „wachsende Zielgruppenpotenzial der Senioren" in Bezug auf einen Hersteller von Hörgeräten.

- **Die Risiken:** In dem Feld werden die vorhandenen Bedrohungen und Gefahrenstellen im Umfeld erfasst, die das Lösen der gestellten Kommunikationsaufgabe bremsen oder sogar verhindern könnten – zum Beispiel die „neue preisaggressive Konkurrenz" für eine Billig-Modeboutique oder die „kognitive Dissonanz der Alkoholkonsumenten" im Rahmen einer Antialkohol-Kampagne.

In den SWOT-Feldern Chancen und Risiken stehen keine spekulativen Möglichkeiten wie „Markteintritt eines neuen Wettbewerbers wäre denkbar" – sondern nur reale Tatsachen im Sinne von „Wettbewerber X eröffnet weitere Filialen ". Die Einordnung in die Chancen- und Risiken-Felder steht auf dem Boden der Tatsachen und hat nichts mit „Sterne deuten" oder „in die Kristallkugel schauen" zu tun. Zwar dürfen auch Faktoren in die beiden unteren SWOT-Felder eingefügt werden, die zum Zeitpunkt der Analyse noch nicht eingetreten sind, aber nur, sofern ihr Eintritt mit hoher Wahrscheinlichkeit zu erwarten ist.

Bisweilen entdecken wir auf der Chancenseite der SWOT Faktoren wie „Einrichtung eines Online-Shops könnte vielversprechend sein" oder „Konkurrenz hat eventuell Probleme mit Umstellung auf die neue CE-Norm" als denkbare Zukunftschance für das Unternehmen. Der Begriff Chance wird hier zwar semantisch korrekt benutzt, aber nicht methodisch korrekt im Sinne der SWOT. Das Erfassen von Wünschen, Hoffnungen und Befürchtungen in Bezug auf das Kommunikationsobjekt ist nicht methodischer Bestandteil der SWOT-Analyse. In der SWOT geht es ausnahmslos um Faktoren da draußen im Umfeld, die bereits Realität sind oder mit an Sicherheit grenzender Wahrscheinlichkeit demnächst Realität werden. Die SWOT ist ein Tatsachenbericht.

Gelegentlich ist die Zuordnung der Faktoren in die vier Felder der SWOT etwas knifflig. Ein Problem, das vielen zu schaffen macht, ist die Abgrenzung von Stärken und Chancen. Ist der hohe Bekanntheitsgrad eines Unternehmens eine Stärke oder eine Chance? Die Faustregel zur Lösung des Zuordnungsproblems lautet: Es kommt darauf an, wo die Wurzeln liegen. Hat das Unternehmen in den letzten Jahren mit systematischer Kommunikation gezielt am Bekanntheitsgrad gearbeitet, dann liegen die Wurzeln für den hohen Bekanntheitsgrad auf dem eigenen Terrain. Damit handelt es sich um eine Stärke. Hat das Unternehmen jedoch wenig bis gar nichts für die Steigerung des Bekanntheitsgrads getan und sind äußere Einflüsse als Ursache zu identifizieren, dann liegen die Wurzeln außen im Umfeld. Es handelt sich folglich um eine Chance.

Kann ein Faktor in mehreren Feldern der SWOT stehen? Ja, das ist möglich und in einigen Fällen sogar notwendig. Dieser Fall tritt sogar relativ häufig auf, wenn es um die Zuordnung von Stärken und Schwächen geht. Es soll ein Kommunikationskonzept für einen Unternehmensvorstand entwickelt werden. Als Faktor steht „Selbstbewusstes, bestimmtes Auftreten“ zur Disposition. Das kann eine Stärke sein: „Der zeigt Entschlossenheit.“ Es kann aber auch als eine Schwäche gesehen werden: „Der ist arrogant.“ Ist das Bild nicht eindeutig und eine Zuordnung schwierig, steht der Faktor zugleich in beiden Feldern.

Die vier Felder der SWOT-Analyse zeichnen nicht nur ein übersichtliches Lagebild. Sie sind ebenso als handlicher Baukasten für die anschließende Strategie zu verstehen. Jeder Faktor in der SWOT wird zu einem strategischen Baustein, der in die Zukunft transponiert und in das strategische System eingepasst wird. Mit dem Einfügen in die SWOT wird es wahrscheinlich, dass der jeweilige Faktor eine Rolle in der Strategie spielt. Aber damit ist nicht festgelegt, welche Rolle er spielt. Dafür ist es noch zu früh. In der Analyse wird lediglich die Ist-Situation ausgeleuchtet, man schaut nicht in die Zukunft. Beim Einfügen in die SWOT bleibt man neutral und trifft keinerlei Vorentscheidungen. Die Entscheidungen fallen erst in der Strategie. Wer mitten in der Arbeit an der SWOT-Analyse verkündet: „Ich sehe schon, wir müssen uns auf jüngere Zielgruppen einschießen“ oder „klarer Fall, wir veranstalten einen Tag der offenen Tür“, der begeht einen schweren konzeptionellen „Fauxpas“.

In einer funktionellen SWOT stehen im Endzustand vielleicht insgesamt 20 bis 30 Faktoren in den vier Feldern. In der allerersten Entwicklungsstufe dürfen es ruhig einige mehr sein, 40 bis 50 Faktoren sind möglich. Besser man trägt einen Faktor zu viel ein, als einen zu wenig. Denn ein Faktor, der nicht in der SWOT steht, kann später nicht in die Strategie einfließen. Handelt es sich um einen spielentscheidenden Faktor, dann endet es für die Strategie fatal. Im Laufe der konzeptionellen Arbeit gewinnt man mehr Durchblick und erkennt, welche Faktoren nachrangig sind. Dann wird die SWOT Schritt für Schritt auf das Wesentliche konzentriert.

Am Ende der Analyse schauen alle Beteiligten auf die fertige SWOT, nicken mit dem Kopf und bestätigen: „Ja genau, das ist unsere Ist-Situation. Da stehen wir!" Präsentiert man dem Kunden im Rahmen einer Konzeptpräsentation die SWOT, dann soll er idealerweise sagen: „Ja, so sehen wir das auch, aber so geordnet und übersichtlich hatten wir das nie vor Augen." Gefährlich wird es, wenn der Auftraggeber abwinkt: „Echt? Das sollen wir sein? Also, wissen Sie, Ihr Lagebild scheint mir ziemlich daneben zu liegen!" Nach einer solchen Bewertung bekommt man ein echtes Problem. Das Lagebild findet keine Anerkennung und damit dürfte auch die direkt darauf aufbauende Strategie ins Rutschen geraten. In schwierigen Fällen klären wir deshalb das Ergebnis unserer SWOT-Analyse mit dem Auftraggeber in einem Rebriefing ab, bevor wir in die strategischen Schritte der Konzeption einsteigen.

Am Schluss der Konzeption steht die mündliche Präsentation und in vielen Präsentationen wird die SWOT vorgestellt. In der Vorbereitung sollte man einige Dinge beachten, um eine hohe Akzeptanz der SWOT-Analyse sicherzustellen:

› **Die SWOT präsentieren:** Zuweilen hören wir die Aussage, die SWOT brauche man nicht zu präsentieren, der Auftraggeber kenne ja die Ist-Situation sowieso. Wir widersprechen und raten, in der Mehrzahl der Fälle die SWOT vorzustellen. Eine kurze, prägnante Vorstellung stellt klar, dass die Konzeptionsverantwortlichen im Thema sind und die Situation verstanden haben. Da das Lagebild der SWOT die Grundlagen für die anschließende Strategie legt, wird durch die Präsentation zudem das strategische Fundament transparent gemacht.

› **Faktoren für die Präsentation weiter reduzieren:** Eine SWOT kann im ersten Entwurf 40 bis 50 Faktoren beinhalten. Für die Präsentation muss deutlich reduziert werden. Wer zu viele Einzelfaktoren in die SWOT packt, verliert die Aufmerksamkeit der Zuhörer, das Lagebild wird unübersichtlich und die Zuhörer können sich kein richtiges Bild machen.

› **Faktoren im Zusammenhang vorstellen:** Die Faktoren werden zwar im SWOT-Kreuz aufgelistet, sie dürfen aber keinesfalls als Liste präsentiert werden. Besonders schlimm wird es, wenn man die Liste in der Präsentation einfach runterliest. Das Ziel muss es sein, die einzelnen Faktoren im Zusammenhang zu präsentieren und die Präsentation der SWOT als anschauliche Beschreibung des Lagebildes rüberzubringen.

› **Ehrlich und realistisch analysieren:** Man stelle sich vor, im Feld Stärken taucht die Stärke „24-Stunden-Hotline" nicht auf, obwohl sie dem Auftraggeber im Briefing immens wichtig war. Aus dem bestimmenden Blickwinkel der Zielgruppe hatte sie allerdings keinerlei Bedeutung:

„Wozu Hotline? Die braucht kein Mensch!“ In der Konsequenz hat die Stärke in der SWOT tatsächlich nichts zu suchen, für den Auftraggeber muss man die konsequente Haltung allerdings gut begründen. Noch diffiziler wird die Situation, wenn im Feld Schwächen eine Aussage wie „Technische Qualität des Displays mangelhaft“ steht. Das dürfte zu entrüsteten Reaktionen beim Auftraggeber führen: „Das sehen Sie völlig falsch!“ Dennoch! Wenn es dem Ergebnis der Analyse entspricht, dann muss die Schwäche benannt werden, auch wenn es weh tut. Die SWOT-Analyse ist einzig der Wahrheit verpflichtet. Einen kleinen Spielraum halten wir für notwendig. Der Konzeptioner sollte den Auftraggeber mit der SWOT-Analyse nicht so verärgern, dass die gesamte Konzeptpräsentation unter einem schlechten Stern steht. Darum ist es erlaubt, besonders schmerzende Faktoren sprachlich-diplomatisch etwas zu lindern. Im Feld Schwächen steht – auch wenn es wahr ist – nicht „Unfähiges Servicepersonal“, sondern „Optimierungsbedarf beim Servicepersonal“. Die Schwäche ist benannt, klingt aber nicht mehr so hart und niederschmetternd.

› **Mehr Stärken, als Schwächen:** Wo wir von Diplomatie schreiben, soll noch ein kleiner, aber wichtiger Kniff erwähnt werden. Es empfiehlt sich, die SWOT-Analyse in der Präsentation so zu gewichten, dass das Feld Stärken mehr Faktoren hat als das Feld Schwächen. Überwiegen die Schwächen, führt das nicht selten zu großem Frust beim Auftraggeber. Ein Konzept soll jedoch Mut machen – und nicht frustrieren.

› **Risiken vor Chancen präsentieren:** Die normale – und in SWOT-Präsentationen übliche – Reihenfolge der Felder lautet Stärken, Schwächen, Chancen und Risiken. Am Schluss stehen die Risiken. Das ist nicht optimal, denn damit endet die Analyse mit Bedrohungen und Gefahren. Deshalb drehen wir die Reihenfolge in der Präsentation um und präsentieren zuerst die Risiken und dann die Chancen. Damit heben wir zum Abschuss der Analyse tendenziell die Stimmung und machen Mut. Die Losung lautet: „Es gibt gute Chancen! Packen wir es an!“

› **SWOT-Präsentation als Letzter im Pitch:** In einer Wettbewerbspräsentation – „Pitch“ genannt – präsentieren mehrere Konzeptioner oder Agenturen hintereinander. Der letzte Präsentator in der Reihenfolge sollte auf die SWOT verzichten. Denn mit hoher Wahrscheinlichkeit haben die Zuhörer im Vorfeld schon mehrere Male eine SWOT präsentiert bekommen und würden sich nur langweilen.

› **Neue Erkenntnis als Kür:** Im Regelfall vereinigen sich in der SWOT lauter Faktoren, die der Auftraggeber bereits kennt. Man sagt ihm nichts Neues. Mehr Überzeugungskraft bekommt eine SWOT, wenn es gelingt, ein oder zwei überraschend neue Erkenntnisse einzubauen: „Das war uns wirklich nicht klar. Bei Ihrer SWOT haben wir richtig dazugelernt!" Die neuen Erkenntnisse dürfen nicht als Behauptung daherkommen, sondern müssen mit Belegen untermauert sein.

z. B. Einfache SWOT-Analyse

SWOT-Analyse: Krimi-Buchhandlung „Schwarze Hand"

Stärken	Schwächen
› Größte Krimi-Thriller-Auswahl der Stadt › Versierte Krimi-Experten als Berater › Viele englischsprachige Krimis › Bekannte Autoren komplett im Regal › Regelmäßige Lesungen › Integrierte Café-Bar › Gemütliche Leseecke › Alle anderen Bücher lieferbar › Mo bis Sa jeweils bis 21 Uhr geöffnet › E-Book-Tankstelle für Downloads	› Andere Buchgenres nicht präsent › Hohe Verkaufsregale (Leiter!) › Keine Krimi-Comics und Pulps › Wenig Krimi-Hörbücher › Fehlende Parkplätze / Fahrradständer › Keine Außenplatzierung möglich › Veraltete Website › Name erinnert an Kinderkrimi
Chancen	**Risiken**
› Großes Stammpublikum › Stammpublikum persönlich bekannt › Zahl der Krimifans steigt › Positiv eingestellte Lokalmedien › Kein anderer Buchladen im Umfeld › Kino, VHS interessiert an Koop	› Konkurrenz Amazon › Krimi stark als E-Book nachgefragt › Krimi-Schwemme durch E-Book › Niedrige VK-Preise bei Krimis › Indirekte Konkurrenz Netflix & Co. › Stammpublikum über 60 Jahre › Steigende Mieten im Umfeld

Ausbaustufen der SWOT

Sinn und Zweck der SWOT-Analyse ist es, Zusammenhänge herzustellen und Muster erkennbar zu machen, aus denen Rückschlüsse für die Strategie gezogen werden. Um das Erkennen von relevanten Mustern zu fördern, lässt sich die Grundversion der SWOT-Analyse weiter ausbauen. Zusätzlich integrierte

Analysetechniken machen das Bild schlüssiger und erhöhen den Aussagewert. Die nachfolgenden Ausbaustufen der SWOT-Analyse sind in der Konzeptionspraxis gebräuchlich:

› **SWOT-Faktoren gewichten:** Es wird die sogenannte ABC-Analyse mit der SWOT-Analyse kombiniert. Nachdem die maßgeblichen Fakten gesammelt und in die vier Felder eingeordnet wurden, werden sie je nach Bedeutung unterschiedlich gewichtet. Die A-Faktoren sind von hoher Bedeutung, die B-Faktoren wichtig und die C-Faktoren weniger wichtig. Sind alle Faktoren mit einer Bewertung versehen, werden sie entsprechend der Kategorie innerhalb der vier Felder sortiert. Die herausragenden A-Faktoren stehen jeweils oben an der Spitze, B- und C- Faktoren darunter. In der Praxis müssen nicht immer alle vier Felder zwangsweise mit der ABC-Analyse gekreuzt werden. Je nach Aufgabenstellung kann es ausreichen, nur die Stärken und Schwächen oder sogar nur die Stärken mit Gewichtungen zu versehen.

› **SWOT-Faktoren nach Bereichen strukturieren:** Wer sich die Faktoren der SWOT-Felder genau anschaut, erkennt häufig, dass sie sich in mehrere Bereiche aufteilen und strukturieren lassen. Zum Beispiel ist bei einem Business-to-Business-Produkt nicht nur die Leistung des Produkts, sondern auch das Image des Unternehmens relevant für die Kaufentscheidung des Kunden. In dem Fall können Stärken und Schwächen in die Faktorengruppe „Imagebezogene Stärken & Schwächen“ wie z. B. „Lange Unternehmenstradition“ oder „Inhabergeführtes Unternehmen“ und die Faktorengruppe „Produktbezogene Stärken & Schwächen“ wie z. B. „Geringer Energieverbrauch“ oder „Wartungsarme Bauteile“ unterteilt werden. Es empfiehlt sich, eine einfache Unterteilung in maximal drei Gruppen zu wählen. Auch müssen die jeweils gegenüberliegenden Felder Stärken und Schwächen bzw. Chancen und Risiken die gleiche Einteilung bekommen.

› **SWOT-Faktoren vergleichend gegenüberstellen:** Diese Ausbaustufe macht nur Sinn, wenn festgestellt wird, dass es deutliche Abhängigkeiten und Wechselwirkungen zwischen Stärken und Schwächen oder zwischen Chancen und Risiken gibt. Dann bildet man Bezüge, stellt jeder Stärke eine korrespondierende Schwäche gegenüber, jede Chance wird in Beziehung zu einem Risiko gesetzt. Die Stärke „Hohe Robustheit“ korrespondiert mit der Schwäche „Unscheinbares Zweckdesign“ Die Chance „Zielgruppe 60plus wächst“ steht in Beziehung zum Risiko „60plus kaum bereit zum Kaufortwechsel.“ Die Beziehung kann durch einen Verbindungspfeil zwischen den beiden Faktoren visuell unterstützt werden. Da die Ausbaustufe der SWOT besonders aussagekräftig ist und in der Präsentation gut rüberkommt, stellen manche Konzepte zwangsweise

Verbindungen zwischen den Feldern her, einige Faktoren werden in eine Verbindung „gezwungen". Davon raten wir ab, die Zuhörer in der Präsentation spüren intuitiv, dass da etwas nicht richtig zusammenpasst und passend gemacht wird.

› **SWOT-Faktoren in einen zeitlichen Zusammenhang bringen:** Bei der Variante wird jedes der vier Felder der SWOT in zwei Spalten unterteilt. Eine Spalte hat beispielsweise die Überschrift „2015", die andere Spalte titelt „2016". In den beiden Spalten werden die Stärken der Periode X mit denen der Periode X + 1 verglichen. Gleiches gilt auch für Schwächen, Chancen und Risiken. Der Zeitvergleich macht jedoch nur Sinn, wenn Unternehmen und Markt im Umbruch sind und es in kurzer Zeit zu starken Veränderungen gekommen ist. Die nach Zeit unterteilte SWOT macht die Veränderung klar sichtbar. Beispielsweise ist zu erkennen, dass bei einer Cloud-Lösung im ersten Jahr der Komfort im Mittelpunkt der Stärken stand, im nächsten Jahr rückt plötzlich die Datensicherheit an die erste Stelle der Stärken.

Noch eine Variante soll erwähnt werden. Eigentlich sollte es in der Analysephase nur eine einzige SWOT geben, denn es geht um ein klares Lagebild, das sofort zu erfassen ist und eine eindeutige Sprache spricht. Nur im Ausnahmefall (Es sollte wirklich eine Ausnahme bleiben!) werden zwei separate SWOTs entwickelt und nebeneinandergestellt, denn erst in der Verbindung entsteht ein vollständiges Bild der Lage. Man stelle sich vor, ein gemeinnütziger Traditionsverein veranstaltet seit zwei Jahren erfolgreich eine neue Veranstaltungsreihe. Die Reihe ist der „Leuchtturm" der Vereinsarbeit und ohne das Engagement und die Beziehungen des Vereins wäre die Reihe gar nicht möglich. Es soll nun ein Kommunikationskonzept für die Veranstaltungsreihe entwickelt werden. In diesem Fall wären zwei SWOTs in einem Konzept angemessen – für den Verein und für die Veranstaltungsreihe. Beide Seiten werden parallel beleuchtet, um einen genügend breiten Horizont für die anschließende Strategie zu haben.

z. B. Strukturierte SWOT-Analyse

Die SWOT-Analyse | Studiengang „Interne Kommunikation"

Die private ABC-Hochschule startet zum Sommersemester einen neuen Bachelor-Studiengang mit Fokus auf der internen Kommunikation. Da der Studiengang noch nicht besteht, sind die Stärken und Schwächen Zukunftseinschätzungen, die sich aus den bisher vorhandenen Planungsfaktoren ableiten.

Stärken	Schwächen
Studiengang › Einzigartig in Deutschland (A) › Starke Praxisorientierung (A) › Versierte Profis mit Lehrauftrag (A) › Kleine Lerngruppen (B) › Individuelle Studienbetreuung (B)	**Studiengang** › Neuanfang, keine Erfahrungen (A) › Studiengang noch nicht anerkannt (A) › Relativ hohe Kosten (A) › Keine Forschung (B) › Keine internationale Ausrichtung (B) › Kein Master Interne Kommunikation (B)
Hochschule › 25 Jahre Hochschulerfahrung (A) › Spezialisierung Kommunikation (A) › Zentraler Standort in Berlin (B) › Modernes Hochschulgebäude (B) › Professionelles Marketing (B) › Stipendien möglich (B)	**Hochschule** › Mängel im Career-Service (A) › Unzufriedene Lehrkräfte (A) › Zu kleine Räumlichkeiten (B) › Keine Alumni-Arbeit (B)

Chancen	Risiken
› Steigende Relevanz des neuen Fachs (A) › Wirtschaft ist interessiert (A) › Attraktive Berufsaussichten (A) › Interne Kommunikation im Wandel (B) › Medien, Kommunikation im Trend (B) › Standort Berlin attraktiv (B) › NC an öffentlichen Hochschulen (B)	› Diffuses Berufsbild Interne Kommunikation (A) › Überangebot Studium Kommunikation (A) › Zahl der Studienanfänger schrumpft (A) › Studenten sind sehr jung (B) › Viel Konkurrenz private Hochschulen (B) › Unzufriedenheit Wirtschaft mit Bachelor (B)

(A) = Primäre Faktoren
(B) = Sekundäre Faktoren

Ergänzende Analysewerkzeuge zur SWOT

Die SWOT ist eine Art Generalschlüssel der Analyse, der in vielen, aber bei weitem nicht allen Fällen das passende Analysewerkzeug darstellt. Je nach Kommunikationssituation kann es notwendig werden, die SWOT-Analyse durch weitere Analysen zu ergänzen und zu verstärken. Bei den ergänzenden Analysewerkzeugen handelt es sich um Spezialwerkzeuge, die einen bestimmten konzeptionsrelevanten Bereich unter die Lupe nehmen. Die speziellen Analysen werden nur durchgeführt, wenn in diesem Bereich zentrale Gefahren oder Chancen liegen und ein hoher Erkenntnisgewinn zu vermuten ist. Standardmäßig den vollständigen Analysekanon abzuspulen, würde das Kommunikationskonzept unnötig aufblähen.

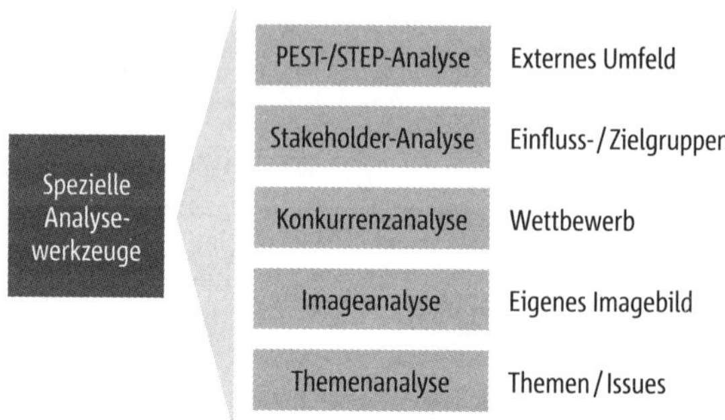

Abbildung 22: Werkzeuge für spezielle Analysen

Es werden nie alle obigen Analysewerkzeuge in Stellung gebracht, sondern nur die Instrumente, die für die Transparenz im anstehenden Konzeptionsfall von hoher Bedeutung sind. Die speziellen Analysen ergänzen die SWOT, können aber in begründeten Fällen auch ohne eine SWOT zur Anwendung kommen.

Die folgenden speziellen Analysewerkzeuge sind bewährte Klassiker, die in Kommunikationskonzepten regelmäßig zum Einsatz kommen und wertvolle Hilfestellung geben:

› **Die PEST-/STEP-Analyse:** betrachtet das Umfeld und arbeitet die konzeptionsrelevanten externen Faktoren heraus.

› **Die Stakeholder-Analyse:** fokussiert sich auf die relevanten Ziel- und Einflussgruppen zum gegenwärtigen Zeitpunkt.

› **Die Konkurrenzanalyse:** macht das maßgebliche Wettbewerbsumfeld in Relation zum Kommunikationsobjekt transparent.

› **Die Imageanalyse:** untersucht das aktuelle Image des Kommunikationsobjekts und stellt Vergleiche an.

› **Die Themenanalyse:** bestimmt die aktuell wichtigen Themen, weist auf positive Chancen und negative Dynamiken hin.

Alle genannten Analysewerkzeuge kommen je nach Situation vor der SWOT, nach der SWOT oder im Einzelfall auch ohne die SWOT zum Einsatz. Bei einem Einsatz im Vorfeld der SWOT geht es darum, der SWOT mehr Präzision zu verleihen. Beim Einsatz im Nachgang ist erst durch die SWOT klargeworden, dass ein bestimmter Bereich besonders kritisch ist und einer vertiefenden Betrachtung bedarf. Auch der Einsatz ohne eine SWOT ist möglich, in Verbindung mit anderen Analysewerkzeugen oder als Einzelanalyse bei spezifischen Aufgabenstellungen.

PEST- / STEP-Analyse

Bei der PEST-/STEP-Analyse geht es ausschließlich um die aktuellen Verhältnisse draußen in Markt und Umfeld. Das Kommunikationsobjekt selbst, seine Talente und Handicaps bleiben außen vor. In der Praxis tritt die PEST-/STEP-Analyse[34] oft in Kombination mit der SWOT-Analyse auf. Zuerst leuchtet man in der PEST das Umfeld gründlich aus und danach werden die wesentlichen Schlaglichter in die Chancen- und Risiken-Felder der SWOT übernommen.

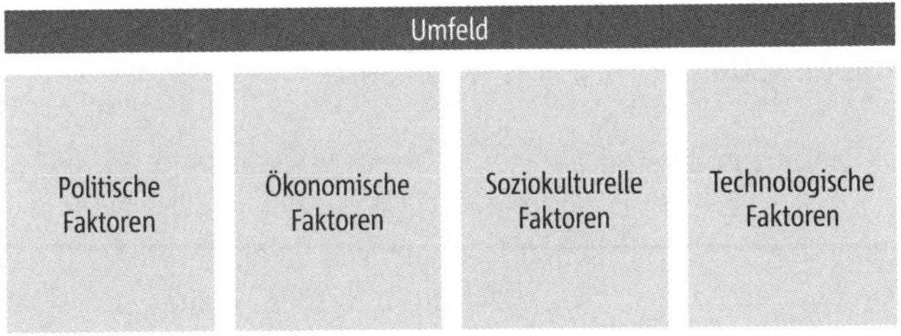

Abbildung 23: Die PEST-/STEP-Analyse

Sie wird nur eingesetzt, wenn das Umfeld volatil ist und einen großen Einfluss auf den Kommunikationserfolg hat. Erfasst werden nur die Umfeldfaktoren, die einen hohen Einfluss auf die anstehende Kommunikation haben.

Die STEP- bzw. PEST-Analyse kommt aus den Vereinigten Staaten und ist ein Akronym. Die vier Buchstaben stehen für vier zentrale Umfeldbereiche, in die ein Unternehmen eingebettet ist:

› **Political:** In dem Feld stehen politische Einflussfaktoren wie Gesetzgebung, Regierung, Wirtschafts- und Arbeitspolitik, internationale Verträge, Steuern, Wettbewerbsaufsicht.

› **Economical:** Erfasst werden die relevanten ökonomischen Einflussfaktoren wie Wirtschaftswachstum, Inflation, Konjunktur, Marktentwicklung, Wettbewerbssituation oder Preisentwicklung.

- **Social:** Die soziokulturellen Faktoren rücken ins Blickfeld. Dazu gehören Demografie, gesellschaftliche Metatrends, relevante Modeströmungen, Werte, Lebensstile, Konsum- und Kommunikationsverhalten.

- **Technological:** Die technologischen Faktoren sind Forschung, Innovation, technische Standards, IT, Internet, mobile Technologien und mehr.

Das Instrument der PEST ist schon Jahrzehnte im Einsatz und entspricht nicht mehr ganz den Anforderungen der Gegenwart. Daher wurde in den letzten Jahren der Radius der PEST erweitert. Die Erweiterungen haben den Vorteil, dass sie das Umfeld besser abdecken, aber den Nachteil, dass sie das Analysemodell komplizierter machen. Die STEEP-Analyse erweitert die STEP um das Feld „Environmental". Da die Umweltfaktoren heute in vielen Bereichen eine zentrale Rolle spielen, macht diese Erweiterung auf jeden Fall Sinn. Zu den Faktoren gehören Rohstoffnutzung, Energieeinsparung, Emission, Müllentsorgung, Recycling etc.

Wenn sich das Umfeld stark verändert und alles im Fluss ist, führen Unternehmen jährlich eine STEP- oder STEEP-Analyse durch und vergleichen von Jahr zu Jahr die Veränderungen. Gerade an den Veränderungspunkten kann man gut Optionen und Gefahren des Umfeldes erkennen und mit der eigenen Kommunikationsarbeit sofort reagieren.

Andere Erweiterungen sind die PESTLE-Analyse (oder PESTEL) und die EPISTEL-Analyse. Die PESTLE erweitert die STEEP-Analyse um das Feld „Legal". Die gesetzgebenden bzw. rechtlichen Faktoren wie Steuergesetze, Umweltrecht, Datenschutz oder Wettbewerbsvorschriften werden separat erfasst. Die EPISTEL-Analyse führt noch ein weiteres Feld ein. Hinzu kommt das Feld „Informational". Zum Informationsfeld gehören alle Bereiche der Kommunikation in Wirtschaft und Gesellschaft. Vor allem durch die rasante Entwicklung im Bereich der Online- und Mobile-Kommunikation bekommt dieses Feld seine Berechtigung. Aber um ehrlich zu sein, bei PESTLE und EPISTEL wird uns der Analysehorizont zu weitläufig, aus dem Grund nutzen wir die beiden Instrumente selten.

Stakeholder-Analyse

Unter Stakeholder versteht die Konzeptionsmethodik Personen, Gruppen oder Institutionen, die gegenwärtig Interessenträger sind und Einfluss auf das Kommunikationsobjekt und/oder den Kommunikationsabsender nehmen oder potenziell nehmen können. Die klassischen Stakeholder sind z.B. Kunden, Lieferanten, Mitarbeiter, Branchenvertreter, Eigentümer, Aktionäre, Mitbewerber, Medien, Bürgerinitiativen und Anwohner.

Wichtig zu erkennen ist, dass Stakeholder nicht isoliert stehen, sondern sich gegenseitig austauschen und beeinflussen. Gerade über die Verbindungen können starke virale Wechselwirkungen mit hohem Meinungsdruck entstehen. Allerdings stellen nicht alle Stakeholder automatisch auch Zielgruppen dar, da muss man unterscheiden. Stakeholder-Konstellationen sind komplex, teilweise werden Dutzende von Einflussnehmer-Gruppen erfasst. Alle Gruppen behält man durch gutes Stakeholder-Monitoring im Blick, man spricht sie aber nicht alle als Zielgruppe mit Kommunikation an. Aufgabe des Konzepts ist es, die maßgeblichen Stakeholder zu erkennen und die zukünftige Kommunikation auf diese Personen und Gruppen zuzuschneiden. Erst wenn ein Stakeholder ins Visier der Kommunikation kommt, wird er zur Zielgruppe.

Unter dem Begriff der Stakeholder-Analyse subsumiert sich eine Reihe von unterschiedlichen Modellen und Werkzeugen mit speziellen Messdimensionen. Ein gebräuchliches Werkzeug ist die Stakeholder-Landkarte („Stakeholder-Map").[35] Im Rahmen der Ist-Analyse werden in eine Landkarte alle Anspruchsgruppen und Personen eingetragen, die direkt oder indirekt, latent oder manifest Ansprüche an ein Unternehmen haben und ihre Interessen offen oder verdeckt ans Unternehmen herantragen oder herantragen könnten. Einige der Anspruchsgruppen stehen in einem vertraglichen Verhältnis zum Unternehmen. Die Ansprüche leiten sich somit aus einem bestehenden Rechtsverhältnis zwischen beiden Parteien ab. So haben beispielsweise die Mitarbeiter Anspruch auf das vereinbarte Einkommen oder bezahlten Urlaub, die Lieferanten Anspruch auf pünktliche Bezahlung, der Handel Anspruch auf fristgerechte Belieferung, Kunden Anspruch auf die versprochene Qualität eines Produktes, der Staat Anspruch auf Steuern oder die Rentenversicherung Anspruch auf Zahlung von Sozialbeiträgen. Auf der anderen Seite gibt es Anspruchsgruppen, die ihre Ansprüche daraus ableiten, dass sie von Entscheidungen eines Unternehmens direkt oder indirekt betroffen sind und ihrerseits mit ihrem Handeln Entscheidungen im Unternehmen beeinflussen können. Daher sind Medien und Journalisten in einer umfassenden Stakeholder-Landkarte ebenso eingezeichnet wie Bürgerinitiativen, relevante Politiker oder Anwohner im lokalen Umfeld eines Unternehmens. Das heißt, in der Stakeholder-Landkarte sind ganz unterschiedliche und teilweise widersprüchliche Interessen vertreten – vom treuen Bündnispartner bis zum kritischen Widersacher des Unternehmens.

Bei der Zusammenstellung der Stakeholder-Landkarte wird festgelegt, welche Stakeholder relevant sind, wie stark ihr Einfluss ist und welche Einstellung sie zum Kommunikationsobjekt bzw. Kommunikationsabsender haben. Die Waagerechte der Landkarte differenziert zwischen positiv eingestellten, neutralen und negativ eingestellten Gruppen bzw. Personen. Als Variante kann die waagerechte Dimension auch fünf Kategorien bekommen, bei der man die positive wie negative Seite jeweils noch einmal in passive und aktive Gruppen unterteilt.[36]

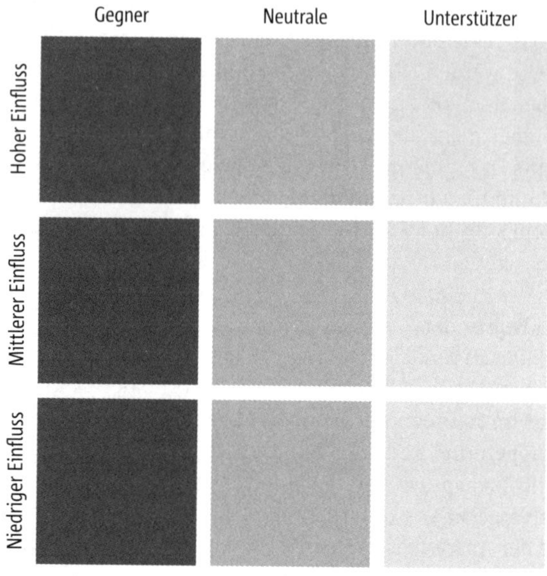

Abbildung 24: Stakeholder-Map: Einstellung / Einfluss

Geklärt wird die Frage, welche Gruppen Antagonisten, Protagonisten oder Neutrale sind und wie hoch ihr Einfluss ist. Von besonderem Interesse für den Kommunikationserfolg ist die Gruppe der Neutralen. Gelingt es, sie positiv zu stimmen, dann ist schon viel gewonnen.

In der Senkrechten wird nach dem Grad des Einflusses unterschieden: Schlüsselgruppen mit hohem Einfluss, Gruppen mit mittlerem Einfluss und Gruppen mit geringerem Einfluss. Im Rahmen der Analyse werden alle relevanten Gruppen und Personen in die passenden Felder eingeordnet. Fehlen bei wichtigen Gruppen die Entscheidungskriterien zur korrekten Einordnung in die Topografie, dann ist es Zeit für eine Nachrecherche. Eine praktikable Stakeholder-Landkarte ist nicht statisch, sie erinnert eher an eine Wetterkarte, in der sich in dynamischen Meinungsbildungsprozessen ständig die Positionen verschieben. Und wie beim Wetter kann man nie so genau vorhersagen, wie die Bewegungsrichtung sein wird.

Einige Kolleginnen und Kollegen vertreten die Auffassung, dass heute jede zeitgemäße Kommunikationsaufgabe eine Stakeholder-Analyse braucht. Wir widersprechen und stellen fest, dass eine Analyse nur wichtig ist, wenn das Kommunikationsobjekt und der Kommunikationsabsender in einem starken Kraftfeld angesiedelt sind, wo es ständige Bewegungen gibt und jederzeit negative Strömungen entstehen und sich hochschaukeln können. Die Stakeholder-Analyse hilft in dem Fall, die Kontrolle zu behalten. Bei den meisten unserer Auftraggeber besteht diese hohe Dynamik nicht und damit ist eine Stakeholder-Analyse verzichtbar.

z. B. Stakeholder-Landkarte

POWER METALL: Neuer Standort

Friends & Foes

Die Ansiedlung unserer neuen Metallgießerei für Kleinserien im Nordviertel von Glücksstadt wird zurzeit in der lokalen Öffentlichkeit intensiv diskutiert. Das Stimmungsbild ist kontrovers und noch in reger Bewegung. Es besteht dringender Handlungsbedarf, denn in einigen Wochen wird sich das Bild gesetzt haben.

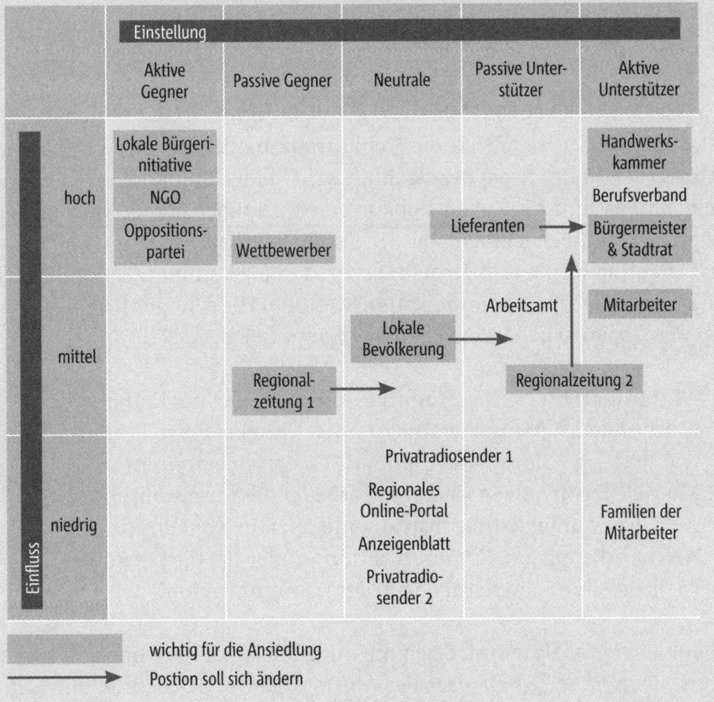

Grundsätzlich sollen das Monitoring der Stakeholder und die lokale Kommunikationsarbeit forciert werden. Dazu werden wir die PR-Abteilung in Glückstadt sofort personell aufstocken. Die Stakeholder-Landkarte lässt einen vorrangigen Handlungsbedarf bei drei Gruppen erkennen:

- Die beiden **Regionalzeitungen**, die früher und persönlicher informiert werden sollen.
- Die neutrale Mehrheit der **lokalen Bevölkerung**, die wir positiv stimmen wollen.
- Die **Lieferanten**, die sich bisher nicht genügend für uns einsetzen.

Konkurrenzanalyse

Immer wenn der Ursprung eines anstehenden Kommunikationsproblems in der Wettbewerbskonstellation zu vermuten ist, kommt die Konkurrenzanalyse zum Einsatz. Konkurrenzanalysen beziehen sich nicht nur auf klassische Märkte und Unternehmen, auch bei allen anderen Arten von Organisationen gibt es Konkurrenz und die Konstellation sollte erfasst werden. Nehmen wir als Beispiel Stiftungen und karitative Vereine, die häufig unter starkem Konkurrenzdruck stehen, auch wenn sie den Begriff „Konkurrenz" nicht so gern in den Mund nehmen. In der Kommunikation konkurrieren sie vor allem um Aufmerksamkeit und Spenden.

Da in vielen Bereichen und Märkten eine Vielzahl von Konkurrenten das Bild bestimmt, konzentriert sich die Konkurrenzanalyse auf die wesentlichen Mitbewerber. In der Regel begutachten wir zwei bis drei Konkurrenten, maximal sind es fünf bis sieben Konkurrenten. Darüber hinaus wird es kompliziert und unübersichtlich. Bei der Konkurrenzanalyse geht es nicht um den Marketingwettbewerb. Unsere Disziplin ist die Kommunikation, deshalb muss vorrangig der Kommunikationswettbewerb in Augenschein genommen werden. Dazu gehört die Beantwortung von Fragen wie:

- Wie positioniert sich das Kommunikationsobjekt des Mitbewerbers?
- Welche Alleinstellungsmerkmale und welche Benefits stellt es nach vorne?
- Wie sind Logo, Slogan und Corporate Design zu bewerten?
- Mit welchen kreativen Elementen arbeitet die Kommunikation?
- Welche Kommunikationsinstrumente setzt die Konkurrenz ein?
- Welche erkennbaren Kommunikationserfolge hat die Konkurrenz?
- Wo liegen ihre Schwachstellen in der Kommunikation?

Die Konkurrenzanalyse stützt sich nur zum Teil auf das Briefing des Auftraggebers, denn es zeigt sich, dass der Auftraggeber in der Beurteilung seiner Mitbewerber zu einer subjektiven Sicht der Dinge neigt. Der Großteil der Informationen wird in der Recherche erarbeitet. Dazu erfasst man vorhandene Daten, Fakten und Dokumente zur Wettbewerbssituation. Gleichzeitig werden im Rahmen der Primärrecherche authentische Erfahrungen gesammelt

	Konkurrent A	Unser Angebot	Konkurrent B
Angebotsbreite	84 Produkte	96 Produkte	45 Produkte
Benefits	Service, Kundennähe	Service, Design, High Tec	Preis, Service, schnelle Lieferung
Innovation	keine Relevanc	viele neue Features	nur im AGC-Bereich
Positionierung	nicht erkennbar	Der Experte	Preisführerschaft
Kreative Leitidee	nicht erkennbar	Chef ist Aushängeschild	Fuchs als Key Visual
Kanäle & Medien	Schwerpunkt Messen	Flyer, Chefauftritte	Preisaktionen, Mailings

Abbildung 25: Konkurrenzanalyse in Form einer Tabelle

Untersucht werden die eigenen Stärken im Vergleich zu den Hauptkonkurrenten. Die linke Leiste mit den relevanten Analysekriterien wird je nach Aufgabenstellung angepasst. Es muss sich dabei immer um kommunikationsrelevante Kriterien handeln.

und die Konkurrenten direkt in Augenschein genommen. Im Endresultat ist die Wettbewerbsanalyse eine Tabelle mit dem Kommunikationsobjekt und seinen Hauptkonkurrenten in der Waagerechten sowie den relevanten Analysekriterien in der Senkrechten. Die einzelnen Felder der Tabelle beinhalten kurze, aussagekräftige Stichworte, die das jeweilige Kriterium für alle erfassten Konkurrenten vergleichen. Hervorstechende Ergebnisse des Vergleichs werden durch rote Schriftfarbe oder Fettdruck herausgehoben. Alternativ ist auch eine Bewertung aller Konkurrenten und Faktoren mit Schulnoten oder anderen Kennziffern möglich.

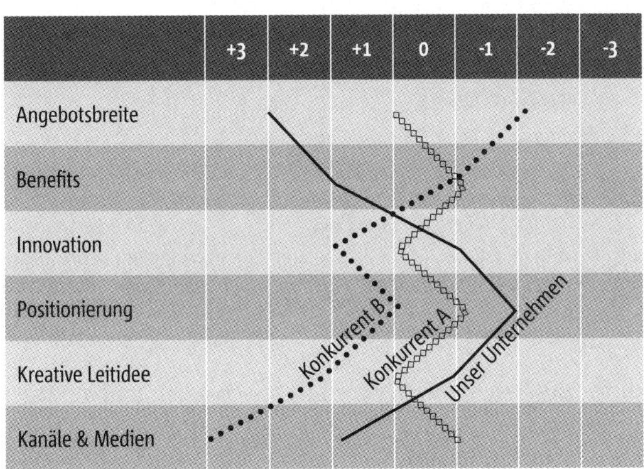

Abbildung 26: Konkurrenzanalyse in Form eines Polaritätenprofils

Bevor man auf die Konkurrenzanalyse eine Strategie aufbaut, sollte die Konstellation der Linienverläufe mit dem Auftraggeber abgestimmt werden. Das Konkurrenz-Polaritätenprofil eignet sich nur bei überschaubaren Wettbewerbsverhältnissen. Werden zu viele Konkurrenzlinien abgebildet, wird das Ergebnis unübersichtlich.

Eine Alternative zur Tabellenform ist der Einsatz eines Polaritätenprofils, das die Bewertungen der Konkurrenz grafisch darstellt. Die eigenen Leistungen und die Leistungen der Konkurrenz werden mit Linien erfasst. Je besser oder schlechter eine Leistung ist, desto stärker schlägt die Linie aus. Positive und negativen Abweichungen zur Konkurrenz sind auf den ersten Blick durch den Linienverlauf erkennbar. Bei negativen Abweichungen gibt es Verbesserungsbedarf. Positive Abweichungen markieren ein Vorsprung zur Konkurrenz, der gehalten oder weiter ausgebaut werden sollte.

Eine dritte Form der Konkurrenzanalyse ist die Wettbewerbsmatrix.[37] Der Wettbewerb ordnet sich zwischen zwei Achsen ein. Jede Achse bildet mit ihren beiden Polen ein Gegensatzpaar ab, das signifikant für die jeweilige Wettbewerbssituation steht. Die Konkurrenten ordnen sich z. B. zwischen den Polen von „Preiswert" und „Premium", „Innovativ" und „Traditionell" ein.

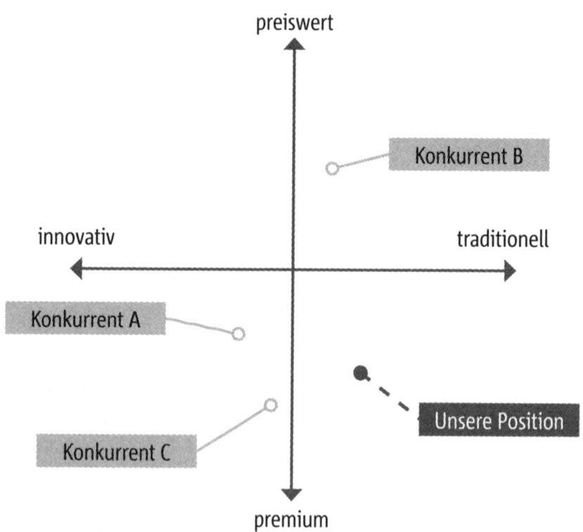

Abbildung 27: Konkurrenzanalyse in Form einer Matrix

Die Wettbewerbsmatrix ist im Analyseteil vieler Kommunikationskonzepte zu finden. Die räumliche Darstellung wirkt auf den Auftraggeber besonders anschaulich.

Die Konkurrenzanalyse in Matrixform ist anschaulich und aussagestark, sie kommt in Präsentationen gut an. Trotzdem verwenden wir sie nur, wenn die Wettbewerbskonstellation gesichert und eindeutig ist. Ansonsten sei vor der Matrix gewarnt. Fällt es schwer, die richtige Position der Konkurrenz in der Matrix räumlich zu bestimmen, spielen subjektive Einschätzungen eine zu starke Rolle, dann verliert die Analyse ihren Halt. Nicht selten mischen sich dann die Auftraggeber ein und bestehen auf einer Verschiebung einzelner Positionen zu ihren Gunsten.

Imageanalyse

Die Imageanalyse konzentriert sich auf das emotionale Abbild des Kommunikationsobjekts in den Köpfen der Zielgruppen. Es wird nicht die wirkliche „Performance" eines Kommunikationsobjekts betrachtet, sondern die wahrgenommene und gefühlte „Performance". Dabei kann es zu erheblichen Abweichungen kommen – und genau dafür interessiert sich die Imageanalyse. Eine aussagekräftige Form der Imageanalyse ist die Eigenbild- / Fremdbildanalyse.[38] Sie macht Sinn, wenn sich im Rahmen von Briefing und Recherche herausstellt, dass zwischen dem Bild, das der Auftraggeber vom eigenen Kommunikationsobjekt hat und dem Bild der Zielgruppen im Umfeld eine erhebliche Abweichung besteht. Mag sein, die Auftraggeber überschätzen ihr Image maßlos. Andere Auftraggeber neigen dazu, ihr Licht unter den Scheffel zu stellen und ihr Image abzuwerten. In beiden Fällen führt die Eigenbild- / Fremdbildanalyse zu einem wertvollen Erkenntnisgewinn. Ziel des Analyseinstruments ist es, eine realistische Einschätzung des Imagebilds als Grundlage für die anschließende Kommunikationsstrategie abzusichern.

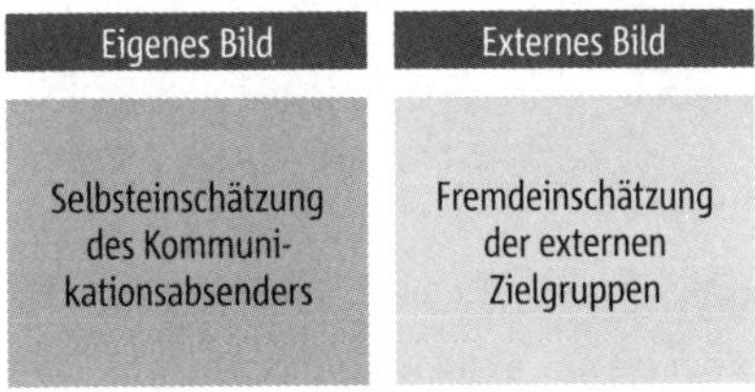

Abbildung 28: Imageanalyse Eigenbild / Fremdbild

Auf diese Analyse muss man den Auftraggeber vorbereiten. Sobald die Fremdeinschätzung deutlich von seiner Selbstsicht abweicht, führt das zu spontaner Abwehrreaktion. Der Konzeptioner muss vorbeugen und das externe Bild solide begründen.

Die Eigenbild- / Fremdbildanalyse ist eine Tabelle mit zwei Spalten. Die imagerelevanten Faktoren stehen sich als Gegensatzpaare direkt gegenüber:

- **Eigenbild:** Im Briefing hat der Auftraggeber formuliert, wie er das Image seines Kommunikationsobjekts einschätzt. Z. B. stellt er heraus, dass seine Hotline sofort erreichbar ist und kompetent Auskunft gibt.

- **Fremdbild:** In der Recherche stellt das Konzeptionsteam fest, dass die Zielgruppe in Wirklichkeit ein anderes Bild hat. Es gibt eine Diskrepanz zwischen Eigenbild und Fremdbild. Bei obigem Beispiel zeigt die Recherche, dass sich viele Kunden beschweren, weil sie ewig in der Warteschleife hängen und nur 08/15-Antworten bekommen. Testanrufe des Konzeptionsteams bestätigen die Schwächen.

Die für die Kommunikation maßgeblichen Erkennungsmerkmale des Images werden bestimmt, Eigenbild und Fremdbild jeweils stichwortartig erfasst und in direktem Kontrast gegenübergestellt. Die Abweichungen springen sofort ins Auge. Aus den besonders frappanten Abweichungen leitet sich der Handlungsbedarf für die Strategie ab.

Verwandt mit dem Eigenbild- / Fremdbild-Vergleich ist die Ziel-Bild- / Ist-Bildanalyse. Auch bei diesem Analysemodell werden Abweichungen beim Image gemessen. Unterschiedlich sind die Messdimensionen.[39]

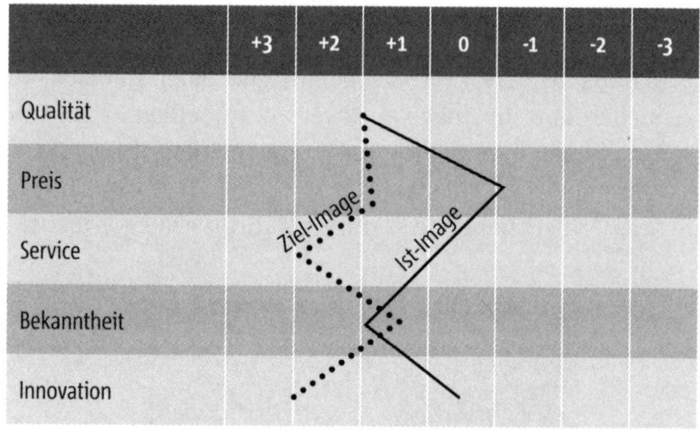

Abbildung 29: Imageanalyse: Ziel-Bild / Ist-Bild

Das Polaritätenprofil zeigt die Abweichung zwischen dem realen Image heute und dem vom Auftraggeber gewünschten Idealimage für die Zukunft. Der konzeptionelle Handlungsbedarf für die nächste Periode entsteht an den Stellen, an denen die Abweichung zwischen beiden Imagelinien besonders groß ist.

Beim Vergleich von Ziel-Bild und Ist-Bild arbeiten wir üblicherweise mit einem Polaritätenprofil, das in der Fachliteratur auch semantisches Differential genannt wird.[40] Im Kopf des Profils stehen die Bewertungsnoten (z.B. von +3 bis -3). In der Senkrechten die relevanten Bewertungskriterien. Und im Profil werden entsprechend der Bewertung zwei Linien eingezeichnet. Die Ist-Linie zeigt die tatsächliche Imagebewertung zum gegenwärtigen Zeitpunkt, die auf Basis einer Befragung oder eines Roundtable-Gesprächs mit der Zielgruppe entwickelt wurde. Das für die Zukunft angestrebte Ideal- oder Zielimage wird in direkter Abstimmung mit dem Auftraggeber im Rahmen von Briefing und Rebriefing ermittelt. In der weiteren konzeptionellen Arbeit liegt die Herausforderung darin, sich Strategien und Maßnahmen zu überlegen, die das Ist-Image in Richtung Zielimage bewegen.

z. B. Eigenbild- / Fremdbild-Analyse

Tagungshotel am See: Imageprofil

Die unterschiedlichen Sichtweisen

Innerhalb der Recherche für unser Kommunikationskonzept stachen vor allem die Gespräche mit den Businessgästen heraus. Die Gäste machen über 70 Prozent der Hotelkunden aus. Sie bleiben ein bis drei Nächte im Hotel. Wir haben an drei verschiedenen Tagen mit Genehmigung des Managers 21 Hotelgäste angesprochen und interviewt. Die Einschätzungen der Gäste weichen frappant von der im Briefing geäußerten Selbstsicht des Hotels ab. Wir weisen darauf hin, dass die Ergebnisse nicht empirisch abgesichert sind und der gemeinsamen Bewertung und Interpretation bedürfen.

Sicht des Managements (Eigenbild)	Sicht der Gäste (Fremdbild)
Idyllische Lage	Idyllische, abgeschiedene Lage (keine ÖPNV-Anbindung)
Traditionsreicher Hotelstandort	Tradition völlig unbekannt
Internationales Publikum	Fällt den Gästen nicht auf
Tagungen vieler namhafter Unternehmen	Anscheinend viele Vertriebstagungen
Tagungen mit tollem Seeblick	Tagungen mit tollem Seeblick
Moderne Tagungstechnik	Tagungstechnik veraltet (Beamer nur VGA, kein schnelles WLAN)
Vergleichsweise günstige Übernachtungspreise	Preise schwanken stark, gefühlte Intransparenz
Gutes, reichhaltiges Frühstück	Gutes, reichhaltiges Frühstück (nicht mehr im Zimmerpreis inklusive)
Regionale, leichte Küche	Ja, aber kein schnelles Mittagsbuffet
Zimmer mit gediegenem Ambiente	Ambiente plüschig, etwas überladen
Mängel im Engagement des Personals	Engagiertes, freundliches Personal

Themenanalyse

Ohne Themen keine Kommunikation. Die Themenanalyse geht davon aus, dass die Themen die eigentlichen Treiber der Kommunikation sind. Sie können für das Unternehmen fördernd, aber auch zerstörend wirken. Bei Kommunikationsaufgaben in sensiblen Umfeldsituationen ist es unerlässlich, die aktuelle Themenkonstellation zu kennen und frühzeitig darauf zu reagieren. Die Themen können direkt aus dem Unternehmen kommen, aber auch von außen an das Unternehmen herangetragen werden. Bringt eine Maschinenfabrik im nächsten Jahr eine neue Modellreihe auf den Markt, dann ist das ein eigenes Thema. Verändert dagegen die Regierung die Ausfuhrbestimmungen für die Maschinen, dann kommt das Thema von außen auf das Unternehmen zu. Das entsprechende Werkzeug zur Analyse der Themen wird in Fachbüchern „Issue-Grid" oder „Issue Management Matrix"[41] genannt.

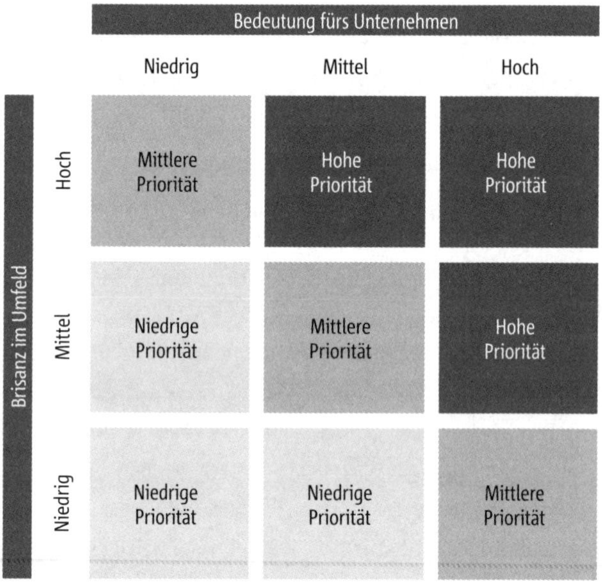

Brisanz im Umfeld	Bedeutung fürs Unternehmen: Niedrig	Mittel	Hoch
Hoch	Mittlere Priorität	Hohe Priorität	Hohe Priorität
Mittel	Niedrige Priorität	Mittlere Priorität	Hohe Priorität
Niedrig	Niedrige Priorität	Niedrige Priorität	Mittlere Priorität

Abbildung 30: Die Matrix der Themenanalyse

Die Matrix erfasst die Tendenz des Themas und die Bedeutung für das Unternehmen. Themen mit negativer Tendenz und hoher Bedeutung sind brenzlig und müssen unbedingt sofort angegangen werden.

Die Analyse bewertet die anstehenden Themen aufgrund ihrer Bedeutung für das Unternehmen und ihrer Brisanz in der öffentlichen Meinungsbildung. Bewertet werden positive und vor allem negative Themen. Alle relevanten Themen werden den neun Feldern der Bewertungsmatrix zugeordnet:

- **Felder der niedrigen Priorität stehen unter Beobachtung:** Bei Themen in den drei linken Feldern heißt die Devise: Da tut sich was, aber die Dynamik hält sich in Grenzen! Die Themen sollten weiter beobachtet, aber nicht offensiv angegangen werden. Die Kommunikation wartet ab.

- **Felder der mittleren Priorität sind in Bereitschaft:** Die mittleren Themenfelder bedeuten: Achtung, aufpassen! Hier sollte man in Bereitschaft und jederzeit einsatzbereit sein, bei negativem Thementrend kann präventives Handeln Sinn machen. Die Kommunikation wird in Maßen aktiv.

- **Felder der hohen Priorität fordern Aktion:** Die rechten Felder sagen: Die Themen sind heiß! Entweder im positiven oder im negativen Sinne. In beiden Fällen wird sofort gehandelt. Die Kommunikation nimmt die heißen Themen sobald als möglich in Angriff.

Interessant ist die hohe Dynamik dieses Analysewerkzeugs. Die Themen in der Matrix sind ständig in Bewegung und verändern ihre Position, teilweise kann das über Nacht passieren. Die Themenmatrix ist deshalb einer der Punkte, die in der konzeptionellen Arbeit über mehrere Wochen immer wieder angepasst werden. Auch in der Umsetzungsphase des Konzepts ist es ratsam, die Entwicklungen der Themen im Blickfeld zu behalten und aktuell weiterzuentwickeln.

Alternative Analysewerkzeuge zur SWOT

Die SWOT-Analyse passt zwar häufig, aber nicht immer. In einigen Konzeptionsfällen greifen alternative Analysewerkzeuge direkter und genauer. Dann bleibt die SWOT im Werkzeugkasten und das besser geeignete Werkzeug kommt zum Einsatz.

Bei den alternativen Werkzeugen stellen wir nicht nur die etablierten, sondern auch zwei relativ neue Instrumente – die SOFT-Analyse und die SOAR-Analyse – vor:

- **Die Stärken / Schwächen-Analyse:** ist das Werkzeug für den Fall, dass die Analyse einfach und schnell gehen soll.

- **Die Kraftfeldanalyse:** kommt zum Einsatz, weil sich im Unternehmen viel bewegt und verändert. Die Analyse bestimmt die relevanten positiven und negativen Kräfte und eruiert, wie stark sich die Kräfte auswirken.

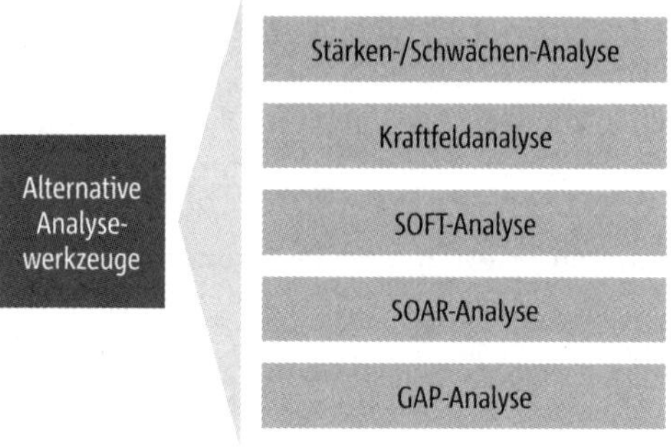

Abbildung 31: Die Alternativen zur SWOT

Die SWOT ist wie das Schweizer Taschenmesser universell für die meisten Kommunikationsaufgaben anwendbar. In speziellen Fällen sind aber andere Analyseformen vorzuziehen. Besonders erwähnenswert ist die GAP-Analyse, die alle Soll-Vorgaben des ursprünglichen Konzepts mit dem tatsächlich Erreichten vergleicht und Lücken identifiziert.

› **Die SOFT-Analyse:** ist der SWOT besonders ähnlich. Sie eignet sich aber besser, sobald es darum geht, in den Analyseprozess die Erwartungen und Hoffnungen der Beteiligten einfließen zu lassen.

› **Die SOAR-Analyse:** wird immer dann genutzt, wenn es vorrangig darauf ankommt, positiv in die Zukunft zu schauen und Aufbruchsstimmung zu erzeugen.

› **Die GAP-Analyse:** setzt voraus, dass es bereits ein Kommunikationskonzept und eine erste Durchführungsperiode gibt. Die GAP-Analyse vergleicht die Ziele des ursprünglichen Konzepts mit den erreichten Ergebnissen und interessiert sich für die Lücken.

Stärken- / Schwächen-Analyse

Wir öffnen den Werkzeugkasten der Analyse und holen das Werkzeug heraus, das am einfachsten anzuwenden ist: die Stärken- / Schwächen-Analyse. Sie basiert auf der SWOT-Analyse und fokussiert den Blick auf die starken und schwachen Seiten des Kommunikationsobjekts und seines direkten Einflussbereichs. Genauso wie bei der SWOT werden als Maßstab für die Einordnung entweder die Leistungen des Wettbewerbs oder die Sichtweisen der Zielgruppe herangezogen. Die Stärken- / Schwächen-Analyse ist ein anwenderfreundliches Instrument, das wenig Aufwand und Zeit erfordert. Besonders Anfänger in der Konzeption kommen mit dem Instrument schnell klar und erzielen gleich beim ersten Versuch brauchbare Ergebnisse. Außerdem verwenden wir die Stärken- / Schwächen-Analyse gern in Workshops, wenn die Zeit knapp bemessen und ein schnelles Resultat gefordert ist. Der große Nachteil ist offensichtlich: Die gesamte Umfeldsituation spielt keine Rolle. Da jedes Kommunikationsobjekt in sein Umfeld eingebunden ist, stellt das eine erhebliche Einschränkung dar.

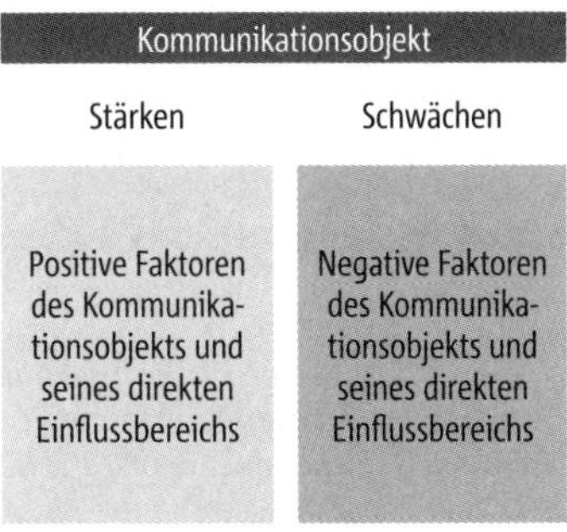

Abbildung 32: Die Stärken- und Schwächen-Analyse

Die Analyse soll schnell gehen? Oder man hat als Ungeübter das Gefühl, die SWOT nicht im Griff zu haben? Dann ist die Analyse der Stärken und Schwächen die richtige Alternative. Sie funktioniert immer und ist nie verkehrt. Die Ergebnisse sind relativ grob, aber nützlich.

Die Stärken-/Schwächen-Analyse kommt bei einfachen Kommunikationskonzepten zum Einsatz, bei denen die Charaktermerkmale des Kommunikationsobjekts eine Schlüsselrolle für die Lösung der Aufgabe spielen, während das externe Umfeld bekannt und relativ stabil ist und wenige positive oder negative Hebelpunkte bietet. Falls es die weitere konzeptionelle Arbeit erfordert, kann die Stärken-/Schwächen-Analyse kurzerhand zu einer SWOT-Analyse ausgebaut werden.

Kraftfeldanalyse

„Kraftfeldanalyse" ist ein starker Begriff und wird deshalb gern als Etikett verwendet. Im Internet gibt es jede Menge Kraftfeldanalysen, die mit der nachfolgenden erprobten Methode wenig zu tun haben. Unsere Kraftfeldanalyse[42] heißt im englischen Sprachraum „Force Field Analysis" und wurde in den 1940er-Jahren vom Soziologen Kurt Lewin entwickelt. Die Kraftfeldanalyse bestimmt die Kräfte, die für die aktuelle Kommunikationssituation prägend sind und analysiert, ob die Kräfte positiv treibend oder negativ hemmend wirken.

Ist eine Situation relativ stabil, macht die Kraftfeldanalyse keinen Sinn. Sie empfiehlt sich nur in Zeiten starker Veränderung. Wer im Veränderungsprozess sicher steuern will, muss einschätzen können, welche Kräften wie stark und in welche Richtung wirken.

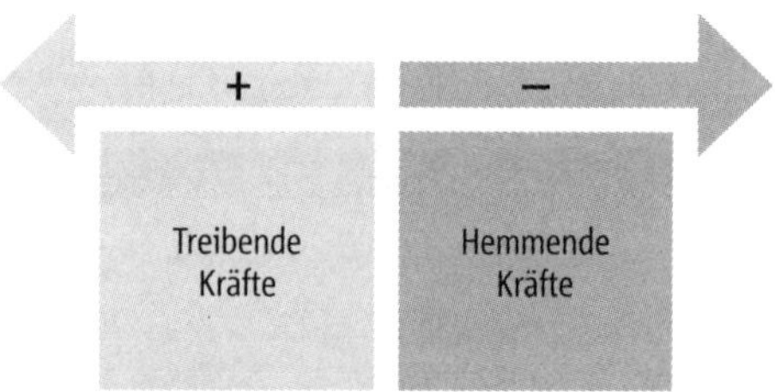

Abbildung 33: Die Kraftfeldanalyse

Welche Kräfte wirken und wie stark sind sie? Die Kraftfeldanalyse erfasst alle für die jeweilige Kommunikationsaufgabe relevanten Kraftfaktoren. Auf die positiven Treiber kann die Kommunikation aufbauen, die hemmenden Kräfte müssen soweit als möglich ausgeschlossen werden.

Wir verwenden die Kraftfeldanalyse vorrangig, wenn unser Auftraggeber nicht sicher einschätzen kann, wie die aktuelle Lage ist. Alles ist im Fluss, die Kraftfelder verändern sich, alte Gewissheiten geraten ins Rutschen. Beispielsweise läuft in einem Unternehmen ein entscheidender Change-Prozess an, der mit interner Kommunikation begleitet werden muss. Oder in der externen Kommunikation ist gerade die Konstellation der Stakeholder mächtig in Bewegung und die Kommunikation braucht Orientierung. In dieser Lage hilft die Analyse, die Kräfteverhältnisse zu erkennen und einen Kurs festzulegen. Welche positiven Kräfte lassen sich gezielt nutzen und weiter verstärken? Welche negativen Kräfte müssen verringert werden?

Eine Ausbaustufe der Kraftfeldanalyse versieht die zwei Spalten der treibenden und hemmenden Kräfte mit einer Skalierung – z. B. von 1 bis 5. Die Zahl 1 steht für eine schwach wirkende, die Zahl 5 für eine stark wirkende Kraft. Die einzelnen Kräfte werden entsprechend ihrer Intensität auf der Skala angeordnet. In Workshops kommt es an der Stelle immer wieder zu langen Diskussionen. Wie stark eine Kraft wirkt, wird von den Beteiligten unterschiedlich eingeschätzt und kontrovers diskutiert. Damit es schneller geht, lassen wir die Workshop-Teilnehmer Klebepunkte vergeben. Je mehr Punkte ein Faktor auf sich vereint, desto mehr Kraft übt er aus.

SOFT-Analyse

Das Analysewerkzeug entwickelt den Klassiker SWOT weiter. Die SOFT-Analyse[43] ist im Bereich der Kommunikation ein relativ junges Instrument, das dort erst seit wenigen Jahren zum Einsatz kommt. Wie die SWOT nutzt sie vier Felder zur Einordnung der konzeptionsrelevanten Faktoren. Alle vier Felder stellen unterschiedliche Bezüge zum jeweiligen Kommunikationsobjekt her:

› **Satisfaction:** Bezogen auf die Gegenwart: Wo sind wir erfolgreich? Was ist uns gelungen? Worauf sind wir stolz?

› **Failures:** Ebenfalls bezogen auf die Gegenwart: Wo haben wir Flops gebaut? Was sind unsere Handicaps? Wo haben wir Schwachstellen?

› **Opportunities:** Der Blick geht in die Zukunft: Wo ergeben sich gute Gelegenheiten? Was sollten wir ausbauen? Welche Möglichkeiten sollten wir nutzen?

› **Threats:** Wiederum in die Zukunft geschaut: Wo befürchten wir zukünftige Probleme? Was könnte uns auf die Füße fallen? Wo kann es gefährlich werden?

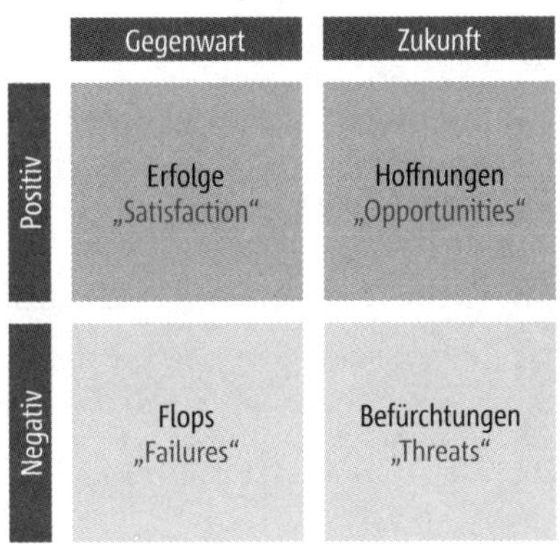

Abbildung 34: Die SOFT-Analyse

Die methodische Nähe zur SWOT ist unverkennbar, die Ergebnisse sind verwandt, dennoch läuft die SOFT in der Workshop-Arbeit anders. Sie kitzelt mehr die persönlichen Einschätzungen und Befindlichkeiten der Beteiligten heraus.

Die SOFT-Analyse wenden wir ausschließlich in Workshops an. Sie hat ein starkes emotionales und subjektives Moment. Die Workshop-Beteiligten können sich einbringen und ihre Sicht der Dinge schildern. Besonders gut geeignet ist die SOFT für Konzepte der internen Kommunikation, denn man bekommt ein aussagekräftiges Stimmungsbild, sofern die richtigen Mitarbeiter an der Erstellung der SOFT beteiligt sind. In der externen Kommunikation eignet sich die SOFT vor allen in Phasen des Wandels („Change"). Mit

Hilfe der SOFT wird der Wandel nicht von oben aufgedrückt, sondern kann von innen heraus gestaltet werden. Das funktioniert allerdings nur, wenn die Hoffnungen und Befürchtungen in der weiteren konzeptionellen Arbeit ernst genommen werden.

SOAR-Analyse

Die SOAR-Analyse[44] wurde vor wenigen Jahren als der Nachfolger der SWOT-Analyse proklamiert. Dazu hat es nicht gereicht, dennoch behält die SOAR-Analyse ihre Berechtigung und ist in bestimmten Kommunikationssituationen der guten alten SWOT überlegen. Während die SWOT sich die vorhandenen Binnen- und Außenverhältnisse anschaut und den Status quo widerspiegelt, schaut die SOAR-Analyse nach vorne und bereitet das Terrain für die zukünftige Kommunikationsplanung vor. Die SWOT ist neutral beschreibend, die SOAR positiv bewegend.

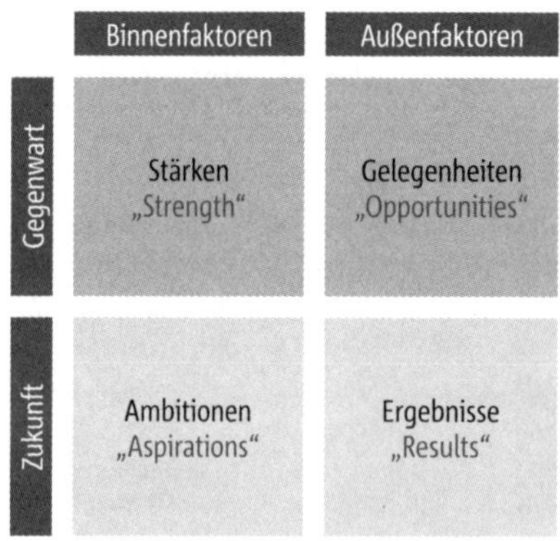

Abbildung 35: Die SOAR-Analyse

Die Verfechter der SOAR betonen die positiven Seiten und Stärken. Sie wollen sich bewusst nicht von den negativen Seiten „bannen" lassen. Mit der SOAR entsteht Aufbruchsstimmung und die anschließende Strategie bekommt viel Druck nach vorne, schießt aber bisweilen über das Ziel hinaus.

Wie die SWOT, so besteht auch die SOAR-Analyse in der Darstellung aus einem Kreuz mit vier unterschiedlichen Faktorenfeldern:

› **Stärken / Strengths:** Wo liegen heute unsere herausragenden Stärken? Was können wir besonders gut?

› **Gelegenheiten / Opportunities:** Wo liegen in Zukunft unsere attraktivsten Chancen? Wo lässt sich noch mehr bewegen?

› **Ambitionen / Aspirations:** Was wünschen wir uns? Was soll sich zukünftig aus unseren Stärken entwickeln?

› **Ergebnisse / Results:** Welche handfesten Ergebnisse wollen wir im Umfeld erzielen? Wo wollen wir im Umfeld stehen?

Es ist unschwer zu erkennen, dass die negativen Seiten der SWOT – eigene Schwächen und externe Gefahren – bei diesem Analysewerkzeug nicht vorkommen. Das heißt nicht, dass sie ausgespart werden. Die SOAR versteht sie als Herausforderungen, die unter positiven Vorzeichen als Problemlösungen unter Ambitionen und Resultaten gefasst werden. Vielleicht ist es eine Mentalitätsfrage, dass sich die aus den USA kommende SOAR in Deutschland bisher nicht hat etablieren können.

GAP-Analyse

Die GAP wird auch Soll- / Ist-Analyse oder Planabweichungsanalyse genannt. Ihr Ziel ist es, vorhandene Lücken zwischen Konzept und Realität aufzuspüren, an denen die Kommunikation zukünftig den Hebel punktgenau ansetzen soll. Die GAP-Analyse[45] ist ursprünglich ein Management-Instrument zur Unternehmenssteuerung mit teilweise hochkomplexen Mess- und Bewertungsverfahren. In der Kommunikation kommt nur eine stark vereinfachte Grundversion zum Einsatz.

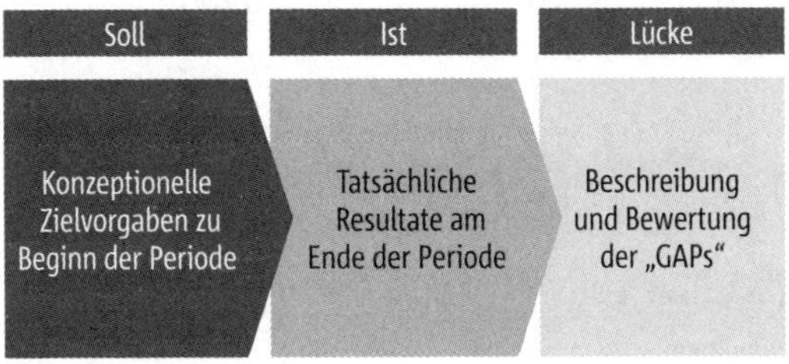

Abbildung 36: Die GAP-Analyse

Bei Jahreskonzepten startet man im ersten Jahr mit einer SWOT. In den Folgejahren wären die Ergebnisse der SWOT in der Regel ähnlich. Deshalb macht es mehr Sinn, mit der GAP die Abweichungen des alten Konzepts zur Gegenwart zu messen und so den Handlungsbedarf für das neue Konzept zu bestimmen.

Eine GAP-Analyse vergleicht zwei Perioden miteinander. Es ist Grundvoraussetzung für das Analysewerkzeug, dass die Kommunikation bereits über eine Periode gelaufen ist und ein Konzept mit entsprechenden Vorgaben sowie eine Erfolgskontrolle mit klaren Ergebnissen vorliegen. Die GAP besteht aus einer Tabelle mit drei großen Spalten. Die Tabelle sollte übersichtlich bleiben und auf eine Seite passen:

› **Soll-Spalte:** Hier werden die Zielvorgaben des ursprünglichen Kommunikationskonzepts mit Zahlen und Stichworten erfasst. Zu erfassen sind strategische Koordinaten wie Zielsetzung und Zielgruppen aber auch operative Koordinaten wie zum Beispiel der Anteil der Key-Account-Händler bei der Händlertagung.

› **Ist-Spalte:** Hier stehen die konkreten Ergebnisse am Ende der Periode in direktem Vergleich zu den Plandaten. Zum Beispiel: Der Anteil der Key-Account-Händler sollte bei 30 Prozent liegen. Real konnten 50 Prozent erreicht werden.

› **Bewertung:** Die dritte Spalte interpretiert die Soll- / Ist-Relationen und analysiert die Lücken und ihre Ursachen. Zum Beispiel: Die hohe Zahl der Key-Account-Händler ist kein grandioser Erfolg, sondern in Wirklichkeit das Abbild eines Problems. Nur durch die geringe absolute Zahl der Teilnehmer wurde die hohe Relation der Key Accounts erreicht. Der Grund für die geringe Teilnehmerzahl dürfte in der Zusammenstellung der Themen liegen, die für kleine Händler nicht interessant genug war.

Die Mechanik der GAP braucht definierte Messpunkte und möglichst eindeutige Messwerte. Je konkreter und differenzierter die Analyseform, desto aussagekräftiger und unmissverständlicher sind die Ergebnisse der GAP. Hat man kaum messbare Zahlen und greifbare Fakten zur Verfügung, sollte man auf die GAP-Analyse verzichten.

z. B. die GAP-Analyse

Soll & Ist des Tanzfestivals Jazz & Dance

Das Tanzfestival begibt sich auf der Schnittstelle zwischen Jazzmusik und Tanz auf Entdeckungsreise. Es wird seit sieben Jahren immer im Herbst veranstaltet. Das Konzept (Soll-Vorgaben) und die Erfolgskontrolle (Ist-Resulate) des Festivals werden miteinander verglichen, um Orientierungshilfe für das neue Jahr zu bekommen. Erklärtes Ziel im Vorjahr war es, das Festival von einem lokalem zu einem überregionalen Ereignis zu machen, das auf das gesamte Bundesland abstrahlt.

Soll-Vorgaben	Ist-Resultate	Bewertung
50 Prozent ausverkaufte Vorstellungen	Über 65 Prozent waren ausverkauft	Das Soll wurde mehr als erfüllt
75 Prozent der Zuschauer zufrieden	81 Prozent der Zuschauer zufrieden und wollen nächstes Jahr wiederkommen	Hohe Zufriedenheit! Stammpublikum wächst
Anteil der Zuschauer aus dem weiteren Einzugsgebiet um mindestens 10 Prozent erhöhen	Anteil um 14 Prozent gesunken (Ergebnis Publikumsbefragung)	Kritische Lücke! Kaum überregionales Publikum
Image als überregionales Ereignis	Image als lokales Ereignis (Ergebnis Straßenbefragung)	Kritische Lücke! Ziel verfehlt. Neue Strategie gefragt
Verdopplung der überregionalen Medienresonanz	Kein Anstieg der Berichte in den überregionalen Medien, kaum Resonanz im Vorfeld	Kritische Lücke! Ursache unklar, muss recherchiert werden
Highlights des Programms besser kommunizieren	Publikum hat echte Highlights vermisst (Ergebnis Publikumsbefragung)	Lücke! Problem allein mit Kommunikation unlösbar
VIP-Party ausverkauft, Ziel über 10.000 Euro Spenden	VIP-Party ausverkauft, fast 20.000 Euro Spenden	VIP-Party war ein voller Erfolg
1.000 Visits / Tag auf der Website	1.083 Visits / Tag in der Festivalwoche, im Vorfeld 731 Visits	Soll erfüllt! Visits noch stark ausbaubar
Drei neue Sponsoringpartner werden angestrebt	Vier neue Sponsoringpartner, alle aus dem lokalen Raum, konnten gewonnen werden	Ziel erreicht, aber keine überregionalen Partner

FAZIT: Der lokale Erfolg des Festivals wächst, es wird erfolgreicher. Die Erweiterung des Radius ist jedoch misslungen. Der überregionale Schub bleibt aus. Hier muss die Strategie neu einsetzen.

Analysewerkzeuge als Brücke zur Strategie

Wir haben bisher unterschieden zwischen Analysewerkzeugen, die eine SWOT-Analyse ergänzen und Analysewerkzeugen, die eine SWOT ersetzen. Es gibt noch eine dritte Kategorie. Die Analysewerkzeuge schließen sich an die SWOT an oder ersetzen sie. Es handelt sich um Werkzeuge, die bereits strategische Bauteile enthalten und damit eine Brücke zur anschließenden Strategie schlagen. Die Konzeptionsbeteiligten verlassen den neutralen Boden der Analyse und ziehen erste strategische Konsequenzen für die Zukunft: Da wollen wir hin! Das könnte der von uns angestrebte Kurs werden! Im Wesentlichen handelt es sich um zwei gängige Werkzeuge mit unterschiedlicher Herangehensweise, aber ähnlichen Resultaten:

› **Ist- / Soll-Vergleich:** Er darf nicht mit der auf den vorangegangenen Seiten bereits vorgestellten Soll- / Ist-Relation der GAP-Analyse verwechselt werden. Beim Ist- / Soll-Vergleich stehen auf der Ist-Seite die spielentscheidenden Faktoren der Ist-Situation und auf der Soll-Seite werden daraus strategische Konsequenzen für die Zukunft gezogen.

› **SWOT-Matrix:** Sie bildet die vier Felder des SWOT-Kreuzes ab: Stärken, Schwächen, Chancen, Risiken und zieht daraus strategische Konsequenzen, indem die Matrix direkte Verbindungen zwischen den einzelnen Feldern herstellt.

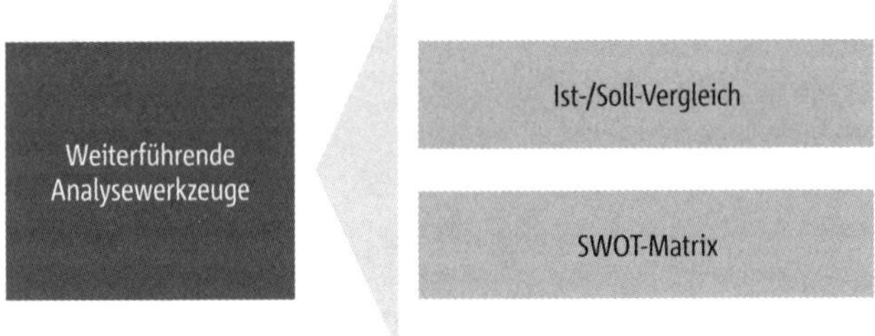

Abbildung 37: Weiterführende Analysewerkzeuge

Die Werkzeuge bauen eine Brücke zur anschließenden Strategie. Aus den Erkenntnissen des Lagebilds der Gegenwart werden erste Konsequenzen für das zukünftige strategische Vorgehen gezogen.

Beide Analysemodelle haben im praktischen Einsatz Vor- und Nachteile. Der Vorteil liegt eindeutig darin, dass wir als Konzeptionierende eine Hilfestellung bekommen, um aus den Ergebnissen der Analyse die richtigen Konsequenzen für unsere Strategie zu ziehen. Beide Analysemethoden bauen uns Brücken. Wir sind nicht mehr auf uns allein gestellt und müssen frei einen

Übergang suchen. Vor allem Einsteigern in die Konzeption wird so der Übergang von der Analyse zur Strategie erleichtert. Es wird verhindert, dass sich die Strategie von der Analyse löst und verrutscht, denn die Konturen der Strategie entstehen mit der Ist-Situation als direkter Vorlage.

Demgegenüber stehen zwei Nachteile. Erster Nachteil ist, dass die anschließende strategische Arbeit an Bewegungsfreiheit verliert, weil es bereits erste Festlegungen gibt. In der Praxis arbeiten wir deshalb mit den Analysewerkzeugen stets unter einer Prämisse: Wir verstehen deren Analyseergebnisse als erste Skizze und nicht als fertige strategische Kontur mit bindendem Charakter. Die Werkzeuge geben Hinweise, helfen uns beim Einstieg in die Strategie, aber legen uns nicht fest. Bei vielen Kommunikationsstrategien entscheiden wir uns später an mehreren Stellen gegen bestimmte Soll-Konsequenzen des Ist- / Soll-Vergleichs oder der SWOT-Matrix. Manchmal schlagen wir nach reiflicher Überlegung sogar einen gegenläufigen strategischen Kurs ein.

Ein zweiter Nachteil kommt hinzu: In unseren Konzeptpräsentationen stellen wir die Ergebnisse der beiden Analysewerkzeuge den Teilnehmern niemals vor, sie bleiben in der Werkstatt und wirken nur im Hintergrund, weil sie sonst die Spannung aus der Strategie nehmen. Es ist, als würde man seinen Kindern schon vor dem Fest verraten, welche Geschenke es an Weihnachten gibt. Sobald man zum Abschluss der Analyse die strategischen Grundlinien vorzeichnet, wird die anschließende Präsentation der strategischen Schrittfolge zum zweiten Aufguss. Irgendwie ist die Kraft raus, denn alle Präsentationszuhörer wissen schon so ungefähr, wo es langgeht.

Ist- / Soll-Vergleich

Der Ist- / Soll-Vergleich[46] ist ein erprobtes Analysewerkzeug, das seit vielen Jahren in der PR-orientierten Kommunikation am Ende der Analysephase eingesetzt wird. Der Vergleich platziert auf der Ist-Seite die relevanten Faktoren aus dem Lagebild der SWOT-Analyse und leitet daraus auf der Soll-Seite die nötigen strategischen Konsequenzen für die Zukunft ab. Es geht um grundsätzliche strategische Leitlinien. Kreative Gestaltungsideen oder operative Maßnahmen als Ableitungen haben in der Soll-Spalte nichts zu suchen. Auf der Seite der strategischen Konsequenzen darf stehen „Unser Unternehmen intensiviert die Kundenbeziehungen und baut auf eine zielgruppennahe Live-Kommunikation", aber nicht: „Neben dem Tag der offenen Tür veranstalten wir ab nächstem Jahr auch ein Familienfest für unsere Kunden."

Der Ist- / Soll-Vergleich hat es einfacher, wenn vorneweg eine SWOT-Analyse erfolgt ist, dann kann man unmittelbar auf die dortigen Faktoren zurückgreifen und sie einbauen. Das ist aber kein Muss. Der Vergleich funktioniert auch ohne SWOT. Dann werden für die Ist-Spalte die relevanten Faktoren der aktuellen Situation unmittelbar aus dem Faktenspiegel gezogen.

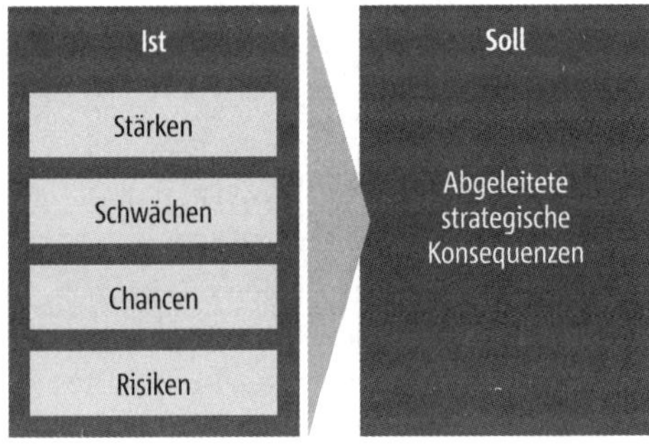

Abbildung 38: Der Ist-/Soll-Vergleich

Das Werkzeug wird häufig in Kombination mit der SWOT angewendet. Aus den Ist-Faktoren der SWOT werden auf der Soll-Seite strategische Konsequenzen für die Zukunft abgeleitet. Im anschließenden strategischen Teil des Kommunikationskonzepts arbeiten die Beteiligten immer mit Blick auf die Konsequenzen der Soll-Seite.

In der Basisversion des Ist-/Soll-Vergleichs stellen wir in der Ist-Spalte die wesentlichen Faktoren der gegenwärtigen Situation untereinander. Wobei man Faktoren einzeln stellen oder mehrere Faktoren clustern kann. Geclustert werden jedoch nur Faktoren, die erkennbar zusammengehören. Die Stärke „Unser Datenschutz erfüllt bereits die neue EU-Richtlinie" passt zur Stärke „Wir haben als Erste in der Branche eine mehrstufige Authentifizierung eingeführt." Die gemeinsame Konsequenz auf der gegenüberliegenden Soll-Seite lautet „Wir machen die Sicherheit zum Leitargument der Kampagne und stellen unseren Vorsprung unter Beweis." So werden nacheinander die maßgeblichen Faktoren der Ist-Situation einzeln oder als Cluster abgearbeitet.

Es müssen nicht lückenlos alle Faktoren der SWOT berücksichtigt werden, man konzentriert sich auf die maßgeblichen Faktoren. Auf der Soll-Seite entsteht in der Summe eine erste Skizze, die zeigt, wo es strategisch in Zukunft hingehen soll. Dabei werden nicht zu viele Konsequenzen erfasst, denn je mehr es gibt, desto komplizierter wird die Strategie. In unseren Konzepten finden sich zwischen fünf und neun Schlussfolgerungen untereinander. Wir haben auch schon Vergleiche mit 20 bis 30 Positionen gesehen, empfinden diese Gründlichkeit jedoch als enges Korsett, das der anschließenden Strategie die Luft raubt. Es geht um das Skizzieren der großen Linie, noch nicht um viele kleine strategische Details.

Wer sich mit dem Ist-/Soll-Vergleich sicher fühlt, der kann auf die Ausbaustufe des Werkzeugs zurückgreifen. In dieser Stufe werden auf der Ist-Seite die Faktoren so verbunden, dass sie miteinander reagieren und ein neuer wünschenswerter Aggregatzustand entsteht. Die positiven wirken auf die negativen Faktoren dämpfend oder die positiven Faktoren verstärken sich gegenseitig und bewirken synergetische Effekte. Das zugrundeliegende Arbeitsprinzip heißt: „Setze Stärken und Chancen ein, um relevante Schwächen und Risiken zu beseitigen oder um lohnenswerte Chancen besser zu nutzen.“ Auf der Ist-Seite der Vergleichstabelle ergeben sich daraus drei Reaktionsmöglichkeiten für die Faktoren:

› Mit Stärken oder Chancen vorhandene Schwächen abbauen.
› Mit Stärken vorhandene Chancen besser nutzen.
› Mit Stärken und Chancen vorhandene Risiken begrenzen.

Direkt gegenüber in der Soll-Spalte schreibt man mit wenigen Stichworten, was auf der strategischen Ebene herauskommt, wenn man die Faktoren zusammenbringt und miteinander reagieren lässt.

In der Praxis der konzeptionellen Arbeit zeigt sich, dass es im frühen Stadium der Konzeption schwerfällt, ausgefeilte strategische Entscheidungen zu treffen. Es wäre folglich falsch, in der anschließenden Strategie schlichtweg nur die Konsequenzen des Vergleichs als Fixgrößen zu übernehmen. Der Ist-/Soll-Vergleich gibt erste Fingerzeige, aber nicht mehr. Im strategischen Teil des Konzepts bleibt man unabhängig. Nicht ausgeschlossen, dass am Ende der strategische Kurs deutlich von der Linie des Ist-/Soll-Vergleichs abweicht.

z. B. der Ist-/Soll-Vergleich

Im Spaßbad „Spliff“ | Mehr Familien – aber wie?

Unser Spaßbad positioniert sich in Abgrenzung zur Konkurrenz als „abwechslungsreiches Familienabenteuer“, das neben Wasserspaß auch jede Menge Show und Entertainment bietet. Unser primäres Ziel ist es, viel mehr Familien mit Kindern unter zwölf Jahren als bisher zu regelmäßigen Stammgästen zu machen.
Wie können wir die vorhandenen Chancen und Stärken optimal nutzen, um das Ziel zu erreichen? Wie schließen wir die tangierenden Schwächen und Risiken aus, die uns auf dem Weg zum Ziel ausbremsen?

Relevante Faktoren (aus der SWOT)	Strategische Konsequenzen
› Hohe Kosten durch klassische Werbeaktivitäten wie Zeitungsanzeigen, Hörfunkspots › Geringer Wirkungsgrad der Werbeaktivitäten	› Gezielte direkte Ansprache der Zielgruppen, Streuverluste minimieren
› Bisherige Online-Aktivitäten als Routine ohne großes Engagement › Umfrage zeigt, dass viele Badegäste sich über Website informieren	› Systematischer und schneller Ausbau der Online-Kommunikation
› Bisherige Bindungsmaßnahmen (Abo, Family-Club) werden kaum genutzt › Eltern beklagen sich über die hohen Kosten für einen Besuch	› Bindungsvorteile für Stammkunden in den Vordergrund der Kommunikation stellen
› Zu wenige Stammgäste › Vorhandene Stammgäste begeistert vom „Familienabenteuer“	› Stammgäste als Protagonisten in die Kommunikation einbauen
› Besucher sind von den Show-Gigs im Bad begeistert	› Show als Alleinstellungsmerkmal auch außerhalb des Bades in Promotion-Funktion einsetzen
› Besonders die Kinder sind echte Fans des Spliff	› Durch gezielte Stützungsmaßnahmen das Spliff bei den jungen Badegästen in Erinnerung halten
› Partner stark interessiert an einer Zusammenarbeit › Bisher keinerlei Kooperationen im Umfeld	› Gemeinsame Aktionen mit ausgewählten Partnern (z. B. ÖPNV)
› Kritische Berichte der Medien unter dem Motto „Familienabzocke“	› In Zukunft mehr als nur die Standard-Pressearbeit; Aufbau direkter Kontakte zu den Medien

SWOT-Matrix

Alternativ zum Ist- / Soll-Vergleich kann man auch die SWOT-Matrix[47] nutzen. Sie wird auch SWOT-TOWS-Analyse genannt und ist nicht zu verwechseln mit der bereits beschriebenen SWOT-Analyse. Die SWOT-Matrix entwickelt die vier Felder des SWOT-Kreuzes weiter, macht aus dem ursprünglich analytischen Instrument ein geeignetes Hilfsmittel, um den strategischen Kurs vorzuzeichnen.

	Chancen	Risiken
Stärken	**S/O** Mit den eigenen Stärken externe Chancen besser nutzen	**S/T** Eigene Stärken nutzen, um externe Risiken abzuwenden
Schwächen	**W/O** Eigene Schwächen beseitigen, um externe Chancen besser zu nutzen	**W/T** Eigene Schwächen vor externen Gefahren schützen

Abbildung 39: Die SWOT-Matrix

Die Matrix baut auf eine im Vorfeld entwickelte SWOT-Analyse auf. Die Faktoren der einzelnen Felder werden in Beziehung gesetzt und die entsprechenden strategischen Konsequenzen festgelegt. In der Praxis zeigt sich, dass dieses Werkzeug anspruchsvoll in der Anwendung und deshalb für Konzeptionsanfänger nicht zu empfehlen ist.

Bei der SWOT-Matrix werden die Faktoren der Stärken, Schwächen, Chancen und Risiken als Spalten- und Zeilenköpfe außen an den Rand der Matrix gestellt. Dazwischen stehen im Inneren der Matrix vier leere Felder, die zu füllen sind. Die Füllung erfolgt immer mit Faktoren-Kombinationen aus den jeweils tangierenden beiden Kopffeldern, aus denen strategische Konsequenzen gezogen werden. Wie schon beim Ist- / Soll-Vergleich können einzelne Faktoren oder auch Cluster von mehreren Faktoren miteinander kombiniert werden. Nacheinander arbeiten wir alle vier Felder durch:

› **S- / O-Strategien** nutzen eine oder mehrere eigene Stärken (S) des Kommunikationsobjekts, um bei bestimmten externen Chancen (O) im Umfeld besser den Hebel ansetzen zu können. Die richtige Verbindung aus Stärken und Chancen gibt der Kommunikation einen Turbo-Antrieb. Die Stärke „Führende Experten in unserem Kollegenkreis" wird mit der Chance „Medien interessiert" zur strategischen Konsequenz verbunden: „Wir bauen unsere Experten bei Medien als kompetente Ansprechpartner auf und unterstreichen damit unsere Kompetenzführerschaft."

- › **S-/T-Strategien** nutzen eine oder mehrere eigene Stärken (S) des Kommunikationsobjekts, um kommunikationsrelevante Risiken (T) aus dem Umfeld abzuwenden. Angegangen werden nur Risiken, die für den eigenen strategischen Kurs tatsächlich bedrohlich werden könnten. Die Stärke „Vorbildliche Qualitätskontrolle" wird auf das Risiko „Konkurrenz geht stark über Preis" angesetzt. Das Unternehmen startet in der Konsequenz eine Qualitätskampagne und stellt besonders die eigene Qualitätskontrolle als Branchenvorbild heraus.

- › **W-/O-Strategien** beseitigen gezielt eigene Schwächen (W), um attraktive Chancen (O) im Umfeld besser nutzen zu können. Dabei sind Aufwand und Nutzen gut abzuwägen. Die Schwächen müssen gut zu handhaben und die Chancen besonders attraktiv sein. Die Schwäche eines Sportvereins ist der „altbackene Auftritt". Er behindert die Chance „Vereinssport kommt in Deutschland wieder in Mode." Als strategische Konsequenz wird ein neues, frisches Corporate Design entwickelt und der gesamte Vereinsauftritt modernisiert.

- › **W-/T-Strategien** tun alles Notwendige, um die eigenen Schwächen (W) vor den Risiken (T) des externen Umfelds zu schützen. Gerade Schwächen, die in Korrespondenz zu Risiken stehen, stellen sich in der Kommunikationspraxis als höchst gefährliche Einfallstore heraus und bereiten große Probleme. „Kurze Öffnungszeiten in den Beratungscentern" lautet die Schwäche, die mit dem Risiko „Kritische Kunden, zunehmend wechselbereit" korrespondiert. Die Öffnungszeiten zu verlängern, wäre zwar ratsam, würde allerdings die Kompetenz eines Kommunikationskonzepts überschreiten. Die strategische Konsequenz bleibt auf der kommunikativen Ebene. Sie heißt: „Verstärkt die zahlreichen Angebote unserer Online-Beratung in der Kommunikation herausstellen."

In den vier Feldern sammeln wir alle sich ergebenen strategischen Konsequenzen. Am Schluss wird verglichen und austariert. Die einzelnen strategischen Konsequenzen müssen sich ergänzen, dürfen sich auf keinen Fall ins Gehege kommen. Jede Konsequenz ist eine wichtige Wegmarkierung auf dem strategischen Weg. Alle Konsequenzen gemeinsam ergeben ein zielführendes Koordinatensystem. Aber auch bei der SWOT-Matrix ist zum Abschluss der Hinweis notwendig: Genauso wie der Ist-/Soll-Vergleich wird auch die Matrix nicht in Stein gemeißelt. Ihre Resultate sind Hilfsstellungen, aber keine fixen Arbeitsanweisungen für die anschließende Strategie.

z. B. eine SWOT-Matrix

Die Möbelschreinerei Ornament zeigt, was sie kann

Der strategische Weg

Neue Konkurrenz entsteht. Wie richtet sich unsere Schreinerei aus? Die Analyse zeigt, dass die Abgrenzung über Erfahrung und Qualität, aber keinesfalls über den Preis geht.

Umfeldfaktoren / Binnenfaktoren	Chancen O1 | Trend zu Qualität O2 | Neues Möbelhaus benachbart O3 | Einzugsgebiet wird älter	Risiken T1 | Junger Konkurrent startet
Stärken S1 | Jedes Möbelstück ein Unikat S2 | 30 Jahre Erfahrung S3 | Hohe Kundenfreundlichkeit	SO › Über attraktive Ausstellung Interessenten anziehen – *S1/O2* › Stammkunden als Botschafter gewinnen – *S2+S3/O3*	ST › Erfahrung in den Vordergrund der Kommunikation stellen – *S2/T1*
Schwächen W1 | Lange Wartezeiten W2 | Hohe Preisniveau W3 | Keine Trenddesigns	WO › Wartezeiten, Preise als Qualitätssymbole etablieren – *W1+W2/O1* › Gezielter die ältere Zielgruppe ansprechen – *W3/O3*	WT › Möbel als Topmarke aufbauen (z. B. Zertifikat, Signierung) – *W1+W2/T1*

Zum Schluss der Analyse das Fazit

Noch ist die Analyse nicht beendet, es fehlt ein allerletzter Schritt. Zum Abschluss der Analysearbeit wird ein Fazit gezogen. Es betrachtet die Ergebnisse im Überblick und fasst in wenigen Sätzen zusammen, was die Quintessenz des Lagebilds ist. Das zusammenfassende Fazit bezieht sich auf die gegenwärtige Lageeinschätzung. Es werden noch keine verbindlichen strategischen Festlegungen für die Zukunft getroffen.

Vor allem, wenn das Kommunikationskonzept in einem Workshop entsteht, empfiehlt es sich, dass alle Beteiligten gemeinsam ein kurzes Fazit ziehen: „Was sagt uns das Lagebild, das wir hier vor uns sehen?" Es stellt sich heraus, dass mehrere Leute, die auf die gleiche Analyse auf den Flipcharts an der Wand schauen, daraus ein anderes Bild interpretieren. Das Fazit sorgt dafür, dass das Bild aller Mitwirkenden im Workshop kongruent ist.

Beim abschließenden Blick auf die Analyse fällt uns bisweilen wie Schuppen von den Augen, dass die gestellte Aufgabe in Relation zu den verfügbaren

Ressourcen nicht zu lösen ist. Vor dem Hintergrund des erarbeiteten Lagebilds wirkt die ursprüngliche Aufgabenstellung völlig unrealistisch. In der Situation darf man sich keinesfalls sagen, der Auftraggeber hat es so gewollt, also ziehe ich es durch, egal ob machbar oder nicht. Das wäre unverantwortlich. Wir müssen reagieren und die richtigen Konsequenzen ziehen:

› **Die ursprüngliche Aufgabenstellung ist zu allgemein:** Sie verliert sich im Ungefähren. Vor dem Hintergrund des Lagebilds muss sie präzisiert werden.

› **Die ursprüngliche Aufgabenstellung ist in Teilen oder zur Gänze falsch:** Die vorgegebene Richtung führt in die Irre. In Abstimmung mit dem Auftraggeber muss die Aufgabe völlig neu formuliert werden.

› **Die ursprüngliche Aufgabenstellung ist unlösbar:** Ihre Umsetzung ist ein Ding der Unmöglichkeit. Die Aufgabe muss auf den Boden der Tatsachen geholt und in Abstimmung mit dem Auftraggeber realistisch formuliert werden.

› **Die ursprüngliche Aufgabenstellung greift zu kurz:** Das Problem liegt tiefer. Die Aufgabe muss erweitert oder vertieft werden.

Tritt einer der Fälle ein, greifen wir sofort zum Telefon oder senden eine E-Mail, machen es dringend und bitten beim Auftraggeber um ein Rebriefing. Im Rahmen des Rebriefings werden das analysierte Lagebild und die daraus resultierenden Änderungen der Aufgabenstellung mit dem Auftraggeber diskutiert. In der Regel stimmt der Auftraggeber der Änderung zu, bisweilen einigt man sich gemeinsam auf einen Kompromiss. Ganz selten wird der Auftraggeber sauer und besteht auf seiner ursprünglichen Aufgabe. Dann schwenken wir auf seine Anweisung ein, sichern uns aber durch eine schriftliche Aktennotiz entsprechend ab.

Die Analyseergebnisse verschwinden nicht in der Schublade. Sie bleiben während der gesamten strategischen Schrittfolge und auch in der Umsetzungsplanung präsent und im Einsatz. Ergeben sich auf Grund von Nachbriefing oder Nachrecherche wichtige Änderungen, so werden die Analyseunterlagen entsprechend angepasst und wieder auf den aktuellen Stand gebracht.

04

Strategie trifft Entscheidungen

- Strategischer Block im Überblick
- Die Kommunikationsziele
- Die Zielgruppen
- Die Positionierung
- Die Botschaften
- Der strategische Weg

Strategischer Block im Überblick

Zukünftigen Kurs bestimmen

In der Analysephase ist ein aussagekräftiges Profil der gegenwärtigen Situation entstanden. Alle wichtigen Fakten liegen im Faktenspiegel übersichtlich vor und wurden mit einem Analysewerkzeug wie der SWOT-Analyse noch einmal komprimiert, gewichtet und bewertet. Eventuell wurde die ursprüngliche Aufgabenstellung präzisiert. Das Lagebild steht. Mit dem Bild als Orientierungshilfe wird im strategischen Block der zukünftige Kommunikationskurs festgelegt. Aus der Ist-Situation leiten sich die Soll-Konsequenzen für die Zukunft ab.

Während wir im Rahmen der analytischen Arbeit neutral geblieben sind und keine Festlegungen getroffen haben, beginnt jetzt die Phase der Entscheidungen. Das Grundprinzip des Konzepts heißt Veränderung. Gäbe es keine Veränderungen, bliebe alles beim Alten, dann bräuchte es kein Konzept. Die dazu notwendigen Entscheidungen werden nun getroffen. Es geht um die große Linie, nicht um die handwerklichen Details, die haben innerhalb der Strategie nichts zu suchen. Um die Kommunikation nach vorne zu bringen, braucht es Mut zur Entscheidung, denn es müssen klare, konsequente Entscheidungen fallen, die an maßgeblichen Stellen alte, teilweise liebgewonnene Gewohnheiten durchbrechen und neue Wege gehen. Eine weichgespülte Kommunikationsstrategie, der alle Ecken und Kanten weggeschliffen wurden, mag als Kompromisspapier im Unternehmen gut ankommen. Draußen in der rauen Realität der öffentlichen Reizüberflutung bewegt man damit nur wenig.

Während der analytischen Arbeitsschritte sind wahrscheinlich bereits viele strategische Ideen entstanden. Es liegt in der Natur des Menschen, dass mit den analytischen Erkenntnissen gleich auch erste strategische Vorstellungen reifen, so ist unser Gehirn konstruiert. Wir haben die ersten Vorstellungen notiert, damit sie nicht verloren gehen, aber nicht weiter darüber nachgedacht, denn in der Analyse war es zu früh für strategische Eingrenzungen, sie hätten den neutralen analytischen Blick verzerrt. Erst jetzt zu Beginn der Strategie kommen die Notizen wieder auf den Tisch. Zusammen mit dem komprimierten Lagebild der Analyse bilden sie eine gute Ausgangsbasis für die strategische Arbeit.

Was die Arbeitsweise angeht, empfehlen wir, mit viel Schwung durch die Schrittfolge der Strategie zu gehen und in einem Fluss gleich eine vollständige Skizze mit allen strategischen Koordinaten zu zeichnen. Unterwegs bleibt man nicht stehen und hakt sich an Einzelheiten fest. Man arbeitet sich einfach immer weiter voran, bis die komplette Strategie in einer ersten Rohversion steht. Das ist wie bei einem Kunstmaler, der auch nicht gleich das große Gemälde mit allen Farben und Schattierungen auf die Leinwand bringt, sondern sich zuerst mit einer groben Skizze ein Gefühl für Thema, Raum und Proportionen verschafft. Wer später die Skizze sieht, erkennt darin sofort das Gemälde wieder, denn die wesentlichen Konturen sind schon zu sehen. Genauso ist es bei der strategischen Skizze für das Kommunikationskonzept. Die Skizze weist die Richtung und verdeutlicht die Konturen. Das große Ganze wird sichtbar. Die Feinheiten können anschließend in einem zweiten Arbeitsdurchgang ergänzt werden.

Jede Strategie ist „graue Theorie" und damit irgendwie lästig. Deshalb können sich viele aus der Kommunikationsbranche nur schwer mit der strategischen Arbeit anfreunden. Manchmal hören wir von Auftraggebern sogar die Bitte: "Lassen Sie doch einfach die Strategie weg und beginnen Sie gleich mit Ideen und Maßnahmen." In der Kreation steckt Leben und unter den konkreten Maßnahmen der Umsetzung kann sich jeder etwas vorstellen, aber die Strategie? Manche Konzeptionsprofis nehmen Abkürzungen. Sie arbeiten die Strategie oberflächlich ab, um möglichst schnell in den sicheren Hafen der handfesten Kommunikationsaktivitäten zu kommen. Die so formulierten Strategien sind dementsprechend verräterisch, sie lesen sich uninspiriert und bemüht. Sie sind ein trauriger Anblick für uns, die wir für die Strategie brennen. Unsere Aussage ist eindeutig: Die Strategie ist konzeptionsentscheidend. Ohne klare Strategie ist jeder Kommunikationsweg der falsche!

Es gibt auch das andere Extrem. Die Konzeptioner plustern die Strategie zur unumstößlichen Maxime mit Heiligenschein auf. Davon sollte sich niemand blenden lassen. Die Strategie ist nicht selbstherrlich und schwebt über dem Kommunikationsalltag. Sie hat eindeutig eine dienende Funktion, denn sie entwickelt das Orientierungsraster für die anschließende konkrete Umsetzung. Die Maßnahmen der operativen Umsetzung werden nicht nach Gusto frei im Raum platziert, sondern zielstrebig an der Strategie ausgerichtet. Genau darin liegen Sinn und Zweck der Strategie. Nur mit der Richtschnur der Strategie kann die Kommunikation die nötige Präzision entwickeln.

Die strategische Arbeit hat eine feste Schrittfolge. Alle fünf Schritte müssen sein, damit die maßgeblichen Koordinaten des Kommunikationsprozesses bestimmt sind und die nötige Orientierung bieten. Zuerst kommen die externen Umfeldkoordinaten der Strategie. Sie bestimmen die angestrebte Kommunikationskonstellation draußen im Umfeld:

› **Ziele:** Wohin soll die Kommunikation steuern? Ausgehend von der vorgegebenen Aufgabenstellung wird definiert, welche Kommunikationsziele kurz- und langfristig für alle Beteiligten auf der Pflichtenliste stehen.

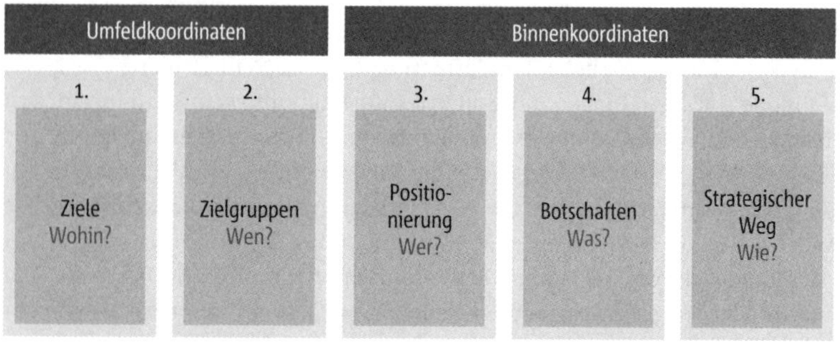

Abbildung 40: Die strategische Schrittfolge im Überblick

Die Umfeldkoordinaten bestimmen, wohin die Kommunikation da draußen marschiert und wen sie erreichen will. Die Binnenkoordinaten legen die eigene Aufstellung fest, die sicherstellt, dass man im Umfeld die entsprechenden Ziele und Zielgruppen erreicht.

- **Zielgruppen:** Wen muss die Kommunikation ansprechen, um die definierten Ziele sicher zu erreichen? Ausgehend von den gegenwärtigen Ist-Zielgruppen wird bestimmt, welche Soll-Zielgruppen zukünftig angepeilt werden.

Mit den Binnenkoordinaten der Strategie wird umrissen, mit welcher eigenen Aufstellung sich das Kommunikationsobjekt draußen bei den Zielgruppen präsentiert, um die Ziele zu erreichen:

- **Positionierung:** Wer will das Kommunikationsobjekt in den Köpfen der Zielgruppen sein? Ausgehend von den vorhandenen Stärken und Chancen wird bestimmt, mit welchem Rollenverständnis das Objekt auf der öffentlichen Bühne erfolgreich ist.

- **Botschaften:** Was soll aus der Positionierung heraus den Zielgruppen gesagt werden? Ausgehend von der Positionierung stellen die Botschaften die inhaltlichen Leitplanken für die Kommunikationsarbeit dar. Die Botschaften stellen sicher, dass die gesamte Kommunikation mit einer Stimme spricht.

- **Strategischer Weg:** Wie sollen die Botschaften aus der Positionierung heraus zu den Zielgruppen transportiert werden? Ausgehend vom Lagebild der Analyse werden strategische Maßgaben für die anschließende Umsetzung festgelegt.

Alle fünf Schritte müssen in jedem Konzept bestimmt werden. Die oben vorgestellte Reihenfolge in der strategischen Arbeit ist üblich, aber kein konzeptionelles Dogma. Im konkreten Einzelfall darf davon abgewichen werden. So kann es passieren, dass die Zielgruppenkonstellation entscheidend für den Kommunikationserfolg ist und deshalb erst die Zielgruppen eingegrenzt und danach die Ziele konkretisiert werden. Man will erst die maßgeblichen Zielgruppen kennen und einschätzen lernen, bevor man realistische Ziele bestimmt.

In einem anderen Fall beginnt der strategische Block gleich mit der Positionierung als Auftakt. Die Positionierung arbeitet ein markantes Alleinstellungsmerkmal heraus und erst danach wird überlegt, welche Zielgruppen am besten zu der präferierten Positionierung passen würden und welche Ziele man sich steckt. Denkbar wäre auch, dass in einem Konzept, bei dem die Botschaften entscheidend für die Glaubwürdigkeit des Absenders sind, zuerst die Botschaften fixiert werden und sich daraus dann die Positionierung des Absenders ableitet. Im begründeten Einzelfall sind Änderungen in der Schrittfolge erlaubt, teilweise sogar notwendig.

Wichtig ist, dass die strategische Schrittfolge nicht als eine Aneinanderreihung von Einzelschritten verstanden wird, sondern als eine Choreographie der Schritte, die erst im Zusammenwirken ihre Kraft entwickelt. Wer später einzelne Schritte der Strategie verändert, muss deshalb im Auge behalten, dass die Veränderungen auch Auswirkungen auf die anderen Strategieschritte haben. Bei Änderungen in einem Bereich muss immer in den anderen Strategieteilen kontrolliert, nachgearbeitet und angepasst werden.

Ziele, Zielgruppen, Positionierung, Botschaften und strategischer Weg – mit den fünf Schritten messen wir den grundlegenden Kurs für die Kommunikation ab. Gelingt es uns, die Koordinaten präzise und folgerichtig zu bestimmen, steigt die Wahrscheinlichkeit erheblich an, dass unsere Kommunikation die gesteckten Ziele erreicht. Die Wahrscheinlichkeit ist nicht mehr 50/50, sie steigt auf 70/30, 80/20 oder mehr. Sie klettert aber nie auf 100 Prozent! Die Konzeptionslehre ist keine exakte Wissenschaft, daran müssen wir uns immer wieder erinnern. In einem Kommunikationsprozess gibt es zahlreiche Unwägbarkeiten, die kein Konzept, sei es noch so gut und gründlich entwickelt, vollständig ausschließen kann. Der flexible Umgang mit Überraschungen ist daher ein zentrales Gebot, um in jeder Situation angemessen reagieren zu können. Wir erinnern uns an ein Konzept, von dem wir vollkommen überzeugt waren. Das beste Konzept seit langem. Dennoch kam das Konzept in der Durchführung unvermittelt von der Bahn ab und landete krachend an der Wand. Es traten plötzlich neue Konstellationen und Kräfte auf, mit denen keiner gerechnet hatte. Überraschungen gehören zum Lebenslauf einer jeden Konzeption. Die Strategie eines Kommunikationskonzepts ist folglich keine Garantieerklärung, sondern lediglich eine sinnvolle Risikominimierung. Wir müssen uns die Grenzen des Konzepts bewusstmachen, damit wir die Chancen bestmöglich nutzen können.

Die Kommunikationsziele

Wohin steuert die Kommunikation?

„Nachdem wir das Ziel aus den Augen verloren hatten, verdoppelten wir unsere Anstrengungen", schrieb einst Mark Twain. Ohne klar definierte Ziele ist keine effiziente Kommunikation möglich, auch mit enormen Anstrengungen werden die Ergebnisse enttäuschend bleiben. Daher sind Ziele unerlässlicher Grundbestandteil jedes Kommunikationskonzepts. Sie legen möglichst eindeutig fest, welcher Zustand am Ende der Planungsperiode realisiert sein soll und dienen als Richtgröße für das gesamte kommunikative Handeln. Die anschließenden strategischen Schritte richten sich stringent an ihnen aus und alle umsetzenden Mittel und Maßnahmen haben nur den einen Zweck: im Sinne der Ziele zu wirken und sich mit ganzer Kraft an der Zielerreichung zu beteiligen.

Die Zielbestimmungen in der strategischen Schrittfolge sind wenig spektakulär. Man kann hier nicht mit einer großartigen Kür glänzen und den Auftraggeber begeistern. Die Zielsetzung stellt in der Mehrzahl der Fälle nur einen konventionellen Pflichtteil der Strategie dar. Deshalb sind wir in der Vergangenheit auf die Idee gekommen, bei einfachen Aufgaben die strategischen Ziele in der Konzeptpräsentation wegzulassen. Es wäre ja doch nur „die übliche Routine". Überraschenderweise wurden wir vom Auftraggeber jedes Mal darauf angesprochen: „Wo sind denn die Ziele? Brauchen wir keine Ziele?" Dadurch haben wir gelernt: Auch, wenn in der Zielentwicklung viel Routine steckt und sich die Zielstellungen in unseren Konzepten oft ähneln, der Auftraggeber benötigt die Ziele als Relation, um sein geplantes kommunikatives Handeln einzuordnen. Ziele geben ihm Sicherheit – und sind damit unersetzlich.

Innerhalb des Strategieteils des Kommunikationskonzepts konzentriert man sich in erster Linie auf die Kommunikationsziele. Das sind grundlegende Ziele, die mit kommunikativen Mitteln erreicht werden. Dabei darf man nie aus den Augen verlieren, dass die Kommunikationsziele nicht solitär im freien Raum stehen, sondern in das komplexe Zielsystem des Unternehmens eingebettet sind. Im Briefing haben wir das Zielsystem kennengelernt. Im anschließenden strategischen Block ist es unsere Aufgabe, die zukünftigen Kommunikationsziele zu bestimmen und wieder in das System einzufügen. Wenn die übergeordneten unternehmerischen Ziele nach Norden weisen, dürfen wir mit der Kommunikation keinesfalls nach Westen marschieren. Entsteht während der strategischen Arbeit eine Zielkonkurrenz der Kommunikation zu den übergeordneten Zielen, dann muss es ein Rebriefing geben, um die Ziele mit dem Auftraggeber abzugleichen.

Welchen Zweck erfüllen die Ziele im Kommunikationskonzept? Im Wesentlichen kommen ihnen fünf Funktionen zu. Je nach Aufgabenstellung können die Funktionen eine unterschiedliche Gewichtung bekommen:

› **Richtungsfunktion:** Sind die Kommunikationsziele klar definiert, wissen alle Beteiligten, in welche Richtung die Kommunikation zukünftig geht. Sie halten sich daran und passen die Aktivitäten entsprechend an. Man kann präzise steuern und Hindernissen frühzeitig ausweichen, wenn man weiß, wo es hingeht.

› **Evaluierungsfunktion:** Ohne Kommunikationsziele keine vernünftige Evaluierung. Ziele beinhalten messbare Größen, damit man am Ende der Planungsperiode die Messlatte anlegen und die Soll-Zielkoordinaten des Konzepts in Relation zu dem tatsächlich Erreichten setzen kann. An den Abweichungen vom Soll und dem Grad der Abweichung erkennen die Beteiligten ihren Handlungsbedarf für die Zukunft.

› **Motivationsfunktion:** Kommunikationsziele verstehen sich als Herausforderung und Fixstern am Horizont des kommunikativen Handelns. Sie sollen Mut machen, den Ehrgeiz aller Beteiligten wecken und sie antreiben: „Los geht´s. Das schaffen wir!" Deshalb fordern wir, dass Ziele einen stimulierenden Zündfunken in sich tragen und niemals nur technokratisch kalt formuliert werden.

› **Koordinierungsfunktion:** Die Kommunikationsziele setzen eindeutige Bezugspunkte, die für alle im Unternehmen transparent sind. In Zukunft werden alle Kommunikationsaktivitäten stringent daran ausgerichtet. Werbung, Pressearbeit, Event und Online – alle Kommunikationsbereiche weisen in die gleiche Grundrichtung. Gleichzeitig bekommen auch andere Abteilungen des Hauses, wie der Vertrieb oder die Personalabteilung, nützliche Orientierungshilfen für ihre Planung.

› **Etatfunktion:** Kommunikation kostet Geld. In der Regel wird für die Kommunikationsplanung ein bestimmter Etat zur Verfügung gestellt. Die Koordinaten der Zielsetzung geben den Beteiligten wichtige Hinweise auf die notwendige Höhe des Etats. Die zur Verfügung stehenden Ressourcen sollten in einem realistischen Verhältnis zu den gesteckten Zielen liegen. Ist dies nicht der Fall, müssen entweder die Zielwerte gesenkt oder die Etatmittel erhöht werden.

Die Kommunikationsziele stehen nicht frei und unabhängig, sie integrieren sich in das Zielsystem des Unternehmens. Wir nutzen bewusst nicht den klassischen Begriff der Zielhierarchie, weil er aus unserer Sicht der Mehrdimensionalität des unternehmerischen Handelns nicht gerecht wird.

Abbildung 41: Die Kommunikationsziele innerhalb des Zielsystems
Kommunikationsziele sind Bestandteil einer komplexen Zielkonstellation und stehen rundum in Abhängigkeit. Sie sind verpflichtet, ihre Rolle innerhalb der Konstellation optimal auszufüllen.

Das gesamte Zielsystem ist auf der Metaebene eingebettet in den sozialen und gesellschaftlichen Werterahmen. Jedes Unternehmen ist ein sozialer Akteur und trägt damit eine Verantwortung, die über den rein betriebswirtschaftlichen Horizont hinausgeht. Es ist folglich nicht jedes Ziel erlaubt, das möglich ist, denn es gibt gesetzliche, soziale und ethische Grenzen, an die sich das Unternehmen zu halten hat.

Innerhalb des unternehmerischen Zielsystems stellen wir die Kommunikation in den Mittelpunkt der Betrachtung und unterscheiden zwischen den übergeordneten, den tangierenden und den abgeleiteten Zielen.

Die übergeordneten Ziele des Unternehmens sind gültige Zielstellungen, die weitreichende Bedeutung für den Kurs des gesamten Unternehmens haben und über den Kommunikationszielen stehen. Die Kommunikation muss sich an den Zielen ausrichten und sie nach Kräften unterstützen, sie ist aber nicht allein verantwortlich für die Erreichung dieser Ziele. Viele andere Bereiche und Funktionen wirken an der Zielerreichung mit. Den Kommunikationszielen übergeordnet sind beispielsweise:

› **Unternehmensleitbild:**[48] Es legt mit Vision und Mission die normative Grundlage für das unternehmerische Handeln. Die Vision beschreibt ein idealisiertes Ziel und die Mission formuliert daraus einen Auftrag für das unternehmerische Handeln. Das Leitbild dient als Vorbild für alle Mitarbeiterinnen und Mitarbeiter und soll ihr Selbstverständnis prägen. Viele Unternehmen und Institutionen haben sich Leitbilder geschaffen und verabschiedet. Oft stellen wir jedoch fest, dass das Leitbild nicht in den Herzen der Mitarbeiter verankert, sondern in den Schreibtischschubladen verschwunden ist.

- **Unternehmensziele:** Sie sind die Grundlage des wirtschaftlichen Planens und Handelns eines Unternehmens. Während das Leitbild als Norm auf Dauer Bestand hat, werden die Unternehmensziele den langfristigen Markt- und Nachfrageentwicklungen angepasst. Eigentlich klingen die Ziele in allen Unternehmen ähnlich. Umsatzsteigerung und Gewinnmaximierung sind fast immer gesetzt, aber auch Marktführerschaft oder die Innovationsführerschaft werden regelmäßig genannt.

- **CSR- und Nachhaltigkeitsziele:**[49] CSR – „Corporate Social Responsibility" – fordert vom Unternehmen die Umsatz- und Gewinnziele in Relation zum gesellschaftlichen, sozialen und ökologischen Umfeld zu sehen und verantwortlich zu handeln. Die Nachhaltigkeitsziele – „Corporate Sustainability" – decken mehr als Ressourcennutzung und Umweltschutz ab. Sie fordern zusätzlich unternehmerische Nachhaltigkeit (langfristiges, umsichtiges Planen) sowie Nachhaltigkeit im Umgang mit dem externen gesellschaftlichen Umfeld und den eigenen Mitarbeitern. Noch längst nicht alle, aber mehr Unternehmen als früher fangen an, ihre CSR- und Nachhaltigkeitsziele ernst zu nehmen und konsequenter danach zu planen und zu handeln.

- **Marketingziele:**[50] Sie leiten sich unmittelbar aus den Unternehmenszielen ab und konkretisieren diese. Zu unterscheiden sind quantitative Marketingziele (Absatzmengen, Kundenzahlen, Marktanteile, Preisdurchsetzung etc.) und qualitative Marketingziele (Produktqualität, Preistreue, Kundenbindung, Konsumentenvertrauen etc.). Da die Kommunikationsfunktion ein Element des Marketingmix ist, haben die Marketingziele eine hohe Bedeutung für die Entwicklung der Kommunikationsziele. Bei unseren Briefing-Gesprächen bekommen wir in der Regel klassische Vertriebsziele genannt. Relativ selten kommen preis-, produkt- oder distributionspolitische Ziele hinzu.

Die tangierenden Ziele sind meist Ziele der anderen gleichgeordneten Leistungsbereiche. Es gibt in jedem Unternehmen ein ganzes Spektrum von Bereichszielen – von den Forschungs- und Entwicklungszielen bis hin zu den Beschaffungszielen. Für das Kommunikationskonzept sind die Bereichsziele nur dann relevant, wenn sie die Kommunikationsziele tangieren. Da es Berührungspunkte und vielleicht sogar Schnittmengen gibt, ist eine Abstimmung der Ziele notwendig. Welche Ziele tangierende Ziele sind, ist von Konzept zu Konzept unterschiedlich. Es kommt auf die jeweilige Unternehmenssituation und die Aufgabenstellung an. Folgende Ziele berühren häufiger die Kommunikationsarbeit und sollten deshalb im Rahmen der Konzeptentwicklung gesichtet, bewertet und gegebenenfalls einbezogen werden:

- **Forschungs- und Entwicklungsziele:** Innovative Neuheiten benötigen als Starthilfe eine starke Unterstützung durch die Kommunikation. Zugleich haben sie einen hohen Neuigkeitswert und lassen sich als aufmerksamkeitsstarker „Teaser“ für die Kommunikation nutzen.

- **Personal- und Human Relationsziele:** Mitarbeiterinnen und Mitarbeiter stehen nicht nur im Fokus der internen Kommunikation, sie sind zugleich als Unterstützer und Botschafter der externen Kommunikation unentbehrlich. Daher gibt es regelmäßig Schnittstellen zu Bereichen wie Personalwerbung („Employer Branding“), Weiterbildung, Personalführung und -entwicklung.

- **Qualitätsziele:** Viele Unternehmen haben ein Qualitätsmanagement implementiert. In dem Zusammenhang werden auch an die Kommunikation bestimmte Qualitätsanforderungen gestellt, an denen kein Weg vorbeiführt, zumal, wenn die Anforderungen gesetzlich vorgeschrieben sind. QM-Ziele werden in jedem Fall gecheckt.

- **Kostenziele:** In vielen Konzeptpräsentationen sitzt der Controller mit am Tisch und hat bei den Kommunikationsentscheidungen ein gewichtiges Wort mitzureden. Regelmäßig kommt es dabei zu scharfen Wortwechseln zwischen Controlling und Kommunikation. Ziele, Interessen und Kulturen der beiden Bereiche scheinen bisweilen diametral gegensätzlich zu sein.

- **Börsenziele:** Bei börsennotierten Unternehmen spielt der Aktionärswert („Shareholder-Value“) eine prägende Rolle. Viele Entscheidungen werden mit Blick auf den Börsenkurs getroffen und auch der Kommunikationsbereich muss die Aktionäre angemessen ins Kalkül ziehen.

- **Beschaffungsziele:** Was hat die Beschaffung mit Kommunikation zu tun? Bei großen Unternehmen und Institutionen liegt die Auftragsvergabe in der Hand der Beschaffungsabteilung. Sie reden mit, wenn es darum geht, eine Online Agentur einzuschalten, eine Broschüre zu drucken oder einen freien PR-Profi zu buchen. Das „Mitreden“ bezieht sich weniger auf die Inhalte, sondern vorrangig auf das Verfahren. Auf jeden Fall ist es nützlich, die Vorgaben und Ziele des Bereichs Beschaffung zu kennen. Auch wenn es darum geht, weitere Dienstleister in eine Kampagne zu integrieren, muss man das zugrundeliegende Beschaffungsverfahren kennen, um verfahrensgerecht planen zu können.

Unterhalb der Kommunikationsziele stehen die Teilziele. Sie werden direkt aus den Kommunikationszielen abgeleitet und fokussieren sich auf einen Fachbereich der Kommunikation. Im methodischen Idealfall entstehen erst die Kommunikationsziele und danach in der Ableitung die Teilziele. Die Praxis sieht anders aus. Die PR-Abteilung hat bereits eigene Ziele und legt großen Wert darauf, diese beizubehalten. Die Promotionsleute haben sich ebenfalls Ziele gesteckt und auch im Bereich der Online-Kommunikation gibt es feste Vorstellungen. Alles mit dem neuen Kommunikationskonzept über den Haufen zu werfen, ist in der Realität eines Unternehmens nur schwer durchsetzbar. Die Widerstände wären heftig. Folglich fragen wir im Briefing nach bereits gesetzten Teilzielen und versuchen unsere Kommunikationsziele und die vorhandenen Teilziele kongruent zu gestalten. Dazu ist viel diplomatisches Geschick und Kompromissbereitschaft erforderlich, aber es funktioniert. Zu den abgeleiteten Teilzielen in der Kommunikation gehören abgestuft nach ihrem Rang:

› **Fachbereichsziele:** Hierzu zählen z. B. Pressearbeits-, Werbe-, Event- oder Online-Ziele. Da die Ziele in unterschiedliche Abteilungen oder Verantwortungsbereiche fallen, ist das Entwickeln von abgestimmten Teilzielen eine wichtige Aufgabe im Rahmen der Kommunikationsstrategie. Ein typisches Ziel der Pressearbeit kann zum Beispiel in der angestrebten Erhöhung der Medienresonanz in den Leitmedien liegen. Ein typisches Online-Ziel könnte die Intensivierung des Nutzerdialogs auf Facebook, Twitter und LinkedIn sein.

› **Kampagnen- und Aktionsziele:** Hier handelt es sich um Kommunikationsziele für Kampagnen und Aktionen, die sich bereits mitten in der Umsetzung befinden. Die Ziele beziehen sich auf ein verzahntes System von Kommunikationsmaßnahmen, die in einem definierten Zeitraum koordiniert ablaufen. Eine Kampagne ist aufwendiger und hat eine durchdachte Dramaturgie, die in mehrere Phasen unterteilt ist. Eine Aktion ist, was Aktivitäten und Zeit angeht, wesentlich kompakter konzipiert. Es gilt, die Ziele der laufenden Aktivitäten in die Überlegungen des neuen Konzepts einzubeziehen.

› **Maßnahmenziele:** Die Ziele sind rein operativer Natur. Sie geben konkrete Vorgaben für die Umsetzung einzelner Kommunikationsmaßnahmen. Maßnahmenziele werden nicht im Rahmen der Strategie entwickelt, sondern im operativen Teil des Konzepts den Maßnahmen direkt zugeordnet. Es darf keine Maßnahme ohne definierte Ziele geben. Ein Maßnahmenziel kann die Stabilisierung der sinkenden Abonnentenzahlen des Kundenmagazins sein oder die Steigerung der Besucherzahlen um 15 Prozent beim nächsten Tag der offenen Tür.

Im Mittelpunkt des gesamten Zielsystems stehen die Kommunikationsziele. Nur was genau sind Kommunikationsziele? Damit übergeordnete und tangierende Ziele von Kommunikationszielen sauber zu unterscheiden sind, ist es wichtig, den Charakter der Kommunikationsziele eindeutig zu definieren. Die Kommunikationswissenschaft unterteilt in drei große Arten von Zielen.[51]

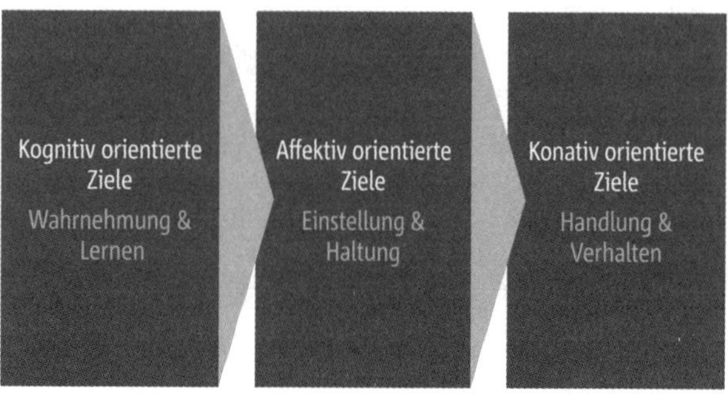

Abbildung 42: Die drei Arten der Kommunikationsziele

Die drei Zielarten hängen eng zusammen und bedingen einander. Ohne kognitiven Impuls wird es zu keinem emotionalen Affekt kommen. Ohne emotionalen Anstoß wird keine Handlung ausgelöst.

Kognitiv orientierte Kommunikationsziele: Sie stehen am Anfang. Bei kognitiven Zielen geht es um Wahrnehmung, Lernen und Erinnern mit Auge und Ohr, seltener auch mit Nase und Tastsinn. Durch die Kommunikation sollen bestimmte Informationen in die Köpfe der Zielgruppen kommen, dort gespeichert und später wieder erinnert werden. Das kann nur funktionieren, wenn die Informationsimpulse die nötige Einfachheit und Prägnanz besitzen, ständig und konsistent wiederholt werden. Ein beispielhaftes kognitives Kommunikationsziel lautet: „Bis zum Ende des Jahres hat sich der gestützte Bekanntheitsgrad des neuen Bürgertreffs bei den Zielgruppen im Einzugsgebiet um mindestens 30 Prozent erhöht!“ Andere kognitive Ziele neben dem Bekanntheitsgrad sind Aufmerksamkeit wecken, Wiedererkennung sichern, Informationen vermitteln, Lerneffekte erzielen, Erinnerungswerte sicherstellen. Kognitive Ziele können verhältnismäßig schnell erreicht werden, wenn ein hoher, stetiger Kommunikationsdruck erzeugt wird. Ihre Wirkung lässt aber auch schnell wieder nach.

Affektiv orientierte Kommunikationsziele: Hier stehen die Gefühle im Vordergrund. Die Kommunikation soll Interessen, Einstellungen und Haltungen stabilisieren, stärken oder verändern. Es soll nicht nur etwas rein in die Köpfe, vielmehr soll dort etwas bewegt werden. Einstellungen und Haltungen sind einfache Bedeutungsrahmen, die in den Köpfen der Menschen fest verankert sind und helfen, die Komplexität der Umwelt zu bewältigen und angemessen zu reagieren. Wenn es um affektive Ziele geht, darf das Kommunikationskonzept nicht zu viel versprechen. Einstellungen und Haltungen sind Überzeugungen und als solche nur schwer zu bewegen. Die Zielgruppen halten zäh daran fest – und seien sie auch noch so falsch. Widersprüche werden schlichtweg ausgeblendet oder abgewertet, das kann bis zur Realitätsverleugnung gehen. Wer Interessen, Einstellungen und Haltungen verändern will, muss eine lohnende Alternative bieten, die mehr verspricht als die alte Überzeugung. Konzeptionsprofis sind vorsichtig, wenn sie affektiv orientierte Ziele zu kurzfristigen Zielen machen. Es braucht Zeit, Vorurteile abzubauen oder aus einem negativen wieder ein positives Image zu machen. Ein Beispiel für ein affektiv orientiertes Kommunikationsziel lautet: „Die Zahl der aktiven und passiven Vereinsmitglieder, die der Aussage 'Unser Verein ist für mich wie eine zweite Heimat' zustimmen, steigt von heute 12 Prozent auf 25 Prozent bis zum Ende der Spielsaison 2020." Typische affektive Ziele sind: Image aufbauen, Akzeptanz durchsetzen, Loyalität erhöhen, Sympathiewerte steigern, Vorurteile abbauen, Vertrauen stärken, Motivation verbessern oder Kundenzufriedenheit erhöhen.

Konativ orientierte Kommunikationsziele: Sie heißen auch Handlungs- und Verhaltensziele. Es soll etwas passieren, die Zielgruppen fangen an, zu agieren. Handlungen können durch Kommunikation nur ausgelöst werden, wenn vorher eine entsprechende Wahrnehmung stattfand und in der Folge eine emotionale Stimulierung ausgelöst wurde. Konative Ziele dürfen daher nie isoliert betrachtet werden, sie sind immer in engem Zusammenhang mit Wahrnehmung und emotionaler Stimulierung zu sehen. Es ist ein Prozess, bei dem sich die Ziele wie Dominosteine gegenseitig anstoßen. Ein beispielhaftes Handlungsziel lautet: „15 Prozent unserer Stammkunden haben im Jahr 2016 den neuen Hundekuchen „Leckerli" an andere Hundebesitzer weiterempfohlen." Gängige konativ orientierte Ziele sind: Kontakt aufnehmen, sein Verhalten ändern, im Kundenclub aktiv werden, am Dialog teilnehmen oder Botschaften weitergeben. Konative Ziele sind dem Auftraggeber eines Konzepts besonders wichtig. Allein mit kognitiven und affektiven Zielen gibt er sich nicht zufrieden, denn erst bei den konativen Zielen tut sich etwas, werden die Erfolge durch Handlungen sichtbar und lassen sich die Resultate gut messen.

Claudia Mast weist in ihrem Buch zur Unternehmenskommunikation[52] auf eine vierte Art von Kommunikationszielen hin – das sind die sozial orientierten Kommunikationsziele. Dazu gehören beispielsweise „gegenseitiges Kennenlernen", „Verständnis für den anderen zeigen" oder auch „Stellung gegen Vorurteile beziehen". Die Kategorie ist neu und noch nicht etabliert, aber wir unterstützen sie ausdrücklich. Im Zeitalter von Beziehungskommunikation und Social Media dürften die sozial orientierten Ziele an Gewicht gewinnen.

Wer sich ältere Lehrbücher zur Konzeption und Kommunikation anschaut, entdeckt, dass die Autoren nach ökonomischen und nichtökonomischen bzw. psychologischen Kommunikationszielen unterscheiden. Kognitive, affektive und konative Ziele gelten als psychologische nichtökonomische Ziele.

Und wo bleiben die ökonomischen Kommunikationsziele in unseren Konzepten? Denn schließlich wollen Unternehmen die Kundenfrequenz steigern oder den Umsatz erhöhen. Wir sagen – und das mit Nachdruck – rein ökonomische Kommunikationsziele gibt es in einem methodisch sauberen Konzept nicht! Kundenfrequenz und Umsatz sind übergeordnete Vertriebs- oder Marketingziele. Die Kommunikation leistet ihren Beitrag, um diese Ziele zu erreichen. Sie kann sie aber nicht allein schultern, denn da müssen viele andere Kräfte mitspielen, die nicht zum Verantwortungsbereich der Kommunikation gehören. Was nützt die schönste Kommunikationskampagne, die unzählige Interessenten in den Laden lockt, wenn der Laden düster und staubig, das Verkaufspersonal gelangweilt und das Preisniveau zu hoch ist. Sie läuft ins Leere! Die Kundenfrequenz bleibt im Keller, denn die Interessenten drehen auf dem Absatz um und gehen wieder. Dafür kann die Kommunikation nicht zur Verantwortung gezogen werden. Man muss sich vergegenwärtigen: Kommunikationsziele sind Ziele, die in der Verantwortung der Kommunikation liegen und mit kommunikativen Mitteln zu erreichen sind.

Von der Aufgabe zum Ziel

Die Kommunikationsziele entwickeln sich im Ursprung aus der Aufgabenstellung. Wer sich an die Ausarbeitung der Ziele macht, muss folglich die vorgegebenen Aufgaben anschauen, denn sie sind das Rohmaterial für die Zielentwicklung. Das Rohmaterial wird bearbeitet und zum gut justierten Ziel ausgefeilt. Wie gehen wir konkret vor? Zuerst nehmen wir uns die zugrundeliegenden Aufgaben aus dem Briefing vor. Im Zuge der Analyse haben wir geklärt, dass alle Aufgaben machbar und realistisch sind. Falls Aufgaben Probleme bereiteten, wurden in Abstimmung mit dem Auftraggeber bereits die notwendigen Änderungen vorgenommen. Wir können also gleich zur Sache gehen.

Im ersten Schritt wird geprüft, ob die gestellten Aufgaben in Richtung von übergeordneten Zielen oder von Kommunikationszielen liegen. Werden übergeordnete Ziele identifiziert, wie zum Beispiel „13 Prozent mehr Umsatz im nächsten Jahr“ oder „20 neue Kunden bis zum Ende des Quartals“, dann werden die Aufgaben extra gestellt und als übergeordnete Zielansätze gekennzeichnet. Die Praxis lehrt, dass fast alle Briefings solche Marketing- oder Unternehmensziele beinhalten. Auftraggeber unterscheiden hier nur selten. Ihnen „drückt der Schuh“ und sie wollen unbedingt eine Problemlösung.

Zuerst werden aus den übergeordneten Zielansätzen entsprechende Kommunikationsziele abgeleitet. Wenn im Briefing steht „Mehr Umsatz bei jungen Kaufinteressenten generieren“, dann extrahieren wir daraus das Kommunikationsziel „Präsenz und Präferenz bei der jungen Zielgruppe erhöhen“. Ist die Ableitung abgeschlossen, dann wenden wir uns den eigentlichen Kommunikationsaufgaben zu. In der Praxis passiert es ständig, dass die vorgegebene Aufgabenstellung lückenhaft ist. Darum schauen wir an dieser Stelle in das Lagebild z. B. der SWOT-Analyse, um klaffende Ziellücken zu entdecken. Die vorgegebene Aufgabe lautet z. B. „Image modernisieren". In den Feldern Schwächen und Risiken finden sich Hinweise, wenn es auf dem Weg zur Imagemodernisierung größere Kommunikationsbaustellen (= Schwächen, Risiken) gibt, die das Erreichen des Ziels verhindern. Falls ja, dann werden weitere Kommunikationsziele ergänzt, um das Ziel der Imagemodernisierung abzusichern. Beispielsweise könnte im Feld Risiken „mangelnder Bekanntheitsgrad" stehen. Da drängt sich sofort die Frage auf, wie man das Image modernisieren soll, wenn das Kommunikationsobjekt unbekannt ist. Ein Ding der Unmöglichkeit! Deshalb macht es in unserem Beispiel Sinn, die Erhöhung des Bekanntheitsgrades als weiteres Kommunikationsziel zu integrieren. Durch die zielbezogene Auswertung des Lagebildes kommen oft weitere wichtige Ansatzpunkte für Ziele hinzu. Die Liste der Zielansätze für die Kommunikation wird länger.

Ziele darf man nie isoliert voneinander betrachten. Sie sind als schlagkräftige Formation zu verstehen, in der sich die Einzelziele gegenseitig ergänzen und verstärken. Das Resultat ist eine geordnete Konstellation von Zielen für die Kommunikationsarbeit. Auf die Übersichtlichkeit der Konstellation sollte großen Wert gelegt werden. Die Liste der zusätzlichen Zielansätze darf nicht zu lang werden. Wir kennen Konzepte, die mit 20, 30 oder mehr Zielen in die Strategie einsteigen. Bei genauerer Untersuchung stellen wir fest, dass alle Ziele methodisch korrekt sind, da wurde echte Fleißarbeit geleistet. Dennoch bringen solche komplexen Konstellationen große Probleme mit sich, denn sie sind in der Praxis nur schwer umsetzbar.

Zu viele Ziele verlieren ihre Orientierungsfunktion. Das ist wie mit dem Wegweiser an der Kreuzung, der mit einem Wald von Schildern mehr verwirrt als Orientierung bietet. Die Zielsetzung muss auf jeden Fall so übersichtlich und schlüssig bleiben, dass der Auftraggeber die Ziele im Kopf behält, sie für ihn ständig präsent sind und seine tägliche Kommunikationsarbeit prägen. Wenn wir nach einem halben Jahr zu Besuch ins Unternehmen kommen, dann soll uns der Auftraggeber die Ziele spontan benennen können. Falls er zögert und sagt, er müsse erst einmal ins Konzept-Booklet schauen und die Ziele nachlesen, dann haben wir etwas falsch gemacht.

Ziele strukturieren

In der frühen Phase der Zielentwicklung arbeiten wir mit Schlagworten wie „Image modernisieren" oder „Bekanntheitsgrad deutlich erhöhen". Das sind lediglich Zielansätze und keine vollwertigen, ausgefeilten Kommunikationsziele. Noch bleibt es bei den groben Ansätzen. Im nächsten Arbeitsschritt werden sie erst einmal in eine einfache, funktionelle Struktur gebracht.

Das grundlegende Strukturmodell, das bei fast allen Kommunikationskonzepten Anwendung findet, ist die Unterscheidung nach Zeit – die sogenannte „Ziel- / Zeit-Relation". Im Normalfall unterscheiden wir zwei Zeitkategorien: kurzfristige und langfristige Ziele.

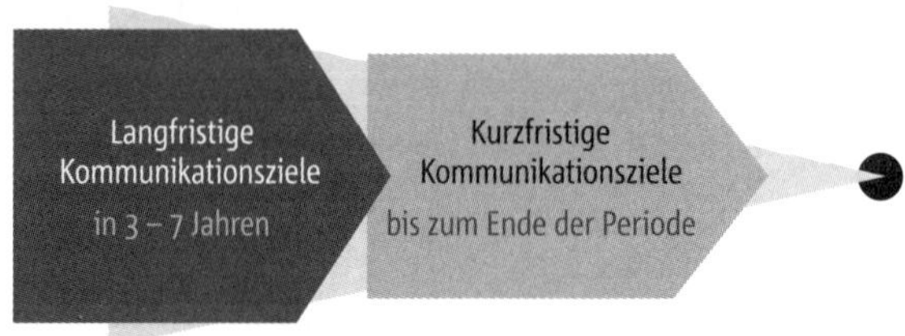

Abbildung 43: Die zeitliche Abfolge der Kommunikationsziele

Ist die Abfolge nicht andersherum? Erst die kurzfristigen und dann die langfristigen Ziele? Ja, in der Wirkung! Nein, in der Entwicklung! In der konzeptionellen Entwicklung müssen zuerst die langfristigen Ziele definiert werden. Die kurzfristigen Ziele leitet man daraus ab.

Kurz- und langfristige Ziele: Der Einstieg in die Strukturierung erfolgt über die langfristigen Ziele. Ihre Spanne liegt je nach Problem- und Aufgabenstellung zwischen drei und sieben Jahren. Im Einzelfall sind auch mal zehn Jahre möglich. In unserer schnelllebigen Zeit und im dynamischen Feld der Kommunikation traut sich allerdings kaum ein Auftraggeber zehn oder mehr Jahre als Horizont festzulegen. „Keiner weiß, was in zehn Jahren sein wird. Vor zehn Jahren haben wir noch nicht einmal geahnt, dass Social Media kommt und wir in Facebook und Twitter einsteigen." Solche oder ähnliche Aussagen hören wir jedes Mal, wenn wir im Konzept eine lange Ziel- / Zeit-Relation vorschlagen. So kommt es auch, dass wir in bestimmten, bewegten Kommunikationssituationen schon drei Jahre als langfristig definieren. Langfristige Ziele sind strategische Leitziele (im Englischen sagt man „Goals" in Abgrenzung zu den konkreten „Targets"), die alle Kommunikationsaktivitäten über Jahre ausrichten. Wir raten, die Ziele ehrgeizig und als Herausforderung zu formulieren. Sie sollen antreiben und anstacheln. Wenn man an dieser Stelle nur „eine bescheidene Möhre niedrig hängt", darf man sich nicht wundern, wenn die Kommunikation keinen Schwung entwickelt.

Um eine eindeutige Orientierung zu bieten, konzentriert sich der langfristige Zielhorizont auf das Wesentliche und umfasst nur wenige maßgebliche Ziele. In der Praxis müssen langfristige Ziele nicht unbedingt messbar formuliert sein, oft ist das auch gar nicht möglich. Nehmen wir: „Bis zum Ende des Jahrzehnts bewertet uns die große Mehrheit der Ingenieure in der Baubranche als führender Hersteller für Software zur Projektsteuerung." Der Führungsanspruch ist mit Absicht ehrgeizig formuliert und fordert heraus. Ob die große Mehrheit bei 70, 80 oder 90 Prozent liegt, wurde nicht definiert, denn den Beteiligten fehlten valide Prognosen und Berechnungsmöglichkeiten.

Aus den langfristigen leiten sich die kurzfristigen Ziele ab. In der Kommunikationskonzeption versieht man die langfristige Distanz nur zum Teil mit einem festen Zielwert, anders sieht das bei den kurzfristigen Zielen aus. Hier sind feste Messgrößen erwünscht, die durch Erfolgskontrolle überprüft werden. Kurzfristige Ziele sind taktischer Natur und markieren eine Etappe zur Erreichung der langfristigen Ziele. Der Zusammenhang muss deutlich sein: Alle kurzfristigen Ziele in der Abfolge gewährleisten über die Jahre die langfristigen Ziele. Der Horizont der kurzfristigen Ziele liegt zwischen einigen Monaten und zwei Jahren, die meisten kurzfristigen Ziele werden auf ein Jahr festgelegt. Danach kommen die Beteiligten zusammen und überprüfen, ob die Ziele erreicht wurden.

Kurzfristige Ziele sollen akkurat greifen und sind deshalb soweit als möglich messbar zu machen. Sie stellen echte Pflichten für die Kommunikationsbeteiligten dar und werden baldmöglichst in Angriff genommen. Während langfristige Ziele hoch gehängt werden, um den Ehrgeiz anzustacheln, behalten kurzfristige Ziele Bodenhaftung. Wir erinnern uns an das langfristige Zielbeispiel weiter oben: „Bis zum Ende des Jahrzehnts bewertet uns die große Mehrheit der Ingenieure in der Baubranche als führender Hersteller von Software zur Projektsteuerung." Ein daraus abgeleitetes kurzfristiges Ziel kann z. B. heißen: „Zum Ende des nächsten Geschäftsjahres kennen 60 bis 70 Prozent der IT-Händler mit Kunden aus der Baubranche unsere neue Software-Lösung und können die drei innovativen Benefits nennen." Der Zielerfolg lässt sich über eine Händlerbefragung prüfen.

Fehlen noch die mittelfristigen Ziele. In einer Reihe von Kommunikationsfachbüchern sind sie eine feste Größe, in unserer Praxis tauchen sie kaum auf. Wenn kurzfristige Ziele auf ein Jahr terminiert sind und langfristige Ziele bei drei Jahren beginnen, bleibt kein Raum für die mittelfristige Perspektive. Im konkreten Einzelfall kann sie wichtig werden, im Regelfall unserer Kommunikationskonzepte spielt die mittlere Frist keine Rolle.

Interne und externe Ziele: Ein weiteres maßgebliches Strukturmodell ist die Unterscheidung zwischen internen und externen Zielen. Bei bestimmten Aufgabenstellungen wird schnell klar, dass die externen Ziele nur in Reichweite kommen, sofern die Mitarbeiterinnen und Mitarbeiter mitziehen. Nur wenn die eigenen Leute als Fürsprecher und aktive Unterstützer auftreten, bekommt die Kommunikation die nötige Überzeugungskraft. Zudem wäre es brandgefährlich, falls Mitarbeiter als Unwissende oder sogar als negative Multiplikatoren in Erscheinung treten. Deshalb erscheint es in vielen Situationen notwendig, zwischen internen und externen Zielen zu unterscheiden. Die internen Ziele haben einen gewissen Vorlauf und greifen im Regelfall früher als die externen Ziele. Zwischen internen und externen Zielen ist zudem ein enger Zusammenhang erkennbar. Die internen sind Voraussetzung für den Erfolg der externen Ziele. Das externe Ziel lautet: „70 Prozent der Kommunalpolitiker am Standort kennen bis zum nächsten Jahr unsere neue Imageposition als ökologisch engagierter Wirtschaftspartner der Region." Dazu wird das interne Ziel gestellt: „Bis zum Start der Imagekampagne können (fast) alle festangestellten Mitarbeiter unsere drei ökologischen Standbeine nennen und mit eigenen Worten beschreiben."

Primäre und sekundäre Ziele: Das dritte Strukturmodell priorisiert die Ziele. Hier wechseln die Bezeichnungen, bei manchen unserer Kollegen heißen sie Schlüssel- und Rahmenziele oder zentrale und flankierende Ziele. Alle Bezeichnungen weisen auf die gleiche methodische Mechanik hin: Die Kommunikationskonzeption setzt Prioritäten und gewichtet die Ziele nach ihrer Bedeutung. Die primären Ziele werden vorrangig und mit Kraft angegangen, die sekundären Ziele bezieht man angemessen in die Kommunikation ein. Die gewichtende Strukturierung ist sinnvoll, wenn in der Summe relativ viele Ziele zusammengekommen. Die konzeptverantwortliche Person konnte nicht weiter reduzieren und muss jetzt das Beste daraus machen. Ziele verbrauchen finanzielle und personelle Ressourcen. Teilt man die Ressourcen breit und gleichmäßig über viele Ziele auf, dann bleibt für das einzelne Ziel nicht viel Kraft übrig. Die gesamte Kommunikation droht an allen Fronten „vor sich hinzudümpeln". In dieser Situation ist es erforderlich, Prioritäten zu setzen und die konzeptionsentscheidenden Ziele als primäre Ziele nach vorne zu stellen.

Die drei beschriebenen Strukturmodelle decken in unserer Praxis über 90 Prozent aller Zielkonstellationen innerhalb des Kommunikationskonzepts ab. Die Modelle können bei Bedarf auch kombiniert werden. Zum Beispiel unterscheidet die Zielkonstellation zwischen kurz- und langfristigen Zielen und diese sind beide wiederum nach internen und externen Zielen unterteilt. Man strukturiert so einfach wie möglich und so komplex wie nötig. Weitere Strukturmodelle sind eher Exoten und Einzelfällen vorbehalten. Ein Beispiel ist die Differenzierung des Kommunikationsobjekts. Gegenstand der Kommunikation eines Hotels sind zwei Angebotskategorien: „Zimmer" und „Apartments". In der Zusammensetzung kann es Sinn machen, für die Kommunikation der Zimmer andere Ziele als für die Kommunikation der Apartments zu bestimmen. Ein anderes – eher seltenes – Modell ist die räumliche Strukturierung. Eine Versicherung legt für die Marketingkommunikation ihrer Hochwasserschutzversicherung in Deutschland andere Ziele fest als in der Schweiz. Denkbar ist auch eine Strukturierung nach Zielgruppensegmenten (Ziele für Medien, Ziele für Partner etc.) oder nach Kommunikationsbotschaften (Ziele der Botschaft A, Ziele der Botschaft B etc.). In der Event-Kommunikation unterscheiden wir auch nach direkten und indirekten Zielen. Bei einer Veranstaltung steckt man sich direkte Ziele für Ereignis und Publikum. Indirekte Ziele definieren die Wirkungseffekte, die über die flankierende Kommunikation und das Medienecho erreicht werden.

Ziele ausarbeiten

Wir haben die Aufgabenstellung unter die Lupe genommen. Die Aufgaben sind die Ansatzpunkte für unsere Ziele. Zuerst wurden die übergeordneten Zielansätze identifiziert und extra gestellt. Danach setzten wir die kommunikationsorientierten Zielansätze in Relation zum analysierten Lagebild. Aus der Lage ergaben sich weitere relevante Zielansätze. Im nächsten Schritt brachten wir die Zielansätze in eine Struktur – zum Beispiel geordnet nach Zeit: kurzfristige und langfristige Ziele. Bis zu dem Punkt haben wir mit grob skizzierten Zielansätzen wie „Motivation der Kundenberater erhöhen“ oder „Informationsstand der Neukunden verbessern“ gearbeitet. Jetzt ist die Zeit gekommen und wir feilen die groben Ansätze zu tauglichen Zielen aus. Ein Kommunikationsziel ist immer als ganzer Satz zu formulieren, im Einzelfall können es auch mal zwei Sätze sein. Und innerhalb des Satzes haben jeder Begriff und jede Wendung ihre Bedeutung. Nichts ist zufällig, sondern wurde bewusst in die Zielaussage eingearbeitet.

Das Ausformulieren und Ausfeilen der Ziele liegt in der Verantwortung von uns Konzeptionern. Wir sind die Spezialisten, die aus der allgemeinen Aufgabenstellung des Auftraggebers quasi „ein scharfes Ziel“ formen. Eine Ausnahme gibt es und die bezieht sich auf die übergeordneten Ziele. Das Formulieren von Unternehmens-, Marketing- oder Vertriebszielen unterliegt nicht unserer Kompetenz. Entweder wurden die Ziele bereits irgendwo schriftlich niedergelegt. Dann übernehmen wir die Zielaussagen wortwörtlich. Oder die übergeordneten Ziele existieren nur als mündliche Aussagen, dann formulieren wir zwar eine schriftliche Zielaussage, stimmen die aber in einem Rebriefing mit den Verantwortlichen ab.

Beim Ausfeilen der Kommunikationsziele orientieren wir uns an den übergeordneten Zielen. Die Kommunikation ist nicht frei, sie ist auf die übergeordneten Ziele eingeschworen und tut alles, damit die großen Ziele erreicht werden. Bestimmt ein Marketingziel, dass in Zukunft Besserverdienende verstärkt als Kunden gewonnen werden und die gesamte Kundenstruktur entsprechend umgebaut werden soll, dann schwenken alle Kommunikationsziele auf die große Richtung ein.

Die Bindung an die Vorgaben des Auftraggebers gilt für die übergeordneten, aber nicht für die Kommunikationsziele. Einige Konzeptionerinnen und Konzeptioner übernehmen auch bei den Kommunikationszielen die ursprüngliche Aufgabenstellung des Auftraggebers und setzen sie unverändert 1:1 um. Vorgegebene Aufgabe und resultierende Ziele sind gleich, sie „beten einfach nach". Das ist nicht im Sinne der strategischen Kommunikationsplanung. Eine Strategie wird entwickelt, um den Kurs optimal auszurichten und die Ziele zu präzisieren. Im Einzelfall mag die Aufgabe des Auftraggebers schon so perfekt sein, dass sie einfach übernommen werden kann, in der Regel ist allerdings eine deutliche Optimierung möglich und nötig.

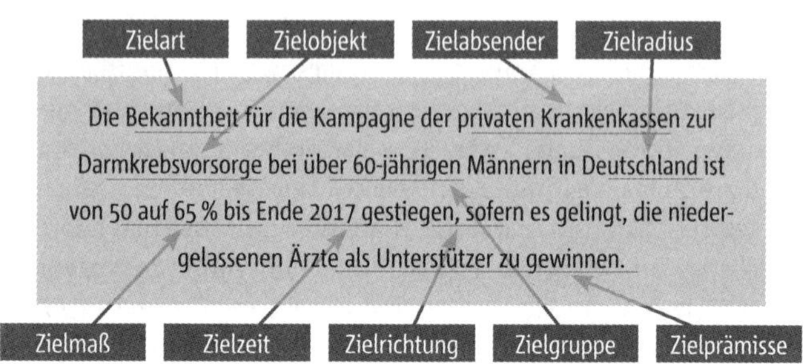

Abbildung 44: Die ausformulierte Zielaussage

Aus Anschauungsgründen haben wir in obigen Zielsatz alles gepackt, was methodisch möglich ist. In der Realität macht man das nie, sondern konzentriert sich auf die Zielkomponenten, die methodisch richtungsweisend sind.

Für die Ausarbeitung eines Kommunikationszieles gibt es eine Art Baukasten. Eine Zielaussage besteht immer aus mehreren Bauteilen, die aufeinander abgestimmt und miteinander kombiniert werden. Der Konzipierende nimmt die passenden Bauteile aus dem Kasten und bringt sie in Verbindung. Die zur Verfügung stehenden Bauteile zum Zielaufbau sind:

› **Die Zielart:** Was soll im Grundsatz bewirkt werden? Zu unterscheiden sind kognitive Zielarten (z. B. Aufmerksamkeit, Bekanntheitsgrad), affektive Zielarten (z. B. Akzeptanz, Loyalität) und konative Arten (z. B. Kontakt, Empfehlung, Bewertung).

› **Die Zielrichtung:** Welche Wirkungsrichtung soll das Ziel haben? Drei Richtungen sind möglich: progressiv (z. B. steigern, verstärken, intensivieren), konstant (z. B. stabilisieren, halten, verteidigen) oder degressiv (z. B. verringern, dämpfen, senken).

› **Das Zielmaß:** Wie stark soll die Wirkung sein? Wenn es möglich ist, wird das Ziel messbar gemacht. Das Maß kann ein Wert sein (z. B. um acht Prozent oder ca. 1.000 Kontakte), es kann eine Spanne definiert werden (z. B. 15 bis 25 Prozent) oder, wenn es nicht anders geht, wird mit einem umschreibenden Attribut gearbeitet (z. B. nachhaltig, stark, moderat).

› **Das Zielobjekt:** Wer ist Gegenstand der Zielbestimmung? Das komplette Kommunikationsobjekt (z. B. Unternehmen, Produkt, Dienstleistung) oder nur ein Teil davon (z. B. nur die Produkte mit verlängerter Garantie oder nur die kostenpflichtigen Dienstleistungen)?

› **Die Zielzeit:** Bis wann soll das Ziel genau erreicht sein? Eindeutig definiert wird ein Zeitintervall (z. B. innerhalb von 18 Monaten) oder ein Endzeitpunkt (bis zum 30. Dezember 2017).

› **Die Zielgruppen:** Bei wem sollen die Ziele erreicht werden? Möglich ist eine demografische Einordnung (z. B. bei Schülern zwischen 15 und 19 Jahren), eine Beschreibung der Zielgruppen über Verhalten / Einstellung (z. B. gesellige Sportfreunde) oder über ihre Funktion im Kommunikationsprozess (z. B. Adressaten, Multiplikatoren, Influencer).

› **Der Zielradius:** Wo sollen die Ziele wirken? Zur Auswahl steht eine geografische Einordnung (z. B. in Mecklenburg-Vorpommern, im deutschsprachigen Raum), eine wohnortbezogene Zuordnung (z. B. Großstädte, ländlicher Raum) oder eine logistische Zuordnung (z. B. in den Filialen über 100 qm, im Vertriebsgebiet Ost).

› **Der Zielabsender:** Wer tritt als Absender auf? Einzelne Personen (z. B. unser Vorstand, der prominente Testimonial XY) oder ganze Gruppen (z. B. unser gesamtes Unternehmen, die Filialen vor Ort)?

› **Die Zielprämissen:** Welche Voraussetzungen müssen erfüllt sein, damit das Ziel eintritt? Negative Voraussetzungen (z. B. falls das reale Einkommen der Deutschen weiter sinkt) oder positive Voraussetzungen (z. B. sobald unser neues Filialkonzept erfolgreich eingeführt ist).

Zugegeben, das gegenüber stehende Schaubild mit der ausformulierten Zielaussage, in die alle neun möglichen Bauteile integriert wurden, übertreibt aus didaktischen Gründen. Das Ergebnis wirkt überladen. Eine gute Zielaussage entscheidet sich genau für die Bauteile, die signifikant und wichtig für die Zielarchitektur sind. Sie bleibt so schlank wie möglich.

Einige ergänzende Hinweise sollen den Aufbau der Ziele erleichtern. Fangen wir beim Zielmaß an. Bis vor wenigen Jahren galt die Regel, dass alle Ziele messbar sein müssen. Das Dogma ist gefallen – und es war unsinnig, weil in der Praxis nicht zu realisieren. Die neue Regel ist wesentlich praktikabler.

Sie besagt, dass ein Ziel messbar gemacht wird, sofern das möglich und sinnvoll ist. Wenn Messbarkeit möglich ist, empfehlen wir, die Messlatte nicht zu hoch zu legen. Die Zielerreichung sollte eine hohe Wahrscheinlichkeit haben. Sobald mehrere Ziele verfehlt werden, wächst nicht nur der Frust der Beteiligten, in manchen Unternehmen kommt es auch zu unschönen Sanktionen von oben. Zwar wird allerorten die berühmte Fehlerkultur beschworen, aber im Alltag von Unternehmen und Organisationen ist von dieser Kultur oft nur wenig zu spüren.

Das zweite Bauteil, auf das wir genauer eingehen, ist die Zielzeit. Hier existiert eine Faustregel, die lautet: Die Zeitrelation ist eindeutig zu definieren. Bei ausnahmslos jedem Ziel muss klar erkennbar sein, zu welchem Zeitpunkt es erreicht wird. Es macht einen großen Unterschied, ob der Bekanntheitsgrad von 70 Prozent in sechs Wochen, sechs Monaten oder sechs Jahren realisiert ist. In die Spanne der Zielzeit muss nicht nur die Laufzeit der Kommunikation, sondern auch die gesamte Planungs- und Vorbereitungszeit einbezogen werden. Es empfiehlt sich, genügend Puffer einzuplanen und nicht zu knapp zu terminieren. In der Praxis wird die Planung unnötig kompliziert, wenn für jedes einzelne Ziel eine andere, individuelle Zielzeit fixiert wird. Das mag in Ausnahmefällen notwendig sein, aber im Normalfall sollte jede Zielkategorie mit einer einheitlichen zeitlichen Ziellinie versehen werden. Beispielsweise werden alle kurzfristigen Ziele bis Ende nächsten Jahres und alle langfristige Ziele in fünf Jahren avisiert.

Eine besondere Funktion hat die Zielprämisse. Sie ermöglicht den Konzipierenden, eine Deckung aufzubauen. Gibt es beispielsweise im Schwächen- oder Risikenfeld der SWOT einen Faktor, der bei seinem Eintritt mit hoher Wahrscheinlichkeit das Erreichen eines bestimmten Zieles verhindert, dann sichert man sich ab, indem man den Faktor als Wenn- / Dann-Prämisse in die Zielaussage einfügt. Nur wenn die Prämisse eintritt bzw. nicht eintritt, kann das Ziel erreicht werden. Der Rettungsanker der Zielprämisse hat uns in der Vergangenheit schon manchen Ärger erspart.

Das Zusammenstellen der Bausteine und Ausformulieren der Ziele fällt Nachwuchskräften, die erstmals ein Konzept erstellen, schwer. Sie feilen oft stundenlang an den Formulierungen und sind danach immer noch unzufrieden. Zur Ausarbeitung gehört viel Routine und wir geben ein paar nützliche Tipps, die das Arbeiten erleichtern:

› **Den Idealzustand der Zielerreichung beschreiben:** Methodisch falsch ist die folgende Zielaussage: „Wir wollen den Bekanntheitsgrad für unseren kostenlosen Patientenservice innerhalb eines Jahres auf 50 Prozent erhöhen." Das ist keine Zielsetzung, sondern eine Absichtserklärung. Methodisch korrekt ist die häufig anzutreffende Substantivierung der

Zielaussage: „Unser Ziel ist die Erhöhung des Bekanntheitsgrads für unseren Patientenservice um 50 Prozent innerhalb eines Jahres." So kann man es schreiben, allerdings klingen substantivierte Zielaussagen gestelzt. Am wirkungsvollsten kommt die Aussage rüber, wenn man das Ziel so beschreibt, als wäre es schon erreicht und der Erfolg sichtbar: „Ende des Jahres kennen über 50 Prozent der männlichen Zielgruppe den kostenlosen Patientenservice." Diese Art der Formulierung ist kein Muss, erleichtert aber die Arbeit und erhöht die Akzeptanz des Auftraggebers.

› **Keine Floskeln, keine Konjunktive:** Zielaussagen sprechen eine klare, reduzierte Sprache. Jedes Wort gibt Sinn. Im Konjunktiv formulierte Aussagen wie „45 Prozent der Wahlberechtigten im Wahlbezirk III sollten persönlich an der Haustür angesprochen werden", verbieten sich. Ziele sind keine Möglichkeiten. Zweifel haben in einer Zielaussage keinen Platz. Ebenso wenig geeignet sind Floskelsätze mit vielen Füllworten wie: „Zum Abschluss der Kampagne hat die jugendliche Zielgruppe auffallend viele neue Eindrücke gesammelt und ist von den neuen Erklärfilmen ausgesprochen begeistert."

› **Keine operativen Einzelheiten ins Ziel integrieren:** Die strategische Zielaussage lautet: „Mit Hilfe unserer neuen FAQ-Spalte auf der Website haben wir die Zahl der unzufriedenen Kunden bis zum Quartalsende um 30 Prozent verringert." Zwar wurde der Zustand der Zielerreichung beschrieben, aber dennoch ist die Aussage methodisch nicht korrekt. In strategischen Zielen haben konkrete operative Mittel und Maßnahmen – in vorliegendem Fall die FAQ-Spalte auf der Website – nichts zu suchen.

› **Keine Zielmittel zu Zielen machen:** „Nach den Sommerferien haben wir das neue Corporate Design in allen Filialen implementiert und einen einheitlichen Auftritt realisiert." Das neue Design und der einheitliche Auftritt sind keine klassischen Kommunikationsziele, sondern wichtige Mittel, um ein Kommunikationsziel zu erreichen – zum Beispiel eine höhere Wiedererkennung oder ein modernes Image. Eine Ausnahme von der Regel machen wir: Ein Ziel soll die Beteiligten antreiben und sie voranbringen. Falls für den Kommunikationserfolg das konsequente Umsetzen des Corporate Designs unerlässlich ist und wir dem Fakt Nachdruck verleihen wollen, dann pfeifen wir auf die methodische Richtigkeit und machen das neue Corporate Design zum Kommunikationsziel.

› **Vorhandene Ressourcen im Blick behalten:** Die strategischen Ziele werden durch operative Maßnahmen umgesetzt und die Maßnahmen benötigen entsprechende Ressourcen. Vor diesem Hintergrund darf man nie Ziele definieren, ohne die vorhandenen Ressourcen im Blick zu haben. Es dürfen durch fehlende Ressourcen keine unrealistischen Ziele entstehen.

Die Frage, die sich die konzeptverantwortliche Person bei jeder Zielaussage stellen muss, lautet daher: Lassen sich die Ziele mit den verfügbaren Ressourcen an Geld, Personal und Kompetenz tatsächlich realisieren? Es muss geklärt sein, welche Ressourcen zur Verfügung stehen. Erst dann kann man in die Ausarbeitung der Kommunikationsziele einsteigen. Und selbst wenn Geld und Personal gesichert sind, darf die notwendige Fachkompetenz nicht vernachlässigt werden. Legt man beispielsweise einen Zielakzent auf eine systematische Partizipation der Zielgruppe, der Auftraggeber hat aber mit partizipativer Kommunikation keinerlei Erfahrung und kann auch keine externen Spezialisten einschalten, dann geht das Ziel in der Umsetzung schief.

› **Zielkonflikte vermeiden:** Ein Konzipierender darf die Ziele nicht nur einzeln nacheinander bauen, er muss sie koordinieren und in Beziehung setzen. In der Summe bilden die Ziele eine in sich stimmige Zielkonstellation. Alles weist in eine Richtung und die Ziele kommen sich nicht in die Quere, weil beim Zielausbau Konflikte konsequent vermieden wurden. Ein solcher Konflikt würde beispielsweise entstehen, wenn das eine Ziel lautet: „Das Vertrauen unserer Kunden konnte durch faire und ehrliche Kommunikation wesentlich erhöht werden." Dazu tritt ein zweites Ziel: „Gleichzeitig wurde der Umsatz pro Kunde um durchschnittlich 45 Prozent erhöht". Beide Ziele gehen nicht gut zusammen.

› **Kritischer Blick ganz zum Schluss:** Die Strategie steht, alle Maßnahmen des Konzepts sind durchgeplant. Das Konzept ist fertiggestellt. Zum Schluss sollte man noch einen letzten Check machen. Man lässt mit den Zielen klar vor Augen das gesamte Konzept mit allen Maßnahmen noch einmal Revue passieren. Sind die Ziele realistisch? Sind alle Aktivitäten an den Zielen ausgerichtet? Gibt es Zweifel, dann ist das die letzte Gelegenheit, um korrigierend einzugreifen.

An zwei Positiv-/Negativ-Beispielen aus der Praxis verdeutlichen wir die Prinzipien einer präzisen Zielausrichtung und -formulierung:

› **Falsch:** Die Zahl der ausgesandten Pressemitteilungen zum Produkt X sollte baldmöglichst gesteigert werden. (Kein strategisches Ziel, kein Zielmaß, kein klarer Zeithorizont und eine zusätzliche Unschärfe durch den Konjunktiv) **Richtig:** Die positive Medienresonanz für das Produkt X in den von uns definierten Leitmedien hat sich 2017 im Vergleich zum Vorjahr um 40 Prozent erhöht. (Erfolgskontrolle: Medienresonanzanalyse)

› **Falsch:** Durch eine intensive Online-Pressearbeit streben wir an, den Bekanntheitsgrad unseres Produkts Y bei den potenziellen Käufern spürbar zu erhöhen. (Zielmittel genannt, kein Zielmaß, keine Zielzeit, schwammige Formulierung) **Richtig:** Ende des Jahres 2017 kennen mindestens 50 Prozent des potenziellen Käuferkreises unser Produkt Y. (Erfolgskontrolle: Zielgruppenbefragung)

Ganz klar, Ziele und Erfolgskontrolle hängen eng zusammen. Schon bei der Definition der Ziele entwickeln wir eine feste Vorstellung davon, wie später mit den Instrumenten der Erfolgskontrolle der Zielerfolg gemessen werden soll. Alle Ziele müssen überprüft werden. Aus diesem Grund achten wir schon bei der Zielentwicklung darauf, dass die Evaluierung nicht unnötig erschwert wird und gehen bestimmte Kompromisse ein. „Die Kundenzufriedenheit hat sich um 30 Prozent erhöht" bedeutet, dass das Unternehmen einen Pretest zu Beginn der Kommunikation und einen Posttest zum Abschluss machen muss, um die Veränderung zu messen. Das bringt einen erheblichen Aufwand und kostet viel Geld. Ein vergleichbares Ergebnis mit wesentlich geringerem Aufwand würde das Unternehmen erhalten, wenn das Ziel anders angelegt wäre: „Es ist gelungen, die Anzahl der Kundenbeschwerden um 30 Prozent zu senken." Dazu müssen wir lediglich die monatliche Statistik auswerten, die der Kundenservice ohnehin zu den Kundenbeschwerden führt.

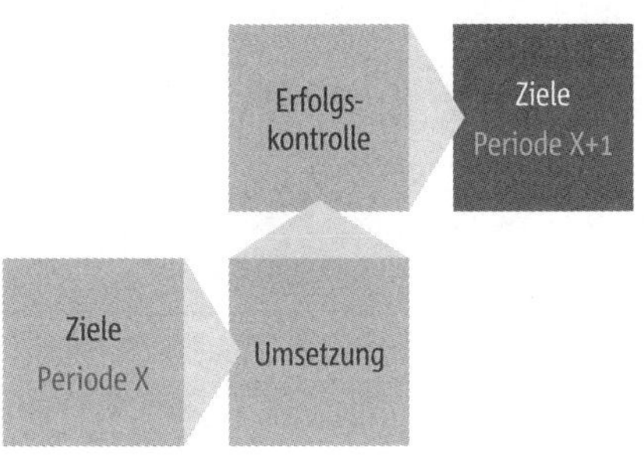

Abbildung 45: Ziele und Erfolgskontrolle

Die Ziele sind die zentralen Fixpunkte für die Erfolgskontrolle. Damit eine Kontrolle möglich ist, sollten die Ziele nicht schwammig und allgemein formuliert werden. Sobald einzelne Ziele nicht erreicht wurden, muss man ehrlich und kritisch prüfen, woran es gelegen hat, um die Ziele in der Periode X+1 entsprechend neu zu dosieren und auszurichten.

Wird für ein bestimmtes Kommunikationsobjekt in periodischen Abständen immer wieder ein Kommunikationskonzept entwickelt, dann ist bei der Zielentwicklung eine Besonderheit zu beachten. Die Konzeptionsbeteiligten nutzen die erzielten Resultate des abgelaufenen Jahres als Relationsgröße für die Bestimmung der Ziele des nächsten Jahres. Sie leiten die Ziele der Periode X+1 aus den Zielen der Periode X ab. Mit geeigneten Instrumenten der Erfolgskontrolle wird die abgelaufene Periode überprüft und die zukünftige Zielstellung des Konzepts an den Zielerfolgen und Ziellücken der Vergangenheit ausgerichtet.

z. B. die Zielsetzung

DentaBook Verlag | Unsere Kommunikationsziele

Die übergeordneten Unternehmens- und Marketingziele
Wo steht unser Verlag bis zur Frankfurter Buchmesse 2022?

- › Bis 2022 hat unser Fachverlag mit Printerzeugnissen 3 Mio. Euro Umsatz bei einer Umsatzrendite von über 10 Prozent erreicht. Das entspricht einem durchschnittlichen jährlichen Wachstum von 8,5 Prozent.
- › Im Bereich der gedruckten Bücher sind wir mit einem Anteil von 30 Prozent oder mehr Marktführer in Deutschland und Österreich. Im Bereich der E-Books liegt unser Anteil sogar bei über 40 Prozent.

Die langfristigen Kommunikationsziele
Was leistet unsere Kommunikation bis zur Buchmesse 2022?

- › Unser Verlagsangebot ist bei allen Zahnärzten und den anderen Akteuren der Dentalbranche im deutschsprachigen Raum bekannt und anerkannt.
- › In der Dentalbranche nimmt man uns als den „Impulsgeber" wahr, der neue Trends und Entwicklungen als Erster entdeckt und in seinen Büchern kompetent darstellt.
- › Unsere Autoren werden zu den großen Kongressen und Fachtagungen in Europa eingeladen und gelten in ihren Disziplinen als die führenden Experten.

Die kurzfristigen Kommunikationsziele
Wo steht die Kommunikation Ende 2017?

- › 70 Prozent der Zahnärzte und Dentallabore geben auf Nachfrage an, dass sie schon von unserem Buchangebot gehört haben und es positiv bewerten.
- › Es gelingt uns, zu 95 Prozent unserer Stammleser Kontakt zu halten und sie regelmäßig über unsere Verlagsangebote informieren.
- › Die Resonanz für unsere Bücher in den relevanten Fachmedien kann 2017 um 40 Prozent im Vergleich zum Vorjahr gesteigert werden.

Die Zielgruppen

Wen wollen wir erreichen?

„Was sind unsere Zielgruppen? Wir wollen eigentlich alle Konsumenten erreichen!", so lautet eine Aussage, die wir in unseren Briefinggesprächen häufig hören. Der Auftraggeber will seine Zielgruppe so groß und ausladend wie möglich gestalten. Ein größerer Adressatenkreis bringt seiner Ansicht nach größere Kommunikations- und damit Marktchancen.

„Wir peilen trotz des beschränkten Werbeetats ein breites Käuferspektrum an! Wir möchten junge Singles, berufstätige Ehepaare, kaufkräftige Senioren und andererseits auch Familien mit Kindern als Kunden gewinnen!" Das ist eine andere gängige Briefingaussage. Der Auftraggeber will seine Zielgruppe aus divergierenden Segmenten mit völlig unterschiedlichen Einstellungen und Interessen zusammensetzen. Mit einer Kombination aus unterschiedlichen Adressatenkreisen hat man „mehr Eisen im Feuer" und vergrößert die eigenen Chancen. Auch das eine oft geäußerte Meinung.

Beide Beispiele illustrieren ein Kardinalproblem vieler Zielgruppenvorgaben im Rahmen des Briefings. Die Auftraggeber wollen auf Nummer sicher gehen und das Risiko streuen. Je größer das Zielgruppenpotenzial bzw. je vielfältiger die Zielgruppenkonstellation, desto größer müssten die Chancen sein, ausreichend Zielpersonen zu erreichen, denken sie. Der Gedanke ist naheliegend, aber er ist falsch. Wer versucht, mit seiner Kommunikation alle anzusprechen, spricht im Ergebnis niemanden richtig an. Und wer seine Zielgruppen nicht richtig anspricht, verfehlt den schmalen Spalt der Aufmerksamkeit in den Köpfen. In der modernen Medien- und Informationsgesellschaft ist eine Zielgruppenansprache mit breiter Risikostreuung immer ein Verlustgeschäft.

Wir hören gut zu, wenn der Auftraggeber die Zielgruppen beschreibt, denn keiner kennt die Zielgruppen so gut wie er. Der Auftraggeber setzt sich täglich mit ihnen auseinander und kann viele Erfahrungswerte einbringen. Aber wir sehen die Angaben des Auftraggebers nicht als verpflichtende Anweisungen, nur als wertvolle Hinweise. Die im Briefing beschriebene Zielgruppenkonstellation sind für uns Rohmaterial, das der konzeptionellen Bearbeitung bedarf. Unsere Aufgabe als Strategieexperten ist es, aus dem vorgegebenen Rohmaterial eine optimale Zielgruppenkonstellation herauszuarbeiten.

Bei der Arbeit ist uns klar, dass es bei den Zielgruppen keine stabilen Verhältnisse gibt. Einstellungen, Motive und Verhaltensweisen von Menschen, Gruppen und Gesellschaften verändern sich permanent. Das macht es schwierig, die avisierten Zielgruppen zu erreichen, zu berühren und zu bewegen. Das bedeutet: Wer Erfolg haben will, der muss bei der Entwicklung der optimalen Zielgruppenkonstellation Maßarbeit leisten. Zurzeit sind es vor allem drei große Zielgruppenentwicklungen, die uns vor besondere Herausforderungen stellen.

Abbildung 46: Zielgruppen im Wandel

Die Zielgruppenbestimmung sieht sich mit gravierenden Veränderungen konfrontiert. Wie reagieren? Gründlicher analysieren! Erwartungen, Motive und Nutzungsverhalten der Zielgruppen müssen besser erkundet werden, damit die Kommunikation Chancen auf Erfolg hat.

Informationsüberlastung der Zielgruppen: Die Kommunikationsflut steigt weiter an, Tausende von Kommunikationsbotschaften stürmen jeden Tag auf die Menschen ein, sie drohen darin zu ertrinken und machen dicht. Die zunehmende Flut von Informationsangeboten führt zu einer hochgradig selektiven Wahrnehmung. Durchschnittlich 98 Prozent der ausgesandten Informationen gehen verloren, weil es den Zielgruppen zu viel wird.[53] Viele Kommunikationsbotschaften werden zudem als irrelevant, lästig und überflüssig empfunden – mit negativen Folgen für das Image von Unternehmen und Produkten.

Wie soll die Kommunikation darauf reagieren? Wer klug ist, der kommuniziert weniger. Das Unternehmen fährt die Menge der Kommunikation zurück und spricht nur dann, wenn es der Zielgruppe wirklich etwas zu sagen hat. Gleichzeitig ist es notwendig, präziser zu kommunizieren. Ein Unternehmen muss in seinen Konzepten heutzutage wesentlich mehr Zeit für die strategische Herleitung der Zielgruppen investieren als früher. Es muss in Erfahrung bringen, was die Zielgruppen erwarten und sich voll auf deren Interessenlage einstellen. Die Kommunikation muss in Form und Inhalt zur Punktlandung in den Köpfen der Zielgruppen werden. Dazu gehört auch die Ausrichtung auf die geänderten kognitiven Adaptionsweisen. Meist scannen die Menschen Texte nur noch, anstatt sie zu lesen. Die Ansprache der Zielgruppe muss folglich kürzer, zugespitzter, assoziativer werden. Zudem sollte sie über das geschriebene Wort hinausgehen und mit visuellen Reizen arbeiten, die Anker werfen. Alle Botschaften werden mittels Fotos, Videos, Infografiken und Illustrationen anschaulich gemacht.

Orientierungsverlust der Zielgruppen: Die unendliche Vielfalt der Informationen wird von den Menschen nicht als große Freiheit, sondern als Verlust von Sicherheit und Verlässlichkeit erlebt. Für jede Meinung gibt es eine Gegenmeinung, jede Wahrheit wird durch eine Gegenwahrheit kontrahiert. In der Situation sehnen sich die Menschen zunehmend nach Orientierung. Sie wollen Gewissheit bekommen, was gilt und was nicht. Das Ergebnis ist eine kritische, teilweise sogar argwöhnische Grundhaltung zur Kommunikation von Unternehmen und Institutionen. VW und der Abgasskandal, die Mitarbeiterüberwachung bei Lidl, Deutsche Bank und ihre Zinsmanipulationen – es hat in den letzten Jahren eine gigantische Erosion des öffentlichen Vertrauens gegeben. Auch die ehemals breit akzeptierte Presse wird als moralische Instanz nicht mehr anstandslos anerkannt, sondern teilweise sogar als „Lügenpresse" diffamiert. Die Grundhaltung der Zielgruppen ist von Distanz geprägt und die Unternehmen müssen sich das Vertrauen hart erarbeiten.

Wie reagiert die Kommunikation darauf? In der Unternehmens- und Marketingkommunikation der Zukunft ist kein Platz für leere Phrasen und übertriebene Versprechungen, die nicht eingehalten werden können. Sie zersetzen auf lange Sicht das Vertrauen der Zielgruppen in das Unternehmen. Problematisch ist auch die Entwicklung, die Zielgruppen mit kleingedruckten Fußangeln in den Vertragsbedingungen, anonymen Callcentern oder abgewimmelten Beschwerden wie Gegner zu behandeln. Zielgruppenadäquate Kommunikation ist verlässlich. Die Botschaften entsprechen dem Handeln. Es wird konsistent kommuniziert, das Gesagte gilt und wird nicht plötzlich ins Gegenteil verkehrt. Zudem ist die Kommunikation transparent. Die Zielgruppe versteht die Fakten, erkennt, wie alles zusammenhängt und blickt durch. Dazu gehört auch, dass das Unternehmen zu seinen Fehlern und Schwächen steht und sich nicht scheut, sie in einem offenen Dialog mit der Zielgruppe zu thematisieren.

Individualisierung der Zielgruppen: Die Einstellungen und Erwartungen der Menschen werden immer vielschichtiger und individueller. Der Mainstream zerfasert, die Masse zerfällt zu einer Vielfalt von Individuen. Experten sprechen von einer granularen Gesellschaft, in der das Individuelle das Allgemeine überlagert.[54] Begriffe wie Multioptionsgesellschaft oder fragmentierte Öffentlichkeiten gehören inzwischen nicht nur zum Vokabular von Soziologen, sondern auch von uns Kommunikationsspezialisten. Am Beispiel der Medien lässt sich der Prozess beispielhaft verdeutlichen. Während die Tageszeitungen, die eine breite Öffentlichkeit ansprechen wollen, massiv an Auflage verlieren, floriert der Bereich der Special-Interest-Medien, die sich gedruckt oder online punktgenau an bestimmte Zielgruppen wenden. Es gibt unendlich viele Spezialmedien mit hochwertigem Inhalt, die erfolgreich ein Zielgruppeninteresse bedienen, das sich immer weiter ausdifferenziert. Mit der entstehenden Vielschichtigkeit wächst die Schwierigkeit, die präferierte Zielgruppe zu lokalisieren und zu erreichen.

Wie reagiert die Kommunikation darauf? Das Unternehmen muss bei allen Zielgruppen genau hinschauen, wer gemeint ist. Die Konsumenten, die Studierenden, die Berufsanfänger, die Mitarbeiter als homogene Einheiten gibt es nicht mehr, solche pauschalisierenden Zielgruppendefinitionen führen ins Abseits. Zu unterschiedlich sind die lebensweltlichen Bezüge und das „Mindset“ – die von Werten und Einstellungen geprägten Denkmuster der Menschen. So wie die Medien sich spezialisieren und punktgenau kommunizieren, so müssen auch die Unternehmen ihre Zielgruppen formatgerecht ansprechen. Die Ansprache darf sich nicht auf die Einbahnstraße von Monolog und passiver Rezeption beschränken. Zukünftig rücken Dialog und Interaktion weiter in den Mittelpunkt der Kommunikationsarbeit. Durch den Dialog entsteht eine dauerhafte Beziehung zur Zielgruppe und durch Interaktion wird das Erfassen der Kommunikation zur Erfahrung, die Botschaften werden leichter gelernt und länger erinnert.

„Schön und gut, was Sie da sagen, aber auf uns trifft das nicht zu. Wir haben immer die gleichen Kunden. Die Zielgruppenbestimmung ist für uns kein Thema!“ Sofern sich eine Zielgruppenbestimmung auf das Fixieren von groben Kategorien wie „Mittelständische Unternehmen“ oder „Aktive Senioren“ beschränkt, mag das stimmen. Die Kategorien mögen in vielen Unternehmen über lange Zeiträume konstant bleiben. Aber eine solche Kategorisierung greift heutzutage viel zu kurz. Entscheidend ist, zu erkennen, dass sich mittelständische Unternehmen und aktive Senioren im ständigen Wandel befinden. Das betrifft ihre Zusammensetzung, ihre Einstellung und ihr Verhalten. Erst unter der Oberfläche der Kategorien werden die Unterschiede sichtbar, und manchmal tun sich dort Abgründe auf.

Deshalb ist die Zielgruppenentwicklung keinesfalls als Routine, sondern als Chance zu sehen. In vielen Fällen gelingt dem Konzept gerade im Prozess der Zielgruppenentwicklung der konzeptionelle Durchbruch. Weil die Konzipierenden sich sensibel mit den Erwartungen und Ansprüchen der Zielgruppen auseinandersetzen, entdecken sie die darunterliegenden Kommunikationspotenziale und können gezielt den strategischen Hebel ansetzen. Die Zielgruppenbestimmung öffnet die Augen, schärft den Blick für die realen Verhältnisse und erleichtert anschließend den Zuschnitt von Positionierung, Botschaften und Maßnahmen.

Ziel-, Dialog-, Anspruchs- und Bezugsgruppen

Wenn es in Kommunikationskonzepten um die Zielgruppen geht, wird mit unterschiedlichen Begriffen jongliert. Besonders häufig ist von Dialoggruppen, Anspruchsgruppen und Bezugsgruppen die Rede. Vielen Konzeptionsanfängern fällt es schwer, die Gruppen auseinanderzuhalten und richtig einzusetzen.

Zielgruppen sind der eingegrenzte Kreis aller Adressaten, die durch die kommunikationspolitischen Maßnahmen eines Unternehmens angesprochen werden sollen. Allerdings stößt der seit Jahrzehnten etablierte Begriff der Zielgruppe bei einigen Kommunikationsprofis zunehmend auf Widerstand, denn sie meinen, er folge der antiquierten Werbelogik der 50er und 60er Jahre. Diese Logik ging davon aus, man müsse die Menschen als „Targets" – als lebendige Ziele – betrachten und sie nur ausreichend mit den eigenen Produkt- oder Markenbotschaften „penetrieren". Das führe automatisch zu den gewünschten Meinungs-, Einstellungs- und Verhaltensänderungen. Das hat die Ansprache der Zielgruppen viele Jahre geprägt, greift aber spätestens seit den rasanten Veränderungen des Web 1.0, 2.0, 3.0 zu kurz.

Durch die neuen Entwicklungen wird die Kontrolle der Zielgruppenansprache schwieriger. Dazu schreibt Thomas Ramge in einem Beitrag für die Zeitschrift brand eins: „Damals, als es das Internet noch nicht gab, bowlten die Marketingleute. Sie zielten mit ihrer Botschaft auf ziemlich homogene Zielgruppen. Die Auswahl an Bahnen war klein, TV, Print, Radio, die Konkurrenz meist überschaubar – sowohl für die Anbieter wie für die Kunden. Ob die Bowlingkugel traf, hing davon ab, wie gut die Bowler ihren Sport beherrschten. Die Kugel landete bekanntlich auch oft in der Rinne. Aber ob Treffer oder nicht: Es folgte der nächste Wurf." „Heute stehen die Marketingleute am Flipperautomaten", sagt Prof. Thorsten Hennig-Thurau: „Viele Kugeln, wenig Kontrolle."[55] Hennig-Thurau sieht einen deutlichen Paradigmenwechsel vom klassischen Sender-Empfänger-Modell hin zu einem neuen offenen Verständnis der Zielgruppen. Besonders kritische Protagonisten spitzen weiter zu und behaupten sogar: Es gibt keine Zielgruppen mehr.

Wir sehen die Bezeichnung „Zielgruppe" pragmatisch. Die Bezeichnung verstehen alle. Sie erleichtert uns das konzeptionelle Arbeiten, denn sogar Laien nicken sofort mit dem Kopf, wenn von Zielgruppen die Rede ist. Zielgruppen, das sind genau die Gruppen, auf die unsere Kommunikation zugeschnitten ist und die wir beabsichtigen, ohne Streuverluste anzusprechen. Die Zielgruppendefinition innerhalb des Konzepts versteht sich als klar formulierte Absichtserklärung und zugleich als Pflichtenliste für die Kommunikationsarbeit.

Den Einzelnen innerhalb der Gruppe bezeichnen wir als Zielperson, einen bestimmten definierten Bereich innerhalb der gesamten Gruppe als Zielgruppensegment. Zielgruppe, Zielgruppensegment und Zielperson sagen nichts über die Qualität der Ansprache und das Feedback der Angesprochenen aus. Innerhalb der Zielgruppenbestimmung wird definiert, wer anzusprechen ist, aber noch nicht, wie er anzusprechen ist. Falsch ist, dass es keine Zielgruppen mehr gibt. Richtig ist, dass es schwieriger geworden ist, die Zielgruppen zu erreichen und zu bewegen.

Die Zielgruppendefinition ist die entscheidende Orientierungsgröße, wenn es in den nachfolgenden konzeptionellen Schritten darum geht, die passende Positionierung, überzeugende Botschaften, kreative Ideen und schlagkräftige Maßnahmen zu entwickeln. Alle Elemente der Kommunikation werden wie angegossen auf die Zielgruppen zugeschnitten, die Zielgruppen sind das Maß für Strategie und operative Umsetzung.

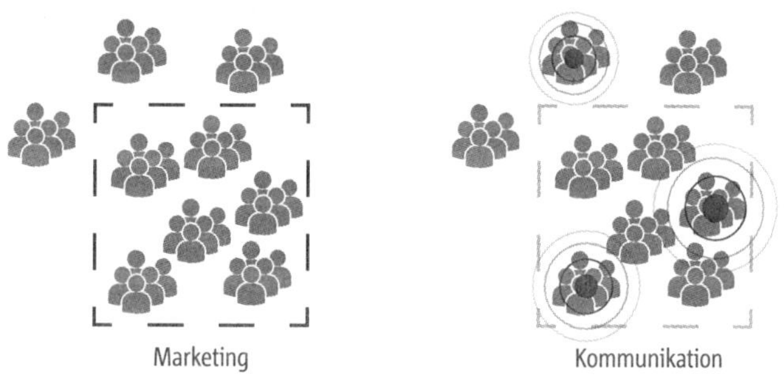

Abbildung 47: Zielgruppen in Marketing und Kommunikation

Im Marketing wird ein Feld abgegrenzt, das bearbeitet werden soll. In der Kommunikation fokussiert man sich innerhalb (und außerhalb) dieses Feldes auf besonders chancenreiche Zielgruppen und schneidet die Kommunikation in Inhalt und Form passgenau auf sie zu. Das bedeutet auch: Nicht jede Marketingzielgruppe ist automatisch auch eine Kommunikationszielgruppe.

Prinzipiell zu unterscheiden ist zwischen den Zielgruppen im Marketing und den Zielgruppen in der Kommunikation. Die Marketingzielgruppen repräsentieren ein eingegrenztes Feld, das die Potenziale für Marketing und Vertrieb definiert. An alle Leute innerhalb der Grenzen will das Unternehmen verkaufen. Das Zielgruppenverständnis der modernen Kommunikation geht weniger in die Fläche, es fokussiert vielmehr maßgebliche Zielgruppen, die systematisch angesprochen werden. Die Kommunikationszielgruppen stehen meist innerhalb des Feldes der Marketingzielgruppen, sie können sich aber auch außerhalb befinden. Nehmen wir z. B. als Kommunikationsobjekt ein Konsumgut und als Zielgruppe die Verbraucherschützer. Die verkaufsorientierten Marketingplaner des Konsumgüterunternehmens haben selbige Verbraucherschützer nicht unbedingt im Visier, dagegen stellen sie für die Kommunikationsabteilung eine wichtige Zielgruppe dar.

Die definierten Zielgruppen sind feste Referenzgrößen für die gesamte konzeptionelle Planung. Die Kommunikation wird so präzise und ambitioniert wie möglich auf sie zugeschnitten. In der Peripherie – um die definierten Zielgruppen herum – siedeln sich weitere Gruppen an. Auch auf sie strahlt die Kommunikation ab und erzielt Wirkung. Die Kommunikation bildet allerdings keinen großen gemeinsamen Nenner. Sie versucht nicht, es auch der Peripherie recht zu machen. Vielmehr versteht sie sich als Punktlandung. Zur Verdeutlichung sei eine militärische Metapher erlaubt: Marketing und Vertrieb gehen eher von einem Flächenangriff aus, die Kommunikation bevorzugt Präzisionsschläge.

Und noch etwas dürfen die Konzeptionsbeteiligten keinesfalls aus den Augen verlieren. Sobald sie eine Zielgruppe definiert haben, erwächst für die Kommunikation daraus die Pflicht, im operativen Teil des Konzepts passende Mittel und Maßnahmen zu entwickeln, die diese Zielgruppe erreichen und entsprechend der vorgegebenen Zielsetzung bewegen. Zu jeder Zielgruppe muss es im operativen Teil adäquate Aktivitäten geben. Ist das nicht der Fall, haben sie einen methodischen Fehler gemacht, der so schnell wie möglich korrigiert werden sollte.

In den 1990er-Jahren wurde in Public Relations und Unternehmenskommunikation damit begonnen, aus der Zielgruppe eine Dialoggruppe zu machen. Kommunikation darf nicht mehr monologisch sein, sondern muss sich zum Dialog bekennen, so lautete die Forderung. In der Folge hieß in vielen Kommunikationskonzepten die Überschrift des entsprechenden strategischen Kapitels nicht mehr „Die Zielgruppen“, sondern „Die Dialoggruppen“. Bei genauerem Hinsehen fiel uns auf, dass in vielen Konzepten kein wirklicher Dialog stattfand. Die Kommunikation war im Schwerpunkt monologisch geblieben, nur hatte man die Zielgruppe mit einem neuen Etikett versehen.

Das ärgert uns, denn eigentlich haben die Protagonisten der Dialoggruppe Recht. In der Tat wird für eine wirksame Kommunikation der Dialog immer wichtiger. Unsere Konsequenz? Wir bleiben in Konzepten bei den Zielgruppen als Oberbegriff, und unter den Zielgruppen gibt es spezielle Segmente und Personen, mit denen wollen wir aktiv in Dialog treten. Nur diese titulieren wir als Dialoggruppen. Dabei unterscheiden wir in reale Dialoggruppen (Gruppen, mit denen bereits ein intensiver Austausch besteht) und potenzielle Dialoggruppen (Gruppen, mit denen ein Unternehmen erst einen intensiven Austausch aufbauen möchte).

Dialoggruppen können intern im Unternehmen oder extern im Umfeld angesiedelt sein. Sie besitzen für die Kommunikation eine hohe strategische Relevanz – vor allem dann, wenn die Dialogpartner durch den Aufbau einer wechselseitigen Beziehung dauerhaft mit dem Unternehmen verbunden werden sollen. Mit dem Begriff „Dialoggruppe“ ist ein besonderer Qualitätsanspruch verbunden, der auf Glaubwürdigkeit, Vertrauen, Offenheit und gegenseitigen Respekt gründet. Dialoggruppen können durchaus auch Gruppen sein, die ein kritisches Verhältnis zu einem Unternehmen oder einem Thema haben. Dazu gehören kritische Verbraucher oder sogenannte NIMBYS („Not in my backyard“ – „Nicht in meinem Hinterhof“) – das sind Menschen, die von den Aktivitäten eines Unternehmens in ihrer Nachbarschaft unmittelbar betroffen sind. Durch den Dialog wird Verständnis für die jeweils andere Position aufgebaut und Konfliktpotenzial abgebaut. Der Dialog sorgt außerdem für aufschlussreiches Feedback, um das eigene Verhalten des Unternehmens immer wieder zu überprüfen und gegebenenfalls an veränderte Anforderungen anzupassen. Allen muss jedoch klar sein, dass ein Dialog nur dann Sinn macht, wenn er auf Augenhöhe erfolgt und offen für die Argumente der anderen Seite ist. Das Unternehmen muss die Ansprüche der anderen Seite anerkennen. Damit sind die Dialoggruppen eng mit dem Stakeholder-Modell verbunden.

Speziell in der politischen und gesellschaftlichen Kommunikation hat sich in den vergangenen Jahren das Modell der „Stakeholder“ etabliert. Stakeholder nennt man auch Anspruchsgruppen. Das sind alle Personen und Gruppen, die Interessen oder Ansprüche gegenüber einem Unternehmen haben. Das Unternehmen behält das gesamte Feld der Anspruchsgruppen im Auge, aber es wird nicht mit allen kommuniziert. Aus dem Spektrum der Stakeholder wählt man innerhalb des Kommunikationskonzepts nur bestimmte wichtige Segmente heraus und definiert sie als Zielgruppe. Es gibt in der Folge mehr Stakeholder als Zielgruppen. Wichtig für den richtigen Umgang mit den Anspruchsgruppen ist der Umstand, dass Stakeholder nicht isoliert stehen. Sie befinden sich in einem engen Beziehungsgeflecht mit zahlreichen Wechselwirkungen. Nur wer die Beziehungen erkennt und in seine Überlegungen einbezieht, kann wirksam kommunizieren.

Ein wichtiges Segment innerhalb der Stakeholder sind die Bezugsgruppen. Unter dem Begriff der Bezugsgruppen (englisch „Peer Groups“) versteht die Soziologie soziale Gruppen, an denen sich ein Individuum orientiert und seine eigenen Wertmaßstäbe, Normen und Verhaltensweisen ausrichtet. Die Orientierung an einer Bezugsgruppe entscheidet, wie der Einzelne seine Umwelt wahrnimmt und beurteilt. So kann in der eigenen Peer Group ein Konsens darüber bestehen, dass ein bestimmtes Produkt – z. B. eine Smartphone-Marke – besonders „cool“ ist und einen hohen Distinktions- und Prestigewert besitzt. Die Einordnung des Produkts durch die Gruppe ist entscheidend für die Herausbildung eigener Wünsche, Einstellungen und Handlungen einzelner Zielpersonen. Peer Groups werden häufig in Zusammenhang mit Jugendlichen genannt. Es wäre jedoch ein großer Irrtum, sie nur auf die junge Zielgruppe einzugrenzen. Peer-Groups haben magische Kraft für alle Zielgruppen: Wissenschaftler, Unternehmer, Experten, Techniker etc. Der begeisterte Markenkonsument orientiert sich genauso an Bezugsgruppen wie der Konsumverweigerer. Die Peer Groups entwickeln damit eine große meinungsbildende Kraft. Gelingt es, die richtigen Bezugsgruppen als Mittler in die Kommunikation einzubeziehen, bekommen die Botschaften eine hohe Überzeugungskraft.

Es gibt dauerhafte Peer Groups, die sich als soziale Gruppen konstituieren. Sie verfügen über eigene Codes, Symbole und Sprachsignale, die Zugehörigkeit und Identifikation zur Community sicherstellen. Dazu kommen temporäre Peer Groups, die nur für ein bestimmtes Thema oder ein Anliegen informelle Strukturen bilden und sich nach einigen Tagen oder Wochen wieder auflösen. Bei den Peer Groups kann es sich um reale soziale Gruppen handeln, wie der eigene Freundes- und Kollegenkreis, oder um virtuelle Gruppen, die sich im Internet und speziell in sozialen Netzwerken konstituieren. Gerade die virtuellen Gruppen sind wegen ihrer hohen meinungsbildenden Dynamik für die Kommunikation interessant. In den entsprechenden Foren werden Argumente pro oder contra offen und leidenschaftlich ausgetauscht. Das Unternehmen kann der Diskussion folgen, die Argumentationen analysieren und so die Ansprache der Zielgruppen systematisch weiterentwickeln oder sogar neue Zielgruppen bestimmen.

Zielgruppenbestimmung im Überblick

Die Kommunikationsziele sind ausgearbeitet und als nächstes beginnen wir mit der Bestimmung der Zielgruppen, dem zweiten Arbeitsschritt innerhalb des strategischen Blocks. Es wird festgelegt, wer mit den anstehenden Kommunikationsaktivitäten erreicht werden soll. Mit den Zielgruppen kann man sich endlos beschäftigen, denn Zielgruppen sind eine komplexe Materie. Es gibt unzählige Studien, Modelle und Typologien, die Einblick in die Haltungen und Handlungen von Zielgruppen geben. Wie an vielen Stellen der konzeptionellen Arbeit, so kommt es auch hier darauf an, sich auf das Wesentliche zu konzentrieren:

- **Schritt 1:** Zielgruppen grob selektieren: Wir bilden aus dem Briefing und der eigenen Recherche einen Pool interessanter und relevanter Zielgruppen.

- **Schritt 2:** Zielgruppen fein selektieren: Die Zielgruppen werden präzisiert. Dazu nutzen wir bewährte Zielgruppenanalysen, -studien und -modelle wie die Sinus Milieus.

› **Schritt 3:** Zielgruppen strukturieren: Wir präzisieren die Zielgruppen und ordnen sie nach einer festen Struktur.

› **Schritt 4:** Zielgruppen charakterisieren: Wir werden wie in einem Krimi zu einem „Profiler" für die Zielgruppen. Es entsteht ein kristallklares Bild für eine punktgenaue Ansprache.

Das Kommunikationskonzept muss es schaffen, über die reine Beschreibung von Strukturmerkmalen der Zielgruppen hinauszukommen. Die Konzeptionsbeteiligten benötigen einen tieferen Einblick in die Motive, Einstellungen und das Selbstverständnis der Adressaten. Darin liegt das Erfolgsgeheimnis einer guten Zielgruppenbestimmung. Aus der Neuropsychologie wissen wir: Die weit überwiegende Mehrheit unserer Urteile und Entscheidungen ist durch Gefühle bestimmt, es gibt keine einzige Entscheidung im Leben, bei der Emotionen keine Rolle spielen. Das heißt, die Emotionen bilden den Resonanzboden unserer Zielgruppenansprache. Daher müssen wir fragen: Welche Gefühle löst ein Unternehmen, ein Produkt oder ein Thema aus? Welche Bedenken, Befürchtungen und Widerstände bestehen? Und über welche Motive, Wünsche und Werte können wir Zugang zur Zielgruppe finden? Aber gehen wir Schritt für Schritt voran und starten mit der Grobselektion der Zielgruppen.

Schritt 1: Zielgruppen grob selektieren

Grob selektieren heißt, alle relevanten Zielgruppen zu sichten und eine Vorauswahl zu treffen. In Trenddeutsch könnte man sagen: ein Casting durchzuführen. Rohmaterial sind die vorgegebenen Zielgruppen aus dem Briefing. Der Auftraggeber hat ausführlich beschrieben, wen er gegenwärtig erreicht bzw. in Zukunft erreichen will. An erster Stelle stehen für ihn die Zielgruppen, die für die anstehende Kommunikationsaufgabe der Schlüssel zum Erfolg sind. Bei den meisten Unternehmen sind das die Kunden, die gegenwärtigen Stammkunden und das angestrebte Kundenpotenzial. Im Briefing haben wir erfahren, mit welchen Medien, Multiplikatoren und Geschäftspartnern das Unternehmen zu tun hat. Wir haben auch einiges über die Mitarbeiter und ihre Motivation gehört. Wir haben ein umfassendes Bild über den gegenwärtigen Ist-Status der Zielgruppen erhalten.

Danach gingen wir in die Recherche. Es wurden zusätzliche Informationen gesammelt, die das Bild von der Zielgruppe konkretisierten und erweiterten. Je nachdem wurden die Zielgruppenvorgaben des Auftraggebers bestätigt oder relativiert. Möglicherweise kamen interessante Zielgruppen, die der Auftraggeber nicht auf dem Schirm hatte, hinzu. In der Summe von Briefing und Recherche ist ein Pool von möglichen Zielgruppen entstanden, noch zu groß, noch nicht gewichtet und noch unstrukturiert, aber alle in Frage kommenden Zielgruppenbausteine sind bereits vorhanden.

Nun müssen wir aus den einzelnen Zielgruppen im Pool eine Vorauswahl treffen und uns auf genau die Gruppen konzentrieren, die faktisch gebraucht werden. Als Bewertungsgröße für die Auswahl stehen die Kommunikationsziele an erster Stelle. Die Ziele wurden bereits im ersten Schritt der Kommunikationsstrategie festgelegt und geben die große Richtung für die Zielgruppenbestimmung vor. Denn will man die Ziele erreichen, muss man die dafür relevanten Zielgruppen identifizieren. Die Zielrelevanz hat bei der Auswahl der Zielgruppen Vorrang, sie ist das wichtigste, aber nicht das einzige Auswahlkriterium. Folgendes Spektrum an Kriterien überprüft man, um die maßgeblichen Zielgruppen zu identifizieren:[56]

› **Zielrelevanz:** Eine hohe Zielrelevanz bedeutet, dass die Zielgruppe zur Erreichung eines oder mehrerer Kommunikationsziele unverzichtbar ist und daher unbedingt in das Konzept einbezogen werden muss. Ohne sie geht es nicht.

› **Homogenität:** Jede Zielgruppe wird anhand von gemeinsamen Merkmalskriterien – beispielsweise soziodemografischen Merkmalen, ähnlichen Lebensstilen, gleichen Verhaltensweisen – identifiziert und zusammengefasst. Alle zur Zielgruppe gehörenden Zielpersonen besitzen gleiche oder ähnliche Eigenschafts- oder Verhaltensmerkmale. Die Homogenität muss eindeutig sein und eine klare Abgrenzung zu anderen Zielgruppen ermöglichen.

› **Wiedererkennbarkeit:** Die Zielgruppe darf keine konstruierte Größe darstellen. Sie sollte für alle am Konzeptionsprozess Beteiligten gut wiedererkennbar sein. Alle entwickeln ein klares Bild der Zielgruppe, eine feste Vorstellung über deren Einstellungen und Verhaltensweisen sowie ein Gefühl für die zukünftige Ansprache.

› **Validität:** Die Zielgruppenmerkmale basieren nicht auf Meinungen und Bauchgefühlen der Konzeptionsbeteiligten. Merkmalsbestimmungen sind unzuverlässig, wenn sie rein subjektiv erfolgen und sich nicht auf Studien, Analysen oder andere belastbare Ergebnisse stützen. Für alle wichtigen Zielgruppenmerkmale müssen aktuelle Daten und Fakten gefunden werden, die Beweiskraft haben. Falls die Beweise nicht im vorhandenen Material aus Briefing und Recherche zu entdecken sind, dann wird in einer Nachrecherche nach ihnen gefahndet. Auch wenn es manchmal verlockend scheint, macht es keinen Sinn, sich über eine tendenziöse Nachrecherche die Fakten so hinzubiegen, dass sie passen. Die Validität der Fakten muss gewährleistet bleiben.

- **Größe/Potenzial:** Es klingt banal, aber natürlich muss es die Zielgruppe auch in ausreichender Menge geben. Eine Zielgruppendefinition mit Diaspora-Charakter verspricht wenig Erfolg. Wer in einem Landkreis mit einem Migrantenanteil von zwei Prozent an der Gesamtbevölkerung eine Ethno-Marketing-Kampagne für ausländische Bürger startet, der darf sich nicht wundern, wenn die Resonanz zu wünschen übriglässt. Gleichzeitig sollte die Größe der Zielgruppe in einem ausgewogenen Verhältnis zum eingesetzten Budget stehen. Wenn ein Unternehmen für ein Kommunikationsevent in der Millionenstadt Berlin die Zielgruppe „alle Eltern mit Kindern" bestimmt, aber nur über ein eingeschränktes Budget von 8.000 Euro verfügt, dann ist die Wahrscheinlichkeit groß, dass die Kommunikationswirkung des Events verfliegt, weil nicht die notwendige Kontaktintensität hergestellt werden kann.

- **Zeitliche Stabilität:** Jede Zielgruppe wird nach bestimmten Merkmalskriterien zusammengefasst. Die Identifikation und Ansprache der Zielgruppe macht nur Sinn, wenn die gewählten Kriterien Bestand haben. Flüchtige Kriterien dürfen nicht zentrale Koordinaten der Zielgruppenbestimmung werden. Wer als Zielgruppe junge Mädchen identifiziert, die sich für „Biker Boots" begeistern, sollte einkalkulieren, dass der Schuhtrend des laufenden Jahres schon im nächsten Jahr Schnee von gestern ist.

- **Kommunikationsrelevanz:** Die Konzeptionsbeteiligten beurteilen, ob und wie die definierte Zielgruppe über Kommunikation zu erreichen ist. Wie sieht das Kommunikationsverhalten aus? Welche Kommunikationsbedürfnisse hat die Gruppe? Auf der funktionalen Ebene ist zu klären, welche Medien, Multiplikatoren, Kanäle und Instrumente zur Verfügung stehen und mit dem vorgegebenen Budget genutzt werden können. Auf der inhaltlichen Ebene entwickelt man ein Gefühl dafür, welche Botschaften und Themen bei der Zielgruppe ankommen könnten.

- **Wirtschaftlichkeit:** Die Ansprache einer Zielgruppe kostet Geld. Es ist zu gewährleisten, dass der Nutzen der Zielgruppenansprache deutlich über den Kosten liegt. Bei einigen Zielgruppen gibt es direkte und kostengünstige Ansprachewege, bei anderen muss man Aufwand betreiben, und bei einigen ist der Aufwand exorbitant hoch. Das liegt entweder daran, dass die Zielgruppe abblockt und nur zögerlich auf Kommunikation reagiert (z.B. Senioren mit konservativer Lebenseinstellung), oder dass die Zielgruppe über eine Kombination von Charaktermerkmalen definiert wurde, die nur schwer zu fokussieren ist (z.B. arbeitslose Frauen mit Hund, die vegan leben; oder CDU-Wähler, die unter hohem Augendruck leiden). Gibt es erhebliche Zweifel an der Wirtschaftlichkeit, orientiert man sich in der Zielgruppenauswahl neu.

Schritt 2: Zielgruppen fein selektieren

Nach der groben Vorselektion der Zielgruppen versuchen wir nun, die Zielgruppenauswahl zu schärfen. Häufig neigen Auftraggeber dazu, die Zielgruppe zu groß zu umreißen. Eine solide große Gruppe, wie beispielsweise „Naturliebhaber mit Freude am Essen", stellt für das Marketing eines Haushaltsgeräteherstellers ein attraktives Käuferpotenzial dar. Für eine wirksame Kommunikationsarbeit sollte die Zielgruppe aber präzisiert werden. Wie wäre es mit: „Begeisterte Hobbyköche und unter den Naturliebhabern mit Freude am gesunden Essen?" Mit dieser Profilschärfung lassen sich Botschaften und Maßnahmen genauer gestalten. Zur Unterstützung und näheren Beschreibung greifen wir zusätzlich auf Marktstudien und Zielgruppenmodelle zurück.

Sinus Milieus von Sinus Sociovision:[57] Die Sinus Milieus kombinieren soziodemografische Merkmale wie Bildung oder Einkommen mit den Lebenswelten der Menschen. Welche gemeinsamen Werte verbinden die einzelnen Milieus? Wie sieht die Einstellung der „Gleichgesinnten" zu Freizeit oder Konsum aus? Was ist für die Menschen in ihren Lebenswelten von Bedeutung? Was prägt ihr Alltagshandeln? Durch die Unterteilung der Gesellschaft in Milieus mit unterschiedlichen Lebensauffassungen kommt die Unternehmens- und Marketingkommunikation dichter an die Zielgruppen heran, als bei den üblichen demografischen und sozioökonomischen Unterscheidungen.

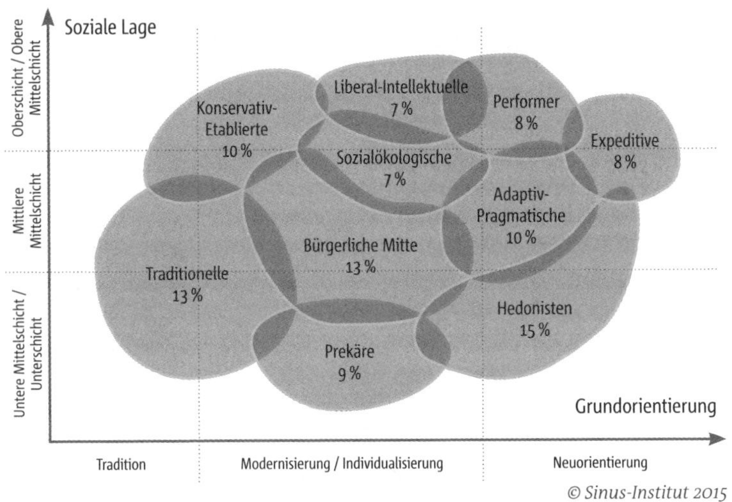

Abbildung 48: Die Sinus-Milieus 2015

Das Schaubild zeigt die Sinus-Milieus und ihre Verteilung in der deutscher Bevölkerung. Je höher man in der Grafik geht, desto gehobener sind Bildung oder Einkommen. Je weiter nach rechts, desto moderner ist die Grundorientierung der Milieus.

Wie sehr sich die Milieus verändert haben, zeigt das neue Milieu der „Expeditiven", das es vor einigen Jahren noch gar nicht gab. Darunter vereinigt sich eine kreative, hochgradig mobile Avantgarde, die on- und offline gut vernetzt ist, die neue Wege geht und ständig nach innovativen Lösungen sucht. Dagegen ist ein anderes Milieu aus den Sinus Milieus komplett verschwunden, das in der Frühzeit eine wichtige Rolle spielte: das Arbeitermilieu.

Semiometrie von TNS-Infratest:[58] Auch das Semiometrie-Modell geht von der Grundannahme aus, dass klassische soziodemografische Merkmale nicht ausreichen, um Zielgruppen zu kennzeichnen, denn Menschen gleicher Bildung oder gleichen Alters können völlig unterschiedliche Einstellungen haben und Werte vertreten. Wenn es um Kaufentscheidungen geht, weiß man, dass sich die Zielgruppen nicht aufgrund der objektiven Produkteigenschaften entscheiden, maßgeblich sind vielmehr die zugeordneten Wertassoziationen. Aufgabe der Semiometrie (Semio = Wörter, Metrie = messen) ist es, das Wertesetting und die Werteorientierung in 14 Wertefeldern mit Begriffen von „lustorientiert" bis „traditionsverbunden" zu erfassen und den anvisierten Zielgruppen zuzuordnen.

Grundlage der Wertefelder sind 210 wertorientierte Begriffe. In einer Befragung geben die antwortenden Personen spontan an, in welchem Maße sie sich mit den einzelnen Begriffen identifizieren. In der Summe der Antworten ergibt sich ein individuelles Wertemuster, das eine Zuordnung in ein Wertefeld ermöglicht. Die Forschung zeigt, dass sich aus den Wertefeldern mit hoher Sicherheit bestimmte Verhaltensweisen ableiten lassen. So kann man feststellen, welche Medien eine bestimmte Zielgruppe mit Vorliebe nutzt,

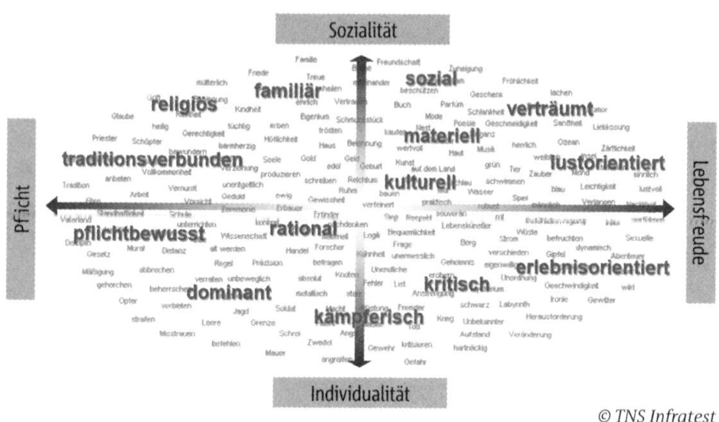

© TNS Infratest

Abbildung 49: Das Semiometrie-Modell

Die Semiometrie von TNS-Infratest leitet aus 210 werthaltigen Begriffen (kleine Begriffe) insgesamt 14 Wertefelder ab (fette Begriffe) und ordnet die Zielgruppen in die entsprechenden Felder ein.

welchen Peer Groups sie sich zugehörig fühlt oder wie sie Kaufentscheidungen trifft. Das nächste Modell arbeitet ebenfalls mit Werten, die Vorgehensweise ist allerdings wesentlich aufwendiger. Ob die Ergebnisse dadurch mehr Nachdruck bekommen, lässt sich nur schwer einschätzen.

Zielgruppen-Galaxie von GIM:[59] Beim Modell der Gesellschaft für Innovative Marktforschung GIM steht ein umfassendes Zielgruppenverständnis im Vordergrund, das die Zielgruppen auf allen Ebenen ihrer Persönlichkeit – Werte,

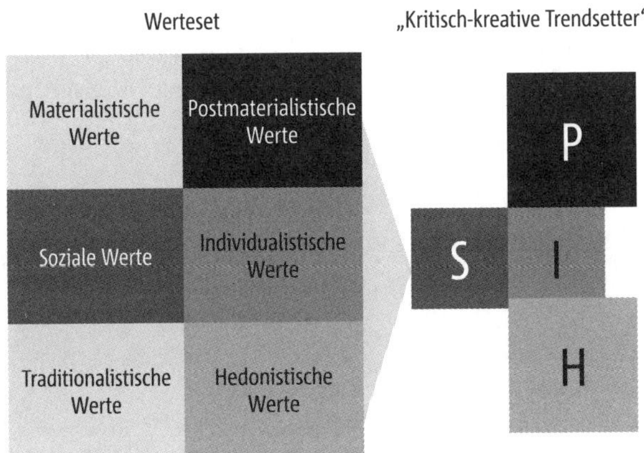

Abbildung 50: Die Werte der GIM-Zielgruppen-Galaxie

Die sechs Wertedimensionen aus der Zielgruppen-Galaxie werden je nach Zielgruppe unterschiedlich gewichtet, wie hier am Beispiel der Zielgruppe „Kritisch-kreative Trendsetter" zu sehen ist.

Einstellungen, Bedürfnisse – bis hin zu ihrem Alltags- und Entscheidungsverhalten kennenlernen will. Dazu wird mit einer komplexen Anordnung unterschiedlicher Methoden gearbeitet – von Tiefeninterviews im Wohnbereich der Zielgruppe bis zur berühmten „Customer Journey", bei der die Zielgruppen in ihrem täglichen Shopping-Verhalten begleitet und beobachtet werden. Die Forscher leben quasi mit ihren Zielpersonen und erforschen sie live in Aktion. Ziel ist es, einen möglichst authentischen Einblick in die unterschiedlichen Lebensstile zu erhalten und so die wahren Bedürfnisse und Erwartungshaltungen der Zielgruppe kennenzulernen.

Analysiert wird die Wertorientierung der Zielgruppen anhand von sechs Wertedimensionen: materialistische, postmaterialistische, soziale, individualistische, traditionalistische und hedonistische Werte. Ausprägung und Gewichtung der einzelnen Dimensionen lassen Rückschlüsse auf das Zielgruppenverhalten zu. Die Galaxie von GIM wird hauptsächlich eingesetzt, um Kaufentscheidungen und Konsummuster zu erklären.

Alle drei Modelle – Sinus, Semiometrie und Zielgruppen-Galaxie – zeigen: In der Zielgruppenbetrachtung sinkt die Bedeutung rein soziodemografischer Merkmale zugunsten von Einstellungsuntersuchungen, Motivforschungen und Werteanalysen. Das heißt, die psychologischen Komponenten der Zielgruppenanalyse werden vor dem Hintergrund einer individualisierten und fragmentierten Gesellschaft immer wichtiger. Die Kenntnis von Motivlage und Wertesystem ist das bestimmende Element für die Feinselektion der Zielgruppen. In die gleiche Richtung zielt auch die limbische Landkarte, die zu den jüngeren Modellen gehört.

Limbische Landkarte:[60] Die „Limbic Map" von Hans-Georg Häusel schaut in das Gehirn und kartographiert den Emotionsraum der Menschen, mit allen wichtigen Motiven, Wünschen und Werten.

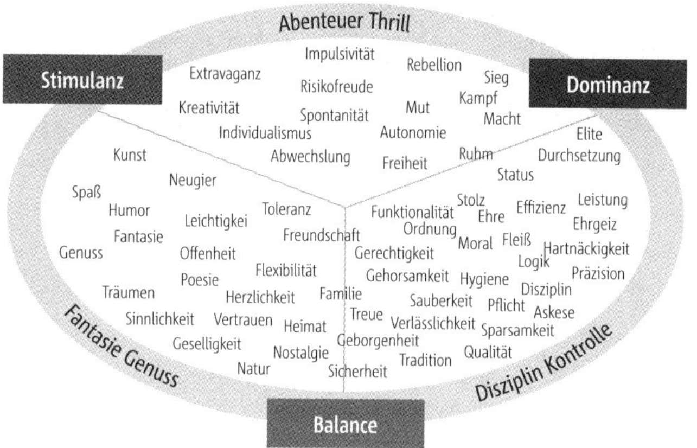

© Dr. Hans-Georg Häusel, Gruppe Nymphenburg Consult AG

Abbildung 51: Limbic Map

Zu sehen sind die Grundmotive Stimulanz, Dominanz und Balance mit dem hinterlegten Wertesystem und den damit verbundenen Wertebegriffen. Die Landkarte gibt einen Überblick, welche Motive die Menschen antreiben. Will die Kommunikation bei den Zielgruppen ankommen, muss sie immer an ein starkes Motiv anschließen.

Die Landkarte basiert auf den Erkenntnissen der Gehirnforschung und definiert als Hauptbezugsgrößen die drei Emotionssysteme, die das Leben der Menschen bestimmen:

› **Balance-System:** Der Mensch sehnt sich nach Sicherheit und Stabilität, Verlässlichkeit und Ruhe. Als soziales Wesen ist es ihm wichtig, in die Gemeinschaft aufgenommen zu werden und sich geborgen zu fühlen. Gefahren machen ihm Angst, er versucht sie zu vermeiden.

› **Dominanz-System:** Der Mensch will sich durchsetzen, strebt nach Macht und Kontrolle. Hat er Erfolg, fühlt er sich stolz und überlegen. Wird sein Dominanzstreben behindert, dann reagiert er aggressiv.

› **Stimulanz-System:** Der Mensch braucht Spaß, Abwechslung und Abenteuer. Er will sich überraschen lassen und sucht nach neuen anziehenden Reizen. Wenn es darauf ankommt, ist er kreativ und findig. Fehlt die Stimulanz, dann stellt sich Langeweile ein.

Je nachdem, welche Motive in der Zielgruppe überwiegen, wird die Kommunikation entsprechend ausgerichtet. Man konfiguriert Argumente, Nutzenversprechen, sinnliche Reize und Aktivitäten so, dass sie den Wünschen und Erwartungen der Zielgruppe nahekommen. Nehmen wir als Beispiel das Lottospiel und ordnen die Motive des Spiels den drei Emotionssystemen zu. Wer aus Stimulanz-Gründen Lotto spielt, freut sich auf den Kick am Mittwoch und Samstag. Das Ausspielen der Zahlen und die Chance, reich zu werden, machen ihn an. Wer vorrangig aus Dominanz-Gründen seinen Lottoschein abgibt, der will es seinen Freunden und Kollegen zeigen. Wenn er gewinnt, dann ist er der „King" und kann die anderen endlich in die Tasche stecken. Die werden sich wundern! Wer aus Balance-Gründen Lotto ankreuzt, der hofft auf die Sicherheit, die ihm ein Lottogewinn bringt. Endlich keine Sorgen mehr, denn die Zukunft ist finanziell gesichert.

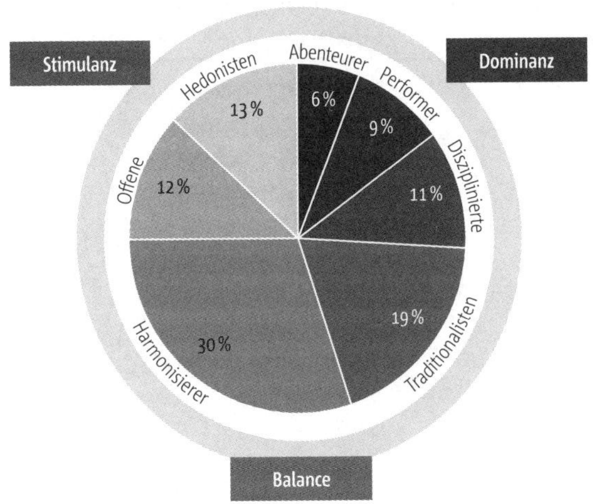

© Dr. Hans-Georg Häusel, Gruppe Nymphenburg Consult AG

Abbildung 52: Die limbischen Typen[61]

Die Verteilung von „emotionalen Typen" in der bundesdeutschen Bevölkerung.

In einem weiteren neuropsychologischen Schritt geht Häusel her und bildet aus den emotionalen Systemen bestimmte Typologien – die sogenannten „Limbic Types". Er sagt, dass die Menschen nicht von allem ein bisschen sind, im Gehirn bilden sich emotionale Schwerpunkte, über die eine Zuordnung nach Typen möglich wird. Das Spektrum der Typen reicht vom „Harmonisierer", der eine hohe Sozial- und Familienorientierung mitbringt und vom Wunsch nach Geborgenheit angetrieben wird, bis zum „Abenteurer" mit einer hohen Bereitschaft zum Risiko und wenig Impulskontrolle.

Frauen sind stärker im „Balance"-Bereich unten im Diagramm vertreten, Männer mehr auf der rechten „Dominanz"-Seite. Jüngere Menschen befinden sich im Schwerpunkt oben zwischen Hedonisten und Performern, ältere Menschen eher zwischen den Disziplinierten und den Harmonisierern.

Limbische Typen und limbische Landkarte sind Vereinfachungen, die Wirklichkeit im Gehirn ist wesentlich komplizierter. Deshalb sollte man das Modell aus der Gehirnforschung mit Vorsicht und Bedacht anwenden. Es gibt aufschlussreiche Ideen und Hinweise für die Arbeit mit den Zielgruppen, mehr nicht. Das letzte Modell ist gleichzeitig auch das Älteste. Es stammt aus den 1960er-Jahren. Obwohl es schon viele Jahre auf dem Buckel hat, setzen wir es in vielen unserer Konzepte mit Erfolg ein.

Diffusionsmodell:[62] Das klassische Diffusionsmodell von Everett M. Rogers (Es gibt noch andere Diffusionsmodelle!) analysiert die Innovationsbereitschaft der Zielgruppen. Sind sie neugierig und bereit für Veränderungen oder warten sie lieber ab?

Das Modell wird üblicherweise für Produkte und ihre Lebenszyklen angewendet. Es funktioniert aber genauso gut auch bei Dienstleistungen, bei Verhaltensweisen, bei Trends oder Themen. Vor allem bei Themen setzen wir es regelmäßig ein. An dieser Stelle wollen wir allerdings bei den Produkten bleiben. Sind sie neu und ungewohnt, läuft die Umstellung und Übernahme durch die Zielgruppen immer nach dem gleichen Schema ab. Die Größenanteile der einzelnen Gruppen variieren, aber der Zyklus der Diffusion (= Durchdringung der Zielgruppen) bleibt gleich:

› **Innovatoren:** Die Gruppe der „Innovators" ist klein und schnell. Die Innovatoren sind immer die Ersten, die sich für ein Produkt interessieren. Neuheiten reizen und ziehen sie magisch an. Sie wollen zu den Trendsettern gehören und Dinge vor allen anderen ausprobieren. Das dabei einiges schiefgehen kann, nehmen sie in Kauf.

› **Frühe Übernehmer:** Die „Early Adopters" reagieren früh auf Neuheiten. Sie steigen aber erst auf das Produkt ein, wenn es Ihnen schlüssig und

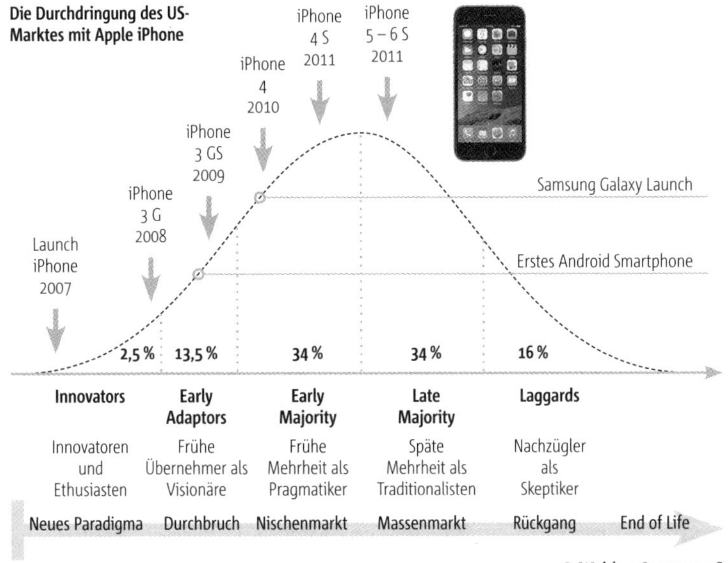

Abbildung 53: Das Diffusionsmodell am Beispiel iPhone[63]

Abgebildet wird eine Verteilungskurve nach dem Diffusionsmodell von Rogers auf dem US-Markt: Die Normalverteilung und die Zuordnung der einzelnen Gerätegenerationen des iPhones von Apple sowie seine Verbreitung innerhalb der Zielgruppen. Die erste Generation des Smartphones war noch etwas für echte Nerds und Apple-Fans, revolutionär und ein Paradigmenwechsel in der Kommunikationstechnologie. Heute ist das iPhone längst im Massenmarkt angekommen und muss sich gegen eine harte Konkurrenz behaupten, die technisch ebenbürtig ist, aber häufig kostengünstiger produziert.

nützlich erscheint. Sie nutzen die Neuheit nicht um der Neuheit Willen, es muss schon Sinn machen. Die „Early Adopters“ sind eine interessante Zielgruppe, denn sie eignen sich hervorragend als Empfehler und Beeinflusser. Sie ebnen den Weg zur frühen Mehrheit. In englischsprachigen Fachbüchern schiebt sich zwischen „Early Adopters“ und „Early Majority“ immer „The Chasm“, der klaffende Abgrund, den es zu überwinden gilt.

› **Frühe Mehrheit:** Die „Early Majority“ ist informiert und interessiert, bereit für neue Produkte. Aber sie wartet ab, bis sich das Produkt bewährt und die frühen Übernehmer überzeugt hat. Wenn die „Early Majority“ nicht richtig mitzieht, hat das Produkt nur eine schwache Überlebenschance.

› **Späte Mehrheit:** Die große Gruppe der „Late Majority“ ist die abwartende „schweigende Mehrheit“. Keine Experimente, nichts überstürzen und stets auf Sicherheit setzen. Auch diese Gruppe entscheidet sich für das Produkt, aber erst relativ spät. Aber wenn sie sich erst einmal entschieden hat, dann bleibt sie lange treu.

- **Nachzügler:** Zuletzt schwenken die „Laggards“ um, vielleicht verweigern sie das Produkt auch dauerhaft. „An dem ganzen neumodischen Zeugs“ sind sie nicht interessiert, denn das Alte tut es doch noch. Die Kommunikation hat es schwer mit dieser Gruppe, sie ist kaum zu bewegen, man beißt sich an ihnen die Zähne aus.

Startet die Kommunikation mit einem neuen Produkt, dann wendet sie sich am besten an Innovatoren und Early Adopters, weil diese Gruppen offen sind und hervorragend als „Türöffner“ fungieren. Geht man direkt an die Early und Late Majority, dann kann es passieren, dass die Kommunikation zuerst einmal abprallt und großer Aufwand notwendig ist, um die Mehrheit zu erobern.

Nehmen wir an, die Feinselektion ist erfolgt, die Zielgruppen sind jetzt schärfer umrissen. Jede der ausgewählten Zielgruppen ist relevant für die Zielerreichung. Wenn man eine vom Platz stellen würde, entstände eine Lücke im kommunikativen Spiel. Würde man andererseits den vorhandenen Kommunikationsdruck (= den Etat) relativ gleichmäßig auf alle verteilen, dann wäre der Effekt nicht zufriedenstellend. Durch die breite Streuung könnte man bei keiner Zielgruppe richtig Druck machen und sich durchsetzen. Deshalb nimmt man eine Gewichtung der Zielgruppen vor. Welche Zielgruppe ist vorrangig relevant und hat eine herausgehobene Stellung, weil sie eine Schlüsselposition auf dem Weg zur Zielerreichung besitzt? Die Frage wird mit Entschlossenheit beantwortet und der Zielgruppenschwerpunkt der Kommunikationsaktivitäten eindeutig fixiert. Es wäre falsch, zu lavieren und den Druck ohne echte Spitze zu dosieren.

Nicht alle Zielgruppen sind gleich wichtig, wir setzen mit der Priorisierung der Zielgruppen klare Schwerpunkte und ordnet die Zielgruppen in zwei Kategorien ein:

- **Primäre Zielgruppen (Hauptzielgruppen, Kernzielgruppen):** Das sind Zielgruppen, die aufgrund ihrer Einstellung, ihres Verhaltens und ihrer Stellung im Kommunikationsprozess eine herausragende Stellung haben. Sie besitzen das größte Potenzial zur Zielerreichung. Werden diese Zielgruppen angesprochen, sind die Chancen besonders hoch.

- **Sekundäre Zielgruppen (Nebenzielgruppen, Rahmenzielgruppen):** Sie haben ihre Bedeutung und werden gebraucht, aber sie sind nicht die entscheidenden Spielmacher im Kommunikationskonzept. Sie werden angemessen angesprochen, aber mit deutlich geringerem Druck als die primären Zielgruppen.

Die unterschiedliche Gewichtung erlaubt es uns, in der anstehenden Kommunikation klare Prioritäten zu setzen und den Druck so effizient wie möglich zu verteilen. Das Konzept berücksichtigt alle Zielgruppen, aber erhöht den Druck an Stellen, wo die größte Hebelwirkung zu erwarten ist. Die Priorisierung hilft auch, wenn der Auftraggeber unsicher ist und beispielsweise unbedingt „alle Bürgerinnen und Bürger in unserer Stadt" ansprechen will. Dann platziert man als sekundäre Zielgruppe im Hintergrund „alle Bürgerinnen und Bürger" und im Vordergrund fokussiert man als primäre Gruppe die herausragend Wichtigen – z.B. „die Bürger im direkten Einzugsbereich unseres Standorts". Vor allem vor dem Hintergrund der begrenzten finanziellen und personellen Ressourcen ist eine solche Priorisierung in vielen Konzeptionsfällen unerlässlich. An dieser Stelle werden wir oft gefragt, wie denn die Gewichtung zwischen primären und sekundären Zielgruppen konkret ausfallen sollte. Das ist abhängig von der gestellten Aufgabe, der Mittelwert liegt in unseren Konzepten bei 70 Prozent primär und 30 Prozent sekundär.

In komplexen Zielgruppenkonstellationen ist auch eine Dreiereinteilung möglich: primäre, sekundäre und tertiäre Zielgruppen oder A-Zielgruppen, B-Zielgruppen und C-Zielgruppen. Vor allem, wenn es um Kunden geht, finden die drei Stufen Anwendung: A-Kunden („Key Accounts"), B-Kunden und C-Kunden. Aber auch in komplexen Medienfeldern können sie hilfreich sein: A-Medien („Leitmedien"), B-Medien und C-Medien.

Schritt 3: Zielgruppen strukturieren

Die präzisierten und priorisierten Zielgruppen müssen eine Ordnung bekommen und in Struktur gebracht werden. Die Struktur stellt sicher, dass alle Zielgruppen an der richtigen Stelle stehen – genau dort, wo sie die größtmögliche Wirkung für die Kommunikation erzielen.

Kommunikation ist ein Prozess, und jeder Kommunikationsprozess besteht im Grundsatz aus einem Absender und einem Empfänger, zwischen denen ein Signal fließt. Der Prozessweg ist weit, der Empfänger ist fast nie im gleichen Raum wie der Sender, sondern irgendwo in der Stadt, im Land, in der Welt. Um den Prozess erfolgreich zu gestalten, besetzt das Kommunikationskonzept die gesamte Prozesskette „Absender – Signal – Empfänger" mit adäquaten Zielgruppen. Der Schwerpunkt der Kommunikation liegt auf den Zielgruppen der Empfängerseite, für sie wird die gesamte Kommunikation letztendlich gemacht. Hinzu kommen kommunikationsrelevante Zielgruppen auf der Absenderseite und Zielgruppen entlang der Signalstrecke: die Mittler. Alle Stationen des Kommunikationsprozesses sind angemessen zu besetzen. Man kann das Ganze mit einer Eimerkette bei der Feuerwehr vergleichen. In der Kette darf es keine Lücken geben, sonst wird das Wasser nicht zügig transportiert und die Löschwirkung sinkt.

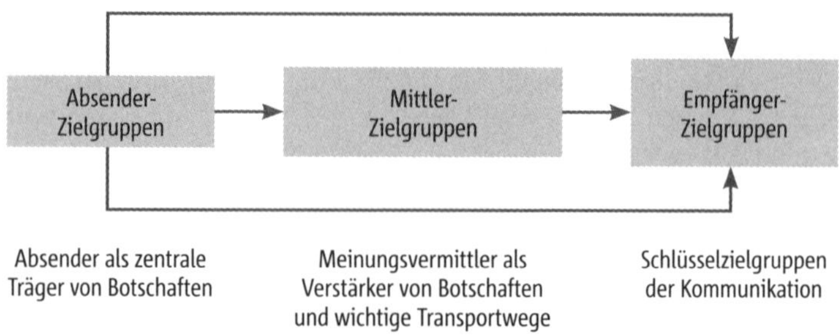

Abbildung 54: Funktionelle Grundordnung der Zielgruppen

Die Einteilung entlang des Kommunikationsprozesses ist eine einfache Sortierungsmethode und bringt Übersicht in die Zielgruppenbestimmung. Wie beim Fußball Angriff, Mittelfeld und Abwehr gibt es in der Kommunikation Empfänger, Mittler und Absender.

Empfänger, Mittler, Absender – alle drei Zielgruppenbereiche müssen besetzt werden und das in genau der Reihenfolge. Zuerst kommen die Empfänger. Sie sind als eigentliche Adressaten der Generalschlüssel zum Kommunikationserfolg. Dann folgen die Mittler. Sie sind Mittel zum Zweck – und der Zweck lautet, die Empfänger zu erreichen. Wir müssen die Empfänger kennen, bevor wir die dazu passenden Mittler bestimmen. Die Empfänger-Zielgruppe Senioren 60+ braucht andere Mittler als die junge Zielgruppe der unter Zwanzigjährigen. Im dritten Schritt schließen sich die Absender-Zielgruppen an. Erst, wenn klar ist, wer auf Empfänger- und Mittlerseite angesprochen wird, lassen sich die zur Ansprache erforderlichen Absender festlegen.

Empfänger-Zielgruppen: Die Empfänger der Kommunikation sind die wichtigste Zielgruppe in der Kommunikationsplanung. Sie bilden die Schlüsselgruppe, auf die alle Kommunikationsaktivitäten hinzielen, über sie werden die Kommunikationsziele erreicht. Will eine Buchhandelskette mehr Leute in die Filialen bekommen, sind die Kunden oder Kaufinteressenten die Empfänger. Will ein Theater die Platzauslastung verbessern, werden die Theaterbesucher zur Empfänger-Zielgruppe. Will ein Fußballverein mehr Leute zu Heimspielen ins Stadion locken, dann sind die heimischen Fußballfans die Adressaten der Kommunikation. Im Normalfall unterteilt sich der Empfängerkreis:

› **Empfängerstamm:** Hier handelt es sich um Zielgruppen, die einem Unternehmen besonders nahestehen, mit denen es in Kommunikationsverbindung steht und zu denen es eine feste Beziehung aufgebaut hat. Bei der Buchhandlung sind das die Stammkunden, beim Theater die Abonnenten und beim Fußballverein die Besitzer von Dauerkarten.

› **Empfängerperipherie:** Zur Peripherie gehören Zielgruppen, die das Unternehmen kennen und schon Kontakt haben, wobei es sich jedoch um einen sporadischen Kontakt handelt. Bei der Buchhandlung sind das die Gelegenheits- und Impulskäufer, bei Theatern und Fußballvereinen die Gelegenheitsbesucher.

› **Empfängerpotenzial:** Das sind die Zielgruppen, zu denen keine direkte Verbindung besteht. Sie haben zwar noch nie in der Buchhandlung gekauft, das Theater oder das Stadion besucht, sie stehen aber aufgrund ihrer Einstellung, ihres Verhaltens, ihrer Soziodemografie oder ihrer Kaufkraft dem jeweiligen Angebot positiv gegenüber. Zu unterscheiden ist das akute Zielgruppenpotenzial, das bereits entsprechende Bedürfnisse entwickelt hat und aktiv interessiert ist, und das latente Zielgruppenpotenzial, dessen Bedürfnisse schlummern und erst geweckt werden müssen.

Die Erfahrung zeigt, dass der Zielgruppenstamm mit erheblich weniger Kommunikationsaufwand zu erreichen ist als das Zielgruppenpotenzial. Beim Zielgruppenpotenzial kostet die Ansprache des akuten Potenzials weit weniger Kraft als die Ansprache des latenten Potenzials. Wer wenig Etat zur Verfügung hat, der sollte nicht auf die Idee verfallen, unbedingt das Potenzial und hier die latent Interessierten ansprechen zu wollen.

Mittler-Zielgruppen: Ohne die Mittler geht es nicht. Mittler sind Gruppen oder Einzelpersonen, die aufgrund ihrer anerkannten Stellung als Meinungsführer oder -beeinflusser in der Gesellschaft eine immense kommunikationsverstärkende Wirkung besitzen. Wir können uns an kein Kommunikationskonzept erinnern, das nicht auf Mittler zurückgegriffen hat. Wenn der direkte Kontakt zur Empfänger-Zielgruppe nicht möglich ist, weil der Empfängerkreis zu groß, die Zielgruppe weit weg und verstreut oder der Kommunikationsetat zu klein ist, greift die Kommunikation auf Mittlerzielgruppen als verstärkende Katalysatoren zurück. Die Mittler stehen genau zwischen den Absendern und den Empfängern der Kommunikationsbotschaft, sie nehmen dort eine neutrale, unabhängige Position ein und besitzen deshalb eine hohe Glaubwürdigkeit bei den Empfänger-Zielgruppen. Bestimmte Gruppen und Personen sind als Mittler besonders prädestiniert:

› **Medien:** In fast jedem Kommunikationskonzept spielen Fach- und Publikumsmedien, Print- und elektronische Medien eine wichtige Rolle. Durch gezielte Medien- und Pressearbeit versucht das Unternehmen, die informations- und meinungsverstärkende Position der Medien zu nutzen. Die redaktionelle Unabhängigkeit der Medien macht eine Steuerung schwierig, deswegen braucht das Unternehmen einen starken Aufhänger mit echtem Neuigkeitswert, um die Medien zu aktivieren. Oft floppt die Ansprache der Medien und nichts passiert. Aber wenn es gelingt, die Medien als Mittler zu aktivieren, dann schießt die Kommunikationsresonanz bei den Empfänger-Uielgruppen in die Höhe. Mit Hilfe der Medien können die Themen des Unternehmens eine steile Karriere machen.

› **Multiplikatoren:** Hierbei handelt es sich um renommierte Institutionen oder bekannte Personen aus Politik, Wirtschaft, Kultur und Gesellschaft. Aufgrund ihrer Kompetenz oder ihrer zentralen Stellung haben sie eine meinungsbildende und -beeinflussende Wirkung. Wenn es um Fahrräder geht, könnte man versuchen, den Allgemeinen Deutschen Fahrrad-Club (ADFC) als Multiplikator zu gewinnen. Will man ein Produkt aus der Nanotechnologie einführen, würde die Unterstützung eines Professors mit Nano-Expertise helfen. Ein Spezialfall stellen die „Testimonials" dar. Das sind zumeist prominente Personen, die als Vorbild Produkt oder Dienstleistung nutzen und sich (gegen Bezahlung) dafür aussprechen. Die Welle der Testimonials hat in den letzten Jahren überhandgenommen. In der Kommunikationsbranche wird infolgedessen gern gelästert: „Wer keine gute Idee hat, der nutzt Testimonials."

› **Peer Groups:** Wir Menschen sind von Natur aus Nachahmer. Als Nachahmer suchen wir Orientierung. Bezugsgruppen – in der Branche „Peer Groups" genannt – geben uns Orientierung. Die Menschen richten sich an den Codes, Stilen, Trends, Meinungen und Verhaltensweisen ihrer Bezugsgruppen aus. Durch die Komplexität der Gegenwart und den Verlust von anerkannten Autoritäten gewinnen die Peer Groups an Bedeutung für die Menschen und damit auch für die Kommunikation. Wer beste Chancen bei den Empfänger-Zielgruppen haben will, sollte versuchen, die entsprechenden Peer Groups als Beistand zu gewinnen.

› **Funktionsmittler:** Hierzu zählen Personen und Gruppen, die ein fester funktioneller Bestandteil des Unternehmens- bzw. Marketingprozesses sind. Für den Hersteller von Markenschuhen ist der Schuheinzelhandel ein interessanter Mittler, weil er dichter an den Schuhkäufern als Empfänger-Zielgruppe dran ist. Der Handel trifft die Käufer täglich und kann mit ihnen reden. Für ein Krankenhaus wären die überweisenden niedergelassenen Ärzte die entsprechenden Funktionsmittler, weil sie in direktem Kontakt zur Empfänger-Zielgruppe der Patienten stehen.

› **Empfänger als Mittler:** Ausgewählte Vertreter der Empfängerzielgruppen können zu Mittlern werden, in dem man z. B. versucht, eigene Kunden mit gezielten Kommunikationsmaßnahmen als Empfehler zu gewinnen.

In manchen Kommunikationskonzepten übertreiben es die Beteiligten, in akribischer Feinarbeit haben sie eine lange Liste von 30, 40 oder mehr Mittlern in Stellung gebracht. Jeder einzelne Mittler muss später mit gezielten Kommunikationsmaßnahmen angesprochen, als Unterstützer gewonnen und gepflegt werden. Sorgfalt ist gefragt, denn Mittler sind ein empfindliches und leicht verderbliches Gut. Je länger die Liste der Mittler, desto oberflächlicher wird die Ansprache und desto größer die Gefahr, dass Mittler abspringen oder gar aus Verärgerung eine Gegenposition einnehmen. Daher empfiehlt es sich, die Zielgruppendefinition auf wenige starke Mittler zu konzentrieren und die mit Bestimmtheit in die Kommunikation einzubeziehen.

Absender-Zielgruppen: Jede Kommunikation braucht einen erkennbaren Absender. Kommunikationsbotschaften ohne Absender wird nicht geglaubt. Während die Mittler eine neutrale Position einnehmen, stehen die Absender „hinter der Flagge des Unternehmens". Sie sind Partei. Zu den Absendern gehören im Wesentlichen die Mitarbeiterinnen und Mitarbeiter eines Unternehmens, aber der Radius kann auch größer sein. Bei einem Verein rechnet man ebenso die Mitglieder dazu, bei einer sozialen Organisation die Ehrenamtlichen. Im konkreten Einzelfall können auch externe Personen und Gruppen zu den Absendern gezählt werden – z. B. die Familien der Mitarbeiter, der Aufsichtsrat einer Aktiengesellschaft oder der Förderverein eines Museums.

Die Absender sind als Träger der Botschaften zentral für die Außenwirkung und das Image. Stehen die Mitarbeiterinnen und Mitarbeiter nicht hinter der Kommunikation, dann sinkt die Überzeugungskraft. Wir erinnern uns an die Tarifreform eines Verkehrsverbundes. Die Bus- und Bahnfahrer wurden im Vorfeld nicht ausreichend informiert und motiviert. Als die Reform in Kraft trat und die Presse die Fahrer ansprach, kamen Reaktionen wie „Typisch! Da hat uns mal wieder keiner gefragt!" oder „Das ist doch alles riesengroßer „Murks" oder „Wir müssen das ausbaden, weil uns die Fahrgäste anpöbeln!" Die daraus resultierende Medienresonanz wurde zum Super-Gau für den Verkehrsverbund und es waren mehrere Monate mit intensiver Krisenkommunikation erforderlich, um die Dinge bei den Mitarbeitern und in der Öffentlichkeit wieder ins Lot zu bringen. Um die Kommunikation zu optimieren, werden die internen Zielgruppen differenziert angesprochen. Eine gängige Aufteilung sieht so aus:

› **Führung:** Das sind die verschiedenen Führungsebenen des Unternehmens bis hin zu Geschäftsleitung und Vorstand. Sie werden exklusiv und vor allen anderen über die anstehende Kommunikation informiert und können ausreichend mitreden. Die gesamte Führung muss sich dahinter stellen und die notwendigen Informationen nach innen tragen. Fehlt es auf der Führungsebene an Rückhalt und Unterstützung, dann wird es außerordentlich schwer, die internen Akteure, Beeinflusser und Folger für die Kommunikation zu gewinnen.

- **Akteure:** Das sind alle Personen, die aktiv in den Kommunikationsprozess eingebunden sind und Kontakt zu den Empfängern und Mittlerzielgruppen haben. Der Radius reicht von den betroffenen Mitarbeitern der PR- und der Werbeabteilung über die Berater im Außendienst bis hin zu den Kollegen im Callcenter. Als Kommunikationsakteure sind sie „Sprachrohr", stehen „in vorderster Front" zu den Mittler- und Emppänger-Zielgruppen und werden in die Lage versetzt, die Botschaften der Kommunikation überzeugend zu vertreten.

- **Beeinflusser und Folger:** Das ist die große schweigende Mehrheit innerhalb der Mitarbeiterschaft. Die Kollegen in der Kantine, im Archiv oder in der Buchhaltung sind nicht direkt und aktiv in die Kommunikation involviert, haben kaum Kontakt zu den externen Zielgruppen. Dennoch darf das Konzept sie nicht übersehen. Wenn die schweigende Mehrheit nicht mitzieht oder vielleicht sogar über „den üblichen Werbequatsch" schimpft, dann untergräbt das den Rückhalt der Kommunikation im eigenen Unternehmen und führt fast zwangsläufig zu einem halbherzigen Engagement.

Die Unterteilung in Empfänger, Mittler und Absender entbindet uns Konzeptioner nicht davon, in jedem Einzelfall zu bewerten, welche Rolle die jeweilige Zielgruppe innerhalb der Kommunikation übernimmt. Ein Journalist muss nicht immer Mittler sein. Wenn es um eine journalistische Weiterbildung geht, kann er zum Empfänger werden, und falls die Weiterbildung von einem Journalistenverein organisiert wird, dann kann er sogar in die Rolle des Absenders schlüpfen. Die Kunden eines Unternehmens sind in der Regel Empfängerzielgruppen, sobald das Konzept sie als aktive Empfehler einsetzt, werden sie zu Mittlern. Können sie auch Absender sein? Ja, durchaus! Man stelle sich vor, einzelne ausgewählte Kunden werden als Referenzkunden vertraglich ans Unternehmen gebunden und für ihren Einsatz als Referenz bezahlt, dann rücken sie in die Absenderposition. Die Zuordnung muss bei jeder Kommunikationsaufgabe neu entschieden werden und im Extremfall passiert es sogar, dass wir eine Zielgruppe gleichzeitig in mehrere Positionen einordnen.

Sobald wir auf die fertige Zielgruppenstruktur schauen und das ungute Gefühl haben, dass sich die Struktur zu weit verzweigt, versuchen wir zu reduzieren. Wir machen, bevor es weitergeht, einen „Reality-Check". Können wir uns die differenzierte Ansprache der gesamten Zielgruppenstruktur mit den vorhandenen finanziellen und personellen Ressourcen überhaupt leisten? Je kompakter die Zielgruppenstruktur, desto mehr kann das Konzept die Kräfte konzentrieren und desto mehr Kommunikationsdruck entfällt auf die einzelne Zielgruppe. Je komplexer die Zielgruppenstruktur, desto kleiner wird der Kommunikationsdruck pro Zielgruppe, das Ansprache-Level sinkt unter das kommunikative Grundrauschen und wird nicht mehr wahrgenommen.

Abbildung 55: Pragmatische Form der Zielgruppenreduktion

Falls die finanziellen und personellen Ressourcen nicht reichen, werden die Zielgruppen reduziert, auch wenn es weh tut. Zuerst fallen die Kann-Zielgruppen weg, dann die Soll-Zielgruppen. Nur die Muss-Zielgruppen stehen keinesfalls zur Disposition.

Falls eine Reduktion ratsam ist, geht man von drei Klassen aus. Die Muss-Zielgruppen bilden den Minimal-Radius, darunter darf man nicht gehen. Sie sind Pflicht, denn ohne sie trägt die Kommunikationsstrategie nicht. Wünschenswert wäre, auch noch die Soll-Zielgruppen zu integrieren. So bekäme die Kommunikation mehr Sicherheit. Die Kann-Zielgruppen gehören zum Maximal-Radius. Sie sind Kür, nicht unwichtig, aber auch nicht strategieentscheidend. Muss gekürzt werden, dann setzen wir auf der Kann-Seite an. Reicht das immer noch nicht, dann kürzen wir auch die Soll-Zielgruppen, nur an die Muss-Zielgruppen dürfen wir nicht Hand anlegen, die sind tabu.

z. B. die Zielgruppenstruktur

BusinessBackPack | Konstellation der Zielgruppen

Wer soll in Zukunft erreicht werden? Auf Basis der aktuellen Status-Analyse richten wir die Zielgruppenansprache für unseren neuen Business-Rucksack fokussierter als bisher aus:

Die Kunden als Adressaten der Kommunikation

Primäre Zielgruppen
- „Business People", männlich, mobil, unter 50 Jahre

Sekundäre Zielgruppen
- „Business People", weiblich, mobil, unter 40 Jahre
- Studenten in Wirtschafts- und Business-Studiengängen

Die Multiplikatoren als neutrale Botschafter der Kommunikation

Primäre Zielgruppen
- Zufriedene Rucksack-Nutzer

- Zielgruppenrelevante Wirtschafts- und Business-Medien
- Der Fachhandel und deren Fachverkäufer

Sekundäre Zielgruppen
- Experten für Business-Moden und -Trends
- Bahn und Fluggesellschaften als potenzielle Partner
- Fachmedien der relevanten Wirtschaftsbranchen

Unsere Mitarbeiter als Absender der Kommunikation

Primäre Zielgruppen
- Die Führungskräfte Marketing und Vertrieb
- Das gesamte Team der Marketingkommunikation
- Unsere Vertriebsmannschaft für den Fachhandel

Sekundäre Zielgruppen
- Die Servicemitarbeiter für Internet und Telefon
- Die Kolleginnen und Kollegen in Verwaltung und Produktion

Schritt 4: Zielgruppen charakterisieren

Die Struktur beschreibt die Konstellation der Zielgruppen, die zukünftig angesprochen werden. Es ist eine möglichst einfache, übersichtliche Struktur entstanden. Jedes Zielgruppensegment in der Struktur wurde mit wenigen Merkmalen umschrieben. Doch wer steckt genau dahinter? Wie sind die Zielgruppen eingestellt? Wie verhalten sie sich? Wir wissen es nicht, müssen es aber in Erfahrung bringen, sonst ist keine einfühlsame Zielgruppenansprache möglich. Die Beteiligten brauchen ein klares Bild der Zielgruppen, die keine fremden Größen bleiben, sondern gute Bekannte werden sollen. Das gilt vorrangig für die Empfängerzielgruppen, die den Schlüssel zum Kommunikationserfolg darstellen.

Durch die vielen und hochkomplexen analytischen Methoden der Zielgruppenbestimmung vergessen selbst erfahrene Konzeptionsprofis, worum es eigentlich geht. Zielgruppen sind immer konkrete Menschen mit konkreten Erwartungen und konkreten Bedürfnissen, die ein Produkt, eine Marke, ein Hersteller oder ein Thema bestmöglich befriedigen muss. Um die nötige Nähe zum Menschen herzustellen, können wir mehrere Wege wählen. Wir können mit den Menschen sprechen, die zur Zielgruppe gehören und im direkten Gespräch eine persönliche Beziehung aufbauen und das Gefühl für die Zielgruppe vertiefen. Ein zweiter Weg führt zu den Akteuren im Unternehmen, die in engem Kontakt zu den Zielgruppen stehen. Wir setzen uns mit den Vertriebsleuten, Hotline-Mitarbeitern, Messebetreuern, Pressesprechern zusammen und lassen sie von ihren Erfahrungen mit den Zielgruppen erzählen. Auch das bringt wertvolle Erkenntnisse.

Auf dem dritten Weg sichten wir dokumentierte Informationen zu den Zielgruppen und werten sie aus. Die Informationen liefert der Faktenspiegel. Falls dort adäquate Fakten fehlen, sichten wir das vorhandene Basismaterial. Bringt das auch nichts, ist eine gründliche Nachrecherche erforderlich.

Die Gespräche und das Auswerten der Materialien liefern viele kleine Mosaiksteine zur Charakterisierung der Zielgruppe. Wie geht man nun mit den Steinen um? Zwei Methoden der Charakterisierung stehen offen: die seit Jahren gebräuchliche Methode des klassischen Zielgruppenprofils oder die neue Methode des Persona-Modells.

Abbildung 56: Grundlegende Merkmale von Zielgruppen

Die Zielgruppen werden nicht nur nach demografischen und sozioökonomischen Merkmalen betrachtet, sondern unbedingt auch nach psychografischen und verhaltensbezogenen Merkmalen. Bei den psychografischen Merkmalen spielen die Motive der Zielgruppe eine zentrale Rolle.

Erstellung eines Zielgruppenprofils über grundlegende Merkmalsdimensionen: Seit vielen Jahren charakterisiert man in der Kommunikationsbranche die relevanten Zielgruppen bevorzugt anhand von vier großen Dimensionen:

› **Demografische Merkmale:** z.B. Alter, Geschlecht, Nationalität, Religion, Familienstand, Familiengröße, Wohnort, Arbeitsort.

› **Sozioökonomische Merkmale:** z.B. Einkommen, Vermögen, Bildungsgrad, gelernter und ausgeübter Beruf, Wohnverhältnisse.

- **Psychografische Merkmale:** z. B. Motive, Meinungen, Einstellungen, Wünsche, Werte, Statusbewusstsein, Lebensziele, Vorurteile.

- **Verhaltensbezogene Merkmale:** z. B. Informationsverhalten, Mediennutzung, Kauf, Empfehlung, Loyalität, Entscheidungsverhalten.

Die Zielgruppe gewinnt Profil. Nacheinander werden für jede der vier Dimensionen die typischen Merkmale ausgewählt und zusammengestellt. Nicht alle Merkmale, die für die Zielgruppe zutreffend sind, ziehen wir hinzu, nur die vor dem Hintergrund der Kommunikationsaufgabe prägenden Merkmale spielen eine Rolle. Das Bild der Zielgruppe entsteht mit wenigen Mosaiksteinen. Wir achten darauf, dass sich alle Merkmale belegen lassen. Auf Nachfrage können wir dokumentieren, welche Daten und Fakten dem jeweiligen Merkmal zugrunde liegen.

Eine wichtige Bedeutung innerhalb des Spektrums der Merkmale haben die Motive. Die Motive sind die Beweggründe der Zielgruppen, etwas zu tun oder zu lassen. Sie sind die Treiber, die alle Zielgruppen in Bewegung setzen. In der Kommunikation ist es wie bei jedem Computer, ohne oder mit den falschen Treibern passiert nichts. Es lohnt sich, nicht die üblichen Motive als Stimulierungspunkt für die Ansprache zu nutzen, sondern neue ungewöhnliche Motive als Treiber zu suchen. Beispielsweise ist das Sparmotiv („Geiz ist geil") ein gerne genutztes, aber überstrapaziertes Motiv. In Konzeptionsworkshop wird dieses Motiv oft gleich als Erstes genannt, damit ist es aber keinesfalls das Beste. Die Konzeptionsbeteiligten sollten auf der Spur der Zielgruppen bleiben und überraschende und anziehende Motive finden.

z. B. das klassische Zielgruppenprofil

InnerCityCar: Carsharing

Zielgruppenprofil

Die Agentur hat die Kundendaten von InnerCityCar ausgewertet und aktuelle Studien zum Thema Carsharing und Mobilität ergänzt. In der Gesamtheit ergibt sich ein klares Bild des zukünftigen Nutzers / der zukünftigen Nutzerin. Wer soll bei ICC Mitglied werden?

Demografische Merkmale

- Schwerpunkt zwischen 25 und 39 Jahre, aber nicht über 65 Jahre alt.
- 65 Prozent männliche und 35 Prozent weibliche Fahrer.
- Hauptsächlich Paare, die noch keine Kinder haben.

Sozioökonomische Merkmale

- Überdurchschnittliche Bildung, 60 Prozent mit Abitur und Studium.
- Frei verfügbares Einkommen über 1.800 Euro im Monat.
- Wohnen zentral in einer Miet- oder Eigentumswohnung.

Verhaltensbezogene Merkmale

- Informieren sich über das Internet und über Freunde.
- Lesen nur zu 15 Prozent Tageszeitung, schauen wenig TV.
- Sind kulturell interessiert und in der Freizeit aktiv.
- Bevorzugte Freizeitaktivitäten: Sport, Kino, Konzert und Shopping.
- Nutzen ÖPNV oder Fahrrad für den Weg zur Arbeit.

Psychografische Merkmale

- Sehen das Auto nicht als Prestigeobjekt, sind keine Raser.
- Sind überzeugte Städter und wollen nicht auf dem Land leben.
- Legen Wert auf Umwelt und gesunde Ernährung.
- Vorrangige Motive für eine ICC-Ansprache:
  - Jederzeit ohne Aufwand mobil bleiben
  - Schnell und bequem ans Ziel kommen
  - Als Carsharing-Nutzer Trendsetter sein.

Beschreibung der Zielgruppe über die Persona:[64] Das Persona-Modell entwirft auf Basis von Voranalysen und Zielgruppen-Gesprächen individuelle Steckbriefe. Die Zielgruppe wird zu einem konkreten Individuum, aus abstrakten Zielgruppen werden idealtypische Zielpersonen. Für die Konzeptionsbeteiligten wirkt ihr Gegenüber – die Zielgruppe – plötzlich anschaulich und höchst persönlich, was die Arbeit am Konzept spürbar erleichtert. Die Persona (im Kontext der Marketingkommunikation auch „Buyer Persona" genannt) gibt es schon so lange wie es Kommunikationskonzepte gibt, nur hieß sie früher noch nicht so. Seit einiger Zeit erlebt das Modell einen Aufschwung. Es wird vor allem im Kontext von Online-Kommunikation, Social Media und Content Marketing proklamiert und teilweise zur Wunderwaffe stilisiert. Eine Wunderwaffe ist die Persona nicht, aber ein empfehlenswertes Hilfsmittel, um der Zielgruppen-Definition die nötige Vorstellungskraft zu geben.

Wie entsteht eine Persona? Manche Konzeptionsverantwortliche denken sich die Persona-Profile einfach aus. Man spart so eine Menge Recherchezeit und kann die Fantasie spielen lassen. Das Persona-Modell ist jedoch keine Prosa, sondern ein auf Tatsachen basiertes Profil, das gründlich erarbeitet werden muss. Die Arbeit beginnt in Briefing und Recherche. Schon in der frühen Phase des Konzepts muss man an die Persona denken und die typischen Persönlichkeitsmerkmale sammeln, um später ein schlüssiges Bild bilden zu können. Die Entwicklung der Persona speist sich in der Hauptsache aus zwei Quellen. Erste Quelle sind Marktforschungsdaten, Statistiken, Befragungen und anderes sekundärstatistisches Material. Die zweite Quelle sind Begegnungen mit der Zielgruppe. Man begegnet der Zielgruppe persönlich und macht sich im Gespräch sein eigenes Bild von der Persona. Zunehmend werden hierzu Fokusgruppenbefragungen eingesetzt, um Erwartungen und Wünsche der Personas noch besser zu erkunden.

Im Faktenspiegel und im ergänzenden Basismaterial unter dem Punkt Zielgruppen wurden alle Angaben zur Person gesammelt. Im strategischen Schritt der Zielgruppenbestimmung kommen die Angaben wieder auf den Arbeitstisch und werden in ein persönliches Portrait gefasst. Das Portrait kann sich aus folgenden Facetten zusammensetzen:

› **Name der Person:** Die Persona braucht unbedingt einen passenden Namen. Das darf kein Standardname sein, wie Otto Normalverbraucher oder Lieschen Müller. Auch despektierliche Namen wie Kevin oder Mandy sind verboten. Der Name wird mit viel Liebe für die Person individuell gewählt. In der weiteren Konzeptionsarbeit und der Umsetzung nennen die Konzeptionsbeteiligten die Persona stets bei ihrem Namen. Sie wird zu einer guten Bekannten.

› **Foto der Person:** Nach der Eingabe von z. B. „junger Hipster mit Vollbart" oder „korrekter Mittfünfziger mit Glatze" wirft die Google-Bildsuche unzählige Personenfotos aus. Bestimmt ist eines dabei, das der visuellen Vorstellung der Persona entspricht. Das Bild kommt oben in den Steckbrief der Persona.

› **Demografische und sozioökonomische Merkmale:** z. B. 34 Jahre alt, weiblich, Verhaltenstherapeutin, auf dem Lande zu Hause, Patchwork-Familie, drei Kinder.

› **Einstellung und Haltung:** Vegetan leben, die SPD wählen, sich bei Greenpeace engagieren, einen Organspenderpass haben, Katzenfreundin sein.

› **Kommunikationsverhalten:** z. B. Gesundheitszeitschriften lesen, Arte-TV schauen, auf Facebook aktiv sein, Modeanzeigen in Magazinen beachten.

› **Konsum und Kaufverhalten:** z. B. nicht im Internet, sondern im Laden kaufen, gern Shopping-Bummel machen, am liebsten im Outlet einkaufen, 30 Paar Schuhe besitzen.

› **Motivation:** z. B. will mehr für die Gesundheit tun, erinnert sich gern an die Kindheit, braucht Erfolge im Freundeskreis, hat Angst vor dem Alter.

- › **Typische Zitate:** z.B. „Ich seh´ am liebsten unverschämt gut aus!", „Erst nach drei Wein kann ich die Arbeit hinter mir lassen" oder „Mit den Blumen auf dem Balkon habe ich einfach kein Glück!"

Im Unterschied zur klassischen Profilbildung gibt es bei der Persona kein festes Schema, das abgearbeitet werden muss. Je nach Kommunikationsobjekt und Aufgabenstellung werden Merkmalsfacetten individuell zusammengestellt. Die Persona lässt sich in zwei Formen ins Konzept integrieren. Entweder als Short Story (max. eine Seite) oder als tabellarischer Steckbrief. Die Story macht die Persönlichkeit lebendiger und expressiver, aber vielen liegt es nicht, eine wirklich anschauliche Persona-Story mit wenigen Sätzen auf den Punkt zu bringen. Das Ergebnis liest sich bemüht, manchmal sogar peinlich. Aus dem Grund arbeiten die meisten mit dem Steckbrief, der alle wesentlichen Merkmale stichwortartig erfasst. Die Tabelle sollte schlank bleiben und nur die kennzeichnenden Konturen der Person nachzeichnen.

In manchen Konzepten ist es notwendig, mehrere unterschiedliche Personas zu entwickeln und auf die Bühne der Kommunikation zu stellen. Vorsicht! Je mehr Personen es werden, desto größer ist die Gefahr, dass es den Konzeptionsbeteiligten nicht mehr gelingt, einen persönlichen Bezug aufzubauen. Jede Persona muss ein guter Freund oder zumindest ein netter Nachbar sein, zu dem man einen Draht hat. Diese Regel ist unbedingt einzuhalten, denn ansonsten verliert das Persona-Modell die Gestaltungskraft. Aus dem Grund bevorzugen wir Ein- oder Zwei-Personen-Stücke. Wenn es gar nicht anders geht, dann können es drei bis fünf handelnde Personen werden. Darüber hinaus verzichten wir lieber auf das Modell, denn es entstehen keine echten Beziehungen zu den Personen, man bleibt sich irgendwie fremd.

Die Persona muss eine gute Bekannte werden und uns während der gesamten konzeptionellen Arbeit treu zur Seite stehen. Um das sicherzustellen, schließen wir, sobald der Steckbrief fertig ist, die Augen. Erscheint die Person vor unserem geistigen Auge und kommt sie uns vertraut vor, ist alles okay. Entsteht kein Bild oder bleibt das Bild seltsam blass, dann muss an der Persona noch einmal gearbeitet werden.

Besonders hilfreich ist das Foto der Persona. Wir vergrößern, drucken es aus und hängen es vor uns an die Pinnwand. Während der weiteren konzeptionellen Arbeit bleibt das Foto präsent. Wir sprechen die Person an, unterhalten uns mit ihr und beziehen sie ein. Wir fragen sie: „Was hältst du von der Botschaft, Jasmine?" oder: „Mal ehrlich, Dennis, wie wirkt der Slogan auf dich?" und lauschen auf die imaginäre Antwort. Wir sind beim Konzeptmachen nicht mehr allein, die Persona bildet mit uns ein Team.

In Workshops gehen wir sogar noch einen Schritt weiter. Ist das Verständnis der Persona von entscheidender Wichtigkeit für den Erfolg des Konzepts, dann bitten wir einen Teilnehmer, in die Rolle der Person zu schlüpfen – und das möglichst realistisch. Das Workshop-Team arbeitet beispielsweise an einer Dachbotschaft und die Persona grätscht jählings dazwischen: „Also echt Leute, das ist jetzt voll daneben! Eure Argumentation geht mir so am A ... vorbei!"

Bei aller Begeisterung darf die Persona nie zu üppig ausgemalt oder als Karikatur überhöht werden. Die Fantasie darf die Konzeptionsbeteiligten nicht davontragen. Die Persona ist kein Spielzeug, sondern ein konzeptionelles Werkzeug. Es braucht Disziplin, denn die Persona muss durch und durch authentisch und dokumentarisch bleiben.

z. B. die Persona

Smartphone am Steuer | Die Zielgruppe persönlich

Wer sind die notorischen Smartphone-Nutzer im Auto? Aufgrund einer Delphi-Runde mit Experten haben wir die beiden primären Typen identifiziert, die beim Fahren bevorzugt zum Handy greifen und sich ablenken lassen.

Jessica Rust	Bernd H. Rudolf

› 23 Jahre, ledig, Studentin › Land / Kleinstadt zu Hause › Studium in der nächsten Stadt › Großer Bekanntenkreis	› 35 Jahre, verheiratet, ein Kind › Kundenberater › IT-Branche › Karrierebewusst, ehrgeizig
› Eigenes Auto, Klein- / Mittelklasse › Täglich unterwegs › Zur Uni oder Freizeit › Viele Fahrten, kurze Fahrzeiten	› Wechselnde Fahrzeuge, Oberklasse › Mietwagen, Firmenwagen › Viel geschäftlich unterwegs › Täglich teils längere Fahrten

Jessica Rust	Bernd H. Rudolf
› Smartphone unter 300 € › Facebook und WhatsApp-Nutzerin › Bekanntenkreis pflegen › Private Verabredung über Handy › Austausch mit Studienkollegen	› Teures Smartphone › Geschäftliche Telefonate, SMS › Kunden, Kollegen am Telefon
› Kommunikativ, sozial aktiv › Immer erreichbar sein wollen › Abwechslung beim Fahren › Wenig Problembewusstsein	› Stress, schneller Klärungsbedarf › Termindruck › Gefühl der eigenen Wichtigkeit › Wenig Problembewusstsein

Fotos: © fotolia – milosducati und ldprod

Die Positionierung

Wofür steht das Kommunikationsobjekt?

Der bekannteste Satz des Kommunikationspsychologen Paul Watzlawik lautet: „Man kann nicht nicht kommunizieren." Wir bekennen uns zu der Aussage und erlauben uns, ihn für unsere Zwecke ein wenig umzuformulieren: „Man kann nicht nicht positionieren!"

Sobald ein Kommunikationsobjekt – Unternehmen, Produkt, Person, Dienstleistung etc. – existent ist und öffentlich wahrgenommen wird, positioniert es sich automatisch in den Köpfen der wahrnehmenden Personen. Es geht gar nicht anders. Jemand bemerkt ein Kommunikationsobjekt. Ist das Objekt bekannt und gewohnt, dann wird es im Gehirn einfach durchgewinkt. Ist die Wahrnehmung neu und weicht von der Norm ab? Dann fährt das Gehirn an, vergleicht, bewertet intuitiv und ordnet das Kommunikationsobjekt blitzschnell in eine Schublade ein. In der Regel liegen dem Prozess keine großen Überlegungen und keine rationalen Abwägungen zugrunde, der erste Eindruck zählt und prägt auf Dauer. Die wahrnehmende Person hat sich ein Bild gemacht, das Bild wird in der riesigen Assoziationsbibliothek des Gehirns verankert und kann jederzeit in Bruchteilen von Sekunden wieder aufgerufen werden.

Positionierung lautet der dazugehörige Fachbegriff, der Volksmund sagt: „in eine Schublade einordnen" oder „sich ein Bild machen". Ein Unternehmen, ein Produkt und jedes andere Kommunikationsobjekt werden auf jeden Fall positioniert, ob sie wollen oder nicht. Wer nichts tut, überlässt die Positionierung dem Zufall und landet damit meist in der falschen Schublade. Aus der Schublade wieder herauszukommen, stellt sich als schwierig und langwierig heraus. Deshalb ist es ratsam, das Bild in den Köpfen der Zielgruppen nicht zufälligen Eindrücken zu überlassen, sondern sich bewusst und mit System zu positionieren. Vor diesem Hintergrund kommt der Positionierung eine zentrale Bedeutung für die Kommunikation zu. Sie ist der grundlegende Referenzpunkt für das Kommunikationskonzept. Von dem Punkt aus entwickeln sich alle strategischen, kreativen und operativen Planungen. Die gesamte Kommunikation entfaltet sich aus dem genetischen Code der Positionierung.

Wenn wir in Unternehmen und Institutionen nach der Positionierung fragen, bekommen wir überraschend oft diffuse Antworten. Selbst die Kommunikationsprofis aus den verantwortlichen Fachabteilungen geraten ins Schwimmen und bleiben ungenau. Eine punktgenaue Positionierung ist ein viel diskutiertes Thema und ein gern geäußerter Anspruch, aber nur selten Wirklichkeit.

Das Instrument der strategischen Positionierung wurde in den 1970er-Jahren von Al Ries und Jack Trout in den Vereinigten Staaten entwickelt. Die beiden formulierten es so: „Positionierung ist aber nicht das, was man mit einem Produkt tut. Positionierung ist vielmehr das, was man in den Köpfen der Adressaten anstellt.“[65]

Zur Positionierung gab es später noch eine Vielzahl von Definitionen, die teilweise recht kompliziert klangen. Aber eigentlich ist die von Ries und Trout immer noch die Einfachste und Beste. Die Positionierung beschreibt das angestrebte Bild des Kommunikationsobjekts in den Köpfen der Zielgruppe.

Schauen wir uns die einzelnen Bestandteile der Definition näher an. Positioniert wird das Kommunikationsobjekt, das in der Aufgabenstellung und der Analysephase definiert wurde. Ihm gegenüber stehen die Zielgruppen, die bereits im vorangegangenen Schritt der Strategie eindeutig bestimmt wurden. Sie sind die Fische, denen der Köder (=Positionierung) schmecken soll. Vom Kommunikationsobjekt soll ein Bild in den Köpfen der Zielgruppen entstehen. Das Bild wird angestrebt, die Positionierung ist also eine Soll-Größe und zum Zeitpunkt des Konzepts noch nicht erreicht. Die Kommunikation arbeitet daran, das Bild zu vermitteln und zu verankern. Gleichzeitig soll das Bild unverwechselbar sein. Es ist folglich unbedingt erforderlich, dass sich die Positionierung abhebt und positiv herausragt.[66]

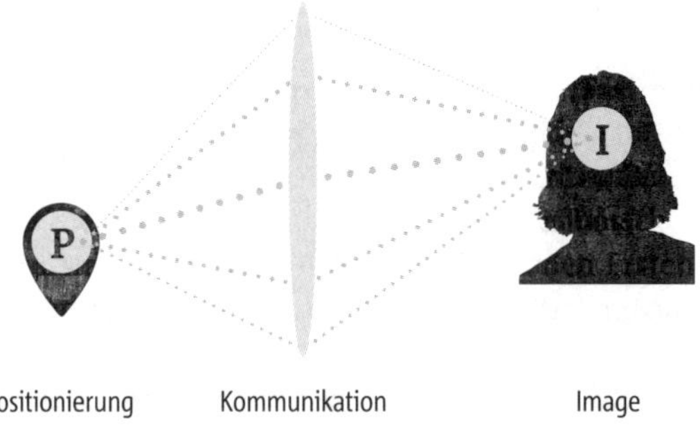

Abbildung 57: Von der Positionierung zum Image

Die Positionierung ist eine konzeptionelle Absichtserklärung, die durch systematische und zielgerichtete Kommunikation als Image (=Abbild) in den Köpfen der Zielgruppen verankert werden soll.

Ein anderes Wort für „Bild in den Köpfen“ ist Image. Image und Positionierung gehören zusammen, bedeuten aber nicht das Gleiche. Auf der einen Seite steht die Positionierung als Bildbeschreibung des Kommunikationsabsenders. Die Positionierung wird durch die gesamte Kommunikationsarbeit auf allen Ebenen transportiert. Auf der anderen Seite steht dann als Ergebnis das

Image in den Köpfen der Kommunikationsempfänger. Intention der Kommunikation ist, dass sich Position und Image entsprechen, Abweichungen sollen frühzeitig erkannt und abgebaut werden.

„Wir wollen aber mit unserer Kommunikation gar kein Image transportieren, sondern nur Sachinformationen weitergeben", hören wir manchmal als Einwand. Das geht nicht. Eine rationale Information lässt sich ohne ein verbundenes emotionales Bild nicht transportieren. Ein solches Vorhaben würde gegen die Konstruktionsprinzipien des menschlichen Gehirns verstoßen und wäre zum Scheitern verurteilt. Wer kommuniziert, muss sich um die Positionierung kümmern. Wer es nicht tut, sondern stur lediglich die Sachinfos vermittelt, der erzeugt damit dennoch ein Image und wahrscheinlich entsteht auf die Weise ein Image, das nicht sonderlich positiv ausfällt.

Wir wollen die Positionierung mit dem Sinnbild des Theaters veranschaulichen: Kommunikation findet auf der öffentlichen Bühne statt. Das Kommunikationsobjekt soll auf der Bühne eine tragende Rolle spielen und das Publikum begeistern. Das Publikum sind in diesem Fall die definierten Zielgruppen. Damit der Auftritt erfolgreich ist, muss die Hauptrolle des Kommunikationsobjekts markant und eindeutig bestimmt sein. Die Kommunikationspositionierung schafft die notwendige Rollenfestlegung. Nur mit einer starken und eindeutig angelegten Rolle kann die anschließende Kommunikationsperformance auf der Bühne Präsenz entwickeln und zum durchschlagenden Erfolg werden.

Die vorangegangenen Spezifikationen zur Kommunikationspositionierung ziehen bereits die Grenze zur Marketingpositionierung. In den 1960er-Jahren kamen immer mehr Produkte auf den Markt und es wurde notwendig, die einzelnen Angebote voneinander abzugrenzen und so den Verbrauchern Orientierung zu bieten. In den 1970er-Jahren wurde die Positionierung in den Vereinigten Staaten fester Bestandteil des Marketings. In Deutschland sprach man zu der Zeit noch von Absatzwirtschaft, es dauerte ein paar Jahre, bis sich auch hier alle auf Marketing umgestellt hatten. Erst in den 1990er-Jahren haben wir Kommunikationsleute die Positionierung dem Marketing abgeschaut und auf unsere Bedürfnisse angepasst. Mit dem Siegeszug der integrierten Kommunikation begann sich die Positionierung dann mehr und mehr durchzusetzen. Vorher regierten in der Public Relations die Kernbotschaft und in der Werbung die sogenannte Copy Strategie mit „Consumer Benefit" (Versprechen), „Reason-Why" (Begründung) und „Tonality" (Stil, Stimmung).[67] Vereinzelt sind die alten konzeptionellen Methodenansätze noch heute anzutreffen.

Ein Beispiel soll den methodischen Unterschied zwischen Marketing- und Kommunikationspositionierung verdeutlichen. Unser Kommunikationsobjekt ist eine energiesparende LED-Birne. Die Marketingpositionierung lautet: „Die erste E27-LED-Birne unter fünf Euro auf dem Markt, die sich in der Lichttemperatur nicht mehr von der traditionellen Glühbirne unterscheidet." Daraus leitet die Kommunikation ihre emotionale assoziationsstarke Positionierung ab: „Das LED-Wohlfühl-Licht für alle, die beim Preis, aber nicht bei der Gemütlichkeit sparen wollen."

Das zweite Beispiel kommt aus einer ganz anderen Ecke. Ein privat betriebenes Schwimmbad positioniert sich im Marketing wie folgt: „Das einzige Schwimm- und Wellnessbad in Glücksstadt und Umgebung, das sich speziell an die Generation 50+ wendet." Die dazugehörige kommunikative Positionierung lautet: „Unser Schwimmbad ist ein Unikat in der Region. Es verspricht Ihnen als Ruhe- und Wellnessoase die reinste Erholung!"

Während die Kommunikationspositionierung ein psychologisches Bild in den Köpfen der Kommunikationsempfänger beschreibt, ist die Marketingpositionierung handfester, sie definiert die möglichst vorteilhafte Stellung eines Anbieters oder eines Angebots in Relation zum Wettbewerb. Im Marketing arbeiten viele Strategen deshalb mit einer Positionierungsmatrix, in der das eigene Produkt und die Wettbewerber räumlich eingeordnet und in Relation gesetzt werden. Diese Art von Matrix wird bisweilen auch für die Kommunikationspositionierung genutzt.

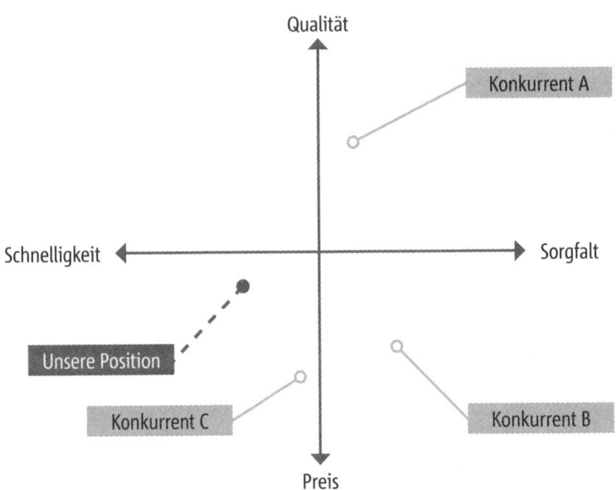

Abbildung 58: Zweidimensionale Positionierungsmatrix

Zwischen vier bestimmenden Wertepolen entsteht das Positionierungsfeld. In dieses Feld wird die Konkurrenz eingeordnet und dann die eigene Position entsprechend davon abgesetzt.

In der Anfangszeit arbeiteten die Strategen mit zweidimensionalen Matrix-Schaubildern. Doch mit zunehmender Anbieterdichte und Angebotsdifferenzierung reichte die einfache Darstellung nicht mehr aus. Die dreidimensionalen Matrix-Modelle kamen ins Spiel. Die Positionierung der einzelnen „Player" wurde nicht mehr auf der Fläche, sondern im Raum dargestellt. Statt zwei Merkmal-Achsen bildete man drei positionierungsrelevante Merkmale ab.

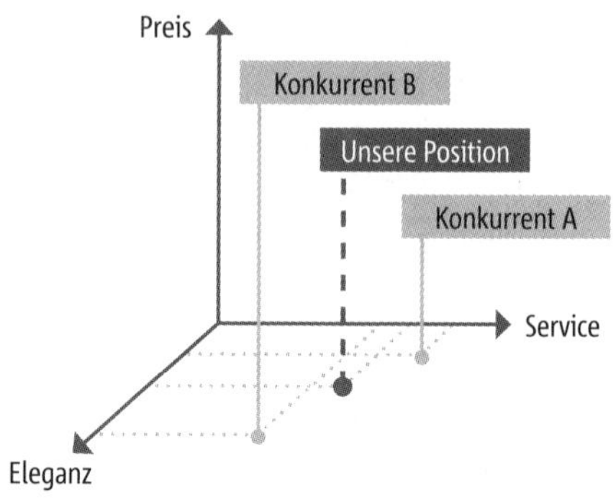

Abbildung 59: Die dreidimensionale Positionierungsmatrix

In komplexen Märkten und Konkurrenzsituationen reichen zwei Dimensionen nicht mehr aus. Die 3D-Matrix erlaubt eine räumliche Einordnung. Diese Positionierungsform ist wie 3D-Schach. Sie sieht erst einmal gut aus, ist aber verdammt schwierig zu konstruieren.

Für die Entwicklung einer Kommunikationspositionierung ist es notwendig, die vorgegebene Marketingpositionierung zu kennen, denn die Kommunikationsposition muss sich an der Marketingposition orientieren. In der Praxis taucht an der Stelle ein Problem auf: Es existiert häufig keine Marketingpositionierung. In der Theorie sollte es sie grundsätzlich geben, in der Praxis ist „Fehlanzeige" die Regel. In neun von zehn Konzeptionsfällen schaut uns unser Auftraggeber ratlos an: „Marketingpositionierung? Was meinen Sie damit?"

Maßgebliche Abgrenzungen

Die Positionierung überschneidet sich mit anderen Modellen der strategischen Kommunikationsplanung. Zum Teil kommen sich die Modelle sogar ins Gehege. Vor allem Einsteiger in die Kommunikationskonzeption reagieren verunsichert. Wir stellen die gängigsten Modelle kurz vor und grenzen sie von der Kommunikationspositionierung ab.

Für die Entwicklung von Markenstrategien hat Franz-Rudolf Esch das Markensteuerrad[68] konzipiert. Eine Marke kann Kommunikationsobjekt und das

Konzept ein Markenkonzept sein. Unter Marke („Brand") ist ein markantes Kennzeichen zu verstehen, dass mit festen Wertvorstellungen verbunden ist und systematisch kommuniziert wird. Esch unterscheidet zwischen Markenidentität als internes Selbstbild einer Marke aus der Sicht des Managements und der Markenpositionierung als externe Aufstellung der Marke in Bezug auf Wettbewerb und Zielgruppe. Als drittes Element der Marke kommt das Markenimage hinzu, das als Ergebnis der Positionierung mit der Zeit in den Köpfen der Zielgruppe entsteht.

© Esch Brand Consultants

Abbildung 60: Das Markensteuerrad

Das Steuerrad hat vier große Richtungen: Markenattribute, Markennutzen, Markentonalität und Markenbild. Bei der Erarbeitung der Markenpositionierung ist unbedingt in der genannten Reihenfolge vorzugehen.

Zur Steuerung der Marke setzt Esch das Markensteuerrad ein. Mit Hilfe des Steuerrades werden die vier großen Markendimensionen bestimmt:

› **Markenattribute:** Über welche Eigenschaften verfügt die Marke?
› **Markennutzen:** Welches Nutzenversprechen bietet die Marke?
› **Markentonalität:** Wie fühlt sich die Marke an?
› **Markenbild:** Wie tritt die Marke auf?

Das Markensteuerrad arbeitet genau und bestimmt alle relevanten Aspekte einer Marke heraus. Die klassische Kommunikationspositionierung ist im Vergleich dazu einfacher und fokussierter. Sie reicht völlig aus für kleine Marken, die mit relativ wenig Aufwand kommuniziert werden. Für größere

Marken, deren Kommunikationsetat im Millionen-Euro-Bereich liegt, oder für anspruchsvolle Marken, die in sensiblen und komplexen Umfeldern zu Hause sind, sollten Unternehmen auf das Markensteuerrad zurückgreifen, um präziser steuern zu können.

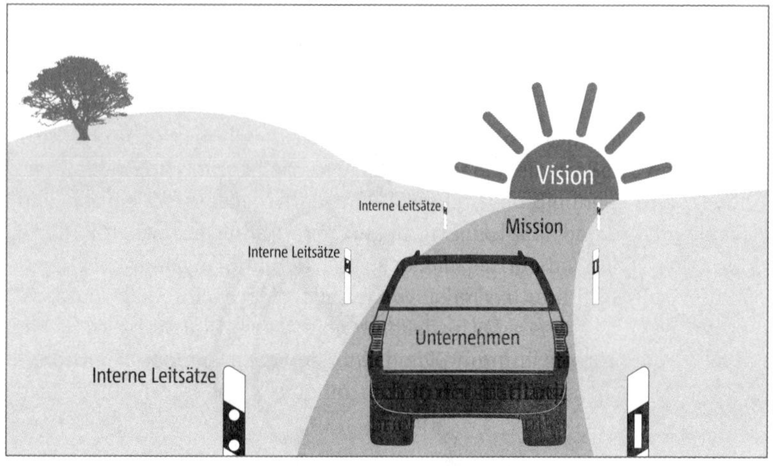

Abbildung 61: Leitbild mit Vision und Mission

Viele Kommunikationsleute haben Probleme, Vision, Mission und interne Leitsätze sauber zuzuordnen bzw. voneinander abzugrenzen. Die obige Illustration gibt eine anschauliche Hilfestellung.

Ein anderes tangierendes Modell ist die Entwicklung des Unternehmensleitbilds mit Vision, Mission und den wertorientierten Leitsätzen.[69] Auch hier besteht eine Nähe zur Kommunikationspositionierung. Das Leitbild hat die Aufgabe, allen Beschäftigen einer Organisation eine gemeinsame Identität zu geben, die im Arbeitsalltag tatsächlich gelebt wird. Alle Mitarbeiter nehmen die gleichen Werte an und arbeiten in ihrem Sinne. Das klassische Leitbild eines Unternehmens besteht im Wesentlichen aus:

› **Vision:** Was treibt uns an? Was ist unser großer Traum?
› **Mission:** Wie lautet unser Auftrag? Wie gehen wir die Vision konkret an?
› **Leitsätze:** Welche Werte vertreten wir, um den Auftrag zu erfüllen?

Vor einigen Jahren war das Leitbild groß in Mode. Viele Unternehmen und Institutionen hatten sich ein Leitbild entwickeln lassen. Bei den meisten ist es nach anfänglicher Euphorie in der Schublade verschwunden und fand kaum noch Beachtung. Nicht selten kamen wir in Unternehmen, wo das Leitbild von den Mitarbeitern verlacht und verspottet wurde. Inzwischen ist eine gewisse Ernüchterung spürbar, die Blütezeit der Leitbildentwicklung scheint vorbei. Das heißt allerdings nicht, dass ein Leitbild überflüssig geworden ist.

In bestimmten Fällen macht es durchaus Sinn. Große Unternehmen mit vielen Beschäftigten brauchen Leitbilder, um ein gemeinsames Wir-Gefühl zu erzeugen. Sinnvoll ist ein Leitbild auch für Unternehmen, die an mehreren Standorten dezentral arbeiten oder für Unternehmen, bei denen zwischen den Kollegen in den einzelnen Unternehmensbereichen (z.B. Verwaltung, Produktion, Forschung) große Kulturunterschiede herrschen. Auch wenn zwei Unternehmen zu einem verschmolzen werden, hilft das Leitbild, eine gemeinsame Identität zu schaffen. Nur muss das Leitbild mit viel Einfühlungsvermögen entwickelt werden und den Mitarbeitern aus der Seele sprechen, sonst macht es sich schnell unmöglich. Partizipation und Fairness im Entwicklungsprozess, Authentizität und Ehrlichkeit bei den Inhalten sind unabdingbar.

Die Leitbildentwicklung mit Vision und Mission ist ein interner Prozess, der sich an den Befindlichkeiten der Kollegen drinnen im Unternehmen orientiert. Dagegen schaut die Kommunikationspositionierung vorrangig nach draußen in Richtung der Zielgruppen. Das Leitbild bezieht sich immer auf ein Unternehmen, eine Organisation oder ein großes Projekt. Die Kommunikationspositionierung kann darüber hinaus auch für Produkte, Dienstleistungen, materielle Gegenstände, immaterielle Werte und Verhaltensweisen entwickelt werden. Sofern es ein verabschiedetes Leitbild im Unternehmen gibt, müssen die Konzeptionsbeteiligten das Bild kennenlernen und die Positionierung daran orientieren. Das mitarbeiterorientierte Leitbild und die zielgruppenorientierte Positionierung dürfen sich nicht widersprechen.

Fehlt noch ein drittes klassisches Modell, das eine verwandtschaftliche Nähe zur Kommunikationspositionierung aufweist. Das Stichwort lautet: Corporate Identity.[70] Das CI-Modell wird seit über 30 Jahren im Bereich von Wirtschaft und Management viel diskutiert und zitiert. In letzter Zeit ist es um das Modell etwas ruhiger geworden. Offiziell betonen alle Unternehmen, dass sie großen Wert auf Corporate Identity legen. Schaut man hinter die Kulissen, fällt auf, dass viele sich mit dem Modell schmücken, aber nur wenige es wirklich leben. Gern wird dabei auch Corporate Identity mit Corporate Design verwechselt.

Corporate Identity geht davon aus, dass jedes Unternehmen ein soziales Wesen repräsentiert, das den Regeln des sozialen Zusammenlebens unterworfen ist und deshalb mit eindeutiger Persönlichkeit auftreten und sich konsistent verhalten muss. Das CI-Modell wurde im Laufe der Zeit mehrfach erweitert und variiert. Das klassische Grundmodell unterteilt die Corporate Identity in drei Bereiche:

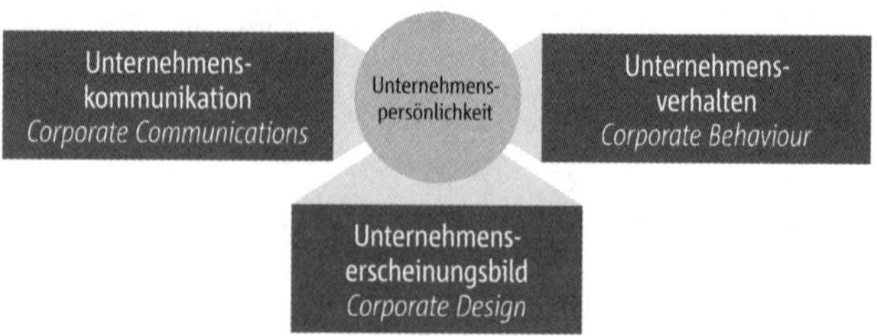

Abbildung 62: Die Corporate Identity

Im Sprachgebrauch wird Corporate Identity gern mit Corporate Design gleichgesetzt. Man spricht vom CI, meint aber in Wirklichkeit nur das CD. Die Corporate Identity ist viel mehr und viel ambitionierter als nur eine Antwort auf die Gestaltungsfrage.

› **Corporate Design:** Die einheitliche Gestalt des Unternehmens auf allen sinnlichen Ebenen, also nicht nur visuell, sondern durchaus auch akustisch, haptisch und olfaktorisch.

› **Corporate Communications:** Die einheitliche, abgestimmte Kommunikation des Unternehmens in allen Kommunikationsbereichen von PR und Werbung über Event und Promotion bis hin zu Online und Social Media.

› **Corporate Behaviour:** Das einheitliche, konsistente Auftreten des Unternehmens und seiner Mitarbeiter gegenüber Öffentlichkeit und Zielgruppen.

In Erweiterungen des Modells kamen später Elemente wie Corporate Culture, Corporate Imagery, Corporate Language, Corporate Philosophy und mehr dazu. Das Corporate Identity-Modell kann für Unternehmen und jede andere Art von Organisationen angewendet werden. Auch bei größeren Projekten und Kooperationen ist es möglich, dem Auftritt eine schlüssige Corporate Identity zu geben. Die Positionierung passt in diesen Kontext, denn sie hilft, dem Kommunikationsobjekt eine Corporate Identity zu geben. Sie ist ein einfach zu handhabendes Instrument, um die CI in der Praxis umzusetzen. Die Identität wird durch die Positionierung mit einem einfachen, markanten Bild beschrieben, welches in den Köpfen der Zielgruppe verankert werden soll. Aus dem Referenzpunkt der Positionierung heraus entwickeln sich dann im weiteren Prozess die Gestaltung (Corporate Design), die konkreten Kommunikationsaktivitäten (Corporate Communication) und die Verhaltensregeln (Corporate Behaviour).

Alleinstellungsmerkmale

„Wo könnte unsere Alleinstellung liegen?" – Diesen beschwörenden Satz hören wir immer wieder, wenn über die passende Positionierung diskutiert wird. Die Alleinstellung ist für die meisten Unternehmen nach wie vor der Dreh- und Angelpunkt der Positionierung. Da es jedoch immer mehr Akteure im Kommunikationsumfeld gibt, die immer mehr Angebote mit immer mehr Kommunikation proklamieren, wird es zunehmend schwerer – teilweise unmöglich – eine sattelfeste Alleinstellung zu finden.

Unternehmen analysieren ihr Angebot, die Mitbewerber und den Markt und müssen dann feststellen, dass sie faktisch keine Alleinstellung haben. Eigentlich bieten im Markt alle das Gleiche, Unterschiede sind graduell und für den Außenstehenden nicht erkennbar. Ist damit für die Positionierung alles verloren? Nein, denn wir befinden uns auf dem Terrain der Kommunikation. Hier geht es nicht um eine tatsächliche Alleinstellung, sondern um eine wahrgenommene Alleinstellung. Die Unterscheidung ist wichtig. Sie gibt der Kommunikationskonzeption erheblich mehr Spielraum.

Bestimmte Angebotsmerkmale sind in der Realität bei vielen Marktanbietern zu finden, aber in der Analyse fällt auf, dass sie in der Kommunikation von niemandem so richtig besetzt werden. Dann lässt sich daraus ein Alleinstellungsmerkmal machen. Die Kommunikation besetzt das Merkmal und hebt sich damit in der Wahrnehmung von allen anderen ab. Nicht die Realität ist entscheidend, sondern die Wahrnehmung. Im regionalen Markt für Mineralwasser kommuniziert der Konkurrent A über Reinheit, Konkurrent B über regionale Herkunft und Konkurrent C über den Preis. Der neue Mitbewerber D besetzt das noch freie Feld Fitness. Alle anderen Mineralwässer machen faktisch genauso fit, aber sie kommunizieren es nicht explizit. Damit ist die Position frei und kann besetzt werden.

Oder es gibt zwei Merkmale, die zwar von allen anderen ebenfalls kommuniziert werden, aber nie in Kombination. Unser Anbieter ist der Erste auf dem Markt, der die Verbindung herstellt und kommuniziert. Auch so kann man sich erfolgreich von anderen abheben. „Unser Expresslieferservice bringt frisch zubereitete Gaumenfreuden in 30-Minuten-Rekordzeit auf Ihren Tisch." Andere schaffen das auch, doch der Lieferservice verbindet exklusiv in seiner Kommunikation die frische Zubereitung mit der hohen Liefergeschwindigkeit zu einer schlagkräftigen Einheit. Damit setzt er sich von den anderen ab.

Der Interpretationsspielraum der Positionierung darf jedoch nicht so weit gehen, dass man den Zielgruppen schlichtweg „blauen Dunst" vormacht und ein Alleinstellungsmerkmal frei erfindet. In der Werbung mit bestimmten Konsumgütern sind solche Praktiken gängig, im gesamten Rest der Kommunikationswelt fallen sie dem Kommunikationsabsender schnell auf die Füße. Wer sich mit der Positionierung zu weit aus dem Fenster lehnt, der fällt tief. Denn jedes Positionierungsmerkmal ist immer auch ein Leistungsversprechen und wer das nicht hält, verliert schnell das Vertrauen.

Manchmal fragt uns der Auftraggeber: „Wenn es eine tatsächliche Alleinstellung gibt, die auf überprüfbaren Fakten beruht, muss diese auf jeden Fall bevorzugt werden?" Nicht unbedingt! In zwei Ausnahmefällen sollten die Beteiligten überlegen, ob sie auf die faktische Alleinstellung zugunsten einer gefühlten Alleinstellung verzichten. Bei der ersten Ausnahme prüfen sie, wie stark die möglichen Alleinstellungen in den Köpfen der Zielgruppe wirken. Sobald eine gefühlte Alleinstellung deutlich mehr emotionale und assoziative Power hat als eine faktische Alleinstellung, empfehlen wir, sich gegen die echten Fakten und für das starke Gefühl zu entscheiden.

Bei der zweiten Ausnahme besitzt unser Auftraggeber zwar eine faktische Alleinstellung, aber ein dreister Konkurrent proklamiert sie bereits vehement für sich, obwohl er die Alleinstellung in Wirklichkeit gar nicht hat. Der Entschluss frontal anzugreifen, um den Mitbewerber aus der unberechtigt besetzten Position zu verdrängen, würde viel Kraft kosten. Daher kann es klüger sein, auf die faktische Alleinstellung zu verzichten, dem Mitbewerber seine Position zu überlassen und auf ein noch freies Feld zu setzen.

Die Alleinstellung kann sich in vielerlei Gestalt manifestieren – als USP (Unique Sales Proposition) bei den Marketingleuten, als UCP (Unique Communication Proposition) in der PR-Branche oder als UAP (Unique Advertising Proposition) bei den Werbern.[71] Auch der UMP (Unique Marketing Proposition) und der UPP (Unique Preference Proposition) sind uns schon begegnet. Am gebräuchlichsten – und mit einer mythischen Aura versehen – ist der USP, das einzigartige Verkaufsversprechen. Auch, wenn er im Sprachgebrauch der Branche noch immer sehr lebendig wirkt, ist die Einzigartigkeit des USPs ein Relikt der Vergangenheit. In den 1940er-Jahren wurde er vom amerikanischen Werbepionier Rosser Reeves das erste Mal beschrieben[72], erst in den 1960er Jahren setzte er sich durch und wurde zur wichtigen Konstante für die strategische Planung. Damals hatte er seine Berechtigung. Inzwischen hat ihn die Entwicklung überrannt. Es gibt so viele Anbieter mit unzähligen gleichartigen Angeboten – und damit verschwindet der USP in der Masse. Und wenn wir in unserer Praxis endlich mal auf einen USP stoßen, der tatsächlich „unique" ist, dann hält er sich nur kurze Zeit. Die Mitbewerber werden sofort aktiv und nivellieren den Vorsprung binnen kürzester Zeit.

Eine interessante Weiterentwicklung des USP hat Prof. Volker Trommsdorff von der Technischen Universität Berlin entwickelt: den sogenannten CIA

(Corporate Innovation Aspect).[73] Die Idee dahinter: Einerseits braucht die Kommunikation Neuigkeitswert, denn Neuigkeiten führen zu hoher Aufmerksamkeit. Andererseits ist eine nachhaltig wachsende Wirtschaft nur über ständige Innovationen zu erreichen. Innovationen schaffen Mehrwert – und Mehrwert ermöglicht Wachstum. Unternehmen und Institutionen sind gehalten, ihre Angebote andauernd weiterzuentwickeln und zu erneuern. Aus dem permanenten Innovationsprozess entsteht ihr Vorsprung. Der jeweilige Vorsprung bringt eine Alleinstellung und die kann offensiv kommuniziert werden. Die Positionierung über den CIA lässt sich im Forschungsbereich oder in dynamischen Innovationsbranchen gut realisieren. Darüber hinaus wird es jedoch schwierig. Denn in Wirklichkeit haben viele Unternehmen beim Thema Innovation Nachholbedarf, weil die nötige Investitionsbereitschaft fehlt. Bei der Mehrheit unserer Konzeptionsaufträge gibt es zu wenig Fortschritt, um einen echten CIA herauszuarbeiten.

Die Positionierung stammt aus dem Marketing und das Marketing macht seine Sicht seit jeher am Wettbewerb fest. Der Wettbewerbsgedanke prägt USP, CIA und alle anderen Positionierungsstrategien und diese Prägung hat auch auf die Kommunikation abgefärbt. So kommt es, dass sich Kommunikationsstrategien oft zu stark auf den Nukleus der Mitbewerber fixieren und die Positionierung allein daran ausrichten. Keine Frage, es ist wichtig, das Kommunikationsumfeld mit den anderen um Aufmerksamkeit konkurrierenden Mitbewerbern im Blick zu behalten, aber es ist nicht alles entscheidend. Denn wir stellen in unserer Praxis fest, dass die Zielgruppe die Wettbewerbskonstellation überhaupt nicht auf dem Schirm hat, dass sie das Angebot am Markt nicht überblicken und vergleichen kann. Kognitive Wahrnehmungen, emotionale Prägungen und konative Verhaltensweisen der Zielgruppen sind nicht primär vom Wettbewerb abhängig. Das klassische Wettbewerbsmodell läuft den Prozessen in den Köpfen der Zielgruppe zuwider.

Deshalb trennen sich immer mehr Kommunikationsleute bei der Entwicklung der Positionierung von der Fixierung auf den Wettbewerb. Sie richten sich stattdessen auf die Zielgruppe aus. Die Zielgruppe will Belohnungen gewinnen und Gefahren vermeiden. Sie hat individuelle Bedürfnisse, Einstellungen, Wünsche und Motive, die ihr Handeln prägen. Eine erfolgreiche Positionierung stellt sich mit viel Einfühlungsvermögen darauf ein.

Entwicklung der Positionierung

In der strategischen Konzeptionsarbeit gibt es zwei Darstellungsmöglichkeiten für die Positionierung. Zum einen die grafische Darstellung in Form eines Positionierungsschaubilds („Positioning Matrix"), so wie sie im Marketing angewendet wird. Oder die textliche Beschreibung des angestrebten Bildes in den Köpfen der Zielgruppe durch eine Positionierungsaussage („Positioning Statement").[74]

Positionierungsmatrix: Bei der Positionierungsmatrix arbeitet die Kommunikation in der Hauptsache mit zweidimensionalen Matrix-Schaubildern – nur im Ausnahmefall kommt in der Matrix die dritte Dimension dazu. Bei der zweidimensionalen Matrix liegt die Kunst darin, die richtigen Gegensatzpaare für die beiden Achsen zu bestimmen. Bei der Wahl der Achsenbezeichnungen kann man wettbewerbsorientiert vorgehen und die bestimmenden Dimensionen des Marktes an die Spitzen der Matrix schreiben. Oder man geht zielgruppenorientiert vor und macht die Hauptbeweggründe der Zielgruppe zu Achsenbezeichnungen. Die anschließende Bestimmung der Position in die Matrix erfolgt in der Regel intuitiv. Die Erkenntnisse der Analyse dienen als Orientierungsgrößen für die Bestimmung. Zwar gibt es auch mathematische Modelle zur Einordnung, sie werden in der Praxis aber nur selten angewendet.

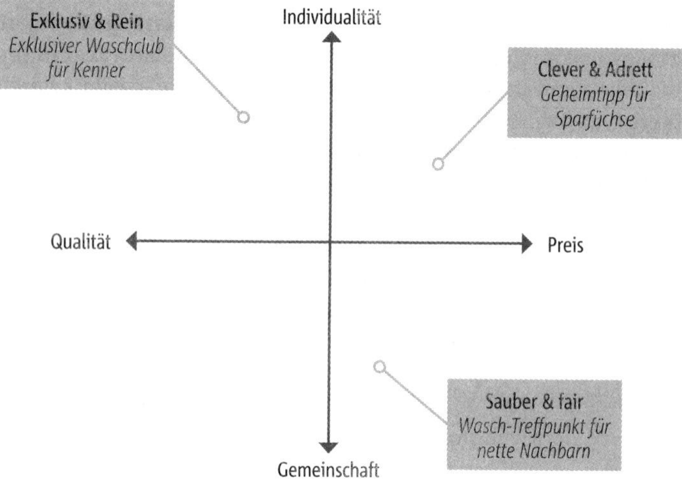

Abbildung 63: Zielgruppenorientierte Positionierung eines Waschsalons

Die Motive der Zielgruppe pendeln zwischen Qualität und Preis, Individualität und Gemeinschaftsgefühl. Aus dieser Konstellation ergeben sich drei mögliche Positionierungen. Welche ist am erfolgversprechendsten?

Die grafische Positionierung in einer Matrix macht Sinn, wenn man unterschiedliche Positionen in Relation zueinander setzen will. Im Wesentlichen sind vier Arten von Relationen möglich:

› **Wettbewerbsrelation:** Die Matrix visualisiert die Position des Kommunikationsobjekts in Vergleich zu den Mitbewerbern. Wie setzt sich die eigene Position vom Wettbewerb ab? Für die Positionierung ist eine Wettbewerbsanalyse Voraussetzung, die in der Analysephase durchgeführt wird. Auch darf die Zahl der Mitbewerber nicht zu groß sein, da ansonsten die Relationen unübersichtlich wirken.

› **Zeitrelation:** Die Matrix zeigt beispielsweise die Position des Kommunikationsobjekts vor drei Jahren, in der Gegenwart und in drei Jahren. Wohin soll sich die Position über die Jahre entwickeln? Der Zeitvergleich sollte mit Bedacht eingesetzt werden. Wir kennen Matrixmodelle, da wurde die Position des Unternehmens in nur einem Jahr quer über die gesamte Matrix in Idealstellung verschoben. Das macht sich gut beim Auftraggeber, hat aber mit der Realität wenig zu tun. Änderungen der Position sind meist langwierig und brauchen Zeit.

› **Zielgruppenrelation:** Die dritte Relation setzt bei den Zielgruppen an. Welche Position will man in den Köpfen der Menschen einnehmen? Die Zielgruppen werden von emotionalen Beweggründen angetrieben. Die Matrix bildet mehrere Positionierungsvarianten ab, die jeweils einen anderen emotionalen Treiber der Zielgruppe ansprechen. Das Kommunikationsobjekt kann sich z. B. über individuelle oder soziale, dominante oder hedonistische Motive ganz unterschiedlich in Position bringen.

Positionierungsaussage: Der zweite Weg zur Darstellung der Positionierung geht über eine Positionierungsaussage. In der Regel wird bei dieser Variante die Positionierung mit wenigen Worten, in einem oder zwei Sätzen auf den Punkt gebracht. Es entsteht eine kurze, signifikante Bildbeschreibung – beschrieben wird das Bild, das wir in den Köpfen der Zielgruppe verankern wollen. In bestimmten Fällen kann man das Gebot der Kürze auch bewusst durchbrechen und die Positionierung mit Hilfe des Storytellings in eine komplette Story fassen. Aber selbst hier gilt die Regel, dass die Länge der Story eine DIN-A4-Seite nicht übersteigen darf.

Viele Positionierungsaussagen lesen sich wie ein Slogan. Die Positionierung ist jedoch kein Slogan (vielmehr entwickeln die Kreativen später aus der Positionierung den Slogan), sondern eine strategische Festlegung, die allen Beteiligten einen fixen Referenzpunkt für die Kommunikationsarbeit bieten soll. Die Positionierungsaussage kommt in der Formulierung nie in die Kommunikation. Deshalb kommt es nicht primär darauf an, werblich vollmundige Sätze zu formulieren, sondern Identität und Intention der Positionierung auf einen markanten Nenner zu bringen. Damit die Positionierung den Beteiligten zu Herzen geht und ihr Handeln prägt, empfiehlt es sich allerdings, keine banalen, langweiligen Sätze zu formulieren, sondern der Positionierung einen kleinen Spin zu geben, der aufhorchen lässt. Alle sind angetan. Sie können sich die Umsetzung der Position lebhaft vorstellen und bekommen Lust, daran mitzuarbeiten.

Die richtige Positionierungsaussage fällt nicht vom Himmel, sie wird aus den Erkenntnissen der Analyse entwickelt. Ideal eignet sich hierzu die SWOT-Analyse. Das Hauptaugenmerk liegt auf dem Stärkenfeld der SWOT und die Faustregel lautet: „Positioniere über die Stärken!“ Das ist logisch, denn die Stärken sind Trumpfkarten, mit denen man die besten Aussichten hat, das Spiel zu gewinnen. Sich über die Schwächen zu positionieren, dürfte nicht von Erfolg gekrönt sein.

Die Konzipierenden gehen folglich in das Feld Stärken ihrer SWOT-Analyse und wägen die Möglichkeiten ab. Sie arbeiten alle Stärken durch und wählen aus. Dabei ziehen sie genau die Stärken heraus, die das Kommunikationsobjekt besonders machen und Unterscheidungsmerkmale aus dem Blickwinkel der Zielgruppe beinhalten. Am Ende des Auswahlprozesses bleiben alle Stärken übrig, die sich unterscheiden und für das Besondere des Kommunikationsobjekts stehen.

Wie geht es weiter? Die methodische Regel lautet: „Konzentriere dich auf eine Stärke und bringe sie vorteilhaft in Position!“ Im Idealfall ist die Zuspitzung auf eine einzige Stärke der richtige Weg und sollte bevorzugt werden. In der Realität stellt man jedoch fest, dass egal, welche Stärke man nimmt, diese eine Stärke allein nicht genügend trägt. Die gewählte Position wäre instabil. Deshalb erlaubt die Konzeptionsmethodik, zwei oder drei Stärken miteinander zu kombinieren. In Kombination werden die Stärken nicht einfach nebeneinandergestellt, sie sind miteinander verbunden und gehen vielleicht sogar eine Symbiose ein. An dieser Stelle der Positionsbestimmung lohnt es sich, in das Feld Chancen der SWOT zu schauen. Nicht selten findet sich dort eine Chance aus dem Umfeld, die ideal zur Stärkenkombination passt und dieser enormen zusätzlichen Auftrieb gibt. Dann lässt man die Chance in die Positionierung einfließen.

Es ist jedoch bei Höchststrafe verboten, mehr als drei Stärken in die Positionierung zu packen. Mag die Auswahl an Stärken auch noch so groß und verführerisch sein, eine Positionierung als „eierlegende Wollmilchsau“ ist unbedingt zu vermeiden. Wer mit zu vielen Merkmalen positioniert, der verwischt das Bild und hinterlässt einen verschwommenen Eindruck. Trotz dieser Risiken sympathisieren unsere Auftraggeber mit der breiten Auswahl, denn da steckt alles drin, was ihr Unternehmen ausmacht. Die Konsequenz ist, dass die Zielgruppe mit der Positionierung nichts anfangen kann, sie ist ihr zu sperrig und passt in keine Schublade im Gehirn. Die Zielgruppe ignoriert die angestrebte Positionierung und macht sich ihr eigenes Bild.

Wir können an dieser Stelle Entwarnung geben: Man braucht nie mehr als drei Stärken, um eine schlagkräftige Positionierung zu bilden. Wir sind bisher immer damit ausgekommen. Der eigentliche Knackpunkt bei der Positionierung liegt ganz woanders. Probiert man verschiedene Kombinationen von Stärken aus, behält dabei die Chancen im Blick, dann ergeben sich immer mehrere Positionierungsvarianten, die alle Erfolg versprechen. Jede Variante hat etwas. Nur welche soll man nehmen? Welche eignet sich am besten?

Um den Charakter einer Positionierungsaussage zu verdeutlichen, schließen wir drei unterschiedliche „Positioning Statements" an. Wir stellen jeweils einem methodisch bedenklichen Statement ein richtiges Statement gegenüber::

› **Positionierung einer Bank:** *Bedenklich:* „Unsere Privatbank will doppelt so stark wachsen wie der nationale Markt und das bei 15 Prozent mehr Profit." Die Positionierung ist nicht an der Zielgruppe, sondern an der Bank selbst orientiert. Man spielt mit den Muskeln und nimmt eine Dominanzpose ein. Das funktioniert nicht! Eine gute Positionierung repräsentiert kundenrelevante Werte. *Richtig:* „Unsere Privatbank versteht sich als Kompetenzführer in der Honorarberatung von Privatkunden. Wir überzeugen durch faire Beratung und nicht durch fette Boni!"

› **Positionierung eines Chemie-Dienstleisters:** *Bedenklich:* „Wir sind der führende Chemie-Dienstleister im Petro-Bereich und haben einen Exzellenz-Vorsprung auf allen Märkten der Welt." Stellt sich die Frage: Warum führt der Chemie-Dienstleister und was haben die Kunden davon? Die Antwort bleibt die Positionierung schuldig. *Richtig:* „Mit unseren innovativen Kontroll-Lösungen sind wir der führende Chemie-Dienstleister im Petro-Bereich. Von diesem Vorsprung profitieren unsere Kunden aus aller Welt, denn ihre Petro-Anlagen erzielen über 99,7 Prozent Wirkungsgrad."

› **Positionierung eines IT-Serviceteams:** *Bedenklich:* „Unser erfahrenes Serviceteam ist rund um die Uhr für unsere Kunden da und bietet alles aus einer Hand." Das sind lauter Allgemeinplätze. Sie beschreiben eine Positionierung, die sich niemand merken kann und die keinen Eindruck hinterlässt. Generische Positionierungen sind vergeblich. *Richtig:* „Wir sind Ihre schnelle Eingreiftruppe. Für jedes IT-Problem haben wir den praxiserprobten Profi, der Tag und Nacht innerhalb von 60 Minuten zur Stelle ist. Unsere Kunden können sich entspannt zurücklehnen."

z. B. die Positionierung

Positionierung der Ärztezentrale Mitte

Unsere zukünftige Positionierung leitet sich aus dem Lagebild der SWOT-Analyse ab und setzt den Hebel bei den maßgeblichen Stärken und Chancen an:

Unsere Stärken	Unsere Schwächen
› Alle wichtigen Fachärzte vor Ort › **Termine max. innerhalb 4 Wochen** › **Express-Sprechstunde für akute Fälle** › Angenehme Atmosphäre › Zentrale Stadtlage › Moderne, technische Ausstattung › Lange Öffnungszeiten › **Keine Bevorzugung von Privatpatienten** › **Freundliche, einsatzfreudige Ärzte**	› Fast alles junge Ärzte › Wenig Stammpatienten › Ärzte im Haus nicht ausgelastet › Mängel beim Orientierungssystem › Keine Klimaanlage im Sommer › Kein Angebot Komplementärmedizin
Chancen im Umfeld	**Risiken im Umfeld**
› Bevölkerung der Stadt altert stark › Gesundheitsbewusstsein steigt › Generationswechsel, Praxen schließen › Unterstützung durch Krankenkassen › **Konkurrenzcenter: bis zu sechs Monate Wartezeit**	› Nachbarschaft wenig attraktiv › Keine Apotheke im Umfeld › Konkurrenzcenter hat erfahrene Ärzte › Verstärktes Marketing der Ärzteschaft › Vorurteil: Anonymität Ärztezentren

Mit der Positionierung grenzen wir uns klar vom zweiten lokalen Ärztecenter als Hauptkonkurrenten ab. Alle Kommunikationsaktivitäten arbeiten ein Rollenverständnis heraus, das den Zeitvorsprung gegenüber der Konkurrenz in den Brennpunkt rückt:

Gesundheit kann nicht warten!

In der Ärztezentrale Mitte läuft die Behandlung flott, fair und freundlich.

Die Positionierung ist eine strategische Festlegung und noch keine werbliche Aussage.

Check der Positionierung

Zwar hat der Prozess der Positionierung viel mit Intuition und Erfahrungswerten zu tun, aber wenn es um die endgültige Bestimmung der strategischen Positionierung für die Kommunikation geht, sollte man sich nicht allein auf die eigene Intuition verlassen. Es ist ratsam, alle in Frage kommenden Positionierungsvarianten einem kurzen Eignungscheck zu unterziehen.

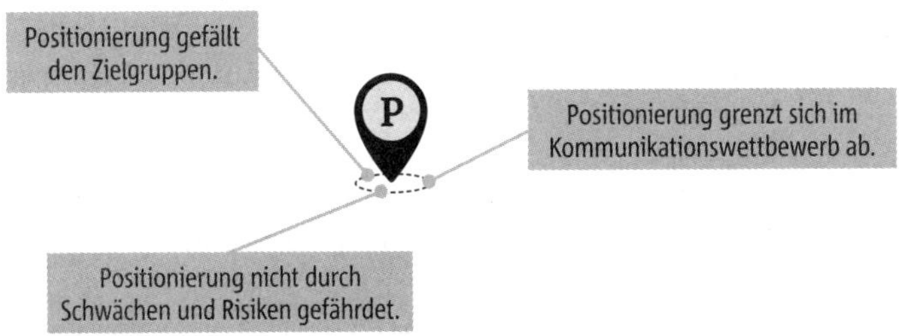

Abbildung 64: Die Positionierung überprüfen

Eine Positionierung ist nie unangefochten und frei. Es wirken immer Kräfte auf sie, positive wie negative Kräfte. Die Kräfte gehen von der Zielgruppe, der Konkurrenz, den externen Risiken und den eigenen Schwächen aus. Damit die Positionierung dauerhaft Bestand hat, muss die Kräftekonstellation überprüft werden.

Drei Checkpunkte werden bei jeder Positionierung untersucht und bewertet. An erster und wichtigster Stelle steht der Check der Zielgruppe:

› **Position passt zur Zielgruppe:** Die Zielgruppe wird von ihren Motiven angetrieben. Nur wenn die Positionierung erfolgreich an ein starkes Motiv der Zielgruppe andockt, kann die Kommunikation erfolgreich sein. Im vorangegangenen strategischen Schritt zu den Zielgruppen wurden die Motive bestimmt. An dieser Stelle heißt es nun, die Motive und die möglichen Positionierungsvarianten nebeneinanderzustellen und zu vergleichen. Nur eine Positionierung, die direkt auf ein starkes Motiv einzahlt, hat Erfolgschancen. Alle Positionierungen ohne Motivkopplung werden gestrichen.

› **Position nicht durch Schwächen oder Risiken gefährdet:** Eine Positionierung sollte eine starke ungefährdete Stellung bekommen, die längere Zeit stabil bleibt. Sobald eine eigene Schwäche oder ein Risiko im Umfeld direkt mit der Positionierung korrespondiert und erhebliche Gegenkräfte entwickelt, wird es gefährlich. Die Positionierung könnte aus dem Gleichgewicht geraten und bei der Zielgruppe ein schiefes Bild abgeben. Daher muss geprüft werden, ob es tangierende Schwächen und Risiken gibt. Falls es sie gibt, müssen sie mit kommunikativen Mitteln ausgeschaltet werden. Falls sie sich nicht ausschalten lassen, dann ist die entsprechende Positionierungsvariante nicht geeignet und wird ausgesiebt. Die Zahl der möglichen Varianten verringert sich weiter.

› **Positionierung grenzt sich vom Kommunikationswettbewerb ab:** Es geht an der Stelle nicht um den Marketing-, sondern um den Kommunikationswettbewerb. Entscheidend ist nicht, welche Stärken ein Konkurrent hat, sondern welche Stärken er kommuniziert. Wir haben in der Analysephase den Wettbewerb in Augenschein genommen. Die Ergebnisse nutzen wir, um zu überprüfen, ob ein relevanter Mitbewerber eine Position aus den möglichen Positionierungsvarianten bereits mit Nachdruck besetzt. Wenn ja, dann kann man zwar kontra geben und versuchen, dem Konkurrenten die Positionierung streitig zu machen, aber das kostet viel Zeit und Geld. Im Regelfall empfiehlt es sich, die bereits von anderen besetzten Positionierungsvarianten zu streichen.

Am Ende des Checks hat sich die Zahl der möglichen Positionen erheblich verringert. Wenn mehr als eine Variante übriggeblieben ist, dann unterscheiden wir uns für die Position, die strategisch und kreativ die meisten Entwicklungsmöglichkeiten bietet und das Talent für eine frische, lebendige Kommunikationsarbeit hat.

Arten der Positionierung

Wer sich mit dem Konzeptionsinstrument der Positionierung auseinandersetzt, stößt auf verschiedene Arten der Positionierung mit unterschiedlichen Funktionen. In einem Überblick stellen wir die wichtigen Arten vor und ordnen sie ein.

Die Ist-Positionierung bestimmt die gegenwärtige Position hier und heute. Im Gegensatz dazu schaut die Soll-Positionierung nach vorne und beschreibt die angestrebte Position des Kommunikationsobjekts am Ende der Planungsperiode. Die Ist-Positionierung ist Thema der Betrachtung in der analytischen Arbeit. Die Soll-Positionierung gehört in die Strategie. Soll-Positionierungen weisen in die Zukunft und entwickeln Ehrgeiz. Die Position ist noch nicht erreicht, sie wird mit aller Kraft angestrebt. Um die nötige Kraft zu entwickeln, wird eine Soll-Positionierung stimulierend und ambitioniert formuliert.

Es gibt strategische, aber auch taktische Positionierungen. In der Regel ist die Positionierung in einem Kommunikationskonzept strategisch angelegt. Sie bleibt langfristig über mehrere Jahre stabil und ist „kein Hemd, das man ständig wechselt". In bestimmten Situationen kann es im Konzept aber zusätzlich eine taktische Positionierung geben. Ausgehend von der strategischen Positionierung wird aufgrund eines akuten Anlasses für einen gewissen Zeitraum eine anlassadäquate taktische Position bestimmt. Zum Beispiel ist ein Unternehmen in eine Krisensituation und in mediale Bedrängnis geraten. In den Tagen und Wochen der Krise wird eine taktische Position des Unternehmens für die Krisenkommunikation bestimmt, um die Probleme besser in den Griff zu bekommen. Oder der Bundespräsident besucht einen gemeinnützigen Verein. Das ist die einmalige Chance für den Verein, denn zahlreiche Journalisten und VIPs werden in Begleitung kommen. Da lohnt es sich, speziell für diesen Anlass die vorhandene Positionierung zu schärfen.

Bei der Umpositionierung existiert bereits eine Position. Sie wurde bereits über einen längeren Zeitraum kommuniziert und soll korrigiert oder weiterentwickelt werden. Zwischen alter und neuer Position besteht ein Zusammenhang und es ist Kontinuität erkennbar. Das Kommunikationsobjekt wird durch systematische Kommunikation von der einen in die andere Position behutsam verschoben, ohne einen Bruch zu erzeugen. Bei der Neupositionierung ist das Kommunikationsobjekt entweder neu und damit noch nicht positioniert. Oder es gibt bereits eine Positionierung, aber es wird bewusst eine klare Zäsur gesetzt. Zwischen der alten und der neuen Positionierung gibt es keinen erkennbaren Zusammenhang.

Die Point of Difference-Positionierung[75] ist der Normalfall. Das Kommunikationsobjekt soll sich unterscheiden und abheben. Die Kommunikation fährt deshalb eine Differenzierungsstrategie. Die Point-of Parity-Positionierung[76] hingegen begegnet uns nur selten, aber sie macht in bestimmten Situationen durchaus Sinn. Hier passt sich das Kommunikationsobjekt bewusst an andere Mitbewerber an und sagt: „Das kann ich auch!" Die Positionierung wird interessant, wenn sich das Kommunikationsobjekt z. B. an einen „Star auf dem Markt" anhängen und vom starken Image des Stars profitieren will. Die Kommunikation fährt eine sogenannte Me-too-Strategie.

Umsetzung der Positionierung

Eine Positionierung ist erst einmal nicht mehr als ein Positionspunkt in einer Matrix oder eine kurze prägnante Positionierungsaussage. Sie steht abgedruckt im Konzeptpapier oder wird während der Konzeptpräsentation an eine Wand projiziert. Mehr nicht. Aber man darf deshalb die Bedeutung der Positionierung nicht unterschätzen. Aus dem Referenzpunkt der strategischen Positionierung entwickelt sich die gesamte Kommunikation mit allen strategischen, kreativen und operativen Aktivitäten. Sie bildet den Referenzrahmen für Botschaften, für die kreative Leitidee und für die inhaltliche Ausgestaltung von Maßnahmen. Damit die Positionierung ihre zentrale Funktion voll erfüllen kann, braucht es eine hohe Disziplin in der Umsetzung:

› **Eloquenz:** Eine Positionierung darf nicht nur auf dem Papier stehen. Sie muss in die Köpfe und die Herzen der Beteiligten. Ihr Bild wird konsequent und ohne Kompromisse umgesetzt. Die Kommunikation darf das Bild keinesfalls verwässern oder sich ein zweites Bild machen. Auch wenn es vielleicht ein wenig prosaisch klingt: Die Positionierung ist heilig.

› **Permanenz:** Die Positionierung stellt eine langfristige Standortbestimmung dar. Sie soll die Richtung der Kommunikation langfristig bestimmen. Manche unserer Auftraggeber neigen dazu, die gewählte Position zu früh aufzugeben: „Jetzt schlagen wir schon drei Jahre immer in die gleiche Kerbe, da muss doch endlich mal was Neues kommen!" Es braucht viel Zeit, bis sich eine Positionierung wirklich durchsetzt, deshalb benötigt man Geduld und Ausdauer. Drei Jahre sind das Minimum für eine Positionierung, besser sind fünf bis sieben Jahre, bevor eine Um- oder Neupositionierung erfolgt.

› **Stringenz:** Die Positionierung muss Ausnahmen und Abweichungen vermeiden. Alles, was in der Kommunikation nicht ins Bild der Positionierungspersönlichkeit passt, hat tunlichst zu unterbleiben. Der gesamte Auftritt ist aus einem Guss. Er wirkt so typisch und selbstbewusst wie möglich.

› **Präsenz:** Die Positionierung braucht eine hohe Präsenz. Sie fließt in alle Botschaften und alle Maßnahmen ein. Ihr Geist ist für die Zielgruppe überall und immer spürbar. Nur so kann die Zielgruppe sich ein Bild machen und das Bild auf Dauer verinnerlichen.

Wir mögen in einer schnelllebigen Gesellschaft leben, in der alles fließt und sich ständig verändert. Die Positionierung gehört nicht dazu, sie bleibt eine feste, beständige Größe.

Die Botschaften

Was soll kommuniziert werden?

Innerhalb der Strategie wechseln wir nun von der Positionierung zu den Kommunikationsbotschaften. Die Botschaften („Corporate Messages") haben strategische Reichweite und vermitteln die essenziellen Grundaussagen der Kommunikation. Sie werden über einen längeren Zeitraum beständig kommuniziert und prägen den Auftritt des jeweiligen Kommunikationsobjekts. Im Gegensatz dazu stehen die operativen Botschaften. Diese werden aus kurzfristigen, taktischen Gründen eingesetzt und transportieren konkrete Informationen. „Unser Unternehmen entwickelt sich ständig weiter. Der Wandel bestimmt unser Planen und Handeln." Das ist eine Botschaft auf der strategischen Ebene. „Der Wandel geht weiter! Ab 3. Mai finden Sie unser Unternehmen in neuen Räumen." So lautet eine daraus abgeleitete operative Botschaft.

Die strategischen Botschaften haben hohe Bedeutung für die einheitliche Kommunikation eines Unternehmens. Das heißt aber nicht, dass sich das Unternehmen dieser Bedeutung auch bewusst ist. Folgende Situation ist typisch: Im Unternehmen findet ein Workshop zur Kommunikationskonzeption statt. Zu Beginn des Workshops teilt die Moderatorin an alle teilnehmenden Mitarbeiter eine Moderationskarte aus, verbunden mit der Aufforderung: „Stellen Sie sich vor, Sie sollen einem neuen Kaufinteressenten in einem Satz verdeutlichen, was Ihr Unternehmen so besonders macht und warum es sich lohnt, Kunde Ihres Unternehmens zu werden. Wie lautet Ihre Botschaft?" Nach kurzer Bedenkzeit schreiben die Teilnehmerinnen und Teilnehmer ihre Botschaft auf die Karte und hängen sie an die Pinnwand. Zur Überraschung aller haben die Botschaften einen großen inhaltlichen Streuradius. Jeder würde dem Interessenten etwas Anderes erzählen. Insgesamt tritt das Unternehmen nicht mit einer Stimme auf, sondern generiert einen Wildwuchs von Argumenten. Entsprechend verwackelt und schlecht belichtet dürfte das Gesamtbild sein, das im Resultat draußen in den Köpfen entsteht.

In vielen Fällen ist es dringend notwendig, dass klare Kommunikationsbotschaften formuliert und von allen Beteiligten unisono nach draußen vertreten werden. Die Botschaften bilden die inhaltlichen Leitplanken der gesamten Kommunikationsarbeit des Unternehmens. Sie arbeiten die charakteristischen Werte und Nutzenmerkmale des Kommunikationsobjekts heraus und stellen sicher, dass alle mit einer Stimme sprechen. Zu beachten ist, dass die Botschaften Soll-Größen darstellen. Sie sind noch nicht bekannt und gelernt, sie sollen erst in die Köpfe der Zielgruppen gebracht werden.

Mit einer Stimme sprechen, bedeutet keinesfalls, dass alle Beteiligten das Gleiche sagen. Bei den Kommunikationsbotschaften geht es nicht um eine Gleichschaltung der Aussagen. Inhaltliche Uniformität in der Kommunikation ist abträglich und beschädigt die Glaubwürdigkeit. Die Leitplanken der Botschaften geben lediglich einen Korridor vor, innerhalb des Korridors können sich alle mit ihren Aussagen frei bewegen. Alle vertreten die gleichen Werte und geben die gleichen Versprechen ab, aber jeder tut es mit seinen persönlichen Worten, Bildern und Beispielen.

Abgrenzung Positionierung / Botschaften

Die Botschaften gehen immer von der Positionierung aus. Die Positionierung definiert die Rolle und die Botschaften legen die zugehörigen rollenadäquaten Grundaussagen fest.[77] Wäre die Kommunikation ein Theaterstück, dann würde mit der Positionierung zuerst die Rolle der Hauptperson angelegt. Ist die Hauptperson ein jugendlicher Liebhaber? Oder tritt sie als weiser Alter auf? Oder als ein intriganter Bösewicht? Erst wenn die Rolle eindeutig definiert ist, lassen sich mit den Botschaften die inhaltlichen Leitplanken des Rollentextes fixieren.

Mit der Positionierung wird bestimmt, wofür das Kommunikationsobjekt steht. Die Botschaften zeigen auf, was für das Kommunikationsobjekt sprechen soll. Weil es für die Adaption einer Botschaft wichtig ist, aus welcher Positionierung heraus sie verkündet wird, darf man die enge Verbindung von Positionierung und Botschaften während der Strategieentwicklung nie aus dem Blick verlieren. Die gleiche Botschaft kann aus unterschiedlichen Positionen ganz andere Bedeutungen bekommen. Nehmen wir an, eine Kommunikationsbotschaft lautet: „Für unsere Kunden zeigen wir immer vollen Einsatz!" Mit der Positionierung „Der zuverlässige Dienstleister, der für seine Kunden auf Nummer Sicher geht" bekommt diese Botschaft einen ganz anderen Sinn als im Kontext der Positionierung „Der innovative Dienstleister, der für seine Kunden neue Wege geht".

Man muss die Position als Relation kennen, erst danach kann man die Botschaften inhaltlich ausrichten. Vor diesem Hintergrund ist es methodisch bedenklich, in einem Kommunikationskonzept nur Botschaften zu formulieren und die Positionierung einfach wegzulassen. Die Positionierung bestimmt den Deutungsrahmen, in dem die Botschaften eingebettet sind. Fehlt der Deutungsrahmen, werden die Botschaften zur Interpretation freigegeben.

Andersherum betrachtet, können aus einer Positionierung heraus ganz unterschiedliche Formationen von Botschaften entstehen. Die Botschaften sind nicht die direkte 1:1-Ableitung der Positionierung, sondern interpretieren und nutzen die vorhandenen Spielräume der Positionierung. Aus der Positionierung „Die leiseste Waschmaschine ihrer Klasse" können die Produktbotschaften beispielsweise in Richtung Flexibilität gehen: „Mit dieser Maschine können Sie rund um die Uhr waschen" und „Sie haben nie mehr Ärger mit ihren Nachbarn." Oder die Botschaften schlagen eine andere Richtung ein und arbeiten die Annehmlichkeit der Maschine heraus: „Ideal für die Wäsche in Apartments und kleinen Wohnungen." Und „Egal, ob Sie ein Buch lesen, TV schauen oder ein Nickerchen machen, die Flüsterleise hören Sie nicht." Welche Richtung ist die Bessere? Das hängt von den Zielgruppen und weiteren Faktoren wie Produktimage oder Konkurrenzsituation ab. Man muss gründlich prüfen, bevor man sich auf eine Aussagerichtung festlegt.

Grundregeln für Botschaften

Ein Unternehmen kann viel sagen, aber damit nichtssagend rüberkommen. Vor allem in der Sintflut der modernen Informationsgesellschaft sind alle Botschaften der latenten Gefahr ausgesetzt, von einem großen schwarzen Loch aufgesogen zu werden und unbemerkt zu verglühen. Damit sie die avisierten Zielgruppen erst interessieren und dann überzeugen, müssen die Konzipierenden beim Zusammenstellen und Ausformulieren der Kommunikationsbotschaften bestimmte Grundregeln beachten.

Die erste und wichtigste Regel lautet: **Weniger Botschaften sind mehr.** Die Kommunikation muss es schaffen, die Komplexität der Argumentation zu reduzieren und auf den eigentlichen Kern zu konzentrieren. Lange Argumentationsketten verhaken sich und führen zu Missverständnissen. Die Zielgruppe versteht nur Teile und interpretiert sie falsch. Es wäre ideal, nur eine einzige „Message" zu haben. Aber das funktioniert nur, wenn die Botschaft absolut durchschlagend ist. Speziell die Vertreter der klassischen Werbung proklamieren die eine, alleinige Super-Botschaft, die die gesamte Kommunikation antreibt. „Möglichst spitz formulieren und dann aufmerksamkeitsstark platzieren!" So proklamieren sie. Im komplexen Terrain der integrierten Kommunikation bekommen wir mit dieser extremen Reduktion Probleme. Denn in den meisten Fällen ist eine solche „Hochleistungsbotschaft" nicht zu finden und die Reduktion auf eine Botschaft lässt bei der Zielgruppe eher Zweifel aufkommen: „Mehr spricht nicht dafür? Das überzeugt mich nicht!"

Ideal und oft ausreichend ist aus unserer Erfahrung eine kompakte Verbindung aus drei essenziellen Botschaften. Die Inhalte kommen übersichtlich und geschlossen rüber. Der Rezipient versteht sofort, was Sache ist. Vier oder fünf Botschaften funktionieren auch, brauchen aber mehr Kommunikationsdruck und -disziplin, um sich einzuprägen. Mit sechs und sieben Botschaften wird die Grenze erreicht. Die Menge ist gerade noch machbar, sollte aber gut in Formation gebracht werden. Es gibt in der Tat Konzeptionsaufgaben, da muss der Rahmen der Botschaften so komplex gefasst werden, um die nötige Überzeugungskraft zu entwickeln. Mehr geht keinesfalls! Mit acht, neun, zehn oder mehr Botschaften überfrachtet man die Kommunikation, das kann sich kein Mensch merken. Sobald ein Kommunikationsobjekt mit zu vielen Argumenten verkauft wird, zeigt die Erfolgskontrolle, dass die eine oder andere Botschaft zwar ankommt und hängenbleibt, aber die meisten der Botschaften sang- und klanglos durch das Raster der Wahrnehmung fallen und untergehen. Zu viele Botschaften bilden zu viel Ballast, sie versenken die Kommunikation. In unseren Workshops verkünden wir zum Erstaunen unserer Teilnehmer an dieser Stelle, dass, sobald wir die Wahl zwischen neun sehr guten Botschaften und drei guten Botschaften hätten, wir uns immer für die drei guten Botschaften entscheiden würden.

Botschaften brauchen Beweiskraft, so lautet die zweite Regel. Eine Botschaft darf keinesfalls nur als Behauptung daherkommen, sondern lässt sich mit überzeugenden Indizien untermauern. Jede Botschaft steht mit beiden Beinen auf dem Boden der Tatsachen. Die Tatsachen sind belegbar und leuchten der Zielgruppe sofort ein. Die Botschaften bilden die Kernelemente der Kommunikation, an dieser Stelle darf es keine Wackelkandidaten geben. Eine Botschaft ohne die nötige Beweiskraft läuft Gefahr, von den Zielgruppen nicht akzeptiert zu werden. Mehr noch: Sie kann im Extremfall die gesamte Kommunikation in die Glaubwürdigkeitsfalle ziehen. Denn schon eine unglaubwürdige Botschaft strahlt negativ auf alle anderen Kommunikationsaussagen ab.

Kommunikationsbotschaften müssen einfach sein. So lautet die dritte Regel. Die Rezipienten erfassen die Botschaften auf der Stelle. Einmal gehört oder gelesen und schon macht es Klick. Muss die Zielgruppe erst zweimal hinschauen, überlegen, vielleicht sogar um die Ecke denken, dann hat die Botschaft verloren. Einzelne Vertreter der Zielgruppe mögen sich intensiv Gedanken machen, allein die große Mehrheit schaltet schlichtweg ab und geht zum nächsten Punkt der Tagesordnung über. Genau aus dem Grund darf eine Botschaft auch nie mehrere inhaltliche Aspekte in einer „Kombi-Packung" nebeneinanderstellen, sondern muss sich auf einen maßgeblichen Aspekt konzentrieren. Eine Botschaft kann folglich lauten: „Unsere IT-Beratung wird von versierten Profis mit mindestens zehn Jahren Berufserfahrung durchgeführt." Die inhaltliche Linie läuft geradeaus und kommt auf den Punkt. Bedenklich wäre indessen eine Aussage wie: „Unsere IT-Beratung wird von versierten Profis durchgeführt und ist für Studenten prinzipiell kostenlos." Hier interferiert eine angehängte zweite Aussage die zentrale erste Aussage. Dadurch leidet die Klarheit.

Botschaften nie isoliert sehen, fordert die nächste Regel. Kommunikationsbotschaften bilden immer eine Verbindung untereinander, stützen und stärken sich gegenseitig. Zwei Arten der Verbindung sind möglich. Bei der Kausalkette funktioniert es wie bei den Dominosteinen. Botschaft A stößt Botschaft B an, die wiederum die Botschaft C auslöst und so weiter. Bei der Kausalkette ist die richtige Reihenfolge der Botschaften wichtig. Sie muss stets eingehalten werden. Einzelne Botschaften können nicht alleinstehen, denn sie bedingen einander. Bei der zweiten Art, der kumulativen Verbindung, deckt jede Botschaft einen Teilaspekt der notwendigen Argumentation ab. In der Summe ergeben alle Botschaften zusammen den nötigen Nachdruck, um sich durchzusetzen. Botschaft A plus Botschaft B plus Botschaft C addieren sich auf. Bei dieser Variante ist die Reihenfolge der Botschaften nicht zwingend. Auch können Botschaften in der Umsetzung alleinstehen, wenn es die Umstände der Kommunikation erfordern. Und dann gibt es noch die Mischform. Botschaft A löst Botschaft B aus (kausale Verbindung) und hinzu kommt Botschaft C (kumulative Verbindung).

Beständig aus dem Blickwinkel der Zielgruppen formulieren, empfiehlt die letzte Regel. Das fällt den meisten Auftraggebern schwer. Sie sehen das Kommunikationsobjekt aus ihrem Blickwinkel und übertragen die eigenen Sichtweisen automatisch auf die Kommunikation. Das Ergebnis ist eine Nabelschau: „Schaut her, wie toll wir sind!“ Erfolgreiche Botschaften überwinden die selbstfixierte Sicht und versetzen sich in die Zielgruppe. Wie ist deren Interessenlage? Welchen Nutzen versprechen sie sich davon? Wo steckt in der Botschaft die Belohnung für die Zielgruppe? Jede Botschaft muss den passenden Wirkstoff für die Zielgruppe implizieren – und zwar in der richtigen Dosis. Zu wenig spürt man nicht, zu viel wirkt übertrieben und aufgesetzt. Eine unserer Kolleginnen nutzt einen kleinen Kniff, um die Zielgruppen-Tuchfühlung hinzubekommen. Sie formuliert die Botschaften in ihren Konzepten als wortwörtliche Zitate der Zielgruppe. Es heißt bei ihr nicht: „Unser Sortiment in den Filialen ist übersichtlich und klar strukturiert.“ Sie lässt die Zielgruppe sprechen: „Ich bin rein und habe alles sofort gefunden. Keine Sucherei! In Nullkommanichts war der Einkauf erledigt.“

Entwicklung von Botschaften

Ausgehend vom Referenzpunkt der Positionierung leiten sich die Botschaften direkt aus der Analyse ab. Als Baukasten für die Botschaften eignet sich besonders die SWOT-Analyse, aus deren Stärkenseite die maßgeblichen Bausteine für die Botschaften kommen. Aus Stärken werden Botschaften. Zwar können auch mit Schwächen, Chancen und Risiken Botschaften gebaut werden, aber nur in begründeten Einzelfällen.

Wir schauen in die Liste der Stärken. Dort finden wir acht, zehn oder mehr Stärken. Gut, dass es so viele Stärken gibt, aber es sind zu viele, um aus jeder

Stärke eine Botschaft zu formulieren. Also gehen wir die gesamte Liste der Stärken noch einmal sorgfältig durch und fangen an, die Stärken zu selektieren. Zuerst sortieren wir in einem negativen Auswahlprozess diejenigen Stärken aus, die nicht zum Referenzpunkt der Positionierung passen. Diese Stärken sind nicht wertlos, sie können aber nicht als „Corporate Messages" in vorderster Front fungieren. Alle anderen Stärken bleiben vakant.

In einem weiteren Auswahlschritt werden die Zielgruppen ins Visier genommen. Wir fragen uns, aus welchen Stärken sich Botschaften formulieren lassen, die bei den Zielgruppen Wirkung zeigen. Man stelle sich vor, das Unternehmen XY tritt mit der Positionierung „visionärer Vordenker in der IT-Technik für den Handel" auf. „Wow, das ist ja ein ambitioniertes Selbstverständnis", sagt sich die Zielgruppe und hakt nach: „Visionärer Vordenker klingt toll, aber so einfach nehme ich euch das nicht ab. Welche Argumente habt ihr, um mich zu überzeugen?" Als Antwort müssen genau die Stärken in Botschaften gepackt werden, die die erforderliche Überzeugungsarbeit leisten. Am Ende bestätigt die Zielgruppe: „Okay, das leuchtet ein!" Alle Stärken, die für die Zielgruppe wenig überzeugend sind, werden ausgemustert. Die Reihe der Stärken hat sich dadurch gelichtet. Aber immer noch haben wir zu viele Stärken auf der Liste. Wir wollen weiter reduzieren, denn schließlich bewirken weniger Botschaften mehr.

Im nächsten Schritt werden die Stärken geclustert. Das ursprüngliche Konstruktionsprinzip einer Kommunikationsbotschaft ist es, aus jeder Stärke eine eigene „Message" zu formulieren. Bisweilen passen aber auch zwei oder drei Stärken so gut zusammen, dass sie sich zu einer Botschaft verschmelzen lassen. Wo es möglich ist, bilden wir aussagekräftige Kombinationen. Wir behalten im Blick, dass die einzelnen Stärken in der Kombination nicht isoliert stehen, sondern miteinander eine Verbindung eingehen. Lautet die eine Stärke „24 Stunden im Einsatz", die zweite Stärke „Service vor Ort beim Kunden" und die dritte Stärke „Wir arbeiten in Teams!", dann lässt sich daraus „Unsere Teams kommen rund um die Uhr zu Ihnen ins Haus." Die einzelnen Stärken ergänzen sich gegenseitig und transportieren in der Summe mehr Leistungskraft als allein. Durch das Clustern der Stärken wird ihre Zahl weiter reduziert. Als Resultat ist eine Essenz von Stärken bzw. Stärkenkombinationen entstanden, aus denen die Botschaften geformt werden.

Bevor es an das Ausformen der Botschaften geht, ist allerdings noch ein Zwischenschritt notwendig. Wir schauen prüfend in die anderen Felder der SWOT. Denn wie angekündigt kann auch eine Schwäche, ein Risiko oder eine Chance zur Botschaft werden oder in eine bereits vorhandene Botschaft einfließen, wenn es der Kommunikation zusätzliche Glaubwürdigkeit bringt. Aber Schwächen, Chancen und Risiken übersetzen wir nur in Botschaften, wenn es unbedingt erforderlich ist.

Am besten lassen sich Chancen zu Botschaften verarbeiten. Eine Chance trägt eine Botschaft nie allein, sie wird stets in Verbindung mit einer dazu passenden Stärke ins Gespräch gebracht. In der synergetischen Verbindung von eigener Stärke und externer Chance liegt eine besondere Durchschlagskraft. Aber Chancen sind zunächst nur Optionen für die Zukunft. Es muss garantiert sein, dass die Option auch tatsächlich genutzt wird, sonst wird aus der Botschaft ein falsches Versprechen. Zum Beispiel verbindet sich die Stärke einer Behörde „Transparente Information der Bürgerinnen und Bürger" mit der Chance „Einwohner bevorzugen persönliche Ansprache" zur Botschaft „In Zukunft informieren wir die Bürgerinnen und Bürger verstärkt direkt und persönlich!". Das wäre ein attraktives Versprechen, wenn sichergestellt ist, dass die Behörde es tatsächlich einlösen kann.

Nach den Chancen geht der Blick zu den Schwächen und Risiken der SWOT. Auch aus den beiden Feldern können Botschaften kommen. Das passiert selten, aber wir überprüfen es jedes Mal, denn ab und zu führt kein Weg daran vorbei. Gecheckt wird, ob es einen negativen Faktor gibt, der mitten im Korridor der zukünftigen Kommunikation liegt, sodass die Zielgruppen mit hoher Wahrscheinlichkeit ständig darüber stolpern. Nur falls die Schwäche oder das Risiko eine hochgradige Gefahrenstelle darstellen, bauen wir präventiv eine entsprechende strategische Botschaft als Puffer in die Kommunikation ein. Auch hier gilt, dass die Schwäche oder das Risiko nie allein eine Botschaft tragen. Wir nutzen stets vorhandene Stärken, um das Risiko zu umgehen oder die Schwäche ins Positive zu drehen. Zum Beispiel vereint sich bei einer Werbeagentur die Stärke „Kreative Ideen" zusammen mit der Schwäche „Einfache Ausstattung der Agentur" zur Botschaft „Wir stecken unsere Kraft in gute Ideen und nicht in ein teures Agenturambiente". Bei der gleichen Werbeagentur wird die Stärke „Erfahrene Kreativprofis" genutzt, um das Risiko „Neue Kunden stark preisorientiert" mit der Botschaft „Ideen haben viele. Unsere erfahrenen Kreativprofis haben Ideen, die sich auszahlen" einzudämmen.

Botschaften ausformen

Bisher wurde in Stichworten mit Stärken und im Einzelfall auch mit Schwächen, Chancen und Risiken gearbeitet. Eventuell haben wir erste Ansätze für Kommunikationsbotschaften notiert, aber noch nicht ausformuliert. Nun ist es an der Zeit, die grob skizzierten Ansätze zu tragfähigen Botschaften auszubauen.

Basis jeder Botschaft sind ein oder mehrere Faktoren aus der Analyse. In der Regel geht es um eine besondere Stärke des Kommunikationsobjekts. Stände sie allein in einer Botschaft, dann würde sie für die Zielgruppe zunächst nur eine Behauptung darstellen: „Eine hervorragende Materialqualität? Das kann jeder sagen!" Die Menschen sind vorsichtig geworden. Bloßen Behauptungen begegnen sie allgemein mit Misstrauen. Aus diesem Grund darf eine Kommunikationsbotschaft nicht allein aus einer Behauptung bestehen, es braucht auf jeden Fall eine überzeugende Begründung.

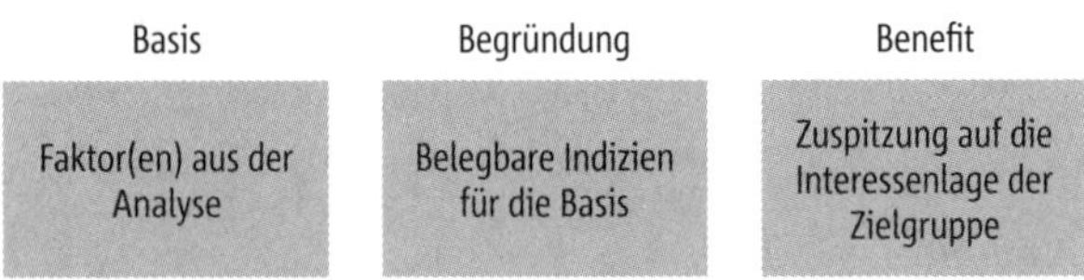

Abbildung 65: Komponenten einer Botschaft

Botschaften werden für die Zielgruppen gemacht. Die Zielgruppen sind kritisch und haken nach. Deshalb muss jede Botschaft gut begründet sein und so zugespitzt werden, dass sie die Zielgruppe interessiert.

Gefragt sind belegbare Indizien für die proklamierten Stärken. Wenn wir gründlich gearbeitet haben, müssten die Indizien in unserem Faktenspiegel zu finden sein. Wir lesen dort nach und finden oft mehrere Beweise. Die können wir nicht alle in unsere Botschaft packen, denn das würde den Inhalt überfrachten. Daher wählen wir den für die Zielgruppe schlüssigsten Beweis aus und lassen ihn als Begründung in die Botschaft einfließen. Aber was tun, wenn es im Faktenspiegel und im dazugehörigen Basismaterial keine vernünftigen Indizien gibt? Dann kommt das Instrument der Nachrecherche zum Einsatz.

Wir gehen erneut in die Recherche und suchen nach Beweisen. Finden wir welche, dann ist alles bestens. Finden wir keine, dann haben wir in der Analyse einen methodischen Fehler gemacht. Wir haben nämlich einen Fakt zur Stärke gemacht, der gar keine Stärke ist. Die Faustregel lautet: Jede Stärke steht auf dem Boden der Tatsachen und lässt sich beweisen. Gibt es keine Beweise, dann ist die Stärke nur Wunschdenken. In dem Fall wird sie nachträglich aus den Analyseergebnissen gestrichen und spielt in der Strategie keine Rolle mehr.

Die zugrundeliegenden Stärken gewinnen durch das Einarbeiten der passenden Begründung erheblich an Schlagkraft. Aber damit nicht genug. Die Botschaften werden einzig und allein für die Zielgruppen formuliert. Belohnung ist für die Zielgruppe eine treibende Kraft. Jede Botschaft muss deshalb auf die Interessenlage der relevanten Zielgruppe zugespitzt werden und einen lohnenden Vorteil versprechen. Die Zielgruppe muss erfahren, was sie davon hat. In der Konsequenz schneiden wir die Botschaften so zu, dass sie präzise bei den treibenden Motiven und Interessen der Zielgruppe einhaken. Ein Beispiel soll das Prinzip von Begründung und Belohnung veranschaulichen.

Eine Kunstgalerie formuliert folgende Botschaft: „Mit sechs wechselnden Ausstellungen pro Jahr (Begründung) sind wir die aktivste private Galerie in der Stadt (Stärke als Basis). Nirgendwo sonst können Kunstfreunde die Vielfalt der modernen Kunst so intensiv erleben wie bei uns (Benefit)."

Das obige Botschaftsbeispiel könnte ein Missverständnis erzeugen, dem wir vorbeugen wollen. Die Schrittfolge Basis, Begründung und Benefit ist nur eine methodische Eselsbrücke, die den Aufbau einer tragfähigen Botschaft erleichtern soll. Basis, Begründung und Benefit sind aber nicht als drei Bausteine zu verstehen, die in jeder Botschaft aneinandergefügt werden. Es sind vielmehr drei Zutaten, die in jede Botschaft einfließen. Man muss sie intuitiv spüren und bei näherer Betrachtung herauslesen können. Jede Art von Satzkonstruktion und Formulierung ist möglich, so lange sie die drei Bestandteile impliziert.

Stellt sich die Frage, ob es immer eine Belohnung sein muss? Denn die zweite große Kraft, die uns Menschen antreibt, ist die Angst vor Bestrafung. Eine Botschaft kann grundsätzlich auch eine Bestrafung implizieren und der Zielgruppe Angst machen. In bestimmten Fällen – z. B. im Rahmen einer Verkehrspräventionskampagne, die überhöhte Geschwindigkeit von Autofahrern vor Schulen anprangert – mag eine solche negative Konnotation richtig sein. In den meisten anderen Fällen raten wir davon ab. Botschaften sollten vorrangig positiv motivieren.

Die einzelnen Kommunikationsbotschaften sind ausformuliert. Bleibt ein letzter Arbeitsschritt, die Botschaften müssen in Verbindung zueinander gesehen und aneinander ausgerichtet werden. Sie dürfen keine widersprüchlichen Aussagen, keine Argumentationslücken enthalten. Vielmehr müssen sie in der Summe ausreichend Überzeugungskraft für die zukünftige Kommunikation entwickeln.

Methodisch richtige Botschaften zu entwickeln, erfordert etwas Übung, ist aber nicht schwer. Deshalb erstaunt es uns, dass wir beständig auf fehlerhafte Aussagen in Kommunikationsstrategien treffen, die so nicht funktionieren können. An diesen drei Beispielen wollen wir die gängigen Fehler aufzeigen:

› **Botschaft eines Technologieunternehmens** – *Falsch:* „Unser Unternehmen hat die längste Tradition in der Branche. 125 Jahre sprechen für sich." Das Unternehmen ist selbstfixiert. 125 Jahre sprechen eben nicht für sich, damit fühlt sich die Zielgruppe nicht angesprochen. *Richtig:* „In 125 Jahren haben wir über 360 Patente angemeldet – mehr als jeder andere in der Branche. Weiterdenken gehört bei uns zur Tradition. Davon profitieren unsere Kunden."

- **Botschaft eines Hochschulinstituts** – *Falsch:* „Mit 38 Mio. Euro Drittmitteleinsatz sind wir das erfolgreichste Hochschulinstitut im Land. Dieses Leistungsvolumen garantiert unseren Partnern aus der Wirtschaft individuelle Anwendungslösungen mit termingerechter Fertigstellung." Es wird eine Verbindung zwischen Stärke (hoher Drittmitteleinsatz) und Zielgruppenvorteil (individuelle Anwendungslösungen mit termingerechter Fertigstellung) artikuliert, die konstruiert und zurechtgebogen ist. *Besser:* „Mit 38 Mio. Euro Drittmitteleinsatz sind wir der bevorzugte Hochschulpartner der Wirtschaft. Dieser Erfolg hat einen Grund: Wir entwickeln individuelle Anwendungslösungen in einem garantierten Zeitraum."

- **Botschaft eines Kundenclubs** – *Falsch:* „Unser neuer Kundenclub garantiert trendsetzende Vorteile. Dabei sein, heißt hip sein!" Das ist keine Kommunikationsbotschaft, das sind leere Floskeln. Als Headline für eine Marketingaktion mag das funktionieren. Als „Corporate Message" des neuen Kundenclubs ist die Aussage unbrauchbar. *Richtig:* „Die neuesten Fashiontrends aus New York vor allen anderen kennenlernen und zum vergünstigten Preis kaufen – das ist ein Privileg exklusiv für die Mitglieder unseres neuen Kundenclubs."

z. B. die Botschaften

Demenz-Leuchtturm | Das spricht für uns

Unser Verein positioniert sich als sicherer Hafen für die Angehörigen von Menschen mit Demenz in ganz Norddeutschland.
Mit unseren Dachbotschaften repräsentieren wir die Grundrichtung der Vereinsarbeit. Wir wollen sicherstellen, dass sie von allen – Angestellten, Vereinsmitgliedern und den zahlreichen ehrenamtlichen Helferinnen und Helfern – genutzt werden, damit wir zukünftig endlich mit einer Stimme auftreten.
In der Kommunikation nach innen und außen konzentrieren wir uns in Zukunft auf drei substanzielle Botschaften:

1. Wir vom Demenz-Leuchtturm **informieren unabhängig.** Unsere Fachfrauen und -männer im Beratungsbüro haben lange Demenz-Erfahrung. Sie sind keinerlei Interessen von Organisationen und Unternehmen verpflichtet. Ihr Rat ist kompetent, ehrlich und neutral.

2. Wir vom Demenz-Leuchtturm **fördern den Austausch**, indem wir allen direkt betroffenen Angehörigen von Menschen mit Demenz

in unserer Region einen Treffpunkt bieten, der täglich geöffnet hat. Niemand bleibt mit seinen Sorgen allein.

3. Wir vom Demenz-Leuchtturm **bieten jederzeit Hilfe**, weil unser versiertes Alarmteam Tag und Nacht einsatzbereit ist. Ein Anruf genügt. Wenn die Angehörigen nicht mehr weiterwissen, wir helfen in Krisensituationen sofort.

Die Dachbotschaften sollen nicht wortwörtlich übernommen werden. Es kommt uns darauf an, dass alle unsere Unterstützerinnen und Unterstützer den Geist dieser Botschaften in ihren Kontakten und Gesprächen lebendig machen.

Dachbotschaften und Teilbotschaften

Anzustreben sind so wenig Botschaften wie möglich und so viel Botschaften wie nötig. Das kann im konkreten Konzeptionsfall durchaus bedeuten, dass die Erklärungsbedürftigkeit des Kommunikationsobjekts und die Heterogenität der angesprochenen Zielgruppen eine differenzierte inhaltliche Ansprache erfordern. In dieser Situation ermöglicht die Konzeptionsmethodik die Botschaften abzustufen:

› **Dachbotschaften** (Hauptbotschaften, Kernbotschaften): Sie bilden die große überspannende Klammer für die Kommunikationsinhalte und gelten für alle Bereiche und alle Zielgruppen einheitlich.

› **Teilbotschaften** (Unterbotschaften, Rahmenbotschaften): Sie ziehen den Fokus enger und wenden sich an einen speziellen Ausschnitt, beispielsweise nur an eine einzelne Zielgruppe, und haben einen entsprechend spezifizierten Inhalt.

Die Dachbotschaften werden zuerst entwickelt. Sie haben universelle Bedeutung und spannen sich als Dach über alle Kommunikationsaktivitäten. Sie sind langfristig angelegt und grundsätzlich formuliert. Es muss sichergestellt sein, dass sich alle Beteiligten unter das Dach der Botschaften stellen und nicht eine Gruppe – wie z.B. der Vertrieb – ausschert und sagt: „Das können wir den Kunden draußen nicht sagen." Bei der Formulierung der Dachbotschaften hat man deshalb alle Botschaftsabsender im Blick und stellt sicher, dass sie mitgenommen werden. Das bedeutet nicht, dass die Dachbotschaften allen nach dem Mund reden; weichgespülte Dachbotschaften gehen später im harten Kommunikationsalltag unter.

Unterhalb der Dachbotschaften gibt es jede Menge Kommunikationsinhalte auf der Website und in den sozialen Medien, in Broschüren und Faltblättern, auf Messen und Veranstaltungen. In großen Unternehmen kommen jedes Jahr Kommunikationsinhalte in Telefonbuchstärke zusammen. Alle Kommunikationsinhalte orientieren sich an den Leitplanken der Dachbotschaften. Die Leitplanken geben für alles die Richtung vor. In manchen Situationen wird den Beteiligten aber schnell klar, dass die Dachbotschaften allein nicht ausreichen, um an allen Fronten die nötige Überzeugungskraft zu entwickeln. An bestimmten Fronten wird die Argumentation unscharf und oberflächlich. Es entstehen offene Flanken, die den Kommunikationserfolg bedrohen. An diesen Flanken wird gezielt mit Teilbotschaften nachgearbeitet. Teilbotschaften konkretisieren und spezifizieren die Dachbotschaften in bestimmten Teilbereichen oder für bestimmte Zielgruppen. Sie gehen dichter heran und bringen spezifische oder vertiefende Argumente ein. Wo es notwendig ist, bauen sie eine inhaltliche Flankendeckung auf. Die Teilbotschaften leiten sich aus den Dachbotschaften ab und stützen sie in jeder Beziehung.

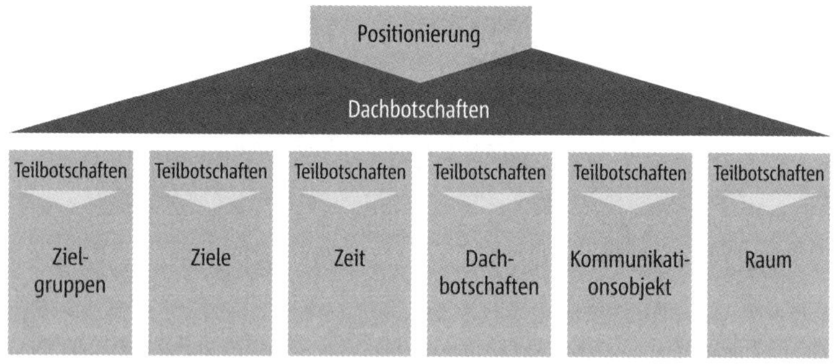

Abbildung 66: Spezialisierung der Teilbotschaften

Unter den Dachbotschaften stehen die Teilbotschaften. Sie sind Spezialisten, keine Generalisten wie die Dachbotschaften. Die Teilbotschaften werden formuliert, um z.B. bestimmte Zielgruppen spezifisch anzusprechen oder um die Dachbotschaften durch Unterbotschaften zu präzisieren.

Teilbotschaften haben Assistenzfunktion. Besser ist es, im Konzept ohne sie auszukommen, denn weniger Botschaften sind mehr. Aber in bestimmten Fällen geht es nicht ohne. Die Teilbotschaften werden immer dann ins Konzept integriert, wenn es in der konkreten Situation für den Erfolg der Kommunikation erforderlich ist. Aber auch in dieser Situation sollten sich die Konzipierenden disziplinieren und so wenige Teilbotschaften wie möglich ins Konzept einbringen. Jede zusätzliche Botschaft erhöht den Lernaufwand der Zielgruppen und damit das Risiko, dass die Argumentation ihre Linie verliert.

Durch die Integration der Teilbotschaften in das Konzept lässt sich die Kommunikation in bestimmte Richtungen fokussieren:

› **Teilbotschaften in Bezug auf die Zielgruppen:** Das ist der häufigste Fall. In unseren Konzepten bezieht sich die Mehrzahl der Teilbotschaften auf definierte Zielgruppen. Hier wiederum ist die interne Zielgruppe der vorrangige Adressat von Teilbotschaften. Falls die Mitarbeiter eine stark abweichende Sicht der Dinge haben, wird es erforderlich, spezifische Teilbotschaften zu definieren. In anderen Situationen kann es notwendig werden, für die Politik Teilbotschaften zu definieren, weil die Politiker wichtig für den Kommunikationserfolg sind und das Kommunikationsobjekt aus einem anderen Blickwinkel sehen als alle übrigen Zielgruppen. Oder die Anwohner eines Unternehmens haben eine spezifische Sicht und werden ins Visier genommen. Es entstehen jedoch keinesfalls Teilbotschaften für alle Zielgruppen, die spezielle Sichtweisen haben, sondern nur für die Gruppen, die für die Erreichung der Kommunikationsziele von vorrangiger Wichtigkeit sind.

› **Teilbotschaften in Bezug auf die Ziele:** Die Konzeptionsbeteiligten erkennen, dass es in ihrer Zielkonstellation ein oder mehrere Einzelziele gibt, die nicht der großen Richtung folgen, sondern einen anderen Kurs einschlagen und mit den Dachbotschaften nicht ausreichend abgedeckt werden. Solche Ziele sind im Einzelfall mit spezifischen Teilbotschaften zu unterlegen. Die große Zielrichtung eines Konzepts geht beispielsweise in die Richtung „Neue Kunden gewinnen" und die Dachbotschaft verspricht „die sachkundigste Beratung in der Region". Fast alle Ziele folgen der großen Richtung, aber es gibt ein Ziel, das fordert „bessere Kontakte zur kommunalen Verwaltung". Mit der kompetenten Beratung kommt man da nicht weiter. Darum wird eine spezielle Teilbotschaft fixiert und die arbeitet heraus, dass das Unternehmen „zu den Ersten gehört, das die freiwilligen Regeln der kommunalen Nachhaltigkeitsoffensive konsequent anwendet".

› **Teilbotschaften in Bezug auf die Zeit:** In bestimmten Konzepten ist es erforderlich, dass für einzelne Zeitphasen und Ereignisse Teilbotschaften entwickelt werden. Diese Botschaften kommen dann nur innerhalb der definierten Periode zum Einsatz. Zum Beispiel bietet eine Kommune nur in den Sommermonaten einen Schiffsverkehr über die Elbe an und nur in diesen Monaten heißt die spezielle Botschaft: „Mit dem Schiff statt mit dem Auto ins Grüne spart Zeit und schont die Umwelt."

› **Teilbotschaften in Bezug auf die Dachbotschaften:** Manche Dachbotschaften beinhalten so viele Einzelaspekte, dass sie zwangsweise an der Oberfläche bleiben und bestimmte Aspekte nicht genügend beleuchten.

Solche Botschaften werden durch Teilbotschaften unterstützt, um die wichtigen Facetten klarer herauszuarbeiten. Die Dachbotschaft „Kundenorientierte Innovation wird bei uns großgeschrieben, wir haben schon fünf Mal einen Innovationspreis gewonnen." untermauert das Unternehmen mit zwei vertiefenden Teilbotschaften, die je nach Kommunikationsanlass verstärkend eingesetzt werden: „Kundenorientierung ist garantiert, weil ein Beirat aus Kunden unsere Forschungstätigkeit mitsteuert." und „Speziell unsere Innovationen im Bereich der Prüftechnik setzen international Maßstäbe und werden in über 40 Ländern erfolgreich verkauft."

› **Teilbotschaften in Bezug auf das Kommunikationsobjekt:** Sobald ein Kommunikationsobjekt aus mehreren Bestandteilen besteht und einzelne Bestandteile besondere Erfordernisse haben, können dafür gezielt Teilbotschaften entwickelt werden. Das Radprogramm eines Fahrradherstellers hat seit neuestem auch Pedelecs im Angebot. Preis, Funktion und Kunden weichen so weit von den übrigen Fahrradtypen ab, dass im Kommunikationskonzept spezielle Teilbotschaften für die Elektrofahrräder formuliert werden.

› **Teilbotschaften in Bezug auf den geografischen Raum:** Die Dachbotschaften eines Immobilienmaklers sind überall gleich. Für die reichen Kaufinteressenten in München braucht er aber andere Teilbotschaften als für die armen Mietinteressenten in Bremerhaven. Eine Fluggesellschaft spricht die Kunden in Asien mit anderen Teilbotschaften an als die Kunden in Europa.

Eine Gefährdung stellen inhaltliche Kollisionen zwischen Dachbotschaften und untergeordneten Teilbotschaften dar. Eine Teilbotschaft darf weder im Ganzen noch in einem Teilaspekt einer Dachbotschaft widersprechen. Sie muss sich reibungslos und stimmig in den großen Bedeutungsrahmen einfügen. Dachbotschaften haben Masterfunktion, die Teilbotschaften übernehmen daran ausgerichtet dienende Funktionen. Zu unterscheiden sind verschiedene Kategorien von dienenden Funktionen:

› **Teilbotschaft erweitert Dachbotschaft:** Die Botschaft bringt neue und ergänzende Themenaspekte in die Kommunikation ein.

› **Teilbotschaft fokussiert Dachbotschaft:** Die Botschaft konzentriert sich auf bestimmte Teilaspekte einer Dachbotschaft und arbeitet diese schärfer heraus.

› **Teilbotschaft konkretisiert Dachbotschaft:** Die Botschaft schärft die Aussage und macht die Zusammenhänge greifbarer.

› **Teilbotschaft modifiziert Dachbotschaft:** Die Botschaft wandelt eine Dachbotschaft um und schafft damit einen neuen Zugang, z.B. für bestimmte Zielgruppen oder Situationen.

Botschaften sinnlich fassbar machen

Bisher haben wir uns in diesem Schritt der Strategie nur mit der verbalen Codierung beschäftigt. Es ging darum, wie man die Botschaftsinhalte sprachlich fasst. Kommunikationsbotschaften sollten sich aber nicht auf die verbale Dimension beschränken. Es gibt immer auch den nonverbalen Code und der sollte im strategischen Teil des Konzepts mitgedacht werden.[78]

Abbildung 67: Duale Codierung der Botschaften

Worte werden überschätzt. Botschaften sind nicht nur Worte, sondern sollten auch Bilder implizieren. Darüber hinaus können Botschaften in einzelnen Fällen auch Klänge, taktile Impulse oder Gerüche implizieren.

Kommunikationsbotschaften sind nicht nur textlich verarbeitete Sprache, auch Bilder stehen für Kommunikationsbotschaften. Das können Fotos sein, Illustrationen oder Infografiken. Bilder auf der Website, im Internet oder auf den Tafeln des Informationsstandes ziehen die Blicke auf sich und erregen Aufmerksamkeit. Es reicht ein Sekundenbruchteil, um die Bilder zu erfassen. Die Speicherung der Bilder ist eng mit Emotionen verknüpft. Werden Botschaften mit entsprechenden Bildern verbunden, lernt die Zielgruppe die Botschaften wesentlich besser und erinnert sie länger. Mit jeder Erinnerung werden gleichzeitig auch die emotionalen Assoziationen wieder reaktiviert und im Gehirn verstärkt.

Dachbotschaften und Teilbotschaften werden zugleich auf der bewussten und der unbewussten Ebene erfasst. Die unbewussten Anteile sind genauso wichtig für das Gesamtbild wie die bewussten. Und auf der Seite des Unbewussten haben Bilder die Macht. Wir stellen jedoch fest: In der Kommunikation der meisten Unternehmen und Institutionen werden Bilder sträflich vernachlässigt. Sie spielen innerhalb des Kommunikationskonzepts kaum eine Rolle, niemand denkt auf der konzeptionellen Ebene intensiver darüber nach. In der operativen Umsetzung ist der Mangel dann überall zu spüren. Zu wenige und zu schlechte Bilder bestimmen den Alltag der Kommunikation, die Bildsprache der Kommunikationsbotschaften bleibt generisch und nichtssagend.

Abbildung 68: Beispiel eines Moodboards

Das Thema des obigen Moodboards heißt „Nordic Nature". Ein solches Moodboard hilft Konzeptionsprofis, gemeinsam mit dem Auftraggeber die Bilderwelt zu präzisieren. Der Auftraggeber bemängelt beispielsweise, dass ihm das Bild unten in der Mitte zu kalt ist. So bitteschön nicht! Außerdem sollten seiner Meinung nach mehr Menschen zu sehen sein.

In unseren Konzepten versuchen wir, so oft es geht, die Kommunikationsbotschaften nicht nur in Worten zu formulieren, sondern erste Anweisungen und Beispiele für die Übersetzung in die Bilderwelt zu liefern. Es entstehen regelmäßig sogenannte „Moodboards", die das Ansinnen der Botschaften in erste Bildanmutungen übersetzen und für alle an der Gestaltung Beteiligten anschauliche Instruktionen und Inspirationen liefern.[79]

Umsetzung der Botschaften

Einige Unternehmen bevorzugen es, die fertigen Botschaften unter der Überschrift „Unternehmensphilosophie" oder „Unsere Mission" auf die Website zu stellen und in der Imagebroschüre abzudrucken. Die Kommunikationsbotschaften werden vorrangig proklamiert. Das ist erlaubt, nur wer sich allein auf das Verkünden von Botschaften beschränkt, hat die Funktion nicht richtig verstanden. Auf dem Weg der Proklamation führen die inhaltlichen Leitplanken auf die Standspur. Der eigentliche Sinn und Zweck der strategischen Botschaften ist es, sie in der Kommunikation sinnlich fassbar und lebendig zu machen. Sie werden anhand von vielen kleinen „Lebenszeichen" dokumentiert und in der Summe entsteht eine „Lebensgeschichte".

Die Botschaften spiegeln sich in allen Themen des Unternehmens wider. Sie werden mit Personen, Storys, Ereignissen und Beispielen lebendig gemacht. Sie stecken als Zündkerzen im Motor aller Maßnahmen. Alle Mitarbeiterinnen und Mitarbeiter des Unternehmens sprechen im Sinne der Dach- und Teilbotschaften – und das ohne Ausnahme.

Nicht zuletzt sind Botschaften grundlegende Richtwerte für die gesamte gestalterische Realisierung der Kommunikation. Vom Werbetexter über den Online-Redakteur bis zum Grafiker bekommen alle die essenziellen Botschaften als Richtung vorgegeben, um sie in griffige Headlines und Storys, Fotos und Illustrationen zu übersetzen. Zusammen mit der Positionierung bilden die strategischen Botschaften den genetischen Code für die textliche und bildliche Gestaltung aller Kommunikationsmittel.

Der strategische Weg

Wie wird kommuniziert?

Wenn Menschen kommunizieren, dann reden sie in der Regel nicht einfach darauf los. Um ihre Intentionen beim Gegenüber erfolgreich durchzusetzen, verfolgen sie bestimmte Strategien. Hat man ein Anliegen an eine Person, dann kann man dieses Anliegen geradlinig äußern und hoffen, dass man positive Resonanz findet. Aussichtsreicher ist es, im Gespräch mit Raffinesse vorzugehen. Zum Beispiel bringt man bewusst erst ein größeres Anliegen ins Spiel, das der Gesprächspartner mit vielen Entschuldigungen und Wendungen ablehnt. Danach äußert man Verständnis und schiebt ein kleineres – das eigentliche Anliegen hinterher. Der Gesprächspartner hat nun ein schlechtes Gewissen, weil er das erste Anliegen abgelehnt hat und fühlt sich verpflichtet. Die Wahrscheinlichkeit steigt erheblich an, dass er das kleinere Anliegen annimmt.[80] Nicht nur in der persönlichen Kommunikation arbeitet man mit solchen Hebeln. Sie funktionieren auch in der institutionellen Kommunikation.

Eine große Krankenversicherung wollte verstärkt junge Leute ansprechen und als Mitglieder gewinnen. Zu diesem Zweck wurde eine Tour mit Trendsportveranstaltungen auf die Beine gestellt. Die Tour sollte quer durch Deutschland gehen und in vielen großen Städten Station machen. Vorort auf den Marktplätzen waren jeweils Trendsportvorführungen von Inline-Skating bis zu Slacklining geplant. Für die Trendtour wurde ein Kommunikationskonzept entwickelt. Im Rahmen der Analyse stieß der Konzeptioner auf ein Problem. Eine Untersuchung zeigte, dass über 80 Prozent der jungen Zielgruppe bei besagter Versicherung auf Distanz ging und sie spontan als „Rentnerversicherung" einstufte. In persönlichen Gesprächen mit Vertretern der Zielgruppe bekam der Konzeptioner die ablehnende Sichtweise bestätigt. Aus diesem Grund schrieb er in das Risikofeld seiner SWOT-Analyse: „Kaum Akzeptanz der Versicherung bei der Zielgruppe". Vor seinem geistigen Auge sah er schon die Trendshow ohne Publikum auf den Marktplätzen versauern. Eine echte Gefahr! Welcher strategische Weg kann eingeschlagen werden, um die Gefahr auszuräumen? Die Faustregel für den strategischen Weg lautet: Schau in die Chancen- oder Stärkenseite und suche nach Faktoren, deren Kraftpotentiale das Problem lösen helfen und benutze sie als Hebel. Auf der Chancen-Seite des Konzepts fand der Konzeptioner unter anderem den Faktor „Partner interessiert an Tour". In der Recherchephase hatte er erfahren, dass die Versicherung mit vielen Unternehmen enge Kooperationen pflegt, darunter auch einige, die im Jugendbereich sehr erfolgreich sind. Mit Genehmigung seines Auftraggebers fragte der Konzeptioner dort nach und stieß auf positive Resonanz: „Trendsport? Junge Zielgruppe? Doch, doch, da können wir uns im Grundsatz eine Zusammenarbeit vorstellen." Die Chance „Partner interessiert" wurde als Hebel gegen das Risiko „Kaum Akzeptanz" in Stellung gebracht. Der strategische Weg zur Lösung des Problems war eine Partnerstrategie. Ein bekannter Trendsporthersteller und ein Musikportal für junge Leute unterstützten die Tour. Durch die hohe Affinität der beiden Partner bei der jungen Zielgruppe konnte die mangelnde Akzeptanz der Versicherung mehr als neutralisiert werden. Die Trendshows auf den Markplätzen waren bestens besucht, die jungen Besucher bekamen ein neues modernes Bild von der Versicherung.

Positionierung und Botschaften sind fertig ausgearbeitet, damit ist das Kommunikationsobjekt gut aufgestellt. Aber Positionierung und Botschaften sind keine Selbstläufer. Im direkten Anschluss stellt sich die Frage, wie die Kommunikation sie zu den Zielgruppen transportiert, damit die vorgegebenen Ziele auch tatsächlich erreicht werden. Das Terrain ist nicht einfach, dennoch muss die Kommunikation möglichst direkt und ohne Streuverluste ihren Weg machen. Im Kapitel des strategischen Weges wird die große Marschrichtung beschrieben, die zur Zielgruppe und zu den Zielen führt. Es entstehen grundlegende Maßgaben für die operative Umsetzung, an der sich später alle Instrumente und Aktivitäten ausrichten. Es werden aber keine konkreten Mittel und Maßnahmen bestimmt, schließlich befinden wir uns noch innerhalb der strategischen Schrittfolge. Es geht an dieser Stelle lediglich um Konstruktions- und Funktionsprinzipien für die Umsetzung, um generelle Handlungsanweisungen für die anschließende Umsetzungsplanung.

Abbildung 69: Strategische Navigation mithilfe der SWOT

Der strategische Weg nutzt die Vorfahrtsstraßen von Stärken und Chancen, versucht den Gefahren der Risiken aus dem Weg zu gehen und stoppt die maßgeblichen Schwächen, um so schnell und effizient wie möglich ans Ziel zu kommen.

Am Ausgangspunkt des strategischen Weges stehen die Ergebnisse der Analyse. Vor allem die SWOT-Analyse hilft weiter. Das dort kartographierte Lagebild dient uns als Navigationshilfe für den richtigen Weg. Alle relevanten Faktoren, die den Weg beeinflussen, sind dort im Stichworten beschrieben:

› **Die Stärkenseite:** Sie zeigt an, wo das Kommunikationsobjekt aufgrund seiner Stärken auf dem Weg Vorfahrt hat. Die Stärken sind die wichtigsten Hebel im konzeptionellen Spiel, die möglichst kraftverstärkend einzusetzen sind.

› **Die Schwächenseite:** Sie bestimmt, welche negativen Eigenschaften das Kommunikationsobjekt bremsen oder sogar vom Weg abbringen könnten. Sofern die Schwächen für die spätere Kommunikation mit großer Wahrscheinlichkeit zur Belastung werden, müssen sie gestoppt werden.

› **Die Chancenseite:** Sie stellt externe Faktoren im Umfeld heraus, die das Vorankommen auf dem Weg beschleunigen. Falls einzelne Chancen eine echte Schnellstraße auf dem Weg zum Ziel darstellen, sollten sie genutzt werden.

› **Die Risikenseite:** Sie warnt und weist auf Gefahrenstellen und Hindernisse hin, die den Weg erschweren. Gibt es Risiken, die dem Kommunikationsobjekt höchst wahrscheinlich in die Quere kommen, dann gilt es, sie beiseite zu räumen oder mit genügend Sicherheitsabstand zu umfahren.

Strategische Ableitung über Ist- / Soll-Vergleich

Am Übergang zwischen Analyse und Strategie hat uns der Ist- / Soll-Vergleich geholfen, mit ersten strategischen Richtungsangaben den Einstieg in die strategische Arbeit zu erleichtern. Es zeigte sich jedoch, dass der Einsatz an dieser Stelle relativ früh kam. Wir erhielten zwar erste wichtige Fingerzeige für die Strategie, aber keine sicheren Bestimmungsgrößen. Der Ist- / Soll-Vergleich konnte seine methodischen Fähigkeiten noch nicht voll entfalten. Jetzt am Ende der Strategie, mit den Zielen und Zielgruppen, mit Positionierung und Botschaften als feste Koordinaten lässt sich mit dem Instrument des Ist- / Soll-Vergleichs exakter arbeiten und die Hebel an den richtigen Stellen ansetzen.

Falls im Rahmen der Analyse kein Ist- / Soll-Vergleich erarbeitet wurde, dann holen wir das jetzt nach. Existiert bereits ein Vergleich, dann stehen zwei Möglichkeiten offen. Die erste Möglichkeit ist, den bereits ausgearbeiteten Vergleich aus der Analyse wieder zur Hand zu nehmen und den dort noch sehr allgemein beschriebenen Weg zu korrigieren, fein auszuarbeiten und weiter zu präzisieren. Sofern sich Ziele, Zielgruppen, Positionierung und Botschaften nicht von den Maßgaben des Ist-/Soll-Vergleichs abweichen und die strategischen Konsequenzen sich bestätigt haben, bietet sich diese Variante an.

Haben sich zwischenzeitlich jedoch deutliche Kurskorrekturen innerhalb der Strategie ergeben, dann lassen wir den alten Vergleich besser in der Schublade. Er engt nur den Blick ein oder – noch schlimmer – gibt uns eine falsche Orientierung. In diesem Fall ist es zweckmäßiger, wir setzen mit dem Ist-/Soll-Vergleich neu an.

Dabei gehen wir schrittweise vor. Wir platzieren zunächst auf der Ist-Seite die relevanten Faktoren aus dem Lagebild der SWOT-Analyse und ziehen auf der Soll-Seite die strategischen Konsequenzen. Hierbei geht es um grundsätzliche strategische Konsequenzen. Einzelne Maßnahmen als Konsequenzen haben in der Soll-Spalte nichts zu suchen. Die generelle Faustregel der Handlungsstrategie lautet: „Setze Stärken und Chancen als Hebelkraft ein, um Schwächen und Risiken zu beseitigen oder um Chancen besser zu nutzen". Für den Ist-/Soll-Vergleich ergeben sich daraus drei Möglichkeiten, den strategischen Hebel anzusetzen und punktgenaue strategische Konsequenzen zu ziehen:

› **Chancen besser nutzen:** mit den passenden Stärken als Hebelkräfte. Durch die Verbindung von Chancen und Stärken schaltet man in der Kommunikation den Turbo-Antrieb ein.

› **Vorhandene Schwächen abbauen:** mit Stärken oder Chancen als Hebelkräfte. Sie machen das Kommunikationsobjekt fit für den Weg zur Zielgruppe.

› **Vorhandene Risiken begrenzen:** mit Stärken oder Chancen als Hebelkräfte. Sie sorgen im Umfeld für freie Bahn auf dem Weg zur Zielgruppe.

Wir setzen positive Faktoren mit Hebelkraft gezielt an Hebelpunkten mit Handlungsbedarf an. Dabei wählen wir die relevanten SWOT-Faktoren einzeln aus oder clustern sie. Geclustert werden jedoch nur Faktoren, die erkennbar zusammengehören und eine gemeinsame Hebelkraft oder einen gemeinsamen Hebelpunkt ergeben.

Beim Ableiten der Konsequenzen haben wir stets die bereits ausgearbeiteten strategischen Koordinaten im Blick. Alles dreht sich um die Frage, auf welchem Weg man aus der Positionierung heraus die Zielgruppen am besten anspricht, um die Ziele sicher zu erreichen. Jede strategische Konsequenz wird entsprechend ausgerichtet.

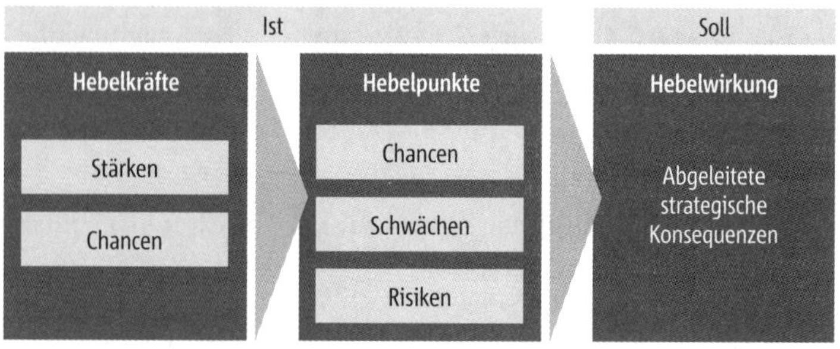

Abbildung 70: Das Hebelprinzip des Ist-/Soll-Vergleichs

Es geht darum, den Hebel an der richtigen Stelle anzusetzen, sprich: die richtige strategische Konsequenz zu ziehen, um mit der Hebelkraft von Stärken und Chancen an den Hebelpunkten möglichst viel zu bewegen.

Drei einfache Beispiele sollen das einfache Funktionsprinzip des Hebels innerhalb des Soll-/Ist-Vergleichs praxisnah anschaulich machen:

› **Risiken begrenzen:** Ein großer Konzern, der im Export besonders erfolgreich ist, will sein internationales Geschäft ausbauen. Auf der Risikenseite steht der Hebelpunkt „Verschärfung des Exportgesetzes befürchtet". Als Hebelkraft werden zwei Chancen genutzt: „Beste Verbindungen zu den politischen Entscheidern" und „Starke Unterstützung durch den Verband". Die strategische Konsequenz lautet: „Die guten Verbindungen nutzen, um mit Unterstützung des Verbands in direkten Gesprächen bei relevanten politischen Entscheidern die Problematik des neuen Exportgesetzes deutlich zu machen."

› **Chance nutzen:** Eine städtische Wohnungsbaugesellschaft will ihr Image in der Region stärken. Auf der Stärkenseite steht als Hebelkraft „Unser neues Wohnungsbauprogramm ist erfolgreich". Als verstärkender Hebelpunkt wird eine Chance genutzt: „Bürger interessiert am Dialog". Die strategische Konsequenz lautet: „Gezielte Dialogmaßnahmen mit Bürgern implementieren und dabei das neue Wohnungsbauprogramm als Aufhänger nutzen."

› **Schwäche abbauen:** Es soll eine externe Kampagne zum Thema Nachhaltigkeit für einen Mittelständler gestartet werden. Auf der Schwächenseite steht der Hebelpunkt „Mitarbeiter haben unscharfes Bild vom Nachhaltigkeitsengagement". Dagegen wirkt als Hebelkraft die Stärke „Neuer Vorstand kommt publikumswirksam rüber". Die strategische Konsequenz lautet: „Vor dem externen Start der Kampagne die Nachhaltigkeit intern kommunizieren und dabei den Vorstand als Sprachrohr einsetzen. Alle Kollegen erkennen, dass Nachhaltigkeit eine hohe Bedeutung hat."

Wurde zum Abschluss der Analyse eine SWOT-Matrix als Brücke zum strategischen Block eingesetzt, dann kann man zur Richtungsbestimmung des strategischen Wegs statt des Ist- / Soll-Vergleichs selbstverständlich auch die SWOT-Matrix nutzen. Genauso wie beim Ist- / Soll-Vergleich werden die Konsequenzen in den vier Feldern der Matrix stets mit Blick auf Ziele, Zielgruppen, Positionierung und Botschaften gezogen.

Arten der Strategie

Die Wahl des richtigen strategischen Hebels ist entscheidend für die „Konzeptionsperformance". Setzt man den Hebel unentschlossen oder falsch an, dann drohen die Botschaften ins Leere zu laufen. Die Kommunikationswirkung dümpelt vor sich hin und schafft es nicht über die Aufmerksamkeitsschwelle der Zielgruppen. Sitzen die Hebel an den richtigen Stellen, kann die Kommunikation ungeahnte Kräfte entfalten, die Kommunikationswirkung steigt exponentiell an.

Welche Strategien haben hohe Hebelwirkung? Die vielfältigen Kommunikationsstrategien werden am besten nach ihren unterschiedlichen Angriffspunkten sortiert.

Abbildung 71: Dimensionen der Strategie

Wo und wie die Strategie den Hebel ansetzt, leitet sich aus dem Lagebild der Analyse ab. Die Hebelbewegung muss dazu führen, dass Positionierung und Botschaften sicher transportiert sowie Zielgruppen und Ziele ohne Umwege erreicht werden.

Die strategischen Möglichkeiten sind zahlreich. Im Folgenden wollen wir nur einige Beispiele vorstellen und damit Anregungen geben. Eine wichtige Kategorie bilden zielgruppenbezogene Strategien. Sie setzen den strategischen Hebel bei Zielgruppen oder Zielpersonen an:

- › **Multiplikatorenstrategie:** Die Botschaften werden vorrangig über neutrale und glaubwürdige Mittler transportiert. Das können bekannte Persönlichkeiten, aber auch unbekannte Akteure sein. Durch die Personalisierung haben sie eine besonders hohe Aufmerksamkeit. Die Multiplikatorenstrategie wird auch „Testimonialstrategie“[81] genannt. Für den Erfolg muss garantiert sein, dass die kommunizierenden Fürsprecher tatsächlich hinter ihren Aussagen stehen und nicht einfach nur „gekauft“ wurden.

- › **Early-Adopter-Strategie:** Die Kommunikation geht an Zielgruppenvertreter, die aufgeschlossen und schneller als andere bereit sind, etwas Neues auszuprobieren. Die Early Adopter bilden die Vorreiter mit Vorbildfunktion, die alle anderen Zielgruppen mitziehen.

Die botschaftsorientierten Strategien nehmen Dachbotschaften, bisweilen auch Teilbotschaften, ins Visier und transportieren sie auf eine ganz bestimmte Art und Weise:

- › **Step-by-Step-Strategie:** In der Umsetzung werden nicht alle Botschaften auf einmal, sondern einzeln und zeitlich nacheinander transportiert. Bei dieser Strategie muss sichergestellt sein, dass die Zielgruppe alle Schritte wahrnimmt. Ansonsten gehen einzelne Botschaften unter und die Kette der Argumente zerfällt.

- › **Vorher-/Nachher-Strategie:** Alle Maßnahmen sind so aufgebaut, dass sie die Botschaften konsequent aus zwei Richtungen darstellen. Zunächst kommt die Vorher-Darstellung (Problem der Zielgruppe) und dann die Nachher-Darstellung (Lösung durch das Kommunikationsobjekt). Der Wechsel von Vorher/Nachher ist besonders anschaulich und hat einen hohen Überzeugungsgrad.

Bei den wettbewerbsorientierten Strategien kommt der strategische Hebel im Wettbewerbsumfeld zum Einsatz:

- › **Differenzierungsstrategie:** Es wird eine klare Trennlinie zu den Hauptmitbewerbern gezogen und in Inhalt und Art der Kommunikation deutlich herausgearbeitet. Der Unterschied ist auf den ersten Blick erkennbar. Das Anderssein schlägt sich nicht nur in Positionierung und Botschaften, sondern auch in der Art und Weise des gesamten Mitteleinsatzes nieder.

- › **Me-too-Strategie:** Die Kommunikation lehnt sich eng an einen erfolgreichen Mitbewerber an und versucht, von dessen Glanz zu profitieren. Ähnlichkeiten sind gewollt und werden systematisch herausgearbeitet, sie dürfen allerdings nicht zu Verwechslungen führen.

Bei kooperationsorientierten Strategien liegt der strategische Ansatzpunkt bei bereits vorhandenen oder zukünftigen Partnern:

› **Allianzstrategie:** Für eine einzelne Aktion oder eine Kampagne wird projektbezogen eine Kooperation mit einem oder mehreren Partnern abgesprochen. Die Kommunikation ist so angelegt, dass beide Seiten davon profitieren.

› **New-Face-Strategie:** Die Kommunikationsmaßnahmen starten nicht unter dem Namen der beteiligten Partner, vielmehr werden ein neuer eigenständiger Name und ein Logo gefunden und eingesetzt.

Die zeitorientierten Strategien setzten beim Faktor Zeit an und bauen eine wirkungsverstärkende Dramaturgie auf:

› **Big-Bang-Strategie:** Man konzentriert alle Kommunikationskräfte auf einen großen Höhepunkt – den „Big Bang" – auf den ein dramaturgischer Spannungsbogen zu- und wieder wegläuft.

› **Mehr-Phasen-Strategie:** Die Kommunikation ist in mehrere Handlungsphasen unterteilt – beispielsweise in eine Vorbereitungsphase, Startphase und Etablierungsphase mit unterschiedlicher dramaturgischer Ausrichtung.

Bei der instrumentenorientieren Strategie geht es um die richtige Zusammensetzung der Aktivitäten in der Umsetzung:

› **Ereignisstrategie:** Veranstaltungen und Aktionen mit starkem Ereignischarakter werden mit systematischer Pressearbeit gekoppelt, sodass über das direkte Eventpublikum hinaus eine starke Außenwirkung entsteht.

› **Online- / Offline-Strategie:** Die Besonderheit der Strategie liegt in der intelligenten Verbindung von Online-Maßnahmen mit Offline-Aktivitäten. Aktivitäten im wirklichen Leben bekommen eine zusätzliche virtuelle Dimension im Netz.

Selbstverständlich kann man mehrere Strategien in Kombination zum Einsatz bringen. Beispielsweise lässt sich eine Ereignis-Strategie mit einer Big-Bang-Strategie kombinieren. Oder eine Mehr-Phasen-Strategie implementiert in der ersten Phase eine Early-Adopter-Strategie. Solche kombinierten Handlungsstrategien können die Kommunikationswirkung deutlich verstärken. Allerdings sollte der strategische Weg nicht allzu verschachtelt sein. Da die Handlungsstrategie grundlegende Weisungen für die Umsetzung gibt, besteht die Gefahr, dass die Beteiligten mit komplexen Konstruktionen nicht klarkommen und in der Umsetzung Fehler machen.

Am Machbaren orientieren

Die strategischen Schlussfolgerungen sind als eisenharte Pflichtenliste zu verstehen. Was dort angedacht und festgelegt wird, wird in der Umsetzungsphase entschieden umgesetzt. Bevor wir die Koordinaten des strategischen Weges verabschieden, sollten wir noch einmal kritisch prüfen:

› **Umsetzbare Strategie:** Sind die strategischen Konsequenzen mit den vorhandenen Ressourcen an Geld, Zeit und Personal tatsächlich umsetzbar oder nimmt man sich zu viel des Guten vor?

› **Sauber verzahnte Strategie:** Greifen alle strategischen Konsequenzen sauber ineinander, ergeben sie ein System, das sich gegenseitig verstärkt?

› **Kommunikationsbezogene Strategie:** Sind die strategischen Konsequenzen mit kommunikativen Mitteln einzulösen? Oder hat man sich im Eifer des Gefechts viel zu weit in den Bereich des Marketings oder der Unternehmenspolitik vorgewagt?

Zum letzten Punkt noch ein Hinweis. Falls es für die Lösung der Kommunikationsaufgabe unabdingbar ist, darf man in einem Kommunikationskonzept auch Vorschläge machen, die über das Terrain der Kommunikation hinausgehen und sich beispielsweise mit dem Marketing-Mix beschäftigen. Man sollte diese strategischen Konsequenzen aber deutlich als „weitergehenden Vorschläge“ kennzeichnen, die „zur Diskussion gestellt werden“. Vorher hat man geprüft, ob die Vorschläge überhaupt eine reale Chance für die Umsetzung haben.

Strategische Rückkopplung

Während der Arbeit an den einzelnen Schritten der Strategie tauchen wir so tief in die Zusammenhänge ein, dass wir zuweilen den Überblick verlieren. Jeder einzelne Punkt der Strategie wurde von uns fein säuberlich ausgefeilt, aber im Zusammenhang ergeben sich Interferenzen und Anschlussfehler. Bevor die strategische Arbeit abgeschlossen wird, müssen wir daher auf jeden Fall noch einmal die Stimmigkeit der Schrittfolge überprüfen.

Ein gängiges Kontrollinstrument ist das Strategietableau, bei dem alle strategischen Schritte übersichtlich auf einer DIN-A4-Seite zusammengestellt werden. Das Tableau bildet die gesamte strategische Strecke als kompakte Tabelle ab.

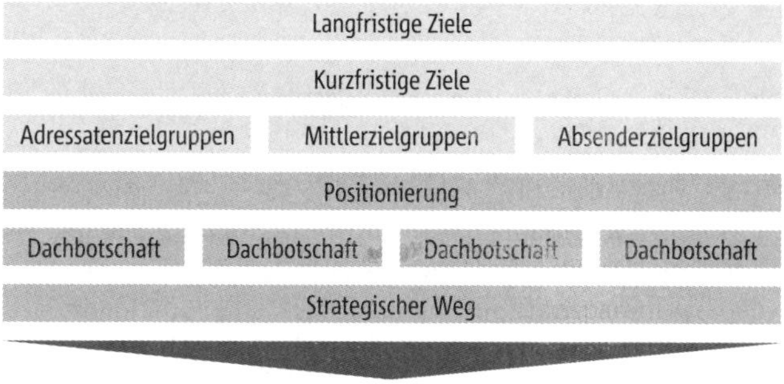

Langfristige Ziele			
Kurzfristige Ziele			
Adressatenzielgruppen	Mittlerzielgruppen	Absenderzielgruppen	
Positionierung			
Dachbotschaft	Dachbotschaft	Dachbotschaft	Dachbotschaft
Strategischer Weg			

Abbildung 72: Das Strategietableau

Beim abschließenden Check gibt es bisweilen eine böse Überraschung. Jeder Strategieschritt schien den Beteiligten logisch und richtig, aber im Zusammenhang gesehen stimmt die Schrittfolge nicht.

So wie die SWOT-Analyse den komplexen Sachstand der Ist-Situation auf ein Schaubild reduziert, so zieht das Strategietableau alle strategischen Entscheidungen für die zukünftige Kommunikation auf einer einzigen Seite zusammen.

Zumeist fallen uns schon beim Zusammenstellen des Tableaus Anschlussfehler und Kursabweichungen auf. Diese werden sofort korrigiert und alle Unebenheiten feinjustiert. Dabei kann man durchaus von hinten nach vorne vorgehen und die Stringenz in umgekehrter Reihenfolge überprüfen. Das fertige Tableau sollte ein in sich stimmiges Gesamtbild vermitteln und für alle Beteiligten logisch nachvollziehbar sein.

z. B. das Strategietableau

Kommunikationsstrategie Minihäuser

Übergeordnete Ziele

- Langfristig in 7 Jahren: 90 Prozent Auslastung > 12 Häuser/Jahr
- Kurzfristig in 2 Jahren: 50 Prozent Auslastung > 6 Häuser/Jahr

Langfristige Kommunikationsziele (7 J.)	Kurzfristige Kommunikationsziele (2 J.)
› Als Pionier und Kompetenzführer für Minihäuser bei den Zielgruppen in Deutschland bekannt und anerkannt sein.	› Zielgruppen kennen das Minihaus und schätzen die Vorteile. › Pro Jahr melden sich 30-40 Interessenten und lassen sich persönlich beraten. › Es entsteht ein Netzwerk der Fürsprecher, die sich für das Minihaus einsetzen.
Potenzielle Kunden	**Mittlerzielgruppen**
› Minihauskäufer sind modern eingestellte private Bauherrn: › Künstler, Kreative, Medienberufe › 27–37 Jahre alt, m/w, Single › höheres Einkommen, beruflich erfolgreich, Early Adopter › Leben im Grünen › Gesund, sportlich und fit › Bewusster Verzicht auf Komfort	› Fürsprecher: › Öko-Verbände und Vereine › Meinungsführer Wohnen › Zufriedener Käufer Minihaus › Medien: › Wohnen und Einrichten › Lifestyle und Avantgarde › Umwelt und Natur

Positionierung

- Unser Minihaus steht für ein neues zukunftsweisendes Wohnraumverständnis, das individuelle Designlösungen nach dem Baukastenprinzip ermöglicht.

Dachbotschaften

- Unsere Minihäuser lassen sich ganz nach den Vorstellungen des Bauherrn gestalten. So maßgeschneidert war Wohnraum noch nie.
- Unsere Minihäucser sparen viel Zeit und Geld. So schnell und preiswert war Wohnraum noch nie.
- Unsere Minihäuser verbinden innovative Ideen mit ausgereifter Haustechnik. So innovativ und umweltschonend war Wohnraum noch nie.

Strategischer Weg

- Im 1. Schritt Aufmerksamkeit über Online-Kommunikation wecken.
- Mit Bildern und Storys kommunizieren, ehrlich kommunizieren.
- Im 2. Schritt den direkten Kontakt suchen und im persönlichen Gespräch überzeugen.
- Gezielt die Fürsprecher in die Kommunikation integrieren.

05

Umsetzungsplanung schafft Tatsachen

› Operativer Block im Überblick
› Die Themenplanung
› Die Kreativplanung
› Das Maßnahmensystem
› Die zeitliche Dramaturgie
› Die Erfolgskontrolle
› Die Budgetierung

Operativer Block im Überblick

Handlungen planen

Die operative Planung eines Konzepts ist arbeitsreich und braucht Zeit. Im Kern besteht die Operation aus der Planung der Maßnahmen – aber nicht nur. Andere wichtige Arbeitsschritte kommen hinzu. Zum operativen Block des Kommunikationskonzepts gehören sechs Schritte.

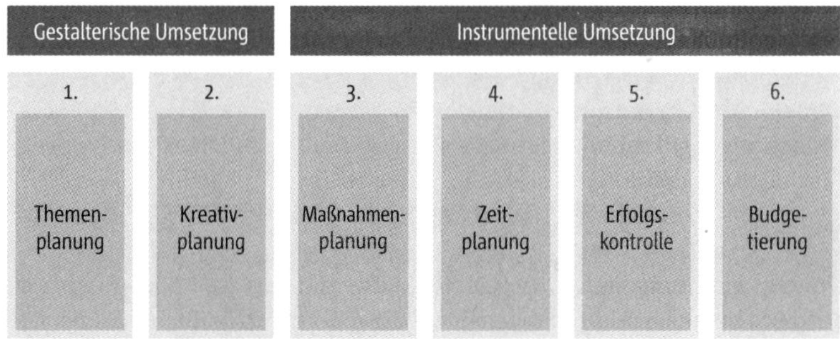

Abbildung 73: Die Umsetzungsplanung im Überblick

Die Strategie hat die große Linie vorgezeichnet. In den Umsetzungsschritten ist diese Linie auf den Boden der Tatsachen zu bringen. Das Kommunikationskonzept funktioniert nur, wenn sich die Strategie in der Umsetzung realistisch abbilden lässt.

Alle Schritte der konzeptionellen Umsetzungsplanung richten sich am strategischen Kurs aus und übersetzen ihn in konkrete Handlungen. Zuerst kommen die gestalterischen Schritte:

› **Die Themenplanung:** Die Themen („Content“) sind der Treibstoff der Kommunikation. Ohne starke Themen bleibt die Ansprache kraftlos. Mit welchen Themen soll die Kommunikation des vorliegenden Konzepts gestaltet werden?

› **Die Kreativplanung:** Jede Strategie ist graue Theorie. Wie machen wir die Intention der Strategie sinnlich fassbar? Mit welchen Ideen, mit welchen Slogans und grafischen Elementen gestalten wir die Kommunikation und regen das Interesse der Zielgruppen an?

Im direkten Anschluss kümmern wir uns um die instrumentelle Umsetzung – von den passenden Maßnahmen bis zum erforderlichen Budget:

- **Die Maßnahmenplanung:** Die Maßnahmen sind die Vehikel der Kommunikation. Sie transportieren Botschaften und Themen zu den Zielgruppen. Mit welchen bewährten und neuen Maßnahmen wird die Kommunikationsstrategie erfolgreich umgesetzt?

- **Die Zeitplanung:** Hier geht es um das richtige Timing der Kommunikationsaktivitäten. Mit welcher zeitlichen Dramaturgie laufen die geplanten Maßnahmen? Wann startet die Kommunikation? Wann liegen die Höhepunkte?

- **Die Erfolgskontrolle:** Strategie, Kreation und alle operativen Maßnahmen werden kontrolliert und bei Bedarf optimiert. Die Kontrolle erfolgt möglichst lückenlos vor, während und nach der Kommunikation. Wurden die avisierten Zielgruppen tatsächlich erreicht? Wie sind Positionierung und Botschaften angekommen? Was haben die Maßnahmen bewirkt? Hat die Zeitplanung gestimmt?

- **Die Budgetierung:** Ein heikles Kapitel, denn die Maßnahmen müssen immer mit Blick auf die Kosten geplant werden und meist erlauben die begrenzten Ressourcen „keine großen Sprünge". Wobei es im konzeptionellen Rahmen um keine detaillierte Kalkulation, sondern um Kostendimensionen und Proportionen geht. Wie teilt sich das Budget auf? Welche finanziellen Größenordnungen haben die einzelnen Maßnahmen?

Die Themenplanung

Von Botschaften zu Themen

Für den Erfolg der Kommunikation sind nicht die richtigen Mittel und Maßnahmen der entscheidende Punkt, es sind die richtigen Themen und Inhalte. Dennoch werden in Gesprächen mit unseren Auftraggebern die Probleme vorrangig auf der instrumentellen Ebene der Maßnahmen festgemacht: „Die Resonanz der Medien hat stark nachgelassen. So geht es nicht weiter, wir müssen unbedingt mal wieder eine Pressekonferenz organisieren." Oder: „Alle unsere Mitbewerber sind schon auf Facebook. Wir müssen dringend auch auf Facebook!" So wird die Kommunikation von hinten aufgezäumt. Umgekehrt wäre es richtig. Zuerst kommt die Ausarbeitung der Themen. Und erst wenn festgelegt wurde, welche Inhalte zu kommunizieren sind, stellt sich die Frage, mit welchen Maßnahmen und Kommunikationskanälen man zur Sache geht. Erst dann kann diskutiert werden, ob die Pressekonferenz oder ob Facebook für die gewählten Themen die richtige Plattform sind oder nicht.

Themen und Inhalte sind die Energieträger der Kommunikation. Mittel und Maßnahmen sind nur die Vehikel, um die Themen zu den Zielgruppen zu transportieren. Ohne Energie kommen die Vehikel nicht voran, ist kein Transport möglich. Unsere Erfahrung zeigt, dass man mit spannenden Themen und alltäglichen Maßnahmen mehr erreicht als umgekehrt mit spannenden Maßnahmen und alltäglichen Themen.

Die Themenenergie kann positiv oder negativ gepolt sein. Positive Themen bringen die Kommunikation voran. Das Unternehmen wird sie so nachhaltig wie möglich einsetzen, um besser in Richtung Zielgruppen voranzukommen. Negative Themen bremsen und bedrohen das Image. Das Unternehmen wird alles tun, um sie einzudämmen und ihre Destruktionswirkung abzuschwächen.

„Themen? Welche Themen? Wir haben keine echten Themen, bei uns passiert nicht viel – und was passiert, ist nicht sexy!" Die Aussage beschreibt ein grundsätzliches Problem der Themenplanung. Vielen Unternehmen fehlt es an Fantasie und Kreativität in der Themenfindung. Sie denken in eingefahrenen Bahnen und es gelingt ihnen nicht, geeignete Themen zu identifizieren und wirksam in Szene zu setzen. Keine Themen gibt es nicht! Jedes Unternehmen hat Themen. Ein Unternehmen, das etwas unternimmt, kann aus seinen Unternehmungen immer auch Themen schöpfen.

Deshalb ist für die erfolgreiche Kommunikationsarbeit eine professionelle Themenplanung unbedingt erforderlich. Themenplanung ist die systematische Suche und Aufbereitung von attraktiven internen und externen Themen mit dem Ziel, die Präsenz und Reputation eines Unternehmens bei den relevanten Zielgruppen zu erhöhen.

Die Themenplanung ist eng verwandt mit dem klassischen „Issue Management und Agenda Setting". Das „Issue Management"[82] kommt aus dem Bereich der Unternehmenskommunikation und der Public Relations. Es geht darum, mit einer Art Frühwarnsystem chancen- oder risikoreiche Themenentwicklungen (= Issues) rechtzeitig zu erkennen, vorausschauend zu reagieren und die relevanten Themen angemessen auf die Agenda der Unternehmenskommunikation zu setzen. Vorrangig eignet sich Issue Management für sensible Branchen, in denen Unternehmen aufgrund ihrer Produkte und Leistungen schnell ins Visier der öffentlichen Diskussion geraten. „Content Marketing"[83] ist ein weiterer tangierender Begriff, der aus der Marketingkommunikation stammt. Content liegt zurzeit groß im Trend und kommt im Umfeld von Internet und Web 2.0 zum Einsatz. Die klassische Werbung funktioniert nur mit hohem Druck. Das kostet erhebliche Etatmittel, die viele Unternehmen nicht zur Verfügung haben. Daher muss man heute neue Wege gehen. Content Marketing bezeichnet die Bereitstellung von nützlichen und unterhaltsamen, aber nicht werblichen Inhalten, um das Image eines Produktes oder einer Dienstleistung zu stärken und die Zielgruppen zum Kauf zu motivieren. Allerdings wird von einigen Unternehmen zurzeit eine wahre Content-Flut produziert, eine Inflation der nichtigen Nachrichten, mit der Folge, dass redaktionelle Inhalte im Netz entwertet werden.

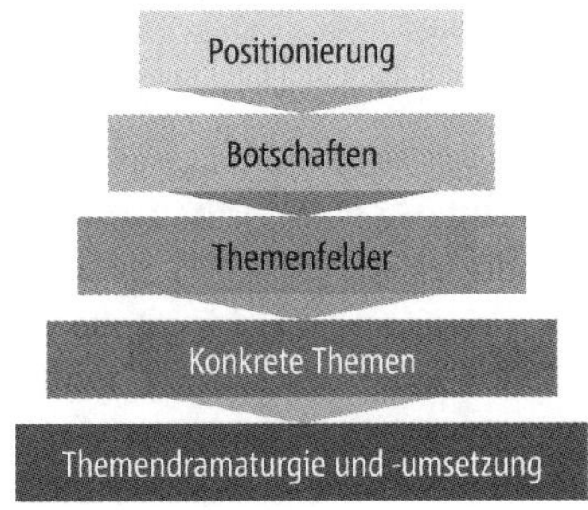

Abbildung 74: Die Themen zwischen Strategie und Umsetzung

In den Themen werden die Botschaften evident. In ihnen spiegelt sich der Gehalt der Botschaften in richtigem Licht und bekommt Beweiskraft. Fehlen den Botschaften die nötigen Themenbezüge, dann stimmt etwas mit den Botschaften nicht. Sie sind nicht echt.

Die Themenplanung innerhalb des Kommunikationskonzepts ist nicht unabhängig, sondern der Strategie verpflichtet. Die relevanten Themenbereiche und Themen haben die Aufgabe, die Positionierung des Kommunikationsobjekts überzeugend darzustellen. Die Darstellung erfolgt entlang der inhaltlichen Leitplanken der Dachbotschaften und geht in Richtung der definierten Zielgruppen. Alle Themen zahlen auf das Konto der Dachbotschaften bzw. im Einzelfall auch der Teilbotschaften ein. Während der Themenplanung hat man die strategischen Vorgaben stets im Blick.

Bei der Planung ist im ersten Schritt zwischen Themenfeldern und Themen zu unterscheiden. Bei Unternehmen und Institutionen mit breitem Themenspektrum macht es Sinn, in der Planung zweistufig vorzugehen und als Vorstufe zur konkreten Planung einzelner Themen erst einmal das Spektrum der möglichen Themenfelder zu sichten und einzugrenzen. Ein Unternehmen, das Wohnhäuser vermarktet, verfügt über einen großen Radius an Themen: Wohnen und Finanzen, Wohnen und Architektur, Wohnen und Familie, Wohnen und Alter, Wohnen und Ökologie, Wohnen und Kunst, Wohnen und Einrichtung und so weiter. In dem Fall ist es ratsam, nicht breit über das gesamte Spektrum zu streuen, sondern Themenfelder oder Themenkreise zu fokussieren, die von der Themenplanung bevorzugt beackert werden – allerdings ohne die anderen Themenfelder völlig auszuschließen. Bei Unternehmen mit begrenztem Themenspielraum kann man sich die Vorstufe der Feldeingrenzung sparen und sofort zur Planung der konkreten Themen übergehen. Beispiel ist ein Unternehmen, das spezielle Werkzeugsets für Glasereien herstellt. Das Unternehmen hat aufgrund von Produkt und Zielgruppe einen relativ schmalen, klar definierten Themenkorridor, der nicht weiter einzugrenzen ist.

Wie erfolgt die Eingrenzung der Felder? Im Kern sind zwei Kriterien ausschlaggebend. Einerseits muss das Unternehmen in diesem Themenbereich kompetent und aktiv sein. Andererseits sollte der Themenbereich draußen im Umfeld im Trend liegen und die Zielgruppen interessieren. Kommen beide Kriterien zusammen, dann ist der Bereich für die anstehende Themenplanung interessant.

In der Themenplanung unterscheiden wir zwischen Planthemen und Ereignisthemen. Planthemen ergeben sich aus dem Geschäftsablauf oder aus Entwicklungen im Umfeld. Sie sind bereits gesetzt bzw. absehbar und damit im Voraus disponierbar. Ereignisthemen entstehen aktuell und völlig überraschend. Eine Vorausplanung ist nicht möglich. Das Unternehmen muss aber passende Mechanismen vorbereitet haben, um auf die kurzfristig auftretenden Themen ad hoc reagieren zu können. Auf den nächsten Seiten konzentrieren wir uns auf disponierbare Themen. Sie sind der Stoff, aus dem sich die Themenplanung speist.

In einigen Fachbüchern wird die Planung der Themen in den strategischen Teil des Konzepts eingeordnet. Die damit verbundene Forderung lautet: Themen langfristig setzen und über mehrere Jahre spielen. Die Forderung ist im Grundsatz richtig. Nur zeigt die Praxis, dass in unserer schnelllebigen Zeit die Halbwertzeit von Themen immer kürzer wird. Manche Themen verbrauchen sich schon nach ein paar Tagen oder Wochen, andere halten einige Monate, aber nur sehr wenige lassen sich über mehrere Jahre spielen. In unserer Konzeptionspraxis läuft die Themenplanung fast ausnahmslos für die jeweils nächste Periode und ist eng mit der anschließenden Maßnahmenplanung gekoppelt.

Problematisch ist auch, dass in der Praxis die Themen bestimmten Disziplinen der Kommunikation zugeordnet werden. Besonders auffällig ist die Entwicklung im Online-Bereich, wo der Begriff „Content" (=Themen) in Literatur und Praxis häufig mit Online-Content gleichgesetzt wird. Das Content Marketing (=Themenplanung) verortet man irgendwo zwischen Social Media und Online-PR und zieht eine Grenze. Aber auch in anderen Bereichen plant man die Themen mit begrenztem Horizont: Die Presseabteilung sucht ihre PR-Themen, die Marketing-Abteilung arbeitet werbliche Themen heraus und die Eventabteilung strickt an Eventthemen. Themen sind jedoch interdisziplinär und unabhängig zu sehen. Sie werden ganzheitlich gedacht und erst in der Umsetzung auf einzelne Disziplinen „runtergebrochen". Beim Runterbrechen der Themen behalten die Konzeptionsbeteiligten das gesamte Spektrum der Disziplinen im Blick. Sie wählen genau die Disziplinen aus, die für den Thementransport am besten geeignet sind. Und die laufen nicht isoliert nebeneinander her, sondern werden für das jeweilige Thema stimmig orchestriert. Wir sprechen daher auch von integrierter Themenplanung.

Themenplanung im Überblick

Die Themenplanung basiert auf einer festen methodischen Schrittfolge. Die notwendige Planungsarbeit erledigen wir entweder allein an unserem Schreibtisch oder wir organisieren einen Themenworkshop mit mehreren Teilnehmern. Auch der Aufbau einer festen Themenredaktion ist möglich. Bei allen drei Vorgehensweisen bleibt die Folge der Planungsschritte im Wesentlichen gleich:

› **Strategie konkretisieren:** Den strategischen Rahmen der Kommunikation als Richtgröße für die Themenplanung definieren.

› **Laufende Themen einbeziehen:** Die bereits in der Kommunikation befindlichen Themen prüfen und angemessen einbeziehen.

› **Neue Themen sammeln:** Aus dem Unternehmen und dem Umfeld mögliche Themen suchen und erfassen.

› **Themen filtern und priorisieren:** Die gesammelten Themen bewerten und auf die Essenz reduzieren.

› **Negative Themen im Blick behalten:** Die Umfeldresonanz überprüfen und gegensteuern, wenn negative Themen die Kommunikationsstrategie gefährden.

› **Themen inhaltlich aufbereiten:** Die priorisierten Themen mit Fakten unterlegen und zu einer Nachricht oder einer wirksamen Story ausbauen.

› **Themenumsetzung skizzieren:** Die Vermittlungswege von Thema und Story konkretisieren. Über welche Kanäle und Plattformen soll die Kommunikation laufen?

› **Themen in eine Dramaturgie bringen:** Zeitpunkt und Länge der Themenkommunikation bestimmen. Die Themen untereinander zeitlich in Bezug setzen, sodass Interferenzen minimiert und Synergien maximiert werden.

Soweit der kurze Überblick. Wie die Themenplanung im Detail läuft, schauen wir uns auf den nächsten Seiten an.

Strategie konkretisieren

Die Themen sind als Energieträger fest in die Kommunikationsstrategie des Unternehmens eingebettet. Damit die Energie einen möglichst hohen Wirkungsgrad erzielt, müssen die Themen exakt in das strategische Gerüst eingepasst werden und rund laufen. Um das sicherzustellen, werden zu Beginn der Themenplanung noch einmal die im Konzeptionsprozess erarbeiteten strategischen Richtgrößen ins Gedächtnis gerufen und auf die anstehenden Themen bezogen:

› **Relevante Kommunikationsziele:** Was soll mit den Themen innerhalb des festgelegten Zeitintervalls erreicht werden?

› **Avisierte Zielgruppen:** Welche Zielgruppen sind in welcher Konstellation und mit welcher Gewichtung mit den Themen anzusprechen?

› **Vorgegebene Positionierung:** Mit welchem signifikanten Rollenverständnis werden die Themen bei den Zielgruppen ins Gespräch gebracht?

› **Essenzielle Botschaften:** Welche Dach- und Teilbotschaften sollen mit Hilfe der Themen von den Zielgruppen verinnerlicht werden?

› **Strategischer Weg:** Wie können die Themen helfen, die vorhandenen Schwächen und Risiken auszuschließen und die Stärken und Chancen besser zu nutzen?

Die strategischen Koordinaten werden noch einmal kurz aufgefrischt und für die anstehende Themenplanung konkretisiert.

Laufende Themen einbeziehen

Innerhalb der Themenplanung gibt es laufende und neue Themen. Laufende Themen sind Themen, die bereits vermittelt werden und bei den Zielgruppen im Gespräch sind. Soweit Erfolg versprechend, werden die laufenden Themen in die Planung integriert und fortgeführt. Damit wir entscheiden können, ob und wie es mit den laufenden Themen weitergeht, halten wir sie unter Beobachtung. Dazu haben wir ein praktikables Themenmonitoring installiert. Unter Monitoring versteht man die systematische und permanente Beobachtung und Auswertung der laufenden Themenresonanz. Die notwendigen Instruktionen und Instrumente zum Monitoring werden im Kapitel Erfolgskontrolle beschrieben. Über die Ergebnisse des Monitorings lässt sich feststellen, in welcher Lebensphase sich die laufenden Themen befinden, entsprechend können wir darauf reagieren.

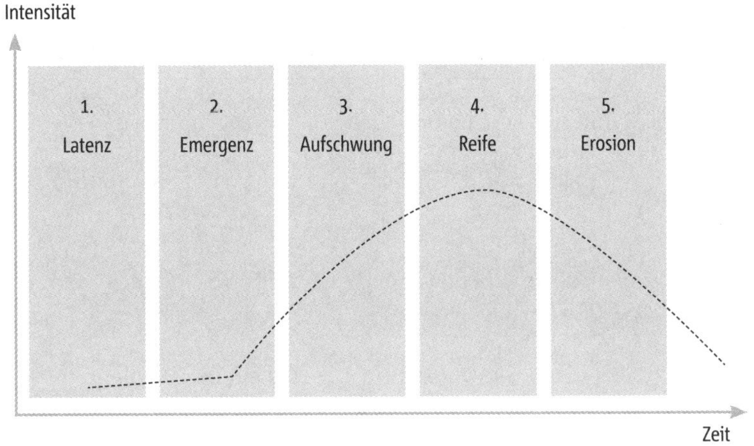

Abbildung 75: Der Lebenszyklus eines Themas

Wie lange ist ein solcher Lebenszyklus? Ganz unterschiedlich! Manche Themen haben sich schon nach ein paar Tagen völlig verbraucht. Andere sind Dauerbrenner und laufen über mehrere Jahre.

Für laufende Themen gibt es – genauso wie für Produkte – einen Lebenszyklus. Der unterteilt sich grundsätzlich in fünf Lebensphasen.[84] In der **Latenzphase** wird ein Thema durch gezielte Kommunikation angestoßen. Der Funke springt über, ein kleiner Zielgruppenkreis ist angeregt und fängt an, darüber zu sprechen. Die Konturen des Themas haben sich noch nicht ausgebildet, die Resonanz ist schwach und Überraschungen im Lebenslauf sind möglich. Manche Themen werden scheitern, andere Karriere machen, nichts ist entschieden. In dieser jungen Phase muss das Thema ständig beobachtet, mit aller Sorgfalt aufgezogen und gepflegt werden. Nach unserer Erfahrung kommt die Mehrzahl der Themen über die frühe Phase nicht hinaus.

Einige Themen sind stark genug und wachsen. In der **Emergenzphase** zieht die Themenresonanz an. Das Thema entwickelt einen hohen Neuigkeitswert und gewinnt zunehmend das Interesse der Zielgruppen. Mittler und Medien verstärken das Echo. In dieser Phase entscheidet sich, ob das Thema ein großer Erfolg wird oder bald wieder verpufft. Die Kommunikation tut alles, um die chancenreichen Themen zu erkennen und gezielt zu fördern. Dabei kommt es auf schnelle Reaktionen an. Das Fenster, um ein Thema in der Emergenzphase zu pushen, ist kurz.

In der **Aufschwungphase** geht die Resonanz steil nach oben. Das Thema boomt, Medien und Multiplikatoren bringen es ins öffentliche Gespräch. Diese Phase ist kurz und meist nach wenigen Tagen schon wieder vorüber.

Es schließt sich die **Reifephase** an. Die Zielgruppen kennen das Thema und sind im Bilde. Der Neuigkeitswert sinkt erst langsam, dann schneller, das Thema entwickelt Gewöhnungs- und Abnutzungseffekte. Das war's? Nein, keinesfalls! Damit sich ein Thema in den Köpfen fest einprägt, darf die Kommunikation in dieser Phase die Unterstützung nicht einstellen. Das Thema muss präsent und im Gespräch bleiben, auch wenn der Kommunikationsabsender oft das (trügerische) Gefühl hat, dass es genug ist. In der Etablierungsphase kommt es vor allem darauf an, das Thema zu variieren und weiterzuentwickeln, neue überraschende Aspekte einzubringen. Dadurch kann man den Lebenszyklus wesentlich verlängern.

Schließlich setzt die **Erosionsphase** ein. Die Zugkraft des Themas nimmt rapide ab. Jedes Thema hat ein Verfallsdatum. Auf der letzten Etappe vor diesem Datum dürfen die Themen keinesfalls überstrapaziert werden. Zwar wird weiter über das Thema geredet, aber die Sättigung ist deutlich zu spüren. Medien und Mittler sind ausgestiegen und längst auf der Suche nach neuen Themen. Jetzt steigt auch die Unternehmenskommunikation aus dem Thema aus, blickt zurück und zieht Bilanz. Es wäre ein Fehler, in der Erosionsphase weiter auf das Thema zu setzen. Bei Medien und Multiplikatoren verliert das Unternehmen schnell an Beachtung und Reputation, wenn es auf „Schnee von gestern“ setzt. Die Informationsautorität schwindet und die nachfolgenden Themen des Unternehmens haben es dadurch schwerer.

Wie lang läuft der Lebenszyklus eines Themas? Das ist unterschiedlich und kann vorher nicht exakt bestimmt werden. Manchmal ist ein Thema nach einigen Tagen durch, manchmal hält es für einige Monate. Will man ein Thema länger am Leben erhalten, kommt es vor allem auf die Reifephase an. In der Phase muss das Unternehmen das laufende Thema findig abwandeln und neue Aspekte einführen, sodass es sich immer wieder neu anfühlt. Durch die Frischzellenkur lässt sich das Leben des Themas deutlich verlängern.

Neue Themen suchen und sichten

Der Schwerpunkt in der Themenplanung liegt nicht auf den laufenden, sondern auf den neuen Themen. Die Herausforderung ist, immer wieder neue und interessante Themen zu finden. Je größer der Neuigkeitswert und das Story-Potenzial der Themen, desto größer sind die Erfolgschancen für die Kommunikation. Wobei allen Beteiligten klar ist, dass die Themen nicht wirklich neu sein müssen, sie müssen sich nur neu anfühlen.

Wie läuft die Themensuche? Das Sammeln der Themen erfolgt mit großem Engagement und kreativer Initiative, es darf nie zur blanken Routine verkommen. Idealerweise entsteht im Unternehmen sogar eine regelrechte „Themenkultur“. Alle Beteiligten haben verinnerlicht, dass die Themen das Gold der Kommunikation sind und werden zu leidenschaftlichen Goldschürfern.

An der Themensuche sind im Grundsatz alle im Unternehmen – von der Chefin bis zum Praktikanten – beteiligt. Die gesamte Mitarbeiterschaft ist sensibilisiert und hält Ausschau nach passenden Kommunikationsthemen. Die Kollegen lesen Berichte in den Medien, studieren die Resonanz in Social Networks, hören Kunden erzählen oder erfahren Neuigkeiten beim Empfang des Bürgermeisters. Sie haben die Antennen ausgefahren und reagieren auf neue Impulse. Topaktuell auftauchende Ereignisthemen werden ohne Zeitverzug an die Kommunikationsverantwortlichen weitergegeben, die dann entscheiden, was mit den Themen zu geschehen hat. Durch entsprechende Regeln in der Ablauforganisation hat das Unternehmen sichergestellt, dass die aktuellen Ereignisthemen nicht bürokratisch verwaltet, sondern umgehend genutzt werden. Themen sind verderbliche Ware und umständliche Abstimmungswege tödlich. Je länger Themen liegen bleiben, desto geringer wird ihr Neuigkeitswert. Schnell ist das Verfallsdatum erreicht.

Die Sammlung der neuen Themen sollte gut organisiert werden. Viele Kommunikationsabteilungen führen in regelmäßigen Abständen (häufig zweimal im Jahr) eine offizielle Themenabfrage bei den Verantwortlichen in allen Bereichen und Abteilungen des Hauses durch. Es wird per E-Mail schriftlich nachgefragt, alle Fachabteilungen und Stabsstellen sind verpflichtet, zu reagieren. Aufgrund ihrer unterschiedlichen Aufgaben und Erfahrungen nennen die Mitarbeiterinnen und Mitarbeiter ganz unterschiedliche Themen. Es müssen nicht die großen „Knaller" sein, auch aus kleinen Themenansätzen lässt sich etwas machen. Deshalb werden die Beteiligten motiviert, lieber eine Themenidee zu viel als zu wenig weiterzugeben. Hinderlich sind die „Themenbunker". So nennen wir Abteilungen, die zwar direkt an der Quelle sitzen und viel wissen, aber nichts weitergeben. Hier dürfen wir nicht nachlassen und haken explizit nach.

Eine Alternative zur Themenabfrage ist das Themen-Brainstorming. Darunter versteht man eine kompakte Veranstaltung, die sich auf die Suche nach neuen Themen bzw. neuen Aspekten von laufenden Themen begibt. Die Brainstorming-Teilnehmer sind bunt gemischt. In der Gruppenarbeit mit unterschiedlichen Erfahrungshorizonten und Sichtweisen aus allen relevanten Unternehmensbereichen wird man schnell fündig. Unkonventionelle Themenideen sind ausdrücklich erwünscht. Notorische Bedenkenträger müssen draußen bleiben. Techniker sind gefordert, nicht auf der technischen Ebene zu denken, die Controller sollen die Kosten bei Seite lassen und die Vertriebsleute ihre Verkaufsquoten. Ein freier Blick ist gefragt. Auf Karten an Pinnwänden werden alle Themenideen erfasst. Eine große Wolke von möglichen Themen entsteht.

Der Themenhorizont eines Unternehmens ist erstaunlich breit und das Brainstorming fasst das gesamte Spektrum der Möglichkeiten ins Auge. Welche Facetten von Themen gibt es, die für die Planung relevant werden könnten? In der Themenplanung unterscheiden wir im Wesentlichen zwischen internen und externen Themen. Die internen Themen kommen aus dem Unternehmen selbst und beziehen sich direkt oder indirekt auf das relevante Kommunikationsobjekt:

- **Angebotsbezogene Themen:** z. B. führt das Unternehmen eine neue spektakuläre Generation von Produkten in den Markt ein.

- **Servicebezogene Themen:** z. B. bietet eine neue Service-App ortsunabhängig ständige Erreichbarkeit per Smartphone.

- **Personenbezogene Themen:** z. B. geht der langjährige Vorstand des Unternehmens in Pension und das Unternehmen wird mit dem kommenden CEO neu aufgestellt.

- **Unternehmensbezogene Themen:** z. B. bezieht das Unternehmen neue Räume, die vorbildlichen ökologischen Standards entsprechen.

- **Emotionale, weiche Themen:** z. B. wurde im Rahmen des Umzugs mit Unterstützung der örtlichen Universität eine Fledermausfamilie umgesiedelt.

- **Kommunikationsbezogene Themen:** z. B. lädt das Unternehmen die Anwohner ein und stellt ihnen den neuen High-Tech-Standort vor.

Hinzu kommen die externen Themen aus dem Umfeld. Soweit ein Bezug zum Kommunikationsobjekt erkennbar ist und das Unternehmen über die notwendige Expertise verfügt, können externe Themen jederzeit als Aufhänger für die Kommunikation dienen. Das Unternehmen nutzt die Dynamik einer externen Themenwelle, um sich und seine Leistungen in Bezug zu setzen und positiv darzustellen:

- **Zielgruppenbezogene Themen:** z. B. beschweren sich die Senioren der Region in einem offenen Brief im Anzeigenblatt über den miserablen Kundenservice des örtlichen Handels. Das Unternehmen nutzt den Anlass, um seinen seit Jahren bewährten kostenlosen Lieferservice für Senioren erneut herauszustellen.

- **Politische Themen:** z. B. startet der Landrat eine Initiative, um den traditionsreichen Braunkohletagebau in der Region neu zu beleben – und das Unternehmen bezieht als ökologischer Vorreiter der Region dagegen Stellung und zeigt Alternativen auf.

- **Wirtschaftliche Themen:** z. B. gehen in der Branche die Umsätze im dritten Jahr in Folge zurück – aber das Unternehmen ist durch seine Neuausrichtung von dieser Entwicklung nicht betroffen und boomt.

- **Ökologische Themen:** z. B. zeigt eine neue wissenschaftliche Studie, dass das „Cradle-to-Cradle"-Prinzip bei Rohstoffen in der industriellen Herstellung immer wichtiger wird. Das Unternehmen nutzt die mediale Resonanz auf die Studie, um eine erfahrene Mitarbeiterin als Expertin für Cradle-to-Cradle-Lösungen – von der Abfallvermeidung bis zur Wiederverwertung der Rohstoffe – zu profilieren.

- **Soziale Themen:** z. B. berichtet die örtliche Zeitung über verwahrloste Spielplätze in der Stadt – und das Unternehmen sponsert die Sanierung eines Spielplatzes direkt gegenüber der Hauptverwaltung und lädt die Bürger zur Einweihung ein.

- **Kulturelle Themen:** z. B. ist der lokale Fußballverein endlich in die zweite Bundesliga aufgestiegen und das Unternehmen verlost elf Jahreskarten zusammen mit der örtlichen Radiostation.

Besonders interessant wird es, wenn externe Themen sich eng mit internen Themen verzahnen lassen. Vorteile und Talente des Unternehmens treffen auf Trends und Chancen draußen im Umfeld. In dieser Verbindung kann ein Thema besonders viel Zugkraft entwickeln und verdient die besondere Beachtung der Themenplanung.

Bei der Themensuche scannen die Teilnehmerinnen und Teilnehmer des Brainstormings das Spektrum der Möglichkeiten ab. Zuerst schaut man nach bereits vorhandenen neuen Themen. Die Themen basieren auf überprüfbaren Tatsachen, die sich bereits entwickelt haben oder demnächst entwickeln werden. Das Unternehmen erweitert gerade seinen Markt in Richtung Nordeuropa oder es veröffentlicht nächsten Herbst seine Nachhaltigkeitsbilanz. Falls sich herausstellt, dass trotz gründlicher Themensuche die vorhandenen Themen in der Summe nicht genügend Zugkraft entwickeln, dann können inszenierte Themen als Verstärkung dazukommen. Inszenierte Themen sind nicht durch den Geschäftsablauf des Unternehmens oder Entwicklungen im Umfeld vorgegeben, sondern werden speziell für den Kommunikationseinsatz auf die Beine gestellt. Da entschließt sich zum Beispiel ein lokaler Energieversorger, Schüler und Schülerinnen der örtlichen Gesamtschule zu einem Betriebspraktikum einzuladen oder eine Handelskette lässt ihre Kunden den „Berater des Jahres" wählen. Inszenierte Themen können die Themenplanung wirkungsvoll ergänzen. Sie sollten aber nie dominieren. Durch ein Zuviel an inszenierten Themen büßt die Kommunikation an Authentizität und Wahrhaftigkeit ein.

Falls es sich um Unternehmen mit ständig wechselnden Themen in einem bewegten Umfeld handelt, reichen gelegentliche Themenabfragen und Themen-Brainstormings nicht aus. Die Reaktionszeiten wären viel zu lang und es bestünde die Gefahr, von aktuellen Themenentwicklungen überrollt zu werden. In diesem Fall wird eine Themenredaktion geschaffen und institutionalisiert. Man legt fest, welche Mitarbeiter der Redaktion angehören und wie oft man sich trifft, um anstehende Themen abzustimmen. Es gibt feste Redaktionsstatuten und ein Redaktionskonzept. In der Regel sitzen in der Redaktion nicht nur Mitarbeiter aus der Kommunikationsabteilung, sondern auch Kolleginnen und Kollegen aus den relevanten Fachabteilungen.

Themen filtern und priorisieren

Alle Beteiligten freuen sich, wenn im Rahmen der Themensammlung zahlreiche Themenideen gefunden werden, denn damit bekommt die Planung vielfältige Gestaltungsmöglichkeiten. Es macht aber keinen Sinn, die gesamte große Vielfalt der Themen in die Kommunikation zu bringen. Viel hilft nicht viel. Das Risiko ist groß, dass zu viele Einzelthemen bei der Zielgruppe Verwirrung stiften, weil viele Einzelthemen auf Kosten der Themenintensität gehen. Einige der Themen gehen im „Communication Overflow“ der Informations- und Mediengesellschaft sang- und klanglos unter und in der Summe ergibt sich kein klares Bild. Aus diesem Grund ist eine entschlossene Reduktion auf wenige spannende Themen ratsam — und die Themen werden systematisch und mit viel Nachdruck kommuniziert. Als Maßstab für die Themenbewertung ziehen wir geeignete Themenkriterien heran. Wir betrachten die gesammelten Themen, überprüfen deren konzeptionelle Eignung und filtern die geeigneten Themen heraus:

› **Aktuell:** Das Thema hat Neuigkeitswert. Es muss nicht tatsächlich neu sein, es muss sich aber für Medien und Öffentlichkeit neu anfühlen.

› **Strategisch:** Das Thema liegt sauber auf dem Kurs der Strategie. Es transportiert die Positionierung und spricht im Sinne der Botschaften.

› **Zielgruppenrelevant:** Das Thema ist ganz nach dem Geschmack der Zielgruppen. Sie merken spontan auf und interessieren sich dafür.

› **Beweiskräftig:** Das Thema lässt sich mit Daten und Fakten überzeugend belegen und hält kritischen Fragen von Journalisten stand. Prominente Fürsprecher erhöhen die Beweiskraft zusätzlich.

› **Emotional:** Das Thema ist nicht rein technisch oder bürokratisch. Man kann es so in die Kommunikation bringen, dass es die Zielgruppen emotional anreizt.

› **Episodisch:** Das Thema hat das Potenzial für viele Bilder und interessante Geschichten. Es gibt handelnde Personen, die für das Thema sprechen können.

› **Intern akzeptiert:** Das Thema wird vom Kommunikationsabsender – den Mitarbeiterinnen und Mitarbeitern des Unternehmens und vor allem der Chefetage – akzeptiert und unterstützt.

Alle Themen werden anhand der Kriterien gecheckt. Jedoch sollte man nicht stur den Bewertungskriterien folgen, sondern genügend Raum für das Bauchgefühl lassen. Gute Themenplanung braucht immer eine Prise Intuition. Wir fragen uns in der Planungsphase jedes Mal, ob da wirklich die „Themen der Herzen“ ausgewählt wurden, oder ob uns unsere Intuition etwas anderes sagt. Im Zweifelsfall folgen wir lieber unserer Intuition.

Am Ende des Prozesses wurde ein kompaktes Paket von Themen ausgewählt. Sie sollen zukünftig kommuniziert werden. Bevor wir uns der Frage zuwenden, wie die Themen zu vermitteln sind, schließt sich noch ein weiterer Schritt an. Wir nehmen die ausgewählten Themen unter die Lupe und setzen Prioritäten:

- **Schwerpunktthemen:** Das sind herausragende Anlässe und Ereignisse, Erfolge und Leistungen aus dem Unternehmen oder aus dem tangierenden Umfeld mit hohem Neuigkeitswert und viel Story-Potenzial.

- **Standardthemen:** Dazu gehören normale Anlässe und Ereignisse aus dem Unternehmen, die zu den Pflicht- und Regelthemen gehören und angemessenen Neuigkeitswert haben.

Mit den Schwerpunktthemen heben wir bestimmte Themen heraus und machen sie zu Stars der Kommunikation. Die Konzentration auf Schwerpunktthemen erhöht die Kommunikationswirkung erheblich, denn wir schärfen das inhaltliche Profil und schaffen Ankerpunkte für das mediale und öffentliche Interesse.

Nur wenige Themen werden ausgewählt und zu Schwerpunkten gemacht. Bei manchen Unternehmen gibt es in der nächsten Periode nur ein einziges Schwerpunktthema. Die Kommunikation hat einen klaren Fokus. Am gängigsten sind zwei bis vier Schwerpunktthemen. Im begründeten Einzelfall kann es auch darüber hinausgehen. Aber spätestens bei sieben Schwerpunktthemen ist die Grenze erreicht.

Einige Unternehmen haben Probleme mit dem konzentrierten Setzen der Schwerpunkte. Es gibt beispielsweise fünf große Fachabteilungen, aber es sollen nur drei Themen als Schwerpunkt kommuniziert werden. Welche Abteilungen gehen leer aus? Eine verbissene Diskussion beginnt, es geht um Eitelkeiten, Macht und Einfluss. Sollte man in diesem Konflikt nachgeben und auf fünf Themen erhöhen, um die Gemüter zu beruhigen? Wir sind gegen solche Kompromisslösungen und vertreten die Position in unseren Workshops offensiv. Wenn eine Fachabteilung dieses Jahr nicht im Rampenlicht der Kommunikation steht, dann vielleicht nächstes oder übernächstes Jahr. Meist gleicht sich die Themenbilanz auf lange Sicht wieder aus.

Themen den richtigen Spin geben

Das Thema „Spinning" hat in der Kommunikation einen schlechten Ruf. Häufig werden damit Täuschungsversuche zur Beeinflussung der öffentlichen Meinung assoziiert – beispielsweise durch das bewusste Unterschlagen von Argumenten, die nicht der eigenen Sichtweise entsprechen. Oder durch sogenanntes Astroturfing, bei dem durch bezahlte Aktivitäten von Unternehmen oder Lobbyorganisationen gezielt der Eindruck einer „authentischen Graswurzelbewegung“ erzeugt werden soll. Einige prominente Unternehmen wurden schon dabei erwischt, wie sie gegen üppige Honorare positive Blogbeiträge, Kommentare in Foren oder Leserbriefe in Auftrag gegeben haben, um einem Thema den Eindruck einer hohen gesellschaftlichen Relevanz zu verleihen. Auch gekaufte Facebook-Likes, organisierte Ranking-Bewertungen oder verdeckt stattfindende Flashmobs fallen in diese Kategorie.

Die Täuschungsabsichten widersprechen den Transparenzregeln, wie sie beispielsweise durch den Deutschen Rat für Public Relations in den dortigen Berufskodizes verankert sind.[85] Es kann auch zu wettbewerbsrechtlichen Problemen kommen, denn Verbrauchertäuschung ist kein Kavaliersdelikt. Allerdings gilt: Solange es keiner mitkriegt und die Täuschung im Verborgenen bleibt, kommt man damit durch. Wenn es jedoch herauskommt und der Fall öffentlich wird, kann es für das Unternehmen, das den Täuschungs- oder Manipulationsversuch gestartet hat, peinlich werden.

Sollte man aus diesem Grund besser die Finger vom Spin lassen? Keinesfalls! Als Kommunikationsleute müssen wir uns mit „Spinning“ auseinandersetzen, denn es gehört zum Tagesgeschäft, Themen konkurrenzfähig zu machen oder sie in die richtige Richtung zu steuern. Jenseits von Manipulation oder gekaufter Meinungsmache gibt es viele vertretbare Wege, um Themen einen Spin zu geben und inhaltlich zu steuern.

Zuspitzung: Gerade im politischen Bereich im „Political Campaigning“ wird gerne mit Zuspitzung gearbeitet. Ein Verband oder eine Partei konzentriert sich auf ein einziges Thema und dekliniert das Thema variantenreich und zugespitzt durch. Der Aufstieg der „Alternative für Deutschland“ ist dadurch wesentlich beschleunigt worden, dass die Partei sich immer nur auf ein aktuelles Thema konzentriert und ihre monothematische Herangehensweise mit plakativen Etiketten verbunden hat. Nach der „Eurokrise“ wurde die „Flüchtlingskrise“ in den Mittelpunkt des Campaignings gestellt. Als nächstes kommt „Islamisierung“, danach möglicherweise „Kriminalität in Deutschland“. Das ist nicht ungeschickt, erleichtert es doch für das Publikum die Orientierung und Einordnung der „Marke AfD“. Das Agenda Setting wird durch monothematische Zuspitzung erleichtert, die Medienresonanz erhöht sich. Zuspitzung kann auch auf personeller Ebene erfolgen. Der Zuschnitt eines Wahlkampfes auf eine Person sorgt für Wiedererkennung und höhere mediale Aufmerksamkeit. Auch das bekannte CEO-Positioning, die aufmerksamkeitsstarke Inszenierung eines Vorstands ist letzten Endes eine einfache Zuspitzungsstrategie – die Zuspitzung der Kommunikation auf eine Person. DM-Drogeriemarkt-Gründer Götz Werner ist ein gefragter Experte für das Thema „Bedingungsloses Grundeinkommen“. Trigema-Vorstand Wolfgang Grupp, der für das Thema „Produktion in Deutschland“ steht, ist ebenfalls ein gern gesehener Gast in Talkshows.

Halo-Effekt:[86] Eng verbunden mit der Zuspitzung ist die Nutzung des sogenannten „Heiligenschein-Effekts" – auch Halo-Effekt genannt. Durch die immer wieder gleichlautende positiv zugespitzte Nutzung von einzelnen Merkmalen in der Kommunikation und die Verankerung dieser Positiv-Merkmale im Bewusstsein von Rezipienten überstrahlen sie weniger wichtige oder sogar negative Merkmale. Design und Bedienbarkeit bei Apple-Produkten ist für Käufer wesentlich wichtiger als schlechte Arbeitsbedingungen beim Apple-Zulieferer Foxconn. Der Heilgenschein der guten Eigenschaften überstrahlt Probleme.

Huckepackstrategie: Hat ein Unternehmen oder eine Organisation zu wenig eigene Themen oder ist die mediale Persönlichkeit eines Unternehmens wenig ausgeprägt, kann es sich an ein Thema „dranhängen", das bereits im gesellschaftlichen Umfeld heiß diskutiert wird. Dazu ein Beispiel aus der jüngsten Vergangenheit: Eine große Bank in Deutschland beauftragt das renommierte Meinungsforschungsinstitut IfD Allensbach, eine Rentenstudie durchzuführen. Vor dem Hintergrund des demografischen Wandels wird gefragt, von welcher Rentenhöhe Menschen der jüngeren Generation ausgehen. Die Ergebnisse sind ernüchternd. Während die Befragten von eigenen Rentenansprüchen in Höhe von 1.300 bis 1.400 Euro ausgehen, erwarten sie in Wirklichkeit durchschnittlich nur Renten in Höhe von ca. 900 Euro. Der Gap zwischen erwartetem und erwartbarem Rentenanspruch ist groß – und ebenso groß ist die mediale Aufmerksamkeit. Die Folge: In allen Leitmedien und großen TV-Nachrichtenformaten – von Tagesthemen bis heute-journal – wird über die spektakulären Studienergebnisse berichtet. Die Ergebnisse werden darüber hinaus mit dem Thema „private Altersversorge" verbunden. Damit setzt die Berichterstattung direkt beim Kerngeschäft der Bank an. Denn selbstverständlich hat sie für vorausschauende Kunden die entsprechenden Vorsorgeprodukte in ihrem Portfolio. Clever gemacht!

Einsatz von Experten: Das Beispiel der Bank ist noch in zweiter Hinsicht interessant. Als Partner für die Rentenstudie wird nicht irgendein Markt- und Meinungsforschungsinstitut gewählt, sondern eines der bedeutendsten in Deutschland. Der Einsatz eines Expertenpartners schafft zusätzliche mediale Aufmerksamkeit und Bedeutung und das beauftragende Unternehmen profitiert von der hohen Reputation und Expertise der Experten, in dem Fall dem IfD Allensbach.

Bündnisstrategie: Themen lassen sich ebenso durch schlagkräftige Bündnisse nach oben ziehen. Mehrere Akteure, die ein gemeinsames Interesse an einem Thema haben, schließen sich zusammen, um ihre Kräfte zu bündeln. Das Thema „Ausbildungsreform der Pflegeberufe" lässt sich mit mehr Druck in den öffentlichen Raum tragen, wenn wichtige Institutionen aus dem Pflegebereich zusammen mit den Krankenkassen das Thema abgestimmt als

Fürsprecher vertreten. Gemeinsame Positionspapiere helfen dabei, die Argumente zu vereinheitlichen und einheitliche Sprechformeln für die unterschiedlichen Partner zu bilden. Die Zusammenarbeit starker Partner bringt Relevanz und Kraft in die Kommunikation.

Framing:[87] Die bewusste Wortwahl bei einem Thema bestimmt wesentlich darüber, in welchen Deutungsrahmen das Thema auf Seiten des Publikums eingebunden ist. Ein „Sparpaket" für die griechische Bevölkerung klingt netter als ein „Kürzungsprogramm für Sozialausgaben", obwohl im Kern dasselbe gemeint ist. Wer Botschaften den richtigen Spin geben will, sollte immer genau schauen, wie ein Begriff interpretiert und gelesen werden kann. Und manchmal zeigen sich gerade in der Auseinandersetzung mit dem Deutungsrahmen starke Kommunikationspotenziale. So wurden aus den neuen „Pflegegesetzen I + II" die „Pflegestärkungsgesetze I + II". Sofort wird ein positiver programmatischer Anspruch sichtbar. Der neue Begriff kann leicht durch Rezipienten dekodiert werden, denn „Stärkung" ist immer etwas Gutes. Zudem wirkt „Pflegestärkungsgesetz" unverbraucht und nicht so langweilig wie der angestaubte Rechtsbegriff „Pflegegesetz".

Priming:[88] Jede Kommunikation löst unbewusste Verarbeitungs- und Verhaltensprogramme im Gehirn aus, die dort bereits angelegt sind und durch „Bahnung" bzw. „Priming", die Einordnung und Bewertung von Signalen positiv oder negativ beeinflussen. Menschen denken in Schemata oder Schubladen und sortieren ähnlich wie beim Framing jeden neuen Reiz in das bereits vorhandene Schema ein. Man kann das leicht an sich selbst überprüfen, ob man schon „gebahnt" ist. Man nennt schnell hintereinander ein Musikinstrument, eine Farbe und ein Werkzeug. In der Mehrheit der Fälle werden wenigstens zwei von drei Begriffen genannt: Geige, Rot oder Hammer. Beim Instrument ist der Mensch unseres Kulturkreises auf Geige „gebahnt", bei Farbe auf Rot und bei Werkzeug auf Hammer. Das gilt übrigens geschlechtsunabhängig. Wer ein Renovierungsprojekt in den eigenen vier Wänden plant, sollte sich vergegenwärtigen, welcher Baumarkt beim Schüsselwort „Projekt" als erstes ins Bewusstsein dringt. Wahrscheinlich der Baumarkt, der durch massiven Kommunikationseinsatz in den vergangenen Jahren diesen Begriff für sich besetzt hat.

Zweiseitige Argumentation: Gerade bei konfliktbehafteten Themen haben zwei- oder mehrseitige Argumentationsstrategien, also Argumente unter Einschluss von Gegenargumenten, eine höhere Glaubwürdigkeit. Wer bereits von einem Thema überzeugt ist, dem reichen einseitig begründete Informationen als Bestätigung. Wer jedoch bei einem Thema noch unentschieden ist oder dem Thema eher kritisch gegenübersteht, der reagiert empfindlich auf einseitige Meinungsbeeinflussung. Er schaltet ab und verweigert sich den vorgebrachten Argumenten. Anders bei einer mehrseitigen Argumentation.

Der Angesprochene fühlt sich respektiert und ernst genommen, denn für ihn bleibt subjektiv ein hohes Maß an Verhaltens- und Entscheidungsfreiheit erhalten. Er hat den Eindruck, zwischen den Positionen wählen zu können. Der Empfänger verschließt sich nicht von vorneherein gegenüber Argumenten, die für ihn unter Umständen von Vorteil sind, aber dem eigenen Werte- und Beurteilungssetting nicht entsprechen. Unternehmen nutzen den Mechanismus der zweiseitigen Argumentation gern in Krisensituationen, um der eigenen Darstellung einen positiven Spin zu geben.

Negative Themen im Blick behalten

In der Fachliteratur der Kommunikationsbranche spielen negative Themen eine wichtige Rolle. Es gibt unter Schlagworten wie „Issue Management", „Risikokommunikation" oder „Krisen-PR" zahlreiche Modelle und Methoden, wie sich die Kommunikationsverantwortlichen bei negativen Themententendenzen zu verhalten haben. Da negative Themen eine enorme Dynamik entwickeln und das Image eines Unternehmens für längere Zeit beschädigen können, ist die Fokussierung gut und richtig.

Allerdings sei vermerkt, dass im Alltag der Konzeptionsentwicklung negative Themen nicht die Regel sind. Im Vordergrund der Themenplanung stehen eindeutig positive Themen. Die meisten Unternehmen sind nicht in kritischen Branchen unterwegs und stehen nicht ständig im Brennpunkt von Medien und Öffentlichkeit, sodass negative Themen eher selten sind. Nur in etwa zehn Prozent unserer Kommunikationskonzepte kümmern wir uns im Kapitel Themenplanung um die Erfassung von negativen Themen. Dennoch kommt es vor, und dann stellt sich die Frage: Wie gehen wir methodisch vor?

Angenommen, die Themenplanung mit der Erfassung von negativen Themen läuft im Rahmen eines Themen-Brainstormings. Dann skizzieren wir auf das braune Packpapier einer großen Pinnwand eine Themenmatrix wie im Schaubild. Die Matrix besitzt zwei Dimensionen mit insgesamt neun Feldern. In der Waagerechten wird die Bedeutung eines Themas für das Unternehmen mit „niedrig", „mittel" und „hoch" abgestuft. In der Senkrechten gibt es dieselbe Abstufung noch einmal für die Brisanz, die das Thema im Umfeld hat. Bei den negativen Problemthemen müssen die Workshop-Teilnehmer nicht lange nachdenken, denn die „brennen unter den Nägeln" und sind sehr präsent. Jedes genannte Problemthema wird auf eine Karte notiert und je nach Priorität in eines der neun Felder geheftet.

Die Felder mit niedriger Priorität bleiben unter Beobachtung. Die Themen werden aber in der Regel nicht offensiv angegangen, sondern zurückgestellt. Bei den Themen mit mittlerer Priorität kommt es darauf an, wie viel Res-

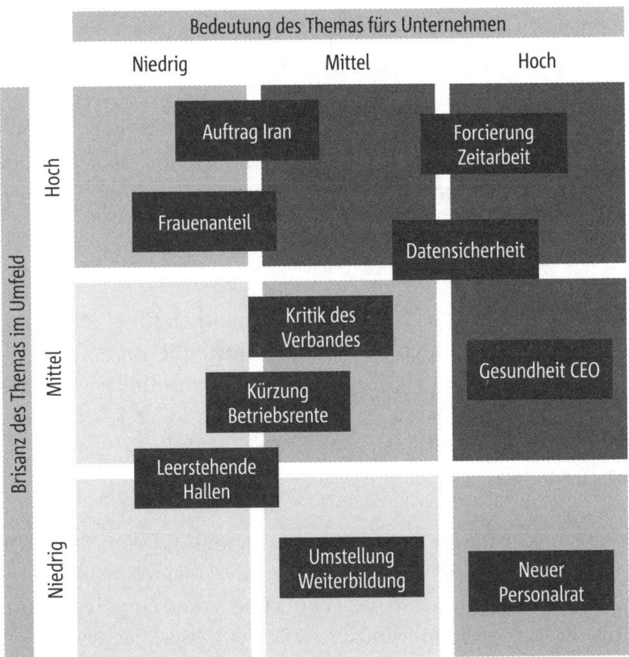

Abbildung 76: Kritische Themen eines Unternehmens

Bei den Themen Zeitarbeit und Datensicherheit muss unbedingt etwas passieren. Auch beim angeschlagenen Gesundheitszustand des CEOs sollte man Gerüchten entgegenwirken. Die Matrix erfasst nur negative Themen. Methodisch wäre es auch möglich, die positiven Themen einzubeziehen.

sourcen für die Kommunikation vorhanden sind und wie stark die Themen der hohen Priorität drücken. Ist noch Luft vorhanden, dann werden einzelne Themen ausgewählt und konkret angegangen.

Bei den Themen der hohen und höchsten Priorität brennt es. In den drei Feldern muss sofort etwas passieren. Diese Problemthemen rücken automatisch in den Rang eines Schwerpunktthemas und werden systematisch angegangen. Selbstverständlich können in der Themenmatrix auch die positiven Themen zugeordnet und priorisiert werden.

Themen inhaltlich aufbereiten

Die Themen sind ausgewählt und klare Schwerpunkte gesetzt. Innerhalb des Kommunikationskonzepts beschäftigt sich Themenplanung vorrangig mit den Schwerpunktthemen. Zuerst stellt sich die Frage: Welche maßgeblichen Fakten mit Beweiskraft stecken in den jeweiligen Schwerpunktthemen? Bei der inhaltlichen Aufbereitung sichten wir zuerst die vorhandenen Fakten aus dem Faktenspiegel. Erscheint uns die Faktendecke zu dünn für eine Schwerpunktsetzung, gehen wir in die Nachrecherche und suchen nach ergänzenden Informationen. Lässt sich trotz intensiver Suche nichts Verwertbares finden, steht das Thema nicht fest auf dem Boden der Tatsachen. Das heißt: Es eignet nicht als Schwerpunktthema. Unsichere Themenkandidaten haben in der Kommunikation nichts zu suchen. Es muss umgedacht und auf einen anderen Schwerpunkt umgesattelt werden.

Aber das ist die Ausnahme! In aller Regel lassen sich für einen Schwerpunkt viele adäquate Fakten finden. Wir bringen nicht alle Fakten ins Spiel, wählen nur die besten aus und konzentrieren die Kommunikation darauf. Drei bis vier schlagkräftige Fakten reichen völlig aus. Mehr Fakten würden das Schwerpunktthema unnötig verkomplizieren und die Schlagkraft der Kommunikation senken.

Jedes Schwerpunktthema inklusive seiner beweiskräftigen Fakten muss inhaltlich aufbereitet werden. Hauptziel ist es, alle Talente, die in einem Thema stecken, herauszuarbeiten und das Thema über einen längeren Zeitraum aufmerksamkeitsstark zu kommunizieren. Zu dem Zweck steht eine Reihe von Techniken zur Verfügung, die helfen, die Themen interessant aufzubereiten, ins Gespräch zu bringen und über längere Zeit dort zu halten:[89]

› **Themen fokussieren:** Wir fokussieren Themen, indem wir einen bestimmten Themenaspekt besonders herausheben: „Die Samstagsöffnung unserer Beratungsstelle – Ein Vorteil für Berufstätige“ – „Akku mit Express-Schnellladefunktion – Unsere Smartphone ist blitzschnell einsatzbereit.“

› **Themen aktualisieren:** Themen entwickeln sich weiter, wir beobachten die Entwicklung und berichten über die Fortschritte: „Ein Jahr Schwimmunterricht für Flüchtlingskinder – Unser Hilfsprojekt zieht eine Zwischenbilanz“ – „Service-App ab sofort mit Push-Nachrichten – Unser Online Service wird immer besser.“

› **Themen extrapolieren:** Themen, die bereits laufen, werden extrapoliert, das heißt, auf die Folgen hin überprüft: „Preisersparnis für alle – Was der neue Rabattvorteil für unsere Stammkunden bringt“ – „Bestellung bequem per Tablet – Unsere Restaurantgäste berichten von ihren Erfahrungen.“

› **Themen lokalisieren:** Themen werden geografisch zugeordnet und durch das Lokalkolorit Interesse geschaffen: „Unser Showstore in Paris – Ein globales Konzept verbunden mit französischer Lebensart. “

- **Themen illustrieren:** Themen werden mit Fotos, Videoclips oder Grafiken illustriert, um so komplexe Sachverhalte anschaulich zu machen: „Der moderne Haushalt steckt voller Kupfer – Ein Blick in Ihre Wohnung." – „Drei Schritte zum schnellen Internet – Unser neues Erklärvideo zeigt, wie der Turbo zugeschaltet wird."

- **Themen kombinieren:** Zwei Themen erzielen in der Kombination einen stärkeren Neuigkeitswert und eröffnen ungeahnte Perspektiven. Das erste Thema ist z. B. der neue Kundenclub, zweites Thema die gründlichen Produkttests. Beide Themen werden kombiniert: „Härtetest bestanden – Unser neuer Kundenclub tritt als Produkttester auf."

- **Themen kontrapunktieren:** Ein Thema wird gegenläufig zum Mainstream entwickelt und gewinnt dadurch mehr Aufmerksamkeit: „Abnehmen durch mehr Sport – Unsere Experten beweisen das Gegenteil!" – „Deutschland ist Exportweltmeister – Der Abstieg droht!"

- **Themen personalisieren:** Das Thema wird anhand eines handelnden Protagonisten dargestellt: „Nachhaltigkeit bis an die Basis – Unterwegs mit unserer Diversity-Expertin Magda Maria Schneider." – „Lady Gaga bevorzugt unser neues Headphone. Wann werden wir Kathy Perry überzeugen?"

- **Themen interpretieren:** Es werden keine neuen Themeninhalte vorgestellt, sondern die vorhandenen Fakten neu und anders aufbereitet: „Unser neues Preismodell aus Sicht des Verbraucherschutzes" oder „Büroklammern einmal anders – als Kunstobjekt!"

Geeignete Themen können zu Geschichten ausgebaut werden. Storytelling[90] transformiert Unternehmensgeschichten in klassische Erzählformen. Gemeint sind Erzählformen, die sich über Jahrtausende an den Lagerfeuern unserer Vorfahren entwickelt haben und in uns emotional tief verankert sind. Storytelling liegt im Trend. Teilweise wird jedoch der Eindruck erweckt, als bräuchten alle Themen Storys als Transportmittel. Das ist übertrieben. Storytelling ist beileibe kein Passepartout für die inhaltliche Gestaltung der gesamten Themenplanung im Unternehmen. In vielen Situationen und bei manchen Zielgruppen sind authentischer Dialog und sachliche Information gefragt – nicht erzählerische Bilder. Auch haben manche Themen zu wenig Handlungshintergrund, um sie in eine packende Geschichte zu verpacken. Nur wenn der gesamte Kontext stimmt, wird ein Schwerpunktthema mit seinen Fakten erzählerisch aufbereitet.

Bei entsprechender Eignung kann eine Story das jeweilige Schwerpunktthema jedoch erheblich aufwerten. Gefragt sind Storys, die auf der emotionalen und der rationalen Ebene gleichzeitig funktionieren. Die mit dem Thema verbundenen Fakten werden zu Eckpfeilern der Geschichte und das relevante Kommunikationsobjekt spielt die Hauptrolle.

Wer es versucht, wird die Erfahrung machen, dass Storytelling im Kontext der Unternehmens- und Marketingkommunikation eine echte Herausforderung ist. Die Story muss zwei Vorbedingungen gerecht werden, die unterschiedlich gepolt sind. Zum einen hat die Geschichte die Verpflichtung im Sinne der vorgegebenen Strategie zu wirken. Storytelling ist kein Selbstzweck. Zum anderen muss sie den Regeln der Erzählkunst gerecht werden und die nötige Faszinationskraft für die Zielgruppen entwickeln. Beides in einen Handlungsfaden zu vereinen, das ist eine hohe Kunst und endet bisweilen in einem gordischen Knoten.

Wer die Regeln der Erzählkunst lernen will, sei auf die zahlreichen Fachbücher zum Storytelling verwiesen. Zum Einstieg wollen wir uns im Folgenden auf die essenziellen Grundregeln konzentrieren. Zur Story gehört in jedem Fall:

› **Ein starker Auslöser:** Die Story für das Schwerpunktthema braucht eine emotional bedeutende Ausgangssituation. Gesucht wird ein Auslöser, der berührt und das Interesse der Zielgruppe weckt.

› **Eine klare Hauptrolle:** Achtung, hier gibt es keinen Spielraum! – Das definierte Kommunikationsobjekt muss die Hauptrolle spielen und es muss die Rolle überzeugend spielen. Referenzpunkt für die Rolle ist die Positionierung.

› **Weitere handelnde Personen:** In die Story muss eine reale handelnde Person einbezogen werden. Sie kann durchaus neben dem Kommunikationsobjekt eine weitere Hauptrolle spielen. Je nach Story können auch mehrere Personen auftreten. Es muss sich um reale Personen handeln, die bei der Zielgruppe Ansehen und Sympathie genießen.

› **Eine bewegte Handlung:** Jede Story braucht eine spannende Handlung. Spannung entsteht durch Konflikte und Hindernisse, durch Gegenspieler und Gefahren. In der Handlung muss es eine erkennbare Entwicklung geben, die trotz aller Widrigkeiten zum positiven Finale führt. Viele Unternehmen sind lausige Geschichtenerzähler, weil sie sich scheuen, von Problemen und Hindernissen zu erzählen. Ihre Geschichten werden zu einer peinlichen Abfolge aus Erfolgen und Fortschritten. Sorry, aber einseitige, rosarot eingefärbte Hurra-Geschichten bewegen niemanden! Wer nicht bereit ist, über Probleme und Schwierigkeiten zu berichten, sollte die Technik des Storytellings besser nicht nutzen.

- **Ein pointierter Höhepunkt:** Die Story endet mit einem Happy End. Das Kommunikationsobjekt hat sich erfolgreich gegen alle Widrigkeiten durchgesetzt. Die „Heldenreise" ist beendet. Die Zielgruppe nimmt eine Moral von der Geschichte mit. Die Moral bezieht sich auf die strategischen Botschaften der Kommunikation. Sie werden in der Auflösung der Geschichte verankert.

Geschichten müssen nicht unbedingt in Textform erzählt werden. Auch Fotos, Illustrationen oder kleine Filme sind möglich. Vielleicht ist es sogar ein Lied oder ein speziell choreografierter Tanz? Wenn die Konzeptionsbeteiligten im Rahmen der Themenplanung erste Grundzüge ihrer Geschichte skizzieren, dann sollten sie offen sein und immer alle kreativen Dimensionen des Erzählens einbeziehen.

Themenumsetzung andenken

Bei der Themenumsetzung kreuzt sich die Themenplanung mit der anschließen Maßnahmen- und Zeitplanung. Das Thema ist gefunden, die entsprechenden Fakten sind festgelegt, eventuell wurden sogar schon die Umrisse der Story besprochen. Damit ist die Themenplanung aber nicht abgeschlossen. Wir müssen uns im letzten Planungsschritt mit der möglichen Umsetzung der Themen beschäftigen.

Die Themenplanung klärt in Grundzügen, mit welchen Transportmitteln, über welche Kanäle und mit welcher zeitlichen Dramaturgie die Themen befördert werden. Hierbei geht es noch nicht um eine durchdachte Maßnahmen- und Zeitplanung. Die folgt erst im nächsten Abschnitt. Im Rahmen der Themenplanung kommt es lediglich darauf an, weiterzudenken und grob abzuschätzen, wie die Themenumsetzung erfolgreich laufen könnte. Wie stark wird die Online-Kommunikation genutzt? Bringen möglicherweise Events den gewünschten Erfolg für die Story? Welche Chancen hat das Thema in den Medien? Darüber wird nachgedacht.

Zuerst schauen wir uns geeignete Mittel und Maßnahmen an, die das Schwerpunktthema transportieren können. Dazu beweisen wir einen realistischen Blick und finden Umsetzungswege, die nicht durchhängen, sondern die vorgesehenen Inhalte tatsächlich transportieren – und zwar mitten in die Köpfe und die Herzen der Zielgruppen. Eine Vorbedingung ist, sich von den tradierten Wegen der Werbung und PR zu lösen. Wer im Bereich der Werbung nur an TV-Spots, Anzeigen und Plakate oder im Bereich der PR nur an Pressemitteilungen und Infobroschüren denkt, darf sich nicht wundern, wenn er sein Thema nicht transportiert und seine Story nicht erzählt bekommt. Es ist entscheidend, vielseitig und kreativ an die Themenumsetzung zu gehen.

Vielleicht ist ein Buch der richtige Weg? Oder ein Theaterstück, das auf eine große Deutschland-Tournee geht? Oder eine unkonventionelle Guerilla-Aktion? Oder ein Rap? Oder eine interaktive Kampagne über Smartphone?

Für die Darstellung der Themenumsetzung ist eine Themen-Map – auch „Content-Mapping“[91] genannt – ein taugliches Hilfsmittel. Das Instrument hat sich bewährt, weil es für alle Beteiligten sofort Übersichtlichkeit schafft.

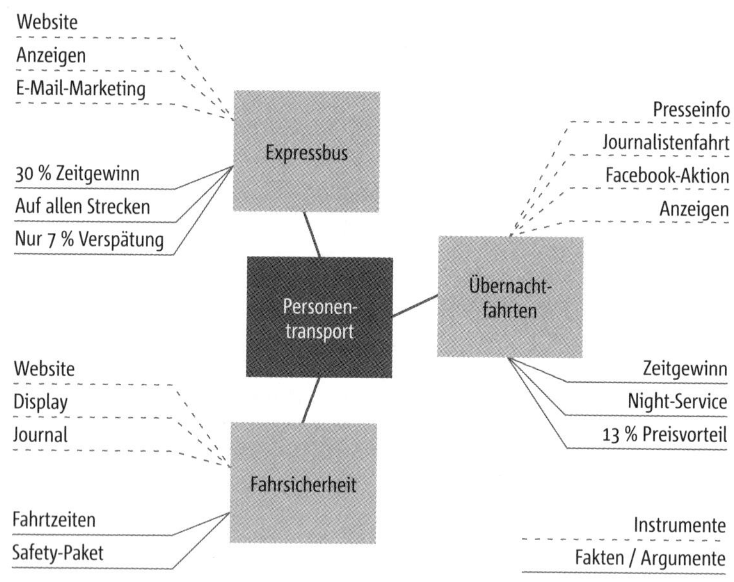

Abbildung 77: Inhalte und Einsatz der Themen bestimmen

Die obige Themen-Map veranschaulicht am Beispiel eines Transportunternehmens die aktuelle Themenplanung. Das Unternehmen konzentriert sich auf drei große Themen, gibt jedem Thema eindeutige Argumente mit auf den Weg und transportiert sie über geeignete Instrumente.

Das Themen-Mapping leitet sich vom bekannten Mind-Mapping ab. Als Achse in der Mitte steht das relevante Kommunikationsobjekt. In unserem Beispiel ist das der Bereich des Personentransports bei einem Mobilitätsdienstleister. Um das Kommunikationsobjekt herum siedeln sich die gewählten Schwerpunktthemen an. In obigem Beispiel geht es um den neuen „Expressbus“, um „Übernachtfahrten“ und um das Thema „Fahrsicherheit“. Für alle drei Themen hat man Fakten / Argumente ausgewählt, die sich gut beweisen lassen und die Zielgruppen besonders interessieren. Beim Thema „Übernachtfahrten“ sind das der „Zeitgewinn“, der besondere „Night-Service“ im Bus und die durchschnittlich „13 Prozent Preisvorteil“. Die drei Fakten stehen im Vordergrund und prägen die Themenkommunikation. Parallel stellt das Mapping-Schaubild die Themen transportierenden Maßnahmen heraus. Bei den Übernachtfahrten gehören dazu „Presseinformation", „Journalistenfahrt", „Facebook-Aktion" und „Anzeigen". Soweit gehen die Umsetzungsüberlegungen in der Themenplanung, alle Details folgen erst in der anschließenden Maßnahmenplanung.

Für Schwerpunktthemen in Story-Form ist das Themen-Mapping nicht geeignet, da sich der Handlungsverlauf nicht abbilden lässt. Geht es um eine Story, greifen wir bevorzugt auf das Themendiagramm zurück, auch „Content-Flowchart" genannt.

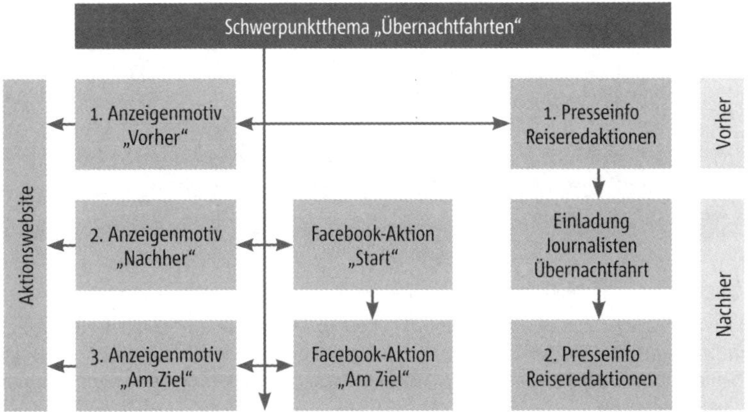

Abbildung 78: Konkrete Inszenierung eines Themas

Mit dem Content-Flowchart entwickelt man eine Art Drehbuch für die Kommunikation des jeweiligen Themas. Bei unserem beispielhaften Transportunternehmen werden die Handlungsabläufe für das Thema „Übernachtfahrten" nach dem Vorher-/Nachher-Prinzip deutlich.

Das Themendiagramm ist kein perfektes Flussdiagramm wie im Projektmanagement. Die Abläufe werden in einer stark vereinfachten Skizze entlang einer Zeitachse dargestellt. Unser obiges Diagrammbeispiel bezieht sich wieder auf den Mobilitätsdienstleister und sein neues Angebot „Übernachtfahrten". Die Handlung basiert auf dem Vorher-/Nachher-Prinzip. Die Story erzählt zuerst die nervigen Probleme aus der Zeit ohne Nachtfahrten, um dann in der zweiten Phase der Story die befreiende Lösung der Nachtfahrten in Szene zu setzen. Auch hier gilt wiederum die Regel: Keine Details, innerhalb der Themenplanung wird nur der grobe Rahmen dargestellt.

Themen in eine Dramaturgie bringen

Wann laufen die Themen? Auch die Frage gehört in die Themenplanung. Es wird geprüft, ob die ausgewählten Themen tatsächlich in den vorgegebenen Zeitraum passen. Nehmen wir als Beispiel ein Jahreskonzept. Das Ziel der Themenplanung besteht darin, eine zeitliche Dramaturgie zu entwickeln, die das ganze Jahr über für thematische Spannung sorgt und verhindert, dass sich Themen gegenseitig in die Quere kommen.

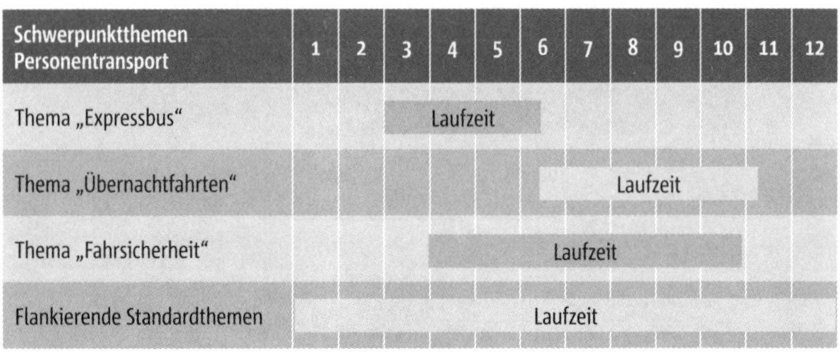

Abbildung 79: Zeitliche Dramaturgie der Themen

Unser Transportunternehmen taktet die Themen zeitlich ein. Die Laufzeit und das Zusammenspiel der Themen richten sich nach Inhalten, die vermittelt werden sollen. Die Themen müssen tragen, es darf zur gleichen Zeit weder zu viel noch zu wenig thematischen Stoff geben.

Das Zeitschaubild konzentriert sich auf die großen Schwerpunktthemen. Die Vielzahl der flankierenden Standardthemen spielt für den dramaturgischen Bogen nur eine untergeordnete Rolle. Grundsätzlich sind mehrere dramaturgische Varianten möglich:

› **Parallele Folge der Themen:** Mehrere oder alle Schwerpunktthemen laufen mehr oder weniger zur gleichen Zeit ab.

› **Serielle Folge der Themen:** Die Themen laufen nacheinander. Für ein bestimmtes Zeitintervall steht jeweils ein Schwerpunktthema allein im Vordergrund.

› **Überlappende Folge der Themen:** Die Themen überschneiden sich, sodass zu bestimmten Zeiten mehrere Themen parallel, zu anderen Zeiten nur einzelne Themen laufen.

› **Bedingte Folge der Themen:** Die Themen laufen seriell oder überlappend, aber die Reihenfolge ist bewusst gewählt. Die einzelnen Themen bedingen einander. Erst, wenn das erste Thema gelaufen ist, kann das zweite Thema folgen. Das dritte Thema ist wiederum abhängig vom zweiten Thema.

› **Mixformen:** Selbstverständlich kann man die verschiedenen Arten der Dramaturgie auch mischen. Nur kompliziert darf es dadurch nicht werden.

Die grobe Skizze des Timings führt häufig zu einem Erwachen auf der Seite des Auftraggebers. Die Themen hat man sich zugetraut. Jetzt, wo die zeitlichen Zusammenhänge und die Themendichte transparent werden, fällt allen Beteiligten auf, dass die Konstellation der Schwerpunktthemen nicht zu schaffen ist. Es fehlen die finanziellen oder personellen Kraftressourcen. Man beginnt, die Zahl der Schwerpunktthemen zu reduzieren oder den Startzeitpunkt nach hinten zu schieben. Themen, die überzeugen sollen, brauchen volle Kraft und Konzentration. Deshalb sollte man im Zweifelsfall lieber ein Schwerpunktthema weniger ins Rennen schicken, anstatt die Themen nur mit halber Kraft anzugehen.

z. B. der Themenplan

Kampagne Alkoholprävention

Schwerpunktthemen

Dachbotschaft: Alkohol steckt voller Probleme

Zielgruppe: Jugendliche zwischen 15 und 18 Jahren

Strategischer Weg:
Themen auf die Lebensrealität der Zielgruppe beziehen

1. Schwerpunkthema	**Alkohol beim Sport**
Themenaussagen	› Mannschaftssport als Beispiel › Verlängerte Reaktionszeiten und Einbußen motorischer Präzision › Wer Alkohol trinkt, verliert › Wer Alkohol trinkt, hat keinen Teamgeist
Themenpromotoren	› U19-Nationalmannschaft
Themenplattform	› Presseevent und Pressearbeit zur U19-EM
Timing	› Ab sechs Wochen vor und zur EM 2016
2. Schwerpunktthema	**Alkohol in der Schule**
Themenaussagen	› 30 Prozent verminderte Denkleistung schon bei 0,7 Promille › Wer Alkohol trinkt, schreibt schlechtere Noten › Wer Alkohol trinkt, riskiert seine Zukunft
Themenpromotoren	› Bekannte Experten z. B. Buchautor Manfred Spitzer
Themenplattform	› Ergebnisse einer neuen Studie, Schultour 2016
Timing	› Ab Schulstart nach den Sommerferien
3. Schwerpunktthema	**Alkohol und Freunde**
Themenaussagen	› 56 Prozent der Jugendlichen finden alkoholisierte Freunde unangenehm › 83 Prozent der Mädchen lehnen alkoholisierte Partner ab › Wer Alkohol trinkt, wird in Wirklichkeit nicht geselliger › Wer Alkohol trinkt, gefährdet Freundschaften
Themenpromotoren	› Unsere jugendlichen „Peers“
Themenplattform	› Aktion über Website und Facebook
Timing	› Als Themenbasis im gesamten Jahr 2016

Die Kreativplanung

Ein Bild sagt mehr ...

Das Gehirn des Menschen ist äußerst talentiert, wenn es um Bilder geht. Bilder liegen ihm, da laufen seine Synapsen zur Bestform auf. Nur versteht es die Kommunikation der Unternehmen in vielen Fällen nur ungenügend, das Talent zu nutzen. Man verlässt sich zu sehr auf Sätze, Worte und Zahlen und vernachlässigt die Macht der Bilder. Der „Picture Superiority Effect“[92], der bereits seit den 1960er-Jahren erforscht wird, weist den richtigen Weg. Wenn die Menschen einen normalen Text lesen, dann haben sie nach drei Tagen knapp zehn Prozent behalten. Wird der gleiche Text gekonnt durch Bilder unterstützt, klettern die Erinnerungswerte auf rund 65 Prozent. Der Wirkungsgrad steigt um das Sechsfache![93]

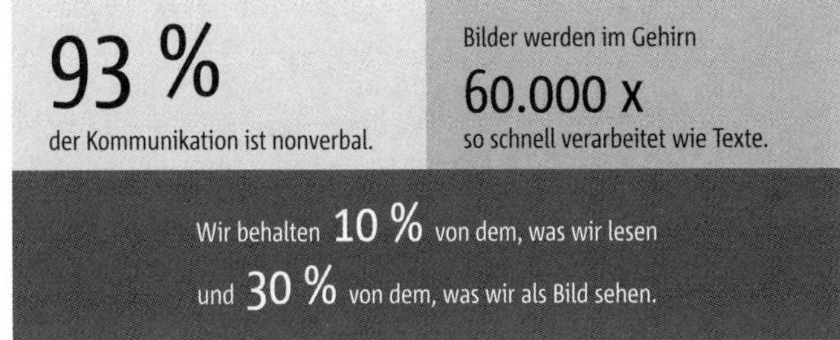

Abbildung 80: Die Macht der Bilder[94]

Unser Gehirn ist ein Bildverarbeitungsapparat. Mit Bildern läuft es zur Höchstform auf. Dennoch misstrauen einige Kommunikationsleute den Bildern. Sie sind nicht so kontrollier- und messbar wie Worte. Hartnäckig hält sich die Meinung, dass Bilder die Kommunikation leichtlebig und unsolide machen.

Im vorliegenden Kapitel geht es um Kreation auf der bildlichen und textlichen Ebene. Ja, es geht auch um Texte, denn auch Worte können assoziationsstark sein und Bilder auslösen. Man denke nur an einen guten Roman, bei dem im Kopf des Lesers eine ganze Welt entsteht und er mit seiner Fantasie tief in die Welt eintaucht. Abstrakte Worte und Zusammenhänge kann sich das menschliche Gehirn dagegen nur schwer merken, bei bildstarken Begriffen steigt die Lernquote steil an.

Es liegt in der Natur der strategischen Kommunikationsplanung, dass sie ziemlich kopflastig und theoretisch daherkommt. Es besteht die Gefahr, dass wir unser Konzept auf der Ebene belassen, denn sie erscheint uns sicherer, kalkulierbarer. Während die analytischen und strategischen Schritte des Konzepts mit methodischen Regeln und Erfahrungswerten gut zu bewältigen sind, begeben wir uns mit der Kreation auf unsicheres Gelände. Es gibt auch dort hilfreiche Techniken, die man einsetzen kann, um kreativ weiterzukommen. Aber ob sie zum Ziel führen? Ob der kreative Knoten platzt? Das kann niemand so genau sagen. Kreation ist nicht domestizierbar.

Zwar heißt es, dass die erste Idee immer die beste sei, aber wir bezweifeln diesen Satz. Das kann vorkommen, ist aber nicht die Regel. Ein anderer Satz hat für uns mehr Gültigkeit: „Eine gute Idee ist naheliegend – und deshalb so schwer zu finden." Das trifft es besser und erklärt auch, warum sich die Beteiligten mit den kreativen Ideen häufig fürchterlich plagen. Die Pinnwand ist voller Ideen. 90, 100, 120 und mehr Ideenkarten hängen dort dicht gedrängt, doch keine passt richtig. In drei Tagen steht die Konzeptpräsentation an und es gibt immer noch keine tragfähige kreative Lösung. Allgemeine Verzweiflung macht sich breit und droht in Panik umzuschlagen. Diese Situation kennen wir nur zu gut.

Dennoch führt an der kreativen Zuspitzung innerhalb des Konzepts in vielen Fällen kein Weg vorbei. Ein Konzept braucht gute Ideen, um zu leben. Deshalb müssen wir einen gangbaren Weg finden, um die theoretischen Richtgrößen der Strategie in sinnlich fassbare Anker zu übersetzen. Die Kreation entwickelt die realen Sinnesanker für die Kommunikation und ohne die Anker treiben die Botschaften in der Sintflut des „Communication Overflow" rettungslos ab.

Aber nicht nur wir Konzeptionsprofis tun uns schwer mit dem kreativen Part des Konzepts. Auch der Auftraggeber reagiert an der Stelle oft zurückhaltend und zögerlich. Zwar heißt die Vorgabe im Briefinggespräch fast jedes Mal: „Wir brauchen eine supergeile Idee!" Aber wenn die Idee dann präsentiert wird, kommt der Kommentar: „Das passt nicht in unsere Branche, das können wir so nicht machen!" Es braucht Mut zu einer guten Kreation, und daran fehlt es in vielen Kommunikationsabteilungen. Gute Ideen sind eine Idee anders. Sie durchbrechen Regeln, bürsten die Kommunikationswahrheiten der jeweiligen Branche gekonnt gegen den Strich. Sie sind spitz und mit einem Widerhaken versehen, nicht angepasst und weichgespült. Sich darauf einzulassen, kostet Überwindung und braucht Mut.

So kommt es, dass das vorliegende Kapitel „Die Kreativplanung" in der Realität der Konzeptionsarbeit ein schwieriges und besonders hürdenreiches Kapitel ist. Für Analyse und Strategie gibt es einen Weg mit klaren methodischen Markierungen, an denen man sich orientieren kann. Die Kreation ist im Vergleich eher ein Drahtseilakt ohne Netz.

Erst einmal bleibt festzuhalten, dass Konzeptioner nicht mit Kreativen gleichzusetzen sind. Wir sind keine Art-Direktoren und auch keine Kreativ-Direktoren. Uns fehlt es im Normalfall an Talent, Technik und Erfahrung, um die

Macht der Bilder professionell zu nutzen. Deshalb sind „Konzeptioner" und „kreative Gestalter" bei wichtigen Kommunikationskonzepten zwei verschiedene Rollen, die in der Regel mit unterschiedlichen Personen besetzt sind.

Im Bereich von Marketingkommunikation und Werbung übernimmt die Kreation eine starke Rolle und die Konzeptionsmacher geraten schnell in die Defensive. In vielen klassischen Werbeagenturen wird Strategie immer noch als unangenehme Einengung der kreativen Spielräume empfunden. Wenn wir als Freelancer für Werbeagenturen arbeiten, erleben wir ständig, dass zuerst die Kreation entwickelt wird und wir Konzeptioner dann um die tolle Idee herum unser Konzept stricken müssen. Das Konzept wird somit zum Verkaufspapier für die Idee. In der Folge gibt es zwar eine tolle Idee, die möglicherweise breite Aufmerksamkeit findet, aber der Erfolg zahlt nicht unbedingt auf das Konto der Kommunikationsstrategie ein, sondern wird zum Selbstzweck.

Auf der Seite von Unternehmenskommunikation und Public Relations läuft es umgekehrt. Die Strategie hat die dominante Rolle, die Kreation spielt die zweite Geige. Viele PR-Agenturen verfügen über keine Kreativdirektoren oder Grafiker im Haus. Ihr Konzept weist strategisch in die richtige Richtung, bleibt allerdings auf der kreativen Seite blass. Wer eine herausragende kreative Gestaltungsidee sucht, kann Probleme bekommen, wenn mit der Entwicklung eine herkömmliche PR-Agentur beauftragt wird. Da immer mehr Auftraggeber kreative Top-Leistungen voraussetzen, haben zahlreiche PR-Agenturen in den letzten Jahren kreativ aufgerüstet und ihre Grafikabteilungen deutlich ausgebaut.

Besonders kompliziert wird die Situation im Rahmen der integrierten Kommunikation, wenn unterschiedliche Maßnahmen aus allen Bereichen der Kommunikation miteinander einer Partitur folgen und die Kreation die griffige Erkennungsmelodie für alle schaffen muss. Die neue 360-Grad-Ausrichtung hat vielen Kreativen das Leben schwergemacht. Sie mussten lernen, dass es nicht mehr ausreicht, wenn ihre Ideen nur klassisch für Anzeige, Plakat und Broschüre funktionieren. Gefragt sind heute Ideen, die universelle Talente haben. Sie wirken nicht nur auf Anzeigen und Plakaten, man kann sie genauso gut auch für Facebook-Aktionen, YouTube-Clips, Events und interaktive Games einsetzen.

Wir befinden uns im Bereich der Konzeption. Auf dieser Strecke geht es für die Kreation noch nicht um die Gestaltung im Detail, um das Feilen an gestalterischen Feinheiten wie Typografie oder Farbkontrast. In der konzeptionellen Phase kommt es darauf an, den kreativen Einstieg zu schaffen, die grundlegenden Ideen zu skizzieren und zu zeigen, wie die abstrakte Strategie in eine Bildsprache übersetzt wird, die das Gehirn blitzschnell verarbeiten kann. Es geht auf der Strecke der Konzeption um Ideenskizzen und nicht um Reinzeichnungen.

Bis Mitte der 1990er Jahre haben kreative Grafikerinnen und Grafiker in der konzeptionellen Phase der Arbeit mit Stift und lockerer Hand „Skribbles" oder „Roughs" zu Papier gebracht.[95] Die Bildelemente wurden mit einfachen Konturen angedeutet, die Textzeilen waren nur Striche. Es blieb viel Raum für Fantasie und Diskussion. Seit Gestaltungsarbeiten von Anfang an über den Computer laufen, sind die lockeren Skizzen ausgestorben. Was an kreativer Gestaltung vorgelegt wird, sieht gleich perfekt und fertig aus. Die Fantasie der Betrachter hat keine Chance mehr. Nicht selten meinen Kunden beim Betrachten des ersten kreativen Entwurfs: „Wissen Sie was, das können wir eigentlich schon so lassen!" Manchmal sehnen wir uns in solchen Momenten nach den guten alten Skribble-Zeiten zurück, in denen es noch mehr kreative Spielräume gab. Heute bleiben viele Ideenprozesse in der digitalen Konkretisierungsfalle hängen. Möglicherweise gäbe es noch bessere Lösungen, auf die man jedoch nicht kommt, weil man sich zu früh festlegt.

Da es speziell im Bereich der Kreation für das Kommunikationskonzept viele Sackgassen und Einbahnstraßen gibt, wollen wir zur besseren Orientierung sieben essenzielle Grundregeln an den Anfang stellen, die für alle Bereiche und jede Phase der Kreation innerhalb der Konzeption gelten:

› **Gute Kreation wirkt im Sinne der Strategie:** Jede Idee, jede Gestaltung, jede Grafik, jede Textidee muss auf der Linie der Kommunikationsstrategie liegen und sie mit Farbe, Form und Leben anfüllen. Das klingt selbstverständlich, ist in der Praxis aber verdammt schwer.

› **Gute Kreation ist einfach und selbsterklärend:** Ihr Erfolg entscheidet sich in der Konzeptpräsentation. Die Kreation zündet wie von selbst. Wenn Präsentatoren viele Worte finden müssen, um die Ideen verständlich zu machen, dann stimmt etwas nicht.

› **Gute Kreation fühlt sich in die Zielgruppe ein:** Die leidenschaftliche Kreation ist eine Liebeserklärung an die Zielgruppe. Die Zielgruppe fühlt sich wohl damit.

› **Gute Kreation funktioniert ganzheitlich:** Sie belebt und beseelt den Event genauso wie die Anzeige oder den Online-Auftritt. Alles vereint sich zu einem großen Gesamtbild.

› **Gute Kreation hebt sich ab:** Sie traut sich was und ist eine Idee anders. Sie durchbricht die Regeln der jeweiligen Branche und ragt aus den Auftritten der Mitbewerber heraus.

- › **Gute Kreation ist professionell:** Kreative Gestaltung braucht Leute, die in der Lage sind, querzudenken und aus dem gewohnten vertikalen Denken auszubrechen. Diese Leute müssen die Fähigkeit besitzen, ihre Ideen in professionelle Gestaltung umzusetzen. Gemeint ist eine Gestaltung, die in der Umsetzung keine Probleme macht, sondern zuverlässig funktioniert.

- › **Gute Kreation ist machbar:** Keine Traumtänzerei! Die kreative Leistung orientiert sich an den vorhandenen Ressourcen. Die Umsetzung überfordert die Beteiligten nicht.

Kreative Leitidee

Die Anzeige arbeitet mit einer anderen kreativen Idee als die Website, die neue Facebook-Aktion baut auf einer dritten, der Kundenevent auf einer vierten Idee auf. Alle Ideen sind für sich genommen gut und für ihre Zwecke schlüssig, aber irgendwie passt alles nicht richtig zusammen. Das Gesamtbild hat Lücken und Brüche. Die Macht des Bildes zerfällt.

Integrierte Kommunikation hat die Arbeit der Kreation verändert und den Anspruch enorm erhöht. Denn in der Kommunikationsflut der Gegenwart stiftet eine unkoordinierte Vielfalt von Ideen nur Verwirrung. Aus diesem Grund ist es auch kein Kompliment, wenn ein Auftraggeber am Ende der Konzeptpräsentation sagt: „Alle Achtung! Da haben Sie ja wirklich ein buntes Ideenfeuerwerk gezündet." Viele, viele bunte Ideen machen zwar in der konzeptionellen Entwicklung jede Menge Spaß. Man kann sich richtig ausspinnen und zeigen, was einem alles einfällt. Im Sinne der Kommunikationswirkung ist die Vielfalt aber kontraproduktiv.

Vor dem Hintergrund der Integration von Maßnahmen gewinnt die kreative Leitidee für das Kommunikationskonzept an Bedeutung. Sie hilft, die vielen Bausteine der Kommunikation zu einem geschlossenen Bild zusammenzufügen, das auf den ersten Blick die strategische Positionierung und die Botschaften widerspiegelt.[96]

Man benötigt nicht für jedes Konzept eine Leitidee, aber für immer mehr Konzepte. Die Leitidee ist die sinnlich fassbare Codierung der Kommunikation. Sie schafft einen einheitlichen Sinnesanker für alle Aktivitäten und taucht in der gesamten Kommunikation überall auf. Die Zielgruppen brauchen nur Bruchteile von Sekunden, um die Codierung wiederzuerkennen und die einzelne Kommunikationsaktivität innerhalb des vertrauten Gesamtbildes einzuordnen. Die Codierung funktioniert nicht nur auf der kognitiven Ebene des Erkennens, sondern auch auf der affektiven Ebene. Die mit dem Anker verbundenen emotionalen positiven Assoziationen werden jedes Mal wieder stimuliert und verstärkt.

Abbildung 81: Die kreative Leitidee ist total

Die Leitidee ist nicht wie die zierende Kirsche auf der Torte. Das wäre zu wenig. Sie durchzieht die gesamte Kommunikation, gibt ihr eine unverwechselbare Symbolik und macht sie unverkennbar.

Gesucht wird eine unwiderstehliche Idee, die auf einem einfachen Gedanken aufbaut. Eine überzeugende Leitidee funktioniert übergreifend und codiert mit ihrem kreativen Impuls die gesamte Kommunikation:

› **Strukturübergreifend:** Die Leitidee funktioniert in allen Bereichen der Kommunikation von Werbung über PR und Events bis hin zur Online-Kommunikation. Sie fühlt sich überall wohl, wirkt nirgendwo aufgesetzt und gezwungen.

› **Prozessübergreifend:** Die Leitidee funktioniert im gesamten Kommunikationsprozess und kann vom Kick-off bis zum großen Finale die ganze Zeit eingesetzt werden. Man kann sie je nach Anforderung weiterentwickeln und variieren. Sie passt zu den Themen und Storys, die im Rahmen des Konzepts zum Einsatz kommen.

Das sind hohe Anforderungen. Stellt sich die Frage: Was eignet sich konkret als Leitidee? Die Antwort: Alles, was eine starke, sinnlich fassbare Ankerwirkung im Sinne der vorgegebenen Kommunikationsstrategie entwickelt! Als Code kann genutzt werden:

› **Ein Bild:** Ein Bild sagt bekanntlich mehr als tausend Worte. Im Kontext der kreativen Leitidee wird das Bild zum Sinnbild der Kommunikation. Es taucht immer wieder auf, prägt sich ein und die Zielgruppe erkennt es sofort wieder. Das Segelschiff mit den grünen Segeln der Biermarke Becks' ist so ein prägnantes Bild. Auch wenn die Brauerei schon seit Jahren nicht mehr mit dem Schiff arbeitet, in den Köpfen der Zielgruppe ist es weiterhin präsent.

› **Eine Bilderwelt:** Bilderwelten sind idealisierte Lebenswelten für die Zielgruppen. Sie bestehen aus mehreren idealtypischen Elementen, die sich je nach Kommunikationssituation variieren lassen. Bilderwelten eignen sich besonders gut zum Erzählen von Storys, weil sie den Geschichten eine Kulisse geben, die man sofort wiedererkennt. Die karibische Traumwelt in der Werbung von Barcadi ist ein bekanntes Beispiel. Auch Automobilhersteller wie Mercedes, Audi oder Porsche arbeiten mit klar definierten Bilderwelten, die für die Marken maßgeschneidert wurden.

› **Ein Gegenstand:** Bilder sind Kompositionen von mehreren Bildelementen. Ein Gegenstand ist die Konzentration auf ein Element, oft wird das Element sogar freigestellt. Die Schiefertafel in der Edeka-Werbung oder der grüne Hut in der Werbung eines Berliner Möbelhauses sorgen für Aufmerksamkeit und Wiedererkennung.

© ZDF

Abbildung 82: Eine Geste als Symbolik

„Mit dem Zweiten sieht man besser", die typische Handbewegung zum Auge wurde bereits 1999 eingeführt und prägt seit vielen Jahren den Auftritt des ZDF.[97]

› **Kollektive Bilder:** Bestimmte Bilder sind in unser kollektives Gedächtnis eingegangen. Diese Bilder lassen sich als Anker für die Kommunikation nutzen. Der Moment, als Marylin Monroe über einem Luftschacht der New Yorker Subway der Rock hochgeht, John F. Kennedys berühmtes Zitat „Ich bin ein Berliner" beinhalten solche kollektiven Bilder.

› **Eine Person:** Die Kommunikation wird wesentlich überzeugender, wenn handelnde Personen auftreten. Sie fungieren als Identifikationsfiguren für die Kommunikation. Die Zielgruppe findet die Person sympathisch und schenkt ihr Vertrauen. Oft ist die Person ein Prominenter (Jürgen Klopp für Opel), sie kann aber auch eine Kunstfigur (Tech-Nick für Mediamarkt) oder ein unbekannter Konsument wie du und ich als glaubwürdiger Testimonial sein.

› **Ein Slogan:** Die meisten Slogans sind generisch, lahm und ohne Merkwert. „Wir sind immer für Sie da" oder „Alles aus einer Hand" sind Beispiele für solche leeren Slogan-Schablonen. Bisweilen aber schaffen es Slogans, sich fest und unverwechselbar in den Köpfen der Menschen zu verankern und als kreative Leitidee zur Parole der Kommunikation zu werden. „Wohnst du noch oder lebst du schon?“ von Ikea hat die Kraft. Der Slogan ist inzwischen in unseren Sprachgebrauch übergegangen, im Internet finden sich Tausende von kreativen Abwandlungen des Spruches. Zum Beispiel „Essen Sie noch oder fasten Sie schon?“ oder „Kleben Sie noch oder frankieren Sie schon?“ Ursprünglich stammt der Slogan aus dem Jahr 2002, er lebt aber immer noch und pflanzt sich unbeirrt fort.

› **Ein Buzzword:** „Probiotisch“ von Actimel, „Unkaputtbar“ von Coca-Cola oder die „Piemont-Kirsche“ von Ferrero sind Reizwörter, die zum Anker der Kommunikation geworden sind. Buzzwords prägen sich sofort ein und erzielen schnell einen hohen Bekanntheitsgrad. Ein Bundesland führte eine „landesweite Schwerpunktkontrolle zur Geschwindigkeitsüberwachung“ durch. Das Ergebnis war unspektakulär, es hat sich wenig getan. Als die Aktion in „Blitzmarathon“ umbenannt wurde, war sie sogleich in aller Munde.

› **Eine bestimmte Farb- und Formensprache:** Der gesamte Auftritt entwickelt seine Ankerwirkung durch eine signifikante Farb- oder Formensprache. Die gestalterischen Elemente werden überall durchgehalten und prägen den Auftritt. Die Klötzchen und das Magenta von Telekom kennt jeder, die blauen Wasserbläschen von O2 funktionieren genauso.

› **Ein angesagter Trend:** Leitideen nutzen gern laufende Trends und springen darauf auf. Wenn das frühzeitig und originell passiert, kann es die Kommunikationsresonanz wesentlich verstärken. Eine Zeitlang wurde in der heimischen Kommunikation gern gerappt. Einige Rap-Songs wie „Is mir egal“ der Berliner Verkehrsbetriebe oder „Supergeil“ von Edeka sind beinahe schon genial, andere Werbe-Raps hingegen nur peinlich.

› **Eine Archetype:** Wie das Storytelling auf Erzähltechniken aufbaut, die schon Jahrtausende alt sind, so nutzt die kreative Leitidee archetypische Motive, um die Zielgruppe anzuregen. David und Goliath stellen ein solches Bild dar. Der flinke Kleine schlägt den großen Mächtigen aus dem Feld. Auch die fürsorgliche Frau ist eine archetypische Figur – wie z.B. Mary Poppins aus dem gleichnamigen Musical. Auf der anderen Seite sprechen uns Entdeckertypen von Odysseus bis Indiana Jones an. Heldengeschichten kommen gut an, denn sie verbinden personalisierte Geschichten mit dem Element der Spannung. Ein blendend aussehender Naturbursche mit einer Stihl-Kettensäge mitten in der Wildnis, das klingt nach Abenteuer pur.

› **Ein Kommunikationsinstrument:** Einzelne operative Mittel und Maßnahmen eignen sich in der Regel nicht als kreative Leitidee, aber es gibt Ausnahmen. Wenn eine Maßnahme herausragt und alle anderen Aktivitäten weit überstrahlt, kann aus ihr die kreative Leitidee werden. Wenn eine Umweltinitiative ein Schiff zur „Arche der Natur" umbaut, es in den Mittelpunkt der Kommunikation stellt und durch ganz Deutschland schickt, dann ist aus einer ungewöhnlichen Kommunikationsmaßnahme eine kreative Leitidee geworden.

In manchen Konzepten werden parallel zwei oder drei der genannten Komponenten verbunden und eine kombinierte Leitidee entwickelt. Bei Marlboro verbinden sich Personen (Cowboys) und eine sehenswerte Bilderwelt (Marlboro Country) mit einer signifikanten Farb- und Formensprache. Solche kombinierten Kreativ-Codes brauchen allerdings einen hohen Kommunikationsdruck, um sich einzuprägen. Daher bevorzugen wir einfache Lösungen, die schnell durch das Auge ins Gehirn gehen.

PR-Leute merken an dieser Stelle zurecht an, dass alle obigen Beispiele aus der Markenwerbung kommen. Auch in der PR funktionieren Leitideen und bringen die Kommunikation gewaltig voran. Im Jahr 2016 lief eine PR-Kampagne zum Wissenschaftsjahr mit einer einfachen, aber wirksamen Leitidee: Wissenschaft ist Abenteuer. Die Plakate zeigten keine technischen Geräte und keine Menschen im weißen Kittel. Sie vermittelten einen Hauch von Abenteuer. Das Forschungsschiff Polarstern in der Antarktis, man meinte, die Kälte beim Betrachten des Fotos zu spüren.

Die kreative Leitidee ist am Ende das, was die Zielgruppen unmittelbar mit dem Kommunikationsobjekt verbinden. Ein Erkennungszeichen, das vertraut wirkt. Fällt der vertraute Anker weg, reagiert die Zielgruppe sofort verunsichert. Deshalb sollten etablierte kreative Leitideen mit Bedacht und System gewechselt werden. Man darf sie keinesfalls überraschend über Nacht kippen. Haribo hat 2015 ihren Marken-Präsentator Thomas Gottschalk durch Bully Herbig ersetzt. Über einen längeren Zeitraum wurde der Wechsel angekündigt, eine Zeitlang traten beide in den Werbespots gemeinsam auf. Alles nur, um die Zielgruppen sicher mitzunehmen.

Zudem brauchen kreative Leitideen viel Zeit, um sich in den Köpfen der Zielgruppen einzuprägen. Mehr Zeit, als ihnen unsere Auftraggeber gefühlsmäßig zugestehen wollen. Die Zielgruppen draußen bekommen nur ein Bruchteil der Ansprache mit, während die Kommunikationsverantwortlichen im Unternehmen jeden einzelnen Impuls präsent haben. Beim Auftraggeber entsteht durch die Dichte ein Gefühl der Übersättigung – und er meint viel zu früh, die Leitidee wechseln zu müssen. Erst, wenn den Verantwortlichen im Unternehmen die Leitidee zum Hals raushängt, fängt sie draußen bei den

Zielgruppen richtig an zu wirken. „Carglass repariert – Carglass tauscht aus." Der Slogan tut schon fast weh, so oft hat man ihn im Radio gehört. Aber die Wiedererkennung ist garantiert und die Zuordnung von Werbeaussage und Angebot einfach.

Ein weiterer Fehler ist, dass manche Unternehmen ihre Leitidee nur zurückhaltend einsetzen. Man will nicht so penetrant rüberkommen, heißt es. Entschuldigung, man muss penetrant rüberkommen, nur so wird man in der Kommunikationsflut bemerkt! Die Leitidee wird auf allen Kanälen und in jeder Phase der Kommunikation gespielt.

Wir wollen das Prinzip der Penetration an einem Beispiel veranschaulichen. Eine Beratungsfirma führt im Logo schon seit Jahren drei stilisierte Kugeln. Das Konzeptionsteam schlägt vor, aus dem Logo die kreative Leitidee abzuleiten und die Kugeln ins kommunikative Spiel zu bringen. Das Unternehmen stimmt zu und einige Wochen später werden die Kugeln zum Erkennungszeichen des gesamten Kommunikationsauftritts. In den Anzeigenmotiven sieht man Protagonisten, die immer drei Kugeln in der Hand halten, sie werfen oder mit ihnen jonglieren. Auf der Messe schweben über dem Stand – effektvoll angeleuchtet – die drei Kugeln. Beim Jubiläumsempfang wird das Jubiläumsvideo auf drei riesige Kugeln projiziert, die mitten auf der Bühne stehen. Im Pausenraum der Mitarbeiter steht ein Billardtisch und die Kollegen spielen mit drei Kugeln. Die Kugeln bringen die gesamte Kommunikation ins Rollen.

Grafische Gestaltung

Für viele Konzepte ist das Corporate Design bereits fest vorgegeben und steht nicht zur Disposition. In diesen Fällen spielt die grafische Gestaltung innerhalb der konzeptionellen Entwicklungsarbeit eine untergeordnete oder gar keine Rolle. Wahrscheinlich steht im schriftlichen Konzept dazu nur ein Satz: „Das Corporate Design ist für alle Aktivitäten bindend." Mehr nicht. Das Design ist vorgegeben, alle Entwürfe, beispielsweise für eine neue Werbestrecke, müssen sich in das CD Raster einfügen.

Es gibt aber auch Konzepte, da schauen die Beteiligten auf ihre neue Kommunikationsstrategie und danach auf den momentanen Status des Designs. Allen fällt sofort auf, dass beide Seiten nicht zusammenpassen. Die Strategie erhebt einen dynamischen Anspruch, den das Design nicht einlösen kann. Die Strategie positioniert das Unternehmen als jung, frisch und innovativ. Demgegenüber wirkt das Corporate Design in die Jahre gekommen und altbacken. Da der visuelle Impact stärker ist und den ersten Eindruck der Zielgruppen nachhaltig prägt, hält das strategische Gerüst der Realität nicht stand und bricht zusammen. Beim Erscheinungsbild alles beim Alten zu lassen, wäre fatal. In einer solchen Situation geht das Konzept näher auf das Design ein. Folgende Optionen stehen offen:

- **Komplett neues Design:** Es wird bewusst eine Zäsur gesetzt. Das alte Design ist Vergangenheit und das neue Design baut komplett neu auf. Zwischen beiden Erscheinungsbildern vorher und nachher ist kein direkter Zusammenhang erkennbar. Eine solche Zäsur im Corporate Design muss durch die Kommunikation vorbereitet und mit System begleitet werden, sonst führt sie zu starken Irritationen bei den Zielgruppen.

- **Relaunch des alten Designs:** Das vorhandene Design wird weiterentwickelt, das Unternehmen beweist damit Kontinuität. Man baut auf das Bewährte auf und modernisiert es. Das Design ist sofort wiederzuerkennen und bleibt für die Zielgruppen vertraut.

- **Optimierungen des alten Designs:** Das Erscheinungsbild bleibt unverändert, es wird lediglich vereinheitlicht und präzisiert. Bestimmte gestalterische Auswüchse werden gekappt, Lücken in den CD-Regeln geschlossen. Insgesamt wirkt der Auftritt dadurch aufgeräumter und disziplinierter.

Was gehört zu den Grundelementen der grafischen Gestaltung und muss bei Bedarf im Rahmen der Konzeption unter die Lupe genommen werden? Im Wesentlichen geht es um folgende Elemente:

- **Logo:** Je nach Aufgabenstellung handelt es sich um ein Unternehmenslogo, ein Produkt-/Dienstleistungslogo oder um ein Aktionslogo. Das Logo fungiert als Erkennungszeichen und Gütesiegel zugleich. Es muss die gewählte Kommunikationsstrategie repräsentieren. Wenn nicht, sind entsprechende Anpassungen notwendig. Grundsätzlich stellt das Logo eine langfristige Konstante dar. Es wird nur verändert, wenn es unbedingt erforderlich ist.

- **Schlüsselbild:**[98] Arbeitet das Unternehmen mit Schlüsselbildern („Key Visuals“)? Wenn ja, passen die Bilder zum neuen Kurs oder sind Anpassungen erforderlich? Wenn nein, macht es Sinn, ein oder mehrere Schlüsselbilder neu zu entwickeln. Zu warnen ist vor einer bunten Schlüsselbildwelt mit zahlreichen Key Visuals für unterschiedliche Produkt- oder Unternehmensbereiche. Ein Schlüsselbild kann seine Funktion nur erfüllen, wenn es eine exponierte Solistenstellung hat und nicht eines unter vielen ist.

- **Bildersprache:** Gibt es bereits sogenannte „Moodboards“, die eine bestimmte Bilderwelt für die Kommunikation beschreiben? Wird diese

Bilderwelt konsequent eingesetzt? Wie prägnant und unverwechselbar sind die Sinnbilder? Und vor allem: Passt die Welt zur strategischen Linie des Konzepts?

› **Schriften, Farben und Formen:** Wie kommen die verschiedenen Gestaltungselemente rüber? Spiegeln sie den Anspruch der Strategie wider? Wo sind Optimierungen möglich oder nötig?

© rcfotostock - Fotolia.com

Abbildung 83: Verbrauchte Ideen

Vor gut zwanzig Jahren war der Goldfisch, der aus seinem Aquarium hüpfte, ein neues und unverbrauchtes Sinnbild mit hoher Aufmerksamkeit. Dann wurde es über die Jahre tausende Male eingesetzt. Heute ist es nur noch ein leeres, verbrauchtes Klischeebild.

Im Rahmen der Konzeptionsentwicklung machen manche Agenturen bereits erste grafische Gestaltungsvorschläge, wenn sie Handlungsbedarf erkennen. Beim Kunden kommt das gut an, denn er kann sich sofort ein Bild machen. Wir sind Konzeptioner und Strategen. Wir bauen in der Regel keine grafischen Vorschläge zum Erscheinungsbild in unser Kommunikationskonzept ein. Das wäre uns zu aufwendig und zu früh. Uns geht es in erster Linie um die strategische Kommunikationsplanung. Die Gestaltungsarbeit beginnt erst, wenn die Analyse bestätigt, die Strategie verabschiedet und der operative Rahmen konkretisiert ist. An dieser Stelle des Konzepts konstatieren wir lediglich den gestalterischen Handlungsbedarf. Dazu konfrontieren wir den zukünftigen strategischen Anspruch mit dem gegenwärtigen grafischen Erscheinungsbild. Aus dem Kontrast leiten wir die zentralen Handlungspunkte ab, an denen die grafische Gestaltung ansetzen muss. Beispielsweise stellen wir fest, dass die Schrift nicht mehr auf der Höhe der Zeit ist und die Unternehmensfarbe nicht zum emotionalen Temperament der Positionierung passt. Eventuell zeigen wir an einem gelungenen Designbeispiel, wie andere Unternehmen vergleichbare Probleme gelöst haben. Auf mehr geht unser Konzept nicht ein – es sei denn, es wird von unserem Auftraggeber ausdrücklich gefordert. Falls grafische Gestaltung erforderlich ist, holen wir uns Profis ins Boot, eine gute Grafikerin oder einen Designspezialisten.

Textliche Gestaltung

Auch bei der textlichen Gestaltung kommt es im Kontext des Kommunikationskonzepts vor allem darauf an, den strategischen Anspruch mit der realen sprachlichen Umsetzung zu vergleichen und, falls nötig, konkreten Handlungsbedarf zu identifizieren. Unter die Lupe genommen werden unter anderem die vorhandenen Namen und Bezeichnungen.

Unternehmensnamen, Produktnamen oder Sortimentsbezeichnungen sind empfindliche Stellschrauben und sollten möglichst nicht verändert werden. Manchmal ist es allerdings unumgänglich, weil die Strategie auf der einen und die Namensgebung auf der anderen Seite zueinander eklatant im Widerspruch stehen. Zum Beispiel versucht sich ein Unternehmen mit dem komplizierten Namen „Interkulturelles Berufsbildungswerk für Handwerk und Dienstleistung in Franken und Bayern" als „Partner, der Bildung einfach macht" zu positionieren. Weil der Widerspruch eklatant ist, kann das nicht funktionieren. Der Name wird gekürzt, um dem Anspruch der Einfachheit zu entsprechen.

Ein anderes Namensproblem sind nichtssagende Abkürzungen. Buchstabenkombinationen wie RTZ AG oder LBK GbR beinhalten keinerlei Bilder und sind für die Zielgruppen schwer zu lernen. An dieser Stelle ist festzuhalten, dass der Name in der Kommunikation nicht gleichbedeutend mit den organisatorischen und rechtlichen Begrifflichkeiten sein muss. Da gibt durchaus Gestaltungsspielräume. Es hat einen guten Grund, warum sich die bürokratisch anmutende „Allgemeine Ortskrankenkasse (AOK)" in der Kommunikation stets auf flotte Art „die Gesundheitskasse" nennt.

Im Fokus stehen auch Slogans und Claims. Was ist der Unterschied zwischen einem Slogan und einem Claim?[99] Beide Begriffe werden meist synonym benutzt. Im Ursprung geht der Claim tiefer und ist unverrückbarer. Er gibt die Positionierung wider und repräsentiert damit den inneren Wertekern. Der Begriff „Slogan" kommt aus dem Schottischen und bedeutet „Schlachtruf". Er ist aktionistischer und weniger dauerhaft angelegt. Wir reden in diesem Buch der Einfachheit halber nur vom Slogan.

Die Frage nach einem guten Slogan taucht in unseren Konzepten häufig auf. Infolgedessen sind wir auch ständig an der Entwicklung neuer Slogans beteiligt, legen aber großen Wert darauf, dass ein Slogan nur Sinn macht, wenn er bestimmte Qualitätsregeln erfüllt:

› **Der Slogan entwickelt sich aus der Positionierung des Kommunikationsobjekts:** Er übersetzt das Credo der Positionierung in griffige Worte. Diese Regel steht an erster Stelle!

- **Der Slogan versteht sich als kurzer zupackender Schlachtruf:** Er darf inhaltlich keinesfalls überladen werden.

- **Ein Slogan ist kurz:** Sieben Worte sind das Maximum. Besser man kommt mit nur drei bis fünf Worten aus. Zugegeben, es gibt geniale Ausnahmen mit mehr Worten, aber die sind so selten, dass sie als Rechtfertigung für einen zu lang geratenden Slogan nicht taugen.

- **Ein Slogan ist ungewöhnlich:** Er hat einen kleinen semantischen Widerhaken, an dem die Aufmerksamkeit hängen bleibt.

- **Ein Slogan muss für das Ohr harmonisch klingen:** Er braucht einen Rhythmus und eine stimmige Wortmelodie.

- **Ein Slogan ist ein Signal für die Zielgruppen:** Er muss für die Zielgruppen eingängig und mitreißend sein.

- **Ein Slogan darf alles:** Die Regeln der Grammatik gelten nicht. Englisch, Umgangssprache, Wortspiele alles ist erlaubt, wenn es Sinn macht und ins Ohr geht.

- **Ein Slogan prägt sich ein:** Wer ihn einmal gehört hat, der sollte sich noch tagelang daran erinnern können.

- **Ein Slogan ist universell einsetzbar:** Er funktioniert als Schlachtruf für alle Bereiche der Kommunikation von PR über Event bis zu Online.

In manchen Konzepten denken wir auch über zusätzliche Buzzwords nach. Je nach Strategie kann es Erfolg versprechend sein, die eigene Leistung in der Kommunikation mit bestimmten Buzzwords zu belegen und damit signifikanter zu gestalten. Die neue Maschine überzeugt nicht einfach durch „Präzision", sondern durch „multidimensionale Präzision". Der Begriff wird bisher in der Branche nicht verwandt und kann folglich vom Unternehmen besetzt werden. Die Kommunikation konzentriert sich auf wenige Schlüsselbegriffe. Die Buzzwords werden eindeutig definiert und von allen Beteiligten konsequent angewendet. Außerdem sollten sie echte Substanz haben und nicht nur heiße Werbeluft sein. Dann können sie die Wortwelt eines Unternehmens sinnvoll ergänzen.

Auch das „Wording" ist wichtig.[100] Wir übersetzen das neudeutsche Wort „Wording" mit Sprachgebrauch. Aufgrund von diffizilen Botschaften und Themen kann es Sinn machen, für ein Unternehmen einheitliche Regeln zum Sprachgebrauch in der Kommunikation zu fixieren. Länger als zwei Seiten sollte das entsprechende Regelwerk nicht sein. „Wir verzichten weitgehend auf Fremdworte“, wird darin festgelegt. An anderer Stelle steht: „Unser Unternehmensname wird immer ohne Artikel gestellt“ oder „Unsere Texte formulieren wir in Wir-Form, es sei denn, es spricht ein bestimmter Absender.“

Während wir uns bei der grafischen Gestaltung zurückhalten, bauen wir im textlichen Bereich vielfach schon erste Gestaltungsvorschläge in unser Kommunikationskonzept ein. Um die Entwicklung dieser zentralen Komponenten zu erleichtern, setzen wir bewährte Kreativtechniken ein.

Ideen mit Brainstorming und Brainwriting finden

Im Rahmen des Kommunikationskonzepts soll eine kreative Leitidee für die aktuelle Kampagne, ein Slogan für das neue Produkt oder ein Buzzword für ein innovatives technisches Verfahren entwickelt werden. Zwar schwören manche Kolleginnen und Kollegen darauf, dass sie die besten Einfälle ganz allein im stillen Kämmerlein haben. Der Normalfall sieht allerdings anders aus. Die Ideenfindung wird wesentlich ergiebiger und effizienter im Gruppenprozess. Mit mehreren Köpfen lässt es sich besser querdenken.

Es gibt eine Reihe von Kreativtechniken, die bei der Ideenfindung helfen und lästige Denkblockaden lösen. Die Gängigste ist das Brainstorming. Nun liest man auf diversen Seiten im Internet, dass das Brainstorming nichts bringe und in Wirklichkeit nur kreatives Spiegelfechten sei.[101] Unsere Erfahrung zeigt: Es kommt darauf an! Die Hälfte unserer Brainstorming-Sitzungen bleibt tatsächlich in der Luft hängen und produziert kaum verwertbare Ergebnisse. Die andere Hälfte funktioniert zufriedenstellend und endet bisweilen sogar mit einem großen Wow-Effekt. Sobald man die Grundregeln des Brainstormings einhält, lässt sich die Erfolgswahrscheinlichkeit deutlich steigern. Folgende Voraussetzungen sollten erfüllt sein:

› **Gruppengröße:** Die ideale Gruppengröße liegt zwischen vier bis zwölf Personen. Größere Gruppen sind möglich, aber schwer zu steuern und der kreative Output sinkt.

› **Vorkenntnisse:** Alle Teilnehmer des Brainstormings sollten die Kommunikationsstrategie kennen. Um auf Nummer Sicher zu gehen, empfiehlt es sich, zu Beginn des Brainstormings eine kleine Einführung zu den wichtigen strategischen Meilensteinen zu geben. Mehr an Wissen ist nicht erforderlich, teilweise sogar hinderlich.

› **Zusammensetzung:** Niemand sollte zum Brainstorming „abkommandiert“ werden. Brainstorming funktioniert nur, wenn sich alle wohlfühlen und Lust auf Ideen haben. Auch muss die „Chemie“ der Gruppe stimmen. Ein einzelner Nörgler oder zwei Streithähne können die gesamte Veranstaltung sprengen.

- **Position:** Alle Teilnehmerinnen und Teilnehmer sind gleichrangig. Es gibt keinerlei Vorrechte für Vorstände und andere Vorgesetzte. Falls die Chefs zu dominantem Verhalten tendieren, versuchen wir sie aus der Veranstaltung herauszuhalten.

- **Verhalten:** Vieles ist erlaubt. Zum Beispiel Schlips abbinden oder im Raum herumlaufen, wenn dadurch die Ideen besser fließen. Nur Kritik und negative Äußerungen sind streng verboten. Keine Idee darf gemobbt werden.

- **Kreativität:** Die Teilnehmenden sind aufgefordert, die gängigen Denkschablonen des Unternehmens aufzugeben und Mut zur Originalität zu beweisen. Völlig verrückte Einfälle sind oft die Keimzelle für die besten Ideen. Die Ideen werden von allen aufgegriffen und weitergesponnen.

- **Visualisierung:** Die Ideen werden gut sichtbar an Flipcharts oder Pinnboards notiert. Sie bleiben während der gesamten Veranstaltung vor Augen. Keine Idee darf verloren gehen.

- **Moderation:** Brainstorming ist – wie der Name schon sagt – ein stürmisches Ereignis. Die Ideen fließen und es geht hoch her. Damit die Teilnehmer auf Kurs bleiben, ist der Einsatz einer Moderatorin bzw. eines Moderators erforderlich. Zumeist wird die moderierende Person am Anfang des Brainstormings aus dem Kreis der Teilnehmer bestimmt.

- **Dauer:** Das Brainstorming dauert nicht länger als 1,5 bis 2 Stunden. Längere Brainstormings fangen an, zermürbend zu werden, weil die Ideen immer zäher fließen und kaum noch ein neuer interessanter Ansatz hinzukommt.

Zur Unterstützung des Brainstormings können Assoziationstechniken genutzt werden. Die Techniken sollen das Gehirn der Teilnehmenden anregen und den Ideenfluss verstärken.

Ein häufiger Hinderungsgrund für den Gedankenfluss innerhalb des Brainstormings ist die Blockade der Teilnehmer. Die Anwesenden sind so in ihren Rollen als Mitarbeiter und Fachleute gefangen, dass sie sich nicht aus den gewohnten Denkformen befreien können. Ist mit einer solchen Blockade zu rechnen, lockt der Moderator die Teilnehmer zu Beginn des Brainstormings aus ihrem geschlossenen Rollenverständnis hinaus in die Weiten des freien Denkens. Wie? Sie werden aufgefordert, eine neue Rolle zu spielen:

- › **Sujet verändern:** Wir drehen gemeinsam einen Hollywood-Film für unser Kommunikationsobjekt. Wie heißt der Film? Welche Art von Held ist unser Objekt? Wer und wie ist der Gegenspieler? Was würde passieren, wenn Julia Roberts oder Leonardo DiCaprio im Film die zweite Hauptrolle übernimmt? Wie läuft die Handlung? Welches Happy End gibt es?

- › **Zeit verändern:** Wir verlagern unser Kommunikationsobjekt in die Zukunft. Wo stehen wir in 33 oder 77 Jahren? Technisch ist alles möglich geworden. Wie bringen wir unser Kommunikationsobjekt zum Erfolg? Welche technischen Innovationen können uns helfen? Wie überzeugen wir Mister Spock?

- › **Ort verändern:** Wir verlagern das Kommunikationsobjekt in eine ganz andere Gegend – zum Beispiel in die Nähe des Nordpols. Wie bestehen wir in der Eiseskälte? Wie reagieren wir auf den Klimawandel? Was tun wir, wenn ein Eisbär kommt? Wie verkaufen wir unser neues Produkt an die Inuit?

Ein anderer Klassiker der Assoziationstechnik ist das Bilden von Analogien.[102] In der Fachliteratur wird es auch „synektisches Denken" genannt. Der Moderator führt durch das Brainstorming und stimuliert immer neue Assoziationsketten. Vielfältige Analogien sind möglich – zum Beispiel:

- › **Direkte Analogien:** Die Teilnehmer bilden passende Sinnbilder zum Kommunikationsobjekt – zum Beispiel: Zahnputzkaugummi = frische Meeresbrise für den Mund; Autoreifen = Tatze eines schnellen Leoparden.

- › **Persönlichen Analogien:** Man identifiziert sich selbst mit dem Kommunikationsobjekt und schlüpft in seine Rolle: „Wenn ich eine Kreditkarte wäre, dann ..." oder „... als einziges Tablet auf dem Markt, das seine Besitzer erkennen kann, hebe ich mich von allen anderen ab ..."

- › **Symbolische Analogien:** Der Gegenstand des Brainstormings wird auf den Wesenskern konzentriert – z. B. „Putzmittel = heldenhafter, starker Saubermacher" oder „Alarmanlagen = verlässliche Wächter".

- › **Fantasie-Analogien:** Die Teilnehmer verlassen die geordnete Welt und begeben sich in die „Welten des Wenn" – z. B. „Wenn ein Auto Augen hätte und sehen könnte, dann ..." – „Wenn die Kleider der neuen Kollektion tanzen könnten, dann ..."

Die Moderation bringt die verschiedenen Analogien ein und fragt die Ideen ab. Die Ideen werden gesammelt, aber noch nicht diskutiert. Der Fluss darf nicht stoppen. Jede aufkeimende Diskussion wird sofort abgebrochen, denn sie kann dazu führen, dass der Ideenfluss versiegt und nicht mehr in Schwung kommt.

Eine dritte bewährte Assoziationstechnik für Brainstorming ist die Osborne-Methode.[103] Sie wurde in den 1950er-Jahren vom amerikanischen Werbefachmann Alexander Osborne entwickelt und zwischenzeitlich vielfältig variiert. Unsere Variante nutzt folgende Assoziationsprozesse:

› **Verkleinern:** Wir verdichten unser Kommunikationsobjekt und seine Talente auf einen einzigen Begriff, auf ein „Zauberwort". Neue Wortschöpfungen und -kombinationen sind erlaubt. Wie heißt das Wort? Wie reagiert unsere Zielgruppe darauf?

› **Vergrößern:** Wir inszenieren das Kommunikationsobjekt in einem Bild, vergrößern das Bild ins Gigantische und hängen es als Spanntransparent an ein zentrales Gebäude der Stadt. Viele Menschen laufen vorbei und schauen kurz drauf. Das Bild wird zum Stadtgespräch. Was ist zu sehen?

› **Transformieren:** Wir transformieren das Kommunikationsobjekt in eine Pantomime mit Mimik, Gestik und Bewegung. Wie sieht die Pantomime aus? Oder wir machen ein Theaterstück daraus. Wie verliefe die Handlung?

› **Verändern:** Wir schicken den Gegenstand unserer Kommunikation an einen ungewöhnlichen Ort oder in eine andere Zeit. Was ist das für ein Ort oder für eine Zeit? Wie kann man den Gegenstand dort einsetzen?

› **Anpassen:** Welcher Gegenstand ähnelt unserem Kommunikationsobjekt? Welche Parallelen zwischen den beiden Gegenständen gibt es? Welche neuen Möglichkeiten ergeben sich durch die Anpassung?

› **Kombinieren:** Wir verbinden unser Kommunikationsobjekt mit einem zweiten Objekt. Welcher Gegenstand könnte das sein? Welche Synergien ergeben sich?

› **Umkehren:** Wir verkehren unser Kommunikationsobjekt ins Gegenteil. Was passiert? Wie passiert es? Welche neuen Möglichkeiten ergeben sich?

› **Verwenden:** Wir benutzen das Kommunikationsobjekt für einen ganz anderen als den ursprünglichen Zweck. Welche Anwendungen fallen uns ein? Was sind deren Nutzen?

Eine Alternative zum Brainstorming stellt das Brainwriting dar. Hinter dem Begriff verbirgt sich die schriftliche Variante des Brainstormings. Wie beim Brainstorming kommt eine kleine Runde von Teilnehmern zusammen und lässt sich was einfallen. Allerdings werden Ideen und Beiträge in schriftlicher Form erbracht.

Der Klassiker des Brainwritings ist die sogenannte „635-Methode".[104] Die Methode eignet sich, um einfache kurze Ideenansätze, zum Beispiel um Slogans, Eventnamen oder Ideen für Key Visuals zu entwickeln. Sechs bis maximal zwölf Personen machen mit. Jeder hat vor sich ein Blatt Papier mit einer leeren Tabelle liegen, die in sechs Spalten untergliedert ist. Die teilnehmenden Personen schreiben in sechs Runden jeweils mindestens drei Ideen innerhalb von je fünf Minuten untereinander in die erste freie Spalte. Nach jeder Runde geben alle ihr Blatt an den linken Nachbarn weiter, der wiederum in den nächsten fünf Minuten weitere drei Ideen (oder mehr) in die nächste Spalte einfügt. Die Einträge der Vorgänger dienen als assoziative Hilfestellung. Nach fünf Minuten werden die Blätter erneut weitergereicht. Das geht so insgesamt sechs Mal. Nach 30 Minuten sind die sechs Spalten auf allen Blättern gefüllt und das Ziel ist erreicht. Insgesamt sollten in dieser kurzen Zeit mindestens 108 Ideen – also z. B. 108 verschiedene Slogans – zusammengekommen sein, und vielleicht ist die zündende Idee dabei.

Alternativ zur 635-Methode kann die Gruppe auch mit einem Brainwriting-Pool[105] arbeiten. Bei dieser Technik bekommen alle Teilnehmerinnen und Teilnehmer ein leeres Blatt Papier. Ausgehend von einer definierten Aufgabenstellung schreiben sie ihre Idee auf das Blatt und legen das Blatt in der Mitte auf den Boden bzw. hängen es an ein großes Board an der Wand, wo ein Pool von Ideen entsteht. In der nächsten Runde nimmt sich jeder Teilnehmer ein anderes Blatt mit einer fremden Idee und arbeitet mit kurzen Stichworten an der Idee weiter. Wieder werden die Blätter in den Pool gelegt und ausgetauscht. Nach vier bis fünf Runden ist Schluss. Der Ergebnis-Pool liegt auf dem Boden bzw. hängt an der Wand und bietet hoffentlich viele ungewöhnliche Ideen.

Ein dritte Brainwriting-Methode ist das „Collective Notebook". Wir verwenden dazu seit einiger Zeit ein elektronisches Notizbuch wie OneNote oder Evernote. Der Brainwriting-Prozess läuft über mehrere Tage. In manchen Methodenbüchern wird auch von einigen Wochen gesprochen, aber damit haben wir schlechte Erfahrungen gemacht, denn je länger sich die Zeit zieht, desto stärker sinkt die Mitmach-Dynamik, irgendwann schläft der kreative Prozess ganz ein.

Mehrere Personen führen zusammen das Collective Notebook. Da es online steht, haben alle jederzeit auf das Notizbuch Zugriff. Im Kopf des Buches ist die kreative Aufgabenstellung beschrieben und darunter schreiben die Brainwriting-Teilnehmer ihre Ideen. Je mehr, desto besser. Das können je nach Aufgabe einzelne Stichworte, ganze Sätze, kleine Texte sein, sogar Zeichnungen und Fotos sind ausdrücklich erlaubt.

Über Smartphone, Tablet oder PC haben alle Beteiligten jederzeit Zugriff. Kommt die Idee im Bus nach Hause oder beim Frühstück im Café, kein Problem, schnell das Smartphone rausgeholt und eingetippt. Kommt die Idee in der Nacht um zwei Uhr oder mittags um 12 Uhr? Dann schnell ans Tablet oder Notebook und die Idee wird festgehalten. Alle haben auf alle Ideen Zugriff. Jeder Teilnehmer bzw. jede Teilnehmerin sieht somit auch die Ideen der anderen. Das ist genau so gewollt, und es geht noch weiter: Alle sind ausdrücklich aufgefordert, an den Ideen der anderen weiter zu stricken, die Ideen zu ergänzen, zu erweitern, zu variieren, zu überhöhen. Nur Kritik ist verboten.

Nach Ablauf des definierten Brainwriting-Zeitraums kommen die Beteiligten zusammen und werten die Eintragungen im Collective Notebook aus. Die guten Ideen werden herausgezogen und fließen in den weiteren Entwicklungsprozess ein.

Techniken zur Ideenbewertung

Wir waren erfolgreich. Im Brainstorming oder Brainwriting sind eine Menge von Ideen zusammengekommen, die gesichtet, bewertet und selektiert werden müssen.

Auswahl und Bewertung erfolgen in zwei Stufen. In der ersten Stufe kommt es darauf an, die Vielzahl der gesammelten Ideen auf eine kleine Essenz zu verringern. Es wird die Top 3 oder Top 5 der Ideen zusammengestellt. Eventuell kann auch eine Top 7 oder Top 10 daraus werden. Die Reduktion der Ideen erfolgt im positiven oder negativen Ausschlussverfahren. Beim positiven Ausschlussverfahren vergeben die Teilnehmer Klebepunkte für ihre favorisierten Ideen. Die Klebepunkte können einzeln unter den Ideen aufgeteilt oder kumuliert werden. Im Anschluss zählt man aus. Die Ideen mit den meisten Punkten kommen in die Endrunde. Bei der negativen Ausschlusstechnik schlagen die Teilnehmer Ideen vor, die sie schwach oder völlig daneben finden. Stimmen die anderen dem Vorschlag zu, dann wird die Idee aus dem Rennen genommen. Schritt für Schritt verkleinert sich der Kreis, bis nur die Top-Ideen übriggeblieben sind.

Um in der anschließenden Endrunde die beste Idee schnell und sicher zu sondieren, greifen wir in Workshops auf eine gängige Bewertungstechnik zurück, das ist die Sechs-Hüte-Technik von Edward de Bono.[106] Sechs Workshop-Teilnehmer bekommen einen Hut verpasst. Jeder Hut hat eine andere Farbe und steht für einen speziellen Standpunkt. Die Hutträger sind nun aufgefordert, jede der zur Auswahl stehenden Ideen gnadenlos parteiisch von ihrem Standpunkt aus zu kommentieren:

› **Der weiße Hut:** repräsentiert distanzierte objektive Neutralität. Der Analytiker oder die rational abwägende Wissenschaftlerin sprechen.

› **Der rote Hut:** lebt das persönliche emotionale Empfinden aus. Der leidenschaftliche Kämpfer spricht.

› **Der schwarze Hut:** nimmt eine negativ kritische Haltung ein. Schwarzseher und Nörgler dürfen so richtig vom Leder ziehen.

› **Der gelbe Hut:** ist ein Optimist und begeistert sich für die Chancen. Alles ist möglich und es gibt keine Grenzen.

› **Der grüne Hut:** spinnt die Idee mit Fantasie und Kreativität weiter. Wie könnte man die Ideen noch verändern und weiterentwickeln?

› **Der blaue Hut:** behält den Überblick und gibt sich entscheidungsfreudig. Er kommt als Letzter an die Reihe, fasst die Beiträge zusammen und bringt Vorschläge für eine Lösung ein.

Wir verteilen in der Runde keine richtigen Hüte, sondern die kleinen farbigen Hütchen aus dem „Fang-den-Hut-Spiel", die wir vor unseren sechs Protagonisten auf den Tisch stellen. Nach einigen Minuten Eindenkzeit geht es los. Die erste Idee kommt auf den Prüfstand. Jeder Hut knöpft sich die Idee vor und analysiert sie mit einer kurzen pointierten Stellungnahme. In der Regel beginnt der weiße Hut, denn die neutrale Position eignet sich gut als Orientierung zum Einstieg. Den Abschluss bildet der blaue Hut, der die Beiträge der anderen vergleichend kommentiert und erste Schlüsse daraus zieht. In der nächsten Runde ist die zweite Idee an der Reihe und dann folgt die Dritte. Im laufenden Meinungsbildungsprozess trennen sich mit jedem neuen Argument die bedenklichen immer deutlicher von den denkwürdigen Ideen. Am Ende fällt es uns nicht nur leichter, die „Big Idea" zu küren, die Beteiligten fühlen sich auch sicherer in der weiteren konzeptionellen Ausarbeitung der Idee.

Es kommt vor, das den Beteiligten die De-Bono-Methode zu verspielt ist. Alternativ lässt sich auch auf klassische Workshop-Techniken der Bewertung zurückgreifen:

› **Ist-/Soll-Vergleich**: Bei diesem Vergleich werden die drei bis fünf wichtigsten Anforderungen schriftlich fixiert, welche die Strategie an die

Ideen stellt. Je nach Erfüllungsgrad der Forderung werden ein bis zehn Punkte vergeben. Wobei ein Punkt „nicht erfüllt" und zehn Punkte „voll und ganz erfüllt" bedeuten. Die Idee mit den meisten Punkten gewinnt. Bei gleicher Punktzahl von zwei Ideen wird als Stechen der Paar-Vergleich (siehe unten) herangezogen.

- **Stärken- / Schwächen-Vergleich**: Die Teilnehmerinnen und Teilnehmer sind gefordert, zu jeder Idee alle Stärken und alle Schwächen zu nennen. Für jede Idee entsteht eine eigene Stärken- und Schwächen-Tabelle. Je mehr Stärken und je weniger Schwächen zusammenkommen desto geeigneter ist die Idee.

- **Paar-Vergleich:** Es werden immer zwei Ideen gegenübergestellt, die Vor- und Nachteile abgewogen und eine Idee zum Sieger erklärt. In einem KO-System, wie bei einem sportlichen Wettkampf, nimmt die Zahl der Ideen immer weiter ab, bis im Finale die „Big Idea" gekürt wird.

In der Kommunikationskonzeption geht es nicht um Originalität um jeden Preis. Die Kommunikation hat einen Zweck zu erfüllen. Deshalb muss die Idee, die sich am Ende durchsetzt, originell und funktionell zugleich sein. Und wenn der Knoten im Brainstorming bzw. Brainwriting nicht geplatzt ist und die bahnbrechende Idee weiterhin fehlt, dann hat die gemeinsame Ideenfindung zumindest zahlreichen Ideenansätze geliefert, an denen danach gezielt weitergearbeitet werden kann. Denn eins ist wichtig: Die kreative Linie verträgt keine halbherzigen Kompromisse. Es wird bis zur letzten Minute gekämpft, um die beste Idee zu finden.

Das Maßnahmensystem

Tatsachen schaffen

Bei der Maßnahmenplanung schaut der Auftraggeber genau hin, denn jetzt bekommt die Kommunikation konkrete Umrisse und er kann eigene Umsetzungserfahrungen einbringen. Die Strategie hat die präferierten Routen zu den Zielen und den Zielgruppen definiert. Die Maßnahmen sind die Vehikel, die auf den Routen die Kommunikationsinhalte transportieren. Schnell zeigt sich, ob der strategische Kurs tatsächlich in wirksame Kommunikation umsetzbar ist und die Maßnahmen ankommen.

Die Maßnahmenplanung ist für das Konzept so etwas wie der Lackmustest. Bei der Arbeit an den Maßnahmen lässt sich erkennen, ob die Positionierung Stand hält, ob Botschaften und Themen greifen und die eigene Leitidee so gut funktioniert, dass sie die Maßnahmen „beseelt". Denn eins ist klar, die Maßnahmen müssen in der Lage sein, Positionierung, Botschaften, Themen und kreative Leitideen zuverlässig zu transportieren. Schaffen sie das nicht, dann ist das Kommunikationskonzept umsonst.

Wenn wir die Maßnahmen als Transportmittel der Kommunikation in Richtung der Ziele sehen, dann reden wir im Folgenden nicht von Individualverkehr, sondern von einem integrierten Verkehrssystem. Maßnahmen sind keine Solitäre, die beliebig und zufällig nebeneinandergestellt werden. Maßnahmenplanung ist Systemplanung. Alle Maßnahmen müssen nach oben eng mit der Strategie verbunden und untereinander gut verzahnt und abgestimmt sein.

Wir haben geschrieben, dass ein Konzept Veränderung bedeutet. Die Kommunikation ist ständig in Bewegung und entwickelt sich weiter. Sichtbar wird die Prämisse vor allem da, wo der Output rauskommt: bei den Maßnahmen. Deswegen muss das Maßnahmensystem eines Unternehmens permanent weiterentwickelt werden. Das gesamte System steht ständig auf dem Prüfstand. Bestimmte Maßnahmen werden ausgemustert, neue Maßnahmen kommen dazu.

Das hören Kommunikationsverantwortliche in Unternehmen nicht gern, denn sie haben eine bewährte Formation von Maßnahmen gefunden, die zuverlässig funktioniert und die sie immer wieder einsetzen. Sie greifen gern auf Bewährtes zurück, das gibt Sicherheit. Auf einmal kommt so ein Konzeptionsmensch und stellt die Formation neu zusammen. Liebgewonnene Maßnahmen werden stillgelegt und neue ungewohnte Maßnahmen nehmen ihren Platz ein. Das bedeutet Risiko – und Risiko geht gar nicht! Der Reflex ist eine spontane Abwehrhaltung, von der sich Konzeptionsmachende nicht aus dem Konzept bringen lassen dürfen. Es bedarf viel Überzeugungsarbeit, bis alle Beteiligten auf der Seite des Auftraggebers einsehen, dass Maßnahmenplanung ein steter Prozess der Weiterentwicklung ist.

Integriert planen

Bis in die Achtzigerjahre sah die Welt der Kommunikation noch überschaubar aus. Wer damals in einem Fachbuch nachschlug, stellte fest, dass das Gebäude der Kommunikation nur aus wenigen soliden Säulen bestand.

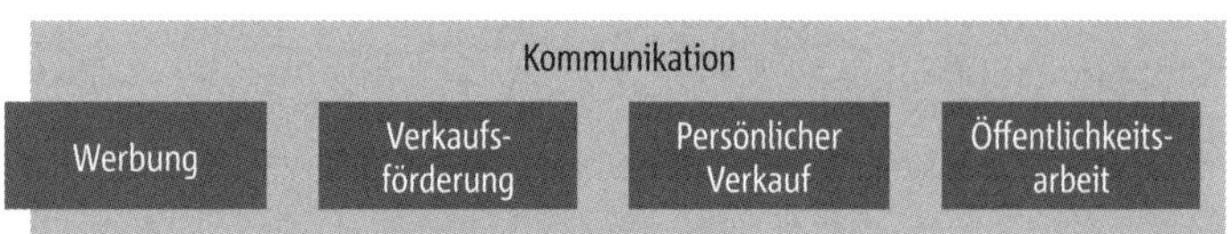

Abbildung 84: Kommunikationsmix 1987

Der „Weis" war lange Zeit ein Klassiker unter den Marketingbüchern.[107] *Im Kapitel „Kommunikationspolitik" unterschied der Autor zwischen vier Kommunikationsdisziplinen im Bereich des Marketings. Das waren noch Zeiten! Die Kommunikationswelt war einfach und übersichtlich. Die Direktwerbung wurde unter Werbung subsumiert. Disziplinen wie Events und Sponsoring begannen gerade ihre Karriere und wurden im Buch nicht weiter dargestellt.*

In den 1990er-Jahren stieg die Zahl der Instrumente, Medien und Kanäle stark an und in der Fachdiskussion der Branche tauchte der Begriff der integrierten Kommunikation auf. Erste große Unternehmen in Deutschland wie die Telekom oder DaimlerChrysler begannen, an der praktischen Umsetzung der integrierten Kommunikation zu arbeiten. Erst nach der Jahrtausendwende gelang der Integration der große Durchbruch, wenn auch begleitet von heftigen Widerständen der einzelnen Kommunikationsdisziplinen, die um ihre Marktanteile fürchteten. Heute ist das integrative Prinzip in der Kommunikation allgemein anerkannt. Aber ein Satz, den Lothar S. Leonard, damaliger Chef des Gesamtverbandes der Werbeagenturen (GWA) vor 25 Jahren formulierte, gilt noch heute: „Integrierte Kommunikation ist die Königsdisziplin für Eunuchen. Alle wissen wie es geht, aber nur wenige können es."[108]

Was bedeutet Integration? Die Integration von Kommunikation ist in der Praxis ein komplexer, vielschichtiger Prozess. Sie durchdringt alles. Sämtliche Ebenen der Kommunikation sind betroffen:

› **Strategische Integration:** Die gesamte Kommunikation eines Unternehmens hat eine einheitliche Dachstrategie, an der sich alle Einzeldisziplinen ausrichten. Es gibt gemeinsame Ziele, Zielgruppen, Botschaften und vor allem eine gemeinsame Positionierung, die ausnahmslos für alle gilt.

› **Formale Integration:** Das Unternehmen hat einheitliche Gestaltungsprinzipien definiert und die werden ebenfalls von allen eingehalten. Logo, Slogan, Farben und Schriften sind für die PR-Leute genauso bindend wie für die Werber oder den Messe- und Eventbereich.

› **Zeitliche Integration:** Gemeint ist eine zeitlich konsistente und kontinuierliche Ereignisfolge der verschiedenen Kommunikationsbereiche und -instrumente. Man kommuniziert nicht durcheinander und kommt sich in die Quere. Alles ist getaktet und im richtigen Timing.

› **Inhaltliche Integration:** Gefordert ist die einheitliche Verwendung von Botschaften und Argumenten, von Themen und Storys. Eine Story wird folglich nicht nur online erzählt, sondern läuft abgestimmt und crossmedial über viele Kanäle.

› **Instrumentelle Integration:** Es gibt keine Solisten mehr. Alle Kommunikationsbereiche und alle Kommunikationsinstrumente haben eine gemeinsame Partitur und spielen zusammen. Eine große deutsche Agentur spricht in diesem Zusammenhang gern von „der Orchestrierung der Kommunikation".

Damit der komplexe Prozess der Integration in der Umsetzung gelingt, sollten die Voraussetzungen im Unternehmen stimmen. So ist es notwendig, auf organisatorischer Ebene die nötigen Aufbau- und Ablaufstrukturen zu schaffen. Die verschiedenen Fachabteilungen aus dem Kommunikationsspektrum müssen unter ein gemeinsames organisatorisches Dach gebracht werden und abgestimmt arbeiten. Ist die Organisation der Kommunikation disparat aufgestellt, dann gibt es in aller Regel auch Reibungsverluste in der Umsetzung der Kommunikationsmaßnahmen. Zwar können Konzeptionsschaffende die Organisationsstruktur ihres Auftraggebers nicht beeinflussen, aber sie können darauf hinweisen, wenn sie eklatante Mängel erkennen. Wir kennen Unternehmen, da gibt es eine Werbeabteilung, die zu den Marketingservices gehört, eine PR-Abteilung, die der Geschäftsleitung zugeordnet ist, eine Sales-Promotion-Abteilung, die dem Vertrieb untersteht und eine interne Kommunikationsabteilung, die im Personalbereich zu Hause ist. Keine idealen Voraussetzungen für die integrierte Kommunikation.

So kommt es, dass wir in vielen Unternehmen um eine vernünftige Integration der Maßnahmen kämpfen müssen. Unser Kommunikationskonzept trifft auf Widerstände in den Fachabteilungen, die um ihren Einfluss fürchten. Es führt kein Weg daran vorbei, dass wir mit den betreffenden Abteilungen reden und für eine integrierte Umsetzung der Maßnahmen werben. Da werden wir Konzeptioner bisweilen zu Gruppentherapeuten. Wir entwickeln zum Beispiel ein Kampagnenkonzept für die Marketingabteilung eines Unternehmens. Das Konzept beinhaltet auch PR-Maßnahmen. Die Marketingabteilung lehnt es ab, mit den PR-Leuten zu reden: „Die stellen sich nur wieder stur!" Also gehen wir über den Flur in die PR-Abteilung, stellen unser Konzept vor und finden einen Kompromiss. Dann gehen wir wieder zurück ins Marketing und werben um Zustimmung für den Kompromiss. Kommt am Ende eine abgestimmte und gemeinsame Kommunikationskampagne dabei heraus, lohnt sich der Aufwand allemal.

Warum ist integrierte Kommunikation so wichtig? Die exponentielle Zunahme von Kommunikationsinstrumenten und -kanälen macht eine Vereinheitlichung der Kommunikation unerlässlich. Unterschiedliche Aktivitäten auf unterschiedlichen Kanälen stiften irgendwann nur noch Verwirrung. Die anstehenden Kommunikationskampagnen sind nicht mehr beherrschbar, wenn unterschiedliche Kommunikationsabteilungen – und häufig auch Kommunikationsagenturen – miteinander konkurrieren.

Abbildung 85: Kommunikationsmix 2016

Ein aktuelles Fachbuch stellt mit einem Schaubild die Kommunikationswelt von heute dar.[109] *Wir wollen nicht auf die Einzelheiten eingehen. Uns kommt es vor allem darauf an, zu zeigen, wie vielfältig die Welt der Kommunikation geworden ist. Dabei ist obiges Schaubild um Übersichtlichkeit bemüht. Es gibt andere Grafiken, die das Spektrum noch wesentlich breiter auffächern.*

Eine Marketing-Chefin wird wahrscheinlich den Bereich der Marketingkommunikation als den zentralen Treiber der Kommunikation ansehen: „Schließlich sorgen wir für den Profit. Von unserer Kommunikation mit

Markt und Kunden hängt der Unternehmenserfolg wesentlich ab." Der Leiter Unternehmenskommunikation wird ihr dagegenhalten: „Wir stellen das Profil unseres Unternehmens sicher. Mit unserer Kommunikation schaffen wir ein starkes Image und einen guten Ruf in der Öffentlichkeit." Wer hat Recht? Wir sprechen uns für ein Teamwork der beiden aus. Jede Konkurrenz zwischen Marketingkommunikation und Unternehmenskommunikation ist nicht zielführend. Es kommt auf das Zusammenspiel der beiden Seiten an, nur im Verbund kann die Kommunikation Erfolg haben.

Bei einer großen kommunalen Verkehrsgesellschaft sind Unternehmen und Angebot, Image und Marketing nicht zu trennen, denn entscheidend für die Kommunikation ist die Sicht der Zielgruppen. Und die Zielgruppen differenzieren nicht. Sie erleben die Kommunikation der Verkehrsgesellschaft stets als ein undifferenziertes Gesamtgeschehen. Kein Fahrgast wird auseinanderhalten: "Oh, aufgepasst, hier kommt ein PR-Impuls! Und dort, das ist Marketing!" Platzprobleme in den neuen Straßenbahnen, in die keine großen Kinderwagen passen, oder miese Klimaanlagen in Bussen, die das Busfahren im Sommer zum Saunabesuch machen, sind angebotsbezogen, schlagen aber gleichzeitig voll auf das Image des Unternehmens durch. Andererseits führt das von den Medien kolportierte Imageproblem, dass die ÖPNV-Vorstände mit PS-starken Geschäftswagen und nie mit Bus oder Bahn fahren, auch zu Problemen im Marketing. Denn Autofahrer, die auf ÖPNV umsteigen sollen, beschweren sich: „Wenn die Chefs sich zu fein sind, Bus zu fahren, warum soll ich dann umsteigen?"

Oder nehmen wir die Einführung eines neuen gesunden Bio-Burgers einer bekannten Fast-Food-Kette. Das ist sicherlich ein interessantes Marketingexperiment. Weil das Experiment jedoch so gar nicht zu Reputation und Imagestory der Kette passt, akzeptieren die Gäste das Angebot nicht. Warum soll ein ernährungsbewusster, ökologisch orientierter Konsument ausgerechnet in einer Fast-Food-Kette gesund genießen? Dafür gibt es doch viel bessere Anbieter. Und was hat der klassische Burger-Fan davon, auf einen Bio-Burger umzusteigen? Die Medien stellen sich diese Fragen und berichten genüsslich über die Probleme des Bio-Burgers. Das Produkt floppt und verschwindet vom Markt. Gleichzeitig leidet darunter auch das Image der Fast-Food-Kette.

On- und Offline-Welt verbinden

Uns fällt auf, dass seit einigen Jahren in vielen Kommunikationskonzepten das Maßnahmensystem in Offline- und Online-Maßnahmen unterteilt wird. Ein immer wiederkehrendes Problem für die Beteiligten ist in dem Zusammenhang die schlüssige Verbindung von Online- und Offline-Kommunikation. Beide Bereiche werden nebeneinandergestellt, die Verbindungen sind jedoch nur sporadisch. Was kann man tun? Unsere Antwort: Vergesst die Unterscheidung zwischen Online und Offline, sie macht keinen konzeptionellen Sinn und führt auf die falsche Fährte. Online und Offline, das sind technische Unterscheidungen, die für die Kommunikation von untergeordneter Bedeutung ist. Die Empfänger von Botschaften unterscheiden nicht zwischen den beiden Seiten. Ausschlaggebend ist, dass die Botschaft inhaltlich überzeugend und in der Form griffig transportiert wird, aber nicht, dass die Botschaft über Online- oder Offline-Kanäle wahrgenommen wird.

Wie bei der Unterscheidung zwischen Unternehmens- und Marketingkommunikation, so plädieren wir auch hier für die konsequente Integration. Die Konzeptioner als Generalisten stehen über den Grenzen und haben das große strategische Ganze im Blick. Beide Seiten – Online und Offline – funktionieren nur im Zusammenspiel, sie müssen immer gemeinsam konzipiert werden.

Viele unserer Auftraggeber sind fasziniert von den neuesten Online-Trends und wollen unbedingt „eine richtige Online-Kampagne" starten, bei der alle Maßnahmen im Netz laufen. Das mag in Einzelfällen richtig sein, in der Regel wird diese einseitige Kanalisierung der Funktionsweise von Kommunikation nicht gerecht. Online und Offline, das sind die gleichberechtigten Antriebsräder der Kommunikation – und beide werden gebraucht, um einer Kampagne Schwung zu verleihen. Nehmen wir zum Beispiel eine regionale Wissenschaftsinitiative, die eine Imagekampagne im Netz mit einem schönen Image-Videoclip, mit Interviews und Porträts hochrangiger Wissenschaftler startet. Im Verlauf der Kampagne stellt man fest, dass die Kommunikation hinkt. Es wird zwar parallel ein neuer Imageflyer der Initiative gedruckt, aber die Kampagne wird mit keinem Wort erwähnt. Auf den Fachveranstaltungen ist von der Kampagne ebenfalls nicht die Rede, die portraitierten Wissenschaftler treten dort nicht auf und auch der Videoclip wird nicht gezeigt. Online-Kampagne und Offline-Aktivitäten laufen unkoordiniert nebeneinander her und in den Rissen zwischen beiden Seiten versickert die Kommunikationswirkung.

So lassen sich derartige Brüche und Widersprüche in der gemeinsamen Planung von Online- und Offline-Maßnahmen vermeiden:

› **Die Strategie ist bestimmend, nicht die Frage, ob Online oder Offline:** Die Maßnahmenplanung richtet sich an den strategischen Leitlinien des Konzepts aus. Bei der Ausrichtung geht es vor allem um die Inhalte (Botschaften, Themen, Storys), denn Zweck der Maßnahmen ist es, die Inhalte auf kurzem Weg zu den Zielgruppen zu transportieren. Nicht, dass jede Maßnahme alle Inhalte tragen muss, es reichen einzelne Botschaften oder Themen. Aber in der Summe sollten die Transportkapazitäten stimmen und alle Inhalte sollten ankommen. In der Planung der Umsetzung geht es einzig darum, Maßnahmen mit optimaler Transporteignung zu finden, ob online oder offline ist nebensächlich.

› **Kommunikationsverhalten der Zielgruppen kennen:** Die Maßnahmen transportieren die Inhalte zu den Zielgruppen. Jede Zielgruppe hat ihre Vorlieben, wie sie sich informiert und welche Kommunikationswege sie präferiert. Die bevorzugten Kommunikationswege sollte man als Konzeptionsprofi gut kennen, um sie mit den Maßnahmen zu nutzen. Kennzeichnend für die meisten Zielgruppen ist, dass sie auf mehreren Kommunikationswegen unterwegs sind und die Wege oft online und offline miteinander kombinieren. Die „junge Trendsetterin" informiert sich gern übers Internet, aber geht auch in Boutiquen bummeln und hört darauf, was Freunde ihr abends im Club raten. Der „traditionelle Käufer" hingegen lässt sich lieber im Laden vom Verkäufer beraten, aber vorher hat er sich im Internet informiert und über WhatsApp fragt er noch schnell seine erwachsene Tochter um Rat. Die Antwort auf dieses Kommunikationsverhalten lässt sich unter dem Fachbegriff „Multichanneling" zusammenfassen. Um die Zielgruppe zu bewegen, braucht es mehrere Berührungspunkte („Touchpoints") und am überzeugendsten ist die Kommunikation, wenn der Kontakt koordiniert über mehrere Kanäle online wie offline hergestellt wird.[110]

› **Teamwork planen:** Als Konzeptioner bringen wir beide Seiten in Verbindung. So wie beim Beachvolleyball die Olympiasieger Kira Walkenhorst und Laura Ludwig nur als Team gewinnen konnten, so sind auch Online und Offline im Team am stärksten. Auf den offenen Denkansatz kommt es an. Wer zuerst Online-Maßnahmen entwickelt und dann überlegt, wie er offline integriert, wird nicht die volle Kommunikationsleistung erzielen. Die entscheidende Frage lautet: Wie können beide zusammen im Wechselspiel die Kommunikation nach vorne bringen. Die beiden müssen aufeinander eingeschworen sein und sich virtuos die Bälle zuspielen. Das neue Erklärvideo (online) startet mit einem Live-Casting (offline), bei dem Kunden eine Rolle im Video gewinnen können. Das Casting wird mit Social Media (online) und Anzeigen (offline) begleitet. Das fertige Erklärvideo wird nicht nur auf YouTube (online) veröffentlicht, sondern in einer Premierenveranstaltung (offline) vorgestellt. Über die Premiere berichtet man ausführlich im Netz (online). In den Monaten danach stellt das Unternehmen das Video auf allen Firmenevents (offline) vor und auch die innovativen Webinare für Händler (online) nutzen das Video als Intro.

› **Beide Wege entsprechend ihrer Talente nutzen:** Um noch einmal auf die Beachvolleyball-Spielerinnen Walkenhorst und Ludwig zurückzukommen. Ihr herausragendes Teamwork ist der Grund für ihren Erfolg. Dazu gehört auch, dass beide im Spiel unterschiedliche Talente haben und ihr Teamwork so gestalten, dass die Talente optimal ins Spiel kommen. Selbiges gilt für die Maßnahmenplanung. Online- und Offline-Instrumente haben unterschiedliche Fähigkeiten, wenn es um die Ansprache der Zielgruppen geht. Umsichtige Konzeptioner setzen sie so ein, dass die Fähigkeiten optimal zur Geltung kommen. Will ich für eine Kundenparty viele trendige, coole junge Leute als Gäste gewinnen, dann lade ich über Facebook ein. Will ich die Kundenparty hoch aufhängen und zu einem edlen Ereignis machen, dann geht eine edel gestaltete Einladungskarte per Post raus und über Facebook müssen sich Interessenten erst einmal bewerben, um eine der exklusiven Einladungen zu erhalten.

› **Story erzählen:** Moderne Kommunikation erzählt eine Story und hat einen Handlungsfaden, mit Auftakt, Höhepunkt und Finale, mit Spannungsmomenten und überraschenden Wendungen. Die gesamte Handlung wird über die Maßnahmen transportiert. Wir haben festgelegt, welche Geschichte wir erzählen wollen, wie die Handlung läuft. In der Planung der Umsetzung verflechten wir Online und Offline zu einem dichten Handlungsfaden, weil wir so die Story am überzeugendsten rüberbringen.

› **Übersichtlichkeit erhalten:** Sollen wir alle Kanäle nutzen, die möglich sind? Keinesfalls! Die Verflechtungen zwischen Online und Offline dürfen keine Verwirrung stiften. Zu viele Maßnahmen online wie offline sind da eher schädlich. Die Maßnahmenplanung inszeniert kein „buntes Feuerwerk" an Aktivitäten, sie konzentriert sich auf das Wesentliche. Beispielsweise in Vorbereitung einer Podiumsdiskussion den Online-Dialog über alle verfügbaren Social-Media-Kanäle von Facebook über Tumblr bis Instagram zu streuen, das schadet mehr, als das es nutzt. Erfolgversprechender ist es, sich auf einen oder zwei zentrale Kanäle zu konzentrieren und dort voll in den Dialog einzusteigen.

Maßnahmensystem strukturieren

Die Maßnahmen werden integriert geplant und dazu Online und Offline zu einem gemeinsamen Kommunikationsstrang verflochten. Mit den zwei Maximen im Hinterkopf sollte man in die Maßnahmenplanung einsteigen. Ganz am Anfang – bevor überhaupt die erste Maßnahme festgelegt wird – definieren die Konzeptionsbeteiligten eine Struktur als ordnendes Raster für die Planung. Maßnahmenpläne sind keine Auflistungen von Aktivitäten, sondern Kommunikationssysteme – und jedes System braucht ein Strukturgerüst, in das die Maßnahmen eingefügt werden. Da sich die Maßnahmenplanung an der Strategie ausrichtet, ist es folgerichtig, dass sich die Struktur ebenfalls an die Vorgaben der Strategie hält. Die entscheidenden Hinweise für eine Strukturentscheidung holt man sich aus dem strategischen Block des Konzepts.

Die zukünftigen Kommunikationsmaßnahmen müssen sich in die vorgegebene Struktur einfügen und sie ausfüllen. Daneben erfüllt die Struktur noch andere Zwecke. Sie hilft den Kommunikationsbeteiligten, den Überblick zu behalten, die Verantwortlichkeiten zu klären und anstehende Aufgaben zu verteilen. Zeit- und Budgetpläne orientieren sich an der Struktur. Auch die Evaluation übernimmt den strukturellen Rahmen.

Es gibt verschiedene Wege der Strukturierung, die in Kommunikationskonzepten gebräuchlich sind. Die Wege sollten alle am Konzept Beteiligten im Kopf haben und durchprüfen, bevor sie sich entscheiden:

› **Struktur entlang der Kommunikationsbereiche bilden:** Da die Kommunikation einen integrierten Ansatz hat, kann man die Maßnahmen in die beteiligten Fachbereiche wie z. B. Werbung, Event, Public Relations, interne Kommunikation einteilen. Hierbei handelt es sich um ein einfaches und gut handhabbares Strukturmodell, das immer funktioniert und nie falsch ist. Auftraggeber kommen mit der Einteilung gut klar, weil die Kommunikationsaufgaben in ihrem Unternehmen ebenfalls nach Fachbereichen unterteilt sind. Die Maßnahmenstruktur entlang der Bereiche hat eine universelle Eignung, ist aber in keinem Fall die Evidenteste, denn sie orientiert sich nicht an den strategischen Leitlinien des Konzepts, sondern an den gängigen methodischen Einteilungen in Lehrbüchern und Organigrammen. Die Grenzen zwischen den Fachdisziplinen, die das integrierte Konzept eigentlich aufheben soll, werden hier bestätigt.

› **Struktur entlang des zeitlichen Einsatzes bilden:** In dem Strukturmodell werden die Maßnahmen entlang der Zeitachse in verschiedene Phasen oder Wellen geordnet. Die Unterteilung erfolgt z. B. in eine Vorbereitungsphase, eine Aktionsphase und eine Nachbereitungsphase. Die Kommunikation bekommt somit eine mehrstufige zeitliche Dramaturgie. Der Strukturweg kommt zur Anwendung, sobald in der Kommunikationsstrategie großen Wert auf das Timing gelegt wird. Besonders bei Kampagnen und Aktionen empfiehlt sich die Ordnung nach Zeit. Außerdem eignet sich die Struktur, wenn wir mit unserer Kommunikation eine Story erzählen wollen, die einer Chronologie folgt. Die Phasen bilden in dem Fall die Chronologie ab.

- **Struktur entlang der Ziele bilden:** Wir unterteilen beispielsweise in Aufmerksamkeitsmaßnahmen, Akzeptanzmaßnahmen oder Bindungsmaßnahmen. Wir können auch zwischen Maßnahmen zur Erreichung der kurzfristigen Ziele und Maßnahmen für die langfristigen Ziele unterscheiden, oder die Maßnahmen entlang der internen und externen Ziele aufteilen. Das funktioniert jedoch nur bei Maßnahmen, die sich sauber einem oder mehreren Zielbereichen zuordnen lassen. Wir entscheiden uns für den Strukturweg, wenn wir eine einfache, kompakte Zielsetzung als Basis haben, auf deren Einzelziele präzise hingearbeitet wird. Wer seine Maßnahmen nach Zielen ordnet, sollte bereits einige Konzeptionserfahrung haben, denn die Struktur nach Zielen erfordert viel Feintuning im Aufbau der Maßnahmen.

- **Struktur entlang der Zielgruppen bilden:** Die Unterteilung erfolgt z.B. in Maßnahmen für Kunden, Maßnahmen für Medien, Maßnahmen für Mitarbeiter, oder in Maßnahmen für interne Zielgruppen und Maßnahmen für externe Zielgruppen. Wir übernehmen die Zielgruppenstruktur aus dem Strategieteil und entwickeln maßgeschneiderte Maßnahmen für die wichtigen Zielgruppen. Sobald der strategische Schlüssel zum Erfolg bei einer differenzierten Ansprache der Zielgruppe liegt, ist die Wahl der Strukturvariante der beste Weg. Die hohe Kunst ist die richtige Dosierung. Es darf weder zu wenige Maßnahmen noch zu viel des Guten für die einzelne Zielgruppe geben.

- **Struktur entlang der Botschaften bilden:** Die Umsetzung untergliedert sich z.B. in Maßnahmen, die Botschaft A transportieren, Maßnahmen für Botschaft B und Maßnahmen für Botschaft C. Hier werden die Maßnahmen zu spezialisierten Transportmitteln für die einzelnen Botschaften. Wir schauen in die Strategie und stellen fest, die Botschaftsinhalte gehen in unterschiedliche Richtungen und sind vollkommenes Neuland für die Zielgruppe. Sie müssen unbedingt gelernt werden, damit die Kommunikation Erfolg hat. Dann lohnt es sich, die Maßnahmen entlang der Botschaften zu strukturieren. Wir weisen gleichwohl darauf hin, dass die Strukturierung nach Botschaften für Einsteiger eine Herausforderung darstellt.

- **Struktur nach Ländern und Regionen bilden:** Die Maßnahmen werden untergliedert z.B. in lokale Maßnahmen, nationale Maßnahmen und internationale Maßnahmen oder nach Maßnahmen für den europäischen Markt und Maßnahmen für den asiatischen Markt. Die Unterteilung der Maßnahmen erfolgt geografisch. Das Konzept schlägt den Strukturweg ein, falls die Strategie eine regionalspezifische Kommunikation notwendig macht, weil inhaltliche Anforderungen oder kulturelle Unterschiede in den Regionen erheblich sind.

› **Struktur nach Portfolio bzw. Angebot bilden:** Das Kommunikationsobjekt besteht aus mehreren Komponenten und die Maßnahmen werden darauf zugeschnitten – z.B. Maßnahmen für das Kernsortiment, Maßnahmen für das Zubehör, Maßnahmen für die Serviceleistungen. Oder nehmen wir eine Behörde mit drei Fachreferaten, an denen sich das Kommunikationskonzept ausrichtet: Maßnahmen für Lebensmittel- und Gastronomieprüfung, Maßnahmen für den Straßen- und Verkehrsbereich, Maßnahmen im Tierschutzbereich. Der Strukturweg kommt zum Einsatz, wenn sich die einzelnen Komponenten des Kommunikationsobjekts stark unterscheiden und aufgrund unterschiedlicher Zielgruppen und Botschaften spezifische Maßnahmen benötigt werden.

› **Struktur nach Story bilden:** Das ist eine spannende neue Variante, die uns nicht häufig begegnet, aber wir glauben, sie hat Zukunft. Als roter Faden zieht sich eine Story durch die Maßnahmenplanung und die Maßnahmen ordnen sich entsprechend der Kapitel der Geschichte. Es gibt Maßnahmen für das erste Kapitel „Kunde in Bedrängnis", das zweite Kapitel „Die Rettung naht" und das dritte Kapitel „Der Kunde siegt". Wir wählen die Struktur, wenn die Strategie eine Story als Achse hat.

› **Struktur nach Themen bilden:** Die Kommunikationsstrategie stützt sich auf Themen und die Themenplanung hat starke Themen gefunden. In der nächsten Planungsperiode stehen die Schwerpunktthemen „Wir führen neue Sicherheitsstandards ein", „Unsere Fortschritte auf dem chinesischen Markt" und „Unsere F&E-Abteilung wird 50 Jahre alt" auf dem Programm. Die Themen sind so breit aufgefächert, dass für jedes Thema eine eigene kleine Kommunikationsaktion mit spezifischen Instrumenten zweckmäßig erscheint. In dem Fall entschließen wir uns, den Maßnahmenplan nach Themen zu strukturieren.

› **Struktur mit kombinierten Varianten:** Dazu werden verschiedene Strukturwege verschachtelt. Das kann bei großen Kampagnenkonzepten mit einer Vielzahl von Maßnahmen erforderlich werden oder auch bei komplexen Strategien, die eine differenzierte Vorgehensweise in der Umsetzung erfordern. Da wird das Maßnahmensystem in einem Konzept beispielsweise nach Zeit geordnet (1. Stufe) und innerhalb der einzelnen Zeitphasen erfolgt eine Einordnung nach Zielgruppen (2. Stufe) und innerhalb der Zielgruppe unterscheidet man nochmal nach europäischem und chinesischem Markt (3. Stufe). Eine zweistufige Struktur kommt in unseren Konzepten ständig vor, denn so kann man präziser planen. Die gerade im Beispiel beschriebenen drei Stufen sind dagegen selten, und noch mehr Stufen wären riskant. Wer zu tief abstuft, der sollte im Hinterkopf behalten, dass komplexe, mehrstufige Maßnahmensysteme in der Umsetzung nur schwer zu dirigieren sind.

In vielen Konzepten reicht es nicht aus, die Maßnahmen entlang der Struktur auszuwählen. Aufgrund der vorgegebenen Kommunikationskonstellation ist es zweckmäßig, zusätzliche Maßnahmen zu bestimmen, die sich als Basis- und Universalinstrumente für alle Bereiche eignen. Da wird zum Beispiel innerhalb eine Kampagne ein Infofaltblatt produziert, das für alle Zielgruppen und in allen Kommunikationssituationen zum Einsatz kommt. Oder es wird ein Set von „Give-aways" eingekauft, das sich zur universellen Verteilung eignet. Für solche Maßnahmen hängt man an die Struktur einen übergreifenden Bereich mit der Bezeichnung „Basismaßnahmen" an.

Gleichfalls gängig – und in vielen Konzepten anzutreffen – ist die zusätzliche Unterteilung der Maßnahmen in Highlights und Begleitmaßnahmen. Lauter gleichgeordnete Maßnahmen bieten keine Orientierungspunkte, nichts ragt besonders heraus und fällt groß auf. Wirksame Kommunikation funktioniert anders. Sie braucht attraktive Highlight-Maßnahmen, die echte Akzente setzen, breite Aufmerksamkeit der Zielgruppen gewinnen und im Gedächtnis bleiben. Die Highlights sind die Stars der Kommunikation. Es gibt nur wenige Stars, aber die haben es in sich. Um die Highlights gruppieren wir viele funktionelle Begleitmaßnahmen, die den Kommunikationserfolg durch ergänzende Impulse an der richtigen Stelle absichern. Highlights und Begleitmaßnahmen sind eng miteinander verbunden. Wirksame Highlights müssen nicht unbedingt aufwendig und teuer sein. Sie zeichnen sich zu allererst durch gute Ideen und ungewöhnliche Umsetzung aus.

Für welche Struktur bzw. Strukturkombination soll man sich entscheiden? Das hängt von den Maßgaben der Strategie ab. Erfordert die Strategie eine differenzierte Zielgruppenansprache, dann wählt man die Einteilung nach Zielgruppen. Stellt die Strategie heraus, dass der Kampagnencharakter wesentlich für den Erfolg ist, dann entscheidet man sich für die Struktur nach Zeit. Legt die Strategie Wert auf herausragende Kommunikationsspitzen, dann unterscheidet man Highlights und begleitende Maßnahmen. Die Struktur ist der Setzkasten für die Maßnahmenplanung. Noch ist er leer, aber im nächsten Schritt wird er mit den passenden Maßnahmen gefüllt.

Maßnahmen grob zusammenstellen

Im Normalfall gibt es in jedem Unternehmen bereits eine Palette von Kommunikationsmaßnahmen, die seit längerer Zeit eingesetzt werden und sich bewährt haben. Sie decken das gesamte Spektrum der Alltagsaufgaben der Unternehmens- und Marketingkommunikation ab und bilden das Stamminstrumentarium. Im Rahmen des Briefinggesprächs haben wir nachgefragt und eine Inventur aller verfügbaren Maßnahmen gemacht. Wir wissen daher, was vorhanden ist und wie es bisher eingesetzt wurde.

Uns begegnen Kommunikationskonzepte, die sich nicht um den vorhandenen Stamm kümmern, mit Schwung alles über Bord werfen und das gesamte Maßnahmensystem neu aufbauen. Das ist ein schwerer konzeptioneller Fehler. Das Stamminstrumentarium ist als wertvolles Grundkapital für die Kommunikation zu sehen, welches man im Konzept so gewinnbringend wie möglich investiert. Kluge Konzeptionerinnen und Konzeptioner bauen auf dem Vorhandenen auf und entwickeln es weiter. Wer genauer hinschaut, wird entdecken, dass viele der Instrumente, die für die Umsetzung des Kommunikationskonzepts gebraucht werden, bereits „im Köcher" und griffbereit sind. Jetzt werden alle vorhandenen Instrumente begutachtet und wir müssen entscheiden:

› **Stammmaßnahme übernehmen:** Die jeweilige Maßnahme passt akkurat zur zukünftigen Kommunikationsstrategie. Sie kann wertvolle Dienste leisten, um Ziele und Zielgruppen zu erreichen. Es fällt die Entscheidung, sie ohne Änderungen in die Maßnahmenplanung zu übernehmen und an der richtigen Stelle in die Struktur einzufügen.

› **Stammmaßnahme anpassen:** Die Maßnahme passt im Großen und Ganzen zur Strategie, allerdings gibt es an einigen Stellen Reibungspunkte. Der neue Kommunikationskurs setzt voll auf Dialog, aber das altbewährte Kundenmagazin beinhaltet keinerlei Dialogelemente, das ist nicht optimal. Wir nehmen uns die jeweilige Maßnahme vor, richten sie konsequent am neuen Kurs aus und fügen sie in die Struktur ein.

› **Stammmaßnahme nicht berücksichtigen:** Eine etablierte Maßnahme mag noch so hohe Präferenzen beim Auftraggeber haben, sobald sie nicht in die Strategie passt und Ballast für die zukünftige Kommunikation darstellt, gehört sie nicht ins Konzept. Der überaus erfolgreiche Twitter-Auftritt eines Unternehmens hat innerhalb einer Kampagne, die sich an Konsumenten unter 18 Jahren wendet, nichts zu suchen. Twitter wäre eine Fehlbesetzung für die junge Kampagne. Wir entscheiden uns, auf die Stammmaßnahme zu verzichten.

› **Stammmaßnahme abschaffen:** Das ist eine Steigerung. Eine Stammmaßnahme wird nicht nur im anstehenden Konzept außen vor gelassen, sie wird gleich komplett ausgemustert. Da ist der seit 29 Jahren erscheinende Mitarbeiterrundbrief, den kein Mensch mehr liest, weil sich inzwischen alle über das Intranet informieren. Gibt es eine neue Verwendung? Nein! Dann schlägt das Konzept vor, die Stammmaßnahme komplett einzustellen. Sobald eine Maßnahme, die zum bewährten Maßnahmenstamm des Auftraggebers gehört, das Ende ihres Lebenszyklus erreicht hat und ausgemustert werden soll, erläutern wir die Gründe und werben um Einsicht. Im Rahmen von grundlegenden Konzepten wie Masterplänen oder Jahreskonzepten gehören solche Ausmusterungen zum Konzeptionsgeschäft. In speziellen Konzepten wie Kampagnen-, Projekt- oder Aktionskonzepten sind sie selten.

Die geeigneten Stammmaßnahmen werden – unverändert oder mit entsprechenden Anpassungen – in die Struktur der Umsetzungsplanung eingefügt. Mitunter stellen wir fest, dass sich die Kommunikationsstrategie allein mit den vorhandenen Stammmaßnahmen problemlos umsetzen lässt. Sie leisten alles, was zur Erreichung der Ziele notwendig ist. In dem Fall ist das Maßnahmensystem vollständig und wir können uns die Suche nach neuen Maßnahmen sparen. Im Regelfall sind allerdings noch deutliche Lücken im System erkennbar. Die Kommunikation braucht weitere starke Maßnahmen, um zum Ziel zu kommen. Jetzt sind gute Ideen gefragt, denn die neuen Maßnahmen dürfen keinesfalls nach 08/15-Schema entwickelt werden: „Früher haben wir immer diesen zweitägigen Händlertreff gemacht, der war doch nett. Lasst uns den Treff wiederaufleben!" Klingt langweilig und wird es in der Umsetzung wahrscheinlich auch werden.

Im Kapitel zur Kreativplanung haben wir einiges zu Brainstorming und Kreativtechniken geschrieben, wir wollen uns an der Stelle nicht wiederholen. Die Mehrzahl der im Rahmen der Kreativplanung vorgestellten Techniken eigenen sich auch für eine Ideenfindung innerhalb der Maßnahmenplanung. Für das Brainstorming der neuen Maßnahmen braucht es zwei, drei Stunden Zeit, ein paar enthusiastische Leute, die mitdenken und dann kann es losgehen.

Im Brainstorming beginnt man am besten mit den Highlights. An dieser Stelle sollten die Beteiligten vor Ideen sprudeln, denn es geht um die zukünftigen Publikumslieblinge der Kommunikation. Sind die attraktiven Highlights gefunden, steigt man in die Begleitmaßnahmen ein. Die Ideen für Highlights und Begleitmaßnahmen werden entlang der gewählten Struktur gesammelt. Hat man sich für eine Strukturierung nach Zielgruppen entschieden, werden zuerst Maßnahmen für Kunden, dann Maßnahmen für Medien und schließlich Maßnahmen für die interne Ansprache der Mitarbeiter gesucht. Die Zuordnung erfolgt mit Überblick, jedoch muss nicht jede Maßnahme in genau eine Strukturkategorie passen. Es gibt durchaus auch Maßnahmenideen, die sich mehreren Kategorien zuordnen lassen – beispielsweise ein Tag der offenen Tür, der für interne und externe Zielgruppen geplant wird. Das ist auch gut so, denn der übergreifende Einsatz von Maßnahmen spart Kosten und schafft Synergien.

Die am Brainstorming Beteiligten bleiben offen und behalten das gesamte 360-Grad-Spektrum der Kommunikation im Blick. Es gibt keine Zensur, es sei denn, der Auftraggeber hat im Briefing ein Ausschlusskriterium eingebracht und z. B. festgelegt, dass für sein Unternehmen Sponsoring keinesfalls in Frage kommt. Das Brainstorming entwickelt Ideen in drei Ausführungen:

- **Neue Maßnahmen finden:** Welche Maßnahmen füllen die Lücken im vorhandenen System und ergänzen den Maßnahmenstamm? Zuerst kommen die Highlights. Sie sind die Stars der Kommunikation. Dann folgen die Begleitmaßnahmen als Arbeitstiere der Kommunikation.

- **Neue Maßnahmen ausgestalten:** Wenn jemand im Brainstorming eine neue Maßnahme vorschlägt, dann lautet die unmittelbar anschließende Frage: Wie bringen wir das Besondere in unsere Maßnahme? Wie lässt sich die Maßnahme so wirksam inszenieren, dass sie für die Zielgruppe zum echten Erlebnis wird? Die Beteiligten reden im Brainstorming kurz über das Profil der jeweiligen Maßnahme, um adäquate Ideen für die Ausgestaltung zu finden.

- **Maßnahmen verbinden:** Wo und wie lassen sich Verbindungen zwischen den einzelnen Maßnahmen herstellen? Was kann Neues durch die Verbindungen entstehen? Auch das ist ein Thema des Brainstormings. Erste Ideen für überraschende und ungewöhnliche Verbindungen werden ins Gespräch gebracht. Gerade aus den Verbindungen kann später viel Kommunikationskraft entstehen. Wenn wir davon ausgehen, dass die Maßnahmen Elemente einer Story sind, dann ist das Suchen nach kreativen Verbindungen gleichzeitig auch das Suchen nach attraktiven Handlungsfäden. An dieser Stelle des Brainstormings verstehen sich die Beteiligten als Geschichtenerzähler, die mit Hilfe der Maßnahmen eine Story voranbringen. Jedes Kommunikationsobjekt muss seine ureigene Geschichte erzählen, eine Geschichte die typisch für seine Persönlichkeit ist und sich aus seinem Erfahrungsschatz speist.

Am Ende des Brainstormings werden die neuen Maßnahmenideen gesichtet, die Geeigneten ausgewählt und neben den Stammmaßnahmen in die Struktur eingefügt. Meist ist das Maßnahmensystem noch nicht perfekt, es bleiben trotz Brainstormings ein oder zwei Leerstellen. In dem Fall schließt sich eine ergänzende kurze Ideenrunde an, bei der die Leerstellen gezielt angegangen und gefüllt werden. Danach steht das Maßnahmensystem in der Rohversion.

Wirksame Kommunikation weicht von der Norm ab! Die Regel gilt unter allen Umständen auch für die Maßnahmenplanung. Deshalb sollte einer Aussage wie „Sowas machen doch jetzt alle in der Branche. Wir sollten das auch mal ausprobieren!“ vehement widersprochen werden. Denn die reine Adaption von gerade angesagten Maßnahmen ist das Gegenteil von kreativ. Es muss nicht der letzte Schrei sein – im Sinne des Diffusionsmodells von

Rogers sind Konzeptioner Early Adopter, aber keine Avantgardisten. Häufig sind die bekannten und gebräuchlichen Maßnahmen der Kommunikation die richtige Entscheidung. Es darf also durchaus eine seit Jahrzehnten in der Kommunikationsbranche bewährte Journalistenreise neu ins Maßnahmensystem aufgenommen werden, sofern die Reise zwei Voraussetzungen erfüllt. Sie muss ein exakt passendes Zahnrad innerhalb der Strategie sein: die richtige Maßnahme an der richtigen Stelle. Und es darf keine Maßnahme „von der Stange" werden. Man muss etwas daraus machen. Jedes Kommunikationsobjekt hat eine Persönlichkeit, die in der Positionierung fixiert wurde. Jede Persönlichkeit besitzt einen unverwechselbaren Charakter und vielfältige individuelle Eigenschaften. Die Maßnahme – in unserem Beispiel die Journalistenreise – setzt diese Persönlichkeit vorteilhaft und unverwechselbar in Szene. Erst dann wird sie für Journalisten, die unter chronischer Zeitnot leiden, auch interessant.

Jede Maßnahme ist ein Unikat. Selbst wenn wir seit sieben Jahren für einen Kunden eine sich jährlich wiederholende Maßnahme konzeptionell betreuen, verhindern wir mit allen Mitteln, dass sich Gewohnheit einschleicht und die Regie übernimmt. Sicherlich gibt es einige Elemente der Maßnahme, die sich bei der Zielgruppe bewährt haben und daher beibehalten werden. Dennoch versuchen wir, auch im verflixten siebten Jahr keine Routine aufkommen zu lassen und die Maßnahme mit frischen Ideen zu beleben.

Neue Ideen für bewährte Instrumente können Wunder bewirken und ungeahnte Erfolge erzielen. Alfred Hitchcock hat einmal gesagt: „Gib den Leuten, was sie erwarten, aber tu es auf unerwartete Art und Weise." Wir haben dieses Zitat zum Leitsatz unserer Maßnahmenplanung gemacht und nehmen uns Hitchcocks Anweisung bei jedem Kommunikationskonzept zu Herzen.

Maßnahmen vernetzen

Einer unserer Kunden hat sich von einer Agentur eine aufwendige Verkaufsbroschüre mit Sonderfarben und Prägedruck aufschwätzen lassen, die per Post-Mailing an zukünftige Käufer verschickt wurde. Die Broschüre sah toll aus, aber die Resonanz war miserabel. Und was lief sonst noch? Nicht viel, der Kunde hatte in seiner Marketingkommunikation alles auf eine Karte gesetzt – und verloren. Ein halbes Jahr später musste er Konkurs anmelden.

Die Kommunikation ist und bleibt unberechenbar. Es lässt sich nicht sicher sagen, was funktioniert und was nicht. Das Risiko bleibt. Damit das Risiko nicht zum Himmelfahrtskommando wird, muss man es streuen. In der operativen Planung dürfen wir die Maßnahmen nie alleine stehen lassen. Wir vernetzen sie vielmehr zu einem System mit vielen Verbindungslinien. Sobald eine Maßnahme ausfällt, kann die Kommunikation über alle anderen Maßnahmen und Verbindungen laufen und die Resonanz bleibt gesichert.

Im Brainstorming haben die Beteiligten schon kreativ über mögliche Verbindungslinien nachgedacht und erste Ideen gefunden. Die Ideen werden jetzt weiterentwickelt und die Maßnahmen zu einem Netzwerk verbunden. Das Netzwerk wird stets von den wenigen Highlight-Maßnahmen, die die Hauptknoten bilden, in Richtung der vielen Begleitmaßnahmen entwickelt. Wir können zwischen zwei Arten von Netzwerken unterscheiden:

› **Monopolares Netz:** Die Maßnahmenplanung konzentriert sich auf ein Highlight als zentralen Knoten, um den herum sich alle anderen begleitenden Aktivitäten einordnen.

› **Multipolares Netz:** Es gibt mehrere Highlights und damit mehrere Hauptknoten, die sich untereinander und mit den Begleitmaßnahmen verbinden.

Bei einem monopolaren Netz konzentriert sich die Maßnahmenplanung auf nur eine Highlight-Maßnahme, die im Mittelpunkt der Kommunikation steht. Um das Highlight herum ordnen sich alle Begleitmaßnahmen an. Nur durch die systematische Verbindung aller Maßnahmen lassen sich die avisierten

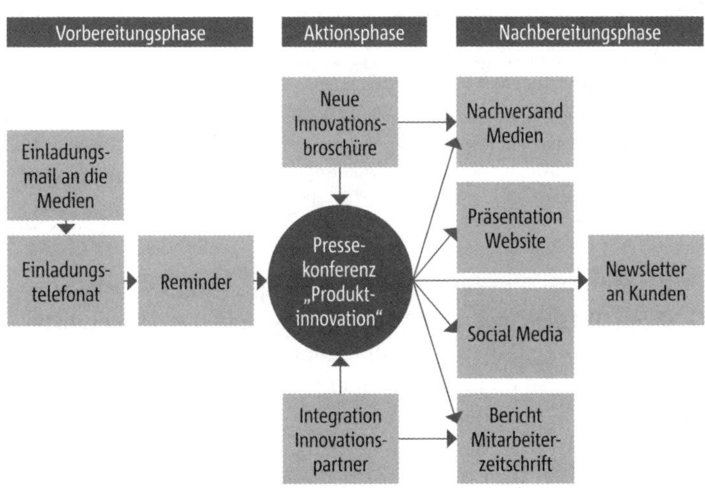

Abbildung 86: Beispiel für ein monopolares Netz

Die Netzwerktechnik macht die Verbindungslinien und Abhängigkeiten sichtbar. So ist es einfacher, den Überblick zu behalten. Es empfiehlt sich, in jedes Netz zur Orientierung einen Horizont einzuziehen. Im vorliegenden Fall bildet die zeitliche Chronologie den Horizont.

Kommunikationsziele erreichen. Die Vernetzung ist relativ einfach zu bauen. Erst kommt die Highlight-Maßnahme, dann folgen die Begleitmaßnahmen. Die Verbindungslinien zeigen auf, wie die Maßnahmen inhaltlich und funktionell zusammenhängen. Im obigen Beispiel stellt ein Unternehmen in einer Pressekonferenz den Medien eine spannende Produktinnovation vor. Damit sie ein Erfolg wird, muss es im Vorfeld ein professionelles, mehrstufiges Einladungs- und Akkreditierungsmanagement geben. Die Konferenz selbst wird durch die Integration der Innovationspartner und eine erklärende Innovationsbroschüre unterstützt. Im Nachgang verbreitet das Unternehmen die Neuigkeiten der Pressekonferenz über zielgruppenrelevante Kanäle.

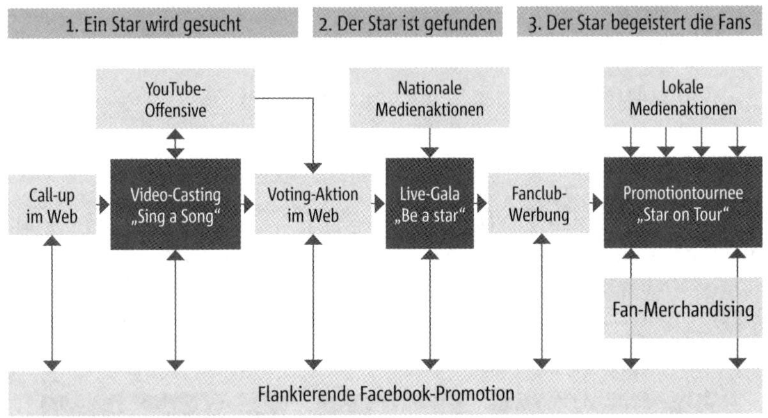

Abbildung 87: Beispiel für ein multipolares Netz

Drei Highlights bestimmen das Geschehen. Der Horizont ist eine Story und in jedem Akt der Story steht ein Highlight. Dazwischen assistieren zahlreiche Begleitmaßnahmen. Um die Systematik der Abläufe klar erkennbar zu machen, bildet das Netz nur die wichtigen Maßnahmen ab.

In einem multipolaren Netz wird die Sache komplizierter. Dort gibt es mehrere Highlights. Bei der Entwicklung des Netzes beginnt man wiederum bei den Highlights, die man in den Horizont einordnet. In obigem Beispiel besteht der Horizont aus den drei Kapiteln einer Story. Beim Aufbau des Netzwerks geht man von links nach rechts entsprechend der Story-Entwicklung vor. Bei den Begleitmaßnahmen gibt es eine wichtige Unterscheidung: Im Netzwerk stehen Maßnahmen, die nur einem Highlight zu geordnet sind und diesem allein zuarbeiten. Im Beispiel fallen darunter das Call-up im Internet in Vorbereitung des Castings oder das Fan-Merchandising parallel zur Tournee. Daneben stehen Begleitmaßnahmen, die zwei, drei oder sogar alle Highlights unterstützen. Im Beispiel trifft das auf die begleitende Facebook-Promotion zu. Ist das Kommunikationskonzept aufwendig und kommen deshalb in der

Maßnahmenplanung viele Maßnahmen zusammen, wird die multipolare Struktur schnell unübersichtlich. In dem Fall verzichten wir darauf, alle Begleitmaßnahmen abzubilden und konzentrieren uns auf die Maßgeblichen. Das Gleiche gilt übrigens auch für die Verbindungslinien. Um uns nicht zu verheddern, konzentrieren wir uns auf die wichtigen Linien, über die später die Hauptströme der Kommunikation fließen.

Jedes Netzwerk braucht einen Horizont. Zwei Wege, einen Horizont einzuziehen, wurden bereits vorgestellt. Das sind die Einordnung nach Zeit und die Einordnung in eine Story. Die Entscheidung für einen Horizont ist bereits mit der vorangegangenen Strukturierung der Maßnahmen gefallen. Wir haben uns für ein Strukturmodell entschieden und dieses Modell stellt automatisch den Horizont des Netzes dar. Die zeitliche Chronologie wie bei den beiden obigen Beispielen ist also kein Muss. Es kann auch einen Horizont geben, der ohne jeden Zeitbezug Zielgruppen, Ziele oder Themen abbildet.

Maßnahmen im Detail ausarbeiten

Im nächsten Schritt werden die Maßnahmen konzeptionell so fein ausgearbeitet, dass ein deutliches Bild entsteht. Sie werden verständlich und anschaulich erklärt. Viele der dazu notwendigen Informationen finden sich im Basismaterial von Briefing und Recherche. Aber in den meisten Fällen ist darüber hinaus eine Nachrecherche notwendig, um den Maßnahmen feste Konturen zu geben. In der Beschreibung der Maßnahmen dürfen keinesfalls ungesicherte Tatsachen stecken, die sich in der Umsetzungsphase als Makulatur entpuppen. Macht ein Konzept falsche Versprechungen, dann verliert es seine Glaubwürdigkeit. Wer im Umsetzungsteil des Konzepts beschreibt, dass auf einem Event die Schlagersängerin Helene Fischer als Stargast auftritt, sollte vorab geklärt haben, ob das im Grundsatz möglich ist. Und vor allem sollte man auf Nachfrage wissen, was der Spaß kostet. Wer im Konzept eine personalisierte Mailingaktion in Richtung von privaten Gartenbesitzern startet, sollte sich sicher sein, dass es möglich ist, an die Adressen zu kommen. Zur Beschreibung einer Maßnahme innerhalb eines Kommunikationskonzepts können folgende Elemente herangezogen werden:

› **Bezeichnung:** Die Maßnahme bekommt eine feste Bezeichnung wie „Jahrespressegespräch". Schon die Bezeichnung gibt einen wichtigen Hinweis. Es ist ein Pressegespräch und keine Pressekonferenz. Man kann aber noch mehr tun und der Maßnahme einen prägnanten Namen geben. Sie heißt nicht trivial Jahrespressegespräch, griffiger klingt „Perspektive 2020 – Das Jahrespressegespräch". Eventuell fügt man sogar noch ein Motto dazu „Wie wir uns an die Spitze der digitalen Transformation setzen – Perspektive 2020. Das Jahrespressegespräch." Aber bitte nicht übertreiben, nicht jede Maßnahme im Konzept bekommt eine griffige Verpackung. Das Privileg bleibt wenigen Ausgewählten vorbehalten.

- **Ziele:** Jede Maßnahme braucht klar definierte operative Ziele, an der sich die Planung der Maßnahme (und später die Erfolgskontrolle) orientiert. Die operativen Ziele sind wiederum an den strategischen Kommunikationszielen des Konzepts ausgerichtet.

- **Zielgruppe:** Welche Zielgruppen nimmt die Maßnahme ins Visier? Die zutreffenden Zielgruppen werden definiert. Bei schwierigen Zielgruppen wird ergänzt, was bei der Ansprache zu beachten ist. Die operativen Zielgruppen leiten sich aus den strategischen Zielgruppen ab. Es darf keine Zielgruppe definiert werden, die durch die Strategie nicht abgedeckt ist.

- **Vermittelte Botschaften und Themen:** Die Maßnahmen sind die Vehikel zum Transport der Botschaften. Deshalb muss klargestellt werden, welche Dachbotschaften oder Teilbotschaften die Maßnahme transportiert und welche Themen mit den Botschaften verbunden werden.

- **Besondere Idee:** Keine Maßnahme darf 08/15 sein. Hinter jeder steckt eine reizvolle kreative Idee, die den Charakter prägt und das Interesse der Zielgruppe anzieht. Nur wie lautet die Idee? An der Stelle sollte es keine langatmige Beschreibung geben. Eine gute Idee braucht nur wenige erklärende Worte, um zu funken und einzuleuchten.

- **Profil der Maßnahme:** Was sind die wesentlichen konstruktiven Merkmale der Maßnahme? Bei einem Event würden Angaben zu Art und Größe der Veranstaltung, Lage und Qualität der Räumlichkeiten sowie zu Inhalten und Höhepunkten des Programms stehen.

- **Zeitrahmen:** Es geht nicht nur darum, wann die Maßnahme stattfindet. Zusätzlich sind auch die Fragen interessant, wie lange sie läuft, wie oft sie wiederholt wird. Im Regelfall werden grobe Zeitfenster definiert und noch keine präzisen Termine und Uhrzeiten festgelegt.

- **Integration und Verbindung:** Kommunikationsmaßnahmen sind keine Einzelgänger. Die Maßnahmenplanung beschreibt, wie sich die Maßnahmen in das gesamte System einbetten und welche zentralen Verbindungen zu anderen Maßnahmen bestehen.

- **Flankierende Erweiterungen:** Bei vielen Maßnahmen gibt es Erweiterungen, die nicht direkt zur Maßnahme gehören, aber dennoch unlösbar mit ihr verbunden sind. Bei einem Event kann das z. B. die Einladungsaktion, bei einer Website die dazugehörige Suchmaschinenoptimierung sein.

- **Erfolgskontrolle:** Es ist kein Muss, aber in vielen Konzepten steht unter jeder wichtigen Maßnahme auch gleich, wie der Erfolg der Umsetzung kontrolliert wird.

Wo bleiben die Budgetangaben? Wir nennen an dieser Stelle des Konzepts bewusst noch keine Kosten. Es geht einzig um die inhaltliche Darstellung der Maßnahmen. Sie sind die Produkte eines Konzepts und wir wollen sicherstellen, dass eine feste Vorstellung von den Produkten im Kopf des Auftraggebers entsteht. Eins nach dem anderen. Für die Budgetierung gibt es ein eigenes Kapitel weiter hinten im Konzept.

Werden alle obigen Elemente einer Maßnahme vollständig im Konzept abgearbeitet? Nein, die Liste ist kein festes Schema. Es werden genau die Fakten ins Konzept gebracht, die für die Verantwortlichen wichtig sind, um eine Umsetzungsentscheidung zu treffen. Bei kleinen Maßnahmen ohne größere strategische Bedeutung genügen bisweilen ein bis zwei Sätze an Überzeugungsarbeit.

In manchen Konzepten gibt es schematisierte Maßnahmenprofile in Tabellenform. Jede Maßnahme bekommt einen eigenen Steckbrief. Die wesentlichen Eckpunkte werden stichwortartig abgehandelt. Andere Konzepte verstehen jede Maßnahme als Angebot, das attraktiv dargestellt werden muss. Die Beschreibung verzichtet auf jede Art von Schablone. Der Text versucht mit griffigen Formulierungen und prägnanten Beschreibungen, die Wertigkeit der Maßnahme herauszuarbeiten und beim Auftraggeber quasi Nachfrage zu erzeugen. Eine wichtige Rolle spielt hierbei auch die Einbettung der Maßnahmen in das System. Man liest nicht Einzelbeschreibungen von Maßnahmen, die Zusammenhänge werden erkennbar.

Eine dritte Textvariante erzählt den Maßnahmenplan in Storyform. Es wird ein Handlungsfaden aufgenommen und entlang des Fadens reihen sich die Maßnahmen auf. Jede Maßnahme ist so beschrieben, als würde sie gerade passieren. Die Leser des Konzepts tauchen ins Geschehen ein und erleben die Kommunikation. Wir lieben die letzte Variante, denn letztendlich soll Kommunikation Geschichten erzählen und da passt es ins Bild, dass schon der zugrundeliegende Maßnahmenplan als Story aufgebaut ist. Allerdings beinhaltet die Story-Variante eine Gefahr: Wir müssen das richtige Maß zwischen sachlicher Darstellung und emotionaler Auflockerung finden, denn sobald wir das Erzählen überziehen, verlieren wir die Akzeptanz des Auftraggebers. Ein Maßnahmenplan ist kein Roman.

Ein wichtiger Bestandteil einer Konzeption ist die Präsentation. Die Mehrzahl aller Konzepte wird präsentiert und es hängt wesentlich von der Präsentationsleistung ab, ob ein Konzept beim Auftraggeber überzeugt. In Kampagnenkonzepten und Jahreskonzepten macht die operative Umsetzung die Hälfte der Präsentationszeit aus. Bei umsetzungsorientierten Projekt- und Aktionskonzepten kann der Anteil auf 70 Prozent steigen. Das bedeutet, die Maßnahmenplanung ist der „Top-Act" der Präsentation. Man ist daher gut beraten, die Präsentation der Maßnahmen gründlich vorzubereiten. Ein Kardinalfehler ist das Vorhaben mancher Präsentatoren, alle Maßnahmen der operativen Umsetzung in Gänze vorzustellen. Zumindest bei größeren Konzepten wird die Vorstellung schnell zur Faktenschlacht, die man am Ende verliert. Je mehr Maßnahmen, je mehr Fakten in die Präsentation gepackt werden, desto schwieriger wird es für die Teilnehmer der Präsentation, das Gesagte zu verarbeiten. Spätestens nach der 12. oder 13. Maßnahme verschwimmt alles, der Überblick geht verloren und beim Auftraggeber keimt Misstrauen auf.

Für uns gibt es nur einen Ausweg. Bei großen Umsetzungsplänen konzentrieren wir uns auf die wichtigen Maßnahmen, auf Highlights und einige herausragende Begleiter. Alles andere lassen wir weg. Ideal ist an der Stelle ein übersichtliches Schaubild, welches das Netz der Maßnahmen strukturiert darstellt. Mit dem Schaubild als Übersichtskarte führen wir durch die Kommunikationsaktivitäten. Auch beim Präsentationsvortrag kann eine Story helfen. Die Darstellung der Maßnahmen bekommt dadurch eine durchgehende Handlung und die Präsentation lässt die Präsentationsteilnehmer die Abläufe der Kommunikation miterleben.

z. B. Ausschnitt aus einem Maßnahmenplan

Unser Kundentreffen – Wir zeigen, dass wir zuhören!

Das Thema

› Die Stärken und Schwächen unseres Kundenservice

Die Ziele

› Wir kommen mit ausgewählten Stammkunden in direkten Kontakt und ins persönliche Gespräch.
› Wir zeigen, dass wir offen für ihre Meinungen, Kritikpunkte und Vorschläge rund um die Kundenservice sind.
› Wir lernen und passen in der Nachbereitung unseren Service entsprechend an. Die Kunden merken, dass sie ernst genommen werden.

› Das Echo des Kundentreffens reicht weit über den Kreis der Treffteilnehmer hinaus. Der gesamte Kundenstamm und viele potenzielle Kunden werden erreicht.

Die Eckdaten

› Ort: Unser Kundenzentrum in der Ecknerstraße
› Termin: Im Frühling nächsten Jahres
› Zeit / Dauer: ca. zwei Stunden an einem Samstagnachmittag
› Teilnehmer: 16 – 20 ausgewählte Kunden

Die Durchführung

Die Veranstaltung wird über Website und Kundenmagazin angekündigt. Die Kunden werden über die Adressen in der Kundendatenbank persönlich eingeladen. Eine Zusage der Kunden ist erforderlich.
Der Kundentreff ist eine exklusive Veranstaltung. Die Geschäftsführung ist anwesend und begrüßt jeden Teilnehmer. Das Programm besteht aus drei Teilen:

› Information der Kunden – über Status und Pläne des Kundenservice
› Offene Diskussion mit den Kunden – mit Erfassung der Ergebnisse auf Pinnwänden
› Lockeres „Get-together" – mit Buletten und Bier im direkten Anschluss

Die gesamte Veranstaltung wird von einem erfahrenen Moderator geleitet, der mit gezielten Interaktionsmethoden dafür sorgt, dass sich alle Teilnehmer am Gespräch beteiligen.
Im Nachgang berichten wir ausführlich via Kundenmagazin und Website über die Ergebnisse und deren Umsetzung. Die Teilnehmer erhalten zusätzlich eine E-Mail, die für die Teilnahme dankt und Bilanz zieht.

Die Erfolgskontrolle

› Alle Teilnehmer füllen einen Evaluierungsbogen aus
› Genaues Protokoll und Auswertung der Gesprächsergebnisse
› Gespräche mit einzelnen Teilnehmern beim Get-together
› Auswertung zum Kundenservice bei der nächsten Kundenumfrage

Last Check: Der integrierte Maßnahmenplan

Es ist geschafft, das Maßnahmensystem steht. Alle Aktivitäten sind detailliert beschrieben und systematisch vernetzt. Die Beteiligten können sich ein umfassendes Bild von der geplanten Umsetzung machen. Zum Abschluss folgt ein letzter Sicherheitscheck, um die Funktionstauglichkeit der Maßnahmen abzusichern:

- **Strategie-Check:** Es wird ein letztes Mal überprüft, ob die Maßnahmen tatsächlich sauber und ohne Bruchstellen in das vorgegebene Strategieraster passen. Vor allem die Kommunikationsziele müssen abgesichert sein. Haben die Maßnahmen genügend Kraft, um die avisierten Ziele zu erreichen?

- **Kultur-Check:** Die Maßnahmen sehen super aus und passen – aber nicht zum Auftraggeber. Der Konzeptioner prüft die Kongruenz zwischen Handlung (Maßnahmen) und Haltung (Auftraggeber). Das Unternehmen hat eine feste Kultur und Philosophie, bestimmte Gewohnheiten und Regeln. Alle Maßnahmen müssen dazu passen, die Mitarbeiter sich wohlfühlen und wiederfinden. Die geplanten Instrumente dürfen nicht als Fremdkörper empfunden werden. Wer einem „old-fashioned" Krawatten-Hersteller einen Rap-Song als Erkennungsmelodie verpassen will, sollte wissen, was er tut. Gegen die etablierte und dominierende Kultur zu verstoßen, ist riskant.

- **Risiko-Check:** Viele Entscheider in Unternehmen scheuen das Risiko. Das Kommunikationskonzept hingegen lebt von neuen Ideen und ungewöhnlichen Aktionen. Beide Seiten sind teilweise nur schwer vereinbar. Je innovativer eine Maßnahme, desto größer ist die Risikowahrscheinlichkeit, dass die Zielgruppen anders als erwartet reagieren oder dass in der Realisierung Pannen passieren. Zwar fordern alle Auftraggeber die superkreative Idee, aber gleichzeitig soll sie hundertprozentig sicher sein. Wir checken, ob die Risikobereitschaft des Auftraggebers überfordert wird. Wenn ja, dann bessern wir nach oder überlegen uns gute Argumente für die Präsentation.

- **Overload-Check:** Oft sind Maßnahmensysteme überladen. Im Check stellt man fest, dass zu viele Maßnahmen zusammengekommen sind. Alle machen Sinn, allerdings machen alle auch Arbeit und irgendwer muss die Arbeit später übernehmen. Hinzu kommt das komplexe Maßnahmensysteme für den Auftraggeber schwer zu überblicken und damit schwer verständlich sind. Ein Zuviel an Maßnahmen erzeugt schnell Widerstand. Als skeptischer und vorsichtiger Mensch denkt man sich: „Wie sollen wir das alles umsetzen?" Die Konzeptionsbeteiligten prüfen, ob das Maßnahmensystem überladen ist und nehmen Straffungen vor, ohne damit die Kommunikationswirkung zu gefährden.

- **Realitäts-Check:** Wir hatten bereits darauf hingewiesen: Manche Maßnahmen sind gut gedacht, jedoch in Wirklichkeit nicht umsetzbar. Man ist zu optimistisch oder zu flüchtig an die Planung gegangen, aber jetzt beim Realitäts-Check fällt auf, dass es da den einen oder anderen Haken gibt. Es macht wenig Sinn, dem Auftraggeber Luftschlösser zu bauen und Versprechungen zu machen, die sich am Ende nicht einhalten lassen. Sollte sich in der Umsetzung herausstellen, dass einige Maßnahmen der Realität nicht Stand halten, dann wird das Vertrauensverhältnis zwischen Konzeptioner und Auftraggeber gründlich gestört. Nach einem negativen Check-Ergebnis muss nicht unbedingt die gesamte Maßnahme aus dem Konzept genommen werden, oft reicht es aus, die Dimensionen auf ein praktikables Maß zu reduzieren.

› **Ideen-Check:** Wir haben eingehend über die Bedeutung von Kreativität bei der Planung von Maßnahmen geschrieben. Gelegentlich haben wir als Konzeptionierende wenig Zeit, in der Maßnahmenplanung muss es schnell gehen und die zündenden Ideen wollen sich nicht einstellen. Am Ende ist das Maßnahmensystem korrekt, die Pflicht wurde erfüllt, aber es fehlen das Überraschungsmoment und die kreative Initiative. Der Ideen-Check darf das nicht durchgehen lassen. Fehlen gute Ideen, dann wird das Maßnahmensystem auf alle Fälle nachgebessert.

› **Nachhaltigkeits-Check:** Die Maßnahmen machen jede Mode mit und liegen voll im Trend, aber nach kurzer Zeit ist der Trendeffekt verbraucht und die Kommunikationswirkung erlahmt. Ein wirksames Kommunikationssystem darf nicht schnelllebig sein, es muss dauerhafte Qualitäten haben. Zur Strategie gehören langfristige Ziele und die Maßnahmen bekommen diese langfristige Perspektive als Leitstrahl mit auf den Weg. Das heißt nicht, dass jede einzelne Maßnahme nachhaltig sein muss, auch „kurze, helle Feuerwerke“ können im Kontext gesehen ihre Berechtigung haben. Beim Check geht es vielmehr darum, dass das Zusammenspiel der Maßnahmen nachhaltig ist und das gesamte System Bestand hat.

› **Konkurrenz-Check:** Die Idee mit der „längsten Wäscheleine der Welt“ ist genial, nur leider hat die Konkurrenz A die Idee vor drei Jahren bereits umgesetzt. Auch die Idee mit der „Rooftop-Party für unsere Premium-Kunden“ passt zum Unternehmen, nur leider veranstaltet der Konkurrent B ebenfalls eine Rooftop-Party und macht dafür viel Werbung. Der Konkurrenz-Check überprüft, welche Maßnahmen die wichtigen Mitbewerber einsetzen und verhindert, dass Doubletten entstehen. Nicht alle Aktivitäten müssen konkurrenzlos sein, das wäre zu viel verlangt. Aber die Highlights der operativen Umsetzung sollten sich absetzen. Ist die Nähe zu groß und besteht Verwechslungsgefahr, müssen wir die entsprechende Maßnahme entweder verändern oder austauschen.

Instrumente der Kommunikation

Der Fundus der Mittel und Maßnahmen, aus dem die Unternehmens- und Marketingkommunikation schöpfen kann, wird immer größer. Sogar für erfahrene Branchenexperten ist es schwer geworden, die Vielfalt der Instrumente und Einsatzmöglichkeiten zu überblicken, für Anfänger erscheint das fast unmöglich. Als Orientierungshilfe stellen wir auf den nächsten Seiten die wichtigen Kommunikationsbereiche mit ihrem Instrumentarium dar. Das Ergebnis ist ein schlaglichtartiger Überblick, auf Einzelheiten wurde bewusst verzichtet, um den Rahmen unseres Konzeptionsbuchs nicht zu sprengen. Wer mehr wissen will, dem seien die zahlreichen Fachbücher empfohlen, die es zu allen Fachbereichen der Kommunikation gibt und die ausführlich auf die Feinheiten eingehen. In den Quellen und im Literaturverzeichnis weisen wir auf einige der Bücher hin.

Unsere Reise durch die Welt der integrierten Kommunikation beginnt mit der Werbung, die jahrzehntelang die Kommunikation klar dominiert hat und auch heute noch zu den wichtigen Disziplinen gehört.

Werbung

Früher war die klassische Werbung unbestritten die Königsdisziplin der Kommunikation. Bei den meisten Unternehmen machte sie weit mehr als die Hälfte des Kommunikationsetats aus. Doch in den letzten Jahren hat die Werbung viel Konkurrenz bekommen und an Einfluss verloren. Immer mehr Etatmittel fließen inzwischen in andere Felder der Kommunikation wie Online, Social Media, Event oder Sponsoring. Aber auch innerhalb der Werbung gibt es erhebliche Gewichtsverlagerungen. Vor allem die Online-Werbung gewinnt an Bedeutung für die operative Kommunikationsplanung und vergrößerte ihren Anteil an den Etats. Auf der anderen Seite verlieren vor allem die lokalen und überregionalen Tageszeitungen erheblich an Auflage und Anzeigenumsatz. Sie werden von den jungen Zielgruppen kaum noch genutzt und wenn ja, dann nur sehr selektiv. Neue Nutzungsgewohnheiten im TV – durch Streamingdienste und zeitversetztes Fernsehen – führen auch beim Werbezugpferd Nummer 1, dem Fernsehen, zu gravierenden Veränderungen. Jedoch gilt nach wie vor: Ohne die klassische Werbung geht es bei vielen Kommunikationsaufgaben nicht. Zum Beispiel würde der Aufbau von Markenbekanntheit und -image ohne angemessenen Werbedruck kaum gelingen. Auch für die Übermittlung zugespitzter emotionaler Botschaften bleibt die Werbung essenziell. Zur Ansprache nutzt sie:

› die visuelle und verbale Gestaltung der Werbemittel
› die Wahl der richtigen Werbeträger / Medien

› den gezielten zeitlichen Einsatz
› und die ständige Wiederholung der Botschaften.

Werbung eignet sich nicht für komplexe Information und komplizierte Argumentation. Beachtungsintensität und -dauer sind zu gering. Gute Werbung ist folglich keine Kopfgeburt, sondern geht über das Bauchgefühl. Ihre Stärke ist die Persuasion durch kreative Zuspitzung. Ob sie nun online als viraler Spot oder offline auf einem Werbeplakat platziert wird – wirksame Werbung fällt ins Auge und löst in den Köpfen sofort einen Aha-Effekt aus. Sie macht Spaß, überrascht, fasziniert visuell und mitunter provoziert sie sogar. Nur langweilen darf sie nie.

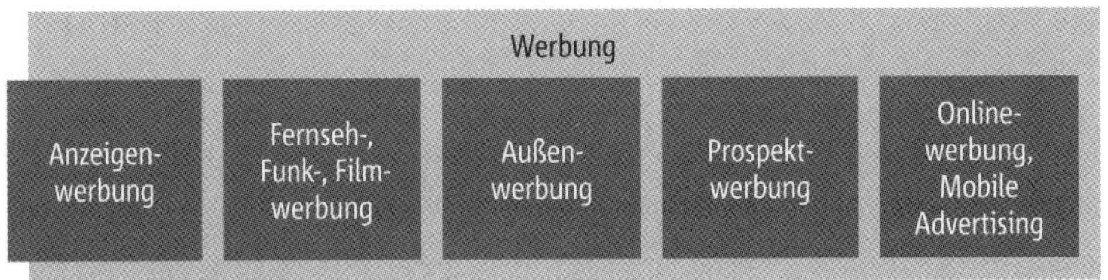

Abbildung 88: Die Bereiche der Werbung

Die klassische Werbung war einmal die unangefochtene Königsdisziplin der Kommunikation. Im Laufe der letzten 20 Jahre hat sie erheblich an Bedeutung verloren.

Das Instrumentarium der klassischen Werbung unterteilt sich in fünf große Kategorien, die sich im Einsatz der Werbeträger unterscheiden:

› **Anzeigenwerbung:** Dazu zählen Anzeigen vom kleinen Zeilenstopper bis zur mehrseitigen Anzeigenstrecke in Tageszeitungen, Anzeigenblättern, Publikumszeitschriften und Fachmagazinen. Auch Beilagen und Beihefter in den Printmedien rechnet man in die Kategorie. Eine Sonderform stellen Advertorials dar, die Anzeigen in das Format eines redaktionellen Berichts bringen und so höhere Glaubwürdigkeit erzielen.

› **FFF-Werbung:** Hier ordnen sich Werbespots in Film, Funk und Fernsehen ein. Verstärkt gewinnen Sonderwerbeformen wie z.B. Werbepatronate oder „Infomercials“ an Bedeutung. Durch die Digitalisierung der Medien verschmilzt die FFF-Werbung mehr und mehr mit der Online-Werbung.

› **Außenwerbung:** Neben Plakaten in allen nur denkbaren Größen und Formaten gehören zur Außenwerbung („Out of Home Media") Verkehrsmittelwerbung sowie Bahnhofs- und Flughafenwerbung. Auch die Bandenwerbung in Stadien und Sporthallen rechnet man in diese Kategorie. Die Zukunft der Außenwerbung ist digital. Auf Flughäfen, Bahnhöfen und anderen Standorten mit hoher Publikumsfrequenz werden zunehmend digitale Infoscreens mit bewegter Werbung aufgestellt.

- **Prospektwerbung:** Zum „täglichen Brot“ der klassischen Werbung gehören seit jeher die Gestaltung, Produktion und Streuung von Broschüren, Prospekten, Flyern, Foldern, Leporellos, Katalogen, Pocket Guides, etc.

- **Online-Werbung / Mobile Advertising:** Neu hinzugekommen und stark gewachsen ist in den vergangenen Jahren die Online-Werbung. Geworben wird auf den Online-Präsenzen klassischer und neuer Medien, über Social-Media-Kanäle und Suchmaschinen. Die Angebotspalette reicht von der Banner- bis zur Pop-up-Werbung, von Content Ads (Banner im redaktionellen Umfeld) bis zum Branded Content (Erzählen und Unterhalten vor dem Hintergrund der Marke). Ein Vorteil für die Werbetreibenden liegt im sogenannten „Targeting“, der gezielten Ansprache von Zielgruppen nach vorgegebenen demografischen Merkmalen. Vorteilhaft ist zudem die präzise Messbarkeit der Nutzerreaktionen z.B. über Klick- oder Konversionsraten. Immens an Gewicht gewinnt das Mobile Advertising über mobile Endgeräte wie Tablets und Smartphones.

Das Problem in allen Kategorien der Werbung ist der „Communication Overload“. Es ist schwer geworden, über werbliche Maßnahmen die Aufmerksamkeit der Zielgruppen zu stimulieren. Dazu braucht es gute aufmerksamkeitsstarke Ideen und einen hohen Werbedruck mit entsprechend hohen Etats. Große Unternehmen in Deutschland investieren teilweise dreistellige Millionenbeträge in ihre Werbeaktivitäten. Andererseits müssen kleine Unternehmen, die nur wenig Geld in eine Werbekampagne stecken können, erleben, wie ihre Anzeigen, Spots oder Plakate aufgrund des geringen Werbedrucks immer mehr an Wirkung verlieren.

Vorteile der Werbung:

- **Breitenwirkung:** Über Werbemittel und -träger lässt sich massiv und mit hoher Reichweite kommunizieren. Wer Reichweite braucht und in kurzer Zeit einen hohen Kommunikationsdruck und eine hohe Intensität aufbauen will, kann auf Werbung nicht verzichten. Hochdosierte Werbung schafft Bekanntheit, kostet allerdings auch viel Geld.

- **Emotionaler Gehalt:** Gute Werbung stimuliert die Gefühle und macht Spaß. Mit Werbung lassen sich Markenwelten emotional aufladen und kommunizieren.

- **Form und Inhalt bestimmbar:** Bild und Text, Farbe und Form des Werbeauftritts können – innerhalb der technischen Möglichkeiten des jeweiligen Werbeträgers – genau bestimmt und gesteuert werden. Der Werbende hat die volle Kontrolle über die zu transportierenden Inhalte und ihre Form.

- **Zeitlicher Einsatz steuerbar:** Der Werbende hat nicht nur die Inhalte unter Kontrolle. Er bestimmt auch den Zeitpunkt und die Zeitdauer seiner Werbung – wiederum innerhalb der Möglichkeiten des Werbeträgers – z. B. den Erscheinungsintervallen von Printmedien oder dem zyklischen Wechsel von Plakatwerbung.

Nachteile der Werbung:

- **Atomisierung der Werbewirkung:** Auf allen Kanälen, aus allen Richtungen flutet die Werbung, es nimmt kein Ende. Die Zielgruppen drohen darin zu ertrinken und schotten sich ab, sodass die Mehrzahl der Werbeimpulse ins Leere läuft. Es ist inzwischen hoher medialer und finanzieller Kraftaufwand erforderlich, um die nötige Werbewirkung zu erzeugen.

- **Hohe Werbekosten:** Werbung darf nicht plätschern. Sie funktioniert nicht auf der Basis von „Klein-Klein". Wer mit Werbung etwas bewegen will, muss erhebliche Etatmittel in die Hand nehmen, um den entsprechenden Kommunikationsdruck zu erzeugen. Zwar gab es vor einiger Zeit einen Trend, der „Moskito-Marketing" proklamierte und versprach, mit wenig Werbegeld viel zu bewegen, allein der große Durchbruch blieb diesem Trend verwehrt.

- **Wenig Information:** Werbung kann in der Regel nur wenige Informationen transportieren. Wer seine Werbung inhaltlich überfrachtet, riskiert die Werbewirkung. Erklärungsbedürftige Produkte und komplexe Themen lassen sich nur schwer kommunizieren. Erschreckend ist in dem Zusammenhang eine Studie, die feststellt, dass die Zielgruppen eine Anzeige durchschnittlich zwei Sekunden beachten, bei ganzseitigen Anzeigen in großen Publikumszeitschriften aber eine Beachtungsdauer von 40 Sekunden erforderlich ist, um den Inhalt zu erfassen.[111]

- **Wiederholung notwendig:** Werbeimpulse sind in der Regel oberflächlich und flüchtig. Deshalb lebt Werbung durch stete Wiederholung. Die Botschaft muss immer wieder vermittelt werden und eine hohe Kontaktintensität erzeugen. In der Regel gilt: Erst dann, wenn die Botschaft den Beteiligten im Unternehmen längst zum Hals heraushängt und beinahe schon wehtut, ist die Botschaft bei der Zielgruppe angekommen.

Public Relations

Unternehmen sind nicht nur als Produkt- oder Dienstleistungsproduzenten tätig, in einer vernetzten Welt sind sie immer auch als Kommunikationsproduzenten gefordert. Jedes Unternehmen steht in der Öffentlichkeit und ist abhängig vom Meinungsbild der relevanten Stakeholder. Aufgabe der PR ist es, durch Kommunikationsmaßnahmen um Vertrauen zu werben und ein starkes und seriöses Image aufzubauen. Die zentrale Voraussetzung hierfür ist die Glaubwürdigkeit. Erst eine glaubwürdige PR erzeugt langfristig das Vertrauen, das ein Unternehmen benötigt, um bei Verbrauchern, Geschäftspartnern und anderen Zielgruppen stabile Beziehungen zu etablieren. Für eine glaubwürdige PR braucht es drei Zutaten: transparente Information, offener Dialog und eine nachvollziehbare, griffige Argumentation. Gerade, wenn es um komplizierte Herstellungsprozesse oder konfliktbehaftete Themen geht, lässt sich Glaubwürdigkeit nur durch die richtige Dosierung der drei Zutaten herstellen.

Im Gegensatz zur schnelllebigen Werbung spielen in der PR Kontinuität und langfristige Orientierung eine tragende Rolle. Eine kluge Strategie über mehrere Jahre ist das Rückgrat der PR. Wer PR nur als Kurzfrist-Maßnahme und Schönwetter-Kommunikation begreift, die situativ in Erscheinung tritt, wenn es tolle News zu vermelden gibt, und sich abschottet, wenn es einmal nicht so gut läuft, wird bei kritischen Stakeholdern – Medien wie Kunden – kaum auf Wohlwollen stoßen. Gleichzeitig muss die PR schnell und flexibel sein. Sie muss in der Lage sein, sofort zu reagieren und angemessen zu kommunizieren. Wenn es die Umstände erfordern, dann liegen zwischen Problemerkennung und PR-Aktion nur Minuten.

Die Botschaften der PR stehen fest auf dem Boden der Tatsachen. Wer kommuniziert, ohne seine Botschaften mit Fakten belegen zu können, produziert Fantasiegebilde, die auf Dauer weder geglaubt noch akzeptiert werden. Daher ist und bleibt der beste PR-Leitspruch: „Walk as you talk – Lass deinen Worten Taten folgen!“ An diesem Anspruch muss sich die gesamte PR-Arbeit eines Unternehmens messen lassen.

Die Public Relations ist zurzeit einer hohen Entwicklungsdynamik unterworfen. Die Entwicklung geht weg von der klassischen Presse- und Öffentlichkeitsarbeit hin zum modernen Kommunikationsmanagement, bei dem die PR als zentrale Steuerungs- und Planungsfunktion unterschiedlichste Kommunikationsdisziplinen koordiniert. In den letzten Jahren haben sich im Kompetenzbereich der PR neue Kommunikationsdisziplinen wie Public Affairs oder Investor Relations angesiedelt, die diese zentrale Funktion untermauern.

Auch außerhalb des eigenen Kompetenzbereichs ist die PR kein Einzelkämpfer, sondern echter Teamplayer. Sie kooperiert mit allen anderen Disziplinen, die für die Innen- und Außendarstellung des Unternehmens wichtig sind. Dazu gehört die enge Zusammenarbeit mit der Eventkommunikation, denn viele Event-Anlässe sind hervorragende PR-Themen. Oder die Verzahnung mit der internen Kommunikation, denn ohne eine Verankerung in der Mitarbeiterschaft verlieren PR-Themen ihre Überzeugungskraft. Eine wichtige neue Herausforderung der PR ist die zunehmende Digitalisierung mit der Herausbildung von Aufgaben wie Online Relations oder Social Media Relations, die neue Perspektiven für die PR eröffnen und ganz neue Kompetenzen erfordern.

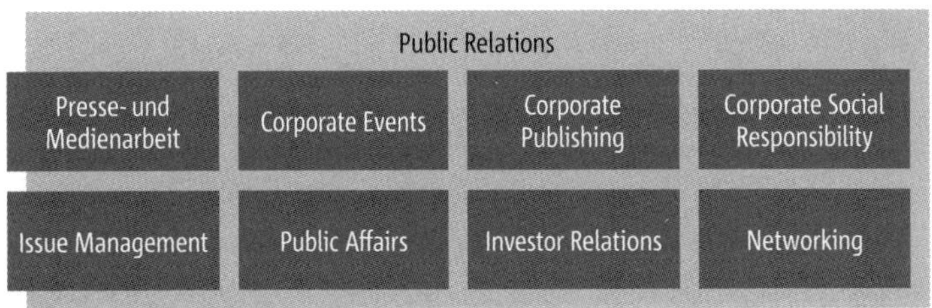

Abbildung 89: Bereiche der Public Relations

Die Orchestrierung der PR ist vielschichtiger und anspruchsvoller geworden. In der Praxis liegt der Schwerpunkt in den meisten Unternehmen aber nach wie vor auf der klassischen Presse- und Medienarbeit.

Wenn wir im Folgenden die wichtigen Instrumente und Disziplinen der PR im Überblick vorstellen, stellt das nur einen Zwischenstand dar, zu dynamisch ist die aktuelle Entwicklung. Zur Public Relations gehören zurzeit:

› **Presse- und Medienarbeit („Media Relations"):** Sie ist traditionell das Herzstück der PR. Zur Medienarbeit gehören bewährte Standardinstrumente wie Pressemitteilung, Pressekonferenz, Pressegespräch, Pressemappe, Pressefotos oder Redaktionsbesuche. Hinzu kommt als zweites Standbein die individuelle Medienarbeit. Hier kommuniziert die Presseabteilung nicht mehr breit wie bei den Standardmaßnahmen, sondern schneidet Aktivitäten individuell auf einzelne Medien zu. In diesen Bereich gehören Medienpartnerschaften, bei denen Unternehmen Kooperationen mit Medien eingehen, um z.B. gemeinsam eine Veranstaltungsreihe durchzuführen. Erwähnenswert ist auch die exklusive Pressearbeit, bei der bestimmte Themen oder Interviews exklusiv an interessierte Medienvertreter vermittelt werden.

› **Veranstaltungen („Corporate Events"):** Corporate Events nennt man alle Veranstaltungsarten, die keinen Verkaufscharakter haben und in der Hauptsache Image- oder Informationsziele verfolgen. Dazu zählen z.B. Tag der offenen Tür, Jahreshauptversammlung, Kongress, Symposium,

Festakt und Betriebsfest. Corporate Events haben fast immer Nachrichten- und Neuigkeitswert und können folglich gut mit Pressearbeit gekoppelt werden. Zudem lassen sich Corporate Events hervorragend zu Dialog und Interaktion mit den relevanten Zielgruppen nutzen.

› **Publikationen („Corporate Publishing"):** Das Unternehmen veröffentlicht redaktionelle Publikationen, die Image und Informationscharakter haben und nicht primär dem Verkauf dienen. Gemeint sind nicht nur Print-Materialien, sondern auch redaktionelle Film-, Ton-, TV- und Online-Beiträge. Zum Printspektrum gehören z.B. Imagebroschüren, Geschäftsberichte, Unternehmensmagazine, Fallstudien und Marktanalysen. Das Digitalspektrum besteht z.B. aus Corporate Website, E-Newsletter, Blogs, Podcasts oder Imagevideos.

› **CSR („Corporate Social Responsibility"):** Von allen Unternehmen wird heutzutage die Übernahme gesellschaftlicher Verantwortung erwartet. Während CSR in der Vergangenheit für viele Unternehmer und Vorstände lediglich eine Alibi-Funktion hatte, wird sie heute mehr und mehr zu einer ernstzunehmenden moralischen Instanz. Ein für die PR besonders wichtiger Bereich der Corporate Social Responsibility stellt das Corporate Citizenship dar. Das Unternehmen versteht sich als „guter Bürger" und tritt entsprechend sozial und solidarisch auf. Zum Beispiel übernimmt das Unternehmen Fördermitgliedschaften in gemeinnützigen Vereinen oder die Mitarbeiter des Unternehmens engagieren sich neben ihrer eigentlichen Arbeit für soziale, ökologische oder kulturelle Belange („Corporate Volunteering"). Häufig ist CSR eng mit dem Bereich Sponsoring verzahnt.

› **Risiko- und Chancen-Kommunikation („Issue Management"):** Dazu zählen alle Strategien und Instrumente der Kommunikation, die der Vorbereitung auf mögliche Kommunikationskrisen dienen oder die Change-Prozesse in Unternehmen begleiten. Die erste Achse des Issue Managements ist das Themenmonitoring, bei dem positive oder negative „Issues" möglichst frühzeitig erkannt und eingeordnet werden. Daran schließt sich als zweite Achse das Themenmanagement an, das „Issues" in entsprechende Kommunikationsaktivitäten umsetzt. Im Kontext des Issue-Managements wird präventiv agiert. Man wartet nicht bis das Risiko eintritt oder die Krise durchschlägt, vielmehr hält man schon adäquate Mittel und Maßnahmen in der Reserve – z.B. präventive Medientrainings, Krisenablaufpläne, vorbereitete Pressemitteilungen, Statements oder Websites (sogenannte „Dark Sites").

› **Politische Kommunikation („Public Affairs"):** Zur politischen Kommunikation von Unternehmen gehört in zentraler Stellung das Lobbying, mit dem erklärten Ziel möglichst gute Beziehungen zu den relevanten Stellen und Gremien in Politik und Verwaltung aufzubauen. Dazu werden PA-Instrumente wie Parlamentarische Abende, Hintergrundgespräche, Positionspapiere und öffentliche Stellungnahmen eingesetzt.

› **Finanzkommunikation („Investor Relations"):** Für börsenorientierte Unternehmen ist Investor Relations eine lebenswichtige Funktion. Die Unternehmen haben meist eine eigene Fachabteilung, die sich nur mit den entsprechenden Aufgaben beschäftigt. Ziel der IR ist die Information und Beziehungspflege in Richtung aller vorhandenen und potenziellen Investoren, sowie Finanzmedien, Experten und Analysten. Zu den Instrumenten der IR gehören vorgeschriebene Pflicht-Aufgaben wie Jahresberichte, Quartalsberichte, Gewinnwarnungen, Hauptversammlungen. Dazu kommen frei gestaltbare Kür-Aufgaben wie Roadshows, Präsentationen, Firmenführungen für Aktionäre, Kamingespräche mit dem Vorstand und vieles mehr.

› **Beziehungspflege („Networking"):** Unter Networking versteht man den Aufbau und die Pflege eines gesellschaftlichen, wirtschaftlichen und politischen Beziehungsgeflechts am Standort, im Land oder in der Branche. Networking ist zu einem großen Teil persönliche Kommunikation, bei der vor allem der Vorstand und die Führungskräfte gefragt sind. Es gehört einfach dazu, die richtigen Leute zu kennen, in wichtigen Clubs Mitglied zu sein, angesagte Projekte zu fördern oder auch Vorträge innerhalb der eigenen Fach-Community zu halten.

› **PR im Netz („Online Relations"):** Unter Online Relations fasst man alle Methoden und Instrumente zusammen, die der Information, dem Dialog und dem Aufbau von Zielgruppenbeziehungen über Internet, Intranet und Mobile dienen. Dabei wird nicht mit werblichen Mitteln, sondern nach den redaktionellen Prinzipien der PR gearbeitet. Die Instrumente gehen von der Online-Pressemitteilung und die Erstellung von E-Newslettern bis zur Redaktion von E-Magazinen und die Durchführung von Online-Pressekonferenzen.

Vorteile der PR:

› **Komplexe Themendarstellung:** Im Gegensatz zur Werbung lassen sich mit PR komplexe inhaltliche Zusammenhänge darstellen und vermitteln. Das ist ein entscheidender Vorteil, wenn es darum geht, Themen und Produkte mit hohem Erklärungsbedarf zu kommunizieren.

› **Nachhaltige Wirkung:** Public Relations plant strategischer und langfristiger als andere Kommunikationsdisziplinen. Es wird Wert auf das systematische Vermitteln von Botschaften und Themen gelegt. Der Aufbau und die Pflege von Unternehmensimages erfolgt kontinuierlich über mehrere Jahre.

- **Personelle Profilierung:** PR ist nicht Überredungs- („Persuasion"), sondern Überzeugungskunst. Genutzt werden unterschiedliche Überzeugungstechniken wie Rede, Präsentation, Diskussion oder Sachinformation. Dabei spielen Personen eine zentrale Rolle. Man sagt auch, dass PR „People Business" sei. Das gilt vor allem für die oberste Führungsebene. Geschäftsführung und Unternehmensvorstände können im Rahmen des „CEO-Positioning" in der Öffentlichkeit via PR überzeugend platziert werden. Dagegen kann die Werbung den Aufbau eines persönlichen Dialogs nur eingeschränkt leisten.

- **Höhere Glaubwürdigkeit:** Ein wichtiger Mechanismus der PR ist es, die Botschaften nicht direkt, sondern über Medien und Multiplikatoren zu transportieren. Die externen Botschafter bekommen eine höhere öffentliche Aufmerksamkeit und besitzen eine höhere Glaubwürdigkeit. Die Unterstützung durch neutrale Dritte setzt einen „Booster" in Gang, der wesentlich mehr bewirkt als die direkte Kommunikation des Unternehmens über Anzeigen, Plakate oder Werbebriefe.

- **Vielseitige Begleitfunktion:** PR lässt sich hervorragend als flankierendes Instrument für Werbekampagnen, Promotion-Aktionen, Events und andere Kommunikationsaktivitäten einsetzen. Sie erläutert und gibt ergänzende Hintergrundinformationen. Sie nutzt den Nachrichtenwert der Aktivitäten und trägt ihn nach außen.

- **Effizienter Einsatz:** PR lässt sich auch mit kleinen Etats erfolgreich gestalten. Von manchen Auftraggebern wird sie als die preisgünstigere Variante der Werbung gesehen. Das ist eine gefährliche Sichtweise, denn Werbung und PR verfolgen unterschiedliche Kommunikationsziele und nutzen unterschiedliche Wege zum Ziel. Eins ist jedoch richtig: Eine druckvolle PR-Aktion kann mit wesentlich weniger Aufwand gestaltet werden, als eine vergleichbar wirksame Werbeaktion. Allerdings nur, wenn das Thema stimmt und ein entsprechend hohes öffentliches Interesse besteht.

Nachteile der PR:

- **Begrenzte Steuerbarkeit der Inhalte:** Die Vermittlung von Botschaften und der Umfang der Berichterstattung können in vielen Bereichen der PR nur bedingt gesteuert werden. In der Medienarbeit liegt es ausschließlich beim Medium, ob und wie ein Thema in die Berichterstattung kommt. Die PR muss mit dem Risiko leben, dass manche Inhalte ungehört verhallen oder in der Medienberichterstattung von der geplanten Linie abweichen und ein mediales Eigenleben führen.

- **Mangelnde Wiedergabe des Erscheinungsbilds:** Die PR kann Marken-, Design- und Bilderwelten nur eingeschränkt transportieren. Medien und Multiplikatoren entscheiden, ob sie Logo, Slogan, Key Visual oder Markendesign abbilden – und oft entscheiden sie sich dagegen. Selbst wenn es einem Unternehmen gelingt, mit einem Thema in den Medien von sich reden zu machen, bedeutet das noch lange nicht, dass der Unternehmensname in den Artikeln genannt und das Unternehmenslogo abgebildet wird.

- **Wenig Kontrolle des Timings:** Die PR-Abteilung hat nur eingeschränkte Kontrolle in Bezug auf die zeitlichen Abläufe der Kommunikation. Medien und Multiplikatoren kommunizieren das Thema, wann und wie lange sie wollen. Die Veröffentlichung kann zügig, aber auch mit erheblich zeitlicher Verzögerung passieren. Eine lange Laufzeit ist nicht zu erwarten, denn Neuigkeiten halten sich in unserer modernen Mediengesellschaft nicht lange frisch.

- **Problem der Bilanzierbarkeit:** Der Erfolg von Public Relations lässt sich nur schwer in einen Return on Investments (ROI) – also in einen messbaren Beitrag der PR zum Unternehmensumsatz – fassen. Image, Reputation, politische Klimapflege sind relativ abstrakte Größen, die sich nicht direkt in Umsatzzahlen und Marktanteilen niederschlagen. Es mangelt an schnellen Erfolgen und harten Zahlen. Die PR muss sich deshalb bisweilen von Kritikern in Unternehmen des Vorwurfs der Geldverschwendung bezichtigen lassen.

Verkaufsförderung

Die Verkaufsförderung wird auch kurz „VKF“ oder englisch „Sales Promotion“ genannt. Sie unterstützt mit ihrem Instrumentarium den Vertrieb und Verkauf eines Produktes oder einer Dienstleistung. Der traditionelle Schwerpunkt der VKF liegt auf dem Verkaufsort, dem „Point of Sale“ oder kurz: „PoS“. Moderne Sales Promotion geht mittlerweile weit über den Verkaufsort hinaus und umfasst alle Aktivitäten im öffentlichen Raum wie Roadshows, Infostände, Probenverteilung oder Abonnentenwerbung durch speziell geschulte Promotion-Teams.

Die Verkaufsförderung gehört neben Werbung und PR zum „Urgestein“ der Kommunikation. Allerdings ist wie für Werbung und PR auch für die Verkaufsförderung das Terrain in den letzten Jahren komplizierter geworden. Deckenhänger, Aufsteller, Regalstreifen und andere klassische VKF-Mittel am PoS lassen sich heutzutage nur noch schwer platzieren. Der Handel blockt ab oder stellt harte Vorbedingungen. Hinzu kommt, dass in den vergangenen

Jahren der Discounthandel stark an Boden gewonnen hat und dieser Handelsbereich ist durch die reduzierte Ausstattung seiner Verkaufsräume relativ VKF-resistent. Auch die einst so beliebten Motivationsveranstaltungen für Händler finden immer weniger Resonanz, denn der Handel wird damit regelrecht überfüttert. In manchen Branchen gibt es fast jeden Monat irgendeine Veranstaltungseinladung und der Handel pickt sich nur noch die Rosinen heraus. Viele Handelsunternehmen haben zudem einen Verhaltenskodex („Code of Conduct") eingeführt, der eine Annahme von geldwerten Vorteilen und die Teilnahme an Veranstaltungen starken Beschränkungen unterwirft. Ganz neue Herausforderungen für die VKF erwachsen durch den Boom des Online-Shoppings und die Zunahme von Lieferservices, die jegliche Form von Waren und Lebensmitteln direkt nach Hause bringen.

Grundsätzlich gilt: Wer sich mit seinem Kommunikationskonzept in den VKF-Bereich vorwagt, sollte unbedingt Spezialisten als Lotsen mit auf den Weg nehmen, die sich in den jeweiligen Branchen und Märkten gut auskennen und wissen, was geht und wie es geht. Allzu viele gut gemeinte VKF-Aktionen sind in den letzten Jahren mit großem Aufwand gestartet, aber machten eine Bruchlandung. Der Handel zeigte ihnen die kalte Schulter.

Abbildung 90: Die Bereiche der Verkaufsförderung

Die Verbraucherpromotion am PoS ist schwierig geworden. Viele Händler akzeptieren entsprechende Maßnahmen nicht mehr. Die aufwendig produzierten Deckenhänger oder Thekendisplays landen nicht selten im nächsten Müll-Container.

Das Terrain der Verkaufsförderung unterteilt sich in vier Aktionsfelder, die sich auf die unterschiedlichen Akteure in Vertrieb und Verkauf konzentrieren:

› **Verbraucherpromotion:** Im Blickpunkt der „Consumer Promotion" stehen die Endverbraucher, die direkt angesprochen werden. Zu den gängigen Promotionsmaßnahmen für diese Zielgruppe zählen Zugaben, Produktproben, Promotionsstände, Roadshows, Preisausschreiben und vor allem spezielle Preisaktionen.

› **Händlerpromotion:** In Richtung der Händler gehen die Unternehmen nicht über Quantität, sondern über die Qualität der VKF-Maßnahmen. Es werden wenige Maßnahmen eingesetzt, die Klasse haben. Die Händlerpromotion reicht von Bereitstellung von Displaymaterial (Deckenhänger, Thekenaufsteller u. a.) über Händlertrainings, Motivationswettbewerbe und „Incentives“ (Belohnungsmaßnahmen) bis hin zur individuellen Beratung einzelner Handelspartner im Sinne eines qualifizierten Consultings.

- **Vertriebspromotion:** Hier rückt der eigene Außendienst des Unternehmens ins Visier. Das ADM-Team wird in Veranstaltungen informiert, motiviert und geschult, es bekommt unterstützende Instrumente für die Arbeit an der Verkaufsfront, wie z. B. „Sales-Folder“ (Verkaufsmappen) oder „Give-aways“ (Kundengeschenke). Durch besondere Wettbewerbe und Bonusprogramme wird der Außendienst zusätzlich motiviert, für hohe Verkaufsabschlüsse zu sorgen.

- **Onlinepromotion:** Zur Steigerung von Bekanntheit aber auch zur Bindung von Kunden und Interessenten im Internet setzen Unternehmen zunehmend auf die Online-Promotion. Dazu zählen der Aufbau von Kunden-Communities oder das Online-Empfehlungsmanagement. Eine wichtige Rolle spielen auch Online-Gewinnspiele, Online-Coupons und Online-Rabattaktionen. Durch QR-Codes (Für Smartphones lesbare Codes auf Displays, Plakaten etc.), NFC-Systeme (Datenübertragung im Nahbereich), iBeacons (Neuer Standard für die Navigation per Smartphone in geschlossenen Räumen – z. B. Verkaufsräumen) oder Augmented Reality (Vermischung von realer und virtueller Welt) entstehen ganz neue faszinierende Promotionsmöglichkeiten, die Online und Offline miteinander koppeln.

Verkaufsförderungsmaßnahmen sind meist taktischer Natur. Sie sind aktionsgetrieben und greifen kurzfristig für ein paar Wochen. Die Maßnahmen stehen nicht isoliert, sondern werden mit anderen Kommunikationsaktivitäten gekoppelt. Der Regalstreifen und die temporäre Zweitplatzierung für die neue Familienpackung eines Konsumprodukts werden beispielweise durch entsprechende Produkt-PR und gezielte Anzeigenwerbung flankiert.

Bei allen Aufgaben der Verkaufsförderung arbeiten die Kommunikationsleute eng mit dem Vertrieb zusammen, der einen hohen Einfluss auf die konzeptionelle Planung hat. Gegen seinen Widerstand geht nichts. Das Verhältnis zwischen Vertrieb und Kommunikation ist oft angespannt, denn der Vertrieb ist geprägt vom „Hard Selling“ – vom harten Verkauf. Manche kreative VKF-Idee der Kommunikationsabteilung wird als Spinnerei abgelehnt. Oftmals haben die Vertriebsleute selbst schon genaue Vorstellungen, wie die Promotionsaktivitäten gestaltet werden und welche Instrumente zum Einsatz kommen könnten. Diese Vorstellungen werden von uns Konzeptionern aufgenommen, geprüft und im Konzept weiterverarbeitet.

Vorteile der Verkaufsförderung:

- **Schnelle Wirksamkeit:** Eine gute Promotion ist wie eine belebende Traubenzuckerspritze für den Verkauf. Sie wirkt sofort und bringt einiges in Bewegung, allerdings nur für einen begrenzten Zeitraum.

- **PoS-Nähe:** Die Verkaufsförderung hat ihren Haupteinsatzort unmittelbar am Verkaufsort und damit genau dort, wo die Kaufentscheidungen gefällt werden. Die VKF wirkt auf den letzten Metern vor dem Kauf und trifft die Zielgruppe in den Sekunden vor der Kaufentscheidung.

- **Erschließung neuer Zielgruppen:** VKF-Maßnahmen eignen sich, um neue Zielgruppen als Erstkäufer zu gewinnen, weil sie das Produkt oder die Dienstleistung live und zum Anfassen erleben. Zugleich erzielen VKF-Maßnahmen auch wertvolle Erinnerungseffekte bei Gelegenheitskäufern, weil sie die Marke attraktiv in Stellung bringen und das Markenerlebnis auffrischen.

- **Intensives Erleben:** Durch Verkostungen oder Live-Tests an Promotion-Ständen wird das sinnliche Erleben von Marken und Produkten gefördert. Durch entsprechend gut geschultes Promotionspersonal lassen sich die wichtigen Fakten zu einem Produkt den Verbrauchern im persönlichen Gespräch vermitteln.

- **Promotion als Medien-Event:** Kreativ gemachte Promotion-Aktionen werden zu Ereignissen, die auf mediale Aufmerksamkeit stoßen. Die Promotion eines neuen Küchenmodells wird mit dem Auftritt eines bekannten Star-Kochs verbunden. Oder zum Probetanzen einer neuen Tanzschule wird medienwirksam ein Roboter als Partner für den ersten Tanz eingesetzt.

- **Vermittlung komplexer Themen:** Die Promotion kann komplexe Themen vermitteln, wenn z. B. die Händler zu einer Schulungsveranstaltung eingeladen werden oder am Verkaufsort ein kompetentes Promotionsteam den Interessenten das neue Produkt erklärt.

- **Messbarkeit:** Weil sich eine professionelle VKF-Aktion immer auf den Verkauf auswirkt, ist der Erfolg der Promotion-Maßnahmen gut messbar. Gemessen wird aber nicht nur der Verkauf, aufschlussreich sind auch die Teilnehmerzahlen eines Gewinnspiels, die Nachfragequote eines Rabattcoupons oder die Anzahl der Kundengespräche eines Promotionsteams.

Nachteile der Verkaufsförderung im Überblick:

- **Wenig Spielraum:** Der Verkaufsförderung sind enge Grenzen gesetzt. Die Realität am Verkaufsort oder bei der Straßenpromotion lässt nicht viel Bewegungsspielraum. So kommt es, dass viele kreative Ideen nicht umgesetzt werden können.

- **Übersättigung:** Promotion-Aktionen haben Seltenheitswert. Sie lassen sich auch nicht beliebig verlängern oder wiederholen. Zu viele und zu lange Aktionen werden vom Handel abgelehnt und drücken den Wirkungsgrad bei den Zielgruppen.

- **Kein Imageinstrument:** Es geht ums Verkaufen. Die Sales Promotion taugt nicht zur Imagepflege oder zum Aufbau einer emotionalen Markenwelt, da sie kurzfristig angelegt und absatzgetrieben sind.

- **Lange Vorbereitungszeiten:** Für schnelle spontane Einsätze taugt die VKF nicht. Aktionen müssen lange und sorgfältig vorbereitet werden. Im Handel gibt es Wartelisten und teilweise muss man sich zwei bis drei Jahre im Voraus eintragen, um eine Chance zu haben.

- **Negatives Image:** In den letzten Jahren hat der Ruf der Promotion durch aggressiv auftretende Promotionsteams und versteckte Promotoren stark gelitten. Unter versteckten Promotoren versteht man VKF-Mitarbeiter, die in Kaufhäusern und großen Handelsketten scheinbar als neutrale Berater auftreten, in Wirklichkeit jedoch die Aufmerksamkeit gezielt auf das Produkt eines Herstellers lenken.

Direktmarketing / Dialogmarketing

Das klassische Direktmarketing ist in den 1960er- und 1970er-Jahren in Deutschland entstanden und hat sich über die Jahre zu einem zentralen Baustein im Kommunikationsmix entwickelt. Direktmarketing ist die direkte Ansprache selektierter Zielgruppen mit dem Ziel einer Reaktion – dem sogenannten „Response". Die Reaktion muss nicht unbedingt der Kauf sein. Auch die Anforderung von Infomaterial oder die Bitte um Rückruf sind wichtige Response-Erfolge. Daher wird Direktmarketing immer mit einer „Call-to-Action" verbunden, einer konkreten Handlungsaufforderung.

Heute sprechen die Experten statt von Direktmarketing bevorzugt von Dialogmarketing. Das Dialogmarketing will in der Weiterentwicklung nicht nur direkten Kontakt aufnehmen, sondern durch gezielte Responseverstärkung Interaktion erzeugen – zum Beispiel über Newsletter, Online-Promotion oder die Betreuung von Kunden durch ein Callcenter.[112] Der Dialog soll möglichst individuell sein und eine feste Beziehung aufbauen. Daher wird in der Weiterentwicklung des Dialogmarketings auch gern von „One-to-One-Marketing" oder „Relationship-Marketing" gesprochen.

Grundlage des Dialogmarketings sind Adressen und andere personenbezogene Daten, die entweder intern in eigenen Customer-Relations-Management-Systemen (CRM-Datenbanken) gepflegt oder extern über Adress-Broker eingekauft werden. Die Qualität des Adressmaterials entscheidet über den Erfolg der Marketingmaßnahmen.

Das Thema Datenverwaltung und Datenqualität spielt im Direkt- und Dialogmarketing eine große Rolle. In vielen Unternehmen sind hier erhebliche Schwächen erkennbar. Die Adress- und Kundendaten sind nicht in einem zentralen System abgelegt, sondern in unterschiedlichen Datenbanken und Datenformaten. Die Adressen werden nicht oder nur unzureichend aktualisiert. Es gibt keine funktionierenden Schnittstellen zum Callcenter, zum Vertrieb oder zum eigenen Online-Shop. Adressen, die am Tag der offenen Tür gesammelt wurden, hat man nicht in den Datenbestand eingepflegt. Auch der Response des letzten Gewinnspiels fehlt noch. Die Vertriebsmitarbeiter sammeln fleißig Visitenkarten von potenziellen Kunden, bunkern sie jedoch als persönliche Schätze. All das sind typische Fehler aus der Praxis, die den Erfolg des Direktmarketings behindern.

Aber es ist nicht nur die Datenqualität, die Probleme bereitet. Kaum ein anderes Kommunikationsinstrument wird so gern mit eigenen Bordmitteln handgestrickt wie Werbebriefe oder Newsletter. „Das kostet wenig, bringt aber viel“, heißt es. Das mag stimmen, wenn man alles richtig macht. Häufig erleben wir jedoch, dass semiprofessionelle Mittel zum Einsatz kommen und die Regeln des Dialogmarketings für die Ansprache von Zielgruppen nicht eingehalten werden. Die Folgen sind mangelhafte Responsezahlen und was noch viel gefährlicher ist: verärgerte Interessenten, die sich belästigt fühlen.

Wie immer in der Kommunikation gilt: Einmal ist keinmal. Ein einzelner Brief- oder Mailkontakt erzeugt wenig Kommunikationswirkung. Was zählt, sind kontinuierliche Kontakte mit immer neuen Inhalten, die den Empfänger tatsächlich interessieren. Nur so wird aus Direktwerbung modernes Dialogmarketing. Aber auch das andere Extrem ist gefährlich. Die Kunden werden mit Werbebriefen oder E-Mails unter Dauerfeuer genommen. Auf diesem Weg fängt selbst der interessanteste Inhalt schnell an zu nerven. Gerade beim Dialogmarketing ist die Frage der richtigen Dosierung zentral für den Erfolg. Unser Eindruck ist, dass die Direktmarketingbranche in den vergangenen Jahren zu oft überzogen hat. Auf der Jagd nach Wachstum und Marktvolumen wurden die Kunden von der Branche mit Dialogmarketing überschüttet und nicht selten belästigt. So hat sich bei den Zielgruppen in Deutschland eine Abwehrhaltung gegen jede Art von Direktwerbung verstärkt. Briefkästen werden mit Verbotsaufklebern beklebt, gleich neben den Briefkästen steht der Papierkorb, bei Callcenter-Anrufen wird wortlos aufgelegt und Online-Mailings verschwinden unbeachtet im Spam-Ordner.

Trotz aller Fehlentwicklungen, die Idee des Dialogmarketings ist zukunftsweisend. Zum Ersten vermeidet der direkte Weg Streuverluste, was der Kommunikation mehr Wirtschaftlichkeit bringt. Zum Zweiten lässt sich auf dem direkten und persönlichen Weg die Kommunikation besser auf die Interessen der Zielgruppen zuschneiden. Drittens können durch eine kluge und feinfühlige Dialogführung langfristig tragfähige Beziehungen aufgebaut werden. Mit den zunehmenden Fortschritten der digitalen Transformationen durch „Big Data" in Kombination mit neuen Algorithmen und intelligenten Maschinen dürften für das Dialogmarketing in nächster Zeit neue faszinierende Möglichkeiten der Ansprache entstehen. Die Entwicklung ist erst ganz am Anfang.

Abbildung 91: Die Bereiche des Direkt- und Dialogmarketings

Nur die wenigsten wissen: Wer zu viel Werbepost im Briefkasten findet und sich ärgert, kann sich in die „Robinson-Liste" des Deutschen Dialogmarketing Verbandes eintragen lassen und bleibt dann von adressierter Werbepost verschont.

Das Kompetenzfeld des Dialogmarketings besteht aus fünf Bereichen, die sich aufgrund der eingesetzten Dialogtechnik unterscheiden:

- **Direct-Media (mediale Ansprache):** Gemeint sind zunächst einmal alle Maßnahmen, die auf der Ebene der medialen Kommunikation eine Marketingbotschaft an einen klar definierten Personenkreis herantragen und einen Response-Weg anbieten – z. B. Shopping-TV, Shopping-Radio, Response-Möglichkeiten in Zeitungen und Zeitschriften, Kataloge.

- **Mailing (postalische Ansprache):** Der Werbebrief (Direct Mail) ist das Rückgrat des Direktmarketings. Man unterscheidet den persönlich adressierten Werbebrief, den die Post Infobrief nennt, und den unadressierten Brief, die sogenannte Postwurfsendung. Bei Postwurfsendungen fängt man inzwischen an, nicht mehr die Briefkästen zu bepflastern, sondern nach Straßenzügen, teilweise sogar nach Straßenseiten und einzelne Häusern zu selektieren. Über entsprechende Datenbanken weiß man, wo welche Schichten und Milieus wohnen und spricht diese gezielt an. Wird ein Prospekt für Mietwohnungen über Briefkästen gestreut, dann macht der Einwurf in einer Gegend mit nur Eigentumswohnungen keinen Sinn.

- **Telefonmarketing (telefonische Ansprache):** Callcenter sind eine wichtige technische Plattform des Direktmarketings. Sie ermöglichen einen Dialog in Echtzeit. Ein Schwerpunkt des Telefonmarketings liegt im Business-to-Business-Bereich. Privatleute dürfen hingegen nur angerufen werden, wenn sie zu den Kunden des Direktmarketing-Absenders gehören oder eine dokumentierte Einverständniserklärung abgegeben haben. In einigen Bereichen des Telefonmarketings wurde in den letzten Jahren von schwarzen und grauen Schafen der Branche stark übertrieben. Weil manche Anrufaktionen an grobe Belästigung grenzten, hat der Gesetzgeber die Bewegungsspielräume der Callcenter inzwischen eingeschränkt.

- **Online-Direktmarketing (webbasierte Ansprache):** Eine der am meisten benutzten Werkzeuge im Direktmarketing sind E-Mail und E-Mail-Newsletter. Die Kosten für Gestaltung, technische Implementierung und Versand bleiben überschaubar und professionelle E-Mail-Versanddienstleister sorgen für eine professionelle Durchführung. Wie beim Telefonmarketing gibt es hier strenge datenschutzrechtliche Bestimmungen. Dies betrifft das An- und Abmeldeverfahren sowie die Abfrage und Speicherung von Daten. Bei Verstößen gegen die rechtlichen Bestimmungen drohen hohe Abmahngebühren. Entsprechende Abmahnkanzleien liegen auf der Lauer. Die Wirkung von Newslettern ist gut messbar, was beispielsweise Öffnungsraten, Lesedauer oder resultierende Kaufabschlüsse angeht. Daher ist das Instrument in vielen Unternehmen beliebt. Denn wenn es gelingt, durch hohe Abonnentenzahlen eine entsprechend große Reichweite zu gewinnen, dann winken bei einer professionellen Gestaltung und attraktiven Angeboten gute Verkaufsabschlüsse. Weitere gebräuchliche Online-Direktmarketingwerkzeuge sind interaktive Online-Werbeanzeigen, die einen direkten Dialogkanal zu Webseiten oder Webshops bilden. Aber auch Social-Media-Kanäle können zur direkten Kundenansprache und zur Verkaufsanbahnung eingesetzt werden.

- **Mobile-Direktmarketing (mobile Ansprache):** Das Direktmarketing via mobiler Endgeräte (Smartphones, Tablets) ist aufgrund der hohen Verbreitung der Endgeräte und steigender Nutzungszahlen ebenfalls ein Top-Thema für Kommunikationsentscheider. So eröffnen die mobilen Anwendungen dem Couponing (Rabatt-/Sammel-/Gutschein-Coupons) ganz neue Möglichkeiten. Außerdem gehören SMS-Marketing, Mobile Tagging (via QR-Codes und Barcodes) und Location Based Services (verkaufsortbezogene Dienste) in diesen Bereich.

Wir sind gespannt auf die nächsten Entwicklungsschritte. Zum Beispiel dürfte durch das neue Thema „Chatbots“ ein Frontalangriff auf die Callcenter-Branche eröffnet werden. Der Agent am Telefon wird abgelöst durch textbasierte Dialogsysteme mit charmanten Stimmen à la Siri. Sie führen den Kundendialog im Internet in Form von persönlichen Interviews. Die Fragen und Antworten wirken wie ein persönliches Gespräch, obwohl am anderen Ende nur Bits und Bytes am Werke sind. Das System misst parallel die Emotionen der Anrufer und stimmt das Antwortverhalten auf den Erregungszustand des Anrufers ab.

Vorteile des Dialogmarketings

› **Direkte Ansprache:** Die Zielgruppe wird mit der Kommunikation des Unternehmens direkt erreicht. Die Ansprache kann personalisiert und auf die Interessen der jeweiligen Zielgruppe oder Zielperson zugeschnitten werden.

› **Beziehung aufbauen:** Professionelles Dialogmarketing ermöglicht es, zu Kunden und zu Interessenten eine feste Beziehung aufzubauen und den Kontakt langfristig zu halten. Die Beziehungspflege folgt dem Grundsatz: Es ist deutlich preisgünstiger, einen vorhandenen Kunden zu halten und zu binden, als einen neuen Kunden zu gewinnen.

› **Inhalte besser vermitteln:** Im Vergleich zur Anzeige oder zum Plakat hat der Werbetreibende im Direktmarketing die Chance, z. B. im Werbebrief oder im Telefonat mehr Informationen zu transportieren und mit den Informationen tiefer zu gehen.

› **Vergleichsweise kostengünstig:** Mit Dialogmarketing lässt sich auch bei kleineren Etats operieren. Wenn das Instrument gekonnt eingesetzt wird, stehen Kosten und Nutzen in einem vernünftigen Verhältnis.

› **Kurze Reaktionszeiten:** Werbebriefe, Informationsbriefe, Newsletter oder Infomails brauchen keine lange Vorbereitungszeit und können sofort eingesetzt werden, wenn es darum geht, schnell Informationen zu verbreiten – beispielsweise im Rahmen der Krisenkommunikation oder zur kurzfristigen Mobilisierung im Rahmen einer Wahlkampagne.

› **Erfolg messbar:** Der Erfolg wird in aller Regel an der Responsequote gemessen. Wie viele Adressaten haben reagiert? Die Vergleichswerte von ähnlich gelagerten Direktmarketing-Aktionen dienen als Orientierungsgröße.

Nachteile des Direktmarketings im Überblick:

› **Schwachstelle Adressqualität:** Schlechte Adressen oder unzureichende Adresspflege sind wesentliche Handicaps des Direktmarketings. Einfache Excel-Tabellen reichen nicht aus. Aufbau und Pflege einer soliden

Adressdatenbank bringen viel Arbeit mit sich und sollten daher stets mit einer langfristigen Entwicklungsperspektive verbunden sein. Für eine einmalige Briefaktion lohnt sich der Aufwand nicht.

› **Wirkt oftmals handgestrickt:** Direktmarketing verleitet oftmals dazu, die einzelnen Werkzeuge nicht professionell zu betreuen und einzusetzen, sondern als Billiglösung inhouse nebenbei zu erledigen. Schlecht geschriebene Werbebriefe oder langweilige Newsletter belasten die Beziehung zum Kunden eher, als sie diese fördern.

› **Unter Ausschluss der Öffentlichkeit:** Direktmarketing geht direkt an die einzelne Zielperson heran. Es stellt keine Öffentlichkeit her. Der mediale Wert des Direktmarketings ist damit gering. Außer den Empfängern weiß niemand davon.

› **Teilweise schlechtes Image:** Direktwerbung wird von den Verbrauchern vielfach als aufdringlich und lästig empfunden, da die Werbeimpulse direkt in den privaten Kreis des Einzelnen eindringen.

› **Rechtliche Restriktionen:** Durch immer strenger werdende datenschutzrechtliche Bestimmungen verengen sich die Spielräume für den Einsatz von Direktmarketing. Wer entsprechende Aktionen in sein Kommunikationskonzept einbaut, der sollte die gesetzlichen Vorschriften kennen.

Eventkommunikation / Live-Kommunikation

Events sind besondere Veranstaltungen mit Ereignischarakter, die an den Zielen der Unternehmens- oder Marketingkommunikation ausgerichtet sind. Ein Event darf daher nie „von der Stange" kommen, er lebt von der Besonderheit und Einmaligkeit des Erlebnisses. Wiederholungen und Stereotypen zerstören die beabsichtigte Erlebnisqualität. Eventmarketing umfasst die systematische Planung, Organisation und Durchführung der Veranstaltungen. Durch eine attraktive Inszenierung der Veranstaltungen soll ein starker Aktivierungsprozess ausgelöst werden; Unternehmen, Personen, Produkte und Themen werden live erlebbar gemacht. Die Zielgruppen treten in den direkten Kontakt, mehr noch: sie sind mittendrin, und alle Sinne werden angesprochen.

Zeitgemäße Events bieten mehr als Information und Unterhaltung, sie setzen verstärkt auf Dialog und Partizipation. Die Zielgruppen als Event-Teilnehmer sind Mitwirkende und keine passiven Zuschauer mehr. Sie werden aktiv in den Eventablauf eingebunden, können mitreden und mitmachen.

Im Idealfall prägt sich ein gelungener Event als etwas Einmaliges ein, das nicht wiederholbar ist. Für alle die dabei gewesen sind, wird das Geschehen zum unvergesslichen Erlebnis. An diesem Anspruch muss sich die Konzeption von Events messen lassen.

Eine große Stärke der Events ist der Neuigkeitswert des Ereignisses. Besonders öffentliche Veranstaltungen, sogenannte Public Events, bieten die Chance einer breiten Medienberichterstattung. Deshalb werden im Event-Marketing zwischen direkten und indirekten Zielgruppen unterschieden. Die direkten Zielgruppen sind die Teilnehmer und Teilnehmerinnen des Events, unter indirekten Zielgruppen fasst man alle Zielgruppen draußen im Umfeld zusammen, die durch die flankierende Berichterstattung erreicht werden.

Aus unserer Sicht gibt es in vielen Unternehmen aber auch eine große Schwäche. Das Event-Marketing versteht jeden Event als ein Schwungrad im Getriebe der gesamten Kommunikation. Das Ereignis muss auf die Botschaften und Themen des Unternehmens eingeschworen und eng mit anderen Kommunikationsmaßnahmen verzahnt sein. Das gilt für alle Events – also auch für interne Mitarbeiterveranstaltungen oder legere Sommerfeste. In der Kommunikationswirklichkeit vieler Unternehmen wird dieser Anspruch nicht eingelöst. Die Events laufen nebenher, ohne vernünftig in die Gesamtkommunikation integriert zu sein. Die kreative Leitidee ist nicht eingebunden, das neue Corporate Design wird nur am Rande sichtbar und die Botschaften des Unternehmens werden zwar proklamiert, aber nicht wirksam inszeniert.

Modernes Event-Marketing verbindet unterschiedliche Events und andere Kommunikationsinstrumente zu einem „emotionalen Netzwerk“. Ein Event steht nie allein, er ist eingebettet in ein Geflecht von begleitenden Maßnahmen, die alle dem Event zuarbeiten. Im Vorfeld gilt es, dem Ereignis mit Veranstaltungswerbung, Einladungsaktion und Pressearbeit die nötige Aufmerksamkeit zu schaffen und das potenzielle Publikum neugierig zu machen. In der heißen Phase kommt es darauf an, die Zielgruppen zum Besuch des Events zu stimulieren. Kurz vor und während des Events hat die flankierende Kommunikation Servicecharakter. Zum Beispiel weist ein Flyer den Weg zum Veranstaltungsort, ein Leitsystem führt über das Gelände und ein Programmheft sagt den Teilnehmerinnen und Teilnehmern, was wann passiert. Sofort nach dem Event nutzt die Kommunikation den Ereignischarakter, um eine intensive Medienresonanz zu generieren und die Eventinhalte bei den Zielgruppen nachzubereiten. Alles greift ineinander.

Folgerichtig kommt es bei jedem Event auf die perfekte Planung an. Fehler in der Eventplanung werden von einem immer anspruchsvoller werdenden Publikum genau registriert. Schon kleine Pannen und Nachlässigkeiten strahlen negativ auf den Gesamteindruck ab und können schnell dazu führen, dass viele im Publikum missgestimmt reagieren. Wenn das nötige Event-Know-how im Unternehmen fehlt, ist es empfehlenswert, sich über den Einsatz professioneller Event-Agenturen Gedanken zu machen, um den reibungslosen Ablauf der Veranstaltung zu gewährleisten.

Ein Event ist keine nette Veranstaltung, bei der alle Spaß haben. Ein Event ist von Grund auf ein Kommunikationsinstrument. Auf der kognitiven Ebene unterscheidet sich der Event nicht wesentlich von anderen Kommunikationsinstrumenten. Seine vorrangigen Ziele sind:

› Aufmerksamkeit gewinnen
› Bekanntheit schaffen
› Themen und Informationen vermitteln
› Botschaften lernen.

Wichtiger und prägender für das Eventmarketing ist allerdings die affektive Ebene. Hier sind die tonangebenden Ziele des Events verankert:

› Teilnehmer unterhalten und faszinieren
› Erlebniswelten schaffen
› Interessante Neuigkeiten generieren
› Sympathie und Präferenz stärken
› Treffpunkte schaffen und soziale Interaktion ermöglichen
› Kontakte pflegen und Zielgruppen binden
› Image und Reputation des Unternehmens ausbauen.

Ähnlich wie in der Werbung oder im Dialogmarketing so haben wir auch im Eventbereich das Gefühl, dass es insgesamt zu viel des Guten gibt. Vielleicht liegt es an unserem Heimatort Berlin, der als Hauptstadt eine besondere Eventdichte hat, aber wir können uns teilweise vor Eventeinladungen nicht mehr retten. Wer soll das alles besuchen? Im Begriff Event steckt die Konnotation des Besonderen und Einzigartigen. Je mehr Events auf dem Programm stehen, desto mehr verliert sich der Ereignischarakter.

Es gibt unterschiedliche Event-Kategorien, die sich aufgrund ihres Zwecks und ihrer Zielgruppe unterscheiden:

› **Corporate Events:** Bei den Corporate Events stehen für das Unternehmen als Gastgeber Information, Image und Reputation im Vordergrund. Zu dieser Kategorie gehören z.B. Firmenjubiläumsfeier, Betriebsstätten-Einweihung, Empfang eines hochrangigen Gastes, Festakt, Gala, VIP-Veranstaltung, Ball, Tagung, Kongress, Jahreshauptversammlung oder Neujahrsempfang. Aber auch Fachveranstaltungen und Kongresse zählen dazu.

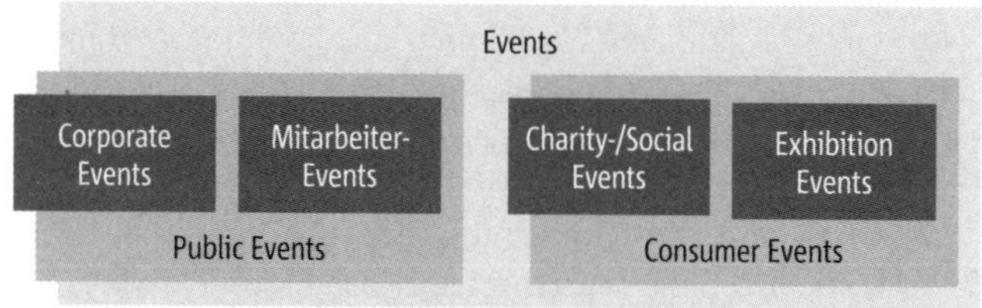

Abbildung 92: Die Bereiche des Events

Ein gut gemachter Event stellt ein Ereignis dar. Und ein Ereignis kann als Aufhänger für flankierende Pressearbeit genutzt werden. So erreicht der Event nicht nur die Gäste/Teilnehmer vor Ort, gleichzeitig können über die Presseresonanz breite Zielgruppen angesprochen werden.

› **Mitarbeiter-Events:** Die Events sind auf die Mitarbeiter (teilweise auch Angehörige und Pensionäre) zugeschnitten und verstärken die interne Kommunikation. In Richtung der Belegschaft zielen z. B. Mitarbeiterfeste, Führungskräfte-Meetings, Verkaufstrainings, Betriebsausflüge oder interne Kick-Off-Events für Kommunikationskampagnen.

› **Charity-/Social-/-Cultural Events:** Sie haben eine gesellschaftliche Ausrichtung und unterstützen soziale, kulturelle, sportliche und andere Zwecke. Der Gastgeber tritt als guter Bürger auf. Als Beispiele zu nennen sind z. B. Charity-Gala-Abende, Benefiz-Konzerte, Spendenveranstaltungen, Versteigerungen und Sponsoring-Events.

› **Exhibition Events:** Die Unternehmensveranstaltungen haben Ausstellungs- oder Messecharakter. In diesen Bereich fallen z. B. Informationsausstellungen, Wanderausstellungen, Inhouse-Messe, Firmen-/Markenmuseen oder Showrooms.

› **Public Events:** Sie finden im öffentlichen Raum statt und wenden sich an ein breites Publikum. Zu den Events gehören z. B. öffentliche Produktpräsentationen, Sport-Events, Trucktouren, Anwohnerfeste oder Kinderfeste.

› **Consumer Events:** Im Vordergrund stehen Konsumenten/Kunden. Bei Consumer Events geht es um erlebnisbezogene Absatzförderung und die Aktivierung der Kunden. Typische Events sind z. B. Produkt-Launches, Verkaufsveranstaltungen, Roadshows, Pop-up-Stores oder Verkaufsparties.

Eine weitere Gattung sind die Guerilla-Events. Hinter dem markanten Begriff stehen kleine, überraschende und wendige Ereignisse, die bewusst den Rahmen sprengen und damit eine hohe Aufmerksamkeit erreichen. Das Rahmensprengen kann so weit gehen, dass gegen Vorschriften verstoßen und das Gesetz übertreten wird (Die Strafe wird innerhalb der Budgetierung des

Konzepts schon einkalkuliert). Wir können uns an einen Autohersteller erinnern, der sein neuestes Automodell kopfüber an die Decke einer belebten Straßenunterführung geklebt hat. Oder eine Handelskette, die ihre Waschmaschinen-Sonderangebote mit einer riesigen Projektion am Bundeskanzleramt (im Volksmund „Waschmaschine" genannt) promoten wollte. Eine spezielle Variante bilden die sogenannten „Flash-Mobs", bei denen im Internet zur spontanen Beteiligung an einer kreativen Aktion an öffentlichen Plätzen aufgerufen wird.

Im Zusammenhang mit Events wird in letzter Zeit oft von Live-Kommunikation oder Live-Marketing gesprochen. Wir haben gelernt, dass Live-Kommunikation mehr als Event- und Veranstaltungsmarketing ist, dem „Live" liegt eine ambitionierte Philosophie zugrunde. Jedes Kommunikationsobjekt – Unternehmen, Produkt, Dienstleistung – spielt auf der öffentlichen Bühne eine ganz bestimmte Starrolle, die durch die Positionierung definiert wird. In der Live-Kommunikation kommt es darauf an, diese Rolle lebendig zu machen. Sie wird für die Sinne fassbar in Szene gesetzt und hinterlässt beim Publikum einen starken Eindruck. Um das zu erreichen, inszeniert man auf der öffentlichen Bühne große und kleine Ereignisse. Alle Ereignisse sind Lebenszeichen des Kommunikationsobjekts, die in der Summe eine Lebensgeschichte erzählen. Die Ereignisse werden durch andere Kommunikationsmaßnahmen wie Werbung, PR, Sponsoring flankiert. Die große Bestimmung der Live-Kommunikation ist es, die Lebensgeschichte des Kommunikationsobjekts mit Sinn, Verstand und Gefühl in Szene zu setzen.

Eine weitere neue Dimension des Events kommt durch das Internet dazu. Events finden nicht mehr nur real in Hallen oder auf dem Marktplatz, sondern auch virtuell im Internet statt. Je besser die technischen Möglichkeiten (Videoclips, VR-Brille, Augmented Reality, Videodrohnen, Surround-Ton, etc.), desto beeindruckender werden die virtuellen Events. Inzwischen gibt es virtuelle Messen mit 3D-Messeständen, virtuelle Schulungsveranstaltungen (Webinare), virtuelle Kampagnen-Kick-offs für Mitarbeiter und virtuelle Kundentage.

Bedeutet diese Entwicklung, dass die realen in Zukunft weitgehend von den virtuellen Events abgelöst werden? Auf keinen Fall! Alle virtuellen Events, die wir bisher erlebt haben, hatten eine Schwäche: Die Erlebnistiefe kann nicht mithalten. Der Teilnehmer sitzt zu Hause allein am Schreibtisch, starrt auf sein Notebook und taucht nicht mit allen Sinnen mitten ins Geschehen ein. Speziell im Bereich der Events ist die Wirklichkeit durch nichts zu ersetzen. Events sind multisensorisch, sie leben von der sinnlichen Erfahrung. Das macht ihre besondere Kraft aus.

Eine spannende Entwicklung stellt die Verbindung von Offline- und Online-Events dar. Der Fachbegriff dazu lautet „hybride Events". Die gemischten

Events haben in der Regel als Achse einen realen Event. Nehmen wir als Beispiel eine Podiumsdiskussion. Die Diskussion findet in einem Saal mit reger Publikumsbeteiligung statt und wird nun auf mehreren Wegen in die virtuelle Welt verlängert. Interessenten können im Vorfeld online Fragen stellen, die in der Diskussion gestellt werden. Die Diskussion wird per Livestream ins Netz übertragen. Über einen Twitter-Kanal und eine Twitter-Wall auf der Bühne können die Teilnehmer im Raum und externe Zuschauer im Netz laufend Kommentare abgeben. Nach der Veranstaltung wird die Diskussion über ein Online-Forum weitergeführt. Außerdem gibt es zu allen Diskussionsthesen vertiefendes Informationsmaterial zum Download.

Die Vorteile von Events:

› **Emotionale Kraft:** Ein guter Event geht tiefer als alle anderen Kommunikationsmaßnahmen. Er stimuliert und fasziniert die Zielgruppe. Es wird eine hohe emotionale Bindung zu Unternehmen, Marken und Produkten hergestellt.

› **Kommunikationsobjekt zum Anfassen:** Die Zielgruppe erlebt das Produkt, das Unternehmen, die Person, die Dienstleistung aus nächster Nähe und authentisch. Die Kommunikationsbotschaften werden erlebbar. Alle Sinne werden stimuliert.

› **Nachrichtenwert:** Jeder Event ist ein Ereignis – und als Ereignis hat er Nachrichtenwert. Gut gemachte Events eignen sich hervorragend als Aufhänger für eine systematische Medien- und Pressearbeit.

› **Dialog und Interaktion:** Gute Events bringen die Besucherinnen und Besucher ins Gespräch. Sie werden aktiv einbezogen und setzen sich mit dem Unternehmen und seinen Botschaften auseinander. Der berühmte „Learning by doing"-Effekt entsteht.

› **Sozialer Treffpunkt:** Der Kontakt ist persönlich. Events eignen sich hervorragend, um Beziehungen zu relevanten Zielgruppen / Stakeholdern aufzubauen und zu pflegen. Sie erweitern und verstärken das Netzwerk des Unternehmens.

Die Nachteile von Events:

› **Nicht wiederholbar:** Gute Events leben von ihrer Ungewöhnlichkeit und Einmaligkeit. Sie können nicht permanent wiederholt werden, denn dann verlieren sie ihre Magie, der Erlebniswert nimmt ab. Deshalb ist es Aufgabe von uns Konzeptern, immer wieder etwas Neues zu entwickeln, um den alten Event zu „toppen". Zwar gibt es Veranstaltungen, wie z. B. Jahresbälle, die einen festen Programmablauf haben, der vom Publikum geradezu erwartet wird. Aber auch hier kommt es darauf an, nicht alles beim Alten zu belassen, sondern kleine Überraschungen und Neuigkeiten einzubauen.

- **Begrenzte Zielgruppe:** Der Event erreicht in erster Linie nur eine relativ kleine Gruppe, die Teilnehmer vor Ort. Das sind nur einige Dutzend, einige Hundert, maximal einige Tausend Besucher. Zwar werden viele andere über die begleitende Medienarbeit erreicht – aber mit nicht annähernd der gleichen Erlebnisqualität.

- **Schwer kontrollierbare Einflussfaktoren:** Ein Event setzt sich aus unzähligen Programm-, Ausstattungs-, Dekorations- und Kommunikationsbausteinen zusammen. Wenn nur ein einzelnes Element stört, kann das den Gesamteindruck kaputtmachen. Und es gibt viele solcher kritischen Punkte: Das Wetter spielt nicht mit, die Location (Veranstaltungsort) bietet nicht genügend Parkplätze, das Catering ist zweitklassig, die Schlangen am Einlass sind lang, die Sanitäranlagen lassen zu wünschen übrig, das Programm hat zwischendurch einen kleinen Hänger. Alles nur Kleinigkeiten, aber jede einzelne Kleinigkeit strahlt negativ auf den gesamten Event ab.

- **Hohe Kosten:** Billige Events wirken meist auch billig. Aufwendige Events haben ihren Preis. Kleine Events kosten ein paar Tausend Euro. Große Events gehen locker bis in die Millionen. Bei diesen Summen reicht es nicht aus, dass der Event nur eine gelungene Veranstaltung war, nein, der Event ist nur zu rechtfertigen, wenn er als integriertes Kommunikationsinstrument mit voller Kraft im Sinne der Kommunikationsstrategie gewirkt hat.

Online-Kommunikation

Als wir im Jahre 1995 das erste Mal in einem unserer Konzepte das Internet erwähnten und den Aufbau einer Website empfahlen, wurden wir vom Auftraggeber mit der Bemerkung „Das setzt sich nie durch!" sofort abgefertigt. Heute liegen die Instrumente der Online-Kommunikation ganz vorne in unserem Werkzeugkasten und kommen permanent zum Einsatz. Was uns stört, ist die „Hype", wenn es um die Möglichkeiten der Online-Kommunikation geht. Auf Dauer werde sie alle konventionellen Kommunikationsinstrumente überflüssig machen, heißt es in manchen Vorträgen und Büchern. Das ist übertrieben. Die Zukunft gehört einem Mix aus konventionellen Instrumenten und neuen Online-Instrumenten. Die Zukunft bringt nicht die Hegemonie von Online, sondern ein stimmiges Zusammenspiel aus Offline und Online. Die Online-Kommunikation ist in rasanter Entwicklung, ständig kommen neue Instrumente und Strategien hinzu, die Sensationen des Vorjahres verlieren an Strahlkraft und werden vom „Next Big Thing" abgelöst. Die Dynamik ist hoch, aber wo der Weg letztendlich hinführt, weiß noch keiner. Fachbücher, die wir uns zum Thema kaufen, lesen sich schon nach einem Jahr merkwürdig „von gestern". Aus diesem Grund spiegelt die vorliegende kurze Einordnung der Online-Kommunikation nur eine Momentaufnahme wider.

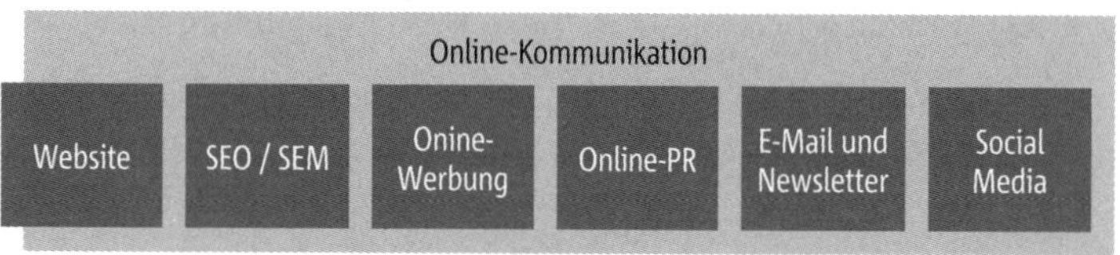

Abbildung 93: Die Bereiche der Online-Kommunikation

Das Feld der Online-Kommunikation ist so stark in Bewegung, dass es schwerfällt, es in eindeutige Bereiche zu kategorisieren. Wir befinden uns in der Frühzeit der Online-Welt. Feste Konturen sich noch nicht entwickelt und alles fließt.

Welche großen Bereiche gehören zur Online-Kommunikation? Schwierig zu sagen, weil jedes Fachbuch, jede Branchenwebsite eine andere Zusammenstellung bevorzugt. Unser eigener Online-Werkzeugkasten hat zurzeit folgende Fächer:

› **Website:** Sie ist die zentrale Plattform und Schaltzentrale für die Information und Kommunikation des Unternehmens. Jeden Tag kommen viele Besucher und schauen sich um, die meisten halten sich nur ein paar Sekunden auf und nehmen einen ersten Eindruck mit, einige bleiben länger und informieren sich genau. Aber es geht nicht nur um Information, die Website wirkt auch imagebildend. Eine professionelle Site hinterlässt einen überzeugenden Eindruck und lädt zum erneuten Besuch ein. Dementgegen wirkt eine mangelhafte Website geradezu abschreckend, wie das unaufgeräumte, schlecht ausgeleuchtete Schaufenster eines Ladengeschäfts. Wer sich so präsentiert, von dem ist nicht viel erwarten, denkt der Besucher und wendet sich ab. Was macht eine gute Website aus? Sie ist aktuell und wird ständig aktualisiert. Sie hat eine klare, übersichtliche Struktur, die Besucher finden sich sofort zurecht. Die Darstellung in Wort und Bild lädt ein und hinterlässt Eindruck. Und nicht zuletzt schafft es eine gute Website, Online- und Offline-Kommunikation miteinander zu verbinden, es gibt zahlreiche Querverbindungen und Synergie-Effekte.

› **Suchmaschinenoptimierung (SEO)/Suchmaschinenmarketing (SEM):** Die Website und andere Internetrepräsentanzen eines Unternehmens sind so aufbereitet, dass alle Themen von Google und anderen Suchmaschinen gefunden und auf die erste Seite gestellt werden. Vor allem die Schlüsselbegriffe („Keywords"), die zum Unternehmen und seinen Leistungen gehören, sind so gut verankert, dass Nutzer, die über Suchmaschinen nach den Begriffen suchen, stets auf die Website stoßen.

› **Online-Werbung:** Werbung im Internet ist mehr als nur Bannerschaltung und Popup-Werbung. Auch Social-Media-Werbung, E-Mail-Marketing, Affiliate-Marketing oder Video-Werbung gehören dazu. Der Online-Werbemarkt wächst und hat inzwischen Plakate, Kino und Radio hinter sich gelassen. Gleichzeitig darf aber nicht übersehen werden, dass die Online-Werbung aus Konsumentensicht ein echtes Imageproblem hat. 70 Prozent der Konsumenten in Deutschland klicken nie auf Banner und 68 Prozent finden Werbeblocker gut.[113]

› **Online-PR:** Sie ist die digitale Verlängerung der klassischen Medienarbeit mit professionellem Pressecenter auf der Website, das mehr bietet als die Ablage der Pressemitteilungen in PDF-Form. Sie versteht sich als leistungsstarke Serviceleistung für Medienvertreter. Im Hintergrund gibt es einen digitalen Newsdesk im Intranet und virtuelle Redaktionskonferenzen der Beteiligten im Unternehmen. Im Vordergrund stehen regelmäßige Online-Presseinformationen und bisweilen sogar Online-Pressekonferenzen. Es werden nicht nur die klassischen Medien bedient, auch Blogger, Influencer, Social-Media-Portale oder YouTube-Macher stehen auf dem Verteiler.

› **E-Mail und Newsletter:** Die Ansprache von privaten Internetnutzern setzt deren Einverständnis voraus. Sie müssen das entsprechende Kästchen auf der Website angeklickt und ihr Einverständnis erklärt haben („Opt-in-Verfahren"), dann kann man ihnen Werbe-E-Mails oder Newsletter mailen. Vor allem zum Aufbau von Kundenkontakten, zur Kundenpflege und zur aktuellen Kundeninformation werden diese Instrumente gern genutzt. Manche Unternehmen versenden täglich eine Werbemail mit Angeboten, andere nur alle paar Wochen. Über eine gekoppelte Erfolgskontrolle lässt sich die Resonanz präzise überprüfen und das E-Mail- / Newsletter-Marketing entsprechend anpassen.

› **Social Media:** Corporate Blogs, YouTube-Channel, Unternehmenspräsentationen auf Twitter oder Facebook – die Möglichkeiten der Kommunikation im Social-Media-Bereich sind vielfältig und erweitern sich ständig. Allen Social-Media-Auftritten ist gemein, dass sie permanent beobachtet, gepflegt und aktualisiert werden müssen. Das unterschätzen viele Unternehmen. Ihre mit viel Enthusiasmus gestarteten Facebook- / Pinterest- oder Instagram-Seiten wirken nach einiger Zeit vernachlässigt und trostlos, sie schaden eher dem Image, als dass sie nützen.

Online-Kommunikation steht nie allein, vielmehr verbindet sie sich mit allen anderen Kommunikationsdisziplinen zu einer schlüssigen Gesamtkommunikation. Einerseits werden die eigenen Online-Aktivitäten über sämtliche vorhandenen klassischen Medien des Unternehmens wie Flyer, Anzeigen oder Plakate bekannt gemacht. Andererseits nutzt das Unternehmen die neuen Talente des Internets, um die Einsatzmöglichkeiten von Events, Promotion und PR-Arbeit virtuell zu erweitern. An einer gelungenen Online-Kommunikation wird auch immer die Fähigkeit eines Unternehmens zur integrierten Kommunikation sichtbar.

Da die Online-Medien aufgrund der Vielzahl an konkurrierenden Inhalts- und Angebotsseiten von den Nutzern nur flüchtig wahrgenommen werden, kommt der inhaltlichen Gestaltung der Kommunikation eine besonders hohe Bedeutung zu. Wer die konventionellen Pressemitteilungen und Print-Broschüren-Texte 1:1 auf die Website oder auf Facebook überträgt, hat die spezifischen Adaptionsmechanismen nicht begriffen. Die Online-Kommunikation fasst sich kurz, nutzt starke Bilder. Sie versteht sich auf das digitale Storytelling und erzählt immer wieder neue Geschichten rund um das Unternehmen und seine Produkte. Die Geschichten machen Lust, das Unternehmen im Netz regelmäßig zu besuchen.

Dabei darf die Online-Kommunikation nicht monologisch kommunizieren. Dialog und Interaktion gehören dazu. Die Kommunikation braucht einen starken Rückkanal – von den Zielgruppen hin zum Unternehmen. Nur, wenn man über den Dialog in Erfahrung bringt, was die Konsumenten denken, fordern und erwarten, kann man seine Kommunikation auf diese Erwartungen zuschneiden. Das Leitbild ist nicht mehr der klassische „Konsument“, der ein Produkt lediglich nachfragt und kauft. Die Zukunft gehört dem aufgeklärten „Prosumenten“, der gleichzeitig auch Produzent von Bewertungen, Kommentaren und Meinungsäußerungen ist und den aktiven Dialog mit den Unternehmen sucht.

Das dialogische und interaktive Prinzip gilt besonders für den Social-Media-Bereich. Hier war in den letzten Jahren die Entwicklungsdynamik am höchsten. Für Unternehmen und Nutzer öffnen sich ganz neue Horizonte. Es lohnt sich, genauer hinzuschauen.

Der französische Internetexperte Fred Cavazza listet auf seiner Website weltweit 261 Social-Media-Plattformen auf, die ein breites Spektrum von Diensten repräsentieren.[114] Die meisten Plattformen bieten auch spezielle Präsentationsmöglichkeiten für Unternehmen und Institutionen an. Damit man nicht den Überblick verliert, gibt Cavazza der chaotischen Social-Media-Welt eine ordnende Struktur, die er in einer „Social Media Landscape“ übersichtlich zusammenfasst. Die Struktur besteht aus sechs großen Nutzungskategorien:

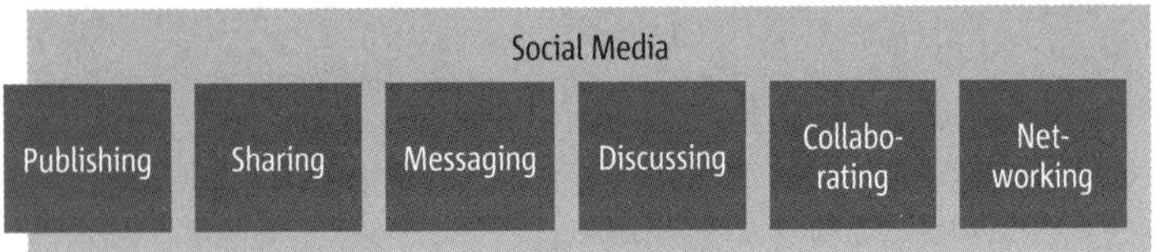

Abbildung 94: Kommunikation im Social-Media-Universum

Die Entwicklung im Social-Media-Bereich ist in ständiger Veränderung. Das obige Schaubild haben wir aus der „Social Media Landscape 2016" abgeleitet.

- **Publishing:** Publizieren über Weblogs, Weblog-Plattformen und Wikis wie Typepad, Wordpress, Wikipedia, Tumblr.
- **Sharing:** Teilen über Video-, Foto-, Dokumenten-, Musikplattformen wie YouTube, SlideShare, Instagram, Flickr, Periscope, SoundCloud.
- **Messaging:** Nachrichten austauschen über Messaging-Dienste wie WhatsApp, iMessage, Hangouts, SnapChat.
- **Discussing:** Diskutieren über spezielle Plattformen wie Github, Quora, Reddit, Muut, Disqus.
- **Collaboration:** Zusammenarbeiten über Dienste wie Slack, Yammer, Chatter, Hipchat, Chime.
- **Networking:** Beziehungen aufbauen und pflegen über Netzwerke – wie LinkedIn, XING, Viadeo, Tinder, Bumble, Nextdoor.

Mehr noch als bei allen anderen Kommunikationsinstrumenten müssen bei der Nutzung von Social-Media-Plattformen gründliche strategische Vorüberlegungen am Anfang stehen. Alle Plattformen haben ungeschriebene Gesetze und spezielle Codes der Kommunikation, auf die man sich einlassen muss. Eine plumpe marketinggetriebene Ansprache wird nicht zu Loyalität und Begeisterung der Community führen, auch der gestelzte Anspruch der PR trifft auf wenig Gegenliebe. Man muss neu ansetzen und erst einmal im Rahmen des Social-Media-Monitorings gründlich recherchieren und sich schlau machen. Wie kommuniziert die eigene Zielgruppe in der Social-Media-Welt? Was macht die Konkurrenz? Was ist über das eigene Unternehmen auf den Social-Media-Kanälen zu finden? Dann legen die Beteiligten fest, welche Foren und Communities für das Unternehmen überhaupt relevant sind, um sich angesichts der Vielzahl an Angeboten nicht zu verzetteln. Danach wird diskutiert, wie das Unternehmen in den relevanten Communities auftritt.

Bei einem defensiven Auftritt beobachtet man hauptsächlich und redet nur mit, wenn man gefragt wird. Bei einem offensiven Auftritt stellt man eigene Themen zur Diskussion und fordert die Zielgruppen auf, sich einzubringen. Der offensive Auftritt erfordert die entschlossene Bereitschaft, sich dem Dialog zu stellen und mit den Zielgruppen auf Augenhöhe zu interagieren. Dazu ist ein hohes Engagement erforderlich. So ein Social-Media-Auftritt läuft nicht mal eben nebenher. In vielen Unternehmen hat man inzwischen ein professionelles Social-Media-Management mit versierten Social-Media-Spezialisten aufgebaut, die sich den ganzen Tag um Dialog und Interaktion kümmern und mit viel Energie dabei sind.

Vor allem müssen die Unternehmen bereit sein, sich auch mit kritischen Beiträgen in sozialen Medien auseinanderzusetzen. Denn, wer verärgerte Kunden oder kritische Verbraucher einfach „abbürstet", der kann nur noch fassungslos zuschauen, wie eine einfache Beschwerde in wenigen Stunden zum veritablen Shitstorm anschwillt. Daher zählen Offenheit, Ehrlichkeit und der aufgeschlossene Umgang mit Kritik zum notwendigen Selbstverständnis eines professionellen Social-Media-Managements. Und manchmal hilft auch einfach nur eine Portion Gelassenheit oder ein kleines selbstironisches Augenzwinkern.

In der Welt von Social Media ist die Zeit ein wichtiger Gradmesser der Professionalität. Der Dialog im Internet läuft im Takt von Sekunden, Minuten und Stunden. Mehr als 24 Stunden Reaktionszeit wird als nicht akzeptabel angesehen. Wer zu langsam reagiert und auf Probleme und Fragen erst nach einigen Tagen antwortet, verprellt die Dialogpartner, die auf eine Antwort warten. Social Media ist zwar ein flüchtiges Medium, paradoxerweise aber ein flüchtiges Medium, das nicht vergisst. Ein negatives Imagebild setzt sich dauerhaft fest. Darum müssen kurze Reaktionszeiten sichergestellt werden und auch am Wochenende sollte jemand ins Netz schauen und falls es anfängt zu brennen, sofort eingreifen.

Social Media ist ein Experiment für jedes Unternehmen, bei dem der Ausgang nicht hundertprozentig vorhersehbar ist. Das hören diejenigen Kommunikationsleute nicht so gern, die auf Kontrolle des externen Kommunikationsflusses aus sind. Daher sollte man sich dem neuen Medium behutsam nähern und Schritt für Schritt Erfahrungen sammeln. Man muss erst sicher Tritt gefasst haben, bevor man den nächsten Schritt tut. Manche Unternehmen mit konservativer Unternehmenskultur fühlen sich dennoch unwohl. Wahrscheinlich lösen wir einen Shitstorm der Entrüstung der Social-Media-Branche aus, wenn wir diesen Unternehmen raten: Die Kommunikation läuft auch ganz gut ohne Social Media! Wer sich in dieser Welt fremd fühlt, der sollte es lassen.

Vorteile von Online- / Social-Media-Kommunikation

- **Neue Kommunikationsmöglichkeiten:** Online-Kommunikation und Social Media sind ein Quantensprung, sie erweitern die technischen, inhaltlichen und formalen Möglichkeiten der Kommunikation erheblich. Der Werkzeugkasten der Kommunikation ist durch die digitalen Werkzeuge zum Werkzeugschrank geworden.

- **Imagegewinn:** Online setzt Trends und ein Unternehmen, das in unserer Gesellschaft auf Trends setzt, gewinnt Image. Es gilt als modern und innovativ, im Netz aktiv zu sein. Wer mit seinem Online-Auftritt als „Early Adopter" der Zeit immer eine Idee voraus ist, kann wertvolle Imagepluspunkte sammeln.

- **Junge Zielgruppen:** Jugendliche und junge Erwachsene sind über klassische Medien wie Tageszeitungen, Printmagazine, Radio oder TV nicht oder nur schwer zu erreichen. Wer jüngere Zielgruppen adressieren will, der findet den besten Zugang über das Netz.

- **Kostengünstig:** Online-Kommunikation ist eine vergleichsweise günstige Form der Kommunikation. Für den Preis einer ganzseitigen Anzeige in einem großen, wöchentlich erscheinenden Print-Magazin kann man eine Unternehmenswebsite gestalten und ein ganzes Jahr online stellen. Allerdings unterschätzen Unternehmen häufig den Aufwand für die Pflege. Nur die Site ins Netz zu stellen und dann die Hand in den Schoß zu legen, reicht nicht. Eine Website will permanent gepäppelt werden.

- **Zielgruppennähe:** Online-Kommunikation und vor allem Social Media schaffen eine besondere Nähe zum Zielpublikum. Das Publikum entscheidet sich aus eigenen Stücken auf die Website oder die Facebook-Seite des Unternehmens zu gehen, dort kann es interagieren und in den Dialog eintreten. Solche Kontakte haben eine hohe Qualität und beinhalten die Option, eine langfristige Beziehung aufzubauen.

- **Vernetzung:** Das Internet ist, wie der Name schon sagt, ein Netz. Es bietet hervorragende Chancen der Vernetzung. Wer im Netz professionell kommuniziert, kann Verbindungen zu seiner Zielgruppe knüpfen und mit der Zeit eine Community schaffen.

- **Kundenbindung:** Die Zukunft des Webs gehört der dialogischen Kommunikation. Der Austausch mit Kunden, Käufern, Förderern und Interessenten führt zu einer größeren Identifikation mit dem Unternehmen und in der Folge zu einer stärkeren Bindung.

› **Variantenreiche Erzählung:** Online-Kommunikation und Social Media eröffnen die Möglichkeit, vielfältige Einblicke in ein Unternehmen und seine Produkte zu geben. Im Netz kann man Handlungsfäden knüpfen und Geschichten erzählen. Man kann aus dem Unternehmensgeschehen Ereignisse und aus den Unternehmensthemen Erlebnisse machen.

Nachteile von Online- / Social-Media-Kommunikation

› **Nur professionell wirkt gut:** Viele Online-Auftritte und Online-Kommunikationsaktivitäten im Bereich des Mittelstands wirken nach wie vor handgestrickt. Die Bekannte einer Mitarbeiterin hat ein wenig programmiert, die Fotos sind schlecht geknipst, die Grafik altbacken. Wer semiprofessionell auftritt, hat im Netz schon verloren.

› **Komplexe Materie:** Online-Kommunikation besteht aus einer Website und einer E-Mailadresse. Das war einmal! Wer auf der Höhe der Zeit kommunizieren will, der braucht eine ganze Palette von Medien und Werkzeugen, die alle ihre Eigenarten haben, systematisch mit Inhalten bedient und untereinander vernetzt werden wollen. Vor allem im Bereich von Social Media kann man sich in diesem Netz schnell verheddern.

› **Häufig nur geringe Reichweite:** Wer ein YouTube-Video online stellt oder eine Facebook-Seite startet, der hat hohe Erwartungen. Nach einigen Wochen oder Monaten folgt die Enttäuschung. Nur ein paar hundert Zuschauer wollten das Video sehen und der tolle Facebook-Auftritt tut sich schwer mit „Gefällt-mir-Angaben" und „Besuchen". Was im Überschwang der Online-Kommunikation gern verschwiegen wird: Es gibt sensationelle Traffic- und Feedback-Erfolge, doch davon profitiert nur eine Minderheit der Unternehmen. Die große Mehrheit muss sich mit bescheidenden Reichweiten zufriedengeben. Wer kontrolliert schnell auf hohe Reichweite kommen will, der sollte nicht auf Online setzen, sondern andere Wege gehen.

› **Begrenzt kontrollierbar:** Folgen und Wirkung von Online-Kommunikation und Social-Media-Marketing sind nicht vorhersehbar und nur schwer zu kontrollieren. Da das Netz immer für eine Überraschung gut ist, sollte das Unternehmen vorbereitet sein und den Umgang mit Negativ-Kommentaren und Dialog-Krisen im Netz präventiv geregelt haben.

› **Wirkung nicht immer messbar:** Die Unternehmen konzentrieren sich zu sehr auf Klick- und Share-Zahlen, ohne die betriebswirtschaftliche Ebene hinreichend im Blick zu haben. Die quantitativen Erfolge werden bejubelt, ohne zu wissen, ob auch die Qualität stimmt. Besonders, wenn es um die Konversationsraten (z.B. „Wieviel Website-Besucher bringen einen Kunden?“ oder „Wieviel Imagegewinn bringen 100.000 Likes?“) geht, gibt es Probleme beim Wirkungsnachweis.

- **Häufig keine Strategie:** Vor allem im Bereich von Social Media beobachten wir viel Aktionismus. Die Aktivitäten werden gestartet, weil es angesagt ist. Sie sind nicht mit einer entsprechenden Strategie unterlegt. Ohne eine Vorplanung des Online-Auftritts sind die Fehlerrisiken hoch und Akzeptanzprobleme im Netz die zwingende Folge.

- **Fehlende Mitarbeiterintegration:** Vielfach existieren in Unternehmen keine Social-Media-Guidelines, um Mitarbeitern und Mitarbeiterinnen Orientierung im Umgang mit sozialen Medien zu bieten. Die Folgen sind unsichereres Verhalten und divergierende Botschaften, die nach außen transportiert werden.

Interne Kommunikation

Die interne Kommunikation wirkt ins Unternehmen und spricht die Mitarbeiterinnen und Mitarbeiter an. Sie war über viele Jahre ein Stiefkind der Kommunikationsplanung. Mitte der neunziger Jahre fing es an. „Lean Management“ kam in Mode und die Belegschaften wurden verschlankt. Die Unternehmen hatten keine Mitarbeiterprobleme, sie konnten die „High Performer“ auswählen und die „Minderleister“, wie sie häufig abfällig benannt wurden, aussortieren. Die interne Kommunikation spielte nur die zweite Geige, denn wie formulierte es ein Unternehmenschef geradeheraus: „Die Kollegen können froh sein, dass sie einen Job haben“. Die Mitarbeiterinnen und Mitarbeiter wechselten immer häufiger den Job, die durchschnittliche Unternehmenszugehörigkeit ging zurück, in manchen Unternehmen hatte sie sich über die Jahre sogar halbiert.

Seit einiger Zeit haben sich die Vorzeichen geändert, der demografische Wandel wirkt sich aus und immer mehr Fachkräfte fehlen. Die Unternehmen schwenken um und tun alles, um die Mitarbeiter im Unternehmen zu halten. Mitarbeiterfindung und Mitarbeiterbindung sind ein wichtiges Thema geworden. Die interne Kommunikation wird ausgebaut und gewinnt an Schlagkraft. Das ist auch dringend nötig, denn die Studie einer großen internationalen Beratungsgesellschaft stellt fest, dass 70 Prozent der Mitarbeiter in deutschen Unternehmen Dienst nach Vorschrift machen und weitere 15 Prozent innerlich gekündigt haben.

Die interne Kommunikation läuft auf den beiden Hauptschienen Information und Dialog. Ursprünglich ging es intern hautsächlich darum, den Mitarbeitern aus der Führung heraus („top-down“) alle Basisinformationen zur

Verfügung stellen, die sie für ihre tägliche Arbeit brauchen. Die interne Kommunikation sollte die Unternehmenspolitik erklären, anstehende Veränderungen und Entscheidungen transparent machen und so um Akzeptanz für den Kurs des Unternehmens werben. Nebenher sollte sie motivieren, damit die Mitarbeiter sich hinter ihre Firma stellen und dafür einsetzen. Zurzeit entwickelt sich die interne Kommunikation weiter. Strategien und Instrumente des Dialogs rücken in den Vordergrund und eröffnen neue Kommunikationsoptionen. Die Kommunikationsrichtungen von unten in die Führung („bottom-up") und auf gleicher Ebene („equal-to-equal") gewinnen an Einfluss.

In alle drei Richtungen finden Dialog und Information der internen Kommunikation auf zwei Schienen statt, die eng miteinander verbunden sind:

› **Kontinuierliche Basiskommunikation:** Information, Motivation, Dialog und Partizipation sind ständige Prozesse, die das ganze Jahr mit einem System an Mitteln und Maßnahmen gefördert werden und einen permanenten Kommunikationsfluss im Unternehmen erzeugen. Dazu gehört das täglich aktualisierte Intranet genauso wie die zwei Mal im Jahr erscheinende Mitarbeiterzeitschrift.

› **Punktuelle Anlasskommunikation:** Für bestimmte Anlässe und Themen reichen die bewährten Kommunikationsstandards nicht aus, darum werden spezielle Kampagnen und Aktionen in Richtung der Kollegen konzipiert. Das kann z.B. eine Kampagne für das neue Gesundheitsmanagement im Unternehmen sein oder eine Aktion, die eine stärkere Nutzung der hauseigenen Kantine erreichen soll. Zu diesen Zwecken werden bewährte Standard-Instrumente um neue spezielle Instrumente ergänzt und für einen begrenzten Zeitraum in den Dienst des Anlasses gestellt. Einen besonderen Anlass bietet auch der Start einer externen Kampagne. Es wächst die Erkenntnis, dass externe Kommunikationsaktivitäten nur dann eine hohe Wirkung erzielen, wenn sie durch interne Kommunikation unterstützt werden. Wenn ein Konzept für die externe Kommunikation startet, stellt die interne Kommunikation mit entsprechenden Maßnahmen sicher, dass die Mitarbeiter als wichtige Sprachrohre und Multiplikatoren des Unternehmens frühzeitig einbezogen sind.

In großen Unternehmen gibt es spezialisierte Abteilungen für die interne Kommunikation, die alle Aktivitäten nach innen planen und durchführen. In kleineren Unternehmen ist die Kommunikationsarbeit in andere Abteilungen eingebettet, zum Beispiel in die PR-Abteilung oder die Personalabteilung. Teilweise wird die Arbeit von Mitarbeitern mit Querschnittfunktion erledigt, die neben der internen Kommunikation noch andere Aufgaben haben.

Abbildung 95: Interne Kommunikation

Die Ansprache der Mitarbeiterinnen und Mitarbeiter bewegt sich zwischen Information und Dialog. Die klassischen gedruckten Instrumente sind vor allem für die Information geeignet. Die Face-to-Face-Instrumente dienen vorrangig dem Dialog. Die neuen digitalen Instrumente können beide Seiten bedienen.

Als interne Transportwege für Information und Dialog stehen drei große Gruppen von Kommunikationswerkzeugen zur Verfügung:

› **Gedruckte Instrumente (Print):** Die Drucksachen waren früher das Fundament der internen Kommunikation. Vor zwanzig Jahren noch haben sie die Kommunikationsarbeit in der Hauptsache geprägt, in letzter Zeit verlieren sie jedoch an Bedeutung. Früher war die Domäne der Print-Instrumente die aktuelle Information. Da sind inzwischen das Intranet und andere digitale Instrumente schneller. Heute ist die vorrangige Aufgabe der Drucksachen, wichtige Informationen zu vertiefen und bestimmten Inhalten mehr Gewicht und Bedeutung zu verleihen. Digital ist elektronisch und flüchtig, Print ist manifest und kann in die Hand genommen werden. Gängige gedruckte Werkzeuge der internen Kommunikation sind Mitarbeiterzeitschriften, Mitarbeitermagazine, Mitarbeiterbriefe, Broschüren und Faltblätter. Diese Werkzeuge haben überwiegend Informationsfunktion, können aber auch Dialogelemente enthalten, wie z. B. der Leserbrief einer Mitarbeiterzeitschrift oder die Feedback-E-Mail-Adresse in einem Mitarbeiterbrief.

› **Persönliche Instrumente (Face-to-Face):** Die Mittel und Maßnahmen schaffen einen direkten persönlichen Kontakt von Angesicht zu Angesicht. Absender und Empfänger der Botschaften stehen sich direkt gegenüber, ein sofortiges Feedback ist möglich. Typische Face-to-Face-Instrumente sind Besprechungen, Mitarbeiterversammlungen, Ideenlabore, Erfahrungsaustauschtreffen und Motivationsveranstaltungen. Face-to-Face-Instrumente eignen sich hervorragend für den Dialog. Im Einzelfall können sie aber auch zur Information eingesetzt werden und Monologform haben – z. B. wenn der neue CEO seine Antrittsrede vor der versammelten Belegschaft hält.

› **Elektronische Instrumente (Digital):** Zwar gibt es in einigen Unternehmen noch Anlaufschwierigkeiten, aber dennoch ist das digitale Instrumentarium im Kommen und übernimmt immer mehr Kommunikationsaufgaben im Unternehmen. Informationsinstrument Nr. 1 ist das Intranet. Daneben kommen E-Mail-Newsletter, Podcasts, Wikis, Erklärvideos und zunehmend auch interne Social Webs oder Messaging-Angebote zum Einsatz. Eine große Zukunft wird dem „Social Collaboration Workplace" prophezeit, der virtuellen Zusammenarbeit über das interne Netz. Ein Vorteil der digitalen Instrumente ist, dass sie beide Talente besitzen, sie können zu Informations- und Dialogzwecken gleichermaßen genutzt werden.

Vorteile der internen Kommunikation

- **Positive Arbeitsatmosphäre:** Nur gut informierte Mitarbeiter sind auch motivierte Mitarbeiter. Eine professionelle interne Kommunikation erhöht die Zufriedenheit und verbessert das Betriebsklima.

- **Sicherheit und Orientierung:** Interne Kommunikation lebt von aussagekräftigen und fundierten Informationen. Wer über die nötigen Informationen verfügt, durchschaut die Verhältnisse und Entwicklungen im Unternehmen, bekommt Orientierung und fühlt sich gut aufgehoben.

- **Unternehmenskultur stärken:** Interne Kommunikation stärkt das „Wir-Gefühl" und erhöht den Zusammenhalt im Unternehmen. Die positive Identifikation wirkt sich positiv auf die Unternehmenskultur aus.

- **Positive Imagewirkung:** Mitarbeiterinnen und Mitarbeiter sind zentrale Meinungsmultiplikatoren. Wenn sie unzufrieden sind, wirkt sich das negativ auf das Image nach innen und außen ab. Zeigen sie sich zufrieden und motiviert, strahlt das positiv auf das Image ab.

- **Gerüchte verhindern:** Gerade in Krisensituationen greift schnell der „Flurfunk" um sich und Gerüchte kochen hoch. Die informelle Meinungsbildung ist kaum zu kontrollieren. Eine offene, zeitnahe und umfassende Kommunikation nach innen vermindert die Anfälligkeit für Gerüchte und Falschmeldungen.

- **Effizienz steigern:** Eine zeitgemäße interne Kommunikation bricht das Silo- und Ressortdenken auf. Wenn Mitarbeiter Wissen und Informationen nicht bunkern, sondern rege mit anderen teilen, steigt die Produktivität des Einzelnen und damit die Produktivität des Unternehmens.

- **Recruiting unterstützen:** Junge Fachkräfte stellen hohe Ansprüche an Unternehmenskultur und interne Unternehmenskommunikation. Unternehmen, die hier gut aufgestellt sind, verfügen über gute Argumente für ihre Personalwerbung.

Nachteile der internen Kommunikation

- **Zu wenig Kraft:** Nur in wenigen Unternehmen gibt es eine ausreichend ausgestattete interne Kommunikationsabteilung. Es fehlt an Budget und personeller Ausstattung. Die Ansprache der Kollegen wird häufig von Mitarbeitern „nebenher´“ miterledigt.

- **Mangelnde Anerkennung der Führungsebene:** Viele Chefs sehen die interne Kommunikation als Sprachrohr der Geschäftsführung, Dialog und Interaktion werden nur in homöopathischen Dosen zugelassen. Außerdem werden die internen Kommunikationsleute schlecht oder zu spät ins Bild gesetzt. Bei wichtigen Entscheidungsrunden für Masterpläne oder große Kampagnenkonzepte sind sie nicht dabei.

- **Hohe Sensibilität bei Mitarbeitern:** Mitarbeiterinnen und Mitarbeiter haben eine feine Antenne für interne Stimmungen und Strömungen. Sie sind in besonderer Weise mit dem Unternehmen verbunden und wissen, was läuft. Trifft die interne Kommunikation nicht den richtigen Ton, konzentriert sich stattdessen auf Hofberichterstattung für die Chefetage und beschönigt unangenehme Themen, dann spüren das die Kollegen sofort. Die interne Kommunikation verliert an Aufmerksamkeit und Akzeptanz.

- **Rasanter technischer Wandel:** Mit der Einführung der digitalen Instrumente verändert sich die interne Kommunikation rasant. Vielfach fehlt sowohl die Kompetenz für die Implementierung der technischen Systeme wie auch die Akzeptanz bei den Mitarbeitern. Viele Unternehmen kämpfen noch heute mit einem funktionierenden Intranet, neue Wege im internen Social Web stehen für sie in den Sternen.

- **Verspätete Information:** Interne Kommunikation lebt davon, dass Informationen zeitnah übermittelt werden. Wenn die Geschäftsführung einen Kurswechsel vornimmt und die Mitarbeiter erst aus den externen Medien davon erfahren, dann erleben sie das als Zurücksetzung, auf die sie mit Enttäuschung und Demotivation reagieren.

- **Mangelnde Qualität:** Mitarbeiterinnen und Mitarbeiter sind ganz normale Mediennutzer. Sie erwarten von der internen Kommunikation professionell aufbereitete Informationen in hoher Qualität mit einem hohen Mehrwert. Die eingesetzten Medien müssen ihren alltäglichen Nutzungsgewohnheiten entsprechen. Viele interne Medien, Texte und Visualisierungen werden diesem Anspruch nicht gerecht. Sie wirken altbacken. Statt eines modernen Mitarbeitermagazins erscheint vierteljährlich die Hauszeitung im Stil eines Amtsblatts und entlockt den Kollegen nur ein Gähnen. Nur professionelle Kommunikation auf hohem inhaltlichen und gestalterischen Niveau kommt an.

Sponsoring

Beim Sponsoring gibt es immer zwei Partner, den Sponsor und den Gesponserten. Die Partnerschaft ist nicht wie beim Mäzenatentum ideeller Natur, vielmehr will der Sponsor für sein Sponsoring eine klar definierte Gegenleistung sehen, die vertraglich in einem für beide Seiten verbindlichen Sponsoringvertrag festgehalten wird. Der Sponsor gibt Geld-, Dienst- oder Sachleistungen – und natürlich auch viel ideelle Unterstützung – und erhält dafür Präsentationsmöglichkeiten, die zu größerer Bekanntheit verhelfen und Image- und Sympathiewerte bringen sollen. Sponsoring dient zudem der Beziehungspflege zu wichtigen Partnern aus Gesellschaft, Wirtschaft, Kultur, Sport und Politik. Man erwartet sich einen hohen Networking-Effekt. In vielen Unternehmen wird der Sponsoring-Etat sogar vorrangig als Investment in das Netzwerk gesehen. Vor diesem Hintergrund verwundert es nicht, dass Sponsoring-Zusagen öfter mal an der Kommunikationsabteilung vorbei direkt von der Chefetage vergeben werden. Der Chef ist ein begeisterter Tennisspieler und kann bei einer Anfrage des lokalen Tennisclubs einfach nicht Nein sagen, zumal der Vereinsvorsitzende auch noch zum Präsidium der örtlichen IHK gehört.

Die Entscheidung für ein Sponsoringprojekt im Unternehmen erleben wir oft als unsystematische Wahl auf Basis von Meinungen und Einschätzungen der Beteiligten. So sollte es nicht sein. Damit sich Sponsoring auszahlt, muss die Auswahl als systematischer Prozess auf Basis definierter Kriterien erfolgen. Herangezogen werden Kriterien wie Imagewert, Bekanntheitsgrad, Zielgruppen, Präsenz oder Reichweite. Ein wichtiges Kriterium ist auch die Exklusivität. Ein exklusiver Sponsor wird stärker wahrgenommen als ein Co-Sponsor, der mit zwanzig anderen Co-Sponsoren um Aufmerksamkeit kämpfen muss. Nicht vergessen darf man die kritische Bewertung der Sponsoring-Möglichkeiten. Das Logo des Unternehmens auf dem Plakat oder auf einer Sponsorensäule hat kaum Imagewirkung, sondern erzielt nur einen Placebo-Effekt. Kreative Konzepte sind gefragt, die neue attraktive Wege der Partnerschaft öffnen. Da eine Sponsorenpartnerschaft ihre Wirkung erst dann entfaltet, wenn sie über mehrere Jahre läuft, sind die Konzepte entsprechend langfristig angelegt.

Mit den langfristigen Konzepten entwickelt sich Sponsoring weiter. Gestern hat ein Unternehmen für ein soziales Projekt Geld gegeben und dafür kam das Logo links unten auf die Projektbroschüre. In Zukunft will sich das Unternehmen als engagierter Partner verstanden wissen, der sich voll hinter das Projekt stellt und auf mehreren Ebenen einbringt. Vor diesem Hintergrund wird Sponsoring zunehmend zum festen Bestandteil von Corporate Social Responsibility und Corporate Citizenship des Unternehmens. Da unterstützen engagierte Mitarbeiter das gesponserte Projekt mit freiwilliger Arbeit, der Vorstand veranstaltet beim Jahresball des Unternehmens eine Auktion für den guten Zweck und der Vorstandsvorsitzende wird für fünf Jahre in den Beirat des Projekts gewählt.

Die konzeptionelle Verankerung bedeutet, dass auch beim Sponsoring zukünftig stärker integriert gedacht wird. Das Sponsoren-Engagement ist mit Presse und Medienarbeit, mit speziellen Events, Corporate Publishing und interner Kommunikation verknüpft, sodass die Image-Potenziale optimal ausgeschöpft werden.

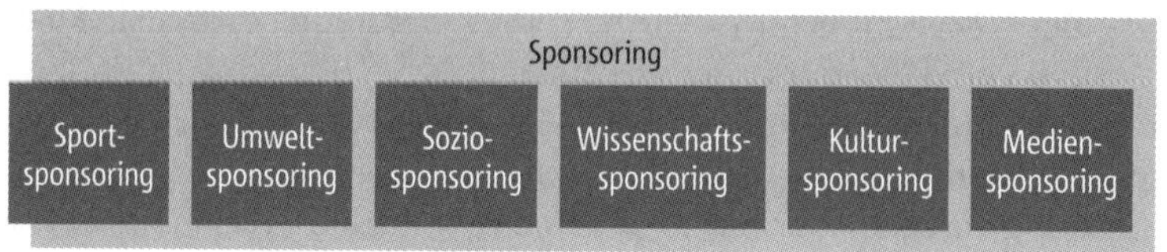

Abbildung 96: Die Bereiche des Sponsorings

Sponsoring hat sich gewandelt. Die Unternehmen wollen mehr als das Logo auf dem Plakat oder ein Banner im Stadion. Ihr Ziel ist es, als Partner eine aktive und langfristige Rolle zu spielen. Der Partner bekennt sich, unterstützt langfristig und gehört dazu.

Unternehmen müssen sich entscheiden. Was passt am besten zur ihrer Positionierung und ihren Botschaften? Entsprechend sollten die zukünftigen Sponsorenpartner gesucht und gefunden werden. Die Auswahl ist groß und lässt sich in fünf große Sponsoringbereiche unterteilen:

› **Sportsponsoring:** Der mit Abstand größte Sponsoring-Bereich ist der Sport, in den die meisten Geldmittel fließen. Er eignet sich vor allem zur Stärkung des Images, denn Sport stellt Nähe her („Sportfreunde halten zusammen"), ist populär („Alle finden Sport gut") und mit positiven Assoziationen verbunden — jedenfalls solange der Verein nicht absteigt. Und wir dürfen nicht vergessen: Sport erzielt eine hohe Reichweite.

› **Umweltsponsoring:** Die Umwelt ist ein relativ junger Sponsorenbereich, der sich in den letzten Jahren erfolgreich etabliert hat. War früher das Umweltthema nur etwas für Ökos, gehört es heute schon für jedes Unternehmen zum guten Ton, die Umwelt zu unterstützen. Das Engagement findet eine breite gesellschaftliche Akzeptanz. Dennoch muss das Konzept besonders gründlich gearbeitet sein, damit die Glaubwürdigkeit erhalten bleibt und nicht der Vorwurf des „Greenwashings" auftaucht.

› **Soziosponsoring:** Das ist ebenfalls noch ein relativ junger Sponsoring-Bereich, der besonders eng mit dem Thema Corporate Social Resonsibility verbunden ist. Auch hier besteht die Gefahr, dass Vorwürfe auftauchen, dass das Unternehmen mit dem sozialen Einsatz nur von eigenem Fehlverhalten ablenken will. In diesem Kontext redet man vom sogenannten „Whitewashing".

- **Wissenschaftssponsoring:** Die Förderung von Forschungsprojekten, Universitäten und Lehrstühlen ist in den vergangenen Jahren gerade für forschende Unternehmen immer wichtiger geworden. Damit Akzeptanz und Glaubwürdigkeit des Sponsorings erhalten bleiben, muss in diesem Bereich sichergestellt sein, dass die Freiheit der Forschung gewahrt und der Einfluss auf Forschungsprojekte möglichst gering bleibt. Gerade im Bereich Pharma und Ernährungsindustrie kam es in der Vergangenheit bisweilen zu einer unliebsamen Verquickung von Unternehmensinteresse und Wissenschaft. Letztlich schaden gegängelte Auftragsforschung und gekauftes Expertentum beiden Seiten.

- **Kultursponsoring:** Gesponsert wird ein breites Spektrum von Kultur – von der Opernbühne bis zum Rockfestival, von der Fotogalerie bis zum Ballettensemble. Je bekannter und populärer ein Kulturthema, desto besser stehen die Sponsorenchancen. Schwer haben es die Randbereiche der Kultur wie exotische Fluxus-Happenings oder anspruchsvolle 12-Ton-Konzerte. Sie finden kaum Anklang bei Sponsoren.

- **Medien- oder Programmsponsoring:** Der Bereich ist in den vergangenen Jahren in Fernsehen und Radio kontinuierlich ausgebaut geworden („Diese Sendung wird Ihnen präsentiert von ..."). Allerdings gibt es zunehmend Restriktionen im öffentlich-rechtlichen, aber auch im privaten Bereich. Die Spielräume für die Gestaltung von Medien- und Programmsponsoring sind begrenzt.

Auf der Seite der Gesponserten stehen Sportvereine, Umweltprojekte, soziale und karitative Initiativen, Kunstaktionen und viele mehr. Das sind alles Akteure mit knappen Kassen, die auf Unterstützung angewiesen sind. Sponsoring ist für sie mehr als nur ein nettes Extra, es sichert ihre Existenz. Entsprechend hoch ist das Engagement. Große Unternehmen erhalten täglich Sponsorenanfragen und haben eigene Mitarbeiter, die sich nur darum kümmern. Manchen Unternehmen ist es inzwischen zu viel und sie blocken Sponsoren-Anfragen systematisch ab.

Vorteile von Sponsoring im Überblick

- **Präsenz in einem positiven Umfeld:** Mit Sponsoring werden gesellschaftlich anerkannte Institutionen, Projekte und Veranstaltungen gefördert, die ein hohes Ansehen in der Öffentlichkeit haben. Durch die Unterstützung strahlt die positive Aura auf das Unternehmen ab. Das Unternehmen gehört dazu und präsentiert sich in guter Gesellschaft.

- **Hohe Akzeptanz:** Die Akzeptanz von Sponsoring-Aktivitäten ist in den vergangenen Jahren kontinuierlich gestiegen. Sponsoring gehört heute „einfach dazu", wenn kulturelle Veranstaltungen oder Sportereignisse stattfinden.

- **Imagetransfer:** Durch das hohe Ansehen des Sponsoringthemas ergibt sich ein Imagetransfer auf das eigene Unternehmen. Stimmen alle Voraussetzungen, dann ist die Imagewirkung stärker und anhaltender als bei klassischer Werbung oder Promotion. Allerdings muss das Unternehmen darauf achten, dass der Imagetransfer als glaubwürdig wahrgenommen wird.

- **Beziehungen stärken:** Mit den meisten Sponsoringaktivitäten kann das Unternehmen seine Verbindungen zu wichtigen Personen und Institutionen stärken und weiter ausbauen. Vor allem im lokalen und regionalen Bereich funktioniert Sponsoring hervorragend als Networking-Instrument.

- **Konkurrenz bleibt außen vor:** Je nach Exklusivitätsgrad kann der Sponsor auf einem Konkurrenzausschluss innerhalb seiner Branche bestehen. Damit präsentiert er sich frei von seinen Mitbewerbern in einer exklusiven Stellung. Dazu ist jedoch ein erhebliches (finanzielles) Engagement erforderlich. Kleinen Sponsoren wird eine exklusive Präsentation nicht garantiert.

- **Gut steuerbar:** Sponsoringaktivitäten sind gut steuerbar. Die Sponsorenverträge enthalten eindeutige Leistungsbeschreibungen, die Zeit, Ort und Umfang des Sponsorings genau definieren und dadurch auch eine präzise Verzahnung mit anderen Bereichen der externen Unternehmenskommunikation möglich machen.

Nachteile von Sponsoring im Überblick

- **Begrenzte Botschaften:** Häufig stehen nur begrenzte Flächen für die eigene Präsenz zur Verfügung. Komplexe Botschaften lassen sich nicht vermitteln. In der Regel geht es nur darum, Unternehmensname und Markenzeichen in einem positiven Umfeld zu verankern. Wenn es hochkommt, lässt sich noch ein Slogan transportieren, mehr ist nicht machbar.

- **Begrenzte Zielgruppe:** Es gibt die großen Sponsorships der Formel 1 oder der Olympischen Spiele, die eine enorme weltweite Reichweite erzielen, aber nur für weltweit operierende Großunternehmen interessant sind. Für den Mittelstand finden die Sponsorships jedoch vorrangig im regionalen Umfeld statt. Die Reichweiten sind entsprechend begrenzt. Ein Fußballspiel der 3. Bundesliga oder das Konzert eines regionalen Sinfonieorchesters hat nur einen kleinen bis mittleren Resonanzradius.

- **Langfristig ausgerichtet:** Sponsoring erzielt seine volle Wirkung oftmals erst nach drei bis fünf Jahren mit kontinuierlicher Unterstützung. Wer Sponsoring als Schnellschuss und Einmal-Investition begreift, wird von der Wirkung enttäuscht sein.

- **Reaktanz bei Überpräsenz:** Auch Sponsoring kann zu Ablehnung führen, wenn das Unternehmen die Präsenz übertreibt. Wer eine Veranstaltung mit seinen Logos zupflastert, stört das Empfinden und konterkariert den gewünschten Wohlfühleffekt. Daher gilt auch beim Sponsoring: Auf die richtige Dosierung kommt es an.

- **Strategische Ausrichtung:** Sponsoring muss auf der strategischen Ebene eng mit den Unternehmenszielen verbunden sein und braucht ein strategisches Konzept als Grundlage. Diese Konzepte existieren oft nicht. Vielmehr wird gern nach dem „Gießkannenprinzip" gesponsert oder die persönlichen Vorlieben des CEO dominieren. Am Ende bleibt die Wirkung weitgehend aus und der eingesetzte Etat ist verschwendet.

- **Negativer Imagetransfer:** Das Unternehmen investiert in Sponsoring, weil es einen positiven Imagetransfer erwartet. Es kann auch anders kommen und einen negativen Imagetransfer geben. Wenn eine große Sportmarke den Fußballweltverband sponsert und der Verband unter Korruptionsverdacht fällt, wirkt sich das negativ auf die Sponsorenmarke aus. Wenn ein regionales Unternehmen eine Wärmestube für Obdachlose sponsert und der Geschäftsführer der sozialen Einrichtung in den Medien mit einem roten Ferrari abgelichtet wird, dann bedeutet das für den Imagetransfer einen Totalschaden.

Product-Placement

Beim Product-Placement handelt es sich um die werbewirksame Einbettung von Produkten, Dienstleistungen oder Werbemitteln in ein Umfeld mit hohem Imagetransfer-Wert. Das wahrscheinlich bekannteste Beispiel für Product-Placement dürfte das Dienstfahrzeug von James Bond sein. Die großen Autofirmen zahlen viel Geld, um ihr Spitzenmodell zu platzieren, denn der Imagegewinn ist immens. Jedes Jahr gibt es zehntausende solcher Placements und viele Medienproduktionen wären ohne massiven Placement-Einsatz gar nicht mehr möglich. Im Kinobereich machen die Placement-Einnahmen inzwischen fast die Hälfte der Produktionskosten aus.

Auch im TV-Bereich steigt die Zahl der Platzierungen stark an. Die große Mehrzahl der Placements nehmen die Zuschauer nicht bewusst wahr, sie wirken implizit. Der maßgebliche Anker liegt im Unterbewusstsein, von hier aus haben Placements einen nicht zu unterschätzenden Einfluss auf das Ansehen eines Produktes. In anschließenden Befragungen lässt sich feststellen, das durch Placements im richtigen Umfeld die Vertrautheit und die Wertschätzung eines Produktes spürbar ansteigt.

Product-Placements lassen sich in unterschiedlichen Formen realisieren. Es werden nicht nur Produkte platziert. Von einem Themen-Placement spricht man, wenn es einem Arzneimittelhersteller gelingt, in einer TV-Krankenhausserie bestimmte Krankheitssymptome und mögliche medikamentöse Behandlungen besonders hervorzuheben. Das Thema wird für die Zuschauer relevant – und natürlich hat der Hersteller das passende Medikament dazu im Angebot. Von Image Placements spricht man, wenn bestimmte TV-Filme in einer beliebten Urlaubsregion gedreht wurden und das lokale Tourismusmarketing für die Wahl der Location bezahlt hat.

Der Schwerpunkt von Placements liegt auf Spielfilmen und Fernsehsendungen. Gerade große Blockbuster-Produktionen sind attraktiv, senden sie doch durch zahlreiche Wiederholungen und vielfältige Formen der Zweitverwertung ihre werblichen Impulse über viele Jahre hinweg aus. In den letzten Jahren hat sich der Radius von Placements erheblich erweitert. So gibt es inzwischen Placements in Theaterstücken und Konzerten, in Museen und Ausstellungen. Placements sind auch auf redaktionellen Fotos von Magazinen möglich, wenn ganze Fotostrecken einer Modezeitung mit den Produkten einer Marke bestückt werden. Sogar Websites, mit Platzierung eines Produkts in einem redaktionellen Bericht, oder Computerspiele, mit Einbettung eines Produkts in die Spielehandlung, bieten inzwischen Placements an.

In allen Bereichen kann das Placement vielfältig realisiert werden. Es beginnt damit, dass das Produkt einfach nur im Bild zu sehen ist. In der Steigerung ist es möglich, dass ein Produkt in seiner praktischen Anwendung gezeigt wird, eine aktive Rolle in der Handlung spielt oder sogar zum wichtigen Schlüssel für die Handlung wird.

In Deutschland gibt es zurzeit wachsende Probleme mit dem öffentlich-rechtlichen Rundfunk, da Product-Placement im Verdacht der Schleichwerbung steht. Zwar sind Platzierungen grundsätzlich erlaubt, jedoch laut Rundfunkstaatsvertrag nicht in Nachrichten, Sendungen zum politischen Zeitgeschehen, in Ratgeber- und Verbrauchersendungen sowie in Sendungen für Kinder. Inzwischen wird genau hingeschaut und Verstöße fallen sofort auf.

Ein wichtiger Wachstumstreiber im Product-Placement sind soziale Netzwerke wie Facebook und YouTube. Es gibt mittlerweile eine wachsende Gemeinde von YouTube-Stars, die nicht nur online gigantische Kickzahlen erzielen, sondern auch bei speziellen Events tausende Fans anziehen, die ihren persönlichen „YouTube-Hero“ treffen und ein begehrtes Selfie ergattern wollen. Die meisten der Stars haben Placement-Verträge mit großen Unternehmen. Sie verarbeiten, erwähnen und testen die Produkte in ihren YouTube-Filmen. Sie probieren bei „Meet and Greet“-Veranstaltungen gemeinsam mit ihren Fans die Produkte aus.

Inzwischen sind spezialisierte Vermarktungsagenturen entstanden, die Product-Placements in dem schnell wachsenden Online-Segment vermitteln. Die Auftraggeber erhalten exakte Daten über Reichweite, soziodemografische Merkmale und geografische Verbreitung des entsprechenden Youtube-Kanals und können entlang der eigenen Zielgruppen-Definition Platzierungsentscheidungen treffen. Zusätzlich machen die YouTuber kreative Vorschläge, wie ein Produkt vorgestellt werden kann. Die Hersteller können sich für den besten Kanal und für die beste Umsetzungsidee entscheiden. Zwar müssen die Richtlinien von YouTube beachtet werden, denn bezahltes Product-Placement ist unzulässig, wenn die zumeist jungen Verbraucherinnen und Verbraucher irregeführt werden und das werbetreibende Unternehmen gegen geltendes Recht verstößt. Aber die Grauzone ist groß und wo kein Kläger ist, da wird einfach fröhlich weiter „platziert“.

Vorteile von Product-Placement:

› **Positives Markenimage:** Produkte profitieren von einem attraktiven, anziehenden Umfeld. Das positive Image handelnder Stars überträgt sich auf das eigene Produkt, verstärkt bestehende Imagemerkmale oder fügt neue Images hinzu.

› **Erhöhung des Bekanntheitsgrads:** Hohe Zuschauerzahlen, Einschaltquoten und Klickzahlen sorgen für hohe Reichweiten bei der Zielgruppe und steigern die Bekanntheit von Produkten.

› **Weniger Reaktanzen:** Professionelles Product-Placement umgeht den Widerstand der Zielgruppen und wirkt direkt. Ein Produkt wird so geschickt in die Handlung eingebunden, dass es dazugehört und von der Faszination der Szene aufgewertet wird. Die Adaption beim Verbraucher geschieht unbewusst.

› **Langfristige Wirkung:** Vor allem der Filmbereich zeigt, dass Placements ihre Wirkung über viele Jahre und manchmal sogar Jahrzehnte behalten können. Mehrfachkontakte sind je nach Qualität und Erfolg des Films garantiert.

Nachteile von Product-Placement:

› **Nur unterstützende Wirkung:** Product-Placement kann keine konkreten Produktinformationen und Markenwelten transportieren. Es lässt sich nur flankierend innerhalb eines komplexen Maßnahmensystems einsetzen.

- **Imagerisiko:** Manche Kinofilme entwickeln sich mittlerweile zu Product-Placement-Bühnen. Die Dosierung ist zu hoch und das Placement wirkt aufdringlich. Auch, wenn ein Film floppt oder negative Kritiken bekommt, besteht das Risiko eines negativen Imagetransfers.

- **Mangelnder Einfluss:** Placement nutzende Unternehmen haben häufig nur eingeschränkte Einflussmöglichkeiten, wie ein Produkt in die filmische Handlung eingebettet wird. Bisweilen haben die Placements am Ende nur wenig mit dem im Markenmanual festgelegten Imageprofil zu tun.

- **Verdacht auf Schleichwerbung:** Product-Placement wird von kritischen Stimmen als Schleichwerbung eingeordnet, das den Verbrauchern ein Produkt „unterjubeln" will. Negative Wahrnehmungseffekte in der öffentlichen Meinung sind die Folge.

- **Viele Restriktionen:** Gerade im öffentlich-rechtlichen Fernsehen hat man die Einsatzregeln für Product-Placement in den vergangenen Jahren deutlich verschärft.

Merchandising / Licensing

Grundsätzlich geht es um das Vermarkten des Logos, des Corporate Designs oder des Sympathieträgers eines Unternehmens. Beim Licensing werden die Rechte / Lizenzen an Marken, Formaten und Charakteren an andere Unternehmen übertragen, die diese dann vermarkten. Ein normales neutrales Kinderfahrrad wird gelbgestreift „gebrandet" und kann nun unter dem offiziellen Verkaufsnamen „Tigerenten-Fahrrad" vertrieben werden. Konsumenten, die sich zu einer Marke bekennen, können dieses durch den Kauf eines Produktes auch zu erkennen geben. Natürlich möchte der Lizenznehmer vom positiven Image der beliebten Kinderfigur profitieren und den Verkauf seines Produkts befördern. Der Lizenzgeber bekommt dafür eine Gebühr, die teilweise erheblich ist. Uns interessiert aber ein anderer Vorteil für den Lizenzgeber. Sein Image und seine Bekanntheit profitiert durch die enorme Verbreitung und die Identifikationsmöglichkeit für den Konsumenten. Beim Licensing unterscheiden die Fachleute:

- **Produkt-Licensing:** Der Lizenznehmer vermarktet Produkte im Zeichen des Lizenzgebers. Das Spektrum reicht vom Bekleidungsartikel bis zum Computerspiel.

- **Event-Licensing:** Der Lizenznehmer darf den Namen / das Design des Lizenzgebers für seine Veranstaltungen nutzen. Beispielsweise kauft ein großer Veranstalter die Rechte an „Tabaluga" und produziert „Die Tabaluga-Show".

- **Werbe-Licensing:** Der Lizenznehmer verwendet Name / Design des Lizenzgebers für seine Kommunikationsaktivitäten. Beispielsweise nutzt ein großes Markenartikel-Unternehmen eine Eishockey-Mannschaft als Aufhänger für eine Werbekampagne.

Licensing ist nur für wenige Kultmarken, Kultprodukte und Kultpersonen möglich. Dann haben Lizenzprodukte – wenn sie auf den Bedarf der Zielgruppe zugeschnitten sind – ein großes Verbreitungspotenzial. Sogar die Medien berichten davon. Ein großes Medienthema waren z. B. die Lizenz-Kooperationen zwischen dem schwedischen Modehersteller H&M und den internationalen Top-Designern Karl Lagerfeld und Stella McCartney.

Während beim Licensing der Rechtenehmer das finanzielle Risiko trägt, verbleibt das Risiko beim Merchandising auf der Seite des Rechteinhabers. Im einfachsten Fall stellt das Unternehmen bestimmte Merchandisingartikel mit Firmenlogo oder einer Sympathiefigur her und verkauft diese an Kunden oder Interessenten. Das können T-Shirts, Kaffeetassen oder Stofftiere sein, aber auch höherwertige Artikel wie Fahrräder sind möglich. In Berlin hat die Verkehrsgesellschaft BVG auf diese Weise sogar eine Unterwäsche-Kollektion erfolgreich vermarktet. Die Unterhosen mit dem Aufdruck der U-Bahn-Station „Krumme Lanke" waren ein Renner.

Auf der anderen Seite darf aber auch nicht verschwiegen werden, dass viele Unternehmen mit ihren Merchandisingartikeln in Schwierigkeiten gekommen sind. Sobald Kultcharakter und Identifikationswert gering sind, sinkt die Nachfrage. Das Merchandising-Lager bleibt voll und am Ende werden die Artikel im Rahmen von Gewinnspielen verlost oder an gute Kunden verschenkt.

Erfolgversprechend und gängig sind Merchandising-Maßnahmen bei Radiostationen, Sportvereinen, Museen, Autoherstellern etc. Wer entsprechende Maßnahmen in das Kommunikationskonzept einbaut, sollte den Einsatz gut durchdenken:

- Der Imagewert des Unternehmens muss hoch sein, denn der Kunde kauft nur, wenn er sich mit dem Unternehmen identifiziert.

- Der Gegenstand ist nützlich und das Design trifft den Geschmack der Zielgruppe. Wie die gesamte Kommunikation, so muss auch das Merchandising gekonnt auf die Zielgruppe zugeschnitten werden.

- Der Preis sollte in Relation zu gleichgearteten Angeboten günstig sein und dem Käufer einen Vorteil versprechen.

Zudem empfiehlt es sich, das Merchandising-Angebot klein zu halten. Besser drei Artikel, die den Bedarf treffen, als dreißig Artikel, von denen am Ende zwei Drittel zum Ladenhüter werden.

Vorteile von Merchandising und Licensing:

- **Gute Einnahmequelle:** Gut gemachtes Merchandising kann zu einer zusätzlichen Einnahmequelle für Unternehmen und Marken führen.

- **Positiver Effekt für das Image:** Sind Merchandising und Licensing erfolgreich, dann helfen sie, das Image zu stärken. Beim Licensing findet ein Imagetransfer auf die Produkte des Lizenznehmers statt. Beim Merchandising entsteht der Imageeffekt durch die sichtbare Identifikation von Kunden und Fans.

- **Vergrößerung der Reichweite:** Fanartikel und Merchandising-Produkte schaffen zusätzliche Bekanntheit, wenn sie von den Käufern intensiv eingesetzt und verwendet werden.

- **Hohe Akzeptanz:** Überzeugte Fans von Marken und Produkten erwarten heutzutage geradezu, dass sie Merchandising-Produkte erwerben können. Sie wollen sich offensiv als Fans zu erkennen geben.

- **Mitarbeiterbindung:** Viele Unternehmen sprechen mit ihren Merchandising-Artikeln gezielt auch Mitarbeiter an. Die Mitarbeiterinnen und Mitarbeiter sind stolz darauf, zum Unternehmen zu gehören. Sie zeigen sich selbstbewusst mit Sweatshirt oder Sporttasche in der Öffentlichkeit.

Nachteile von Merchandising und Licensing:

- **Geschäftliches Risiko:** Stockt beim Merchandising der Verkauf von Produkten, trägt das Unternehmen das volle geschäftliche Risiko. Entsprechende Pretests in der Zielgruppe sind daher empfehlenswert.

- **Standardware:** Viele Merchandising-Artikel sind austauschbare Standardware. Anders als Give-aways, die kostenfrei verschenkt werden, will man beim Merchandising die Kosten decken oder sogar Geld verdienen. Da die Abnehmer immer anspruchsvoller werden, muss sich ein Unternehmen viel einfallen lassen, damit die eigenen Merchandising-Produkte angenommen werden. Eine Kaffeetasse mit Logo-Aufdruck reicht nicht mehr.

- **Produktqualität und Imagerisiko:** Bei Merchandising und Licensing kommt es darauf an, dass die Qualität der verkauften Produkte stimmt.

Hat das Produkt Mängel und wird von Kundenseite schlecht beurteilt, ist ein negativer Imagetransfer die unvermeidliche Folge.

› **Betreuungsintensiv:** Merchandising verlangt professionelle Betreuung. Dies betrifft nicht nur Bestellung und Belieferung, sondern auch Distribution und Vermarktung. Zunehmend fragen Verbraucher auch nach den Produktionsbedingungen, unter denen Merchandising- und Lizenz-Produkte hergestellt werden. Einfach billig irgendwo in Fernost einkaufen, das ist heute passé.

Bartering und Kooperationen

Unter Bartering versteht man im klassischen Sinne den Austausch von Sach- und Dienstleistungen zwischen zwei Partnern. Gängig ist Bartering in der Medienbranche. Ein großer Autohersteller stellt drei Autos für ein TV-Quiz zur Verfügung und wird dafür in der Quizshow attraktiv in Szene gesetzt. Ein bekanntes Beispiel ist auch die TV-Show „Glücksrad". Unilever erwarb über eine Agentur die europaweiten Lizenzrechte am „Glücksrad". Im Gegenzug bekam das Unternehmen bevorzugte und preiswerte Werbezeiten im Umfeld der Sendung. In Deutschland gab es ab 1992 sogar nur noch Unilever-Produkte zu gewinnen.

Häufig werden klassische Medialeistungen ausgetauscht – z. B. schaltet ein Filmfestival die Imageanzeige einer Tageszeitung im eigenen Programmheft und bekommt dafür im Gegengeschäft eine Anzeige im Programmteil der Zeitung. Vorteil für beide Seiten: Es findet kein unmittelbarer Geldfluss statt, dadurch wird das Kommunikationsbudget entlastet, während gleichzeitig der Werbe-Output sichergestellt oder sogar erhöht wird. Bartering kommt also „on Top" auf den Kommunikationsetat.

Bartering-Geschäfte sind natürlich nicht an Medien gebunden. Sie laufen auch von Unternehmen zu Unternehmen. Eine Krankenkasse will in den Servicecentern einen Informationsterminal aufstellen. Ein großes Elektronikunternehmen stellt die Geräte zur Verfügung und erhält im Gegenzug kein Geld, sondern eine Veranstaltungsreihe unter dem Thema „Fitness am Arbeitsplatz" für die eigenen Mitarbeiter.

Überhaupt sind Kooperationen im Kommen. Machten wir früher im Konzept den Vorschlag, eine Kommunikationskampagne zusammen mit Partnern durchzuführen, weil sich so attraktive Synergieeffekte erzielen lassen, trafen wir regelmäßig auf Entrüstung. Das hat sich geändert, inzwischen werden wir regelmäßig schon im Briefing darauf angesprochen, ob es nicht Sinn machen würde, in die Kommunikation Partner einzubeziehen. In der Recherche begeben wir uns dann auf die Suche nach entsprechenden Partnern und beschreiben im Konzept, wie die Partnerschaft aussehen könnte. Eine Versicherung wirbt zusammen mit einem Ärzteverband für Vorsorgeuntersuchungen. Ein Unternehmen für Büromöbel und ein Unternehmen für Bürobeleuchtung organisieren gemeinsam eine große Roadshow quer durch Deutschland. Eine Wohnungsbaugesellschaft veranstaltet zusammen mit dem zuständigen Energieversorger einen Energieberatungstag für die Mieter. Drei Vereine legen ihr Sportfest zusammen und setzen damit ein Zeichen für Teamwork im Sport. Die Zukunft in der Kommunikation gehört der „Coopetition". Gemeint ist ein Zusammenspiel aus Wettbewerb („Competition") und Zusammenarbeit („Cooperation").

Kooperation ist in allen Bereichen der Kommunikation möglich: Werbung, PR, Event, Promotion, Online und mehr. Zu jedem Kommunikationskonzept gehört heutzutage das konstruktive Nachdenken über die Möglichkeiten von Kooperationen. Je nach Kommunikationsaufgabe können auf dem gemeinschaftlichen Weg erheblich Kosten gespart bzw. der Kommunikationsradius immens erhöht werden. Auf eins müssen wir Konzeptionsspezialisten allerdings achten: Die Kommunikation darf nicht dazu führen, dass der eine Partner die Resonanz auf sich zieht und der andere Partner im Schatten steht. Im Rahmen der Zusammenarbeit muss die Eigenständigkeit der Partner gewahrt und die Grenze klar gezogen werden. Dazu gehört auch, dass zwischen den Kooperationspartnern ein besonderes Vertrauensverhältnis existiert, sodass keiner das Gefühl hat, vom anderen über den Tisch gezogen zu werden.

Vorteile von Bartering und Kooperationen:

› **Budgetentlastung:** Tauschgeschäfte und Kommunikationskooperationen sind klassische Win-Win-Situationen, von denen beide Seiten profitieren, ohne größere zusätzliche Ausgaben zu genieren.

› **Reichweite erhöhen:** Die Wirkung der Kommunikation wird ohne finanzielle Zusatzbelastungen für den einzelnen Partner erhöht. Es lassen sich reichweitenstarke Kommunikationsmaßnahmen angehen, die allein nicht finanzierbar wären.

› **Imagetransfer:** Gute Kooperationspartner, die zum eigenen Unternehmen passen und einen hohen Bekanntheitsgrad haben, stärken das eigene Image.

› **Glaubwürdig:** Kommunikationskooperationen sind besonders glaubwürdig, da sie nach außen als gemeinschaftliches Projekt wahrgenommen werden.

- **Networking:** Durch Kommunikationskooperationen gewinnt man neue interessante Kontakte und erweitert das eigene Netzwerk. In einer vertrauensvollen Partnerschaft ist es möglich, dass sich die Netzwerke der beiden Unternehmen verbinden und austauschen.

Nachteile von Bartering und Kooperation:

- **Sensibles Vertrauensverhältnis:** Unternehmen sind eigentlich Einzelkämpfer und müssen sich an Kooperationen erst gewöhnen. Kooperationen funktionieren nur, wenn sich die Partner vertrauen. Unzureichende Abstimmungen, schlechte Vorabsprachen und Fehler in der Umsetzung gefährden die Zusammenarbeit.

- **Imagerisiko:** Zu jeder Partnerschaft gehört das Risiko des Scheiterns. Die Partner passen nicht so gut zusammen, wie ursprünglich angenommen. Partner streiten sich und es gibt viel Ärger. Der Ärger dringt nach außen, erreicht Medien und Kunden und führt am Ende zu Imageeinbußen.

- **Hoher Pflege- und Abstimmungsaufwand:** Damit eine Partnerschaft auch langfristig funktioniert, sollte der Kooperationspartner kontinuierlich gepflegt und eingebunden werden. Dies erzeugt zusätzliche Arbeit und bindet finanzielle Ressourcen. Gerade in der Umsetzungsphase von Kommunikationsaktionen muss eine ständige Absprache mit dem Kooperationspartner stattfinden.

Über die Grenzen der Kommunikation hinaus ...

Das System der Maßnahmen steht, wir schauen uns das Resultat an und stellen fest, dass die kommunikativen Möglichkeiten voll ausgeschöpft wurden. Alles, was mit Kommunikation machbar ist, wurde eingeplant. Dennoch plagt uns ein großes Unbehagen. Wir haben das ungute Gefühl, dass die Aktivitäten trotz allem nicht ausreichen, weil es noch eine Lücke im System gibt. Nur liegt die Lücke nicht in der Kommunikation, sondern in anderen Bereichen des Unternehmens, also außerhalb des Einflussbereiches der Kommunikation. Strategie und Operation würden perfekt funktionieren, wenn es da z.B. nicht diese kleine Schwäche im Produktportfolio gäbe. Das Konsumprodukt positioniert sich als familienfreundlich, nur fehlt im Sortiment des Produktangebots die Familienpackung. In einem anderen Konzept tut sich eine Lücke im Personalbereich auf, durch die viel Kommunikationswirkung verloren gehen dürfte. Die anstehende Kommunikation will massiv auf Social Media setzen, allein im Unternehmen fehlt der Spezialist, der Ahnung hätte und in der Lage wäre, die anstehenden Web 2.0-Anforderungen zu meistern.

Was tun? Einfach wegschauen, denn ein Kommunikationskonzept hat nun mal seinen Kompetenzbereich und der darf nicht überschritten werden? Das wäre kurzsichtig. Gute Konzeptionerinnen und Konzeptioner entwickeln optimale Problemlösungen – und wenn es sein muss, gehen sie dafür auch über die Grenzen der konventionellen Kommunikationspolitik hinaus. Integrierte Kommunikation darf nicht an den Hoheitsgrenzen der Kommunikation aufhören, die Integration muss darüber hinaus weitergehen.

Nun werden einige Kommunikationsprofis mit dem Kopf schütteln und anmerken, dass solche Grenzüberschreitungen in Unternehmen zu erheblichen Irritationen führen können. Die Einflussbereiche anderer Abteilungen werden tangiert, die sich angegriffen fühlen und sofort reagieren, indem sie das Konzept abschießen. Das ist richtig, die Gefahr besteht, sie kann aber durch das richtige Vorgehen erheblich vermindert werden. Die Konzeptionsbeteiligten überschreiten ihr Fachgebiet Kommunikation nur im begründeten Ausnahmefall. Und wenn sie es tun, dann geschieht es behutsam und klug. Sie heben keinesfalls das Produktmarketing aus den Angeln oder stellen die Personalpolitik in Frage. Schließlich sind sie Kommunikationsspezialisten und keine Unternehmensberater. Aber sie können ihre Ideen einbringen und Angebote machen, die an der Schnittstelle zwischen Kommunikation und den anderen Bereichen des Unternehmens angesiedelt sind und Brücken schlagen. Die Angebote sind minimal invasive Eingriffe, die einen großen Nutzen für das Kommunikationskonzept bringen, jedoch nur eine minimale, überschaubare Änderung für die anderen Bereiche bedeuten.

Kehren wir noch einmal zur familienfreundlichen Positionierung zurück. Wir sind uns sicher, dass die Position chancenreich ist. Die fehlende Familienpackung wäre für die Positionierung ein echtes Handicap und der Vorschlag, eine zusätzliche Verpackung einzuführen, naheliegend. Bevor wir jedoch die neue Packungsgröße ernsthaft in Erwägung ziehen, gehen wir in die Nachrecherche. In einem Telefongespräch mit dem verantwortlichen Mitarbeiter des Unternehmens stellen wir fest, dass die neue Größe für die Produktionsstraße und die Logistik kein Problem wäre, die gesamte Kette weist die erforderliche Flexibilität auf. Unser Vorschlag erscheint machbar. An dieser Stelle ist es Zeit für ein spätes Rebriefing mit dem Auftraggeber, bei dem sich alles um die Familienpackung dreht. Der Vorschlag taucht nicht einfach im Konzept auf, er wird vorher abgestimmt. So kommt es, dass die Zuhörer in der Konzepträsentation nicht aus allen Wolken fallen, denn sie sind vorbereitet und reagieren entsprechend konstruktiv.

Wenn es für die Lösung des Kommunikationsproblems notwendig ist, dann mischen wir uns ein – und zwar in alle Bereiche: Produktgestaltung, Preispolitik, Personal, Beschaffung, Qualitätsmanagement, Forschung & Entwicklung. Während das Konzept ansonsten konkrete Maßgaben beinhaltet, halten wir

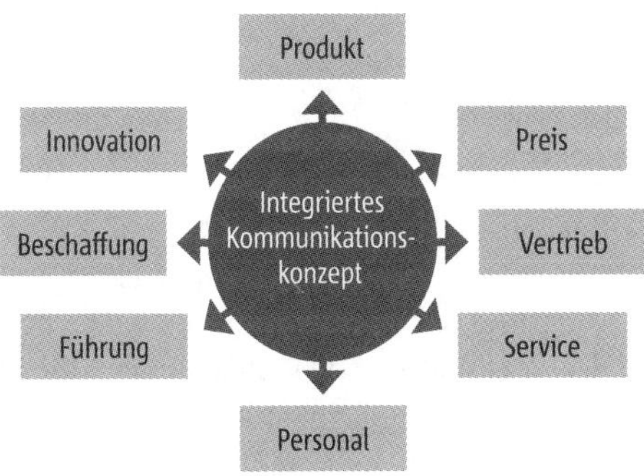

Abbildung 97: Grenzen der Kommunikation überschreiten

Die Integration der Kommunikation gilt auch nach außen und nicht nur nach Innen. Wenn in anderen Bereichen des Unternehmens entsprechende Schwächen oder Chancen liegen, die essenziell für den Erfolg der Kommunikation sind, dann macht das Konzept gezielte Vorschläge.

uns auf fremden Terrain zurück und stellen angemessene Vorschläge zur Diskussion. Falls notwendig, gibt es im Kommunikationskonzept im operativen Block ein zusätzliches Kapitel, dass sich an die Maßnahmen anschließt und den Radius über die Kommunikation hinaus erweitert. Drei Beispiele veranschaulichen den erweiterten Horizont:

› **Distributionspolitik:** Das Unternehmen X will sich als Trendsetter seiner Branche verstanden wissen. Deswegen verwundert es, dass das Unternehmen der einzige Anbieter ist, bei dem man die Produkte nicht online kaufen kann. Die Begründung der Vertriebsabteilung lautet: „Unwichtig! Über einen Onlineshop verkaufen wir nicht viel." Das mag aus Distributionssicht richtig sein, aber für die Kommunikation ist es eine Katastrophe. Vor dem Hintergrund des Trendsetter-Images gehört ein eigener Onlineshop einfach dazu und der Shop sollte sogar noch einen Mehrwert zur Konkurrenz bieten, wünschenswert wäre, die Nutzer können sich die Produkte 3D von allen Seiten anschauen. Der Konzeptioner denkt weiter und baut die Vorschläge in sein Kommunikationskonzept ein.

› **Beschaffung:** Das Unternehmen Y legt großen Wert auf die Corporate Social Responsibility. Erst jüngst hat man die Nachhaltigkeitscharta unterschrieben und sich zum fairen Wirtschaften verpflichtet. Die beauftragte Konzeptionerin richtet die Dachbotschaften des Unternehmens entsprechend aus. Nur gibt es da eine offene Flanke: In der Beschaffung wird eisern gespart und deshalb kauft die Abteilung bestimmte Rohstoffe bei Quellen ein, die zwar günstig sind, aber es mit der Bezahlung des Personals und Sicherheitsstandards nicht so genau nehmen. Im

Konzept wird ausdrücklich auf diese offene Flanke hingewiesen. Es stellt dar, welche Bedrohung für das Image von ihr ausgeht und schlägt einen Kurswechsel in der Beschaffung vor.

- **Forschung & Nachwuchsförderung:** Die Stiftung Z plant perspektivisch das Forschungsprojekt einer Hochschule mit einer Junior-Professur zu unterstützen. Aufgrund der niedrigen Zinsen agiert die Stiftung zurzeit defensiv und der Vorstand hat sich entschlossen, die Finanzierung der Professur zu verschieben. Parallel wurde die Stiftung für den deutschen Innovationspreis nominiert, weil sie mit ihrer Arbeit jungen Forscherinnen und Forschern in Europa eine Chance gibt. Der Vorstand will die Nominierung für intensive Imagekommunikation nutzen und beauftragt ein Konzeptionsteam, ein maßgeschneidertes Konzept zu entwickeln. In seinem Konzept regt das Team an, die Juniorprofessur in der Planung wieder ganz nach oben zu stellen, weil sie als zusätzlicher Verstärker die Kommunikation im Umfeld des Innovationspreises enorm fördern könne.

Die zeitliche Dramaturgie

Aufbau einer Dramaturgie

In jeder Präsentation fragen sich die Auftraggeber nach der Vorstellung der Maßnahmen: „Und wann soll das alles laufen?“ Der zeitliche Horizont ist wichtig für die Beurteilung des Konzepts. Aus einer tollen Strategie mit tollen Maßnahmen kann durch einen falschen dramaturgischen Rahmen „ein Ding der Unmöglichkeit“ werden. „Das ist völlig unrealistisch! Nicht zu schaffen!“ Die Auftraggeber sind entrüstet und gehen auf Distanz zum Konzept. Ein realistischer Zeitrahmen ist deshalb unbedingte Voraussetzung für die Durchsetzung eines Kommunikationskonzepts.

Sowohl bei kleineren Projektkonzepten als auch bei komplexen Kampagnenkonzepten geht es darum, dem zeitlichen Einsatz der Kommunikationsmaßnahmen Kontur zugeben. Die Entscheider und die an der Umsetzung Beteiligten brauchen eine zeitliche Struktur für die Umsetzungsplanung. Der Zeitplan hat für sie die wichtige Aufgabe, Übersichtlichkeit herzustellen, Verantwortlichkeiten zu definieren und dadurch die Operationalisierbarkeit des Projekts zu sichern.

Erfolgreiche Kommunikation speist sich nicht aus Routinen. Routinen – sich wiederholende Tätigkeiten und standardisierte Maßnahmen – sind zwar wichtig zur Arbeitsentlastung im Alltag. Für eine erfolgreiche Kommunikation jedoch, die Aufmerksamkeit und Interesse erzeugen soll, brauchen wir eine durchdachte Dramaturgie – die gekonnte zeitliche Strukturierung der Aktivitäten. Es werden Auftakte und Höhepunkte, Spannungsbögen und Schlussakzente benötigt. Das gilt schon für die Planung eines „normalen“ Jahreskonzepts, aber erst recht, wenn wir in den Kategorien eines Kampagnen- oder Aktionskonzepts denken. Selbst für ein kleines kompaktes Maßnahmenkonzept kann die gekonnte Komposition der zeitlichen Abläufe die Kommunikationswirkung wesentlich verstärken.

So wie ein Film oder ein Theaterstück, hat auch die Kommunikation eine Handlung mit definierten zeitlichen Abläufen. Diese Abläufe müssen innerhalb des Kommunikationskonzepts festgelegt werden. Es geht nicht um ein genaues zeitliches Feintuning, das folgt erst später in der ans Konzept anschließenden Umsetzungsplanung. Das Konzept bewegt sich auf der übergeordneten kommunikationspolitischen Ebene. Dort orientiert man sich an den großen zeitlichen Linien und Zusammenhängen. Wie wirkt sich der Faktor Zeit auf die Grundkonstruktion der Kommunikation aus? Daher wird innerhalb eines Kommunikationskonzepts auch noch nicht auf den Tag genau geplant. Einzelheiten interessieren nicht. Bei Jahreskonzepten wird in

Wochen oder Monaten gedacht, bei Strategieskizzen beschränkt man sich teilweise sogar auf Quartale als Übersichtsgrößen.

Grundkomponenten der Zeitplanung

Welche zeitlichen Bausteine beziehen die Konzeptionsbeteiligten in ihre Überlegungen ein, wenn sie die Dramaturgie eines Kommunikationskonzepts entwickeln? Zum grundlegenden Baukasten der zeitlichen Konzeption gehören:

› **Zeitraum der Kommunikationsaktivitäten definieren:** Der Zeitraum der Kommunikation wird bestimmt. Geht es um eine Aktion, die ein paar Wochen läuft, oder um eine groß angelegte Kampagne über mehrere Jahre? Meist ist die Spanne aufgrund des Briefings bereits vorgegeben. Das bedeutet nicht, dass man die vorgegebene Zeit einfach übernimmt. Sobald triftige konzeptionelle Gründe dagegensprechen, kann man die Dauer der Aktivitäten auch angemessen anpassen.

› **Start- und Schlusszeitpunkt festlegen:** Auftakt und Finale haben eine hohe Bedeutung für die Adaption von Kommunikation, deshalb sollten die Termine mit Bedacht gewählt werden. Ein Kampagnenauftakt an einem Montag oder ein Kampagnenfinale im Dezember wenige Tage vor Weihnachten empfehlen sich nicht. Umgekehrt kann es förderlich sein, eine Marketingkampagne zum Thema „Sommer-Sonderangebote" am Tag des kalendarischen Sommeranfangs zu starten.

› **Interne und externe Meilensteine festlegen:** Um die zeitliche Dramaturgie sicher bestimmen zu können, sollte man wissen, was im direkten zeitlichen Umfeld der Kommunikationsaktivitäten passiert. Intern läuft z. B. im gleichen Zeitraum die Einführung eines neuen Produkts und die Schließung mehrerer Filialen in Norddeutschland. Extern steht die heiße Phase des Bundestagswahlkampfes an und der Hauptkonkurrent geht an die Börse. Welche Auswirkungen haben diese Meilensteine auf die Kommunikation? Lenken Meilensteine das Interesse der Zielgruppe ab, dann werden die Maßnahmen von ihnen ferngehalten. Steigern Meilensteine das Interesse, dann werden die Maßnahmen bewusst in ihre zeitliche Nähe gelegt. Zu unterscheiden sind Pflicht-Meilensteine und Kann-Meilensteine. Pflicht-Meilensteine müssen in jedem Fall in der Zeitplanung berücksichtigt werden. Ob man Kann-Meilensteine einbezieht, hängt von der gewählten Kommunikationsstrategie ab.

› **Zeitphasen einziehen:** Die Kommunikation läuft nicht einfach durch, sondern unterteilt sich in mehrere Phasen mit unterschiedlicher Dramaturgie. Das Kommunikationsthema wird in einer Warming-Up-Phase vorbereitet, danach in einer Startphase mit Schwung in die Öffentlichkeit gebracht und in einer abschließenden Etablierungsphase fest in den Köpfen der Zielgruppen verankert.

› **Wellen einplanen:** Die Begriffe Phasen und Wellen werden in der Konzeptionspraxis häufig synonym verwendet. Sie sind aber nicht das Gleiche. Die Welle ist jeweils ein kompletter Zyklus, die Phase untergeordnet nur der Abschnitt in einem Zyklus. Man unterteilt eine Kampagne in drei große zeitliche Wellen, und jede Welle hat eine Warming-up-, eine Start- und eine Etablierungsphase. Phasen bleiben am Thema dran, nutzen die gleiche gestalterischen Ideen. Zwischen Wellen können die Themen oder die kreativen Ideen wechseln bzw. variiert werden.

› **Höhepunkte konstituieren:** Gleichförmige Kommunikation verliert Aufmerksamkeit. Umgekehrt kann man mit wenigen gut terminierten und kreativ inszenierten Höhepunkten massiv an Aufmerksamkeit gewinnen. Über die Spitzen der Highlights gelingt es, sich über das allgegenwärtige kommunikative Grundrauschen in unserer Gesellschaft hinwegzusetzen. Die Zielgruppen merken auf und fahren ihre Antennen aus.

› **Aktivitäten verdichten:** Durch den massiven Einsatz von mehreren Maßnahmen wird Kommunikationsdruck erzeugt und damit die Chance erhöht, die Aufmerksamkeit der Zielgruppen zu gewinnen. Während die Aufgabe „Höhepunkte konstituieren“ dem Florettfechten ähnelt, wird bei der Verdichtung eher mit dem Rammbock gearbeitet. Selbstverständlich kann man auch beide Elemente verbinden, mit einer massiven Formation von Maßnahmen Wucht erzeugen und dabei gleichzeitig mit markanten Highlights echte Spitzen setzen.

› **Pausen vorsehen:** Permanente Kommunikationsimpulse verlieren mit der Zeit an Wirkung. Der Dramaturgie bekommt es besser, wenn innerhalb der Kommunikation an den richtigen Stellen Aktivitätspausen vorgesehen werden, um dann neu anzusetzen. Das richtige Setzen von Pausen ist eine Kunst. Zu kurze Pausen werden von den Zielgruppen wohlmöglich gar nicht wahrgenommen, zu lange Pausen bergen die Gefahr, dass bereits Gelerntes vergessen und wieder neu vermittelt werden muss. Eine Pause, die uns besonders fasziniert, ist die Sommerpause. Fast alle unsere Versuche, Aktionen und Akzente in die Sommerpause zu setzen, sind gescheitert. Unsere Zeitpläne sehen deshalb für diese Zeit eine gewisse Kommunikationszurückhaltung vor.

› **Wiederholungen einplanen:** Wie heißt es im Volksmund: „Einmal ist keinmal.“ Diese Aussage gilt ganz besonders für die Kommunikation. Innerhalb der zeitlichen Dramaturgie wird deshalb wie in der Musik gern mit Wiederholungen gearbeitet. Die Anzeige wird in einer Frequenz von zwölf geschaltet, das heißt, sie wird zwölfmal wiederholt. Die Promotionsaktion läuft das erste Mal im Frühling und das zweite Mal im Herbst. Der Newsletter wird jedes Quartal versandt.

› **Internen Vorlauf beachten:** Die im Konzept vorgeschlagenen Aktivitäten müssen im Unternehmen geplant, vorbereitet und realisiert werden. Die interne Vorbereitungszeit muss infolgedessen im Hinterkopf immer mitgedacht werden. Setzt man an dieser Stelle die Termine zu knapp, ist mit vehementem Widerstand von Auftraggeberseite zu rechnen.

Im Grundsatz leiden viele Kommunikationskonzepte darunter, dass die Aktivitäten zeitlich zu weit auseinandergezogen werden und dadurch in der öffentlichen Aufmerksamkeit durchhängen. Daher gilt die Regel, dass die Dramaturgie immer so gebaut werden sollte, dass die Abfolge der Maßnahmen eine ausreichende Statik bekommt. Wer mit geringem Etat ein Jubiläumsjahr angeht, fährt besser, wenn die Aktivitäten auf einen attraktiven Jubiläumsmonat verdichtet werden, als wenn er die Kommunikation fadenscheinig auf ein Jahr auseinanderzieht. Auf der anderen Seite liegt auch eine Gefahr in einer zu kurzen Abfolge von Maßnahmen. Man hat zwar viel Aufmerksamkeit erzielen können, jedoch ist die Kommunikation schon wieder vorbei, bevor sie sich in den Köpfen der Zielgruppen festsetzen konnte.

Arten der Dramaturgie

Es gibt Kommunikationskonzepte, bei denen die Zeit nur eine untergeordnete Rolle spielt. Die Maßnahmen werden fertig vorbereitet und später ohne feste Zeitplanung „bei Bedarf" eingesetzt. Solche zeitlosen Konzepte bilden aber eine Ausnahme. In der Regel ist eine klare zeitliche Dramaturgie gefordert. Wir müssen bestimmen, mit welcher Intensität die Maßnahmen auf der Zeitachse angeordnet sind und welche Wirkung sie erzielen sollen. Die Grundkomponenten der Zeitplanung haben wir bereits vorgestellt. Daneben gibt es eine Reihe von Modellen für die zeitliche Dramaturgie, die als zusätzliche Orientierungshilfe bei der Zeitplanung dienen können.[115]

Kick-off-Dramaturgie: Die Kommunikation konzentriert alle Aktivitäten und Ressourcen auf die Anfangszeit der Kampagne. Durch den hohen Kommunikationsdruck zu Beginn wird sehr schnell öffentliche Aufmerksamkeit generiert. Diese Dramaturgie findet sich häufig im Bereich der Produktkommunikation. Hier geht es darum, nach dem Produkt-Launch möglichst zeitnah die Verkaufszahlen nach oben zu treiben. Aber auch Informationskampagnen leben davon, binnen kurzer Frist eine hohe Grundaufmerksamkeit

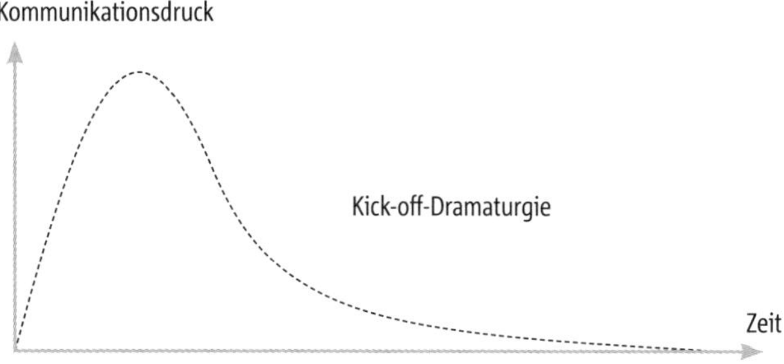

Abbildung 98: Die Kick-off-Dramaturgie
Alle Kommunikationskraft des Konzepts wird auf einen schnellen, druckvollen Einstieg gelegt. Der Start muss den Durchbruch bringen.

und Sensibilisierung für ein Thema zu erzeugen. Das Thema muss erst einmal gesetzt werden und Relevanz gewinnen. Im weiteren Verlauf kann der Kommunikationsdruck wieder zurückgefahren werden, die Grundaufmerksamkeit bleibt dennoch weiterhin gesichert. Häufig orientiert sich der Kick-off in der Produktkommunikation am Lebenszyklus eines Produktes. Ein Unternehmen bringt jedes Jahr eine neue Smartphone-Generation auf den Markt. Ein druckvoller Kick-off pusht das neue Modell in den Markt. Danach fährt die Kommunikation zurück und läuft zum Ende des Zyklus ganz aus, denn das Nachfolgemodell wird bereits angekündigt und steht am Start.

Konstante Dramaturgie: Die Maßnahmen werden über den gesamten Aktionszeitraum hinweg mit gleicher Intensität eingesetzt. In der Zeit können wechselnde Maßnahmen oder Maßnahmenkombinationen zum Einsatz kommen, der Level des Kommunikationsdrucks bleibt aber immer auf glei-

Abbildung 99: Konstante Dramaturgie
Es wird versucht, den Kommunikationsdruck über einen längeren Zeitraum konstant auf einem angestrebten Niveau zu halten. Wobei die Gerade des Schaubilds stark vereinfacht. Tatsachlich gibt es ständig leichte Schwankungen, die nachgesteuert werden müssen.

cher Höhe. Die konstante Dramaturgie erzeugt ein durchgehendes „Summen" und sichert so eine permanente Grundaufmerksamkeit. Häufig finden wir diese Dramaturgie im Handel. Ein Discounter schaltet über das Jahr jede Woche eine Anzeige oder eine Zeitungsbeilage und erreicht damit eine permanente Frequenz am Point of Sale. Das Grundrauschen sorgt für Umsatz.

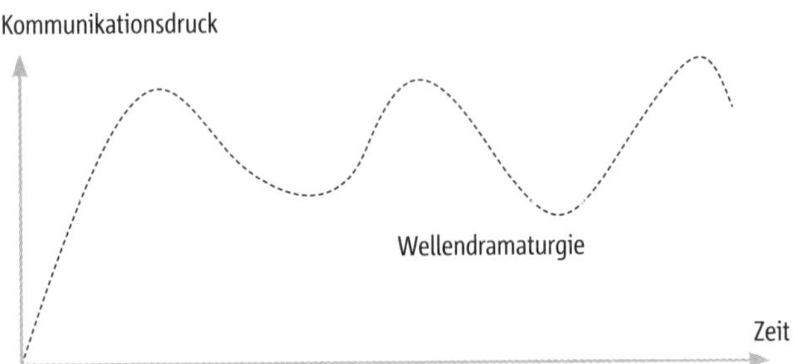

Abbildung 100: Die Wellendramaturgie

Bei der Kommunikation in Wellen entsteht durch den Wechsel von Spannung und Entspannung eine höhere Aufmerksamkeit bei der Zielgruppe.

Wellendramaturgie: Auch hier ist die Kommunikation permanent präsent. Jedoch nicht auf dem einheitlichen Niveau der konstanten Dramaturgie. Bei der Wellendramaturgie wird der Kommunikationsdruck immer wieder angehoben, um so „Peaks" zu schaffen, an denen die Aufmerksamkeit der Zielgruppen besser einhaken kann. Das Arbeiten mit Wellen erfordert hohe Kommunikationsressourcen, damit die Wellen auch spürbar werden. Bei geringen Ressourcen entstehen Wellen nur im Kopf des Auftraggebers, aber nicht in der Wahrnehmung der Zielgruppen. Speziell bei Kampagnen, die eine Verhaltensänderung herbeiführen sollen und Zeit brauchen, wird häufig in Wellenform kommuniziert. Beispielsweise lässt sich das Tragen eines Fahrradhelms im Straßenverkehr nicht in einem Schub vermitteln, sondern braucht den stetigen Impuls von mehreren Wellen über einige Jahre.

Guerilla-Dramaturgie: Bei der Guerilla-Dramaturgie steht die Überraschung und das Unerwartete im Vordergrund. Für Außenstehende wirken die Maßnahmen scheinbar ohne zeitlichen Zusammenhang. Sie passieren plötzlich, unangekündigt, wenn niemand damit gerechnet hat. Aber durch das Überraschungsmoment verschaffen sich die Marketing- und PR-Guerilleros hohe Aufmerksamkeitswerte. Wir beobachten die Dramaturgie vor allem im Non-Profit-Bereich, bei prominenten Akteuren wie Greenpeace, PETA oder Amnesty International, aber auch bei kleineren NPOs wie der Nazi-Aussteigerorganisation Exit. Guerilla-Aktionen leben von der hohen Weiterverbreitungsbereitschaft in klassischen Medien und sozialen Netzwerken, die andau-

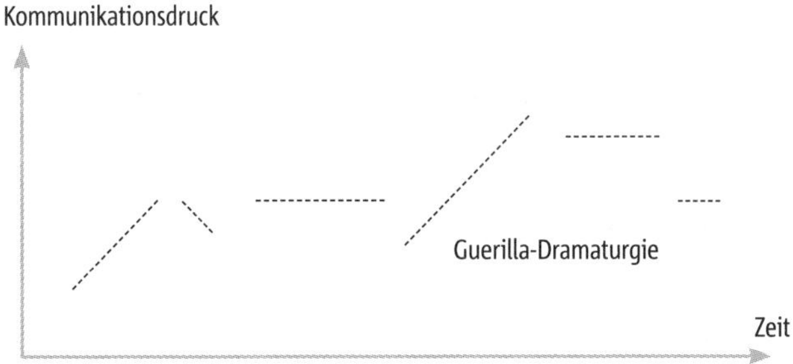

Abbildung 101: Die Guerilla-Dramaturgie

Durch Überraschungseffekte in der Dramaturgie kann die Aufmerksamkeit weiter gesteigert werden. Aber Vorsicht ist geboten, denn die Dramaturgie kann von der Zielgruppe auch als nervig empfunden werden.

ernd auf der Suche nach Neuigkeiten sind. Je überraschender, desto besser. Die Guerilla-Dramaturgie hat aber auch eine negative Seite, der Kommunikationsabsender wirkt wenig konsistent, vielleicht sogar unberechenbar. Für eine solide Reputation ist der unstete Guerilla-Auftritt nicht förderlich.

Intervall-Dramaturgie: Hier arbeitet die Kommunikation bewusst mit Pausen. Auf Intervalle mit hohem Kommunikationsdruck folgen Pausenzeiten. Die einzelnen Kommunikationsintervalle können unterschiedliches Niveau haben. Im Unterschied zur Guerilla-Dramaturgie entwickeln die Intervalle aber einen Rhythmus und einen stimmigen Verlauf. Dass in den Pausen keine Kommunikation stattfindet, wie untenstehendes Schaubild suggeriert, ist nicht richtig, denn das würde ja bedeuten, dass ein Unternehmen auch die eigene Website vom Netz nimmt und die Hotline für Kunden abschaltet. In Wirklichkeit laufen die Basismaßnahmen pausenlos weiter. Wir finden

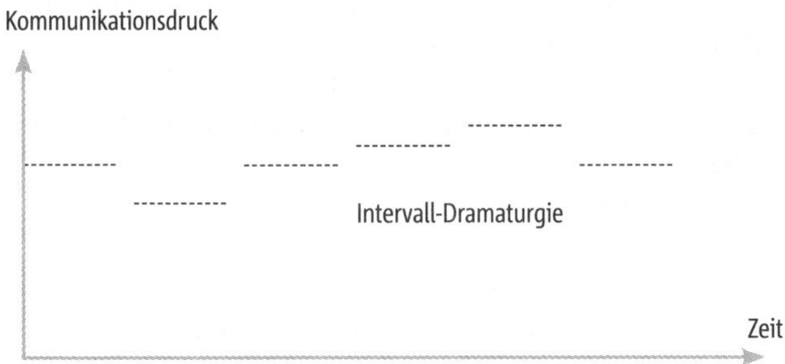

Abbildung 102: Die Intervall-Dramaturgie

In diese Dramaturgie werden bewusst Kommunikationspausen eingebaut. Auch hier ist das Ziel, die eigenen Ressourcen effizienter zu nutzen und die Aufmerksamkeit der Zielgruppen besser zu stimulieren.

die Intervall-Dramaturgie vorrangig im Business-to-Business-Bereich wieder, also dort, wo das Geschäft kein schnelles Tagesgeschäft ist. Dort laufen die Intervalle getaktet mit relevanten Meilensteinen wie saisonalen Vertriebsaktionen oder über das Jahr verteilten Fachmessen.

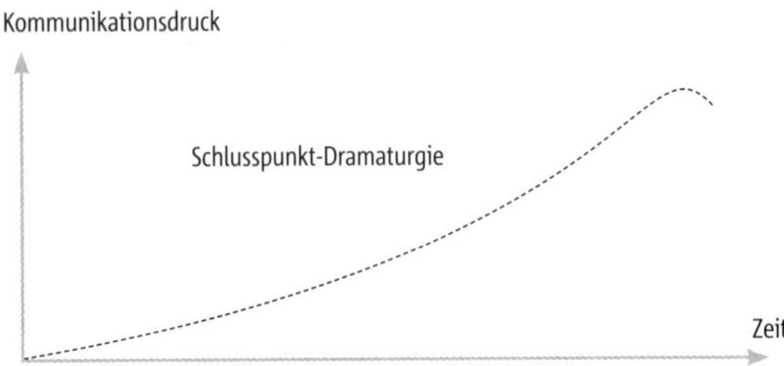

Abbildung 103: Die Schlusspunkt-Dramaturgie

Die Spannung wird immer weiter gesteigert und endet in einem großen Finale. In der Praxis ist der langsame Spannungsaufbau ein schwieriges Unterfangen. Die Gefahr ist groß, dass die Zielgruppen unterwegs aussteigen und das Finale nicht mehr mitbekommen.

Schlusspunkt-Dramaturgie: Der Höhepunkt der Kampagne liegt auf dem Schlussakzent. Die gesamte Dramaturgie arbeitet auf das große Finale hin. Die Spannung steigt, der Werbedruck nimmt zu und die Kommunikation gewinnt mehr und mehr an Dynamik. Die meisten Spielfilme arbeiten so, bauen Spannung auf, um sie zum Schluss aufzulösen. In der Kommunikation stellt sich diese Dramaturgie als schwierig heraus. Das Beste zum Schluss kommen zu lassen, braucht eine absolut gekonnte Kampagne mit einem Thema, das sich steigern lässt, ohne zwischenzeitlich durchzuhängen. Ein bekannter Getränkekonzern inszeniert über mehrere Wochen einen mehrstufigen Wettbewerb für Nachwuchsbands in Deutschland. Die beliebtesten Bands der lokalen Vorrunden kommen in die regionalen Zwischenrunden und erhalten zum nationalen Finale die einmalige Chance, bei einem großen Public Event gemeinsam mit den Größen der deutschen Rockszene vor 250.000 Menschen am Brandenburger Tor aufzutreten. Über den Schlusspunkt berichten fast alle deutschen Medien und auch der Getränkehersteller wird immer wieder genannt.

In der Praxis der Kommunikationskonzeption stehen diese dramaturgischen Modelle nicht einzeln, sondern werden miteinander kombiniert. So kann die bundesweite Blutspende-Kampagne des Deutschen Roten Kreuzes mit einem großen Kick-off starten, um danach wellenartig weiterzulaufen. Nach der Sommerpause schließt sich eine Guerilla-Phase an, die wieder Aufmerksamkeit generiert und bis zum Herbst steigt die Dramaturgie mehr und mehr an, hin zu einer großen nationalen Blutspende-Woche als Schlusspunkt.

Beim Aufbau einer geeigneten Dramaturgie können wir uns an Geschichten aus Büchern oder Filmen orientieren. Geschichten sind strukturierte Erzählungen, bei denen die Handlungselemente zeitlich und inhaltlich geordnet werden.[116] Handlungen und Ereignisse beziehen sich aufeinander und hängen voneinander ab. Sie verdichten sich zu einem Spannungsbogen, der die Leser oder Zuschauer am Geschehen hält. Die Prinzipien des Storytellings lassen sich auf die Kommunikationsplanung und die Dramaturgie der Kommunikation übertragen. Mit einem Unterschied: Kampagnen werden generell vom Ende her gedacht und vom Anfang her umgesetzt. Der Autor eines Krimis hat die Freiheit, im Laufe des Schreibens die Handlung frei zu entwickeln, und möglicherweise endet das Buch ganz anders als ursprünglich beabsichtigt. Beim Kommunikationskonzept haben wir diese Freiheit nicht. Denn bereits zu Beginn der Strategie legen wir mit den Zielen fest, was am Ende herauskommen soll und diesen Zielen sind wir in jeder Phase unserer Arbeit verpflichtet. Die Dramaturgie der Maßnahmen kann sich von dieser Verpflichtung kein Jota lösen. In der Kommunikation ist die Dramaturgie nicht Ausdruck eines freien kreativen Geistes, vielmehr Ausdruck einer ambitionierten Strategie.

Dramaturgie präsentieren und dokumentieren

Der Auftraggeber will unbedingt ein klares Bild bekommen, was wann passiert. Die zeitliche Dramaturgie steht ziemlich am Schluss und ist eine Notwendigkeit, um die Akzeptanz des Konzepts sicherzustellen. Aus diesem Grund wird die zeitliche Abfolge der Kommunikationsmaßnahmen in jeder Konzeptpräsentation und in jedem schriftlichen Konzeptpapier angemessen dokumentiert. Es geht nicht um Details, sondern um den großen Überblick: „Passt das alles bei uns rein oder sind wir damit überfordert?"

Schauen wir uns zuerst die Präsentation an. Die Zeitplanung hat einen späten Auftritt. Sie kommt erst am Ende des Präsentationsvortrags. Die Zuhörer kennen die Strategie und sind über alle Maßnahmen im Bilde. Eigentlich sind sie schon „satt", was die Menge der Präsentationsinhalte angeht. Jetzt noch ausführlich auf den Faktor Zeit einzugehen, würde die Präsentation verschleppen und die Aufmerksamkeit der Zuhörer überfordern. In der Regel sollte man sich deshalb auf eine einzige Folie und maximal eine Minute Präsentationszeit beschränken, um die zeitliche Dramaturgie vor Augen zu führen.

Sind keine größeren zeitlichen Zusammenhänge darzustellen, reichen womöglich wenige Spiegelstriche mit grundlegenden Stichpunkten auf einer Folie aus. Wir verdeutlichen gegenüber dem Auftraggeber: „Nach einem kurzen Prolog Richtung Mitarbeiter und Partner startet die Kampagne mit einem Auftaktevent in München. Der Auftakt markiert den Startschuss für die Roadshow, die vor den Ferien mit einer Sommerpromotion in die Pause geht. Im September läuft der zweite Teil der Show bis zum Schlussevent, an den sich ein Dankeschön-Epilog für Mitarbeiter und Partner anschließt. Die Kampagne wird durchgehend von Werbung und Pressearbeit begleitet." Fertig! Der Zeitplan wird kurz und knackig gehalten.

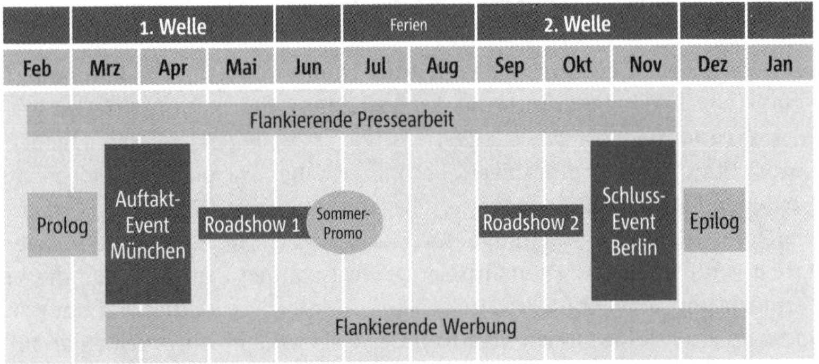

Abbildung 104: Dramaturgie für eine Kampagne

Das übersichtliche Schaubild lässt sich schnell präsentieren und von den Zuhörern erfassen. Es werden nur die Eckpfeiler der Kampagne vorgestellt. Viele der begleitenden Maßnahmen fehlen.

Steht mehr Zeit für die Präsentationsvorbereitung zur Verfügung, wird statt Stichpunkten ein übersichtliches Zeitdiagramm auf die Folie gestellt. Das Diagramm veranschaulicht die dramaturgischen Zusammenhänge. Aus diesem Grund werden nur die wichtigen strukturbildenden Maßnahmen in das Diagramm aufgenommen, alle anderen Aktivitäten bleiben außen vor. Auch das Zeitdiagramm lässt sich kurz und knapp präsentieren. Da im vorangegangenen Maßnahmenteil alle Aktivitäten bereits vorgestellt wurden, fällt den Zuhörern das Verständnis leicht. Wir sollten allerdings damit rechnen, dass ein leises Stöhnen durch den Raum geht. Denn mit dem Schaubild wird allen klar, was da auf sie zukommt, und dass die Zeit knapp ist. Die Dramaturgie darf nicht so straff sein, dass die Beteiligten das ungute Gefühl bekommen, mit dem Konzept in einen zeitlichen Schraubstock zu geraten. Dann wird aus dem leisen Stöhnen ein lauter Aufschrei, die Beteiligten beklagen ein Ding der Unmöglichkeit und das Konzept gerät auf der Zielgerade in Schwierigkeiten.

Um möglichen Abwehrreaktionen vorzubeugen, bauen wir in aufwendigen Kampagnenkonzepten und Jahresplänen ein zweites Zeitschaubild ein, das nicht die Kommunikation selbst, sondern die Vorbereitungszeit transparent macht. Die maßgeblichen Vorgänge in der Planung, Gestaltung, Produktion und Organisation werden als Balken in das Diagramm gestellt und machen transparent, was alles in der Zeit vor dem Kommunikationsstart ansteht.

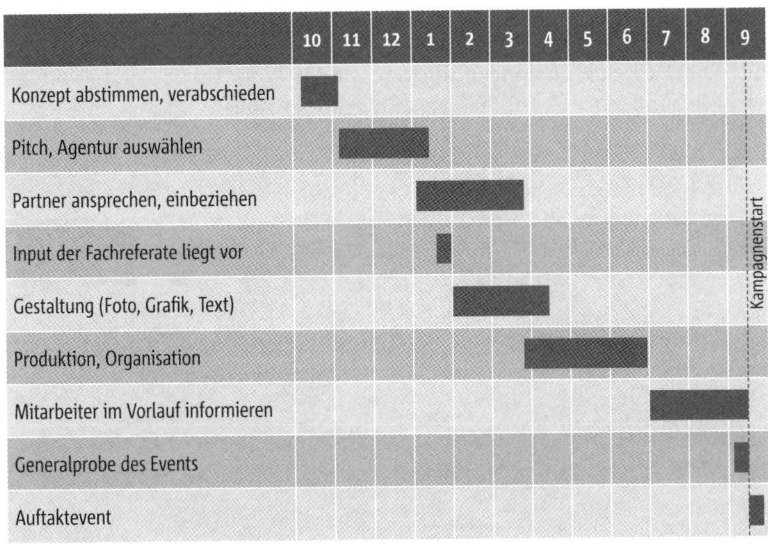

Abbildung 105: Zeitübersicht der Vorbereitung als Balkendiagramm

Zwischen Verabschiedung des Konzepts und Start der Kommunikation liegen oft Monate, arbeitsreiche Monate für die Beteiligten. Sie fühlen sich sicherer, wenn sie erkennen, wie die Arbeit verteilt ist. Eine Zeitübersicht mit dem Vorlauf packen wir nur in Maßnahmenplanungen mit einem hohen Vorbereitungsaufwand.

Damit das Risiko von Zeitverzögerungen und der Stress für die Beteiligten nicht zu groß wird, wird bei jedem Teilschritt in der Vorbereitungszeit ein Zeitpuffer als Reserve eingeplant. Bei umfangreichen Kommunikationskonzepten kann die Vorbereitungszeit schon mal zwölf Monate betragen. Wir arbeiten parallel zu diesem Buch gerade an einer Jubiläumskampagne mit einem Vorlauf von drei Jahren – und die Zeit wird gebraucht.

Mehr als reduzierte, übersichtliche Zeitschaubilder passen nicht in eine Konzeptpräsentation. Wir sitzen bisweilen in Präsentationen, wo der Vortragende zum Schluss den kompletten Zeitplan mit allen Aktivitäten in Vorbereitung und Durchführung an die Wand projiziert. Das sieht beeindruckend aus, bringt den Vortragenden jedoch in eine Zwickmühle. Entweder er geht nur kurz auf den Plan ein und dann verstehen ihn die Zuhörer nicht, oder er präsentiert den Plan komplett Balken für Balken und dann langweilen sich die Zuhörer. Umfassende Zeitpläne im Form eines Balkendiagramms, auch Gantt-Diagramm genannt, gehören nicht in die Präsentation.

Wer die zeitlichen Zusammenhänge ausführlich darstellen will, der bringt den Zeitplan in die schriftliche Dokumentation. Da können interessierte Auftraggeber nach der Präsentation noch einmal in Ruhe nachlesen. Im Balkendiagramm im Booklet wird die Dauer von Aktivitäten und Aufgaben (Start- und Endzeitpunkt) mit einem waagrechten Balken eingetragen. Wer nicht über eine professionelle Software wie MS-Project oder Genius verfügt, kann sich mit einer klassischen Excel-Tabelle behelfen.

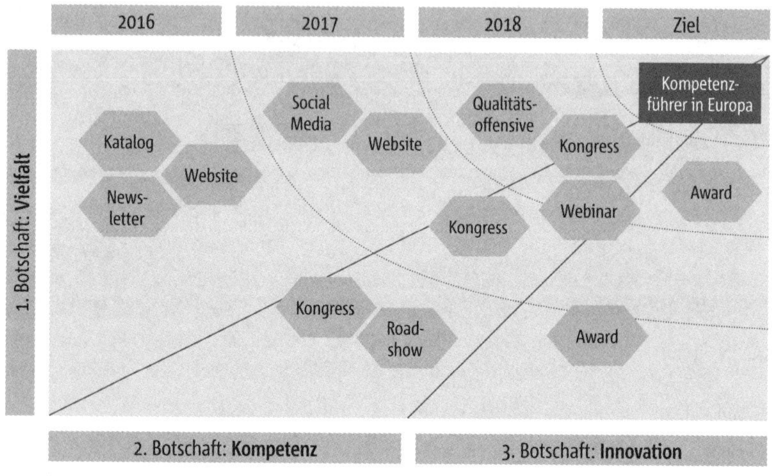

Abbildung 106: Timing mit integrierter Strategie

Das Zeitschaubild bildet eine 3 Jahre laufende Kampagne mit den wichtigen Maßnahmen ab. In das Schaubild sind die drei Botschaften integriert und alles läuft auf das Hauptziel der Kompetenzführerschaft zu.

Das Gantt-Diagramm sollte so übersichtlich bleiben, dass es in der schriftlichen Dokumentation auf ein Blatt Papier passt. Um ehrlich zu sein, umgehen wir bisweilen die Limitierung bei großen Konzepten, indem wir ein DIN-A3-Blatt nehmen und mit Buchhalternase einfalzen, um im Booklet die zeitlichen Zusammenhänge darstellen zu können.

Auf die Verabschiedung des Kommunikationskonzepts folgt die umsetzende Kommunikationsplanung. Jetzt geht es um jedes Detail. Das umsetzende Team nimmt sich den Zeitplan des Konzepts und arbeitet ihn aus. Es arbeitet mit der klassischen Netzplantechnik aus dem Projektmanagement. Wenn wir in der Umsetzungszeit ins Team kommen, dann hängen da teilweise drei Meter lange ausgedruckte Pläne an der Wand, und die Pläne werden alle paar Tage neu ausgedruckt, weil sich die zeitlichen Abläufe verschieben. Ein verrückter Termin kann dazu führen, dass der gesamte Planungsprozess ins Rutschen gerät.

Bis vor ein paar Jahren wurden Netzpläne an Projektplantafeln mit vielen kleinen Kärtchen gesteckt. Das war „Fisselarbeit". Heute nutzt man für die Projektplanung spezialisierte Software-Lösungen. Gerade bei Teams, die an unterschiedlichen Standorten für eine Kommunikationskampagne arbeiten, greifen Unternehmen mittlerweile sogar auf webbasierte Lösungen oder mobile App-Anwendungen zurück.

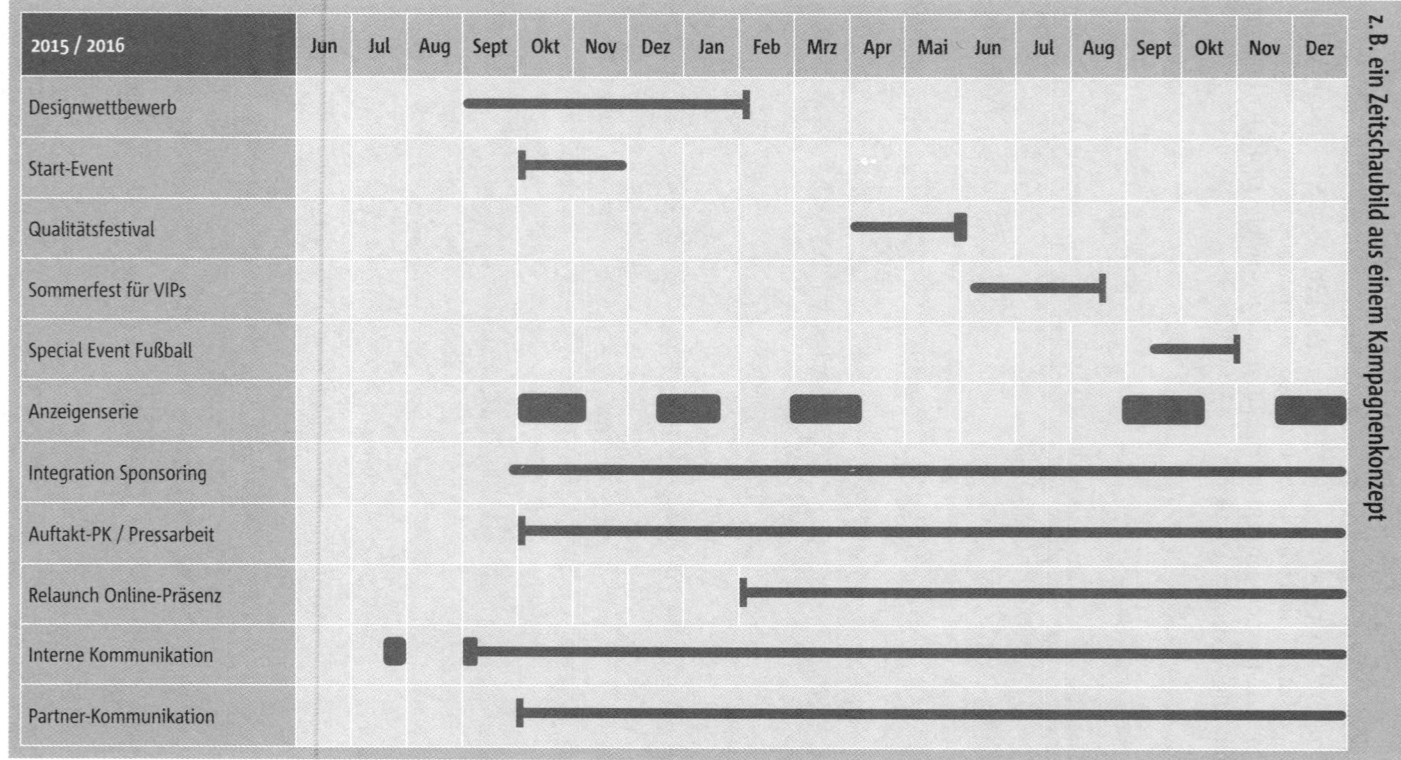
z. B. ein Zeitschaubild aus einem Kampagnenkonzept
2015 / 2016
Jun
Jul
Aug
Sept
Okt
Nov
Dez
Jan
Feb
Mrz
Apr
Mai
Jun
Jul
Aug
Sept
Okt
Nov
Dez
Designwettbewerb
Start-Event
Qualitätsfestival
Sommerfest für VIPs
Special Event Fußball
Anzeigenserie
Integration Sponsoring
Auftakt-PK / Pressarbeit
Relaunch Online-Präsenz
Interne Kommunikation
Partner-Kommunikation

z. B. Kleiner Ausschnitt aus einem Projektplan

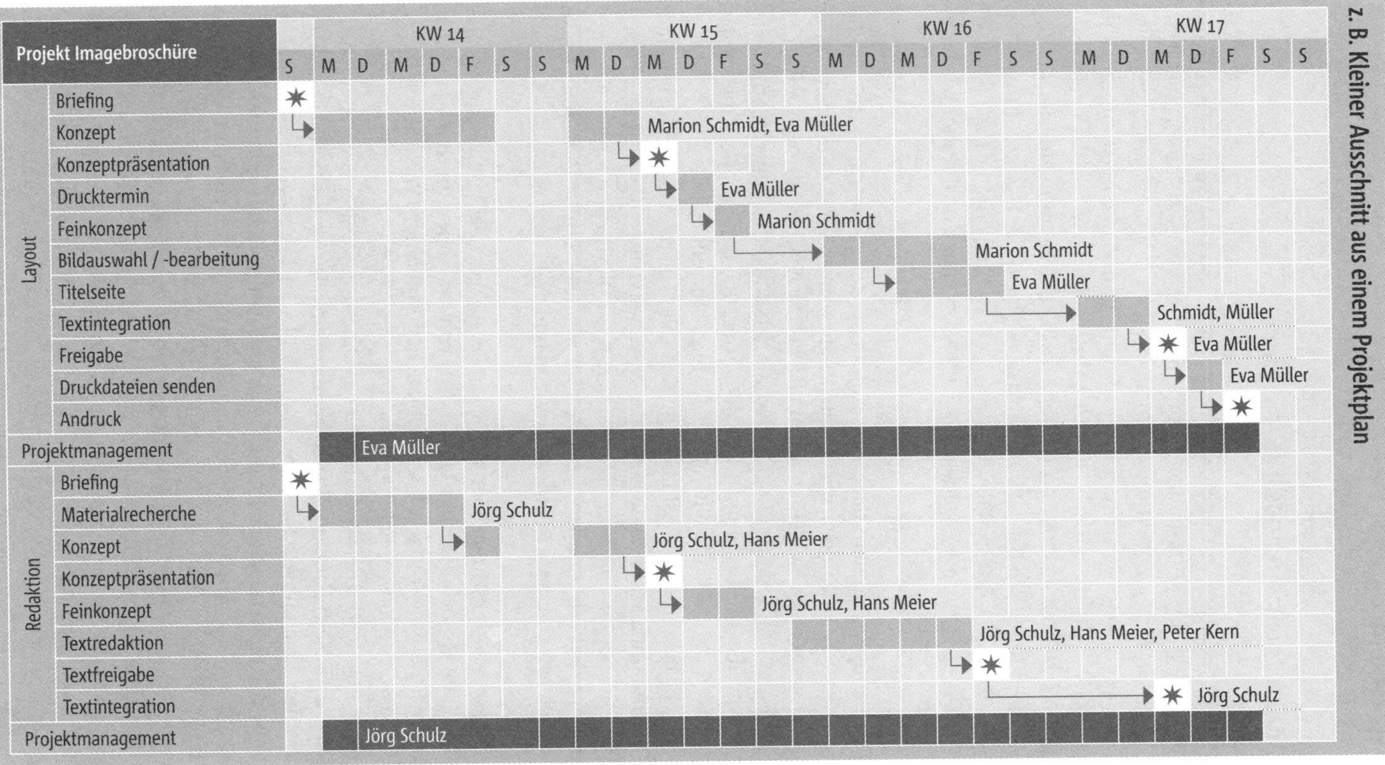

Die Erfolgskontrolle

Anspruch und Wirklichkeit der Evaluation

Unter Evaluation verstehen wir die systematische Erfassung, Messung und Bewertung von Kommunikationsprozessen mit dem Ziel, die Qualität und Wirksamkeit der Kommunikation zu erhöhen.[117] In den vergangenen Jahren hat die Evaluation von Unternehmens- und Marketingkommunikation große Fortschritte gemacht, in vielen Unternehmen wurde das Engagement forciert. Dennoch ist das notwendige Level bei weitem nicht erreicht. Noch begegnen uns zu viele Unternehmen, bei denen die Erfolgskontrolle nach wie vor nur das fünfte Rad am Wagen der Kommunikation ist. Wo liegen die Ursachen? Wenn wir genauer hinschauen, begegnen uns immer wieder die gleichen Probleme.

Das häufigste Problem liegt wie so oft beim Geld. Eine gründliche Evaluierung kostet Geld und bringt zusätzlichen Aufwand. Viele unserer Auftraggeber verweigern sich einer systematischen Evaluationsplanung mit einem Verweis auf das knappe Budget. Wenn sie den Budgetplan durchblättern, stolpern sie über die Kostenposition Evaluierung, und dann ist meist die Aussage zu hören: „35.000 Euro allein für die Erfolgskontrolle? Ist das Ihr Ernst! Wäre es nicht besser, die Mittel lieber in eine tolle kreative Idee zu investieren?" Da wird am falschen Ende gespart. Wer so denkt, wird nie erfahren, ob sein Geld für Kommunikation richtig angelegt ist. Die Theorie fordert etwa fünf Prozent der Kommunikationskosten für die Evaluierung, in unserer Praxis erleben wir einen Anteil zwischen einem und drei Prozent.

Einige unserer Auftraggeber sind zwar bereit, das Geld zu investieren, aber sie haben ein bedenkliches Verständnis von Evaluation. In manchen Fällen könnte man sogar sagen, sie missbrauchen Evaluation. Was läuft verkehrt? Erfolgskontrolle wird bei ihnen vorrangig als Instrument der Erfolgsbestätigung eingesetzt. Die Messfühler der Evaluierung werden bewusst so installiert, dass sie mit hoher Wahrscheinlichkeit positive Ergebnisse anzeigen. Mit den Ergebnissen kann der Kommunikationsverantwortliche dann zu seinem Vorgesetzten gehen, um einen großen Erfolg zu verkünden und ein „Weiter so!" in Empfang zu nehmen. Ungeschminkte, ehrliche Ergebnisse, die authentisch Licht und Schatten aufzeigen, sind unerwünscht. Nicht zu verdeckende Fehler und Probleme werden vorzugsweise externalisiert. Das Unternehmen kann nichts dafür, denn die Ursachen liegen am Markt, bei der Konkurrenz oder bei der Zielgruppe. Wenn es nicht anders geht und Fehler internalisiert werden müssen, dann trifft es nicht unbedingt die tatsächlich Verantwortlichen, sondern ein schwaches Glied in der Kette, das sich nicht rechtzeitig in Deckung bringen konnte. Da hat zum Beispiel die Research-

Abteilung nicht genügend aktuelle Daten und Fakten zugearbeitet, sodass das Thema nur unzulänglich dargestellt werden konnte und deswegen in den Medien nicht zündete.

Manche Unternehmen betreiben Evaluation offen und neutral, aber beschränken sich auf einen punktuellen Einsatz der Instrumente. Nur an den allerwichtigsten Stellen wird evaluiert. Das ist besser als nichts, aber noch nicht gut genug. Die Kommunikationsverantwortlichen setzen bestimmte Schlaglichter, doch viele Bereiche liegen weiterhin im Dunkeln. Das Bild bleibt unvollständig und die Bildinterpretationen sind daher oft falsch. Wer wirklich die Kontrolle behalten will, muss akzeptieren, dass die Erfolgskontrolle ein ständiger Begleiter wird. Evaluierung ist ein permanenter Prozess, der die gesamte Kommunikation eskortiert.

Dann gibt es Unternehmen, bei denen wurde genügend Etat zur Verfügung gestellt, die Erfolgskontrolle ist permanent im Einsatz und trotzdem sind wir nicht zufrieden. Denn die Erfolgskontrolle produziert eine wahre Datenflut. Es gibt zahlreiche „Scores", „Ratings" und „Charts", die jede Woche in einem mehrseitigen „Report" zusammengestellt werden. Die Zahlenkolonnen sind Routine und werden im Unternehmen kaum noch wahrgenommen, keiner schaut genauer hin, denn es ist einfach zu viel, um es zu verarbeiten. Die Datenflut der Evaluation wird zur Nebelmaschine.

Durch die neuen digitalen Möglichkeiten des Internets schwillt die Datenflut in letzter Zeit sogar noch deutlich an. Auf dem Markt gibt es ein reiches Angebot an „Tools", um die Online-Kommunikation quasi in Echtzeit zu erfassen und in Zahlen umzusetzen. Was die Zahlen bedeuten und welche Schlussfolgerungen daraus zu ziehen sind, bleibt vage. Lässt sich aus einer gestiegenen Zahl von „Retweets" bei Twitter oder „Shares" bei Facebook tatsächlich ein gesteigertes Engagement oder eine gewachsene Sympathie für ein Produkt ablesen?

Mit Misstrauen sollte man vor allem den vielen „Dashboards" begegnen, die mit übersichtlichen Charts, Graphs, Displays und Alerts suggerieren, dass man jederzeit alles unter Kontrolle hat. Man muss nur eingreifen, wenn die Anzeige für „Customer Satisfaction" vom grünen in den gelben oder roten Bereich rutscht. Mit solchen Dashboards fährt die Kommunikation auf Sicht und reduziert ihren Horizont auf kurzfristige taktische Entscheidungen. Wer dagegen die Kommunikation aus der strategisch konzeptionellen Perspektive betrachtet, dem helfen die bunten Graphen und Anzeigen nur bedingt weiter. Es fehlen der Bewertungshorizont und die Interpretationssicherheit.

Die neuen Online-Evaluierungstools erinnern an die Algorithmen, mit der die Investmentbanken in den 2000er-Jahren die Börsenentwicklung berechneten und sich in Sicherheit wähnten. Die Wirklichkeit ist zu komplex, um sie in Formeln zu pressen und auf Anzeigetafeln abzubilden. Die Tools und Dashboards sind nützliche Hinweisgeber, aber keine verlässlichen Steuerinstrumente.

Aus der Ratlosigkeit in Anbetracht der Zahlenflut leitet sich das letzte Problem ab, das uns im Kontext der Evaluation beschäftigt. Es geht um die Falsch- bzw. Überinterpretation von Ergebnissen. Die Kommunikation ist ein komplexes Feld, die Prozesse wirken vielfältig und überall gibt es Instabilitätspunkte. Die Gefahr ist groß, dass vorhandene Informationen falsch interpretiert und Korrelationen erkannt werden, wo es keine gibt, sondern eher der Zufall agiert. Da startet beispielsweise ein Unternehmen eine Online-Promotion mit Coupon und kurze Zeit später weisen die wöchentlichen Reports aus, dass die Verkaufszahlen völlig überraschend sinken. Fast schon panisch wird die Promotion gestoppt, um weiteren Schaden zu verhindern. Aber bestand tatsächlich ein Zusammenhang? Keiner weiß es so genau. Die vorhandenen „Tools" helfen bei der Deutung nicht wirklich weiter. Die Beteiligten schließen aufgrund weniger sichtbarer Indikatoren vorschnell auf die Ursachen, und der Schreck sitzt so tief, dass sich in der Abteilung Verkaufsförderung in nächster Zeit niemand mehr an eine Online-Promotion herantraut.

Evaluation als Chance verstehen

Wir sind große Verfechter einer professionellen Erfolgskontrolle. Wir legen uns ins Zeug, um bei kritisch eingestellten Auftraggebern Widerstände gegen eine systematische Erfolgskontrolle abzubauen und aus dem fünften Rad am Wagen der Kommunikation ein wichtiges Antriebsrad zu machen.

Unsere Kommunikationskonzepte beinhalten auf den letzten Seiten stets ein kompaktes Kapitel zur Erfolgskontrolle, denn die Chancen, die eine umfassende Kommunikationsevaluation bietet, sind beträchtlich und sollten genutzt werden:

› **Ist-Situation besser erfassen:** Ohne Evaluation ist keine tragfähige Analyse möglich. Das Unternehmen und sein kommunikatives Umfeld sind ständig in Bewegung. Neue Wettbewerber treten auf, die Einstellung der Zielgruppe ist im Fluss, die wirtschaftliche Lage ändert sich. Die Evaluation hilft dem Unternehmen, auf der Höhe der Zeit zu agieren. Sie hilft, den eigenen Standort zu bestimmen und Transparenz in die Ist-Situation zu bringen. Erst wenn das Unternehmen weiß, wo es heute steht, kann es entscheiden, in welche Richtung die Kommunikationsaktivitäten morgen gehen sollen.

- **Strategische Koordinaten optimieren:** Die Koordinaten der Strategie bestimmen die Richtung der Kommunikation. Da Strategie im Regelfall auf Veränderung und Erneuerung basiert, ist das Risiko groß, dass eine oder mehrere Koordinaten schiefliegen. Eine systematische Evaluation ist notwendig, damit Kommunikationsverantwortliche in der Umsetzung sofort erkennen können, an welchen Stellen die Strategie schlecht ausgewuchtet ist, um gegebenenfalls sofort nachjustieren zu können.

- **Neue Zielgruppenpotenziale identifizieren:** Regelmäßige Zielgruppenbeobachtungen und -analysen im Rahmen der Erfolgskontrolle zeigen, wie sich Einstellung und Verhalten der relevanten Gruppen verändern. Vielleicht bildet sich gerade eine neue kaufkräftige Zielgruppe, die für die eigene Marktposition attraktiv ist. Die Evaluation gibt die entsprechenden Hinweise und ermöglicht es, frühzeitig vor dem Wettbewerb mit der Ansprache zu beginnen.

- **Wirksamkeit der operativen Maßnahmen verbessern:** Alle Mittel und Maßnahmen der Kommunikation verschleißen sich mit den Jahren. Sie müssen deshalb ständig weiterentwickelt und irgendwann einmal ausgetauscht werden. Deshalb setzt die Evaluation auch auf der operativen Umsetzungsebene an. Sie schafft ein umfassendes Messinstrumentarium zur Beurteilung der umgesetzten Maßnahmen. Die Evaluation ist wie ein laufendes Trainingsprogramm für die Kommunikationsmaßnahmen, es hält sie fit und in Form.

- **Budget und Personaleinsatz optimieren:** Kommunikation erfordert erhebliche finanzielle und personelle Ressourcen. Je größer der Einsatz, desto wichtiger sind die dazugehörigen Erfolgskennziffern. Das Unternehmen will wissen, ob die Ressourcen sinnvoll genutzt wurden und sich der Aufwand gelohnt hat. Die Evaluation gibt hierzu die nötigen Informationen und hilft so, Zeit und Geld zu sparen. Wir behaupten sogar, dass sich eine gute Erfolgskontrolle selbst finanziert. Die fünf Prozent Etat, die man in die Erfolgskontrolle steckt, holt man über die Einspareffekte locker wieder rein.

- **Den Unternehmenszielen gerecht werden:** Kommunikation steht nicht allein, sondern ist eingebettet in die Unternehmens- und Marketingpolitik mit ihrem systematischen betriebswirtschaftlichen Controlling. Modernes Controlling verlangt nach tauglichen Kennziffern, um den ROI – den „Return on Investment" – von unternehmerischen Aktivitäten beurteilen zu können. Die Evaluation kann anhand von entsprechenden Leistungszahlen belegen, ob und inwieweit die Kommunikationsarbeit einen signifikanten Beitrag zur Steigerung des Unternehmens- oder Markenwertes geleistet hat.

- › **Fehler und Flops sichtbar machen:** Es heißt zwar Erfolgskontrolle, aber wer sich auf seinen Erfolgen ausruht, der kommt nicht weit. Die Kommunikationsbeteiligten lernen vor allem aus den Fehlern und Flops einer Kommunikationsaktion. Deshalb ist es eine zentrale Aufgabe der Evaluation, die Fehler und ihre Ursachenzusammenhänge offen zu legen. Auf Basis der Kontrollergebnisse denken die Beteiligten darüber nach, wie die aufgetretenen Fehler in Zukunft zu vermeiden sind. Dazu muss es jedoch eine offene Fehlerkultur im Unternehmen geben.

- › **Erfahrung und Know-how gewinnen:** Wer erfolgreich kommunizieren will, muss ständig dazulernen. Die Evaluation verbessert mit ihren Ergebnissen und Bewertungen den Wissensstand und schafft Erfahrungswerte. Die Resultate sind dokumentiert und können von allen Beteiligten genutzt werden. Mit der so in Gang gesetzten „Lernkurve“ bekommt ein Unternehmen die Chance, die eigene Kommunikationsfunktion Schritt für Schritt zu professionalisieren.

- › **Selbstbewusstsein und Stolz der Beteiligten stärken:** Auch der subjektive Faktor spielt eine große Rolle. Kommunikationserfolge sind immer auch Erfolgserlebnisse für die Kommunikationsbeteiligten. Der Fortschritt stärkt ihre Arbeitszufriedenheit und ihr Selbstbewusstsein und macht Mut für das nächste Konzept.

- › **Grundlage für die weitere konzeptionelle Planung:** Aus den Ergebnissen der Erfolgskontrolle gewinnt man wertvolle Einsichten für das nächste Kommunikationskonzept. Die neue Konzeption kann auf gesicherten Erkenntnissen aufbauen, um Strategie und Operation systematisch weiterzuentwickeln.

Implementierung der Erfolgskontrolle

In großen Unternehmen ist die Evaluationsfunktion meist schon fest verankert. In mittleren und kleineren Unternehmen steht man oft noch am Anfang. Beim Nullpunkt fängt eigentlich niemand an, fast überall gibt es schon eine kleine ausbaufähige Basis, aber die entscheidenden Schritte nach vorne – hin zu einem systematischen Kontrollprozess – sind noch nicht getan.

Es gibt unterschiedliche Wege, um auf der vorhandenen Ausgangsbasis eine aussagekräftige Evaluation aufzubauen. Der Weg lässt sich mit vielen kleinen Schritten oder mit einem großen Sprung zurücklegen. Beginnen wir mit der Implementierung in kleinen Schritten.

Beim pragmatischen Ansatz der kleinen Schritte implementieren Konzeptionerinnen bzw. Konzeptioner die neuen Evaluationswege und -instrumente entsprechend der bereits vorhandenen Basis an Datenquellen und Kontrollinstrumenten. Im Unternehmen wurde z.B. bereits systematisch die quantitative Medienresonanz erfasst. Die vorhandene Basis wird als Brückenkopf gesehen, die man Schritt für Schritt weiter ausbaut. Naheliegend wäre im ersten Schritt, den Aufbau einer qualitativen Resonanzanalyse anzugehen. Die qualitative Analyse soll zukünftig entlang der relevanten strategischen Koordinaten des Konzepts messen. Wurden die angestrebten Zielgruppen über die Medien erreicht? Spiegelt sich die Positionierung in der Medienresonanz wieder? Konnten sich die Botschaften medial durchsetzen? Für diese Fragestellungen soll die qualitative Resonanzanalyse in Zukunft Antworten liefern.

Im Verlauf der Zeit kann man dann mit Bedacht weitere sinnvolle Einsatzbereiche für die Erfolgsmessung identifizieren und nacheinander einführen. Zum Beispiel kann die Resonanzanalyse von den klassischen Medien auf den Sektor der sozialen Medien erweitert werden. Vorteil dieser Herangehensweise: Das Unternehmen kann mit moderatem Aufwand an Engagement und Mitteln an die Implementierung gehen, jeden Schritt vernünftig vorbereiten und begleiten. Die Fortschritte der Erfolgskontrolle steigern die Akzeptanz im Unternehmen und damit fällt es der Führung leichter, die notwendigen Ressourcen für den weiteren Ausbau bereitzustellen.

Eine zweite Variante der Implementierung ist der Ausbau mit Konzentration auf wesentliche Schlüsselinstrumente der Evaluation. Aus der Vielzahl der zur Verfügung stehenden Kontrollinstrumente werden genau die ausgewählt, die für das Unternehmen in seiner gegenwärtigen Kommunikationssituation am Wichtigsten sind. Mit einem kleinen Besteck setzt die Kontrolle an den zentralen Stellen an. Es gibt zwar noch keine lückenlose Evaluation entlang des gesamten Planungs- und Umsetzungsprozesses, davon ist man noch weit entfernt, aber die Hauptstränge und Knotenpunkte der Kommunikation sind besetzt. Hat sich das Schlüsselinstrumentarium etabliert, kommen mit der Zeit weitere Instrumente hinzu und schließen die Lücken.

Fehlt noch die dritte Variante: Hier entschließt sich das Unternehmen zum großen Sprung und startet mit einer umfassenden Evaluierung durch. Die Kontrolle erfolgt auf allen Ebenen und in allen Phasen der Kommunikation. Bei dieser großen Lösung sei unbedingt die Beratung und Begleitung durch entsprechende Evaluationsprofis empfohlen. Zu komplex sind die Mechanismen der Evaluierung und zu groß ist das Risiko, dass die Kontrollen nicht ineinandergreifen und rund laufen. Wenn sich Unternehmen für die große Lösung entscheiden, dann gibt es dafür meist einen guten Grund. Ein substanzieller Change-Prozess steht an, das Unternehmen will sich neu erfinden, auf die Kommunikation kommen große Aufgaben zu und die Verantwortlichen wollen die Risiken des Change-Prozesses durch systematische Erfolgskontrolle minimieren.

Ablauf der Evaluierungsplanung

Wie die Kommunikationskonzeption so ist auch die Evaluationsplanung ein systematischer Prozess, der aus mehreren großen Blöcken besteht. Und wie bei der Konzeptionsplanung bauen diese Blöcke aufeinander auf:

› **Kommunikationskonzept als Grundlage nutzen:** Die konzeptverantwortliche Person hat ihr Konzept weitgehend fertiggestellt, erst ganz zum Schluss dockt sie das Kapitel zur Erfolgskontrolle an. Ausgehend von der Ist-Situation ist eine strategische Linie entstanden, an der adäquate Kommunikationsaktivitäten ausgerichtet und zeitlich eingeordnet wurden. Jetzt stellt sie, maßgeschneidert auf der Linie des Konzepts, die passenden Instrumente der Erfolgskontrolle zu einem schlagkräftigen Kontrollsystem zusammen.

› **Evaluationsrahmen festlegen:** Der Zeitraum der Kontrollaktivitäten wird definiert und die vorhandenen finanziellen und personellen Ressourcen für diese Zeit abgecheckt. In Relation dazu wir ein realistischer Rahmen für die Kontrolle abgesteckt. Wird es eine kleine schlanke Lösung geben oder kann man mit voller Kraft in die Evaluation gehen?

› **Evaluationsziele bestimmen:** Aus den Kommunikationszielen des Konzepts leiten sich die maßgeblichen Ziele der Evaluation ab. Was soll die Evaluation am Ende des Kommunikationszeitraums geleistet haben? Die Ziele sollten konkret formuliert werden, damit später eine Kontrolle der Erfolgskontrolle möglich wird.

› **Vorhandene Daten und Instrumente sichten:** Bevor wir an die Auswahl der Kontrollinstrumente gehen, prüfen wir, welche Datenquellen und Instrumente bereits vorhandenen sind und für die Evaluierung problemlos genutzt werden können. Zugleich wird festgestellt, wo es noch Lücken gibt, die mit den vorhandenen Quellen und Instrumenten nicht geschlossen werden.

› **Ergänzende Methoden und Instrumente festlegen:** Um die Lücken zu schließen, werden neue Kontrollmaßnahmen ergänzt und verstärkt. Aus dem umfangreichen Repertoire wählen wir genau die Instrumente (Pretest, Medienresonanzanalyse, Imageanalyse etc.), die notwendig sind, um die definierten Evaluationsziele zu erreichen. Dabei behalten wir die vorhandenen Ressourcen an Personal und Budget immer im Blick. Außerdem achten wir darauf, dass sich die Instrumente vernetzen und ein geschlossenes Untersuchungsdesign ergeben. Es empfiehlt sich, bei Messungen von zentraler Bedeutung mehrere Instrumente in Stellung zu bringen, um auf Nummer Sicher zu gehen. Wer nur mit einem Instrument misst, muss erleben, dass Messungen nicht selten schiefgehen und an dieser Stelle dann eine Evaluationslücke entsteht.

› **Evaluation an die KPIs anbinden:** Die Evaluierung steht nicht allein, sondern ist eingebunden in das gesamte Controlling-System des Unternehmens. In diesem Kontext ist zu klären, welche Anforderungen das Unternehmenscontrolling an die Evaluation stellt und wie sich diese Anforderungen erfüllen lassen. Meist sind bestimmte KPIs („Key Performance Indicators") als Schlüsselindikatoren gefordert und die Konzeptionsbeteiligten bestimmen, wie diese Zahlen ermittelt und optimal in das Controlling angebunden werden.

› **Verantwortlichkeiten definieren:** Die Zuständigkeiten im Unternehmen werden festgelegt. Wer kontrolliert was? Lassen sich für bestimmte Jobs (Befragungen, Beobachtungen) vielleicht freiwillige Helfer aus dem eigenen Haus finden? Müssen externe Kräfte einbezogen werden? Ist externe Unterstützung notwendig, dann werden die Aufgaben und Pflichten für die Dienstleister – wie z. B. Medienbeobachtungsdienste – definiert.

› **Dokumentation der Evaluation bestimmen:** Es ist festzulegen, in welchen Zeitzyklen die Auswertung und das Reporting stattfinden. Täglich, wöchentlich, monatlich, vierteljährlich? Auch Form und Umfang des Reports sowie die Frage, an wen zu berichten ist, ist zu klären. Damit die Evaluation für alle im Unternehmen transparent ist, müssen alle Evaluationsergebnisse schriftlich dokumentiert werden. Dazu gehört auch, dass die zugrundeliegenden Erhebungsdaten und Auswertungen einsehbar sind.

Ebenen der Kontrolle

Wer sich die einschlägige Fachliteratur anschaut, findet ein ganzes Spektrum von Modellen, die den Prozess der Erfolgskontrolle beschreiben. Einige dieser Modelle sind kompliziert aufgebaut, unübersichtlich und in der Praxis kaum anwendbar. Wir arbeiten in unseren Kommunikationskonzepten mit einem einfachen Modell, das drei Zeitphasen mit drei Prozessebenen verbindet. Alle Instrumente der Erfolgskontrolle lassen sich in das Modell einordnen, je nachdem zu welcher Zeit sie den Erfolg messen und an welcher Stelle sie ihre Messfühler ansetzen.[118]

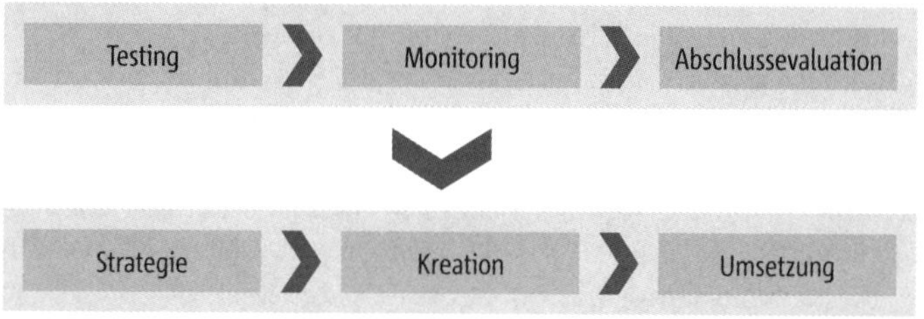

Abbildung 107: Ebenen der Evaluation

Evaluation bewegt sich auf mehreren Ebenen: auf der Planungsebene als Testing im Vorfeld; auf der Realisierungsebene als Monitoring im laufenden Betrieb und zum Abschluss einer Aktion oder Kampagne als Evaluation der Ergebnisse. Evaluiert werden die Strategie, die Kreation und die Umsetzung der Kommunikation.

Schauen wir uns zuerst den Zeitverlauf näher an. Die Erfolgskontrolle kann vor, während und nach der Kommunikation erfolgen und entsprechend gibt es drei Phasen der Evaluation:

› **Eignungskontrolle durch Testing (vor der Kommunikation):** Das Testing stellt das Kommunikationskonzept auf den Prüfstand und checkt es gründlich durch. Es testet präventiv die Eignung der im Konzept beschriebenen Kommunikation. Die Tests finden im Vorfeld mittels Pretests, Assoziationstests, Recall-/Erinnerungstests oder Beobachtungen statt. Die Kontrollen dienen dazu, die Wirksamkeit von strategischen Botschaften, kreativen Ideen und operativen Maßnahmenvorschlägen zu überprüfen. Das Testing kann schon während der konzeptionellen Arbeit beginnen, sodass in das Konzept bereits getestete Vorschläge einfließen. Die Hauptarbeit des Testings erfolgt jedoch erst nach Verabschiedung des Konzepts. Die Schlüsselkomponenten des Konzepts – z.B. der Kampagnenslogan oder der Einsatz eines Prominenten als Testimonial – werden unter die Lupe genommen, bevor es in die Umsetzung geht. Negative Testergebnisse führen dann noch einmal zu Nachbesserungen am Konzept.

› **Durchführungskontrolle mit Hilfe des Monitorings (während der Kommunikation):** Monitoring überwacht alle laufenden Prozesse, sofern sie für das Erreichen der Kommunikationsziele von großer Bedeutung sind. Im laufenden Betrieb werden z.B. die Durchdringung von Themen, die „Performance“ der laufenden Maßnahmen und die Reaktionen der Zielgruppen überprüft. Vor allem die Online-Kommunikation ermöglicht ein Monitoring, das in Echtzeit abläuft und sofortige Reaktionen zulässt. In der Regel reicht es aus, an verschiedenen Punkten die Stellschrauben der laufenden Kommunikation leicht nachzujustieren. Es kann allerdings auch passieren, dass erhebliche Eingriffe notwendig werden. Im negativen Fall wird eine Botschaft völlig missverstanden oder eine

Maßnahme droht ein Totalausfall zu werden. Im positiven Fall steigt das Interesse der Zielgruppen aufgrund von Medienberichten steil an oder die Konkurrenz verheddert sich in einem Skandal und verliert an Boden. Das Monitoring erkennt die akute Situation und gibt Alarm. Die Resultate dürfen in keinem Fall dazu führen, dass die strategische Linie aufgegeben wird und die Kommunikation einen taktischen Zickzack-Kurs einschlägt. Deshalb sollte sofort das Konzeptionsteam konsultiert werden, das eine neue aktualisierte Version des Konzepts entwickelt, um Schaden abzuwenden oder Chancen zu nutzen.

› **Ergebniskontrolle durch Abschlussevaluation (nach der Kommunikation):** Am Ende des Kommunikationszeitraums überprüft die Erfolgskontrolle die Zielerreichung entlang der vorher fixierten Kennzahlen. Es wird konstatiert, wo Ziele erreicht und wo sie verfehlt wurden. Bei einem entsprechend lückenlosen Kontrollsystem lässt sich auch feststellen, warum die Ziele erreicht oder verfehlt wurden. Die Abschlussevaluation ist besonders ausführlich, sie wird als Schlussreport schriftlich dokumentiert und allen Beteiligten zur Verfügung gestellt. Die Kontrolle der Ergebnisse dient als Ausgangspunkt für die Entwicklung des nächsten Kommunikationskonzepts. Wo lief es besonders gut, wo hakte es und wie geht es in Zukunft weiter?

Von den Zeitphasen zu den Prozessebenen. Die Instrumente der Erfolgskontrolle setzen auf allen Ebenen der Kommunikation an:

› **Kontrolle auf der strategischen Ebene:** Alle strategischen Koordinaten – von der Zielgruppenstruktur bis zur Positionierung – werden auf den Prüfstand gestellt. Warum wurde der angestrebte Bekanntheitsgrad nicht erreicht? Wie haben die Zielgruppen auf die neue Positionierung reagiert? Wie sind die internen Botschaften bei den Mitarbeiterinnen und Mitarbeitern angekommen? Speziell bei Kontrollen auf der strategischen Ebene ist nun das Konzeptionsteam gefragt. Es muss anhand der Abweichungen vom Soll des Konzepts erkennen, wo der strategische Kurs neu ausgerichtet werden muss. In der Praxis scheitert die Kontrolle auf der strategischen Ebene häufig am hohen Aufwand. Die Teilnehmerzahl und Zufriedenheit eines Events hat man schnell erfasst. Geht es um die Akzeptanz einer Positionierung oder den Durchsetzungsgrad einer Botschaft, muss die Kontrolle mit mehrstufigen Pre- und Posttest-Verfahren zur Sachen gehen. Davor schrecken viele zurück.

› **Kontrolle auf der kreativen Ebene:** Alle kreativen und gestalterischen Komponenten kommen auf den Prüfstand. Welche Assoziationen löst die neue Unternehmensfarbe aus? Wie kommt der Slogan an? Hat die kreative Leitidee gezündet? Auf der kreativen Ebene werden die Zielgruppen ins Visier genommen und ihre Reaktionen überprüft. Die Kontrolle erfolgt auf der bewussten und unterbewussten Ebene der Wahrnehmung. Gerade die kreativen Elemente der Kommunikation laufen hauptsächlich über die unterbewusste Schiene, mit klassischen Befragungen und Zielgruppengesprächen kommt man da nicht weiter.

› **Kontrolle auf der operativen Ebene:** In unserer Praxis liegt der Schwerpunkt der Evaluierungsaktivitäten auf der Operation. Was hat die Zielgruppe zum neuen Kundenkongress gesagt? Wie entwickelt sich der Traffic der Website? Welchen Rücklauf hatte die Aktion mit den Online-Coupons? Die Mittel und Maßnahmen haben viel Geld und Personaleinsatz gekostet und nun soll geprüft werden, ob sich der Aufwand gelohnt hat. Die Messungen auf der operativen Ebene sind meist mit überschaubarem Aufwand realisierbar. Unserer Erfahrung nach erfolgen 70-80 Prozent aller Evaluationsmaßnahmen auf dieser Ebene. Das ist okay. Bei einigen Unternehmen geht der Anteil in Richtung 100 Prozent. Das ist gefährlich, da eine Dominanz der Kontrolle auf der operativen Ebene fast zwangsläufig zu einer Dominanz des Operativen in der konzeptionellen Planung führt und die Strategie unterbelichtet bleibt.

Für alle Zeitphasen und Prozessebenen müssen adäquate Kontrollinstrumente gefunden werden. Es gibt universelle Instrumente, die vielseitig einsetzbar sind und Spezialinstrumente, die nur auf einer Ebene greifen, aber dort Präzisionsarbeit leisten.

Instrumente der Evaluierung

Für das Kommunikationscontrolling steht ein großer Pool an Evaluationsinstrumenten zur Verfügung. Auf den nächsten Seiten stellen wir eine Übersicht der wichtigsten Instrumente zusammen, die je nach Situation und Aufgabe für die Evaluation zum Einsatz kommen.

Basisauswertung: Einfache Basisauswertungen sind die Grundausstattung der Erfolgskontrolle. Wenn es schnell gehen muss, man sich unter Zeitdruck ein Bild von der Kommunikationssituation verschaffen will oder wenn die Mittel knapp sind und kaum Geld oder Personal eingesetzt werden kann, greifen wir bei der Planung auf einfache Mittel der Evaluation zurück. Das ist allemal besser, als gar keine Erfolgskontrolle zu machen. In der Regel sind die Ergebnisse der Kontrollmaßnahmen nicht repräsentativ, aber sie lassen erste Einschätzungen zu:

› **Auswertung vorhandener interner Daten:** Jedes Unternehmen erzeugt Zahlen und wertet sie aus. Einige dieser Zahlen können als Indikatoren für die Erfolgskontrolle der Kommunikation dienen. Der Vertrieb gibt jede Woche einen Bericht heraus, der die Menge und Höhe der Kundenabschlüsse ausweist, das Callcenter fasst die Tendenzen der Kontaktgespräche in regelmäßigen Reports zusammen, die IT-Abteilung veröffentlicht die Traffic-Zahlen der Website. Zahlreiche Quellen im Unternehmen sind bereits vorhanden und müssen nur angezapft werden.

› **Auswertung externer Informationen:** Über eine Online-Recherche wird geprüft, ob die Kommunikation draußen auf Resonanz stößt. Dazu gehören schnelle Suchmaschinenabfragen zu relevanten „Keywords" und inhaltliche Auswertungen von aktuellen Nachrichten auf Websites, Beiträgen in Foren oder Kommentaren in sozialen Netzwerken. Man grenzt den Kommunikationszeitraum und die Kommunikationsregion ein und verbessert so die Qualität der Trefferauswahl. Oder man stößt auf keinerlei Ergebnisse, falls die Kommunikation ohne Resonanz verhallt ist.

› **Interne und externe Feedbackgespräche:** Interne Feedbacks sind kurze Befragungen von Vertriebsleuten, Callcenter-Mitarbeitern oder Servicekräften zur Resonanz der Kommunikation. Angesprochen und befragt werden Kolleginnen und Kollegen, die „ihre Nase im Wind haben" und frühzeitig Resonanz von Kunden und anderen Zielgruppen bekommen. Extern führt man spontane Gespräche mit Vertretern der Zielgruppe aus der Nachbarschaft oder dem Bekanntenkreis. Oder man ruft kurzerhand relevante Multiplikatoren und Experten an, zu denen man einen guten Draht hat. Die kurzen Feedbackgespräche können als Tests im Vorfeld, als Monitoring während der laufenden Maßnahmen und als Abschlussevaluation kurz nach Beendigung der Kommunikation erfolgen.

› **Interne Manöverkritik:** Das für Konzeption, Planung und Durchführung der Kommunikation verantwortliche Projektteam kommt zusammen und spricht über den aktuellen Stand. Der wiederholte Austausch des Teams während des laufenden Kommunikationsprozesses ist aufschlussreich, er spiegelt allerdings nur ein selektives und kein repräsentatives Bild wider. Was die Mitarbeiter und Mitarbeiterinnen im Team für gut und richtig befinden, kann bei den Kunden oder bei Medienvertretern ganz anders ankommen.

› **Auswertung der offensichtlichen Ergebnisse:** Bestimmte Erfolge und Resultate liegen quasi „auf dem Präsentierteller", können ohne Aufwand erfasst und gemessen werden. Im Rahmen der Kommunikation wurde Informationsmaterial produziert und zur Verfügung gestellt. Fließt es ab oder blockiert es das Materiallager? Der Informationsstand auf der Verbrauchermesse hat Adressen gesammelt. Wie viele verwertbare Adressen sind zusammengekommen? Das neue Imagevideo steht seit sechs Wochen auf der Website und auf YouTube. Wie sehen Zugriffshäufigkeit und -dauer aus? Auf Facebook hat es über 100 Kommentare zur laufenden Kampagne gegeben. Welche Tendenz haben die Kommentare? Solche Ergebnisse fallen automatisch an. Es versteht sich von selbst, dass sie identifiziert und ausgewertet werden.

› **Eigene Erfahrungen:** Wir Konzeptionsverantwortlichen machen in der Kommunikationszeit nicht dicht, sondern lassen die Maßnahmen direkt auf uns wirken. In einem Magazin steht ein großer Bericht zum Kommunikationsobjekt? Selbstverständlich kaufen wir sofort ein Exemplar und lesen neugierig. Auf XING bildet sich eine Themengruppe zum relevanten Themenfeld? Wir melden uns an und verfolgen die Diskussion. Ein Kampagnenevent findet statt? Wir gehen als Zuschauer hin und lassen das Geschehen auf uns wirken. Für uns sind diese authentischen Eindrücke wichtige Erfahrungen, denn in unserem Kopf ist der Kampagnenevent schon während der konzeptionellen Arbeit plastisch entstanden und jetzt erleben wir das Geschehen in Wirklichkeit. Liegen konzeptionelle Planung und erlebte Wirklichkeit nahe beieinander oder kommt einem der Event fremd vor?

Medienauswertung: Die Medienresonanzanalyse (MRA)[119] ist das Standardinstrument für die Auswertung der Presse- und Medienresonanz. Sie wird eingesetzt, wenn anlassbezogen medienrelevante Kommunikationsaktivitäten (z. B. Kundenevent, Produktvorstellung) stattfinden oder kontinuierlich die Medienresonanz verfolgt werden soll. Die MRA ermöglicht die quantitative und qualitative Auswertung der Berichterstattung. Sie dient auf der einfachsten Ebene dazu, den quantitativen Medienoutput zu ermitteln und in Form von Statistiken und Presseclippings zu dokumentieren.

In der ersten Ausbaustufe werden zusätzlich wichtige Kennziffern wie regionale Verbreitung, Reichweite oder Durchdringungsindex ausgewertet. Regelmäßig wird zudem der Anzeigenäquivalenzwert (Media Value/Media Coverage)[120] ermittelt, der transparent macht, wie viel Etat man hätte in die Hand nehmen müssen, wenn das Unternehmen den redaktionellen Raum der Berichterstattung als werblichen Anzeigenraum hätte kaufen müssen.

In der zweiten Ausbaustufe der MRA kommen qualitative Ergebnisse hinzu. Es wird gemessen, wie oft die relevanten Botschaften und Themen in den Medien aufgetaucht sind, wie ausführlich und mit welcher Tendenz berichtet wurde und welche Schlüsselworte besonders häufig auftauchten. Auch die zeitliche und räumliche Verteilung der qualitativen Faktoren kann erfasst und ausgewertet werden. Auch dies lässt sich über den sogenannten „gewichteten Anzeigenäquivalenzwert" monetär umrechnen.

z. B. Ergebnisse der Medienresonanzanalyse

NewMed-Pharma in den Medien

	2014	2015
1. Basisindikatoren: Aufwärtstrend erkennbar		
Anzahl Artikel / Monat	10	12
Publikumsmedien pro Monat Tageszeitungen Anzeigenblätter Special-Interest	4 20 % 12 % 68 %	4 24 % 20 % 56 %
Fachmedien pro Monat	6	8
Resonanz wg. Pressemitteilung	63 %	72 %
Regionaler Schwerpunkt	NRW	NRW, Niedersachsen
Zeitlicher Schwerpunkt	Mai / Juni	September / November
2. Qualitätsindikatoren: Schmerzpilot ist ein voller Erfolg		
Artikel positiv / neutral / negativ	55 % / 30 % / 15 %	50 % / 40 % / 10 %
Nennung Unternehmen / CEO	70 % / 31 %	74 % / 12 %
Botschaft Verträglichkeit	12 Artikel	15 Artikel
Botschaft Forschung	4 Artikel	8 Artikel
Botschaft Neuheiten	45 Artikel	49 Artikel
Schüsselbegriff „Schmerzpilot“	33 Nennungen	82 Nennungen
Schlüsselbegriff „Stoßtherapie“	11 Nennungen	9 Nennungen

Umfragen, Beobachtungen und Experimente: Um die direkte Zielgruppenwirkung zu beleuchten, um Meinungen, Einstellungen und Verhaltensweisen zu evaluieren, steht ein vielfältiges Tableau an Möglichkeiten aus den Bereichen Umfrage, Beobachtung und Experiment zur Verfügung. Der Einsatz wird zusammen mit einem externen Marktforschungsinstitut oder im Unternehmen mit eigenen Kräften organisiert:

› **Kundenumfragen:** Sie erfassen in regelmäßigen Zeitzyklen Erwartung und Zufriedenheit des vorhandenen Kundenstamms. Über Veränderungen im Zeitvergleich erkennt man neuralgische Punkte. Die klassischen Fragebogen auf Papier sind selten geworden, bei immer mehr Befragungen werden die Daten über „Computer Assisted Personal Interview" (CAPI) direkt in den Computer eingegeben und die Ergebnisse liegen unmittelbar nach der Befragung digital vor. Ähnlich funktioniert das „Computer Assisted Telephone Interview" (CATI), bei dem die telefonisch eingeholten Daten ebenfalls sofort digital eingegeben und dementsprechend schnell ausgewertet werden können.

› **Mitarbeiterumfragen:** Die Umfragen lassen sich inhaltlich so steuern, dass sie nicht nur Arbeitszufriedenheit oder Unternehmensloyalität ausloten, sondern auch die Beurteilung der laufenden Kommunikationsmaßnahmen oder die Einschätzung der Kundenzufriedenheit beinhalten. Besonders aufschlussreich wird es, wenn man Kunden- und Mitarbeiterumfragen in den Fragestellungen so aneinander ausrichtet, dass man einzelne Ergebnisse gegenüberstellen kann.

› **Fokusgruppenbefragung:** Unter Anleitung eines Moderators oder einer Moderatorin wird eine speziell ausgewählte Fokusgruppe (sechs bis zwölf Personen), deren Mitglieder spezifische Merkmale aufweisen (Geschlecht, Einkommen, Alter etc.) oder gemeinsame Interessen (Konsum, Freizeit, Kultur) haben, in einer Gruppendiskussion befragt. Die Fokusgruppe setzt sich aus den Zielgruppen der Kommunikation zusammen. Die Inhalte des Gesprächs werden erfasst und analysiert. In schwierigen Fällen installiert man mehrere Fokusgruppen, um die Ergebnisse zu vergleichen. Oder man ruft eine Gruppe vor (Pretest) und nach den Kommunikationsaktivitäten (Posttest) zusammen, um die Auswirkungen der Kommunikation zu vergleichen.

› **Expertenbefragung nach der Delphi-Methode:**[121] Im Rahmen einer mehrstufigen Befragung wird ein definierter Kreis von Experten in mehreren Befragungsrunden anonym befragt. Die Ergebnisse jeder Runde fließen in die nächste Befragungsrunde ein. Mit jeder Runde werden die Einschätzungen und Urteile beständiger, die überzeugendsten Argumente setzen sich durch und am Ende steht ein Konsens der Experten, auf dem die weitere Kommunikationsplanung aufbaut.

› **Leitfadeninterview:**[122] Beim Leitfadeninterview werden zumeist potenzielle oder tatsächliche Schlüsselzielgruppen (Kunden, Wähler, Radfahrer, ÖPNV-Nutzer etc.) befragt. Es geht darum, die Befragten ihre Verhaltens- oder Erlebnisweisen mittels offener Fragen vertiefend bewerten und interpretieren zu lassen („Was haben Sie dabei gedacht? Was haben Sie dabei empfunden?").

- **Omnibusbefragung:** Sie wird auch Mehrthemen- oder Busbefragung genannt und von vielen Marktforschungsinstituten als kostengünstige Variante der Umfrage angeboten. Bei der Omnibusbefragung koppelt das Marktforschungsinstitut Fragen aus mehreren Themenbereichen von unterschiedlichen Kunden und fragt sie gemeinsam ab.

- **Online-Befragung:** Online-Befragungen kommen immer häufiger zum Einsatz, weil sie mit überschaubarem Aufwand an Zeit und Kosten durchgeführt werden können. Im Einzelfall ist sogar eine Blitzumfrage innerhalb von 24 Stunden möglich. Es gibt andererseits gewichtige Nachteile. Die Stichproben sind meist nicht repräsentativ, Befragungsergebnisse lassen sich von außen manipulieren und die Abbrecherquoten sind hoch. Auch laufen schon zu viele Befragungen über das Netz, sodass sich die Nutzer zunehmend belästigt fühlen und das Fenster achtlos wegklicken.

- **Experiment:** Bei einem Experiment werden z.B. Produktnamen, Verpackungen oder Kommunikationsmittel wie Plakate oder Displays auf ihre Zielgruppenwirkung hin überprüft. Die Teilnehmerinnen und Teilnehmer des Experiments werden einer konstruierten Situation ausgesetzt, die eine Handlung erfordert. Die Initiatoren des Experiments beobachten und protokollieren den Handlungsablauf. Zu unterscheiden sind Experimente im Labor und im Feld. Laborexperimente stellen eine typische Situation im Labor nach – z.B. die Platzierung eines Produkts im Regal. Feldexperimente überprüfen die Reaktion der Zielgruppe in der realen Umwelt – z.B. die Reaktionen von Kunden, wenn sie im Verkaufsraum vom Personal auf das neue Produkt angesprochen werden.

- **Beobachtung:** Die Beobachtung ist ein wichtiges Bewertungsinstrument, wenn es um nonverbale Reaktionen der Zielgruppen auf die Kommunikation geht. Im Unterschied zum Experiment ist die Situation nicht konstruiert, sondern pure Wirklichkeit. Es wird nicht eingegriffen, nur genau hingeschaut. Die Beobachtung kommt z.B. im Rahmen der Eventkommunikation zum Einsatz, wo die Reaktionen der Besucher während des Ereignisses beobachtet, protokolliert und bewertet wird.

Studien und Analysen: Wenn es um die tiefergehende Erforschung von Einstellung, Image, Akzeptanz, Präferenz und Verwendungsbereitschaft geht, benötigt man ein komplexes Zusammenspiel von Analysetechniken. Die

Aufgabe kann nicht mehr mit einfachen Umfragen oder Beobachtungen bewältigt werden. Stattdessen wird eine komplexe Studie notwendig, die mehrere Instrumente miteinander verbindet. Solche schwergewichtigen Studien und Analysen kann ein Unternehmen nicht mit Bordmitteln in Eigenregie erstellen, es benötigt die professionelle Unterstützung von Markt- und Meinungsforschern, Forschungsinstituten und Hochschulen.

› **Imageanalyse:** Sie erfasst die kognitiven, emotionalen und konativen Dimensionen von Marken und Produkten, von Unternehmen und ihren Kommunikationsauftritten. Abgefragt werden rationale und emotionale Faktoren wie Nutzenaspekte, Differenzierungsmerkmale, Stimmigkeit von Images oder Einbettung von Images in die Lebenswelt des Verbrauchers. Neben klassischen Befragungen kommen bei der Imageanalyse Instrumente wie Assoziationstests oder tiefenpsychologische Interviews zum Einsatz. Bei der Imageanalyse wird gern auf die im Kapitel Zielgruppen vorgestellten Modelle wie die Sinus-Milieus oder die GIM-Zielgruppen-Galaxie zurückgegriffen. Die Auswertung des Images erfolgt mit Bezug auf die entsprechenden Milieus und Typologien.

› **Conjoint-Analyse:**[123] Der Begriff leitet sich aus „CONsidered JOINTly“ ab. Das bedeutet „ganzheitlich betrachtet“. Mit dieser Analyseform lassen sich Präferenzen und Einstellungen von Zielgruppen untersuchen, um z. B. Kaufabsichten und Kaufwahrscheinlichkeiten von Produkten zu prognostizieren. Die Untersuchung erfolgt stets vergleichend. Dazu werden ausgewählte Produkte in unterschiedlichen Varianten den Befragten zur Bewertung vorgelegt und Urteile zu allen wichtigen Einzelmerkmalen (Farbe, Form, Geschmack etc.) abgefragt.

› **Benchmark-Analyse:** Die Analyse der maßgeblichen „Benchmarks“ (Referenzwerte) ist die Königsdisziplin in der Kommunikation. Sie benötigt eine umfangreiche Vorplanung und kombiniert verschiedene Kontrollinstrumente miteinander. Zum einen basiert sie auf quantitativen Faktoren, bei denen ein Unternehmen seine Kommunikationsaktivitäten im Vergleich zu seinen Mitbewerbern bzw. dem Durchschnitt der Branche betrachtet. Es wird untersucht, über welche Kanäle kommuniziert wird, welche Instrumente eingesetzt und wie diese Instrumente für die Abnehmer verfügbar gemacht werden. Zum anderen erfasst sie auch qualitative Faktoren. Untersucht werden die Tonalität der Ansprache, die inhaltliche Qualität von Texten oder die visuelle Qualität der Unternehmensdesigns. Für alle relevanten Kriterien werden messbare Benchmarks definiert und dann untersucht, ob das Unternehmen mit seiner Kommunikation unter oder über den jeweiligen Referenzwerten liegt. Werden Benchmarks deutlich verfehlt, entsteht an den kritischen Stellen dringender Handlungsbedarf.

- **Branchenvergleiche / Marktstudien:** Solche Studien werden regelmäßig von Verbänden, Banken, Medien und Unternehmensberatungen durchgeführt und Unternehmen angeboten, um die Lage auf einzelnen Märkten zu überblicken und zukünftige Potenziale oder Bedrohungen zu erkennen. In manchen Branchen gehören Vergleiche und Marktstudien seit Jahrzehnten zu den Standardwerkzeugen. Sie dienen Unternehmen als wichtige Bewertungsgrundlage für zentrale Marketingentscheidungen wie Markteintritt, Expansion, Rückzug aus Märkten. Auch als Kontrollinstrumente für die Kommunikation lassen sich die Vergleiche und Studien einsetzen. So gibt es z. B. in der Immobilienbranche regelmäßige Marktberichte zu allen großen Städten in Deutschland und Europa, aus denen sich aktuelle Entwicklungen ablesen und Rückschlüsse für die Immobilienkommunikation ziehen lassen.

- **Warenkorbanalyse:** Um Kundenwünsche und Kaufgewohnheiten festzustellen oder die Kaufwahrscheinlichkeit für das eigene Produkt zu errechnen, werden über einen definierten Zeitraum hinweg die Anzahl und Art der Produkte analysiert, die Kunden in ihren Warenkorb packen. Im lokalen Handel geschieht das zum Beispiel durch die Auswertung von elektronischen Kundenkarten wie Payback. Im Online-Handel ist die Kontrolle umfassender und einfacher, da werden Kunden und Interessenten kurzerhand mit einem „Cookie“ unter Beobachtung gestellt.

- **Mystery-Shopping und -Calling:** Beim Mystery-Shopping begibt sich ein Testkäufer anonym in eine reale Kauf- oder Beratungssituation und liefert hinterher aufgrund seiner subjektiven Beobachtungen und objektiver Kriterien eine Bewertung ab. Mit dem Mystery-Shopping vergleichbar ist das Mystery Calling, bei dem per Telefon die Qualität von Beratungen oder von Verkaufsgesprächen getestet wird.

Evaluation von sozialen Netzwerken. Die Messung von Zugriffszahlen und Klickraten gehört mittlerweile zur Standard-Erfolgskontrolle vieler Unternehmen. Moderne Social-Media-Evaluation geht jedoch weit darüber hinaus. Hier steht die Analyse von Themen, das Profiling von Nutzern und die Identifizierung wichtiger Meinungsbildner („Influencer“) im Vordergrund. Die Evaluation läuft in allen drei Zeitphasen. Beim Testing werden z. B. Online-Fokusgruppen gebildet, denen man vorab exklusiv den neuen Markenslogan oder die neue Sympathiefigur präsentiert und kontrolliert, wie sie darauf reagieren. Für das Monitoring der laufenden Kommunikation stellen große Anbieter wie YouTube („YouTube Insights“), Facebook („Facebook Insights“) oder Google („Google Analytics“) leistungsstarke Werkzeuge zur Verfügung, die umfassende Analysen ermöglichen. Daneben gibt es auch unabhängige Kontrollinstrumente wie „Radian6“ oder „Brandwatch“. Für die Abschlussevaluation werden alle Zahlen des Monitorings in einen großen zeitlichen

Zusammenhang gestellt, die sozialen Medien in Verbindung gebracht und sogar die Feedbacks zwischen Online- und Offline-Aktivitäten ausgewertet.

Balanced Scorecard:[124] Die Scorecard haben wir mit Absicht an den Schluss unserer Auflistung der Evaluationsinstrumente gestellt, denn hier laufen alle Stränge der Erfolgskontrolle zusammen. Durch den Einsatz der Scorecard entsteht ein Evaluationssystem, das alle wichtigen Kontrollbereiche abdeckt und eine schnelle, umfassende Bewertung ermöglicht. Wir erleben in unserer Beratungspraxis, dass immer mehr Unternehmen Balanced Scorecards für die übergreifende Steuerung der Aktivitäten nutzen, die darauf aufbauenden speziellen „Communication Scorecards" begegnen uns eher selten. Die Scorecard bestimmt Leistungskennziffern für die zentralen Aufgaben und Einsatzbereiche der Kommunikation und verbindet sich mit der Marketing- und Unternehmensstrategie. Die Kennziffern nennt man KPIs, Key Performance Indicators oder Schlüsselindikatoren, sie stellen die Koordinaten für das Reporting dar. Die Follower-Zahlen auf Twitter oder die Anrufe beim Infotelefon sind keine KPIs, das wäre zu einfach. Gängige KPIs in der Kommunikation sind z. B. der gestützte Bekanntheitsgrad eines Unternehmens in der Marktregion oder die erzielte Medienreichweite einer Kampagne in den vorher definierten Kernmedien.

Durch eine funktionierende Balanced Scorecard hat das Unternehmen stets einen aktuellen Überblick über die eigene Performance. Es weiß, ob es sich mit der Kommunikation noch im Zielkorridor oder schon auf Abwegen befindet. Durch die Bündelung einer Vielzahl von Messpunkten zu wenigen markanten KPIs, können komplizierte Kampagnen und ganzheitliche Kommunikationsprozesse effizient überwacht werden. Schon ein kurzer Blick auf die Scorecard reicht, um die aktuelle Lage zu beurteilen und die nötigen Konsequenzen zu ziehen. Allerdings ist die Implementierung einer Communication Scorecard gerade für mittelständische Unternehmen nicht einfach, da Aufbau und Pflege viel Zeit und Geld kosten. Die Scorecard selbst wirkt übersichtlich, aber unter die Oberfläche erkennt man, dass die notwendigen Prozesse im Hintergrund umfassend und verzweigt sind.

Evaluierung als Baustein des Konzepts

Das Kommunikationskonzept ist kein Evaluierungskonzept, das sich in aller Ausführlichkeit mit den anstehenden Kontrollaufgaben beschäftigt. Die Evaluierung stellt nur einen Baustein im gesamten Konzeptionsprozess dar, der am Schluss des Konzepts eingefügt wird – direkt nach der Maßnahmen- und Zeitplanung und vor der Budgetierung. In der mündlichen Präsentation entfällt auf die Erfolgskontrolle meist nur eine Folie. Manchmal lassen wir sogar diese Folie weg und beschränken uns im Vortrag auf den Hinweis, dass im schriftlichen Konzept selbstverständlich konkrete Planungen zur Erfolgskontrolle enthalten sind, auf die wir aus Zeitgründen nicht näher eingehen. Im schriftlichen Konzept finden sich dann ein bis zwei Seiten zur Kontrolle. Die Kürze in der Darstellung ist kein Zeichen von Missachtung. Wie schon vorher bei der Zeitplanung und anschließend im Rahmen der Budgetierung, so gilt auch an dieser Stelle, dass es innerhalb des Kommunikationskonzepts nicht um die Details der Erfolgskontrolle geht, sondern um die große Linienführung. Alle Einzelheiten folgen dann später nach Verabschiedung des Konzepts in einer detaillierten Evaluationsplanung. Diese Planung ist oft nicht mehr die Aufgabe des Konzeptioners, sondern wird vom verantwortlichen Umsetzungsteam – im Idealfall in Zusammenarbeit mit externen Evaluationsprofis – erarbeitet und umgesetzt. Selbstverständlich geht die Evaluationsplanung von den Maßgaben im Konzept aus und entwickelt sie weiter.

Das Kapitel zur Erfolgskontrolle innerhalb des Kommunikationskonzepts verstehen wir zuallererst als ein Plädoyer für die Evaluierung. Wir stellen die Bedeutung klar und leisten Überzeugungsarbeit. Wir wollen die grundsätzliche Bereitschaft des Auftraggebers erhöhen, die Erfolgskontrolle zu forcieren. In diesem Zusammenhang machen wir deutlich, dass die Evaluation in allen drei Zeitphasen – vor, während und nach der Kommunikation – und auf allen drei Prozessebenen – Strategie, Kreation und Maßnahmen – ansetzen muss. Wir stellen die maßgeblichen Messinstrumente vor, begründen die Auswahl mit ein, zwei Sätzen, gehen jedoch nicht auf Planungsdetails ein. Der Auftraggeber erkennt, dass die Kontrolle System hat und ist beruhigt. Mehr will er im Kontext des Kommunikationskonzepts auch gar nicht wissen.

Auf der strategischen Ebene legen wir vorrangigen Wert auf die Inspektion der Ziele, deshalb stellen wir im Kapitel Evaluation noch einmal die zentralen Ziele der Kommunikation heraus und beschreiben, mit welchen Evaluierungsmaßnahmen der Zielerreichungsgrad zu überprüfen ist. Auf der kreativen Ebene weisen wir auf die zentralen Anker der Kreation – wie z. B. den neuen Slogan – hin und zeigen auf, mit welchen Kontrollinstrumenten wir die Ankerwirkung überprüfen. Auf der operativen Ebene decken wir im Kapitel Erfolgskontrolle nicht das komplette Maßnahmensystem mit Kontrollen ab, das je nach Kommunikationsaufgabe sehr komplex sein kann. Vielmehr konzentrieren wir uns darauf, für zwei bis drei Schwerpunktmaßnahmen adäquate Kontrollinstrumente zu beschreiben. Einige unserer Kolleginnen und Kollegen gehen bei der Darstellung der operativen Kontrollinstrumente anders vor. Sie integrieren die Beschreibung der operativen Erfolgskontrolle direkt im Maßnahmenteil des Konzepts. Innerhalb jeder Maßnahmenbeschreibung gibt es einen Unterpunkt mit dem Kurzprofil der integrierten Kontrolle.

Bei der Ausarbeitung der Kontrollmaßnahmen behalten wir stets im Hinterkopf, dass die Evaluation Geld kostet und aus dem Kommunikationsetat bezahlt werden muss. Augenmaß ist gefragt. Aufwendige Conjoint-Analysen oder Benchmark-Vergleiche würden sich im Konzept zwar gut machen, lassen sich aber nur selten finanzieren.

Last but not least: das Budget

Wieviel Geld muss ein Unternehmen für die Evaluation einplanen? Wir hatten am Anfang unserer Ausführungen zur Erfolgskontrolle bereits beschrieben, dass fünf Prozent Evaluationskosten vom Gesamtetat ein in der Branche anerkannter Soll-Wert ist. Bei einem Kommunikationsetat von 100.000 Euro würden folgerichtig 5.000 Euro in die Evaluation fließen. Das ist wahrlich nicht viel und das Geld ist schnell ausgegeben. Allein eine solide Kundenumfrage, durchgeführt von einem professionellen Anbieter, wäre mit 5.000 Euro keinesfalls zu stemmen. Deshalb müssen wir bei der Erfolgskontrolle genau abwägen, sorgfältig planen und kostengünstige Wege gehen. Bei begrenzten Budgets bleibt den Beteiligten oft nur übrig, die Erfolgskontrolle mit Bordmitteln anzugehen. So nimmt es nicht Wunder, dass das Erfassen und Auswerten von Evaluierungen in vielen Unternehmen ein beliebtes Betätigungsfeld von Auszubildenden, Praktikanten und Volontären ist.

Dabei halten wir selbst fünf Prozent in vielen Fällen für zu wenig. In unsicheren Situationen – die Zielgruppe bricht weg, der Markt erodiert, die Konkurrenz geht zum Angriff über – empfehlen wir für einen begrenzten Zeitraum bis zu 25 Prozent des Kommunikationsetats in Marktforschung und Erfolgskontrolle zu investieren. Unsere Faustregel lautet: Es muss genau der Etatanteil in die Evaluation gesteckt werden, der sicherstellt, dass die Kommunikation nicht zum Blindflug wird. Denn im Zeitalter des „Communication Overload" ist jeder Euro, den man blind für Kommunikationsmaßnahmen ausgibt, mit hoher Wahrscheinlichkeit rausgeschmissenes Geld. An der Evaluierung sparen, heißt, an der falschen Stelle sparen.

z. B. Evaluation innerhalb des Konzepts

Earphones – Erfolgskontrolle der Einführungskampagne

Die Kampagne zur Einführung der neuen drahtlosen HighRes-Ohrhörer startet erst im Oktober. Es bleibt also genügend Zeit für die Vorbereitung der Evaluation und ein Testing im Vorfeld. Diese Chance sollte unbedingt genutzt werden, zumal unsere Recherchen gezeigt haben, dass die Zielgruppe sehr kritisch, um nicht zu sagen, eigen ist.

Kontrolle des strategischen Kurses
Im Vordergrund steht die Überprüfung der fixierten Kommunikationsziele für die Markteinführung der Ohrhörer in Deutschland:

Ziele	Evaluierung
› 60 Prozent Bekanntheit in der Zielgruppe bis Ende 2020 erreichen	› Ergebniskontrolle: Jährliche Messung über eine Online-Befragung bei der audiophilen Zielgruppe
› Image der Ohrhörer als die kompakten Klangpuristen durchsetzen	› Monitoring: Monatliche Auswertung der Medienauswertung in der Special-Interest-Presse › Ergebniskontrolle: Roundtable-Gespräch mit der Zielgruppe zum Ende der Kampagne
› Über fünf Prozent Empfehler-Quote bei den Kunden erzielen	› Ergebniskontrolle: Rücklaufquote der Empfehler-Bonusaktion messen › Monitoring / Ergebniskontrolle: Befragung der Neukunden direkt nach dem Kauf über Online-Interview

Kontrolle der kreativen Leitidee
Drahtlose Ohrhörer gibt es viele. Um die besondere Qualität der High-Res-Ohrhörer zu repräsentieren, soll das neue Produkt in der werblichen Ansprache als Überohrhörer auftreten.

Ziele	Evaluierung
› Akzeptanz der neuen Bezeichnung prüfen: **Überohrhörer!**	› Testing: Im Vorfeld mit einer Fokusgruppe, die über ein audiophiles Online-Forum gebildet wird › Monitoring: Über Gespräche mit Interessenten und Kunden auf den entsprechenden Fachmessen

Kontrolle der operativen Umsetzung

Überall, wo es ohne großen Aufwand möglich ist, werden wir die Einführungsaktivitäten mit Erfolgskontrolle begleiten. Zwei Maßnahmen sind uns besonders wichtig:

Ziele	Evaluierung
› Videoclip mit informativen Inhalten und emotionalem Aufhänger	› Testing: Präsentation Storyboard in der Fokusgruppe zusammen mit der Bezeichnung Überohrhörer › Monitoring: Tägliche Abrufzahlen auf der Website und auf YouTube, Auswertung der Kommentare
› Info-/Verkaufsstand „Hörbar" auf den wichtigen audiophilen Messen	› Monitoring: Erfassung und Auswertung aller Standgespräche, tägliches Messe-Debriefing › Ergebniskontrolle: Inanspruchnahme des Messerabatts in Relation zum Gesamtverkauf/Jahr

Die Budgetierung

Etat zwischen Konzeption und Controlling

Konzeption und Budgetplanung sind wie Geschwister. Sie scheinen zwar unzertrennlich zu sein, aber bisweilen streiten sie heftig. Die besten Ideen und Maßnahmen im Konzept nützen wenig, wenn ihre Realisierbarkeit an fehlenden Budgetmitteln scheitert. Jedes Konzept muss auf Machbarkeit getrimmt sein. Andererseits ist es frustrierend, wenn zu enge Budgetvorgaben dazu führen, dass die berühmte „Schere im Kopf" präventiv angesetzt wird und eine gute Idee im Konzept nicht zum Zuge kommt, weil man ihr Scheitern aus finanziellen Gründen vorauszusehen meint.

Die entgegengesetzte Sichtweise wäre richtig. Jede gute Idee hat die bestmögliche Chance verdient, indem sich die Konzeptionsbeteiligten beharrlich die Frage stellen: Was hindert die Beteiligten, die Idee umzusetzen und wie lässt sich dieses Hindernis überwinden? Vielleicht kann man durch kluge Schachzüge das Budget entlasten. Vielleicht sind Kooperationen mit externen Partnern möglich. Vielleicht lassen sich die Etatproportionen neu gewichten. Möglicherweise finden sich andere Etat-Töpfe, die angezapft werden können. Oder es gibt einen Lieferanten, der die Leistung preiswerter erbringt. Unter Umständen muss die Idee nur leicht modifiziert werden, damit die Kosten deutlich sinken. Zur Profession von Konzeptionsspezialisten gehört es nicht nur, gute Ideen zu entwickeln. Wir müssen auch überlegen, wie sich gute Ideen finanzieren lassen. Vieles ist möglich, nur eines ist fahrlässig: Gute Ideen aus Etatgründen im vorauseilenden Gehorsam unter den Tisch fallen zu lassen. Engagierte Konzeptioner schöpfen alle Möglichkeiten aus, um eine optimale Synergie zwischen guten Ideen und begrenzten Etats zu erreichen.

Die Erfahrung zeigt: Der Budgetplan stellt in der Realität immer einen Kompromiss dar – zwischen den ambitionierten Zielen und Ideen des Konzepts und dem knappen Kommunikationsbudget, das in der Unternehmensplanung vorgesehen ist. Hoher Anspruch, kleines Budget – das ist die Realität vieler Kommunikationskonzepte. Uns Konzeptionsfachleuten fällt es schwer zu akzeptieren, dass Kommunikationsetats knappgehalten und in schwierigen Situationen gekürzt werden. Wir machen uns häufig nicht bewusst, dass unser Auftraggeber seiner Geschäftsleitung über die Kosten jeder einzelnen Kommunikationsmaßnahme genauestens Rechenschaft ablegen muss, und dass die Geschäftsleitung ihrerseits wieder von Aufsichtsgremien, Investoren, Analysten, Banken und Betriebsprüfern unter Druck gesetzt wird. Viele der Genannten interessieren sich nicht für durchdachte Kommunikationsstrategien und schlagkräftige Ideen. Sie interessiert einzig, ob die zur Verfügung gestellten Etatmittel effizient eingesetzt werden. Und vermutlich ist diese emotionale Distanz berechtigt, denn wie jeder Kommunikationsprofi zugeben muss, kann man mit Kommunikation ziemlich schnell viel Geld sinnlos verbrennen. Das heißt in der Konsequenz: Die Budgetplanung unterliegt immer den betriebswirtschaftlichen Rahmenbedingungen und Anforderungen an das verantwortungsvolle unternehmerische Handeln.

In diesem Zusammenhang beobachten wir zunehmend eine Unsitte: Alle Kommunikationsmaßnahmen werden nur noch auf die erbrachten Kennziffern (KPIs) hin bewertet. Stimmen die Zahlen nicht, dann geraten die Maßnahmen sofort unter Druck, werden auf Effizienz getrimmt oder ganz eingestellt. Vor dem Hintergrund des radikalen Effizienzdenkens gerät leicht in Vergessenheit, dass die Wirksamkeit vieler Kommunikationsmaßnahmen nicht in Kennziffern zu messen ist. Dies betrifft insbesondere den qualitativen Output, der aber häufig zentral ist für den Kommunikationserfolg. Speziell Imagemaßnahmen haben es in diesem Zusammenhang schwer und fallen dem Rotstift zum Opfer. Zudem gibt es Maßnahmen, die selbst nicht sonderlich wirksam kommunizieren, aber als verbindende Elemente im System der Maßnahmen von immenser Bedeutung sind. Reißt man sie aus dem Zusammenhang, dann wird zwar kurzfristig Etat eingespart, mittel- bis langfristig wird jedoch das Zusammenwirken des Maßnahmensystems in Mitleidenschaft gezogen.

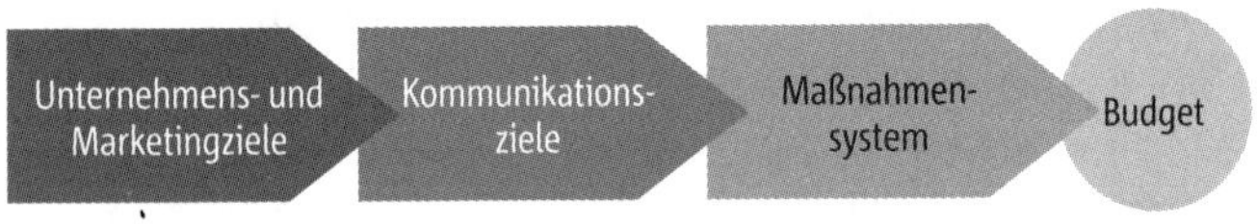

Abbildung 108: Ableitung des Budgets

Ziele können sich nicht selbst erreichen. Maßnahmen erreichen die Ziele. Damit die Maßnahmen bis zum Ziel kommen, muss ein angemessenes Budget bereitgestellt werden. Ist das Budget nicht vorhanden, gibt es nur eins: Die Ziele müssen angepasst werden.

Wie hoch muss das Kommunikationsbudget sein? Die Frage ist schwierig zu beantworten. Grundsätzlich besteht ein enger Zusammenhang zwischen den grundlegenden Unternehmens- und Marketingzielen, den daraus abgeleiteten Kommunikationszielen, den entsprechend zielgerichteten Maßnahmen und dem resultierenden Etat. Je ehrgeiziger die Ziele gesteckt sind, desto mehr Maßnahmen müssen gestartet werden, desto mehr Kraft brauchen die Maßnahmen und desto größer muss der Etat dimensioniert sein.

Am Anfang der Kette stehen die Unternehmens- und Marketingziele – und die sind nicht willkürlich bestimmt, sondern stehen in Abhängigkeit von der spezifischen Unternehmens-, Markt- und Zielgruppensituation. Ein Unternehmen, das vorrangig Konsumgüter mit sehr kurzen Produktlebenszyklen für gesättigte Märkte herstellt, muss häufig prozentual deutlich höhere Budgetmittel für die Kommunikation investieren als ein Unternehmen, dass sich auf die Business-to-Business-Kommunikation konzentriert und Investitionsgüter vermarktet. Eine anspruchsvolle urbane Zielgruppe in einer großen Metropole muss in der Regel mit mehr Etataufwand angesprochen werden als ein relativ anspruchsloses ländliches Publikum in einer strukturschwachen Region. Ein Unternehmen mit akuten Imageproblemen sollte wesentlich größere Mittel für die Kommunikation zur Verfügung stellen, als ein Unternehmen, das bei seinen Zielgruppen hervorragende Imagewerte erzielt.

Erwähnenswert ist an dieser Stelle die enorme Diskrepanz zwischen den Budgets von Unternehmen und den Budgets von Behörden und anderen öffentlich-rechtlichen Organisationen. Die Etats im öffentlichen Bereich sind teilweise so schmal, dass eine Kommunikation über die üblichen Routinen der Presse- und Öffentlichkeitsarbeit hinaus nicht möglich ist. Um eine Größenordnung zu nennen: Wir erleben, dass eine Behörde mit 5.000 Mitarbeitern etwa so viel Etat zur Verfügung hat wie ein Unternehmen mit 100 Mitarbeitern – und das, obwohl die Behörde in einem sensiblen Bereich der öffentlichen Meinung aktiv ist. Das wird der hohen Bedeutung der Kommunikation mit den Bürgerinnen und Bürgern in keiner Weise gerecht, deshalb müsste ein Umdenken stattfinden. Eine Behörde wird nie auf die Etatebene eines Unternehmens kommen, soviel ist klar, aber schon eine Anhebung des Kommunikationsetats um einen zweistelligen Prozentwert könnte in der Umsetzung Wunder wirken.

Es muss im Interesse jeder Konzeptionerin und jedes Konzeptioners liegen, dass die neue Kommunikationsstrategie auf gesunden wirtschaftlichen Füßen steht. Daher müssen sie einen soliden Budgetplan sicherstellen, der die Ressourcen optimal verteilt und die Umsetzbarkeit der einzelnen Maßnahmen sicherstellt.

Ein professioneller Budgetplan sorgt für Transparenz. Die Verantwortlichen können erkennen, wofür und wie das Geld eingesetzt wird. Erfasst werden alle für eine Beurteilung notwendigen Relationen:

› **Kostenpositionen:** Was kostet die Kommunikation und wie setzen sich die Kosten zusammen? Es sind nicht nur Gesamt- und Zwischensummen, sondern alle relevanten Einzelpositionen zu erkennen. Der Budgetplan ist transparent.

› **Leistungsproportionen:** Welche Leistungen stecken dahinter? Die Leistung, die hinter jeder Kostenposition steht, wird klar erkennbar. Zum Beispiel, indem bei der Erstellung eines grafischen Layouts die Zahl der einfließenden Arbeitsstunden genannt wird oder bei einem Kundenmagazin Auflage, Format und Seitenumfang.

- **Leistungserbringer:** Wer erbringt die Leistung? Der Budgetplan zeigt, welche Aufgaben inhouse mit den eigenen Leuten erledigt werden, und welche Aufgaben externe Dienstleister als Unterstützung benötigen und zu Fremdkosten führen. Gibt es keine Social-Media-Expertise im Unternehmen, muss eine darauf spezialisierte Agentur helfen. Steht keine eigene Grafikabteilung zur Verfügung, braucht man einen freien Grafiker für die Gestaltung der benötigten Materialien. Die entsprechenden Kosten werden über ein Angebot abgefragt und fließen in den Plan ein.

Bei der Verabschiedung des Kommunikationskonzepts stellt der Budgetplan eine wichtige Entscheidungsgrundlage dar. Erst vor dem Hintergrund der transparenten Budgetierung lässt sich die Wirtschaftlichkeit des Konzepts beurteilen. Der Vergleich von Leistung (im Konzept genau beschrieben) und Preis (im Budgetplan erfasst) setzt die Verantwortlichen in die Lage, eine verantwortungsbewusste, betriebswirtschaftlich abgesicherte Etatentscheidung zu treffen. Nach der Verabschiedung des Konzepts dient der Budgetplan hauptsächlich der Budgetkontrolle. Alle Maßnahmen sind mit klaren Zahlen hinterlegt, sodass die an der Umsetzung Beteiligten jederzeit überprüfen können, welche Kommunikationsaktivitäten noch im Soll liegen, wo der Kostenrahmen gesprengt wird und wo es vielleicht Einsparpotenziale gibt.

Methoden der Etatbestimmung

Die Bestimmung der zur Verfügung stehenden finanziellen Mittel sollte am Anfang der konzeptionellen Arbeit stehen. Spätestens nach der Analyse, wenn im strategischen Teil des Konzepts die ersten Richtungsentscheidungen fallen, muss allen Beteiligten klar sein, wieviel Etatmittel voraussichtlich eingesetzt werden können. Es geht an dieser Stelle nicht um den genauen Etat in Euro mit zwei Stellen hinter dem Komma. Die ungefähre Größenordnung reicht völlig aus. Stehen uns 5.000 Euro, 50.000 Euro oder 500.000 Euro zur Verfügung? Mit allen drei Etats lässt sich ein funktionierendes Kommunikationskonzept bauen. Gleichwohl würden die strategische und operative Planung mit 5.000 Euro vollkommen anders aussehen als mit 500.000 Euro. In der Realität der Konzepterstellung fehlt diese grobe Etatangabe erstaunlich oft. Im Briefingpapier ist nichts zu finden und auch im anschließenden Briefinggespräch windet sich der Auftraggeber und weicht aus. Eine häufige Aussage lautet: „Sagen Sie uns, welchen Etat wir für die im Briefing definierten Aufgaben brauchen. Sie haben doch viel mehr Erfahrung mit Kommunikationsbudgets als wir."

Wie kommen wir zu einer realistischen Etatgröße? Welche Messgrößen und methodischen Ansätze können als Orientierung dienen? Sicher ist, allein können wir Konzeptioner die Etatgröße nicht bestimmen. Zu komplex ist die Materie. Wir brauchen immer die enge Abstimmung mit dem Auftraggeber und mit Profis aus den relevanten Kommunikationsdisziplinen. Mehrere methodische Budgetierungswege stehen uns offen.[125]

Orientierung an dem, was man sich leisten kann: Bei der sogenannten „All you afford"-Methode haben die Controller das Sagen. Der Kommunikationsplan wird streng an den vorhandenen Mitteln ausgerichtet, respektive an dem, was nach Abzug aller anderen Kosten für die Kommunikation „übrigbleibt". Es wird nur das ausgegeben, was man tatsächlich zur Verfügung hat, denn die Finanzausstattung der Kommunikation richtet sich einseitig an der jeweiligen Kassenlage aus. Ist die Ertragssituation eines Unternehmens über längere Zeiträume stabil, lassen sich mit dieser Methode auf relativ einfache Weise valide Planungswerte für die Kommunikation ableiten, die dann auch eine hohe Tragfähigkeit haben. Unterliegt die Einnahmen- und Ausgabensituation jedoch starken Schwankungen, ist eine kontinuierliche und langfristig ausgerichtete strategische Kommunikation nicht mehr möglich. Ausgaben für die Kommunikation sind zudem in vielen Fällen als Investition in die Zukunft zu sehen, die kurzfristig zu erhöhtem Aufwand führen, sich aber langfristig durch messbare Erfolge rentieren. Die langfristige Investitions-Ausrichtung ist mit dem „All you can afford"-Prinzip nicht zu realisieren.

Orientierung an Umsatz oder Gewinn: Zwei klassische Standardmethoden der Budgetierung sind die Ausrichtung am Umsatz („Percentage of Sales") oder am Gewinn („Percentage of Profit"). Auch hier orientiert sich das Unternehmen an den wirtschaftlichen Gegebenheiten: am Umsatz oder Gewinn der jeweils zurückliegenden Periode bzw. am geplanten Umsatz-/Gewinndurchschnitt für die laufende oder die kommende Periode. Für die Kommunikation wird ein fester Prozentsatz definiert und auf den erzielten, laufenden oder geplanten Umsatz/Gewinn bezogen. Unsere Erfahrungswerte zeigen, dass man in durchschnittlichen mittelständischen Unternehmen eine Größe von acht bis zehn Prozent vom Jahresumsatz für die Gesamtkommunikation zugrunde legt. Bei B2B-Unternehmen im Industriebereich, die langlaufende Produktzyklen und einen festen Kundenstamm haben, können diese Größen auf 1,5 bis 3 Prozent sinken. Bei Unternehmen im Pharmabereich oder in der Sportartikelindustrie kann der Etat für Marketing- und Unternehmenskommunikation bis auf 25 bis 40 Prozent am Gesamtumsatz ansteigen. Wir haben Rekordwerte von bis zu 70 Prozent für das Marketing erlebt.

Der gewählte Prozentsatz ist keine starre Fixgröße, sondern muss je nach Markt und Unternehmenssituation neu definiert werden. Ein Unternehmen, das im ruhigen Marktfahrwasser vier Prozent vom Umsatz in die Kommunikation steckt, will im nächsten Jahr eine komplett neue Produktpalette einführen und muss daher den Etat auf 14 Prozent hochfahren. Bei den bisher genannten Beispielen ist der Umsatz die Relationsgröße. Das hat einen guten Grund, denn der Gewinn als Relation begegnet uns in der Praxis relativ selten. Zu schwankend sind hier die Zahlen und schnell sinken sie in den negativen Bereich, aus Gewinn wird Verlust. Ähnlich wie bei der „All you can afford"-Methode ist bei „Percentage of Sales" und „Percentage of Profit" die Kommunikation abhängig von der aktuellen Einnahmesituation. Kommt es zu starken Einbrüchen, wirkt sich das negativ auf den Kommunikationsetat aus, obwohl es angesichts sinkender Einnahmen nötig wäre, mehr zu investieren, um die Nachfrage wieder zu aktivieren. Es darf sich keine Negativspirale aus fehlenden Einnahmen und fehlenden Investitionen in die Kommunikation in Gang setzen. Dementsprechend ist Flexibilität und kluges Abwägen erforderlich, die Methode darf keinesfalls deterministisch gehandhabt werden.

Orientierung an den Mitbewerbern: Die sogenannte „Competitive Parity Method" berücksichtigt die Marktstellung des Unternehmens im Verhältnis zu seinen Mitbewerbern und setzt das Budget in Relation. Was machen Wettbewerbsunternehmen in ihrer Kommunikation? Welche Kommunikationsinstrumente setzen sie in welcher Intensität, Frequenz und Qualität ein? Welche Kommunikationskanäle werden von der Konkurrenz bedient? Das Problem dieser Budgetierungsmethode liegt in der fehlenden Transparenz. Es lassen sich selten alle Kommunikationsaktivitäten des Wettbewerbs erfassen. Die Unschärfen, mit denen operiert werden muss, bleiben relativ groß. Hinzu kommen zahlreiche nichtfinanzielle Einflussfaktoren, bei denen sich die Unternehmen substanziell unterscheiden. Dazu zählen Image, Reputation, Markenstrahlkraft oder Motivation der Mitarbeitenden eines Unternehmens. Sie alle können erheblichen Einfluss auf die Kommunikation haben, aber ihre Beobachtung und Einordnung fällt schwer. Und zudem: Woher weiß ich, dass der Mitbewerber tatsächlich gute Kommunikationsarbeit leistet? Möglicherweise wird dort nach einem riskanten Trial-Error-Verfahren hantiert. Das Ergebnis sieht nach außen recht passabel aus, die interne Evaluierung weist dagegen miserable Resultate aus. Die Competetive Parity Methode ist daher nur bei hoher Markttransparenz empfehlenswert.

Orientierung an den Zielen: Die Budgetierung nach „Tasks and Efforts", nach Zielen und Aufgaben, ist eine zeitgemäße Form der Budgetierung. Sie richtet ihren Blick auf das, was in den Unternehmens-, Marketing- und den daraus abgeleiteten Kommunikationszielen festgelegt wurde. Bei „Tasks und Efforts" stimmt die logische Reihenfolge, Ursache und Wirkung werden in Bezug gesetzt. Die Methode ermöglicht eine langfristige Planung und bei Bedarf eine antizyklische Strategie. Für diese Methode der Budgetierung benötigt das Unternehmen planerischen Weitblick und entsprechende Liquiditätsreserven, um bei wirtschaftlichen Dellen durch eine zeitnahe Aufstockung der

Mittel eingreifen zu können. Eine funktionierende zielorientierte Budgetierung ist natürlich auch davon abhängig, wie präzise die Kommunikationsziele bestimmt wurden. Wurden die Ziele übertrieben hoch angesetzt oder sind sie schwammig formuliert, kommt man mit „Tasks and Efforts" in Schwierigkeiten. Üblicherweise ist in vielen Unternehmen der Etat vorgegeben und die Kommunikationsziele richten sich entsprechend aus. Bei dieser Methode läuft es genau andersherum. Die gewünschten Kommunikationsziele werden definiert und der Etat wird darauf zugeschnitten. Diesen Weg kann sich nur ein wirtschaftlich gesundes Unternehmen mit entsprechenden Reserven leisten.

Und es gibt noch eine weitere Methode, die im öffentlichen Bereich von Politik und Verwaltung eine große Rolle spielt, wo das alte System der Kameralistik dominiert. Dort wird mit festen Haushaltsstrukturen kalkuliert. Der Etat richtet sich eng an den Größen des Vorjahres aus. In der Praxis führt das dazu, dass zum Ende des Jahres in vielen Behörden noch einmal hektische Betriebsamkeit in der Kommunikation ausbricht, denn die Töpfe sind noch nicht leer. Das Geld muss ausgegeben werden. Hat man bestimmte Mittel im alten Jahr nicht verbraucht, dann führt das in der neuen Periode zu einer entsprechenden Kürzung des Kommunikationsetats.

Kostenverteilung innerhalb der Kommunikationsbereiche

Nachdem das Gesamtbudget festgelegt wurde, kann nun entlang der Kommunikationsziele und der daraus abgeleiteten Maßnahmen die Verteilung des Etats auf die einzelnen Teilbereiche der Kommunikation vorgenommen und entsprechende Kostenstellen können eingerichtet werden. Die Budgetstruktur wird bestimmt. Die Verantwortlichen klären, zu welchen Budgetbereichen die einzelnen Maßnahmen gehören, unter welcher Kostenstelle sie erfasst werden. Die Frage ist nicht immer einfach zu beantworten. Sind sämtliche im Konzept geplante Anzeigen dem Werbeetat zugeordnet oder werden Imageanzeigen getrennt ausgewiesen und dem Etat PR/Öffentlichkeitsarbeit zugeordnet? Über solche Zuordnungsprobleme wird oft lange gestritten.

Die Proportionen der Etatverteilung basieren auf den Erfahrungswerten der Vorjahre und können von Unternehmen zu Unternehmen stark unterschiedlich ausfallen. Die Verteilung hat etwas mit der Unternehmenskultur, den beruflichen Hintergründen der Verantwortlichen und den vorhandenen Erfahrungswerten zu tun. Das eine Unternehmen forciert z. B. Werbung und Sponsoring und schwört darauf. Das andere Unternehmen gibt dagegen wenig für Sponsoring und klassische Werbung aus und legt stattdessen den Schwerpunkt auf Online-Kommunikation. Im dritten Unternehmen wechselt die Kommunikationsleitung. Der alte Kommunikationschef kam aus der PR, die neue Leiterin hat einen Marketinghintergrund. Mit ihrem Eintritt schwingt die Waagschale um und die Budgets verlagern sich. Da hinter den Prozentzahlen der Etatanteile oft Abteilungen stecken und es um Einfluss geht, kommt es beim jährlichen Aushandeln der prozentualen Verhältnisse nicht selten zu Verteilungskämpfen, die besonders heftig ausfallen, sobald das Kommunikationskonzept eine deutliche Umverteilung der Mittel vorsieht. Die typische Budgetverteilung eines mittelständischen Unternehmens könnte in etwa wie folgt aussehen:

› Klassische Werbung (exkl. Online-Werbung)	› 25 %
› Online-Kommunikation (inkl. Social Media)	› 8 %
› Sponsoring / Corporate Citizenship	› 12 %
› Messen und Events	› 20 %
› PR / Öffentlichkeitsarbeit (inkl. Investor Relations)	› 11 %
› Direktmarketing	› 8 %
› Promotion (Verbraucher, Handel, ADM)	› 7 %
› Erfolgskontrolle	› 4 %
› Reserve	› 5 %

Bei jedem Budgetplan empfiehlt es sich, eine Reserve einzuplanen, denn Kommunikation ist ein launisches Geschäft. Die Beteiligten müssen immer mit Überraschungen rechnen und entsprechend flexibel reagieren können. Jedoch ist es uns in den letzten Jahren zum wiederholten Male passiert, dass der Controller des Unternehmens die Position für Reserve weggekürzt und einkassiert hat. Deshalb nutzen wir einen kleinen Trick und weisen die Reserve im Budgetplan nicht extra aus, sondern verstecken sie als „geheimes Polster" in den einzelnen Positionen.

Die Teilbudgets kann man noch weiter unterteilen und innerhalb der Bereiche weiter differenzieren. Die Position der „klassischen Werbung" ließe sich zum Beispiel in die Positionen Radiowerbung, Anzeigen und Outdoor-Maßnahmen unterteilen. Der Bereich „Event" in die Positionen Messen, Marketingevents und Corporate Events.

Budgetierungsschritte

Das Konzept ist ein kommunikationspolitisches Planungspapier, das die Architektur der Kommunikation skizziert und sich nicht um handwerkliche

Details kümmert. Aus diesem Grund sollte das Kommunikationskonzept eigentlich auf eine vollständige Kalkulation der Kosten verzichten, denn dazu ist es einfach noch zu früh. Das Konzept muss erst abgestimmt werden, die Beteiligten nehmen höchstwahrscheinlich einige Änderungen vor. Die Zielgruppen werden nachjustiert und der strategische Weg angepasst, dadurch verändert sich in der Folge auch die Zusammensetzung der Maßnahmen. Außerdem sind im operativen Teil des Konzepts viele planerische Einzelheiten noch völlig unklar. Da macht es keinen Sinn, schon im Detail zu kalkulieren, das wäre ein großer Aufwand mit dem Ergebnis, dass dann doch wieder alles umgeschmissen und neu berechnet werden muss.

Die Konzeptionslehre fordert deshalb lediglich die Bestimmung der maßgeblichen Etatposten in einer Budgetschätzung. Für die einzelnen Maßnahmen und Maßnahmenbereiche werden aufgrund von Erfahrungswerten aus der Vergangenheit und einer gezielten Nachrecherche realistische Kostengrößenordnungen bestimmt. Viele Verbände wie der deutsche Journalistenverband oder die Deutsche Public Relations Gesellschaft geben Honorarempfehlungen für alle gängigen Leistungen ab, die für die Budgetierung genutzt werden können. Einen guten Überblick über wichtige Budgetposten wie Honorare, Anzeigenpreise, Print- & Produktionskosten findet man seit vielen Jahren im Etatkalkulator von ccvision.[126] Das Tool eignet sich gut für die Grobkalkulation, jedoch sind die Honorare und Preise durchgehend etwas zu hoch angesetzt. Man kann durch geschickte Verhandlung mit Dienstleistern und Lieferanten zum Teil deutlich darunterbleiben.

Die grobe Kostenübersicht bietet den Entscheidern eine wertvolle Orientierungshilfe für die Beurteilung des Konzepts, sie können erkennen, was auf sie zukommt. Soweit die „reine Konzeptionslehre". In der Praxis fordern viele Auftraggeber, dass zum Kommunikationskonzept auf alle Fälle eine komplette Kostenkalkulation gehören müsse. Man fordert eine sichere und bindende Planungsgrundlage für die Entscheidung und hat Angst vor bösen Überraschungen durch unrealistische Kostenschätzungen. Wird das Kommunikationskonzept von einer externen Agentur entwickelt, die anschließend auch die Umsetzung der Aktivitäten übernehmen soll, dann bekommt die Budgetierung häufig sogar den Rang eines bindenden Angebots.

Das Booklet der Kostenkalkulation erfasst einzeln alle Maßnahmen und Leistungen und sichert so eine hohe Transparenz. Da der Budgetplan bindend ist, sollte er von budgeterfahrenen Fachleuten entwickelt oder zumindest genau kontrolliert und abgenommen werden. Die Budgetplanung ist eine enorm verantwortungsvolle Aufgabe, die viel Erfahrung und Akribie erfordert. Sie ist nicht Aufgabe von Konzeptionerinnen und Konzeptionern, das sei ausdrücklich betont. Wir und alle uns bekannten Konzeptionsspezialisten wären damit gänzlich überfordert.

Wer die dicken Booklets der Budgetplanung durchblättert, der erkennt, wie akribisch und umfassend alle direkten und indirekten Kosten der Kommunikation erfasst und ausgewiesen werden. Im Rahmen der Feinbudgetierung eines Kommunikationskonzepts kommt es auf folgende Kosten an:

- **Eigenleistungen:** Sie werden von Mitarbeiterinnen und Mitarbeitern aus dem Unternehmen erbracht und kalkulatorisch erfasst – z. B. Koordination, Projektmanagement, Text, Grafik, Pressearbeit.

- **Fremdleistungen:** Alle Leistungen und Aufwendungen der externen Dienstleister. Dazu zählen im Wesentlichen:

  - Agenturkosten – z. B. Beratung, Konzept, Gestaltung, Realisierung von PR bis zu Events.
  - Honorarkosten – z. B. Autorenhonorare, Fotohonorare, Rednerhonorare, Filmhonorare.
  - Markt- / Meinungsforschung – z. B. Studien, Umfragen, Pretests, Evaluation.
  - Rechtsberatung – z. B. Vergaberecht, Medienrecht, Marken- und Urheberrecht.
  - Mediaetat – z. B. Schaltkosten Print, TV, Radio, Online, Plakate, Kino.
  - Hospitality – z. B. Betreuung von Sponsoren, Kooperationspartnern, Geschäftspartnern.
  - Folgekosten – z. B. Preise für Gewinnspiele, Produktproben, Adresseinkauf.

- **Produktionskosten:** Publikationen und Werbematerialien (z. B. Druckkosten, Einkauf von Give-aways), Online (z. B. Webprogrammierung), Events (z. B. Künstlergagen, Bühnenbau).

- **Büro- und Verwaltungskosten:** die von externen Dienstleistern oder Lieferanten in Rechnung gestellt oder intern erbracht und als kalkulatorische Kosten erfasst werden:

  - Technische Betriebs- / Bürokosten – Nutzung technischer Basisfunktionen (z. B. Drucker, Kopierer, Computer), Verbrauchskosten (z. B. Geschäftsausstattung, Papier, Briefumschläge, Telefonkosten) und Transportkosten (z. B. Kuriere).
  - Verwaltungskosten – Gehälter, Beiträge und Mitgliedschaften, Teilnahme an Kongressen, Weiterbildungsmaßnahmen.

- **Reisekosten:** Auslagen für Autofahrten, Taxifahrten, Bahnfahrten sowie Bewirtungskosten und Übernachtungskosten.

Zur Validierung der Daten werden alle externen Kosten über der Bagatellgrenze mit konkreten Angeboten unterlegt. Bei größeren Kostenpositionen empfiehlt es sich sogar, mehrere Vergleichsangebote einzuholen. Alle Kostenpositionen werden gesammelt, in den Budgetplan übernommen und dort einzeln aufgeführt. Ein umfangreicher Plan über viele Seiten entsteht.

Später in der Umsetzungsphase der Kommunikation müssen die Budgetplanungen ständig aktualisiert und Änderungen sofort eingepflegt werden. Wir haben damit nichts zu tun, bekommen aber mit, dass die für die Kommunikationsumsetzung verantwortlichen Projektmanager oft stundenlang mit den verschiedenen Kostenpositionen jonglieren. Innerhalb des Etats dürfen sich Kosten verschieben, wird die Maßnahme A teurer, dann müssen die Mehrkosten irgendwie bei Maßnahme B oder Maßnahme C eingespart werden. Kritisch wird es erst, wenn der Budgetrahmen nicht mehr zu halten ist. Dann muss man zum Chef gehen und Farbe bekennen. Sind nicht vorhersehbare Ereignisse von außen für die Probleme verantwortlich (z. B. das Basismedium für die Anzeigenwerbung hat die Preise überraschend erhöht), dann geht der Cheftermin glimpflich aus, sind interne Gründe (z. B. für die Eventplanung wurden viel zu wenige Stunden angesetzt) entscheidend, dann kann es unangenehm werden.

Hilfe, ich sprenge den Budgetrahmen!

Die Kommunikationsstrategie überzeugt, die kreativen Ideen sind gut, das Maßnahmengerüst wirkt plausibel und stabil. Alle Maßnahmen wurden mit ihren Kosten korrekt erfasst. Doch beim ersten Blick auf die Gesamtsumme gibt es das große Erwachen, weil die Summe deutlich über dem angegebenen Budgetrahmen liegt. Um ehrlich zu sein, in unserer Praxis kommt dieser Fall ständig vor. Man könnte sagen, es ist der Fluch der Konzeptioner. Und nun? Soll man noch einmal von vorne anfangen und das gesamte Konzept auf den Kopf stellen? Das würde bedeuten, die auf dem Fundament einer gründlichen Analyse konstruierte Strategie einfach so umzureißen und damit alle Maßnahmen wieder in Frage zu stellen. Das wäre sicherlich der falsche Weg! Oder soll man stattdessen wichtige Maßnahmen einfach weglassen und nur „die halbe Wurst verkaufen"? Ein unerfahrener Auftraggeber mag das hinnehmen. Ein erfahrener Kunde jedoch wird die zwangsläufig auftretenden Lücken im Konzept gnadenlos identifizieren und zur Sprache bringen. Das funktioniert also auch nicht.

Dennoch gibt es praktikable Auswege, mit deren Hilfe wir den eingeschlagenen Kommunikationskurs halten können. Die Lösung ist eine kostenbezogene Strukturierung der Maßnahmen. In der Praxis haben sich zwei Modelle bewährt: die Stufen-Struktur und die Szenario-Struktur. Bei der Stufen-Struktur nehmen wir die geplanten Maßnahmen und unterscheiden zwischen Basismaßnahmen, die für den Erfolg des Konzepts unverzichtbar sind, sowie zusätzliche Ausbaustufen, die der Kommunikation mehr Komfort geben, aber keine Schlüsselfunktion haben. Die zusätzlichen Ausbaustufen unterteilen wir am besten noch einmal in mehrere Maßnahmenpakete: Ausbaupaket I, II und III.

Das Ausbaupaket I baut den Bereich der Kundenpflege aus. Das Paket II bringt mehr Highlights in den Eventbereich und das Paket III schlägt ein großes Preisausschreiben als Kür vor. Der Auftraggeber kann sich aus den Paketen zielgerichtet diejenigen aussuchen, die für ihn wichtig sind. Es ist ein wenig wie beim Autokauf. Die Basismaßnahmen sind das neue Automodell in der Grundausstattung. Das Auto liegt im Kostenrahmen, es fährt und erreicht sicher das Ziel, aber nicht mehr. Erst die Sonderausstattung bietet den nötigen Komfort und erhöht den Fahrspaß, da fällt es schwer zu widerstehen. Aus diesem Grund lohnt es sich, die Ausbaustufen attraktiv auszuarbeiten. Denn ist der Auftraggeber begeistert, dann findet sich irgendwo immer ein versteckter Etat-Topf, aus dem die zusätzlichen Maßnahmen finanziert werden können. Zum Beispiel könnte das neue tolle LED-Firmenschild über dem Eingang als bauliche Maßnahme gesehen und über den Bau-Etat des Unternehmens finanziert werden.

Alternativ können wir die Maßnahmen in eine Szenario-Struktur bringen. Wir bieten dem Auftraggeber unterschiedliche Varianten an – z. B. eine Minimalausführung, eine mittelgroße Variante und eine Optimalvariante. Jede Variante funktioniert im Sinne der Strategie und bietet ein geschlossenes Maßnahmensystem, das auf die Kommunikationsziele zugeschnitten ist. Die Unterschiede zwischen den Szenarien liegen in der Zahl und der Qualität der Maßnahmen. Die Minimalvariante ist ziemlich frugal und beschränkt sich auf das unbedingt Notwendige. Die Optimalvariante bietet Kommunikationskomfort und nutzt alle Möglichkeiten der Strategie. Allerdings ohne zu protzen! Luxus in der Kommunikation war einmal, heute lassen sich übertriebene Kommunikationsaufwendungen nicht mehr vertreten. Mehrseitige farbige Anzeigenstrecken im Focus oder Lionel Richie als Stargast einer Jubiläumsgala, das war einmal und wird von unseren Auftraggebern nicht mehr gern gesehen. Der Vorteil der Szenario-Struktur liegt darin, dass jede Variante ein in sich geschlossenes funktionierendes Maßnahmensystem bildet. Im Gegensatz dazu kann es bei den Ausbaumaßnahmen der Stufen-Struktur passieren, dass sich der Auftraggeber ausgerechnet die Zusatzpakete herauspickt, die in der Summe kein perfekt ineinandergreifendes System ergeben.

Ganz gleich, ob der Budgetplan mit Zusatzpaketen oder mit unterschiedlichen Szenarien arbeitet, der handwerkliche Weg der Budgetierung bleibt gleich. Damit man sich nicht in den Zahlenkolonnen verliert, sollten einige Faustregeln beachtet werden:

› **Nur sichere Maßnahmen vorschlagen:** Das Konzept schlägt keine Maßnahmen vor, die höchstwahrscheinlich nicht zu finanzieren sind. Wer bei einem Etat von 20.000 Euro z.B. einen Schauspielerstar wie Georg Clooney als Testimonial anbietet, geriert sich als Hochstapler.

› **Frühzeitig Kosten grob kalkulieren:** Schon bei der allerersten Skizze der Mittel und Maßnahmen schätzt der Konzeptioner die Kosten und behält den Überblick. Falls die Kosten abheben, muss er noch während der laufenden Konzeptentwicklung reagieren und entsprechend umplanen.

› **Transparent planen:** Der Budgetplan weist nicht nur die Gesamtsummen, sondern alle wichtigen Einzelpositionen aus, sodass der Auftraggeber die Kalkulation nachvollziehen kann. Durch ein dazugehöriges Mengen- und Faktengerüst lässt sich jede Position bewerten.

› **Falls möglich, Etat höher ansetzen:** Gekürzt wird immer, daher ist es ratsam, von vorneherein den Gesamtetat höher anzusetzen und entsprechende Sollbruchstellen vorzusehen, damit nach den unvermeidlichen Kürzungen die Decke der Maßnahmen nicht zu knapp wird. Eine Ausnahme sind öffentliche Ausschreibungen. Hier muss man unbedingt unter dem vorgegebenen Budgetlimit bleiben, da die Einhaltung des Budgets eine Vorbedingung für den Zuschlag darstellt.

› **Bei starken Mittelkürzungen neu ansetzen:** Bleibt es am Ende nicht bei den obligaten Kürzungen, sondern kommt es zu einer ernstlichen Etatreduzierung, dann müssen Strategie und Umsetzungsplanung neu aufgestellt werden. Man darf keinesfalls auf den Ausweg verfallen, die Maßnahmen schlichtweg zu halbieren, wenn sich der Etat halbiert. Das hätte fatale Folgen, denn die Statik des kommunikativen Gebäudes ist nicht mehr gewährleistet und es besteht Einsturzgefahr, wenn die tragenden Balken der Maßnahmen plötzlich nur noch halb so dick sind.

› **Übersicht an den Anfang stellen:** Wer transparent plant, also alle Kostenpositionen des Budgetplans einzeln aufführt, der bekommt ein mehrseitiges Dokument, das je nach Umfang der konzeptionellen Maßnahmen bis hin zu einem dicken Booklet reicht. Am Anfang des Booklets steht eine Kostenübersicht aller maßgeblichen Instrumente und Bereiche kompakt auf einer Seite mit der Gesamtetatsumme unter dem Strich. Ein Blick genügt, um festzustellen, was das Ganze kosten soll. Im zweiten Teil des Booklets wird es ausführlich. Alle Instrumente und Leistungsbereiche werden mit ihren relevanten Kostenpositionen erfasst.

Wer auf Seite zwei in der Kostenübersicht 30.000 Euro für die Jahrespressekonferenz entdeckt, kann auf Seite 17 nachlesen, wie sich diese Summe zusammensetzt.

› **Sicherheiten einplanen:** Es sind in jedem Konzept fünf bis zehn Prozent für unvorhergesehene Situationen und Pannen als Reserve vorgesehen. Eventuell erfolgt die Planung verdeckt, damit die Reserven nicht von der Controlling-Abteilung kassiert werden.

› **Evaluationskosten nicht vergessen:** Die Kosten für die Erfolgskontrolle werden entlang der Ziele und Maßnahmen ermittelt. Die Orientierungsgröße liegt wie gesagt bei rund fünf Prozent. Im begründeten Einzelfall kann man darüber hinausgehen.

› **Bei öffentlichen Kunden immer brutto kalkulieren:** Ministerien, Behörden und vergleichbare Institutionen können sich keine Mehrwertsteuer abziehen, deshalb muss der Etat immer als Bruttoetat ausgewiesen werden. Bei Unternehmen kalkuliert man stattdessen netto ohne die Mehrwertsteuer.

› **Vorteile für Non-Profit-Organisationen:** In diesem Bereich sollten die Beteiligten die Möglichkeiten von Sponsoring, Kultur- und Charity-Rabatten, Gegengeschäften-/Kompensationsgeschäften oder Pro-Bono-Leistungen prüfen. Der zur Verfügung stehende Etat kann so noch einmal erheblich aufgestockt werden

› **Geld so früh wie möglich ausgeben:** Zwischen Konzeptfertigstellung und Umsetzung vergeht einige Zeit. Wir erleben, dass in Unternehmen zwischenzeitlich die Schwerpunkte anders gesetzt werden, das Konzept unter Druck gerät und die Mittel nachträglich gekürzt werden. Um vollendete Tatsachen zu schaffen, raten wir, die Umsetzungsaufträge so früh als möglich zu vergeben. Mittel, die ausgegeben wurden, können nicht mehr gekürzt werden.

› **Kosten nicht in den Konzeptvortrag einbauen:** Wer eine gelungene Konzeptpräsentation mit einer Kostenfolie abschließt, darf sich nicht wundern, wenn die gute Laune der Zuhörer wie weggeblasen ist und alle nur noch über Kosten debattieren. Nur in seltenen Fällen präsentieren wir einen Kostenplan. Der Kostenplan wird dramaturgisch vom Vortrag getrennt und in die anschließende Diskussion eingebaut. Natürlich muss über Kosten geredet werden, aber erst, wenn alle inhaltlichen Fragen und Anmerkungen zum Konzept geklärt sind.

- **Abschlussanalyse nicht vergessen:** Die Einhaltung des Budgetrahmens ist ein wesentlicher Bewertungsfaktor für erfolgreiche Kommunikation und legitimiert das Konzept. Nach Abschluss der Kommunikation findet ein Debriefing als Abschlussbesprechung statt. Im Rahmen der Besprechung wird noch einmal über Kosten geredet, werden Stärken und Schwächen des Budgetplans diskutiert und Konsequenzen gezogen.

Der letzte Konzeptschritt ist getan

Mit der fertig ausgearbeiteten Budgetierung ist das Kommunikationskonzept komplett fertiggestellt. Die gesamte Schrittfolge der konzeptionellen Arbeit – Analyse, Strategie und Operation – liegt hinter den Beteiligten. An dieser Stelle sollte man noch einmal zurückschauen und das Erarbeitete in Ruhe überprüfen. Man lässt alle Konzeptionsschritte Revue passieren und kontrolliert, ob alles passt und aufeinander aufbaut.

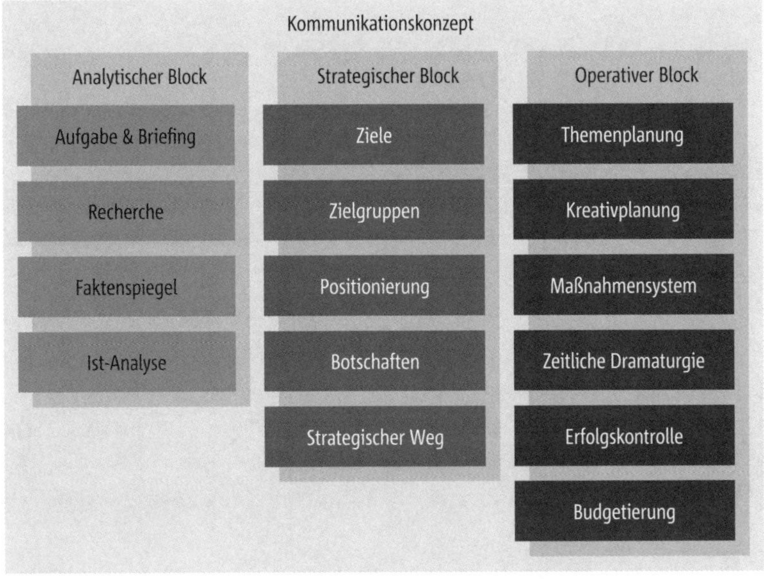

Abbildung 109: Das Kommunikationskonzept im Überblick

In 15 Schritten führt der Weg durch das Konzept. Am Anfang steht die Aufgabenstellung und als letzter Arbeitsschritt kommt die Budgetierung hinzu. Als Achse im Mittelpunkt steht die Strategie.

Werden tatsächlich alle Zielgruppen angesprochen? Kann man mit den vorgesehenen Maßnahmen die Ziele realistisch erreichen? Lassen sich die Botschaften und Themen in der eingeplanten Zeit durchsetzen? Sobald wir

Konzeptionsleute Brüche in der konzeptionellen Linie erkennen, müssen wir eingreifen und nachbessern. Entstehen die Brüche zwischen Strategie und Operation, haben wir zwei Möglichkeiten. Entweder wir feilen an den Maßnahmen so lange, bis sie nahtlos zur Strategie passen, oder wir gehen den umgekehrten Weg und modifizieren die Strategie, damit sich kein Bruch zu den Maßnahmen ergibt. Auch der zweite Weg ist legal, nur darf die Anpassung der Strategie nicht dazu führen, dass sie beschädigt wird und ihre Schlagkraft leidet.

Damit ist die Arbeit am Konzept beendet? Nein, noch nicht! Bisher ging es um die Inhalte des Konzepts. Eventuell haben wir ganz systematisch die konzeptionelle Schrittfolge auf Kärtchen gebracht und an die Pinnwand gehängt oder wir haben das Konzept als Rohtext in den Computer getippt. Es ging noch nicht um die Form. Das ändert sich jetzt. Als Nächstes muss das Konzept präsentiert und dokumentiert werden und da spielt die richtige Form eine wichtige Rolle.

z. B. Auszug aus einem Budgetplan

4.1. Werbemaßnahmen

4.1.1 Agenturleistungen

Wir haben auf Basis der Briefing-Angaben vom 21. April alle geplanten Werbemaßnahmen kalkuliert. Die Stundensätze entsprechen unserer Preisliste.

Job	Zeit / Stundensatz	Kosten
Konzept für Werbemaßnahmen	4 Std. / 80 €	320,00 €
Layout Plakat, Flyer, Aufkleber	12 Std. / 70 €	840,00 €
Fotoarbeiten (ohne Rechte)	8 Std. / 90 €	720,00 €
Textarbeiten für Werbemaßnahmen	6 Std. / 70 €	420,00 €
Beratung / Betreuung	4 Std. / 80 €	320,00 €
Produktionsüberwachung	5 Std. / 50 €	200,00 €
Agenturleistungen Netto		**2.820,00 €**

4.1.2 Fremdleistungen

Die Kosten für Produktion und Anlieferung basieren auf den Angeboten unserer Lieferanten. Wir haben jeweils drei Angebote eingeholt und das günstigste Angebot ausgewählt. Die Preise sind noch nicht ausverhandelt.

Job	Spezifikation	Kosten
Plakat (Produktion und Anlieferung)	1.000 Stück, DIN A2, 4 c, 120 g, matt	763,00 €
Flyer (Produktion und Anlieferung)	5.000 Stück, DIN-A4, 4 c, beidseitig, 90 g, matt	476,00 €
Aufkleber (Produktion und Anlieferung)	2.000 Stück, DIN-A4, 4c, einseitig, selbstklebend	357,00 €
Fremdleistungen Netto		**1.596,00 €**

06

Konzept begleitet die Realisierung

- Die Präsentation
- Die Dokumentation
- Die Begleitung der Umsetzung
- Der Blick nach vorne

Die Präsentation

Präsentation als Chance

In den 1980er- und 1990er-Jahren war das Kommunikationskonzept vor allem ein schriftliches Planungspapier. Fast jedes Konzept wurde in Textform ausführlich zu Papier gebracht. Ohne ein detailliert ausformuliertes Konzept ging es nicht, die Präsentation kam erst an zweiter Stelle. Tagelang war man damit beschäftigt, das Konzept zu strukturieren und auszuformulieren. Nachdem der Text endlich stand, kamen die Präsentationsfolien an die Reihe. Meist war die Zeit knapp geworden und es wurden eilig ein paar Overheadfolien zusammengestellt. Manche Konzeptionsprofis versuchten, Zeit zu sparen. Sie kopierten kurzerhand ausgewählte Seiten des schriftlichen Konzepts auf Folien, unterstrichen die maßgeblichen Stellen mit farbigen Markern und projizierten das Ganze an die Wand. Ende der neunziger Jahre bis Anfang des neuen Jahrtausends kam der große Wandel. Das schriftlich ausgearbeitete Konzept verlor und die Präsentation gewann an Bedeutung. Dieser Wandel wurde vorrangig von den Auftraggebern eingeleitet, die sich zunehmend beschwerten: „Was soll der ganze Papierkram? Das liest ja doch keiner! Fassen Sie sich bitte kurz!"

Heute sind wir beim anderen Extrem angekommen. Von den rund 50 Kommunikationskonzepten, die wir im letzten Jahr entwickelten, wurden ganze drei Konzepte als Textversionen ausformuliert. Alle anderen existieren lediglich als ausgedrucktes „Handout" der Präsentationsfolien. Die Tendenz ist eindeutig: Konzepte werden heute in PowerPoint oder anderen Präsentationsprogrammen erarbeitet. Selbst, wenn keine mündliche Präsentation angesetzt und das Konzept lediglich dem Auftraggeber überreicht wird, passiert das fast immer in der Präsentationsform mit PowerPoint. Ein Konzept in PowerPoint wirkt schlanker und besser verdaulich. Die Chancen steigen erheblich, dass das Konzept auf Auftraggeberseite von allen Beteiligten gelesen wird. Der Nachteil: Da viele Konzeptpräsentationen nicht nur mündlich, sondern zugleich schriftlich funktionieren sollen, sind sie im Resultat zu textlastig und überladen für eine mündliche Präsentation. Wer clever ist, entwickelt zwei unterschiedliche PowerPoint-Versionen. Eine Präsentationsversion kurz, knapp, übersichtlich. Und dazu eine Schriftversion in ganzen Sätzen ausformuliert zum Nachlesen.

In unseren Workshops beginnen wir unsere Ausführungen zur Präsentation stets mit dem Appell: „Präsentieren Sie!" – Die mündliche Präsentation eines Konzepts ist von entscheidender Bedeutung und durch nichts zu ersetzen. Sie bietet die einmalige Chance, das eigene Konzept dem Auftraggeber persönlich nahezubringen und die Inhalte durchzusetzen. Wer lediglich ein schriftliches Papier in die Gremien gibt und abwartet, was passiert, sollte sich auf Überraschungen gefasst machen. Denn beim Auftraggeber wappnet sich der natürliche Feind jedes Konzeptionsverantwortlichen – und das ist der notorische Bedenkenträger. Es gibt ihn in jedem Unternehmen. Sobald man ihm ein schriftliches Konzept auf den Tisch legt, packt er sein Seziermesser aus und zerpflückt die Zusammenhänge. Er hat genügend Zeit und jede Menge Bedenken. Von Konzepten, die wir nur schriftlich abgeben und nicht selbst präsentieren, werden nach unserer Erfahrung 40 bis 60 Prozent der strategischen und operativen Punkte tatsächlich realisiert. Manchmal erkennen wir unser eigenes Konzept nicht wieder, so sehr wurde es beschädigt. Bei Konzepten, die wir mündlich präsentieren, werden im Schnitt 70 bis 90 Prozent der vorgeschlagenen Punkte umgesetzt. Zwar gibt es auch hier Anmerkungen und Korrekturen, aber die halten sich im Rahmen. Das Konzept bleibt funktionstüchtig.

Viele Konzeptionerinnen und Konzeptioner scheuen die Präsentation. Sie fürchten, Nervosität zu zeigen und mit ihrem Vortrag nicht gut rüberzukommen. Schließlich ist die Präsentation so etwas wie eine kleine „Live-Show" und da kann viel schiefgehen. Manche Auftraggeber legen keinen Wert auf eine mündliche Präsentation, denn sie wollen den Ball flach halten: „Da machen wir keinen großen Aufstand. Es reicht völlig aus, wenn Sie uns Ihr Kommunikationskonzept als E-Mail in PDF-Form schicken." Wir sollten uns von der eigenen Unsicherheit oder der defensiven Einstellung unseres Kunden nicht leiten lassen, stattdessen auf einer mündlichen Präsentation bestehen und deren Vorteile deutlich machen:

› **Mehr Bedeutung verleihen:** Eine Präsentation gibt es im Unternehmen nicht alle Tage. Sie hat Ereignischarakter und verleiht dem Kommunikationskonzept eine symbolische Bedeutung. Sie signalisiert, dass Ziel und Zweck des Konzepts wichtig sind. Alle relevanten Entscheider nehmen an der Präsentation teil und unterstreichen damit die Bedeutung des Konzepts.

› **Die Wirkung verstärken:** Schriftliches Papier ist geduldig, ein Präsentationsvortrag hingegen kann wesentlich mehr Überzeugungskraft entwickeln. Der oder die Konzeptionsverantwortliche ist im Raum präsent, spricht das Publikum direkt an und baut eine persönliche Beziehung auf. Die Zuhörer spüren, dass die vortragende Person hinter ihrem Konzept steht und sich dafür einsetzt. In der Präsentation verbessern sich die Chancen, zu berühren und zu bewegen.

› **Auf das Wesentliche konzentrieren:** Das schriftliche Papier stellt das Konzept in aller Ausführlichkeit dar. In der mündlichen Präsentation ist dafür nicht genügend Zeit. Deshalb konzentrieren wir uns im Vortrag auf den großen konzeptionellen Bogen und arbeiten nur das Wesentliche heraus. Weniger wirkt besser! Gerade durch die Reduktion lässt sich das Konzept besser verkaufen.

› **Sich auf die Zuhörer einstellen:** In einem schriftlichen Konzept stehen die inhaltlichen Aussagen unverrückbar schwarz auf weiß. Eine Präsentation dagegen kann von der vortragenden Person gesteuert werden. Während des Vortrags nehmen wir mit feinen Antennen die Stimmung der Zuhörer im Raum auf und passen die Vermittlung der Inhalte entsprechend an. An der einen Stelle fügen wir ein erklärendes Beispiel aus der Praxis ein, weil wir in den Augen der Zuhörer noch Skepsis sehen. An der anderen Stelle überspringen wir eine Folie mit ergänzenden Maßnahmen, weil wir spüren, dass es für die Zuhörer zuviel wird.

› **Gemeinsame Akzeptanz erzeugen:** Das schriftliche Papier liest jeder einzeln für sich im Büro oder auf der Fahrt zum nächsten Termin im Zug. Die mündliche Präsentation ist ein soziales Gruppenereignis. Dort sitzen alle Beteiligten zusammen in einem Raum und hören zu. Das Kommunikationskonzept wird von allen gemeinsam begutachtet und verabschiedet. Alle stehen dahinter.

› **Im Dialog Klarheit schaffen:** Liest der Auftraggeber das schriftliche Konzept für sich alleine, bleiben bestehende Fragen erst einmal offen und Einwände haben Zeit, sich zu festigen. Zu jeder Präsentationsrunde gehört eine Diskussion unmittelbar im Anschluss an die Präsentation. Hier wird Rede und Antwort gestanden. Während der Eindruck noch frisch ist, werden Verständnisfragen gestellt und beantwortet, Einwände formuliert und ausgeräumt. Bisweilen beginnt der Dialog schon während des Präsentationsvortrags, die Zuhörer klinken sich an wichtigen Punkten ein, ergänzen oder haken nach.

› **Schneller entscheiden:** Es wird schneller über Konzepte entschieden, die präsentiert wurden. Häufig fällt die Entscheidung direkt in der Präsentationsrunde, weil alle Entscheider zusammensitzen, ansonsten einige Tage danach. Die Präsentation funktioniert als Beschleuniger für den Entscheidungsprozess. Bei schriftlich abgelieferten Konzepten muss man nicht selten Wochen oder sogar Monate auf eine endgültige Entscheidung und den Startschuss der Umsetzung warten.

Allerdings greifen diese Vorteile nur, wenn die Präsentation professionell vorbereitet und durchgeführt wird. Nichts darf dem Zufall überlassen bleiben. Dazu gehört auch, frühzeitig die Person zu bestimmen, die das Konzept vorstellen soll.

Präsentator

Wer soll präsentieren? Haben Konzeptioner ihr Konzept solo entwickelt, dann ist ganz klar: Sie präsentieren selbst. Entsteht das Kommunikationskonzept im Team zusammen mit mehreren Beteiligten, dann erleben wir, dass die Entscheidung, wer präsentiert, erst kurz vor dem Präsentationstermin festgelegt wird. Keiner will „in die Bütt", erst zum Schluss wird „einer ausgeguckt".

Die Präsentation muss auf den Teilnehmerkreis und seine Interessenlage zugeschnitten werden. Bei manchen Präsentationsrunden kommt es auf einen sachlich kompetenten Vortrag an, denn die Zuhörer sehen sich zuallererst als Fachleute. Andere Präsentationen brauchen einen guten Verkäufer, weil bei den Teilnehmern noch mit vielen Zweifeln zu rechnen ist. Wieder andere Präsentationen verlangen „Presentainment". Die Teilnehmer und Teilnehmerinnen wollen gut unterhalten werden. Die vortragende Persson muss so ausgewählt werden, dass sie der jeweiligen Rolle gerecht werden kann.

Jeder Vortragende hat andere Talente und Schwächen, was die Präsentationsperformance angeht. Die Präsentation sollte die Talente optimal nutzen und die Schwächen der Vortragenden gut kaschieren. Um das zu gewährleisten, arbeiten die Vortragenden ihre Präsentation auf jeden Fall selbst aus. Die Präsentationssituation ist wie ein Fallschirmsprung und die Präsentationsfolien sind der Fallschirm. Die Präsentierenden sind die Springer. Sie müssen entscheiden können, wie ihr Fallschirm gepackt wird. Für uns kommt es nicht in Frage, mit einer Präsentation beim Auftraggeber anzutreten, die ohne unsere Beteiligung entstanden ist. Wir bestehen darauf, vorher alle Folien so umzubauen, dass für uns alles passt und wir während des Vortrags nicht abstürzen.

Wir empfehlen, dass diejenigen, die das Konzept entwickelt haben, es auch vortragen. Sie haben das richtige Gefühl in den Fingerspitzen und Hintergrundinformationen im Kopf. Damit kommen sie ganz anders rüber als ein Außenstehender. Nur sie können überzeugend und authentisch die Story des Konzepts erzählen und die Zuhörer für die Story einnehmen.

In wenigen begründeten Ausnahmefällen übernimmt eine andere Person die Präsentation. Wir kennen Kommunikationsagenturen, in denen es Brauch ist, dass der Chef alle wichtigen Konzepte persönlich präsentiert, obwohl er bei der Konzeptentwicklung nicht dabei war. Manchmal macht das taktisch Sinn, weil vom Auftraggeber einfach erwartet wird, dass die Geschäftsleitung präsentiert. Eine Ausnahme bilden zudem Konzeptionsspezialisten, die zwar sehr gute Konzepte entwickeln, aber in der Präsentation nicht gut rüberkommen. Auch in diesem Fall ist zu erwägen, ob jemand anders die Präsentation übernimmt. Wir haben es sogar erlebt, dass eine Agentur einen professionellen Moderator engagiert hat, um dem Konzept einen großen Auftritt zu verschaffen. Der Vortrag war professionell, wirkte aber deklamiert und irgendwie deplatziert.

Sobald ein Konzept in der Gruppe entwickelt wurde, ist auch eine Gruppenpräsentation möglich. Mehrere Personen präsentieren am besten entsprechend der Arbeitsteilung während der Konzeptentwicklung: Der Konzeptionsprofi präsentiert die Strategie, die spätere Projektleiterin die Umsetzung und der Kreative kommt mit den guten Ideen ins Spiel. Bei Gruppenpräsentationen sollten nicht zu viele Personen vorne stehen. Zwei oder drei Personen sind vertretbar, die Obergrenze liegt bei vier bis fünf Personen. Auf jeden Fall müssen Gruppenpräsentationen in einem sogenannten „Rehearsal" vorher geübt werden, damit die Choreographie sitzt.

Präsentationsteilnehmer

Die Präsentationsvorbereitung beginnt mit dem Briefinggespräch. Im letzten Teil des Gesprächs werden Fragen zur Präsentation gestellt. Eine Frage lautet: „Wie groß ist die Gruppe der Zuhörer?" Vor kleinen Gruppen (ca. eine bis neun Personen) sollten wir anders präsentieren als vor mittleren Gruppen (ca. 10 bis 39 Personen) oder vor großen Gruppen (ca. 40 bis X Personen).

Bei kleinen Gruppen hat die Präsentation eine persönliche Form. Die präsentierende Person steht nicht auf, sondern bleibt gemeinsam mit den Zuhörern am Tisch sitzen. Die Präsentation muss kein Monolog sein. Wir können uns an unsere Zuhörer wenden und sie einbeziehen. Zwischenfragen und Bemerkungen sind erlaubt. Wir können davon ausgehen, dass am Tisch nur Entscheider und Beteiligte sitzen, die im Thema sind. Falls notwendig, kann die Präsentation „im kleinen Kreis" ausführlicher werden und stärker mit Sachinformationen angereichert sein. Eventuell kommt nicht einmal der Beamer zum Einsatz, stattdessen werden die Präsentationsfolien nur auf einem großen Notebook gezeigt.

Mittlere Gruppen erfordern mehr Konzentration und Präsenz. Dann stehen wir vor unseren Zuhörern. Meist wird „in einem Rutsch" durchpräsentiert. Interaktive Elemente sind zwar möglich, sollten aber sparsam und kontrolliert eingesetzt werden. Die Präsentation ist reduzierter und kürzer als in der kleinen Runde. Die mittlere Gruppe besteht nicht nur aus Entscheidern, weitere Personen aus dem Unternehmen sind einbezogen. Wir müssen aber wissen, wo die Entscheider sitzen und sie während des Vortrags nicht aus den Augen verlieren.

Große Gruppen benötigen einen klassischen Präsentationsvortrag, der gründlich vorbereitet wurde. Dann müssen wir davon ausgehen, dass im

Raum viele Zuhörer sitzen, die nicht vom Fach sind, wenig vom Thema wissen und vielleicht nur mäßig interessiert sind. Der Vortrag ist entsprechend knackig und plakativ. Die Sachinhalte werden reduziert, Fachbegriffe werden erklärt, der Vortrag ist mit Bildern und Beispielen angereichert. Die Beamerprojektion ist großflächig angelegt und für alle gut sichtbar. Falls es notwendig wird, kommen Mikrofon und Verstärkeranlage zum Einsatz.

Aber nicht nur die Größe des Teilnehmerkreises sollte im Briefinggespräch abgefragt werden, sondern auch dessen Zusammensetzung:

› **Wer nimmt an der Präsentation teil?** Die verantwortliche Kommunikationsabteilung ist auf jeden Fall dabei. Oft kommt die Chefetage hinzu oder es werden betroffene Fachabteilungen einbezogen. Manchmal sind Externe eingeladen, zum Beispiel die betreuende PR-Agentur oder ein Unternehmensberater.

› **Wer sind die Entscheider?** In jeder Präsentation sitzen Personen, die ihre Entscheidung für oder gegen das Konzept treffen. Hinzu kommen Personen, die diese Entscheidung beeinflussen und Personen, die nur als reine Zuhörer teilnehmen und im Hintergrund bleiben. Wir haben uns vorher erkundigt, wer die Entscheider sind und wie die Entscheider ticken. Wir stellen unseren Vortrag vorrangig auf die Entscheider ab. Womöglich können sie nicht lange zuhören und man sollte sich kurzfassen. Oder es gibt Themen, die für sie ein rotes Tuch sind und deshalb im Präsentationsvortrag tunlichst vermieden werden sollten.

› **Wie tief stecken die Zuhörer im Thema?** Sitzen im Kreis lauter Kommunikationsexperten, die das Briefing gemeinsam ausgearbeitet haben und tief im Thema stecken, dann gehen wir die Präsentation anders an, als wenn wir mitbekommen, dass die Zuhörer – und hier speziell die Entscheider – mit Kommunikation sonst wenig zu tun haben und vielleicht nicht einmal das schriftliche Briefing kennen, das dem Konzept zugrunde liegt. In ersterem Fall kann man sprachlich auf die Fachebene wechseln. Im zweiten Fall müssen wir unser Thema immer verständlich übersetzen.

› **Welche Einstellung haben die Zuhörer zum Thema?** Man kann nicht davon ausgehen, dass alle im Raum für das Konzept und die Kommunikation brennen. Vielleicht sitzt ein Controller mit in der Runde, der vor allem an messbaren Zahlen interessiert ist. Oder die Frauenbeauftragte des Unternehmens nimmt teil und legt Wert auf ein korrektes „Gendering". Oder die Kollegen aus dem Grafikatelier wurden in die Präsentationsrunde „abkommandiert", lehnen die Konzeptpräsentation jedoch ab, weil sie fürchten, dass das ganze „Strategiegewäsch" ihren kreativen Spielraum verengt.

› **Welche Einwände sind zu erwarten?** Es lohnt sich auf jeden Fall, im Briefing den Ansprechpartner nach möglichen Bedenkenträgern zu fragen. Der Ansprechpartner kennt „seine Pappenheimer" und ahnt wahrscheinlich, an welchen Stellen sie einhaken und ihre Bedenken äußern. Darauf bereitet man sich gezielt vor.

Präsentationsraum und -technik

Dann ist die Raumsituation zu klären. Die Präsentierenden sollten den Raum kennen, in dem sie ihre Lösungsvorschläge zeigen. Falls sie ihn nicht kennen, nutzen sie den Briefing- oder Rebriefingtermin, um sich den Raum zeigen zu lassen. Ist das nicht machbar, kommen sie so früh als möglich zur Präsentation in den noch leeren Raum, um im Falle des Falles eine negative Raumsituation beeinflussen zu können. Widrigkeiten werden nicht einfach hingenommen, sondern soweit wie möglich geändert.

Die Größe des Raums muss zur Anzahl der Zuhörer passen. Ist die Fläche zu groß, verlieren sich die Zuhörer im Raum. Dies vermindert die Präsenz der Vortragenden erheblich. Ist der Abstand zu den Zuhörern zu groß, wird es unmöglich, eine Verbindung aufzubauen und die Zuhörer zu fesseln. Ist der Raum zu klein, entsteht eine beengte Situation, die ebenfalls die Präsenz des Vortragenden und die Konzentration der Zuhörer vermindert. Die Sichtverhältnisse auf die Projektionsfläche sind schlecht, die Raumluft verbraucht sich und alle sind froh, wenn es endlich vorbei ist. Sind die Missverhältnisse krass, regen wir schon beim Briefing oder Rebriefing einen Raumwechsel an. Das wird vom Auftraggeber nicht als Anmaßung, sondern als konstruktiver Hinweis gesehen.

Ein zweites, besonders häufiges Problem ist eine mangelhafte Konstellation im Raum. Eigentlich sollte man davon ausgehen, Tagungsräume in Unternehmen sind ideal für Präsentationen vorbereitet. Dem ist nicht so, in vielen Räumen gibt es Hindernisse. Dabei geht es vorrangig um die Konstellation zwischen Präsentator, Präsentationsprojektion, Präsentationstechnik und Zuhörern. Sobald die Hindernisse erheblich sind und sich massiv auf den Präsentationsvortrag auswirken, dürfen sie keinesfalls hingenommen werden.

Zum Beispiel steht aufgrund des Beamer-Standortes oder fest verkabelter Technikanschlüsse das Notebook nicht Seite an Seite beim Präsentierenden, sondern weit weg am anderen Ende des Raums. Die präsentierende Person kann während des Vortrags nicht auf ihr Notebook-Display schauen. Damit ist sie halbblind, denn sie kann den „Referentenmodus" mit aktueller und nächster Folie, mit Zeitanzeige und Notizen nicht sehen. Falls sie keinen

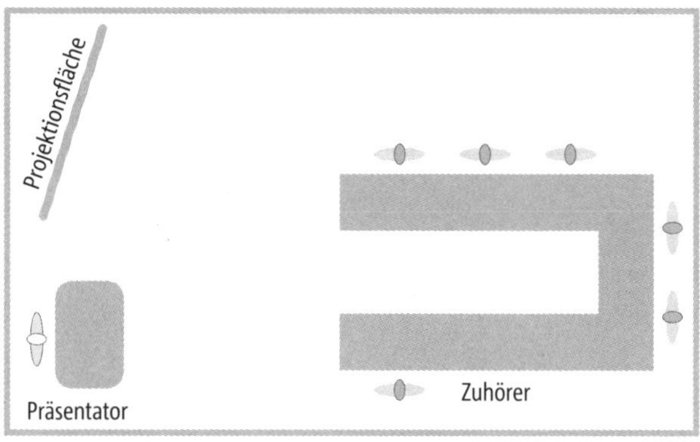

Abbildung 110: Raumsituation während einer Präsentation

Ein Teil der Zuhörer sitzt mit der Leinwand im Rücken, ein Zuhörer sondert sich ab, der Präsentator steht weit weg und hinter einem Tisch mit dem Rücken zur Wand. Die gesamte Situation im Raum behindert die Präsentationsleistung.

drahtlosen Presenter-Stick zur Hand hat, kann sie die Präsentation nicht einmal selbst steuern. Sie muss sich behelfen, indem sie einen Zuhörer zum Assistenten macht und ihn auf Zuruf oder mit Geste bittet, die Leertaste zu drücken, um die nächste Folie aufzurufen.

Ein anderer häufiger Missstand ist, dass sich Projektionsfläche und Präsentator in die Quere kommen. Beispielsweise stehen wir an der Kopfseite des Raumes und dort ist es verdammt eng. Direkt vor uns steht ein Tisch, links ist die Flipchart und gleich rechts ein Schrank, sodass man sich kaum rühren kann und ständig im Projektionsbild steht und den Zuhörern die Sicht versperrt.

Oder Projektionsfläche und Präsentator sind an unterschiedlichen Enden des Raums platziert. Die Zuhörer müssen wie beim Tennismatch die Köpfe hin und her bewegen, um mal den Präsentator und mal die Projektion in den Blick zu nehmen. Erfahrungsgemäß wirken die Bilder stärker und irgendwann starren alle nur noch zur Projektion und die präsentierende Person verliert sich im Abseits.

Ein letztes Negativbeispiel: Der Raum ist verdunkelt, die Projektion strahlt hell und die präsentierende Person verschwindet seitlich im Halbdunkel. Es entsteht eine Kinosituation, alle starren zur Projektion und die präsentierende Person wird zur Off-Stimme degradiert.

Eins muss klar sein: In der Präsentation hat die präsentierende Person die Hauptrolle inne. Sie steht im Mittelpunkt und die Zuhörer sind vorrangig auf sie konzentriert. Alle anderen Ebenen der Präsentation – und dazu gehört auch die Projektion der Folien – sind zweitrangig und haben dem Vortrag zuzuarbeiten. Daher sollte man sich frühzeitig um die Raumsituation kümmern und bei Problemen im Raum unbedingt auf eine Lösung drängen. Tische lassen sich umstellen, Technik kann verschoben, Kabel können verlängert werden. Und das alles sind keine Petitessen! Die beschriebenen Widrigkeiten im Raum können sich katastrophal auf die „Performance" auswirken und den Präsentationserfolg gefährden.

Ein weiteres Problem sind Mängel in der technischen Ausstattung. Manche Konzeptionerinnen und Konzeptioner haben es sich zur Regel gemacht, ihre gesamte Präsentationstechnik bis hin zum Beamer selbst mitzubringen, um Ärger vorzubeugen. Das ist jedoch nicht immer möglich und wird von einigen Auftraggebern abgelehnt. Folglich greift man doch wieder auf die vorhandene Technik zurück und bringt zur Präsentation nur das eigene Notebook mit. In den Anfangsjahren der Beamerpräsentation vertrugen sich Beamer und Notebook häufig nicht. Es kam zu vielen vergeblichen Kontaktversuchen kurz vor der Präsentation, die den Adrenalinspiegel steil ansteigen ließen. Dieses Problem ist selten geworden.

Mit anderen Problemen hat man nach wie vor zu kämpfen. Beispielsweise ist das Projektionsbild des Beamers so schlecht, dass die schönen Grafiken plötzlich ganz flau und blass aussehen und die Headlines der Folien in gelber Typografie komplett unsichtbar geworden sind. Manche Auftraggeber bestehen zudem darauf, das hauseigene Notebook einzusetzen und wir bringen nur die Präsentation auf einem USB-Stick mit. Das führt zu weiteren Überraschungen. Die Präsentationssoftware-Version auf dem Notebook stimmt nicht mit der Version überein, mit der die Präsentation entwickelt wurde, sodass sich das Layout verschiebt.

Oder die passende Schrift ist nicht installiert, sodass das Notebook standardmäßig auf Times zurückgreift, was die schicken Folien ziemlich antiquiert aussehen lässt. Oder das Notebook ist zu langsam, um die in den Vortrag integrierten Videoclips abzuspielen. Alles was schiefgehen kann, geht schief. Deshalb klären wir die technischen Voraussetzungen vor Ort rechtzeitig ab. Und haben zur Sicherheit immer eine PDF-Version der Präsentation in petto. Das PDF lässt sich in den Präsentationsmodus – „Diashow" genannt – bringen und funktioniert eigentlich immer.

Präsentationsdauer

Die Präsentationsdauer ist die wichtigste Information, auf die wir im Vorfeld angewiesen sind. Bevor mit der Entwicklung der Präsentation begonnen wird, muss bekannt sein, wieviel Zeit zur Verfügung steht. Das heißt: Im Briefinggespräch wird unbedingt die Präsentationsdauer abgefragt.

Standard sind Präsentationsvorträge von 30 bis 45 Minuten Länge. Es gibt jedoch Kunden, die darauf bestehen, dass man sich kürzer fasst und mit 20 Minuten auskommt. Wurden im Rahmen eines Wettbewerbs viele Konzeptioner/Agenturen aufgefordert, ihr Konzept zu präsentieren, kann die Präsentationszeit bis auf fünf Minuten sinken. Auch in dieser kurzen Zeit lässt sich ein Konzept vorstellen und wirkungsvoll verkaufen. Auf der anderen Seite gibt es Kunden, die alles ganz genau wissen wollen und 1 bis 1,5 Stunden Präsentationszeit einräumen. Entsprechend muss die Präsentation ausgebaut werden. Geht der reine Präsentationsvortrag über 1,5 Stunden hinaus, handelt es sich nicht mehr um eine klassische Präsentation. Wir reden dann lieber von einem Präsentationsworkshop und bauen verstärkt interaktive Elemente in den Vortrag ein, um die Konzentrationsfähigkeit der Zuhörer nicht überzustrapazieren.

Zu einer professionellen Präsentation gehört eine angemessene dramaturgische Kürze und Dichte. Daher sind kurze Präsentationszeiten nicht als Hindernis, sondern als Chance zu sehen. Hier sollte der Kunde gefragt werden, wie konsequent die Zeitvorgabe einzuhalten ist. Es gibt Präsentationen, da sehen es die Beteiligten locker und man kann seinen Vortrag ein paar Minuten überziehen. In anderen Präsentationsrunden läuft eine Stoppuhr mit und es wird beim Überschreiten der Vortragszeit gnadenlos abgebrochen. Es kann sogar passieren, dass zum Ablauf der Präsentationszeit dem Vortragenden das Mikro ausgestellt wird. Unbedingt zu beachten ist die Unterscheidung in Netto- und Bruttopräsentationszeit. Die Nettozeit ist die Kernzeit nur für den Präsentationsvortrag. Die Bruttozeit meint die Dauer des gesamten Präsentationstermins beim Auftraggeber. Bei einer Bruttozeit von einer Stunde ist in etwa von folgenden Zeitabschnitten auszugehen:

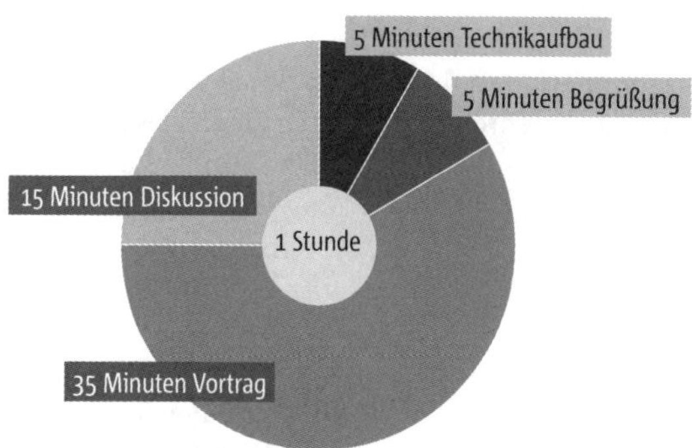

Abbildung 111: Netto- und Bruttopräsentationszeit

Eine Stunde Präsentationstermin umfasst selten tatsächlich eine volle Stunde für den eigentlichen Präsentationsvortrag. Bruttozeit und Nettozeit unterscheiden sich. Das genaue Timing sollte vorher geklärt werden.

- **5 Minuten für den technischen Aufbau:** Falls es keine Gelegenheit gab, bereits vor der Präsentation aufzubauen. Diese Zeit ist recht knapp bemessen und lässt keinen Puffer, um größere Probleme beim Aufbau zu lösen.

- **5 Minuten für Begrüßung und Vorstellungsrunde:** Die Höflichkeit gebietet es, nicht gleich mit der Tür ins Haus zu fallen. Der Auftraggeber begrüßt und die Teilnehmer in der Runde stellen sich kurz vor.

- **35 Minuten Nettozeit für den eigentlichen Präsentationsvortrag:** Alle Aufmerksamkeit liegt auf dem Konzept und dem Vortragenden. Jetzt kommt es darauf an.

- **15 Minuten für die anschließende Diskussion:** Zu jeder Präsentation gehört ein kurzer Austausch zwischen Präsentator und den Zuhörern auf der Seite der Auftraggeber. Es werden Fragen gestellt und Einwände ausgeräumt.

Wurde das Konzept von einer Agentur entwickelt, die den Zuhörern noch nicht bekannt ist, wird zusätzlich um eine kurze Agenturpräsentation gebeten. Diese steht am Anfang des Präsentationsvortrags und geht von der Nettozeit ab. Sie sollte wirklich kurzgehalten werden, eine bis maximal zwei Minuten reichen völlig aus. Wir weisen explizit auf die Länge hin, weil wir Präsentationen erleben, bei denen sich Agenturen zehn Minuten „beweihräuchern", bevor es zur Sache geht. Das wirkt peinlich. Die Agentur soll durch ihr Konzept überzeugen und nicht durch ihre Selbstdarstellung.

Präsentationstechnik

Versierte Konzeptionerinnen und Konzeptioner können selbstverständlich völlig ohne Technik präsentieren. Sie halten einen klassischen Vortrag ohne jedes Hilfsmittel. Dieses Vorgehen ist möglich und wird von einigen Präsentationsexperten sogar als die ideale Lösung proklamiert. In der Praxis ist der Fall jedoch selten. In der Regel gehört zur Konzeptpräsentation der unterstützende Einsatz von Präsentationshardware und -software.

Am Anfang steht ein kurzer Blick zurück, um zu sehen, wie grundlegend sich der technische Wandel vollzogen hat: Bis Mitte der neunziger Jahre wurde vor großen Runden mit Folien auf dem Overheadprojektor präsentiert oder man nutzte von Hand beschriebene große Papierbögen mit Text und einfachen Grafiken, die man an eine Flipchart hing und während des Vortrags Bogen für Bogen nach hinten umschlug. Bei kleineren Runden reichte eine DIN-A3-Klappmappe aus, die der Konzeptioner auf den Tisch stellte und die einzelnen Präsentationsfolien über eine Ringbuchregistratur nach hinten klappte.

Beinhaltete die Präsentation einen hohen Gestaltungsanteil, gab es die berühmt berüchtigte „Pappenschlacht". Das war dann wie in der bekannten Fernsehserie „Mad Man". Die Gestaltung und ergänzende Textseiten wurden auf große Kartons geklebt und hinten mit Herzflügelaufstellern versehen. Während der Präsentation klappte der Präsentator den Herzflügel auf und stellt die Pappe vor sich auf den Tisch. Speziell bei Werbeagenturen gab es zudem eine „Blutrinne". Das war eine lange Leiste entlang der Wand, auf die man die Pappen nebeneinander aufstellen konnte.

Heute verwendet kaum noch jemand diese alten Hilfsmittel, sie sind damit aber keinesfalls tot. Falls es der Kunde, die Aufgabe und die Präsentationssituation zulassen, kann man weiterhin mit den analogen Instrumenten arbeiten – und damit ganz bewusst Zeichen setzen. In Vorpräsentationen auf der Arbeitsebene nutzen wir heute noch die Klappmappe, um den saloppen Arbeitscharakter des Termins zu unterstreichen. Bei Präsentationen mit viel grafischer Gestaltung stellen wir gerne weiterhin Pappen auf, denn das hat große Vorteile. Ein Plakatentwurf wird über Beamer an die Wand geworfen und gleichzeitig die dazugehörige Pappe aufgestellt. Die Präsentationsfolie wird weggeklickt und vergessen. Die Pappe bleibt bis zum Ende der Präsentation stehen und wirkt weiter. Darüber hinaus eignen sich Pappen hervorragend, um den Seriencharakter einer Gestaltung eindrucksvoll vor Augen zu führen, beispielsweise bei einer Anzeigenserie. Der Konzeptioner stellt das erste Anzeigenmotiv auf, anhand dessen die Gestaltungsidee und der Aufbau der Anzeigenserie erklärt wird. Dann werden nacheinander die zweite, dritte, vierte, fünfte Anzeigenpappe danebengestellt. Alle Anwesenden erkennen sofort, dass die Serie aus einem Guss ist.

Mitte der 1990er-Jahre begann der Siegeszug von Notebook und Beamer. Immer mehr Präsentatoren stellten auf die neue Technik um. Damals waren Beamer noch teuer, schwer, laut und wurden unangenehm heiß – aber es ging nicht mehr ohne. Ende der neunziger Jahre wurde uns bei einer Präsentation mit Overheadfolien vorgeworfen, dass wir den Kunden nicht ernst nehmen würden, weil wir ihm eine solche „Studentenpräsentation" (O-Ton) zumuten. Das war unsere letzte Overhead-Präsentation.

Seit den 2000er-Jahren bilden Notebook und Beamer die Standardtechnik für Konzeptpräsentationen. Üblicherweise stellt der Auftraggeber den Beamer und wir als Konzeptioner bringen lediglich unser Notebook mit. Aber das muss vorher abgeklärt werden. Bei manchen Auftraggebern wird nur ein USB-Stick mit der Präsentation benötigt, da die gesamte Technik vor Ort zur Verfügung steht. Wir packen dennoch unser Notebook ein, denn das kennen wir und können bei Problemen gezielt reagieren. Fremde Notebooks sind immer für Überraschungen gut.

Überhaupt sollte man auf technische Überraschungen gefasst sein. Ein Kabel fehlt, der Projektor zeigt Falschfarben, das Bild ist verzerrt, die Sonne fällt auf die Projektionsfläche, alles ist möglich. Besonders ärgerlich finden wir, dass zwar die meisten Beamer und Notebooks bereits seit einigen Jahren HDMI-Anschlüsse haben, aber beim Auftraggeber immer noch das gut alte analoge VGA-Kabel am Beamer hängt. Bei VGA hat man oft Schwierigkeiten mit der richtigen Bildschirmauflösung. Bei HDMI steckt man die Verbindung und alles andere läuft automatisch. In jedem Fall ist es ratsam, dass man frühzeitig zur Präsentation eintrifft und vor Ort, falls möglich, etwa 15 Minuten Aufbau- und Einrichtungszeit einplant. Meist läuft die Technik schon nach wenigen Minuten, aber manchmal wird die Viertelstunde Reserve überlebenswichtig.

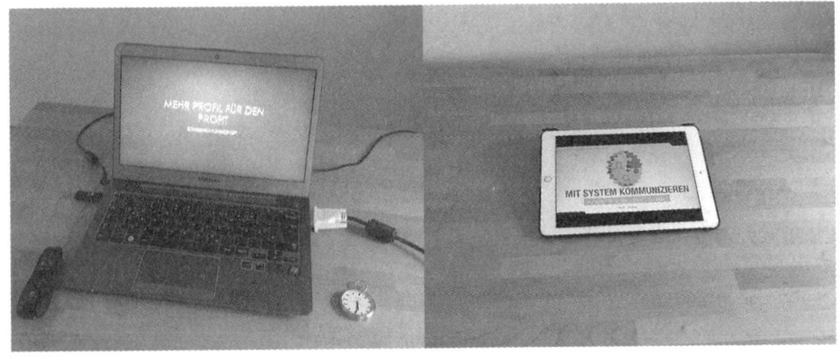

Abbildung 112: Präsentationstechnik im Wandel

Die Zeiten ändern sich. Heute präsentieren wir drahtlos nur mit dem Tablet. „Tabula Rasa" statt Kabelgewirr auf dem Tisch wie früher.

Als Alternative zum Notebook bietet sich seit einiger Zeit das Tablet an. Alle gängigen Präsentationsprogramme laufen in der App-Version tadellos auf dem Tablet. Sofern es im Präsentationsraum ein WLAN-Netzwerk gibt, zu dem man Zugang hat, kann die Präsentation sogar drahtlos laufen. Wir halten das Tablet in der Hand und können uns im Raum völlig frei bewegen. Wer auf Nummer Sicher gehen will, hängt ein Kabel an sein Tablet und verbindet es mit dem Beamer, doch das fühlt sich für uns irgendwie umständlich an. Ja, sogar das Smartphone kann inzwischen für die Präsentationsdarstellung genutzt werden. Die Abbildungsgröße der Folien auf dem Display ist klein, textreiche Folien wirken wie „Augenpulver" und sind in der Hektik des Vortrags kaum zu erkennen. Unsere bisherigen Versuche mit dem Smartphone haben uns nicht überzeugt und wir glauben daher nicht, dass es sich als Instrument der klassischen Konzeptpräsentation auf breiter Basis durchsetzen wird.

Welche Software zur Präsentation genutzt wird, muss ebenfalls frühzeitig geklärt sein. Die gängigste Software für eine Konzeptpräsentation ist MS PowerPoint. PowerPoint hat den Vorteil, dass alle Auftraggeber diese Software auf ihren Computern haben und sich damit halbwegs auskennen. PowerPoint ist weit verbreitet und kompatibel, das macht es einfach und erspart Ärger, wenn Präsentationsdateien weitergegeben werden. Manche Konzeptionskollegen arbeiten lieber mit Keynote von Apple oder nutzen den PDF-Präsentationsmodus von Adobe Acrobat. Beide Softwarelösungen funktionieren zuverlässig, nichts spricht gegen ihren Einsatz. Die kostenlosen Präsentationsprogramme wie „OpenOffice Impress“ und „Google Drive“ sind uns auf der professionellen Ebene noch nie begegnet, Studenten an Hochschulen setzen sie häufiger ein. Wer besonders trendig sein will, kann Prezi nutzen.[127] Diese Präsentationssoftware hängt nicht wie PowerPoint seriell Folie an Folie, sondern arbeitet nach dem Zoom-Prinzip. Die gesamte Konzeptpräsentation ist wie ein Landschaft, über die eine imaginäre Drohne fliegt und auf einzelne Konzeptteile wie Textaussagen, Fotos oder Schaubilder hinunter zoomt. Das wirkt ungewöhnlich und hinterlässt bei den Zuhörern einen starken Eindruck. Allerdings darf man die Zoom-Effekte nicht überziehen. Auch sollte man sich mit Prezi gut vertraut machen, damit die Zooms immer synchron zu den Inhalten des Vortrags laufen. Prezi und Präsentator – das ist ein „Pas-de-deux“, das geübt werden muss.

Zur Unterstützung können je nach Bedarf und Vorliebe weitere kleine Helfer zum Einsatz kommen und die Präsentation unterstützen:

› **Referentenmodus der jeweiligen Software:** Im Referentenmodus sehen die Zuhörer an der Wand die jeweilige Präsentationsfolie. Für den Vortragenden werden auf dem Notebook zusätzliche Informationen eingespielt, die nur für ihn sichtbar sind. Er kann sehen, welche Folie als Nächste kommt – eine enorme Erleichterung bei längeren Präsentationen mit vielen Folien. Man kann sich im Referentenmodus seine Vortragsstichworte zeigen lassen und eine Uhr gibt an, wie lange schon präsentiert wird.

› **Stichwortkarten:** Zwar können wir unsere Stichworte im Referentenmodus auf dem Notebook sehen, aber das Lesen ist distanz- und blickwinkelabhängig. Deshalb nutzen viele Vortragende weiterhin die klassischen Stichwortkarten. Auf den Karten darf nicht zu viel Text stehen. Sie sind groß und deutlich beschriftet. Die Beschriftung ist übersichtlich strukturiert, ein Blick und man hat die richtige Stelle gefunden. Eine Karte pro Folie, so lautet das Prinzip. Sobald die Folie wechselt, wechselt man parallel die Karte. Durch unterschiedliche Kartenfarben lässt sich die Orientierung weiter erleichtern. Beispielsweise sind alle Karten zur Analyse grün, alle Karten zum strategischen Block rot und zum operativen Block blau.

- **Drahtloser Presenter-Stick:** Dieser ermöglicht der präsentierenden Person, die Präsentation zu steuern, während sie sich frei im Raum bewegt. Der Presenter ist ein wichtiges Hilfsmittel, das wir zwar nicht bei jeder Präsentation einsetzen, aber immer dabeihaben. Der Stick sollte Bluetooth oder eine andere Funktechnik nutzen. Von Infrarot-Sticks raten wir ab, denn sie brauchen direkten Lichtkontakt zum Sender im Notebook, um die Folien zu transportieren. In der Praxis führt das ständig zu Verbindungsproblemen. Man klickt, aber die Folie wird nicht weitertransportiert. Wer keinen Stick nutzen will, kann sich eine Presenter-App auf sein Smartphone laden. Das Smartphone wird über Bluetooth mit dem Notebook verbunden und steuert die Präsentation. Wir haben die entsprechenden Apps ausprobiert. Sie funktionieren tadellos. Allerdings liegt das Smartphone nicht so gut in der Hand wie ein schlanker Presenter-Stick. Zudem muss man bei jedem Klick zur nächsten Folie auf das Display schauen, zielen und klicken. Das kostet Konzentration.

- **Laserpointer:** Er ist bereits in jedem Presenter-Stick integriert. Der Laser-Lichtpunkt lässt sich nutzen, um auf bestimmte Stellen oder Bereiche der Folienprojektion zu zeigen. Das macht nur auf komplexen Folien Sinn, um den Zuhörern die Orientierung zu erleichtern. Da wir jedoch komplexe Folien tunlichst vermeiden, kommt der Pointer nur noch selten zum Einsatz. Persönlich mögen wir den Pointer überhaupt nicht. Da wir in Präsentationssituationen nervös sind, verrät der Pointer unsere Nervosität, weil es uns schwerfällt, die Hand still zu halten und der Laserpunkt auf der Projektionsfläche hin und her tanzt. Sobald wir einen bestimmten Bereich der Folie herausheben wollen, nutzen wir dazu lieber die Hervorhebungsanimationen des Präsentationsprogramms.

- **Musterwerbemittel („Dummies"):** Mal angenommen, innerhalb des operativen Blocks eines Konzepts spielen gestaltete Print-Werbemittel eine wichtige Rolle. Dann zeigen wir die wichtigen Werbemittel nicht nur als virtuelle Projektion an der Wand, sondern bauen sie als „Dummies" mit Papier, Schere und Kleber nach. In der Präsentation geben wir die selbstgebauten Werbemittel – zum Beispiel einen Folder für ein neues Produkt oder eine Einladungskarte für einen Event – an der richtigen Stelle des Vortrags zum Anfassen in die Runde. Der haptische Reiz ist nicht zu unterschätzen, alles was man in der Hand hält, das hat eine bleibende Wirkung. Mit den Musterwerbemitteln sollte man sparsam umgehen, ein bis zwei Werbemittel können hilfreich sein. Wer zu viel in die Runde gibt, verliert die Konzentration der Präsentationsteilnehmer, die nicht mehr zuhören, sondern mit den Dummies herumhantieren.

- **Das „Handout" (Handreichung):** Das Handout wird vor oder während der Präsentation den Zuhörern an die Hand gegeben. Wir unterscheiden umfangreiche Handouts der kompletten Präsentation und zusammenfassende Handouts mit ausgewählten Essenzen des Vortrags. Einige Auftraggeber fordern, schon vor der Präsentation den kompletten Foliensatz des Vortrags als Ausdruck an alle Anwesenden zu verteilen, um sich Notizen machen zu können. Wir wehren uns dagegen. Aus leidvoller Erfahrung wissen wir, dass die Zuhörer anfangen zu blättern und nicht mehr voll konzentriert zuhören. Eine Ausnahme sind Arbeitspräsentationen, bei denen es um das gemeinsame Abstimmen und nicht um das Verkaufen des Konzepts geht. In einer solchen Arbeitssituation ist es nützlich, wenn die Zuhörer die Präsentation ausgedruckt vor sich auf dem Tisch liegen haben und Anmerkungen direkt einfügen können. In allen anderen Fällen verteilen wir unseren Ausdruck der Folien erst im Anschluss an den Präsentationsvortrag zu Beginn der Diskussion. Anders liegen die Dinge, wenn das Handout nur bestimmte Essentials des Konzepts zusammenfasst. Solche Handouts können eine wesentliche Unterstützung des Vortrags darstellen. Wir achten darauf, dass die Handreichung auf ein Blatt Papier passt, dann verteilen wir es vor oder während der Präsentation an alle Zuhörer. Das kann ein Schaubild sein, welches die gesamte Schrittfolge der Strategie transparent macht. Oder ein Blatt Papier mit den Botschaften, um deren Bedeutung zu unterstreichen.

- **Mikrofon und Verstärkeranlage:** In großen Räumen und vor großem Publikum sollte man ein Mikro für den Vortrag nutzen. In der Regel ist die Technik in den entsprechenden Räumen bereits eingebaut, sodass man die Übertragungstechnik nicht mitschleppen muss. Unter 50 Personen ist ein Mikro unnötig, zwischen 50 und 100 Personen kommt es auf die Raumakustik und das Stimmvolumen des Vortragenden an. Bei mehr als 100 Personen sollte man auf jeden Fall den Ton verstärken lassen. Gut sind Ansteck- oder Nackenbügelmikrophone, da beide Hände zum Klicken der nächsten Folien, für die Stichwortkarten oder für unterstützende Gesten frei bleiben.

Präsentationsinhalte

Viele Präsentatoren laufen in die Falle, weil sie versuchen, die Vielfalt der Fakten und Feinheiten des Kommunikationskonzepts in ihre Präsentation zu packen. Eigentlich sind alle Fakten wichtig und jede Kürzung fällt schwer. Am Ende wirkt die Präsentation jedoch mit Fakten völlig überladen. Die Zuhörer werden 45 Minuten lang mit Informationen überschüttet, sind hoffnungslos überfordert und verlieren den Zusammenhang. Der erste Kommentar nach der Präsentation lautet: „Das war aber jede Menge Stoff! Das müssen wir erst einmal verarbeiten!“ Das Konzept mag inhaltlich zwar gut durchdacht sein, stößt aber durch die faktenüberladene Präsentation auf Unverständnis. Daher muss das Kommunikationskonzept für die Präsentation radikal abgespeckt werden und nur ein Bruchteil der Fakten eines Konzepts werden in die Präsentation gepackt. Das ideale Verhältnis liegt bei etwa 100/15. Von 100 Prozent der erarbeiteten Konzeptinhalte gelangen nur etwa 15 Prozent in die Präsentation. Die übrigen 85 Prozent haben im mündlichen Vortrag nichts zu suchen. Es muss mit Entschlossenheit gekürzt werden, um dieses Verhältnis zu erreichen.

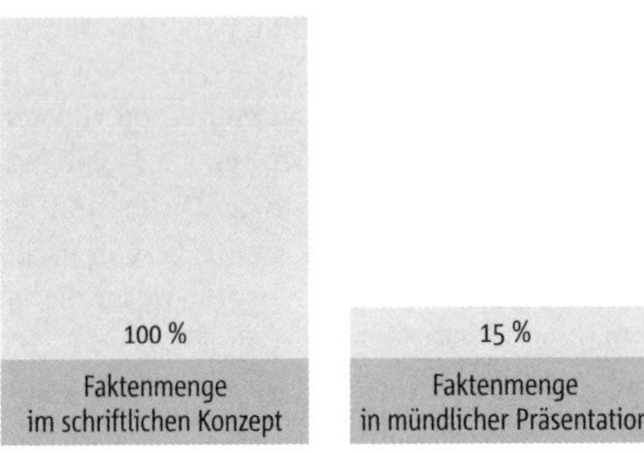

Abbildung 113: Reduktion der Fakten im Präsentationsvortrag

Der Redner kann viel mehr sagen, als die Zuhörer verarbeiten können. Wer das Auditorium mit Fakten zuschüttet, kommt trotz der vielen Fakten nichtssagend rüber.

Wie lässt sich diese massive Reduktion schaffen? Hier ist Umdenken gefragt. Die meisten Konzeptioner sind der Schriftform stärker verbunden als der mündlichen Präsentation. Sie denken in den starren, sachlichen Strukturen des methodischen Konzepts, während sie am Präsentationsvortrag arbeiten. Der mündliche Präsentationsvortrag ist jedoch keine direkte Spiegelung einer methodisch sauber ausgearbeiteten Konzeption. Wir müssen uns freimachen und anders ansetzen.

In der Vorbereitung der mündlichen Präsentation entwickeln wir eine Art Storyboard. Das Konzept ist die Story, die den Zuhörern erzählt werden soll. Die Story hat einen wirkungsvollen Anfang, einen durchgehenden Handlungsfaden mit Wendungen und mehreren Höhepunkten sowie ein Finale zum Schluss. Die Story wird auf zwei Ebenen gleichzeitig transportiert. Auf der Sachebene beinhaltet sie alle wesentlichen Planungskoordinaten des Kommunikationskonzepts. Die tragenden Teile des konzeptionellen Gerüstes werden transparent. Die zweite Ebene ist der emotional stimulierenden Ansprache gewidmet. Das konzeptionelle Gerüst wird mit Bildern, Beispielen, handelnden Personen und Ereignissen gefüllt. Die Inhalte werden fachlich verständlich und zugleich emotional lebendig vermittelt. Erst in der symbiotischen Verbindung von Sachinformation mit emotionaler Veranschaulichung entsteht eine überzeugende Präsentation.

Die Arbeit am Storyboard der Präsentation beginnt mit der Strukturierung des Vortrags. Wurde das Konzept in einem Workshop entwickelt, ist meist ein Mengenverhältnis der drei konzeptionellen Blöcke entstanden, das relativ gleichgewichtet ist: Etwa ein Drittel der Flipchartbögen an der Wand des Workshops beschäftigen sich mit der Analyse, ein Drittel mit der Strategie und ein Drittel mit der Operation. Für die Story der Präsentation muss komplett anders gewichtet werden.

Abbildung 114: Aufteilung des Präsentationsvortrags

Die Verhältnisangaben sind ungefähre Größen, die je nach Konzept und Zuhörer variieren können. Hat der Auftraggeber im Briefing verkündet, ihm käme es vor allem auf die Strategie an, Maßnahmen seien erst einmal nicht so wichtig, dann kann auch die Strategie das Schwergewicht bilden.

Am Anfang steht das Intro. Es handelt sich um ein kurzes Aufwärmen. Die vortragende Person steigt mit ihrem Vortrag nicht gleich in die Sachthemen des Konzepts ein, sondern öffnet die Zuhörer emotional und weckt Interesse. Das Intro hat eine direkte Verbindung zum Outro, dem Finale der Präsentation. Dem Prinzip der Story folgend veranschaulicht das Intro ein Problem, im Outro folgt die Auflösung. Dabei wird eine starke Analogie als „Teaser" genutzt, um das Interesse des Teilnehmerkreises zu stimulieren. Nehmen wir eine Kampagne, die mehr Akzeptanz für das Elektroauto schaffen soll. Im Intro stellt ein kurzer Videoclip einen Autofahrer vor, der abwinkt und nörgelt, dass ein Elektroauto gar kein richtiges Auto sei. Im Outro treffen die Präsentationsteilnehmer den Autofahrer erneut. Die Kampagne hat ihn noch nicht zu einem E-Auto-Anhänger gemacht, aber er orientiert sich neu und fängt an, Interesse zu zeigen. Ein anderes Beispiel: Im Intro für das Konzept einer Baufirma symbolisiert das Foto einer chaotischen Baustelle den aktuellen Zustand der Unternehmenskommunikation. Im Outro ist daraus ein bezugsfertiges Haus mit glücklichen Bewohnern geworden.

Der anschließende Analyseteil wird erheblich gekürzt. Ganz gleich wie aufwendig und umfassend die analytische Arbeit war, durchschnittlich nur noch zehn Prozent der Präsentationszeit beschäftigen sich mit analytischen Fragen. Die Zuhörer sind neugierig auf die Problemlösung und wollen nicht noch einmal ausführlich mit der Ist-Situation konfrontiert werden. Weglassen darf man die Analyse jedoch nicht. Die Präsentation der Analyse hat eine wichtige taktische Funktion. Sie soll die Zuhörer davon überzeugen, dass man als Konzeptioner bzw. Konzeptionerin im Thema steckt und den Auftraggeber verstanden hat. Eine Ausnahme von der Analyse in Kurzform gibt es. Wenn man im Rahmen der Recherche neue Daten, Fakten und Facetten der Ist-Situation gefunden hat, die der Auftraggeber noch nicht kennt und die für ihn aufschlussreich sind. Bei solchen Neuigkeitswerten lohnt es sich, den Analyseteil innerhalb der Präsentation auszubauen, vor allem, wenn die neuen Tatsachen anschließend zu wichtigen Bezugsgrößen des strategischen Kurses werden.

Im anschließenden strategischen Teil des Vortrags werden die entscheidenden Weichen gestellt und der zukünftige Kurs der Kommunikation transparent gemacht. Deshalb kommt diesem Block großes Gewicht innerhalb der konzeptionellen Story zu. Er muss sorgfältig ausgefeilt, darf aber nicht übergewichtig werden, denn Strategie ist Theorie und mit Theorie tun sich die Zuhörer erfahrungsgemäß schwer. Das strategische Gerüst muss deutlich werden. Es muss klar sein, wie die Kommunikation konstruiert ist. Dazu brauchen wir aber nicht alle Schritte der strategischen Entwicklung in unseren Vortrag packen. Wir können Höhepunkte setzen und zum Beispiel Positionierung und Botschaften herausheben, weil sie die entscheidenden Hebelpunkte der Strategie sind. Wir können im Vortrag bestimmte Schritte auch weglassen. Die Zielgruppendefinition beinhaltet beispielsweise wenig Neues, die Präsentationsteilnehmer treffen nur auf alte Bekannte. Also wird die Zielgruppe in der Präsentation nicht weiter erwähnt. Außerdem darf man die Reihenfolge der strategischen Schritte verändern, wenn es mehr Schwung in den Vortrag bringt. Vielleicht packt man die Zielsetzung an den Schluss der Strategie und begründet das dann so: „Meine Damen und Herren, wenn wir aus der Positionierung heraus mit unseren Botschaften die genannten Zielgruppen punktgenau ansprechen, dann haben wir zum Ende der Periode folgende Ziele erreicht ..."

Der zeitliche Schwerpunkt der Präsentation liegt auf der operativen Umsetzungsplanung. Über die Hälfte der Vortragszeit wird auf die Darstellung der Mittel und Maßnahmen verwendet. Hier geht es um handfeste Kommunikationsaktivitäten, viele davon werden im Unternehmen schon seit Jahren eingesetzt. Jetzt haken die Erfahrungswerte der Zuhörer ein, im Kopf entstehen konkrete Bilder und das Konzept wird für alle greifbar. Die Zuhörerinnen und Zuhörer sind hellwach, denn jetzt erfahren sie, was auf sie zukommt. Manchmal hören wir im Vorfeld der Präsentation von unserem Auftraggeber: „Strategie interessiert doch keinen. Lassen Sie einfach das ganze Strategie-Geschwätz weg und fangen sie am besten gleich mit den Maßnahmen an." Darauf darf man sich auf keinen Fall einlassen, denn ohne strategisches Raster fehlt den Maßnahmen der ordnende Bezugsrahmen. Das Ergebnis ist frustrierend. Die Teilnehmerinnen und Teilnehmer haben keinen Rahmen und sie picken sich wie aus einem Warenregal einzelne Maßnahmen heraus: „Die PK machen wir ... die Journalistenreise nicht ... vielleicht das Kamingespräch, was haltet ihr davon?"

Maßnahmenpläne für große Kommunikationskampagnen können komplex ausfallen. Es greifen 40, 50 oder mehr Maßnahmen ineinander. Das Prinzip der Reduktion gilt deshalb besonders für die Präsentation des Maßnahmenteils. Sobald man versucht, das gesamte Spektrum der Maßnahmen vorzustellen, wird der Vortrag kleinteilig und überfordert die Gedächtniskapazitäten der Zuhörer. Sie überblicken das System nicht mehr und können sich hinterher kaum an eine Maßnahme erinnern. Daher kommen nur die spielentscheidenden Maßnahmen des Konzepts in die Präsentation, alle anderen stehen zum Nachlesen im Booklet. Spielentscheidend sind Maßnahmen, die für das Konzept zentrale Antriebsfunktion haben und den Charakter der Kommunikation bestimmen. Dazu können durchaus auch kleine Maßnahmen gehören, die durch ihren kreativen Charakter die Antriebsfunktion besonders greifbar machen.

Jede einzelne Maßnahme muss in der Präsentation rund und schlüssig skizziert werden, sodass vor dem geistigen Auge der Zuhörer ein Bild entsteht. Sie verstehen, was die Funktion der Maßnahme innerhalb des Konzepts ist. Handwerkliche Details der Maßnahme haben in der Präsentation jedoch nichts zu suchen. Die Sicherheitskontrollen bei einem VIP-Treffen oder die HKS-Farbwerte einer Anzeige mögen relevante Planungsgrößen für die spätere Umsetzungsplanung sein, für die Präsentation sind sie Ballast. Es gibt allerdings eine Ausnahme: Kleine Details, an der richtigen Stelle beleuchtet, können dazu führen, dass eine Maßnahme anschaulicher und ihr besonderer Nutzen lebendiger wird. In dieser Funktion – und nur in dieser Funktion – können Details einen Präsentationsvortrag aufwerten.

Den Abschluss der Präsentation bildet ein kleines Finale: das Outro. Wie die Begriffsverwandtschaft schon andeutet, besteht eine enge Verbindung zum Intro. Beispielsweise wird im Intro eine Frage gestellt, die das Outro beantwortet. Das Intro beschreibt das Vorher, im Outro folgt das Nachher. Das Intro schildert ein Problem, das Outro löst es auf. Das Finale ist für den schlüssigen Gesamteindruck einer Präsentation wichtig. Erst wenn sich zum Schluss der Bogen schließt, fühlt sich die Story des Konzepts für die Präsentationsteilnehmer rund und schlüssig an. Wir arbeiten gründlich am Outro, damit der Schluss unseres Vortrags nicht ins Leere läuft, sondern mit einem Aha-Effekt endet.

Präsentationsfolien

Die gängigste Software für das Erstellen von Präsentationsfolien ist MS PowerPoint. PowerPoint wird seit einiger Zeit von vielen Seiten leidenschaftlich „gedisst".[128] Es gibt sogar eine Anti-PowerPoint-Partei, angeblich mit mehreren Tausend Mitgliedern.[129] Das Präsentationsprogramm sei schuld an der schlechten Qualität der Präsentationen, heißt es. PowerPoint sei kein Hilfsmittel, sondern eine Belastung für Vortragende, ohne liefe die Präsentation viel besser. Mit Verlaub gesagt: Das ist Quatsch! Das PowerPoint-Bashing ist eine angesagte Masche, mit der sich Aufmerksamkeit erregen und Geld verdienen lässt. Die Realität erleben wir anders. Nicht das Werkzeug ist das Problem, sondern der Anwender. Die große Mehrzahl der Präsentatoren können nicht mit PowerPoint umgehen und setzen es falsch ein. Es beginnt schon mit der Masterfolie. Jedes Unternehmen hat eine Masterfolie für Präsentationen, basierend auf dem eigenen Corporate Design. Oft lassen wir uns diese Folie geben und entwickeln die Konzeptpräsentation in der Gestaltungslinie des Unternehmens. 99 Prozent dieser Masterfolien (Keine Übertreibung!) entsprechen nicht den PowerPoint-Konventionen. Da schon die Masterfolie fehlerbehaftet ist und Lücken lässt, kann man nicht sicher mit ihr arbeiten. Wenn jemand, der sich mit Präsentationsprogrammen wenig auskennt, diese missratene Masterfolie nutzt, kommt er schnell in Schwierigkeiten. Die Fehler der Masterfolie addieren sich mit der mangelnden Kenntnis der Präsentationsmachenden. So werden Satzzeichen als Spiegelstriche genutzt, Folien bis auf vier Stufen untergliedert, viel zu kleine Schriften verwendet und zu viel Text auf die Folie gepackt – die Ergebnisse sind mangelhaft.

Sinn und Zweck dieses Buches ist keine PowerPoint-Schulung – dafür gibt es spezielle Bücher und Kurse. Anfängern, die regelmäßig Konzepte präsentieren, raten wir dringend, sich in das bevorzugte Präsentationsprogramm einzuarbeiten. Der Aufwand ist überschaubar und wirkt Wunder. An dieser Stelle wollen wir uns auf einige grundsätzliche Regeln zur Erstellung von Folien konzentrieren, die unabhängig vom Präsentationsprogramm für jedes Kommunikationskonzept zu beachten sind.

Zum richtigen Grundverständnis muss zuerst die Rolle der Folien innerhalb der Präsentation geklärt werden. Die Folien einer Präsentation spiegeln nicht 1:1 die Vortragsinhalte wider. Sie sind keine Stichwortgeber für den Vortrag und erst recht kein Vorlesetext.

Professionell gemachte Präsentationsfolien können einen Konzeptionsvortrag auf vielfältige Arten unterstützen:

› **Den Vortrag strukturieren:** Wir nutzen die Folien als ordnendes Leitsystem für den Vortrag. Die Folien weisen den Weg und der Zuhörer weiß

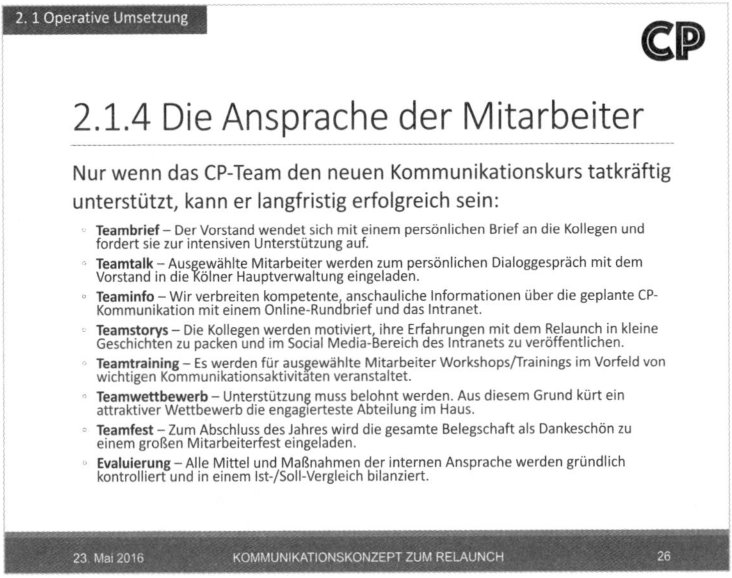

Abbildung 115: Überladene Folie

Mit einer solchen textlastigen Folie sollte man nie in die Präsentation gehen. Sie zieht massiv die Aufmerksamkeit der Zuhörer vom Vortrag ab.

immer, wo er sich befindet. Er kann sich orientieren. Selbst wenn er einen Moment lang nicht zugehört hat, helfen ihm die Folien zurück auf den konzeptionellen Weg.

› **Überschriften setzen:** Gute Überschriften steigern die Aufmerksamkeit und wecken Neugierde. Wir nutzen die Folien, um den einzelnen Blöcken des Vortrags eingängige und stimulierende Überschriften zu geben.

› **Aussagen herausheben:** Sobald die Zuhörer eine bestimmte Aussage des Vortragenden nicht nur hören, sondern gleichzeitig auf der Leinwand projiziert sehen, steigt der Lerneffekt wesentlich an. Die Aussage bleibt hängen. Man kann deshalb die Folien nutzen, um bestimmten Essentials seines Kommunikationskonzepts eine hohe Aufmerksamkeit und Wichtigkeit zu geben.

› **Inhalte veranschaulichen:** Folien unterstützen den Vortrag mit Bildern. Beispielsweise präsentiert der Vortragende im strategischen Teil die neue Schlüsselzielgruppe der Kommunikation und blendet dazu Fotos der Zielgruppe ein. So entsteht im Kopf der Zuhörer ein klares Bild und die Zielgruppendefinition wirkt nachhaltig. Im operativen Teil werden die Fakten eines wichtigen Events vorgestellt und parallel dazu laufen

Fotos vom Veranstaltungsort und von den Mitwirkenden über die Projektion. So wird der Event für die Zuhörer greifbarer und lebendiger.

- **In Dialog mit den Folien treten:** Die Folien können den Vortrag interpretieren und kontrapunktieren. Beispielsweise stellt die Folie eine zentrale Frage, die vom Konzeptioner auf der Tonspur beantwortet wird. Oder der Vortragende erklärt, wie wichtig ein durchgehendes Corporate Design ist, während die Folien im Hintergrund Brüche im Design des Auftraggebers dokumentieren. Oder er konfrontiert die Zuhörer mit Aussagen aus dem Briefing (Tenor: „Unsere Kunden sind treu"), die er in Kontrast zu kurzen Video-Statements von Kunden setzt (Tenor: „Wir denken über einen Anbieterwechsel nach!").

- **Folien zur Inszenierung nutzen:** Folien können gezielt eingesetzt werden, um den Vortrag wirkungsvoller in Szene zu setzen. Sie haben keine Inhalte, sondern erzeugen nur kleine Showeffekte. Der Einsatz sollte sparsam erfolgen, kann aber die Präsentationswirkung beim Zuhörer deutlich steigern. Beispielsweise wird an einer Stelle des Vortrags eine Schwarzfolie eingebaut. Die Projektion blendet ab und jetzt liegt alle Konzentration auf dem Vortragenden, der genau auf das richtige Stichwort die nächste Folie aufblendet. Oder eine Folie zeigt nur ein Fragezeichen, um auf einen Widerspruch hinzuweisen, der Vortragende löst den Widerspruch auf und das Fragezeichen verwandelt sich in ein Ausrufezeichen. Oder eine Folie wird langsam immer unschärfer, um Probleme in der Wahrnehmung anzudeuten.

Als Vortragende nutzen wir alle Gestaltungsmöglichkeiten, wenn die Folien für die mündliche Präsentation entwickelt werden. Dabei halten wir uns an folgende Regeln:

- **Folien publikumsgerecht gestalten:** Im Briefing-Gespräch wurde die Zusammensetzung der Präsentationsteilnehmer und deren Interessenlage geklärt. Die Folien werden passgenau für dieses Publikum erstellt. Besteht der Teilnehmerkreis aus Fachleuten aus der Kommunikationsabteilung des Unternehmens, dann kommen die Folien sachlich kompetent daher. Sind die Teilnehmer nicht vom Fach und nur mäßig am Konzept interessiert, dann zeigen die Folien viele Bilder und erzählen Geschichten. Hat man es mit jungen Teilnehmerinnen und Teilnehmern eines innovativen Unternehmens zu tun, kann man mit witzigen und kreativ gestalteten Folien arbeiten. Präsentationen nach Schema F gibt es nicht. Die Folien werden für die Zuhörer stets maßgeschneidert.

- **Präsentationsfolien einheitlich gestalten:** Eigentlich ist es logisch, dass eine Präsentation ein einheitliches Design hat. In der Realität nehmen es viele Vortragende nicht so genau und verstoßen gegen das Einheitsprinzip. Alle Folien müssen aus einem Guss sein und diese Forderung gilt für jedes Detail. Sobald die Überschrift in der Schrift Arial mit 36 Punkt Größe gesetzt ist, bekommen alle Überschriften – ohne Ausnahme – diese Größe. Ist die darunter stehende Textkopfzeile in 24 Punkt und ohne Anstrich formatiert, dann haben alle weiteren Kopfzeilen genau dieses Format. Wird ein Kapitel mit einer zusammenfassenden Folie beendet, dann bekommen alle anderen Kapitel der Präsentation ebenfalls eine Zusammenfassung. Der sicherste Weg, um die Einheitlichkeit zu gewährleisten, ist das Anlegen einer Masterfolie.

› **Eine Masterfolie anlegen:** In der Regel nutzt man die Masterfolie des Auftraggebers. Falls diese Folie technische Fehler beinhaltet, werden die Fehler korrigiert, bevor es an die Präsentationsarbeit geht. Falls keine Masterfolie existiert, baut man sich eine, um die weitere Arbeit zu erleichtern. Eine professionelle Masterfolie gewährleistet ein einheitliches Präsentationsbild und beschleunigt das Erstellen der Präsentation.

› **Schriftgrößen festlegen:** Ein wichtiger Arbeitsschritt beim Bau der Masterfolie ist das Fixieren der Schriftgrößen. Die Regel lautet, Schriften sollten groß, aber nicht zu groß angelegt werden. Für die Überschriften sind 32 bis 44 Punkt gängig. Für den darunter stehenden Text empfehlen wir 20 bis 24 Punkt. Kleinere Schriftgrößen erschweren das Lesen der Präsentation und verführen dazu, mehr Text einzubauen. Übergroße Schriften wirken marktschreierisch und aufdringlich.

› **Farben festlegen:** Zur Masterfolie gehört auch die Definition der Farbpalette. Hier gelten die Farbvorgaben des Corporate Designs. Innerhalb dieser Vorgaben haben die Farben in der Präsentation eine feste Funktion und werden mit Disziplin eingesetzt. Sie sollen dem Betrachter die Orientierung erleichtern. Sie ordnen zu oder heben heraus. Es geht nicht darum, die Präsentation schön bunt zu machen.

› **Auf Kopf- und Fußtext weitgehend verzichten:** Die Masterfolie bietet eine Reihe von Gestaltungselementen in der Kopf- bzw. Fußleiste an, die in der mündlichen Präsentation nur überflüssiger visueller Schnickschnack sind und vom Wesentlichen ablenken. Dazu gehören das Erstelldatum, der Copyright-Vermerk und die Wiederholung des Konzepttitels. Für die mündliche Präsentation heißt es: Weg damit! Einzig die Folien-Nummerierung hat auch in der mündlichen Präsentation ihre Berechtigung.

› **Folieninhalte reduzieren:** Auf einer professionellen Folie steht wenig Text. Gute Präsentatoren arbeiten in der Regel nicht mit ganzen Sätzen, sondern mit stichwortartigen Aussagen. Das Untergliedern mit Anstrichen („Bullet Points“) erleichtert die Übersicht. Die Texte hinter den Spiegelstrichen sind einzeilig, maximal zweizeilig, keinesfalls länger. Die Bullet Points bekommen maximal drei Einzugsebenen, im Regelfall sollte man mit zwei Ebenen auskommen. Insgesamt stehen auf einer Folie drei bis fünf Bullet Points untereinander. Das Maximum liegt bei sieben Anstrichen. Alle Folientexte werden gekürzt, bis sie in das definierte Raster passen.

› **Bilder integrieren:** Jede Präsentation nutzt die Macht der Bilder. Wo immer es die Aussagekraft erhöht, sollte auf den Folien mit Bildern gearbeitet werden – mit Infografiken, Diagrammen, Fotos, Illustrationen oder Icons. Die Visualisierungen stehen in direkten Bezug zum Text, veranschaulichen oder interpretieren ihn. Statt drei kleiner Bilder baut man besser ein großes Foto ein. An bestimmten Stellen kann sogar ein Bild vollflächig ganz ohne Text stehen. Allerdings haben alle Bilder die Aufgabe, das Konzeptverständnis der Zuhörer zu verbessern. Auf das Verzieren von Folien mit Bildern sollte man verzichten. Nicht empfehlenswert sind zudem Klischeebilder aus Clipartsammlungen und Fotodatenbanken (z. B. die Glühbirne als Sinnbild für die Idee oder die Sprechblase als Sinnbild für Kommunikation).

› **Animationen und Übergänge nutzen:** Alle Präsentationsprogramme bieten Übergangseffekte zwischen den einzelnen Folien und Animationen auf der Folie. Nachdem Inhalte und Gestaltung der Folien stehen, geht es an die Animation. Beispielsweise setzt man zwischen jede Folie einen Umblättereffekt und die einzelnen Kapitel werden durch eine langsame Schwarzblende davon deutlich abgesetzt. Die Aufzählungen auf den Folien werden so animiert, dass sie Klick für Klick nacheinander ins Bild fahren. Auch für Animationen und Übergänge gilt, dass weniger mehr ist. Sie werden sparsam und dramaturgisch sinnvoll eingesetzt. Auf jegliche Spielereien ist zu verzichten. Dazu gehören auch nervige Soundeffekte.

› **Video und Ton einbauen:** Bis vor einigen Jahren war das Integrieren von Video und Ton in eine Präsentation ein kleines Wagnis. Die entsprechenden Dateien waren nicht in die Präsentation eingebettet und mussten immer in einem Extra-Dateiordner mittransportiert werden. Größere Clips blieben gerne mal hängen und brachten die Präsentation zum Absturz. Heute funktionieren bewegte Bilder und Töne ohne Probleme. Zum Konzept passende Videoclips können einer Präsentation zusätzliche Zugkraft bescheren. Da werden zum Beispiel Statements der Zielgruppe eingespielt oder der Einsatz von Augmented Reality (IT-gestützte, erweiterte Realität) für den neuen Messestand anhand eines Beispielvideos veranschaulicht. Tondokumente und Videoclips sollten kurz sein

(10 bis 20 Sekunden). Längere Clips stören das Tempo und den Fluss des Präsentationsvortrags.

Wie viele Folien braucht man für eine Präsentation? Es kommt darauf an! Unsere Spanne lag in den letzten Jahren zwischen einer und 118 Folien. Bei einer Folie stand das Kommunikationsgerüst unseres Konzepts als Infografik während des gesamten Konzepts permanent im Hintergrund. Bei den 118 Folien haben wir das Konzept als Bildergeschichte fast komplett ohne Text erzählt. Aber das sind die Extremwerte, die untenstehende Tabelle visualisiert die Durchschnittswerte für eine Präsentation.

Präsentationsdauer	Anzahl der Charts
10 Minuten	6 ... 12
20 Minuten	12 ... 16
30 Minuten	16 ... 24
45 Minuten	24 ... 36
50 Minuten	36 ... 48

Abbildung 116: Durchschnittliche Anzahl der Folien im Vortrag

Man sollte nicht als Folien-Hektiker auftreten und durch einen permanenten Wechsel von Folien die Zuhörer unter Stress setzen. Weniger wirkt besser.

Im Grunde empfiehlt es sich, zu reduzieren und mit wenigen Folien zu arbeiten. Die obigen Durchschnittswerte gelten nur für echte Inhaltsfolien. Strukturelle Folien mit Überschriften zwischen den Kapiteln oder inszenatorische Folien wie die Folie mit großem Fragezeichen oder die Schwarzfolie werden nicht mitgerechnet.

Vor der Präsentation

Die Folien sind komplett fertiggestellt und Korrektur gelesen. Falls Stichworte erforderlich sind, stehen sie bereits im Referentenmodus oder auf Stichwortkarten bereit. Damit kann die direkte Vorbereitung des Präsentationsvortrags beginnen. Wir proben allein „im stillen Kämmerlein" einen ersten Durchlauf. Vor unserem Notebook sitzend, klicken wir Folie für Folie durch und improvisieren anhand der Stichworte unseren Vortrag. An verschiedenen Stellen dürfte es noch holpern. An einer Stelle passen die Folieninhalte nicht zum Vortrag. An einer anderen Stelle ist die Reihenfolge der Bullet Points nicht deckungsgleich zur vorgetragenen Reihenfolge. Bestimmte Passagen des Vortrags sind zu lang oder unverständlich. Die Übergänge zwischen der „Tonspur", dem gesprochenen Präsentationstext, und der „Bildspur“, den projizierten Folien, stimmen noch nicht. Wir beginnen mit dem Feintuning und bügeln alle Fehler auf den Folien und im Vortrag aus. Brüche zwischen Folien und Vortrag werden geschlossen, Redundanzen entfernt. Die Präsentation reift zur endgültigen Form heran.

Als nächstes schließt sich die Probepräsentation („Rehearsal“) an. Nicht bei allen Konzepten gibt es diese Generalprobe. Kleine und unspektakuläre Kommunikationskonzepte brauchen keine eigene Probepräsentation. Die große Generalprobe bleibt den wichtigen Konzepten vorbehalten. Sie sollte unter realistischen Bedingungen stattfinden. Bei einer geplanten Beamer-Präsentation wird der Beamer aufgebaut. Will die vortragende Person in der endgültigen Präsentation stehen, steht sie auch bei der Probe. Natürlich dürfen die Zuhörer nicht fehlen. Entstand das Konzept in der Gruppe, ist die gesamte Gruppe anwesend. Zusätzlich sollten noch ein bis zwei Außenstehende hinzugezogen werden, die Distanz zum Konzept haben und dadurch wertvolle Hinweise geben können. Das Kommunikationskonzept wird in einem Fluss durchpräsentiert – ohne Unterbrechungen oder Wiederholungen einzelner Passagen. Die Zeit wird mitgestoppt, alle Zuhörer sind voll konzentriert dabei und machen sich Notizen. Im Anschluss wird offen und konstruktiv über Schwächen und Fehler gesprochen, aber auch Stärken und Höhepunkte werden herausgestellt. Wir nehmen die Manöverkritik entgegen. Einige Punkte dürften uns schon selbst während des Vortrags aufgefallen sein, andere sind neu für uns. Eine häufige Schwachstelle ist die Präsentationslänge. Der Vortrag überzieht deutlich die vorgegebene Zeit. Nun muss überlegt werden, wo Straffungen möglich sind, ohne die Wirkung des Vortrags einzuschränken. Eventuell wird nach den notwendigen Korrekturarbeiten ein zweiter Durchgang der Probepräsentation angesetzt. Das passiert jedoch nur, wenn der erste Durchgang total verunglückt war und noch grundlegende Veränderungen vorgenommen wurden. Danach ist alles klar für die große Präsentation beim Auftraggeber.

Am Tag vor der Präsentation gehen die Konzeptioner ihren Vortrag noch ein bis zwei Mal durch, lassen die Folien auf dem Notebook ablaufen und sprechen den Vortrag laut mit. Es werden nur noch minimale Änderungen vorgenommen. Hauptzweck der Übung ist es, den Vortrag im Präsenzgedächtnis zu verankern.

Am Abend vor der Präsentation verzichtet man besser auf Partys und geht frühzeitig zu Bett. Am Morgen wird gut und ausführlich gefrühstückt. Noch ein letztes Mal lässt man den Vortrag im Kopf Revue passieren, dann geht es auf den Weg zur Präsentation. Die benötigten Zeitreserven sind einkalkuliert und man trifft lieber eine halbe Stunde zu früh als „auf den letzten Drücker“ ein. Stress und Aufregungen vor der Präsentation sollten minimiert werden. Dazu muss die Einrichtung der Technik gut vorbereitet sein, sodass hier nichts mehr schiefgeht. Alle Zuhörer sind im Raum und haben ihre Plätze eingenommen, die Tür zum Präsentationsraum wird geschlossen und die Stunde der Wahrheit beginnt.

Präsentationsvortrag

Zuerst kommen die „Honneurs". Der Gastgeber begrüßt die Teilnehmerrunde und meist stellen sich alle Teilnehmer im Raum kurz vor. Danach wird das Wort an den oder die Vortragende übergeben: „Legen Sie los. Wir sind schon alle ganz gespannt auf Ihr Konzept!"

Die vortragende Person bringt sich vorne in Position und wartet, bis Ruhe eingekehrt ist und alle ihr Smartphone auf Parkposition gelegt haben. Zuerst stellt sie sich kurz vor und dankt der Runde, heute die Chance zu bekommen, ihr Konzept zu präsentieren. Vor dem Vortrag werden keine Booklets mit den Folien des Konzepts verteilt. Die Zuhörer sollen sich auf den Vortrag konzentrieren. Falls es Sinn macht, gibt die vortragende Person ein DIN-A4-Blatt mit der Zusammenfassung ihres Konzepts in die Runde. Bei größeren Zuhörerrunden weist sie darauf hin, dass sie „in einem Rutsch" durchpräsentieren will, da ihre Präsentationszeit nur 30 Minuten beträgt und es darauf ankommt, dass die Zuhörer ein Gesamtbild bekommen. Erst, wenn der gesamte Bogen gespannt ist, vermittelt sich die Funktionsweise des Konzepts. Fragen und Anmerkungen mögen deshalb erst nach dem Vortrag gestellt werden. Der Vortrag beginnt. Wieder gilt es ein paar grundlegende Regeln einzuhalten, damit die Inhalte gut rüberkommen.

Mit einem Intro starten! *Falsch:* Die vortragende Person verliert keine Zeit und steigt gleich mit dem ersten Satz in das Konzept ein: „Meine Damen und Herren, die Reputation Ihres Unternehmens ist durch den Serviceskandal im Februar erheblich geschädigt worden ..." *Richtig:* Die vortragende Person holt die Zuhörer ab und startet mit einem emotionalen Intro. Das Intro versteht sich als Warming-up. Wir öffnen die Zuhörer und wecken ihr Interesse, indem wir mit einer Frage beginnen, in eine Story einführen oder eine anschauliche Analogie bilden. Wir spannen einen Bogen, den wir am Schluss unseres Vortrags mit dem „Outro" wieder schließen.

Inhaltliche Orientierung bieten! *Falsch:* Der Vortragende marschiert unbeirrt vorwärts durch seinen Vortrag. Er weiß, wo er hinwill und über welche Stationen er zum Ziel kommt. Die Zuhörer wissen es nicht. Zudem sind sie mit dem Zuhören und Verarbeiten der Inhalte so beschäftigt, dass sie bald die Orientierung verlieren. *Richtig:* Die vortragende Person ist ein Lotse. Sie unterteilt ihren Vortrag in mehrere Kapitel und setzt an allen wichtigen Stellen eindeutige Wegweiser. Die Zuhörer wissen stets, wo sie sich innerhalb des Konzeptvortrags befinden.

Nicht ablesen! *Falsch:* Die vortragende Person hat vor sich die Ausdrucke ihrer textreichen Folien. Die konzeptionellen Zusammenhänge stehen dort in ganzen Sätzen und sie liest die Texte von den Folien mehr oder weniger vor. *Richtig:* Eine Präsentation ist ein freier Vortrag. Es gibt kein ausgearbeitetes Redemanuskript und es wird auch nicht von Folien abgelesen. Die vortragende Person redet frei. Schließlich hat sie das Konzept erarbeitet und steckt einfach drin. Erlaubt sind Stichwortkarten oder Stichworte im Referentenmodus der Präsentationssoftware.

Laut sprechen! *Falsch:* Die Aufregung führt dazu, dass der Vortragende zu leise spricht. Die Zuhörer verstehen den Vortrag nur, wenn sie konzentriert zuhören. Die Konzentration verringert sich mit zunehmender Präsentationszeit und die Zusammenhänge drohen, verloren zu gehen. *Richtig:* Die vortragende Person spricht laut. Sie will führen und ist deshalb die lauteste Stimme im Raum. Sie übt schon in der Probepräsentation mit lauter Stimme aufzutreten und damit ihrem Vortrag eine hohe Präsenz zu geben. Zwischendurch mag es einen Satz oder eine Passage geben, die sie bewusst leise spricht, damit die Zuhörer die Ohren spitzen, aber ansonsten legt sie Kraft in ihre Stimme. Bei großen Räumen und ohne Mikro achtet sie auf die Reaktionen der Zuhörer in der letzten Reihe. Wird an Mimik und Gestik klar, dass sie akustische Probleme haben, hebt sie ihre Lautstärke weiter an.

Langsam sprechen und Pausen machen! *Falsch:* Der Vortragende drückt aufs Sprechtempo. Er haspelt und jagt durch den Vortrag und gönnt sich unterwegs keine Pause. Bei manchen Menschen liegt das schnelle Sprechen in der Natur. Aber oft kommt das hohe Tempo zustande, weil sich der Vortragende zu viel in den Vortrag gepackt hat und weiß, dass er Zeitprobleme bekommen wird. Wer schnell spricht, kann mehr vermitteln? Das Gegenteil ist der Fall. *Richtig:* Es sollte schon in der Probepräsentation sichergestellt werden, dass die Relation von Inhalt und Zeit stimmt. Die Vortragszeit ist nicht bis aufs Letzte ausgereizt, es gibt noch Spielraum. Wer von Natur aus schnell spricht, übt bereits in der Probepräsentation, langsamer zu werden und Pausen einzulegen. Pausen werden am besten schon vorher an bestimmten Stellen fest eingeplant. Mit dem allgemeinen Sprechtempo ist das dagegen so eine Sache. Zu Beginn des Vortrags hat man die Bremse noch im Hinterkopf, mit der Zeit vergisst man die guten Vorsätze und wird wieder schneller. Wenn wir von einem Kollegen oder Studierenden gebeten werden, an Probepräsentationen teilzunehmen, dann bringen wir eine Taschenlampe mit. Bei Schnellsprechern blinken wir mit der Lampe, sobald sie zu spurten anfangen. Dann bremsen sie ab. Im Laufe des Vortrags müssen wir die Lampe immer seltener einsetzen, bis das richtige Tempo stabil gehalten wird.

Wiederholen und zusammenfassen! *Falsch:* Der Glaube, die Präsentationszeit sei zu knapp. „Wiederholen des Stoffs ist was für Lehrer in der Schule.

Beim Konzeptvortrag geht durch Wiederholung wertvolle Zeit verloren, in der ich noch zwei weitere Maßnahmen vorstellen kann", meint ein Vortragender und streicht alle Wiederholungen aus seinem Vortrag. *Richtig:* Wichtige Kernpunkte des Konzepts werden innerhalb des Vortrag wiederholt eingebaut. Zentrale Kapitel fasst der Vortragende am Ende noch einmal kurz zusammen. Durch Wiederholen und Zusammenfassen kann der Lerneffekt wesentlich erhöht werden. Die Essentials bleiben hängen.

Kein Medienwechsel! *Falsch:* Medienwechsel ist Pflicht? Hier widersprechen wir der gängigen Lehrmeinung! Unzählige Generationen von PR- und Kommunikationsprofis haben in Studium und Ausbildung gelernt, dass ein Medienwechsel dem Vortrag guttut. Man präsentiert mit Beamer und wechselt an einem bestimmten Punkt der Konzeptpräsentation zur Flipchart über. Es stimmt, ein Medienwechsel kann ein wirksamer Effekt sein, um die Aufmerksamkeit zu verstärken – wenn man ihn beherrscht. Wenn man ihn an der falschen Stelle einbaut oder falsch in Szene setzt, dann stört er nur. Die meisten Medienwechsel wirken einfach nur bemüht, der Vortrag holpert und muss sich erst wieder fangen. *Richtig:* Der Medienwechsel als Standard der Konzeptpräsentation ist überholt. Die vortragende Person bleibt im Regelfall durchgehend bei ihrem Medium. Nur im begründeten Einzelfall baut sie einen Medienwechsel ein und übt ihn vorher.

Anschaulich präsentieren! *Falsch:* Die vortragende Person präsentiert ihr Konzept sachlich, korrekt und kompetent wie einen wissenschaftlichen Vortrag. *Richtig:* Die vortragende Person stellt nicht nur die Fakten und Sachzusammenhänge her, gleichzeitig baut sie anschauliche Beispiele in ihren Vortrag ein. Sie schildert eigene Erfahrungen, lässt die Bilder auf den Folien wirken, erzählt von Schwierigkeiten bei der Konzepterstellung und wie sie gelöst wurden. Der Vortrag macht das konzeptionelle Vorgehen verständlich und lebendig. Die Zuhörer fühlen sich mit dabei.

Mit Überzeugung präsentieren! *Falsch:* Manche Vortragende stellen ihr Konzept so vor, als wären sie ihrer Sache nicht sicher. Sie setzen bestimmte Konzeptschritte ins Konjunktiv: „Das Unternehmen könnte eine neue Zielgruppe ansprechen" oder „Es bestünde die Möglichkeit, Kooperationspartner in die Kommunikation einzubeziehen". An anderer Stelle entschuldigen sie sich: „An dieser Stelle sind die Überlegungen zur Ist-Situation noch nicht ganz ausgereift." oder sie geben sich sogar pessimistisch: „Um ehrlich zu sein, sehe ich in der Umsetzung große Probleme!" So geht das nicht! *Richtig:* Eine Präsentation hat einen positiven Grundtenor. Sie soll den Beteiligten Mut zum Handeln machen und Bewegung erzeugen. Vortragende sind Konzeptionsprofis und liefern mit ihrem Konzept eine professionelle Lösung, von der sie überzeugt sind. Diese Überzeugung strahlen sie in jeder Phase des Vortrags aus.

Nicht verkäuferisch vortragen! *Falsch:* Die Präsentierenden stecken zu viel Überzeugungskraft in ihren Präsentationsvortrag. Sie wirken wie Gebrauchtwagenverkäufer, die mit glatten Überredungskünsten ihr Konzept an die Teilnehmer bringen. Die aus Verkäuferschulungen bekannten Manipulationstechniken haben in einem Konzeptvortrag nichts zu suchen. *Richtig:* Ein guter Konzeptvortrag ist authentisch und echt. Die Präsentierenden stehen hinter ihrem Konzept. Die Überzeugung kommt von innen und ist nicht rhetorisch aufgesetzt.

Den Raum nutzen und sich bewegen! *Falsch:* Die präsentierende Person steht wie festgenagelt während ihres gesamten Vortrags an einer Stelle. *Richtig:* Sie bewegt sich und ändert ihren Standort. Die Standortwechsel verstärken ihre Präsenz – und sind nicht Zeichen von Nervosität. Stellt sie die SWOT-Analyse vor, dann beleuchtet sie die positiven Stärken und Chancen von einem Standort aus und wechselt bei den negativen Schwächen und Risiken zu einem anderen Standort. Will die vortragende Person die Zuhörer bei einem anderen Konzeptpunkt als Beteiligte einbeziehen, dann geht sie mit zwei Schritten auf diese zu und spricht sie direkt an.

Stets in Richtung Zuhörer vortragen! *Falsch:* Der Vortragende braucht die Texte der projizierten Folien hinter sich als Hilfestellung für seinen Vortrag. Darum dreht er sich zur Projektionsfläche und kehrt permanent den Zuhörern den Rücken zu. In dieser abgewandten Stellung verharrt er einen Großteil seines Vortrags. *Richtig:* Der Vortragende präsentiert in Richtung Zuhörer. Dabei behält er immer Blickkontakt zu seinem Auditorium. Er ist voll bei ihnen. Wenn er sich zur Projektion umdreht, dann macht er das gezielt, um die Aufmerksamkeit der Zuhörer auf die Inhalte der Folie zu konzentrieren. Die notwendigen Stichworte holt er sich über sein Notebook, das vor ihm steht, und im Referentenmodus alle relevanten Informationen präsent hält.

Nicht im Projektionsbild stehen! *Falsch:* Der Präsentierende trägt ambitioniert in Richtung Zuhörer vor, lässt sie nicht aus den Augen, nur leider steht er mitten im Projektionsbild. Einige oder alle Zuhörer können die Folien nicht mehr richtig sehen. *Richtig:* Kurz vor dem Vortrag schaut sich die vortragende Person ihre „Bühne“ an. Sie bestimmt ihren Basisstandort, dazu kommen ein bis zwei Wechselstandorte, die sie zur Verstärkung ihres Vortrags nutzen will. Vor allem beim Basisstandort, aber auch bei den beiden anderen Standortoptionen stellt sie sicher, dass die Sicht zur Projektion immer frei bleibt.

Nach Möglichkeit Gestik einsetzen! *Falsch:* Der Vortragende hält einen Kugelschreiber in beiden Händen, an dem er sich zwanghaft festhält. Seine Hände kämpfen mit den beiden Enden des Kugelschreibers, die Nervosität wird sichtbar und wertvolle Energie geht verloren *Richtig:* Gesten sind gut. Sie verstärken die Aussagen des Vortrags und sollten nicht unterdrückt werden, sondern sich frei entfalten können. Der Vortragende hat die Hände frei und nutzt den Adrenalinschub der Präsentation als Schubenergie für seine Gestik. In der Probepräsentation hält er die Zuhörer an, besonders auf die Gesten zu achten und sie hinterher zu bewerten. Korrigiert werden aufgesetzte Gesten („Propaganda der Hände") und sich widersprechende Gesten (z.B. gehen die Worte zum Angriff über, während die Hände abwehren).

Niemals stoppen, immer weitermachen! *Falsch:* Der Vortragende ist ganz gut vom Start weggekommen und befindet sich mitten im Vortrag, plötzlich hat er einen Hänger. Es will ihm einfach nicht mehr einfallen, wie es am Ende des Satzes weitergeht. Schweigen. Verlegen stammelt er: „Äh, äh, tut mir leid! Ich habe gerade einen Filmriss ...!" Das ist ein schwerer Fehler. Niemand im Raum weiß, wie es weitergeht. Er kann weitermachen, wie er will, die Zuhörer folgen ihm. Man kann also springen und einfach einen Punkt auslassen. Oder die letzte Passage mit anderen Worten noch einmal wiederholen. Oder spontan ein Beispiel oder eine kleine Geschichte einfügen. Niemand wird es merken, alle werden folgen. Sobald der Vortrag aber stoppt, ist der Fluss unterbrochen und die Unsicherheit im Vortrag wirkt sich auf die Haltungsnote aus. *Richtig:* Die vortragende Person redet weiter, egal was passiert, sie läuft immer weiter auf das Ziel zu. Sie darf auslassen, eine Umleitung einschlagen, improvisieren, repetieren. Alles ist erlaubt, nur eins nicht: Stoppen!

Abbildung 117: Verschenktes Finale

„Herzlichen Dank für Ihre Aufmerksamkeit" – so enden viele Präsentationen. Die generische Abschlussfolie zieht den Vortrag hinten runter. Zum Schluss sollte es stattdessen noch einmal ein effektvolles „Hochziehen" geben.

Mit einem Akzent abschließen! *Falsch:* Der Präsentator klickt die letzte Folie seines Vortrags an. Dort steht in großen Lettern: „Vielen Dank für Ihre Aufmerksamkeit!" Damit ist der Vortrag beendet. Die Zuhörer räuspern sich, hier und da kleckert Beifall. Der Schluss hängt durch und der Schlussakzent wird mit einer generischen Höflichkeitsfloskel fahrlässig verschenkt. Anstatt Souveränität wird Verlegenheit ausgestrahlt. *Richtig:* Aus Film und Theater wissen wir, das der Schluss ein wichtiger Moment ist. Es braucht eine Auflösung, ein abschließendes Outro, damit die Zuhörerinnen und Zuhörer das Erlebte als rund und schlüssig empfinden. Ein guter Präsentator denkt deshalb über einen guten Schluss nach. Dieser sollte einfach, aber effektvoll sein. Am besten nimmt man die Frage oder die Story des Intros und löst sie überraschend auf.

Ebenso wichtig wie die richtige Inszenierung der Präsentation ist die richtige Sprache. Wir halten nichts von rhetorischen Figuren und einstudierten Phrasen. Die präsentierende Person sollte echt und authentisch rüberkommen. Aufregung und persönliche Fehler stören nicht, im Gegenteil. Sie können die Glaubwürdigkeit sogar verstärken. Nur wenn in der Sprachform erhebliche Fehler enthalten sind, die sich wie ein Tick durch den gesamten Vortrag ziehen und den Zuhörern das Verständnis erschweren, sollte daran gearbeitet werden. Der richtige Rahmen, um solche Fehler auszuspüren, ist die Probepräsentation.

Keine Floskeln und ständigen Wiederholungen! *Falsch:* Der Vortragende führt aus: „Jede Zielgruppe muss differenziert angesprochen werden. Genau! Dabei muss besonders auf die kognitive Dissonanz geachtet werden. Sie kann die Kommunikationswirkung ausbremsen. Genau!" Eine der Lieblingsfloskeln in Präsentationen ist das Wörtchen „Genau!" Es breitet sich wie ein Virus aus und infiziert zahlreiche Präsentationsvorträge. Genau! Durch die ständige Wiederkehr von sprachlichen Floskeln verliert ein Vortrag spürbar an Autorität. Im Extremfall bekommt die Präsentation Züge einer Persiflage. *Richtig:* An lästigen Floskeln, die ständig wiederholt werden, muss dringend gearbeitet werden. Auch dazu dient die Probepräsentation, in der wieder die Taschenlampe zum Einsatz kommt. Ein Zuhörer hält sie in der Hand und blinkt jedes Mal, sobald dem Präsentator die Floskel wieder über die Lippen rutscht.

Keine Fach- und Fremdwörterorgie! *Falsch:* Bei einigen Präsentatoren sind die neuen Trendbegriffe der Kommunikationsbranche beliebt, sie durchsetzen ihren gesamten Vortrag damit: „Durch die Erhöhung des Impacts für den neuen Global Brand gewährleisten wir einen Ausbau der Brand-Awareness bei den relevanten Key-Influencern ..." Hier wird mangelnde fachliche Substanz durch Wortgeklingel übertönt. *Richtig:* Der Vortragende spricht eine verständliche Sprache. Auch Zuhörer, die nicht vom Fach sind, können dem

Vortrag problemlos folgen. Werden fachliche Fremdworte genutzt dann, weil sie absolut gängig und treffend sind.

Keine professoralen Schachtelsätze! *Falsch:* Der Präsentator verwechselt seinen Vortrag mit einer Vorlesung an der Uni. Die Sätze sind verschachtelt. Das Publikum hat Schwierigkeiten, dem Vortrag zu folgen. Es klingt klug, aber irgendwie kompliziert. *Richtig:* Man redet in Hauptsätzen, bildet kurze Sätze und baut nur wenige einfache Nebensätze ein. Die vortragende Person kann doppelt so viele Informationen übermitteln, wie die Zuhörer verarbeiten können. Eine einfache, klare Sprache ist deshalb entscheidend für das Verständnis. Wir meinen es gar nicht despektierlich, wenn wir sagen, dass man sich eher an der einfachen Sprache in einer Grundschule orientieren soll, als an der elaborierten Wissenschaftssprache einer Universitätsvorlesung. Leichte Sprache ist gefragt.

Gruppenpräsentation

Wurde das Kommunikationskonzept gemeinsam mit einem Team erarbeitet, ist auch eine Teampräsentation möglich. Oberstes Ziel jeder Präsentation ist es, beim Auftraggeber so überzeugend wie möglich anzukommen. Klappt dieses Vorhaben besser mit einer konzentrierten Einzelpräsentation, dann trägt nur eine Person vor. Traut sich die Gruppe eine gemeinsame Präsentation zu und kann der Teamauftritt einen starken Eindruck hinterlassen, entscheidet man sich für die Gruppenpräsentation.

Die Gruppenpräsentation ist schwieriger und birgt ein höheres Unfallrisiko in sich als ein Solo. Daher sind eine gründliche Vorbereitung und eine gemeinsame Probepräsentation unersetzlich. Bei der Präsentation in der Gruppe ist einiges zu beachten:

Die richtige Anzahl der Präsentatoren: Die Länge der Präsentationszeit und die Menge der Präsentatoren stehen in einer direkten Wechselbeziehung. Eine 30- bis 45-minütige Präsentation kann von drei, maximal fünf Personen gehalten werden. Zu viele Auftritte in zu kurzer Zeit bergen das Risiko, dass die konzeptionelle Schrittfolge zerfällt und das Konzept als Stückwerk wahrgenommen wird.

Die richtigen Personen: Niemand im Team sollte zur Präsentation gezwungen werden. Die Aussage: „Wir haben das Konzept alle zusammen erarbeitet, also präsentieren wir auch alle zusammen!“ ist gruppendynamisch verständlich aber präsentationstechnischer Unsinn. Es werden nur Teammitglieder ins Rennen geschickt, die präsentieren können und wollen. Schon ein einziger in der Präsentationsleistung abfallender Teilvortrag kann den Gesamteindruck der Konzeptpräsentation gefährden.

Die richtige Rollenverteilung: Idealerweise präsentiert jedes Teammitglied den Teil des Konzepts, mit dem es sich gut auskennt und an dem es intensiv mitgearbeitet hat. Das Teammitglied tritt nicht nur als Präsentator, sondern auch als Experte für sein Thema auf. Darüber hinaus können einzelne Rollen kreativ eingesetzt werden. Ein Gruppenmitglied übernimmt die Rolle des Moderators und führt durch den gesamten Vortrag. In einer anderen Präsentation schlüpft ein Teammitglied in die Rolle eines Vertreters der Zielgruppe und bringt an den passenden Stellen den O-Ton der Zielgruppe ein. Oder ein Teammitglied tritt in der Präsentation als Antagonist auf, der bestimmte Erkenntnisse und Entscheidungen des Konzepts immer wieder in Frage stellt und dadurch viele Einwände der Zuhörer vorwegnimmt. Zwei Dinge kommen jedoch nicht gut an. Erstens, falls die Rollenverteilung nicht authentisch ist – kommt die Präsentation primär wie Theater rüber. Zweitens, wenn einzelne Teammitglieder nur als Statisten dabei sind. Damit meinen wir Teammitglieder, die mit in der Präsentation sitzen, aber während Vortrag und Diskussion kein Wort sagen. Jedes Mitglied hat eine aktive Rolle, auch wenn es nur in die anschließende Diskussion eingreift.

Die richtigen Übergänge: Das Hauptproblem vieler Gruppenpräsentationen sind die Übergänge zwischen den einzelnen Vortragenden. Das läuft dann so ab. Erster Vortragender: „... so, damit bin ich, glaube ich, durch. Jetzt übergebe ich das Wort an meine Kollegin Silvia Meier“. Zweite Vortragende: „Danke Hugo! Ich bin Silvia Meier und freue mich, ihnen die Positionierung unser neuer Dachmarke vorstellen zu dürfen!“ Solche holprigen Übergänge sind unbedingt zu vermeiden. Sie müssen in der Probepräsentation geübt und perfektioniert werden. Persönliche Vorstellungen zwischendurch, Gruppengewusel und unnötige Pausen (z. B. weil der nächste Vortragende erst quer durch den Raum nach vorne laufen muss) sind zu glätten. Fließende Übergänge müssen trainiert werden. Beispielsweise wird ein Stichwort vereinbart. Auf das Stichwort hin übernimmt der nächste Redner und trägt nahtlos weiter vor. Ein überleitender Fragesatz eignet sich besonders gut. „Wie sieht die Positionierung unserer neuen Dachmarke aus?“ lautet der letzte Satz des ersten Vortragenden, die zweite Vortragende schließt nahtlos an: „Die neue Positionierung basiert auf dem gegenwärtigen Imageprofil und entwickelt es weiter.“

Lücken und Redundanzen vermeiden: Bereiten sich die Gruppenmitglieder einzeln auf die Präsentation vor und sind die Bereiche nicht sauber abgegrenzt, kann es passieren, dass bestimmte Zusammenhänge zwei Mal erklärt werden oder dass ein Kernpunkt des Konzepts vergessen wird. Die Inhalte der einzelnen Beiträge müssen deshalb schon bei der Rollenverteilung eindeutig bestimmt und abgegrenzt sein. In der Probepräsentation werden letzte inhaltliche Unebenheiten ausgeglichen. Das Konzept wird zwar von unterschiedlichen Menschen präsentiert, kommt aber aus einem Guss rüber.

Teamwork im Off: Bei Gruppenpräsentationen steht die jeweils vortragende Person im Vordergrund und die anderen Teammitglieder treten zurück ins Off. Das heißt: Sie treten aus dem Blickmittelpunkt der Zuhörer an den Rand des Geschehens, aber sind nicht völlig aus dem Blick. Es macht sich nicht gut, wenn sie am Rand durch Gestik und Mimik betont gelangweilt oder nicht bei der Sache wirken.

Kein Widerspruch: Wir erleben Gruppenpräsentationen, bei denen sich einzelne Gruppenmitglieder offen von der Gruppe absetzen. Sei es, dass sie mit Gesten wie Abwinken oder Kopfschütteln ihr Missfallen zum Ausdruck geben. Sei es, dass sie dem Vortragenden ins Wort fallen und offen widersprechen. Auch wenn der Einzelne anderer Meinung ist, in der Präsentation und der anschließenden Diskussion hat diese abweichende Meinung nichts zu suchen. Das Team tritt in jeder Beziehung geschlossen auf und steht für alle sichtbar hinter dem Konzept. Jegliche Streitereien werden erst ausgetragen, wenn das Team den Präsentationsraum wieder verlassen hat und unter sich ist.

Anschließende Diskussion

Der Präsentationsvortrag ist beendet. Die Zuhörer haben hoffentlich Beifall gespendet, alle schauen sich im Kreis um. Wer wird als Erster das Wort ergreifen und die abschließende Diskussions- und Fragerunde eröffnen? Viele Präsentatoren sind erleichtert, den Vortrag gut überstanden zu haben und schlaffen ab. Achtung! Man kann eine blendende Präsentation mit einem schlechten Eindruck in der anschließenden Diskussion vollkommen ruinieren. Manche Konzepte scheitern nicht an der Präsentation, sondern an einer schlechten Performance in der anschließenden Diskussion. Da das Zeitlimit für den Diskussionsteil in der Regel zwischen 15 und 20 Minuten liegt, kann der Dialog nicht in die Tiefe gehen. Es geht hauptsächlich darum, offene Fragen zu beantworten und Einwände auszuräumen, um den Präsentationseindruck rund zu machen. Auf keinen Fall darf man die Dinge einfach auf sich zukommen lassen. Nicht nur die Präsentation, auch die Diskussion wird gründlich vorbereitet:

Diskussion in der Probepräsentation simulieren: Die Probepräsentation dient nicht nur dazu, den Vortrag zu üben. Auch das anschließende Gespräch wird simuliert. Die Zuhörer versetzen sich in die Rolle des Auftraggebers, stellen Fragen, erheben Einwände und halten sich nicht mit ihren Anmerkungen zurück. Der Präsentator ist zur Antwort gezwungen. Widersprüche,

Schwächen und Lücken in seiner Argumentation werden deutlich. Ein Zuhörer notiert die neuralgischen Punkte. Im Anschluss an die Probepräsentation gehen die Beteiligten diese Punkte einzeln an und überlegen sich Antworten, die für den Ernstfall Stand halten.

Das Gespräch „ankurbeln": Dass sich im Anschluss an den Präsentationsvortrag niemand zu Wort meldet, bedeutet nicht, dass alle zufrieden sind und niemand Fragen hat. Das Zögern liegt mehr in der Dynamik einer Gruppendiskussion begründet. Aller Anfang fällt schwer. Die vortragende Person sollte deshalb die Gesprächsrunde in Schwung bringen, indem sie ihrerseits die ersten Fragen in die Runde wirft: „Die Zielgruppendefinition weicht deutlich von Ihren Vorgaben im Briefinggespräch ab. Tragen Sie den neuen Zielgruppenkurs mit?" oder „Ich habe bei meiner Beschreibung der Jahrespressekonferenz bei einigen von Ihnen ein Kopfschütteln bemerkt. Wo liegen die Bedenken?" Zwei, drei Fragen genügen, bis der Knoten bei den Zuhörern geplatzt ist und das Gespräch von selbst fließt.

Nicht gleich über Kosten reden: In jedem Zuhörerkreis gibt es Vertreter, die stark auf die Kosten fixiert sind. Meist melden sie sich gleich zu Beginn und fragen, was das alles kosten soll. Die vortragende Person biegt eine zu frühe Kostendiskussion ab: „Ich sehe in der Runde noch Fragen und Bedenken. Wir sollten erst die Inhalte klären und dann über Kosten reden!" Wer sich gleich zu Beginn auf die Kostendiskussion einlässt, darf sich nicht wundern, wenn die Kosten den gesamten Frageteil bestimmen und alles andere in den Hintergrund drängen.

Aktiv zuhören, auf Einwände eingehen: Der Vortragende empfindet die Diskussionsbeiträge auf keinen Fall als lästig, verhält sich abwehrend oder arrogant. Vielmehr nimmt er jede Frage, jeden Einwand – seien sie auch noch so belanglos – wichtig und tut alles, dem Gegenüber eine zufriedenstellende Antwort zu geben. Die Zuhörer fühlen sich ernst genommen und verstanden.

Zustimmung verstärken: Die vortragende Person geht auf zustimmende Aussagen der Zuhörer ein, verstärkt sie durch eine ergänzende Einsicht, zusätzliche Fakten oder ein veranschaulichendes Beispiel. Zustimmung geht nicht unter, sie bekommt Gewicht und stärkt den positiven Gesamteindruck der Beteiligten.

Schwächen und Fehler zugeben: Kein Kommunikationskonzept ist perfekt. Man kann es noch so gründlich ausgearbeitet haben, nahezu unvermeidlich schleichen sich Fehler ein. Wie es der Zufall will, trifft ein Zuhörer den Nagel auf den Kopf und weist auf einen klaren Fehler hin. Die meisten Vortragenden gehen sofort in die Verteidigungshaltung und weisen den Fehler brüsk von sich. Das macht sich nicht gut, vor allem nicht, wenn man bereits ertappt wurde. Perfekte Alleskönner kommen unsympathisch rüber, mit denen will keiner zusammenarbeiten. Daher sollten offensichtliche Fehler eingestanden werden. Das schwächt die eigene Reputation nicht, es stärkt sie.

Auf die weitere Vorgehensweise eingehen: Die Diskussion neigt sich dem Ende zu. Im letzten Teil klärt die vortragende Person, wie es weitergehen soll. Was sind die nächsten Entscheidungs- und Arbeitsschritte? Wer ist in der Pflicht? Welche Termine werden avisiert? Die erfolgreiche Konzeptpräsentation hat Druck in den Kessel der Umsetzungsplanung gebracht. Dieser Druck muss aufrecht erhalten bleiben. Wird über das weitere Vorgehen nicht gesprochen, fällt der Druck schnell wieder ab und die Konzeptumsetzung wird „auf die lange Bank" geschoben. Tage- oder wochenlang passiert nichts und wir Konzeptioner müssen wiederholt beim Kunden anrufen, um wieder Druck aufzubauen. Deshalb ist es entscheidend, schon im Rahmen des Präsentationstermins die „nächsten Pflöcke in den Boden zu hauen". Wunder bewirkt bisweilen der Hinweis auf zeitkritische Termine: „Falls Ihre Entscheidung für die Messebeteiligung nicht bis März fällt, ist der Anmeldetermin verpasst und wir kommen erst in zwei Jahren wieder zum Zug."

Ergebnisse schriftlich fixieren: Der Vortragende notiert sich alle wichtigen Punkte und Ergebnisse der Diskussion. Vor allem konkrete Änderungswünsche des Kunden am Konzept hält er fest. Zudem werden die Eckpunkte der weiteren Vorgehensweise protokolliert. Nach der Präsentation fasst man das Ganze in einem Gesprächsprotokoll zusammen und mailt es zur Bestätigung zurück an den Auftraggeber.

Sonderfälle der Präsentation

Auf den vorangegangenen Seiten haben wir die klassische Präsentationssituation für ein Kommunikationskonzept beleuchtet. Abgesehen von den Innovationen in der Präsentationstechnik laufen die meisten Konzeptpräsentationen seit vielen Jahren in etwa nach dem gleichen Schema ab. In der letzten Zeit haben sich parallel neue Präsentationsformen entwickelt, die andere Wege gehen und neue kreative Möglichkeiten öffnen.

Die Pecha Kucha-Präsentation[130] kommt ursprünglich aus Japan. Dort wurde sie Anfang der 2000er-Jahre entwickelt. Seit einigen Jahren ist Pecha Kucha – in einer Abwandlung auch „Ignite" genannt – in Deutschland gebräuchlich. Pecha Kucha reagiert offensiv auf die Kommunikationsüberflutung, indem es die Präsentationszeit systematisch verknappt. Es bleibt nur wenig Zeit zur Darstellung und die präsentierende Person muss sich auf die wesentlichen Eckpfeiler ihres Konzepts konzentrieren. Hat sie ihr Konzept gründlich durchdacht und beherrscht sie die Kunst der Reduktion, dann ist der Vortrag kein Problem. Bei Pecha Kucha treten immer mehrere Präsentatoren in einem Pitch gegeneinander an. Jeder hat die gleichen Präsentationsbedingungen. Das Konzept wird auf 20 Folien aufgeteilt und jede Folie bleibt exakt 20 Sekunden stehen, bevor sie automatisch weitergeklickt wird. Nach 6 Minuten und 20 Sekunden ist der gesamte Vortrag zu Ende.

Es ist erstaunlich, wie befreiend die Kürze der Zeit auf das Konzept wirkt. Das Profil ist oft wesentlich eindrucksvoller und überzeugender als bei einer 60-Minuten-Präsentation. Allerdings muss Pecha Kucha perfekt vorbereitet werden, ansonsten gerät man im 20-Sekunden-Rhythmus gehörig ins Schleudern und der Vortrag wird komplett aus der Kurve getragen. Als Einzelpräsentation beim Auftraggeber ist uns Pecha Kucha bisher nicht begegnet. Aber bei Präsentationswettbewerben an Hochschulen wird das Format häufiger eingesetzt. Auch wenn eine Agentur bei einer großen Etatausschreibung mehrere interne Teams an die Entwicklung einer Kampagnenidee setzt, stellt Pecha Kucha eine schlanke Möglichkeit dar, die beste Idee auszuwählen und danach die Kampagne im Detail auszuarbeiten.

Der „Elevator Pitch“[131] kommt aus den USA. Der Fahrstuhl-Wettbewerb proklamiert ebenfalls die Reduktion von Komplexität. Die Kernidee lautet: „Wenn unten im Fahrstuhl dein Chef einsteigt und dich fragt, was dein neues Konzept ausmacht, musst du in der Lage sein, ihm die Grundzüge des Konzepts überzeugend darzustellen – bis er im 28. Stockwerk wieder aussteigt.“ Übersetzt heißt das: Man muss in der Lage sein, jedes Konzept in seinen Grundzügen binnen einer Minute zu erklären. Wir wenden den Elevator Pitch regelmäßig während der Konzeptentwicklung als Test an. Wir stellen einem Außenstehenden (oft unseren Partnerinnen, Freunden oder guten Kollegen) den aktuellen Konzeptentwurf in 60 Sekunden vor. Bekommen wir ein Kopfnicken, weil die Konzeptidee verständlich und überzeugend rübergekommen ist, sind wir auf dem richtigen Weg. Ernten wir auf der anderen Seite fragende Blicke, dann ist das ein Alarmsignal und wir müssen noch einmal an der Konzeption feilen.

Die erste Videopräsentation hat Klaus Schmidbauer 1992 gemacht. Damals hatte sein Auftraggeber für viel Geld ein Videokonferenzstudio eingerichtet. Schmidbauer saß im Studio in Hamburg und die Zuhörer waren in Bonn zugeschaltet. Die Präsentation war eine Katastrophe! Mal blieb der Ton weg, dann fiel das Bild aus, schließlich waren die Folien nicht mehr zu sehen, eine durchgehende Präsentation war unmöglich. Heute ist aus der Videopräsentation eine Online-Präsentation geworden, die über das Internet läuft.[132] Jeder kann an der Präsentation mit Notebook, WLAN und entsprechender Software teilnehmen. Die Technik funktioniert ohne große Probleme. Teilnehmer können an mehreren Standorten weltweit zugeschaltet werden. Wir nutzen die virtuelle Präsentation bisher ausnahmslos für Arbeits- und Zwischenpräsentationen. Es wird nicht 45 Minuten durchpräsentiert, Online-Präsentationen sind interaktiv und dialogisch. Die Zuhörer klinken sich an den entsprechenden Stellen ein und kommentieren, gemeinsam nehmen wir direkt auf den Folien Änderungen vor. Die neue Version wird abgespeichert und allen Beteiligten zur Verfügung gestellt.

Während wir dieses Buch schreiben, wurden wir eingeladen, die Zukunft der Präsentation zu erleben. Mit Oculus Rift oder anderen VR-Brillen wird es möglich, die Präsentation in den dreidimensionalen Raum zu legen. Man kann den geplanten Messestand virtuell begehen, durch die Räume einer Event-Location schlendern oder den Truck für die neue Roadshow direkt auf dem Marktplatz in Augenschein nehmen. Die Präsentation der Zukunft ist kein Vortrag, sondern eine Führung. Wir sind fasziniert und freuen uns auf die neuen Entwicklungen.

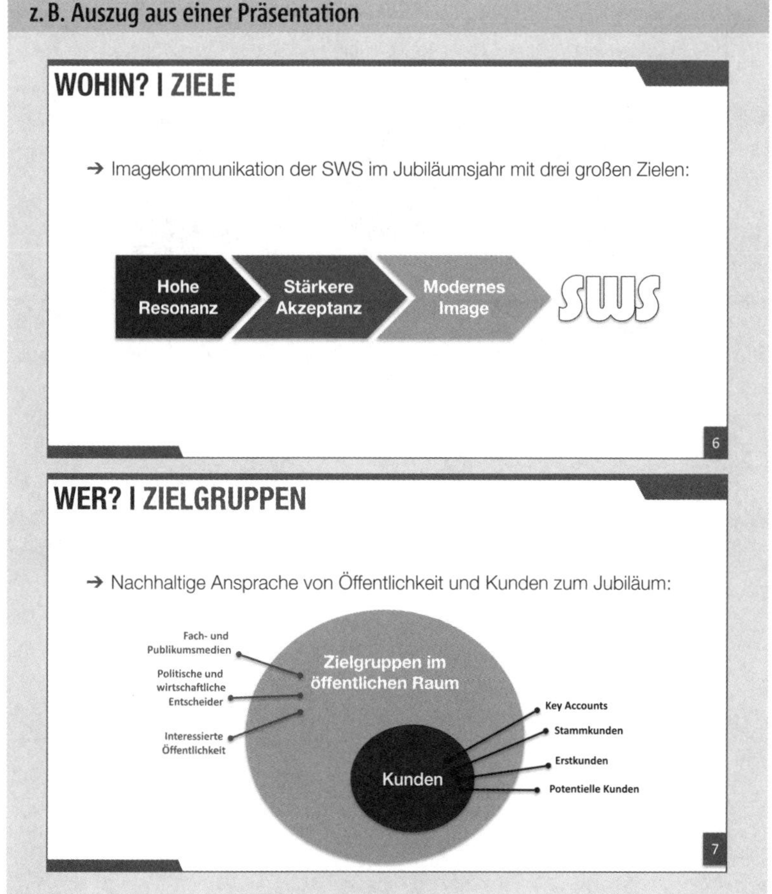

WIE? I EREIGNISSE SCHAFFEN

➔ Jubiläumsevents als „News Values“ über Medien und Online-Kanäle:

Flankierende Medienarbeit

Jubiläums-events

Flankierende Online-Kommunikation

9

Die Dokumentation

Funktion der Dokumentation

Vor zwanzig Jahren saßen Konzeptionerinnen und Konzeptioner tagelang am Schreibtisch, um das aktuell anstehende Kommunikationskonzept Seite für Seite auszuformulieren. In manchen Agenturen gab es sogar spezielle Rückzugsräume, in denen die Konzeptioner ganz in Ruhe ihr Konzept ausfeilen konnten. Die schriftliche Ausarbeitung eines Planungspapiers mit der Textverarbeitung war der Normalfall. Heutzutage steht die Präsentation des Kommunikationskonzepts im Vordergrund und als Folge ist das sogenannte „Handout" der Präsentation zur üblichen Dokumentationsform geworden. Die konzeptverantwortliche Person übergibt ihrem Auftraggeber als Handreichung die Präsentationsfolien des Konzepts. Ausführlich formulierte Planungspapiere treffen wir nur noch selten an. Es werden viel mehr Konzepte als früher entwickelt und die Entwicklung muss schnell gehen. Zugleich steigt die Informationsmenge an und die Aufmerksamkeit des Einzelnen sinkt. Da passt das Handout einfach besser in die Zeit.

Ganz ohne schriftliche Dokumentation des Konzepts geht es trotzdem nicht. Eine Dokumentation gehört immer dazu. Die konzeptionelle Schrittfolge muss jederzeit und für alle Beteiligten nachlesbar und nachprüfbar sein. Daher lautet die Frage nicht ob, sondern in welcher Form dokumentiert wird. Die gebräuchlichen Arten der Dokumentation sind:

› **Das schnelle Handout der Präsentation:** Es entwickelt sich aus den Unterlagen der mündlichen Präsentation und stellt heutzutage den Regelfall dar. Das Handout gibt es in der unbearbeiteten Form als einfachen Ausdruck der Präsentationsfolien oder in der nachbearbeiteten Form, bei der die ursprünglichen Präsentationsfolien weiterentwickelt werden, um das Lesen und Verstehen zu erleichtern.

› **Die ausführliche Textdokumentation:** Sie wird speziell entwickelt und beinhaltet alle Einzelheiten des Konzepts. Die „Long Version" des Konzepts entsteht meist als schlichter Sachtext, in MS Word oder einer anderen Textverarbeitung geschrieben, teilweise mit Infografiken und Fotos ergänzt. In bestimmten Fällen wird das Konzept in einem Layout-Programm visuell aufbereitet. Bei der Aufbereitung geht es nicht vorrangig um die Ästhetik. Vielmehr soll durch den Einsatz von Layout, Grafik, Farbe und Form der Lernerfolg der Inhalte verbessert werden.

› **Die zusammenfassende Kurzdokumentation:** Sie wird auch „Executive Summary" genannt und stellt auf ein bis drei Seiten die wesentlichen

Eckpfeiler des Kommunikationskonzepts dar.[133] Die Kurzdokumentation steht nicht allein, sondern wird flankierend zum Handout oder zur Langdokumentation eingesetzt. Teilweise wird sie in die ausführliche Textdokumentation integriert und steht dort als schneller Überblick am Anfang.

› **Die bilanzierende Abschlussdokumentation:** Das Konzept ist realisiert, alle Aktivitäten sind gelaufen, ganz zum Schluss wird eine weitere Dokumentation zusammengestellt. Sie fasst noch einmal die wesentlichen Schritte des Konzepts zusammen, dokumentiert die Erfahrungen der Umsetzung und die Ergebnisse der Erfolgskontrolle.

Alle vier Dokumentationsformen können in gedruckter und in digitaler Version realisiert werden, wobei die Gedruckte dem Konzept mehr Bedeutung gibt als die digitale Version. Wir setzen beide Versionen ein. Für den schnellen Austausch versenden wir das Konzept als elektronisches PDF-Dokument. Das ist bequemer. Zur mündlichen Präsentation vor den Entscheidern bringen wir das Konzept als gedrucktes Booklet mit und geben es den Zuhörern an die Hand. Das hat mehr Gewicht.

Die Dokumentation des Kommunikationskonzepts ist kein Fall für die Ablage. Vielmehr ist eine Dokumentation für die konzeptionelle Arbeit unersetzlich – aus mehreren Gründen:

› **Entscheidungsgrundlage:** Das fertige Konzept ist ein Produkt, dass der Auftraggeber dem Konzeptioner „abkaufen" und anschließend umsetzen soll. Die schriftliche Dokumentation gibt die nötigen Informationen für eine fundierte Abwägung und Entscheidung. Alles Wesentliche ist schwarz auf weiß dokumentiert. Bei Unklarheiten und Einwänden kann gezielt nachgefragt werden.

› **Umsetzungsleitfaden:** Die Entscheidung ist gefallen und die Umsetzung beginnt. Jetzt brauchen die Ausführenden eine praktikable, jederzeit nachlesbare Gebrauchsanweisung für ihre Umsetzungsarbeit. Die Dokumentation zeigt ihnen, was zu tun ist. Deshalb sollte die Dokumentation nicht in der Ablage verschwinden, sondern immer zur Hand sein und den gesamten Umsetzungsprozess begleiten. Wenn wir in der Umsetzungsphase den Auftraggeber besuchen und auf seinem Schreibtisch unser Konzept entdecken, das schon ziemlich beansprucht aussieht, mit Notizen und vielen gelben Markierungszetteln versehen ist, dann macht uns das richtig glücklich: Mission erfüllt!

› **Einsteigerinstruktion:** Im Laufe der Umsetzung werden neue Akteure einbezogen. Eine Texterin soll die Broschüren austexten, ein Fotograf die Unternehmenswelt ins Bild setzen und eine freie Journalistin die nächste Pressekonferenz vorbereiten. Diese Leute waren bei Entstehung und Präsentation nicht dabei, sie kennen die Linie der Strategie, die Intention der Kreation und das System der Maßnahmen nicht. Die Dokumentation hilft, sie schlau zu machen und auf die Linie des Konzepts zu bringen.

› **Leistungsnachweis:** Wir können als Konzeptionsverantwortliche mit der Dokumentation nachweisen, dass gründlich gearbeitet wurde. Die eigene Leistung wird transparent und für jeden nachvollziehbar. Die Langdokumentation macht Zusammenhänge und Details sichtbar, die nicht in die Präsentation passen. Man erkennt, wie alles zusammenhängt.

› **Erfolgskontrolle:** Die Dokumentation erleichtert die Erfolgskontrolle. Ohne Dokumentation verwischt die Erinnerung und spielt den Beteiligten einen Streich. Manchmal werden hinterher Erfolge gesehen, wo keine Erfolge sind. Die Dokumente sind wie Beweisunterlagen. Im Planungspapier kann man alle Soll-Größen nachlesen und mit den Ist-Werten vergleichen.

Schnelles Handout

Im ursprünglichen Sinn ist das Handout der zusammenfassende rote Faden einer Vorlesung oder eines Seminarvortrags, der als „Handreichung" zu Beginn verteilt wird, damit alle Zuhörer im Raum dem Gesagten besser folgen können.[134]

Im Businessbereich und vor allem in der Kommunikationsbranche wird diese Bedeutung erweitert. Unter „Handout der Präsentation" versteht man hier die Dokumentation der Präsentationsfolien in gedruckter Form (meist als Booklet) oder in digitaler Form (meist als PDF). Viele unserer Auftraggeber sagen uns schon beim Briefinggespräch: „Wir brauchen kein ausformuliertes Word-Dokument, uns reicht ein Handout Ihrer Präsentationsfolien völlig aus!"

Einige Konzeptioner verteilen das schriftlich ausgedruckte Handout zu Beginn ihrer Präsentation als Hilfestellung, damit sich die Teilnehmerinnen bzw. Teilnehmer besser orientieren und auf den Ausdrucken Notizen machen können. Andere (wir gehören zu dieser Gruppe) lehnen dies strikt ab, denn ein vor der Präsentation verteiltes Booklet stört die Dramaturgie des Vortrags und die Konzentration der Zuhörer. Die Zuhörer fangen automatisch an zu blättern, Unruhe entsteht. Die Dramaturgie wird gestört, weil die Zuhörer neugierig zu den tollen Ideen des Konzepts vorblättern. Achtung, Spoiler-Alarm! Der Überraschungseffekt verflüchtigt sich, der Spannungsbogen hängt durch. Dramaturgisch gut eingefädelte Herleitungen sind nicht mehr möglich, denn die meisten Präsentationsteilnehmer haben nachgeschaut und wissen schon, wie es weitergeht.

In der Grundversion des Präsentations-Handouts werden einfach alle Präsentationsfolien eins zu eins ohne Änderungen ausgedruckt, gebunden und dem Auftraggeber meist in dreifacher Ausführung überreicht. Da aber eine gute Präsentationsfolie nicht stur den Inhalt widergibt, sondern mit wenig Text und viel Bild interpretiert oder Kontrapunkte setzt, ist der pure Ausdruck der Folien bisweilen nicht aussagekräftig genug. Deshalb ist es in besagten Fällen üblich, das Handout der Präsentation erst zu überarbeiten, bevor es an den Auftraggeber weitergereicht wird. Zuerst werden Folien aus der Präsentation gelöscht, denn bestimmte Folien machen nur im Kontext der mündlichen Präsentation Sinn. Zum Beispiel ist eine Schwarzfolie, die in der Präsentation eine effektstarke Abblende erzeugt hat, im Handout ohne Funktion – also raus damit. Oder am Anfang der Präsentation steht eine Folie mit dem Foto eines Rohdiamanten. Die vortragende Person erklärt dazu, dass das neue Produkt in der Wahrnehmung noch ein Rohdiamant sei, der geschliffen werden soll. Das mag ein guter Einstieg für den Vortrag sein, als Einstieg in die schriftliche Dokumentation wirkt die Fotofolie oberflächlich dekorativ und wird deshalb besser weggelassen.

Danach werden zu Dokumentationszwecken neue Folien in die Präsentation aufgenommen. In der mündlichen Präsentation kann nicht alles gesagt werden, einige konzeptionelle Arbeitsschritte müssen aus Zeitgründen wegfallen. In der schriftlichen Dokumentation fügt man diese Schritte wieder ein. Eine Dokumentation zeigt immer alle konzeptionellen Schritte. Außerdem können zusätzliche Folien mit Hintergrundfakten ergänzt werden. So kommt beim Kapitel „Anzeigen“ eine Folie hinzu, die die Leserreichweite der Medien dokumentiert. Beim Event wird ein Grundriss der „Location“ und eine Kurzbiografie des Moderators in die Dokumentation aufgenommen.

Eine sinnvolle Erweiterung sind erklärende Folien. In der Präsentation erklärt der Vortragende alle Zusammenhänge, aber im schriftlichen Konzept fallen diese Erklärungen weg. In der Präsentation wurde beispielsweise bemerkt, dass der Kreis der Entscheider über wenig Fachwissen zur Positionierung verfügt hat. Es macht daher Sinn, die Folie mit dem alles entscheidenden „Positioning Statement“ des Unternehmens nicht einfach alleine stehen zu lassen, sondern eine Folie vorzuschieben, die erklärt, was eine Positionierung ist und welche Vorteile sie bringt.

Im nächsten Schritt werden die bereits vorhandenen Folien aus der mündlichen Präsentation inhaltlich ausgebaut, sodass sie ohne Vortrag alleine stehen können. Präsentationsfolien arbeiten mit Stichworten, der Text ist reduziert. Für das Handout formuliert man die Stichworte zu ganzen Sätzen aus, um so den Lesern das Verständnis zu erleichtern. Auf der Präsentationsfolie steht zum Punkt Positionierung lediglich „Pretest erforderlich". In der Booklet-Version wird daraus: „Da wir mit Akzeptanzproblemen bei den Stammkunden rechnen, ist ein Pretest der neuen Positionierung bis März 2016 erforderlich." Oder beispielsweise steht auf der Folie der mündlichen Präsentation zur Zielgruppenstruktur als letzte Zeile „Weitere Rahmenzielgruppen" und danach ist Schluss. In der Dokumentationsversion werden die betreffenden Rahmenzielgruppen dann konkretisiert: „Weitere Rahmenzielgruppen wie mittelständische Unternehmer, Verbandsvertreter und relevante Fachbereiche der deutschen Hochschulen."

Das fertige Handout entspricht noch in wesentlichen Teilen den Präsentationsfolien. Die Präsentationsteilnehmer erkennen beim Durchlesen die Präsentation sofort wieder. Man kann das Resultat deshalb als „Extended Version" der Folien bezeichnen.

Ausführliche Textdokumentation

Eine wichtige Anmerkung vorweg: Grundsätzlich sind zwei Kategorien des ausführlichen schriftlichen Kommunikationskonzepts zu unterscheiden. Die eine Kategorie von Konzepten entsteht im Rahmen des Studiums an Hochschulen, in Weiterbildungsseminaren und in der Berufsausbildung. Für diese Fälle gelten die Regeln der jeweiligen Studien- und Prüfungsordnung, die unbedingt einzuhalten sind. Auf der anderen Seite entstehen Konzepte in der Praxis von Unternehmen und Institutionen. Die nachfolgenden Regeln und Hinweise gelten nur für die Konzepterstellung in der Praxis.

Zuerst entsteht das Konzept in einer Rohversion mit Stichworten. Arbeitet man allein, dann werden auf wenigen Seiten die relevanten Koordinaten skizziert. Entsteht das Konzept in Gruppenarbeit, dann entwickeln die Mitwirkenden die konzeptionelle Skizze auf Flipcharts und/oder mit Karten an Pinnwänden. Eventuell ist ein zweiter Durchgang erforderlich, um die Skizze zu korrigieren und falsche Denkansätze zu entfernen. Erst, wenn alle Konturen des Konzepts stimmig sind und das Gesamtbild geschlossen wirkt, beginnt die Ausarbeitung. Wir empfehlen, zuerst die Präsentation auszuarbeiten, denn sie ist in den meisten Fällen entscheidend für die Durchsetzung des Konzepts. Erst wenn die mündliche Präsentation steht, wechselt man zur Textverarbeitung und formuliert das Kommunikationskonzept in allen Details aus.

Ein schriftliches Konzeptpapier, das alle beschriebenen Prozessschritte von Analyse über Strategie bis zur Umsetzung beinhaltet, benötigt eine bestimmte Länge und große Sorgfalt. Kleine Konzeptpapiere umfassen zwischen 9 und 15 Seiten Länge. Sie eignen sich für kompakte Projekt-, Aktions- oder

Maßnahmenkonzepte mit einfacher Strategie und überschaubaren Aktivitäten. Für das Strukturieren und Ausformulieren des Konzepts werden ein bis höchstens zwei Tage gebraucht. Am häufigsten anzutreffen sind mittlere Konzeptpapiere von 16 bis ca. 45 Seiten Länge. Sie beinhalten komplette Jahres- oder Kampagnenkonzepte. Im Vergleich zur mündlichen Präsentation wird hier mit wesentlich mehr Einzelheiten und Feinheiten gearbeitet. Für die meisten Kommunikationsaufgaben ist diese Konzeptlänge ausreichend. Die Arbeitszeit für den gesamten Text liegt bei zwei bis maximal drei Tagen.

Die großen Konzeptpapiere beginnen bei ca. 45 Seiten und reichen bis zu 80, 90 oder 100 Seiten. In diese Länge passt viel Substanz. Es handelt sich um komplexe Kampagnenkonzepte und Masterpläne, die für das Unternehmen grundlegende Bedeutung haben und deshalb besonders gründlich ausgearbeitet werden. Die Arbeitszeit für den Konzepttext liegt bei drei bis fünf Tagen. Was die Länge angeht, ist bei 100 Seiten nicht Schluss. Uns begegnen auch längere Konzepte, aber als Gebrauchsanweisung für die Kommunikationspraxis taugen sie nicht. Der Umfang weckt bei den Beteiligten eher Zweifel, ob das alles zu schaffen ist. Unser eigener Rekord liegt bei 248 Seiten. Dieses Pensum war letztendlich nur zu bewältigen, weil drei Leute am Konzept mitgeschrieben haben. Uns ist in den Wochen danach auf Seiten des Auftraggebers niemand begegnet, der das Konzept von vorne bis hinten gelesen hatte, in allen Gesprächen waren Informationslücken erkennbar. Seitdem bleiben wir selbst bei aufwendigen Kommunikationskonzepten unter 100 Seiten. Denn auch beim Konzeptumfang gilt die Forderung nach der Reduktion von Komplexität.

An anderer Stelle in diesem Buch haben wir beschrieben, dass das Konzept eine schlüssige Gebrauchsanweisung für kluge Kommunikation sei. Diese Aussage stellt einen hohen Anspruch an Inhalt und Form. Im Rahmen unserer Arbeit sichten wir ständig Konzepte aus unterschiedlichen Quellen. Die Lektüre ist häufig kein Vergnügen und verfehlt die Ansprüche an eine schlüssige Gebrauchsanweisung. Einige Konzepte verlieren den inhaltlichen Faden der Konzeption, andere holpern im Text und verklausulieren die Inhalte mit Fremdworten, Fachchinesisch und Trendbegriffen, wieder andere verschachteln und verknoten die Inhalte in langen Satzkonstruktionen. Kein Wunder, dass viele Auftraggeber das schriftliche Konzept nur überfliegen und dann in der nächsten Schublade verschwinden lassen.

„Hauptsache, die konzeptionelle Substanz stimmt!" hören wir als Entschuldigung. Das stimmt nicht! Struktur und Sprache eines Konzepts sind ähnlich wichtig wie der Inhalt. Stimmt die Form nicht, dann verliert der Inhalt erheblich an Überzeugungskraft. Ein gutes Konzept redet Klartext. Die Struktur ist schlüssig, die Sprache verständlich und anregend. Die Lektüre schafft Einsichten und regt zum Handeln an.

Es ist uns bewusst: Jeder hat seinen persönlichen Stil und sollte sich beim Schreiben nicht verbiegen. Darum empfehlen wir die nachfolgenden Regeln bitte nicht als kategorische Richtschnur zu nutzen, sondern als inspirierende Hinweise für das Strukturieren und Formulieren eines schriftlichen Planungspapiers.

Beginnen wir mit der Struktur. Die Gliederung der Präsentation ist nicht automatisch mit der Gliederung des Planungspapiers gleichzusetzen. Bei der Präsentation spielt die Dramaturgie des Vortrags eine tragende Rolle. In der Schriftform kommt es vor allem auf den logischen Aufbau der Inhalte an. Deshalb unterscheiden sich die Struktur von Präsentation und Papier bei fast jedem Konzept. Manchmal sind nur kleine Umstellungen notwendig. Bisweilen kommt es zum kompletten Neubau der Struktur in der Schriftversion.

Für die Präsentations- wie für die Papierversion gilt zudem: Das Kommunikationskonzept braucht eine einfache Gliederung. Das Konzept ist keine Doktorarbeit, sondern eine schlüssige Gebrauchsanweisung. Die Mehrheit unserer Konzepte arbeiten ohne numerische Gliederung, sie kommen mit textlichen Gliederungsüberschriften aus. Der rote Faden läuft für alle erkennbar durch, sodass Nummern oder Buchstaben als Ordnungssystem nicht benötigt werden. Lediglich bei großen Kampagnenkonzepten und Masterplänen verstärken wir die Struktur durch ein numerisches System.

Ganz gleich, ob in der Gliederung nur mit Überschriften oder zusätzlich mit Nummern gearbeitet wird, in jedem Fall gehen wir nur bis in die zweite Ebene und halten die inhaltliche Hierarchie flach. Bei Überschriften gibt es Headlines und darunter Sublines. Bei numerischer Gliederung unterteilt sich das Kapitel 1. in 1.1, 1.2, 1.3 etc., das Kapitel 2. besteht aus 2.1, 2.2, 2.3. etc. Mehr nicht! Eine dritte Ebene – 1.1.1, 1.1.2, 1.1.3 – ist zwar schnell eingezogen und gibt einem das trügerische Gefühl von Ordnung, aber in Wirklichkeit werden so die konzeptionellen Inhalte verwaltet und nicht mehr gestaltet.

Steht die Gliederung, dann ordnen wir die bereits vorhandenen Inhalte aus der stichwortartigen Konzeptrohversion den einzelnen Gliederungspunkten zu. Schwächen im Inhalt (für eine Gliederungsüberschrift gibt es zu wenig oder keine Fakten) oder Schwächen in der Struktur (für bestimmte Inhalte gibt es keine Gliederungsüberschrift) werden sichtbar und können sofort korrigiert werden. Speziell an dieser Stelle der konzeptionellen Arbeit kann es noch einmal zu umfassenden Nachrecherchen kommen, da plötzlich zu erkennen ist, dass an einigen Stellen der konzeptionellen Schrittfolge Fakten fehlen und Lücken klaffen.

Danach geht es an das Ausformulieren des Konzeptdokuments. Bevor man damit startet, muss die Schreibperspektive festgelegt werden. Im Konzeptpapier einer Agentur steht beispielsweise: „Ich bin Senior-Beraterin der Agentur und werde die gesamte Konzeptumsetzung begleiten. Wir garantieren Ihnen eine absolut zuverlässige Betreuung in jeder Arbeitsphase. Die Agentur legt Wert auf hochklassiges Consulting." Da wird in drei Sätzen dreimal die Schreibperspektive gewechselt. Idealerweise gibt es im Text nur eine Perspektive, und die wird durchgehalten. Zusätzlich muss man entscheiden, ob der Auftraggeber des Konzepts persönlich angesprochen wird: „Durch den neuen Social-Media-Auftritt intensivieren Sie den Dialog mit Ihren Kunden." Falls man sich dazu entscheidet, dann sollte der Text nicht ständig auf jeder Seite mehrere Male ansprechen und in der Ansprache jeglichen belehrenden Eindruck vermeiden. Das heißt, man sollte lieber defensiv „nur" Empfehlungen aussprechen, als den Auftraggeber zu Entscheidungen aufzufordern bzw. zu drängen.

Zuerst werden Titel und Überschriften formuliert. Sie gliedern nicht nur, sie sollen auch zum Lesen anreizen. Das Konzept braucht einen guten Titel und für die einzelnen Konzeptkapitel aussagekräftige Überschriften. Lautet der Titel auf dem Deckblatt: „PR- und Kommunikationskonzept zum Relaunch des Images der Stadt Glücksbach als regionales Mittelzentrum", lässt die Monotonie des Titels das Schlimmste für den Inhalt befürchten. Die Headline sollte Spannung erzeugen und Lust auf das Konzeptlesen machen – zum Beispiel mit einer Überschrift wie: „Hier findet Zukunft Stadt! Das neue Imagekonzept für Glücksbach."

Die gleiche Reizregel gilt für die Überschriften der einzelnen Kapitel. Im Kommunikationskonzept für einen neuen Kinofilm muss das Zielgruppen-Kapitel nicht korrekt aber langweilig mit „Die Zielgruppen des Films" überschrieben werden, es kann auch „Wer geht ins Kino?" oder „Ein besonderer Film für ein besonderes Publikum" lauten. Die Überschriften stellen den Inhalt klar und laden zum Lesen ein.

Die Headlines und Sublines im Konzept dienen zugleich dem Zweck, den Text lesefreundlich zu untergliedern. Mehrere Seiten ohne Zwischenüberschrift sind für einen Roman normal, aber für ein Kommunikationskonzept gewöhnungsbedürftig. Alle zwei bis drei Seiten sollte eine Überschrift die Struktur des Textes verstärken.

Auch der Fließtext zwischen den Überschriften läuft nicht nonstop durch. Längere Textpassagen werden in mehrere Absätze unterteilt. Jeder Absatz steht für einen Sinnzusammenhang. Dadurch ist der Text leichter zu erfassen und besser zu behalten.

Beim Formulieren der Inhalte sind kurze Sätze sinnvoll. So schreibt man besser nicht: „Die systematische Ansprache der jungen, konsumfreudigen Bezugsgruppe, die unsere Marktforschung als Personen zwischen 15 und 25 Jahren der Generation Y definiert, sollte mit hohem Kommunikationsdruck auf mehreren Kanälen erfolgen, damit sich der Bekanntheitsgrad in einem Jahr um ein Drittel erhöht, allerdings ohne dadurch das Image des Unternehmens bei älteren Stammkunden zu gefährden." Der Satz ist zu lang und zu verschachtelt. Manche Konzepte mäandern mit solch verschlungenen Sätzen über die Seiten und verlieren sich im Sumpf der deutschen Grammatik. Ein gutes Konzept besteht aus kurzen Sätzen mit einfachen Haupt-/Nebensatzverbindungen. Sätze mit mehr als 15 Worten sollten überprüft und gegebenenfalls gekürzt werden. Schachtelsätze mit mehr als zwei Kommata sind auf ein Minimum zu reduzieren.

Wir halten uns im ersten Durchgang des Textens noch nicht mit sprachlichen Finessen auf, formulieren die Inhalte erst einmal zügig durch. Erst im zweiten Durchgang gehen wir an die Sprache und redigieren:[135]

› **Keine Wortwiederholungen in einem oder aufeinanderfolgenden Sätzen:** Wortwiederholungen sind Stolpersteine im Text. Sie fallen unangenehm auf und stören den Lesefluss. *Falsch:* „Der Testimonial nimmt Tabletten. Das nimmt kein gutes Ende." – *Richtig:* „Der Testimonial schluckt Tabletten. Das nimmt kein gutes Ende."

› **Konjunktivsätze vermeiden:** Das Konzept ist eine Aufforderung zum Handeln. Konjunktive strahlen Unsicherheit aus. Es wird der Eindruck erzeugt, man stehe nicht vollkommen hinter den Aussagen des Konzepts. *Falsch:* „Die Experten könnten der Meinung sein, dass die Zielgruppe unzufrieden sei." – *Richtig:* „Die Experten sind der Meinung, dass die Zielgruppe unzufrieden ist". Nur in seltenen Ausnahmefällen ist der Konjunktiv erlaubt. Hier zum Beispiel: „Die Tageszeitung könnte sich grundsätzlich eine Medienkooperation vorstellen." Bevor es keine konkreten Kooperationsverhandlungen mit dem Medium gegeben hat, wären weitergehende Aussagen nur falsche Versprechungen.

› **Nicht umständlich formulieren:** In Konzepten werden komplizierte Zusammenhänge möglichst verständlich dargestellt. Umständliche gestelzte Formulierungen haben dort nichts zu suchen. *Falsch:* „Man unterteilt sie in zwei Gruppen mit den Bezeichnungen A und B" – *Richtig:* Man unterteilt sie in Gruppe A und B" – *Falsch:* „Phänomene, die als selten zu klassifizieren sind" – *Richtig:* „seltene Phänomene".

› **Keine Trend- oder Modewörter:** Konzepte überzeugen durch fachliche Kompetenz. Trendbegriffe wirken wenig kompetent und souverän. Vor allem Begriffe aus dem Szene-Slang sollten vermieden werden. *Falsch:* „Krasse Verhältnisse" – *Richtig:* „Extreme Verhältnisse" – *Falsch:* „Nicht wirklich überzeugend“ – *Richtig:* „Nicht überzeugend“ – *Falsch:* „Voll kultiger Podcast“ – *Richtig:* „Podcast mit Kultstatus“.

› **Hilfsverben streichen:** Hilfsverben sind: können, möchten, müssen, dürfen, wollen, würden, sollen. Hilfsverben nehmen dem Satz Kraft. Alles klingt irgendwie unentschlossen. *Falsch:* „Wir müssen erkennen, dass wir die Ziele nicht erreichen können.“ – *Richtig:* „Wir erkennen, dass wir die Ziele nicht erreichen.“

› **Fachbegriffe meiden:** Manche Vertreter der Kommunikationsbranche neigen dazu, ihre Texte durch den Einsatz aufgeblasener Fachbegriffe mit heißer Luft aufzuladen. Gute Konzepte bleiben verständlich und nutzen Fachbegriffe in Maßen. *Falsch:* „Erhöhung des Impacts für unseren Global Brand“ – *Richtig:* „Die Kommunikationswirkung unserer internationalen Marke hat sich erhöht“. *Falsch:* „Steigerung des Weiterempfehlungs-Empowerments bei Key Accounts“ – *Richtig:* „Wir unterstützen wichtige Kunden, damit sie das Produkt weiterempfehlen.“

› **Keine Substantivierungen:** Substantivierungen und Nominalstil stilisieren Tätigkeitsworte zu Hauptworten hoch. Das klingt gestelzt und heischt nach Autorität. *Falsch:* „Die Bekanntmachung der neuen Dienstleistung“ – *Richtig:* „Die neue Dienstleistung bekannt machen“ – *Falsch:* „Unsere konsequente Vorgehensweise“ – *Richtig:* „Wir gehen konsequent vor.“

› **Passivsätze vermeiden:** Im Konzept wird aktiv formuliert. Es geht voran. Passive Satzkonstruktionen wirken unpersönlich und steif. *Falsch:* „Das Webdesign ist in drei Schritten entwickelt worden.“ – *Richtig:* „Die Agentur hat das Webdesign in drei Schritten entwickelt.“

› **Floskeln und Füllworte streichen:** Füllwörter fallen gesprochen kaum auf, aber im geschriebenen Sachtext erzeugen sie nur Leerlauf. *Falsch:* „Es ist wohl schon zu spät“ – *Richtig:* „Es ist zu spät.“ *Falsch:* „Warum bloß war die Medienresonanz so schwach?“ – *Richtig:* „Warum war die Medienresonanz schwach?“

› **Weniger Adjektive sind mehr:** Um den Text vermeintlich emotionaler zu gestalten, greift man üppig zu Adjektiven und Adverbien. Das Ganze klingt überladen und verschnörkelt. Vor allem mehrere Adjektive in „langer, anhaltender und dichter“ Kette hintereinander gereiht sind gut gemeint, aber überflüssig. Allerdings vertreten einige Kollegen die Ansicht, dass in ein Konzept gar keine Adjektive gehörten. Das halten wir für übertrieben. *Falsch:* „Die junge, dynamische und neugierige Zielgruppe reagiert intensiv und stark auf gereimte Verse im Copytext.“ – *Richtig:* „Die junge Zielgruppe reagiert stark auf Reime im Copytext.“

Kommunikationskonzepte stellen die Inhalte lebendig und frisch dar. Erlaubt sind stilistische Auflockerungen wie wörtliche Rede und kleine Storys, konkrete Beispiele und beweiskräftige Zeugen, Fotos und Infografiken, Interviews und auflockernde Zitate.

Nicht fehlen sollten Bilder im Konzeptpapier. Bilder hinterlassen mehr Eindruck als Worte. Sie veranschaulichen Zusammenhänge und fördern das Verständnis. Die schriftliche Konzeptdokumentation sollte daher keine reine Textwüste sein. Infografiken, Illustrationen und Fotos können zum Einsatz kommen. So lässt sich im strategischen Teil die Zielkonstellation mit einer Infografik anschaulich darstellen. Und ein Foto der Kernzielgruppe sagt manchmal mehr als eine wortreiche Typologie. Im operativen Teil dokumentiert eine Illustration der Bühne das besondere Corporate Design des Events, ein Grundriss des Saals veranschaulicht die Raumsituation. Wie bei der Präsentation kommt es auch beim schriftlichen Konzept darauf an, dass alle Bilder inhaltliche Funktionen haben und nicht nur Zierrat sind.

Zitate, Passagen aus Artikeln, Ausschnitte aus Studien und Befragungen, Statements von Experten und Konsumenten gehören in ein Konzept. Wer fremde Quellen und Materialien verwendet, darf jedoch nicht vergessen, diese korrekt nachzuweisen. Das Arbeiten mit fremden Quellen und Belegen sollte nicht übertrieben werden, denn die inhaltliche Kompetenz liegt immer bei uns Konzeptionsverantwortlichen und das Konzept baut hauptsächlich auf unserer speziellen Entwicklungsarbeit auf.

Nicht zuletzt gehört zum schriftlichen Konzept das Korrekturlesen. Rechtschreibe- oder Zeichensetzungsfehler machen sich nicht gut und stören den Gesamteindruck. Das Rechtschreibeprogramm der Textverarbeitung reicht nicht aus. Man muss genau hinschauen und eventuell andere gegenlesen lassen. Bei wichtigen Konzepten kann es sogar sinnvoll sein, ein professionelles Korrektorat / Lektorat einzusetzen.

Die Standardversion des ausformulierten Konzepts wird mit der Textverarbeitung vom Autor selbstständig entwickelt, ohne große gestalterische Finessen. Daneben gibt es im Einzelfall zusätzlich eine gestaltete Layout-Version. Ein Grafikdesigner nimmt sich das Textmanuskript, setzt ein professionelles Layout-Programm wie InDesign oder QuarkXpress ein und gestaltet Seite für Seite. Das Layout ist großzügig und lässt viel Weißraum, der Text läuft zwei- oder dreispaltig, Fotos und Infografiken rücken in den Blickpunkt. Vielleicht sind Analyse, Strategie und Umsetzung in unterschiedlichen Farben layoutet. Insgesamt geht es nicht primär um gestalterische Ästhetik. Vielmehr soll die Gestaltung die Adaption der Inhalte erleichtern. Es ist die Aufgabe des Grafikers, durch gekonntes Design und Layout die Zusammenhänge des Konzepts verständlicher und anschaulicher darzustellen. Außerdem wird durch die besondere Verpackung das Konzept wichtiger gemacht und aufgewertet. Das fertige Konzept-Booklet „macht was her". Wie ein Geschäftsbericht oder eine Imagebroschüre wirkt es hochwertig, ambitioniert und ist kein schlichtes Arbeitspapier mehr.

In der Regel wird die Layout-Version im Anschluss an die Arbeitsversion des Konzepts entwickelt. Die Entscheidung für das Konzept ist gefallen, nun soll die anstehende Kommunikation möglichst wirksam präsentiert werden. Einen derart hohen Aufwand betreibt man nicht für ein Routinekonzept. Es muss einem herausragenden Anlass folgen. Zum Beispiel führt ein Unternehmen eine neue Dachmarke ein und benötigt dazu eine breite Unterstützung der Mitarbeiter. Oder ein Verband startet eine innovative Imagekampagne für die Branche und will seine Mitgliedsunternehmen informieren. Bisher sind solche „durchdesignten Hochglanz-Konzepte" eher Einzelfälle. Es ist aber schon jetzt zu sehen, dass ihr Einsatz weiter zunehmen wird. Daher unsere Einschätzung: Das Konzeptdokument der Zukunft wird Analyse, Strategie und Operation stärker visualisieren, weniger Worte machen und mehr Bilder zeigen.

Zusammenfassende Kurzdokumentation

Der Pegel der Informationsflut steigt besonders für Entscheider in Unternehmen und Institutionen stark an. Ein Übermaß an Informationen verhindert, dass die Führungsebene den Überblick behält. Das bedeutet: Die Informationsmenge muss unbedingt auf das Wesentliche reduziert werden. Zu diesem Zweck wird die immer beliebter werdende Kurzdokumentation eingesetzt.

Die kurze zusammenfassende Dokumentation – auch „Management Summary", „Executive Summary" oder „Abstract" genannt – komprimiert das umfangreiche Konzeptpapier auf die entscheidungsrelevanten Faktoren. Die Kurzversion entsteht als letzter Arbeitsschritt am Ende der konzeptionellen Entwicklung im Anschluss an die Langfassung des schriftlichen Konzepts.

Ein Executive Summary ist zwischen einer und maximal drei Seiten lang. Hier gilt ganz klar: Je kürzer desto besser. Mehr als drei Seiten sind tabu! Das Summary wird als einführende Seite an den Anfang des ausführlichen Konzeptpapiers gestellt. Oder es wird getrennt vom eigentlichen Konzept als zusätzliches Kurzpapier an den Auftraggeber weitergegeben.

Während sich das ausführliche Konzept an die Fach- und Ausführungsebene wendet und eine intelligente Gebrauchsanweisung für die tägliche Arbeit darstellt, wird das Summary vorrangig für die Entscheidungs- und Führungsebene geschrieben. Es versteht sich als „verdichtete Entscheidungsgrundlage". Fast alle Entscheider verweigern heutzutage die Lektüre des langen Konzepts und sichten nur noch das Summary.

Damit die Kurzdokumentation als Entscheidungsgrundlage taugt, muss es eine klare inhaltliche Linie geben, die am Ende auf den Punkt kommt. Dabei empfiehlt sich folgende Linienführung:

› **Problem und Aufgabe zusammenfassen:** Zum Einstieg des Kurzpapiers werden noch einmal kurz das dem Konzept zugrundeliegende Problem und die daraus resultierende Aufgabe wiederholt, damit der Leser sich den Ausgangspunkt vergegenwärtigen und ins Thema finden kann. (ca. 5 Prozent Gewichtung)

› **Situation analysieren:** Das Papier beschreibt die wichtigen Parameter der Ist- Situation im Unternehmen und am Markt, eventuell mit zwei bis drei beweiskräftigen Daten oder Fakten unterfüttert. An dieser Stelle stehen wir! (ca. 10 Prozent Gewichtung)

› **Strategie darstellen:** Im nächsten Schritt werden die grundlegenden konzeptionellen Koordinaten definiert, der kurze Text zeichnet einen eindeutigen Kurs nach. Am Ende der strategischen Linie muss ein zustimmendes Kopfnicken beim Leser stehen. (ca. 30 Prozent Gewichtung)

› **Umsetzung skizzieren:** Welche Aktivitäten sind geplant? Die Eckpfeiler der Umsetzung werden kurz beschrieben und in ein erkennbares System gebracht. Die Leserinnen und Leser erkennen sofort, dass die Mittel und Maßnahmen stringent aus der Strategie abgeleitet wurden. (ca. 45 Prozent Gewichtung)

› **Fazit ziehen:** Zum Schluss kommt die Zuspitzung in Richtung der Entscheidung. Der Text stellt noch einmal die essenziellen Entscheidungsfaktoren nebeneinander und bilanziert deren Erfolgschancen und Risiken, um dann mit einer Handlungsempfehlung abzuschließen. (ca. 10 Prozent Gewichtung)

Meist wollen Entscheider sofort wissen, was das Ganze kostet und wie es abläuft. Deshalb hängt man an die Kurzdokumentation als Anlage ein DIN-A4-Blatt an, das die maßgeblichen Etatpositionen mit Endsumme auflistet und einen kurzen Überblick über die Meilensteine der Zeitplanung gibt. Das gesamte Summary inklusive Anhang muss in fünf Minuten zu lesen und sofort zu verstehen sein.

Wer eine Kurzdokumentation entwickelt, darf die kurze Form nicht unterschätzen! Nicht selten scheitert ein Summary an der misslungenen Reduktion. Klarheit und Übersichtlichkeit sind oberstes Gebot:

- **Eindeutig formulieren:** In ein Summary gehört kein „sollte", „könnte" oder „müsste". Auch „ich glaube ..." oder „unsere Abteilung ist der Meinung ..." sind verboten. Das Kurzpapier beschreibt ein konkretes Vorgehen mit klaren Tatsachen.

- **Auf Schmuck verzichten:** Ein Kurzpapier bietet keinen Platz für Adjektive und illustrierende Nebensätze. Jede Form von Verzierung und Phrasierung hat dort nichts zu suchen. Es bleibt nur „der pure Stoff" übrig.

- **Verständlich bleiben:** Die Entscheider in den Chefetagen haben Jura oder Volkswirtschaft studiert und sind nicht unbedingt im Jargon der Kommunikationsbranche zu Hause. Damit verbieten sich fachchinesische Sätze wie: „Aufgrund mangelnder Awareness sind die Stakeholder crossmedial anzusprechen."

- **Übersichtlich strukturieren:** Ein Management Summary ist gleichbedeutend mit Platzmangel. Dennoch muss genügend Platz für Überschriften und Absätze, für Spiegelstriche oder zusammenfassende Aussagen am Rand („Marginalien") bleiben.

- **Kernaussagen herausheben:** Durch Unterstreichen oder Fettschreiben der maßgeblichen Textstellen kann man einen Leitstrahl für Überflieger und quasi eine „Essenz der Essenz" bilden.

- **Bilder sind erlaubt:** Falls eine Illustration oder eine Infografik hohen Anschauungswert haben und einen substanziellen Erkenntnisgewinn liefern, können sie in das Kurzpapier integriert werden. Dadurch darf das Executive Summary aber keinesfalls länger werden. Drei Seiten bleiben die Obergrenze.

Ein bekannter deutscher Dichter hat sinngemäß geschrieben: „Ich habe keine Zeit einen kurzen Brief zu schreiben, deshalb schreibe ich dir einen langen Brief." In der Tat braucht eine gute Kurzdokumentation reichlich Zeit und ein Quantum Entschlossenheit. Vieles erscheint wichtig und man glaubt, nicht auf Inhalte verzichten zu können – und dennoch muss es sein. Das radikale Kürzen wird zum Nahkampf mit dem Text. Jedes Wort und jeder gestrichene Halbsatz müssen hart erkämpft werden.

Bilanzierende Abschlussdokumentation

Die Abschlussdokumentation verbindet das zugrundeliegende Konzept mit der Dokumentation der Kommunikationsaktivitäten und den Ergebnissen der Erfolgskontrolle. Die Leser können das konzeptionelle Vorhaben mit den tatsächlichen Resultaten vergleichen und sich ein Urteil bilden. Eine Abschlussdokumentation wird in den meisten Unternehmen nur bei großen Kommunikationsprojekten erstellt. Ein Unternehmen dokumentiert die Kommunikationsaktivitäten zum 100-jährigen Jubiläum, ein Gesundheitsverband zieht nach drei Jahren Kommunikation zur Masernimpfung eine erste Bilanz. Wie bei der „Long Version" der Konzeptdokumentation gibt es zum Abschluss zwei gebräuchliche Varianten der Dokumentation:

› **Die Arbeitsdokumentation:** Sie wird in der Textverarbeitung erstellt und hat sachlich auswertenden Inhalt. Im Idealfall ist es eine offene, ehrliche Dokumentation, die auch Schwächen und Pannen nennt. Die Lektüre ist aufschlussreich und die Beteiligten lernen dazu. Aus den Ergebnissen können Rückschlüsse für die Kommunikation der Folgejahre gezogen werden.

› **Die Imagedokumentation:** Sie wird von erfahrenen Design-Profis in einem Layout-Programm erstellt. Sie hat primär repräsentativen Inhalt. Die Dokumentation mit überdurchschnittlich vielen Fotos und relativ wenig Text zeichnet ein Panorama des Erfolges nach. Sie dient vor allem der Bestätigung. Während die Arbeitsdokumentation im kleinen Kreis der Beteiligten bleibt, kann die Imagedokumentation auch an externe Zielpersonen gehen. Der für den Standort zuständige Bundestagabgeordnete bekommt die Dokumentation oder das Präsidium des relevanten Branchenverbands.

Bei langfristig angelegten Kommunikationskonzepten wird nicht am Ende jeder Periode eine Abschlussdokumentation erstellt. Die Dokumentation spiegelt einen längeren Zeitraum wider. Üblich ist eine Spanne von drei bis fünf Jahren.

z. B. das Management Summary

Auf unsere Stärken besinnen. Volkswohnen AG

Zusammenfassung des Kommunikationskonzepts

Situation: Image unter Druck
Die Volkswohnen AG hat zurzeit **7,3 Prozent Leerstand**, die **Mieterfluktuation steigt**. Da die private Konkurrenz zurzeit sieben Wohnhäuser fertigstellt, werden wir noch stärker unter Druck geraten.
Die Pflegemängel in den Quartieren durch fehlende Hausmeister haben zur hohen Mieterunzufriedenheit geführt. Bei einer Blitzumfrage Mitte März äußerten sich **86 Prozent der Mieter unzufrieden, 65 Prozent schlossen einen Umzug nicht aus**. Verstärkt wird diese Tendenz durch zahlreiche Berichte in der Umschau. **Jeder zweite Zeitungsbericht in den letzten drei Monaten war negativ**.

Aufgabe: Sofort gegensteuern
Das vorliegende Konzept beschreibt den **neuen Kurs der Imagekommunikation**. Es verzahnt die **Imageaktivitäten mit unserem aktuellen Marketingkonzept**. Gleichzeitig wird der Versorgungsauftrag als kommunales Unternehmen konsequent berücksichtigt.

Ziele: Profil stärken
Drei vorrangige Kommunikationsziele geben die Richtung für die zukünftigen Imageaktivitäten der Volkswohnen vor:

› **Positive Präsenz** – Die signifikanten Leistungen und Stärken unseres Unternehmens kommen immer wieder ins mediale und öffentliche Gespräch.
› **Starkes Image** – Nach der Krise wird die Marke Volkswohnen wieder eindeutig positiv aufgeladen und setzt neue Akzente.
› **Intensive Mieterbindung-/findung** – Durch parallele Marketingmaßnahmen gelingt es, die steigende Fluktuation zu stoppen.

Zielgruppen: Ansprache konzentrieren
Die Volkswohnen stellt die Mieter in den Blickpunkt und konzentriert sich auf drei Segmente, die laut Bevölkerungsprognose Zukunft haben:

› **Junges Wohnen** – Junge Leute starten mit eigener Wohnung
› **Familien** – Beide Partner oder alleinerziehend mit Kindern
› **Generation 55+** – Paare oder Einzelpersonen über 55 Jahre

Parallel nutzen wir relevante Multiplikatoren als Verstärker. Unsere Ansprache integriert lokale Medien, Kommunalpolitik und Geschäftspartner. Unsere Mitarbeiter sind einbezogen.

Positionierung: Nähe und Nachbarschaft
Die zukünftige Imagekommunikation positioniert die Volkswohnen als eine ideale Verbindung aus Nähe und Nachbarschaft:

› **Die Volkswohnen ist der vertraute Wohnungsanbieter aus der Heimat. Unser Team bekennt sich zur Nachbarschaft und baut die Wohn- und Mieterbetreuung stark aus.**

67 Jahre Tradition und unsere Verankerung in die Region erreichen eine Nähe, die kein Konkurrent bieten kann. Die neuen Services dokumentieren das Nachbarschaftsgefühl. Nähe und Nachbarschaft gehören unlösbar zusammen. Sie verkörpern das neue Image der Volkswohnen.

Botschaften: Feste Werte für die Kommunikation
Die Botschaften leiten sich aus der Positionierung und dem Versorgungsauftrag ab. Sie umschreiben die zukünftigen Grundwerte der Volkswohnen:

› **Volkswohnen beweist Größe.** Wir sind das älteste und leistungsstärkste Wohnungsunternehmen der Region und ein wichtiger Wirtschaftsfaktor.
› **Volkswohnen steht für Wohnvielfalt.** Wir bieten eine große Auswahl an bezahlbaren Wohnungen mit zeitgemäßem Komfort in allen Bezirken der Stadt.
› **Volkswohnen zeigt Verantwortung.** Wir haben das Wohl unserer Mieter und der Stadt immer im Blick. Wir fördern Soziales, Kultur, Umwelt und vor allem gute Nachbarschaft.
› **Volkswohnen garantiert Sorgfalt.** Unser Team hat verstanden und bietet in Zukunft einen vorbildlichen Service. Wir tun alles, damit sich die Menschen bei uns wohlfühlen.

Umsetzung: Punktgenaue Kommunikationsaktivitäten
Die Imagekommunikation setzt in allen relevanten Aufgabenbereichen den Hebel an und arbeitet Hand in Hand mit dem Marketing. Nähe und Nachbarschaft prägen das Vorgehen:

› **Mieter binden** – Unsere Maßnahmen kommunizieren die neuen Services, sprechen gezielt wechselwillige Mieter an und belohnen den treuen Mieterstamm.
› **Neukunden gewinnen** – Für die drei Schwerpunktzielgruppen entwickeln wir Angebote, die auf deren Bedürfnisse zugeschnitten sind und die Nachfrage verstärken.
› **Nachbarschaften beleben** – Wir forcieren die Entwicklung der Nachbarschaften mit Events und Aktionen vor Ort in den Quartieren.
› **PR intensivieren** – Die Kommunikation baut die regionalen Netzwerke aus. Die Ansprache erfolgt ehrlich, d. h. die Fehler der Vergangenheit werden offen eingestanden.

- **Mitarbeiter integrieren** – Das gesamte Team soll Nähe und Nachbarschaft leben. Deshalb sind die Kollegen frühzeitig zu informieren und fit für den neuen Kurs zu machen.

Fazit: Image und Marketing gemeinsam offensiv
Das vorliegende Kommunikationskonzept der Volkswohnen beschreibt einen langfristigen Kurs, der schon kurzfristig Erfolge zeigt:

- **Der Start kann bereits im nächsten Quartal erfolgen.** Die aktuellen Imageprobleme werden systematisch und mit einem nachhaltigen Konzept angegangen.
- Die gesamte Kommunikationsarbeit unterstreicht den kommunalen Versorgungsauftrag und sichert so den **guten Stand nach außen gegenüber Politik, Wirtschaft und Medien.**
- Vermietung und Vertrieb bekommen durch die Imagekommunikation massive Unterstützung, sodass sich die **Erfolge auch in Vermietungszahlen widerspiegeln.**
- Durch enge Abstimmung mit dem Marketing steigern wir den Wirkungsgrad und erreichen einen effizienteren Mitteleinsatz. **Das neue Konzept erfordert keine Erhöhung des Etats.**

Die Begleitung der Umsetzung

Konzept in der Umsetzung

Ist das Konzept nun abgeschlossen und fix? Nein, wer sich darauf verlässt, dass mit der Fertigstellung und Verabschiedung eines Kommunikationskonzepts ein statisches und „ewig gültiges“ Endergebnis feststeht, der liegt falsch. Denn er übersieht die natürlichen Grenzen des Konzepts. Alles bleibt im Fluss. Wenn sich die Ist-Situation des Unternehmens aufgrund einer neuen Markt- und Wettbewerbssituation verändert oder eine unerwartete Krisensituation mit negativen Reputationsfolgen eintritt, können sich die zentralen Ausgangsparameter für das Kommunikationskonzept von heute auf morgen ändern. Das Konzept muss neu justiert werden, das alte Ergebnis ist obsolet.

Aber selbst im ruhigen Fahrwasser muss man das Konzept aktuell halten. Wir wissen bereits: Die Erarbeitung eines Konzepts ist kein linearer Prozess. Vielmehr sind Dynamik, permanente Überprüfung und Rückkopplung wesentliche Bestandteile des Konzeptionsprozesses. Das gilt auch für die anschließende Detailplanung und Umsetzung des Konzepts. Sobald Hindernisse in der Realisierung von Maßnahmen auftreten, muss ein Kommunikationskonzept weiterentwickelt und immer wieder angepasst werden. Es entstehen die Versionen 1.2, 1.7, 2.0, 2.1 und so weiter.

In der innovationsgetriebenen Software-Branche wird oft mit der sogenannten „Scrum-Methode“[136] als Projektmanagement-Tool gearbeitet. Die Grundannahmen von Scrum lauten: Der Entwicklungsprozess einer Software-Anwendung ist im Grundsatz nicht vorhersehbar. Anstatt einem Projektteam exakte detaillierte Arbeitsanweisungen zu geben und den Fortschritt permanent zu kontrollieren, erhalten die Projektteams zwar klare Zielvorgaben bezüglich Zeitkorridor, Qualität oder Funktionalität der geplanten Anwendung. Für die konkrete Umsetzung jedoch sind die Teams alleine zuständig. Sie bestimmen die Taktik und den Weg, der innerhalb der definierten Zeitvorgabe am besten zum Ziel führt. Scrum als agile Planungsmethode geht davon aus, dass das Eingehen auf Veränderungen wichtiger ist als das sture Festhalten an einem Plan.

Die Annahmen von Scrum lassen sich problemlos auf das Kommunikationskonzept und seine Umsetzung übertragen. Flexibilität wird großgeschrieben und muss unbedingt erhalten werden, denn das Ergebnis ist wichtiger als der Weg dahin. Und mit direkter Interaktion und persönlichem Austausch lassen sich Umsetzungsprobleme des Konzepts besser bewältigen als durch erschöpfende Projektpläne. Für die Kommunikationskonzeption bedeutet das: Die Leitplanken der Konzeption sind wichtiger als die detaillierte Ausplanung bis ins letzte Detail. Wer sein Konzept zu detailliert fixiert, der verliert. Das bedeutet allerdings nicht, dass alles „Manövermasse" ist und die Taktik regiert. Vor allem an den strategischen Parametern von Zielen, Zielgruppen, Positionierung und Botschaften wird nur gedreht, wenn es unvermeidlich ist. Das Konzept darf verändert, aber nicht verdreht oder gar gebrochen werden.

Da das Unvorhergesehene in der Konzeptionsumsetzung zum Alltag gehört, ist eine klare Veränderungsorientierung und viel Flexibilität von allen Beteiligten gefordert. Das heißt auch, dass jedes Konzept präventiv Spielräume lässt, die mit neuen spannenden Ideen gefüllt werden können, die sich erst während des Umsetzungsprozesses ergeben. Der Kunde erkennt während einer Schulungsveranstaltung: „Die Schulung läuft super. Es wäre klasse, wenn man die wichtigen Lektionen auch in einem Film sehen könnte." Daraufhin wird ein Lehrfilm gedreht und ins Internet gestellt. In der ursprünglichen Version des Konzepts kam dieser Film gar nicht vor. Diese Spielräume sollten sich auch im Budgetrahmen niederschlagen. Es empfiehlt sich, in der Budgetierung nicht alles bis zum letzten Cent zu verplanen, sondern Puffer für konzeptionelle Weiterentwicklungen zu lassen.

Anforderungen der neuen Medienwirklichkeit

Außerdem gewinnt eine hohe konzeptionelle Flexibilität durch die veränderte Medienwirklichkeit an Bedeutung. Vor allem Internet und sozialen Medien führen dazu, dass Zielgruppeninteressen, Meinungsbilder und Themenkarrieren immer volatiler werden. Ein systematisches Monitoring hilft, Trends und Stimmungen frühzeitig zu erfassen und sofort darauf zu reagieren. Die Reaktion darf aber keinesfalls rein von taktischen Reflexhandlungen getrieben sein, sondern muss immer das Konzept als Orientierungsrahmen in die Überlegungen einbeziehen. Gleichzeitig muss die Arbeitsorganisation im Kommunikationsteam flexibel gestaltet werden, um schnell auf die Impulse aus den Medien reagieren zu können. Diese werden aufgegriffen, diskutiert und im Team bewertet. Und wenn sie im Sinne des Konzepts für gut befunden werden, dienen sie als Ausgangspunkt für passende Kommunikationsaktivitäten. Das ist kein Problem! Sofern die strategischen Grundkonstanten nicht über den Haufen geworfen werden, dient die Weiterentwicklung dem Kommunikationserfolg.

Die neue Medienwirklichkeit führt zu neuen flexiblen Regeln in der strategischen Kommunikationsplanung, aber die Flexibilität muss Grenzen haben. Wir stellen mit Erschrecken fest, dass in einigen Unternehmen übertrieben wird: Je dynamischer sich ein Unternehmensumfeld verändert, desto schneller veralten Kommunikationskonzepte. Früher konnte man problemlos Fahrpläne für ein, zwei oder drei Jahre entwickeln. Heute unterliegen selbst

Jahrespläne einer Halbwertszeit. Deshalb reduzieren besagte Unternehmen ihre Kommunikationsvorhaben entlang ihrer Berichterstattungszyklen auf kurzfristige Quartalspläne. Es wird mit Vollgas auf Sicht gefahren. Wir hören aktionistische Aussagen wie: „Ich habe gerade die heutigen Zahlen am Dashboard gesehen. Die neue Imagebotschaft auf der Serviceseite unserer Website hat zu keinerlei Traffic-Gewinn geführt. Ab morgen fahren wird da eine neue Botschaft!"

Diese Entwicklung halten wir für brandgefährlich. Die strategische Kommunikationsausrichtung des Unternehmens gerät unter die Räder und wird zum Spielball kurzfristiger Entscheidungen. Es kommt keine Kontinuität in die Kommunikation, die Aktivitäten hecheln von Anlass zu Anlass, ohne miteinander verbunden zu sein. Eine klare Linie verliert sich im taktischen Aktionismus. Statt wie ein guter Flow zu wirken, ähnelt die Kommunikation einem Hindernis-Parcours mit Zickzack-Kurs. Jeder Reiz aus dem Umfeld führt zu einer Kursänderung. Wir empfehlen dringend das Gegenteil: Gerade in unruhigen Zeiten sollte das Unternehmen mit klaren konzeptionellen Linien bewusst Ruhe in die Kommunikation zu bringen. Flexibilität ja, aber mit Weitblick und in Maßen.

Ein tragfähiges Konzept braucht in der Umsetzung beides im richtigen Verhältnis: Auf der Langfristebene feste Leitplanken durch klare konzeptionelle Prinzipien. Hier lautet die Devise: „Kurs halten!" Auf der Kurzfristebene ausreichende kreative Flexibilität verbunden mit kurzen Entscheidungswegen: „Super Idee, komm lass uns das angehen!" Daraus ergeben sich zwei grundsätzliche Handlungsoptionen, die zum Einsatz kommen können: Wir schaffen mit dem Konzept eine feste Orientierung für die Zielgruppen durch eine kontinuierliche und wertebasierte Ansprache einerseits. Gleichzeitig erzeugt das Konzept Überraschung, Aktualität und Neuigkeitswert für die Zielgruppen. Es reagiert flexibel, ungewöhnliche Ideen sind erlaubt und erwünscht. Das Konzept darf nie eingefroren werden. Es entwickelt sich im Prozess der Umsetzung agil weiter und fühlt sich in die Zielgruppen und das Umfeld des Unternehmens ein. Das Konzept ist ein ständiger, lebendiger Prozess.

Konkrete Umsetzungsschritte

In der Umsetzungszeit des Konzepts sind Konzeptionsfachleute nur selten an Bord. Sie widmen sich meist schon anderen Kommunikationsaufgaben und bekommen nicht mehr mit, was in den Umsetzungswochen und -monaten passiert. Das ist die Realität der Konzeption, aber diese Realität finden wir bedenklich. Wünschenswert wäre, dass wir als engagierte Anwälte des Konzepts auch während der gesamten Umsetzung im Einsatz bleiben. So können wir sicherstellen, dass das Konzept nicht in der Schublade versenkt wird und die Macht des Faktischen das Ruder übernimmt. Die an der Umsetzung Beteiligten empfinden die Anwalt-Funktion von uns Konzeptionern eher als Belastung, manche sogar als Zumutung. Da ist immer jemand, der ihnen auf die Finger schaut, konzeptionelle Konsistenz einfordert und wenn es sein muss, richtig penetrant wird. Aber genau so soll es sein! Die Rolle von Konzeptionern im operativen Bereich ist die einer Gegenkraft, die dem Konzept in der harten Wirklichkeit der Umsetzung zur Geltung verhilft. Zur Not müssen wir sogar bereit sein, uns mit den umsetzenden Teams anzulegen und für unser Konzept leidenschaftlich zu kämpfen.

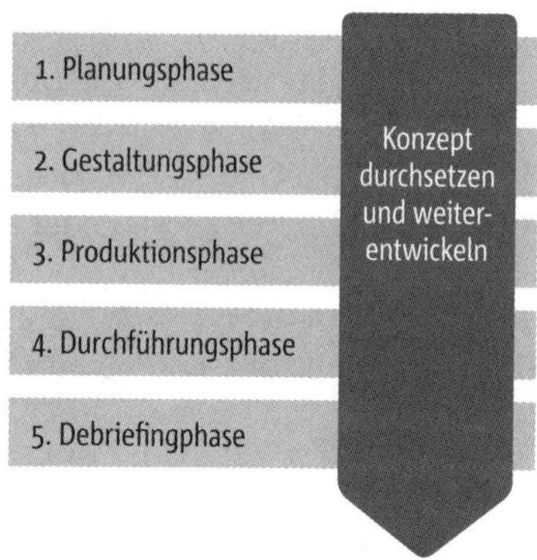

Abbildung 118: Das Konzept in der Umsetzung

Das verabschiedete Konzept ist die feste Messlatte für alle Phasen der Umsetzung. Dabei werden die Maßgaben konsequent, aber nie starrsinnig umgesetzt. In begründeten Fällen kann man das Konzept nachträglich anpassen.

Die Realisierungszeit eines Kommunikationskonzepts besteht im Wesentlichen aus fünf Arbeitsphasen. In allen Phasen können wir als Konzeptioner gefragt sein:

› **Planungsphase:** Das Konzept als kommunikationspolitisches Papier wurde verabschiedet, die großen Konturen der Kommunikation stehen. Jetzt beginnt die handwerkliche Feinarbeit und die Detailplanung der im Konzept definierten Kommunikationsaktivitäten. Der Outdoor-Einsatz einer Plakatserie wird in allen Einzelheiten durchgeplant, der Aufbau und Umfang einer Imagebroschüre festgelegt, die Produktion eines Videoclips geplant und die Bühnensituation eines Kundenevents im Detail fixiert. Dazu gehört auf jeden Fall auch eine Budget- und Zeitplanung. Für das Budget werden Angebote eingeholt und genaue Kostenpläne durchgerechnet. Die Zusammenstellungen aller Kosten sind vom Seitenumfang oft dicker als das zu Grunde liegende Konzept. Auch die Zeitplanung bildet alle Einzelheiten ab. Es geht nicht mehr um den großen dramaturgischen Bogen wie im Konzept, ab sofort wird bis auf den Tag, manchmal bis auf die Stunde genau terminiert. Die Planungsphase stellt einen Lackmus-Test für uns Konzeptionsleute dar. Haben wir realistisch konzipiert, dann müssen wir während der Planung keine nennenswerten Anpassungen vornehmen. War unser Konzept ungenau oder überambitioniert, so bricht sich spätestens jetzt in der Detailplanung die Realität Bahn. Im Ernstfall werden noch einmal erhebliche Konzeptänderungen erforderlich.

› **Gestaltungsphase:** Bereits während der Arbeit am Konzept haben erste Gestaltungsarbeiten begonnen. Ein Motiv der Plakatserie, sowie die Titelseite der Broschüre wurden entworfen, für den Videoclip entstand ein kurzes Treatment und die Bühnensituation wurde gescribbelt, um die gestalterischen Ideen zu veranschaulichen und abzustimmen. In der Umsetzung wird es konkret. Das komplette textliche und grafische Design von Plakat und Broschüre entsteht mit allen Motiven der Serie und allen Seiten der Broschüre. Die Gestaltung geht bis zur produktionsreifen Reinzeichnung. Aus dem Treatment des Videoclips entsteht ein komplettes Drehbuch. Aus dem lockeren Scribble wird ein 3D-Modell der Eventbühne. Wir Konzeptioner sollten frühzeitig auf die entstehenden Designs schauen und korrigierend eingreifen, falls sie das Credo des Konzepts nicht angemessen widerspiegeln. Schaut man erst auf die Broschüre, wenn alle Seiten fertig layoutet sind, kann das Eingreifen zu erheblicher Mehrarbeit führen.

› **Produktionsphase:** Inzwischen sind Planung und Gestaltung abgeschlossen. Als Nächstes werden alle Mittel und Maßnahmen produziert und für den Einsatz bereitgestellt. Plakat und Broschüre werden gedruckt, der Videoclip gedreht und die Bühne für den Event gebaut. In dieser Phase gibt es für Konzeptioner wenig zu tun. Vielleicht sind wir bei den Dreharbeiten zum Clip oder bei den möglichen Proben für das Bühnenprogramm dabei, aber nur, falls die Produzenten ernste Probleme mit der konzeptionellen Umsetzung bekommen.

› **Durchführungsphase:** Die Kommunikation ist gestartet. Alle Aktivitäten laufen nach Plan und müssen sich in der Realität bewähren. Das Plakat hängt an den allgemeinen Anschlagstellen, die Broschüre wird an die Kunden verschickt, der Videoclip steht im Netz und der Event geht über die Bühne. Parallel werden die Sensoren der Erfolgskontrolle scharfgeschaltet und messen die Resultate. Auch in dieser Phase kann es passieren, dass wir Konzeptioner überraschend einen Anruf bekommen und kurzfristig eingreifen müssen. Mag sein, der Videoclip bleibt mit seinen Zugriffszahlen weiter unter den Erwartungen. Was kann man tun, um die Antriebshemmung zu lösen und dabei auf der Linie des Konzepts zu bleiben? Eine schnelle und pragmatische Antwort ist gefragt.

› **Debriefingphase:** In der letzten nachgelagerten Phase der operativen Umsetzung ist alles gelaufen. Aber es stellt sich die Frage, wie ist es gelaufen und welche Konsequenzen ziehen die Beteiligten daraus für das nächste Kommunikationskonzept? Um besser nach vorne blicken zu können, blickt das Debriefing noch einmal kritisch zurück.

Aufforderung zum Debriefing

Das Instrument des Debriefings gehört methodisch zum Briefingprozess und wurde im entsprechenden Kapitel des Buchs bereits kurz vorgestellt. Zum Abschluss der Umsetzung jedes Kommunikationskonzepts sollte es ein Debriefing geben. Das Debriefing ist die Nachbesprechung der Kampagne, der Aktion oder des Projekts. Es ist eng mit der Evaluation verbunden. Im Regelfall fließen in die Nachbesprechung die dokumentierten und gut aufbereiteten Ergebnisse der Erfolgskontrolle ein.

Wie im Kapitel Briefing beschrieben, ist das Debriefing ein Stiefkind der Kommunikation, das im hektischen Alltag von Marketing- und PR-Schaffenden schnell untergeht. „Keine Zeit, lief doch alles prima", beenden Auftraggeber gern unsere Frage nach einem Debriefing. In der Mehrzahl der Konzepte, an denen wir beteiligt sind, findet kein Debriefing statt, obwohl der Wert für die Optimierung von Kommunikationsprozessen immens wäre. Und selbst, wenn ein Debriefing stattfindet, wird damit allzu oft nur eine nette Plauderstunde verbunden, bei der sich alle noch einmal auf die Schulter klopfen. Die Beteiligten versuchen, ihre Leistung im besten Licht zu zeigen. Kritik wird klein gehalten. Fehlerkultur? Fehlanzeige! Auf derartige Placebo-Veranstaltungen kann man in der Tat verzichten. Aber jeder Kommunikationsprofi weiß, das perfekte Projekt gibt es einfach nicht. Also lohnt es sich, auf die Suche nach Schwächen, Problemen und Verbesserungsmöglichkeiten zu gehen. Deshalb unsere Aufforderung zum Debriefing.

Beim Debriefing kommen alle Kommunikationsbeteiligten zusammen. Konzeptions- und Umsetzungsbeteiligte, interne und externe Beteiligte. Wenn eine Agentur beauftragt war, findet das Auswertungsmeeting mit dem verantwortlichen Team der Agentur statt.

Das Debriefing findet möglichst kurz nach Kampagnen- oder Projektende statt, dann sind die Erinnerungen frisch und wesentliche Eindrücke noch nicht von neuen Aufgaben und Jobs überlagert. Wichtig ist eine gründliche Vorbereitung. Die vorhandenen Daten und Fakten werden gesammelt, solide und verständlich aufbereitet. Die Umsetzungsbeteiligten haben Ihre Eindrücke in kleinen Erfahrungsberichten zusammengefasst. Fotos, Videos und Infografiken veranschaulichen das Gesagte.

Wenn die Zahl der Beteiligten an Konzept und Umsetzung zu groß ist und wohlmöglich alle räumlich verstreut agieren, kann man in der Vorbereitung des Debriefings mit standardisierten Fragebögen arbeiten. In die Fragebögen tragen die Beteiligten ihre subjektiven Eindrücke ein. Die Bögen werden ausgewertet und die Ergebnisse während der Gesprächsrunde vorgestellt. Oder es werden im Vorfeld gestützte Interviews mit den Projektteilnehmern geführt und die Gesprächsergebnisse während des Debriefings bilanzierend zusammengefasst. Im Grundsatz sollten alle Beteiligten gehört und einbezogen werden. Das Debriefing sorgt für „böses Blut", wenn bestimmte Mitarbeiter oder Abteilungen das Gefühl haben, sie wurden übergangen.

Der gemeinsame Debriefing-Termin ist viel mehr als nur Evaluation. Im Debriefing werden die Ergebnisse der Evaluation vorgestellt und mit den subjektiven Eindrücken der teilnehmenden Personen abgeglichen. In der Nachbesprechung muss folglich genügend Raum vorhanden sein, damit die Teilnehmer in einer konstruktiven Atmosphäre ihre subjektive Wahrnehmung und ihre persönlichen Einschätzungen zu Stärken und Schwächen der Kommunikation ins Gespräch bringen können. Gute Debriefings finden deshalb in einem ehrlichen und offenen Klima statt. Es geht darum, Schwachstellen genau zu benennen und zu präzisieren, damit sie nach Möglichkeit für die Zukunft ausgeschlossen werden können. Drohungen und Sanktionen durch die Vorgesetzten haben in diesem Rahmen nichts zu suchen. Ein gutes Debriefing ist keine Ergebnispräsentation, sondern ein konstruktiver Workshop.

Bei größeren Kommunikationskonzepten ist sinnvoll, den Debriefing-Workshop zu strukturieren:

› **Nach Bereichen:** Es berichten die Leute aus dem Vertrieb, dann schließt sich die Marketingkommunikation an und zum Schluss kommt die Unternehmenskommunikation an die Reihe.

› **Nach Ablauf:** Zuerst nimmt man die Probleme von Gestaltung, Planung und Produktion unter die Lupe, dann schauen sich die Beteiligten den gesamten Durchführungsprozess chronologisch an und schlussendlich werden die Resultate der Erfolgskontrolle diskutiert.

› **Entlang der konzeptionellen Linie:** Wurden die Ziele erreicht? Wie sieht die Zielgruppenwirkung aus? Hat die Positionierung funktioniert? Wie sind die Botschaften angekommen? Was hat in der Umsetzung funktioniert oder nicht funktioniert?

› **Nach grundlegenden Projektkriterien:** Zusammenarbeit des Teams, Einhaltung der Termine, Einhaltung des Budgetrahmens, Wirksamkeit des Projektcontrollings, Realisierung der Strategie und der Umsetzung.

Die Ergebnisse des Debriefings werden in einem Projektbericht zusammengefasst und in das firmeneigene Intranet eingespielt. Jetzt können auch diejenigen Mitarbeiterinnen und Mitarbeiter von den Erfahrungen profitieren, die nicht unmittelbar am Kommunikationsverlauf beteiligt waren. Bei herausragenden Kommunikationskampagnen kann man sogar noch weitergehen. Das Unternehmen stellt die Ergebnisse im Rahmen einer Führungsrunde oder einer Mitarbeiterveranstaltung offiziell vor. Die Erfahrungswerte des Debriefings sind keine Verschlusssache. Vielmehr wird Transparenz im Kommunikations- und Kampagnenmanagement geschaffen. Vorhandenes Wissen und einmal gemachte Erfahrungen gehen nicht verloren. Alle können davon profitieren, die Kompetenz im gesamten Unternehmen erhöht sich.

Gerade wenn sich Maßnahmen – beispielsweise der jährliche Messeauftritt auf der führenden Branchenmesse oder die Roadshow für Schlüsselkunden – zyklisch wiederholen, bilden die Erkenntnisse des Debriefings eine gute Grundlage für eine Optimierung der Maßnahmen und die Erhöhung des Wirkungsgrades. Am Ende beginnt der Prozess von vorn, auf Basis der Erkenntnisse und Erfahrungen wird ein neues Konzept ein entwickelt. Der Kreislauf startet erneut, aber dank der Evaluation und des Debriefings auf einer höheren Wirkungsebene.

Der Blick nach vorne

Anstelle eines gemeinsamen fachlichen Schlussworts haben wir uns entschieden, zwei persönliche Statements zu schreiben. Die Zukunft des Konzepts ist offen. Werden in Zukunft mehr Konzepte gebraucht, weil die Anforderungen an Kommunikation wachsen? Oder brauchen wir künftig gar keine Konzepte mehr, weil wesentliche Planungsleistungen von Algorithmen und intelligenten Maschinen übernommen werden? Wir haben keine Kristallkugel zur Hand. Uns fehlt die Fähigkeit zu sehen, wo das Konzept in zehn oder 20 Jahren stehen wird. Wir haben aber das feste Gefühl, dass uns dann komplett neue technische Möglichkeiten zur Verfügung stehen. Es wird dann nicht nur die Industrie 4.0, sondern auch die Kommunikation 4.0 geben. Auf den nächsten Seiten tasten wir uns an das Zukunftsszenario des Kommunikationskonzepts heran – mit einem kleinen Augenzwinkern und viel Spielraum für Fantasie.

Konzepte werden gebraucht – dringender denn je
von Oliver Jorzik

Viele Agenturen und Unternehmen arbeiten bereits heute mit sogenannten Communication-Dashboards. Hierbei handelt es sich um digitale Cockpits für Kommunikationsfachleute, auf denen monats- oder tagesgenau die aktuellen Zahlen aus der Social-Media-Sphäre, aus der Medienarbeit oder dem Marketing einlaufen. Braucht das Management eine zeitnahe Auswertung über kritische Blogbeiträge, weil das neue Produkt einige Schwächen besitzt? Kein Problem! Wie entwickeln sich die Kommentare auf der Facebook-Seite? Knopfdruck genügt! Es wird ein Reporting zur Medienpräsenz auf der gerade stattgefundenen Leitmesse in Tokio benötigt? Eine Sekunde, der Report wird sofort erstellt! Im digitalen Cockpit der Kommunikation werden Daten gesammelt und bereitgestellt, die Daten können jederzeit ausgewertet und bewertet, unterstützende Maßnahmen oder Gegenmaßnahmen geplant werden. Es laufen ständig neue Messergebnisse ein, die eine Plattform für strategische Entscheidungen bieten.

Also wozu benötigt man in dieser datenbasierten Unternehmenswirklichkeit des Marketings und der PR überhaupt noch Konzepte für die Kommunikation? Es ist doch alles da, was man braucht. Die Diagramme und Verlaufskurven der KPIs („Key Performance Indicator“) sprechen eine eindeutige Sprache. Es kann alles ausgewertet werden, was für Entscheidungen nötig ist. Die Wirkung der eigenen Aktivitäten liegt transparent ausgebreitet vor den Beteiligten. Die Planung findet auf Basis valider Ergebnisse statt, also ist unter strategischen Gesichtspunkten alles in grünem Bereich? Und in naher

Zukunft haben die Unternehmen sogar Textgeneratoren zur Verfügung, die Pressemitteilungen, Posts und Kommentare schreiben. Auch die zugehörige Infografik generiert das System automatisch – und fertig ist der bereits suchmaschinenoptimierte Content.

Stimmt der Befund? Dann könnten die Leserinnen und Leser dieses Buch getrost in die Ecke legen und brauchten es nie mehr anzurühren. Aber Einspruch sei erlaubt! Es gibt viele gute Gründe für die Annahme, dass Konzepte in Zukunft mehr denn je gebraucht werden. Denn es reicht nicht aus, Handlungsfelder nur zu identifizieren, regelmäßig Reportings zu verfassen und Prozesse zu überwachen. Das hat mit Kommunikation noch gar nichts zu tun. Kommunikation ist keine Ingenieurswissenschaft, die ausschließlich auf Algorithmen basiert, auch wenn das die Nerds in unserer Branche gerne so sehen würden. Schätzungen gehen davon aus, dass sich 80 Prozent aller Kommunikationsprozesse auf personaler Kommunikation begründen. Menschen, Gesichter, Sprache, Gesten und persönliche Begegnungen sind das Fundament der Kommunikation. Und sie werden in einer digitalisierten Welt eine zentrale Rolle bei der Herausbildung von Identifikation mit einem Unternehmen oder einer Marke einnehmen. Digitalisierte Kommunikation bringt nur selten emotionalen Mehrwert. Selbst bei einer ganz normalen Skype-Konferenz geht der Großteil der emotionalen Zwischentöne verloren. Sie werden vom Bildschirm ausgetilgt. Gefühle und Stimmungen sind jedoch die wesentlichen Treiber für die gelungene Vermittlung von Botschaften.

Und personale Kommunikation kann mächtige Wirkungen entfalten. Wie schnell führt die fahrig hingeworfene Interviewaussage eines bekannten CEOs zu weltweiter medialer Negativ-Berichterstattung? Warum wird das eine Unternehmen zur Weltmarke, während das andere Unternehmen am Existenzminimum agiert, obwohl es gleich gute Produkte führt? Warum wächst der Eventmarkt mit seinen vielfältigen Formaten für persönliche Begegnungen so stark an? Warum suchen Medien und Kunden nach Ankern der Authentizität und nach persönlichen Geschichten? Die Antwort ist so einfach wie naheliegend: Kommunikation ist „People Business". Solange das so ist, werden Formen und Formate für eine Systematisierung der Kommunikation gebraucht, die die mediale Ebene mit der personalen Ebene der Kommunikation nachvollziehbar verbinden. Auch das beste Communication Dashboard vermag es nicht, kreative Handlungsalternativen zu erarbeiten, die durch einen grundlegenden Wechsel der Betrachterperspektive erst entstehen. Und persönliche Nähe erzeugt auch der vollkommenste Computer nicht.

Das klassische Empirie-Problem, dass Daten immer der Interpretation, der Auslegung unterliegen, wird durch ein Mehr an Daten nicht kleiner, sondern größer. Für uns Kommunikationsleute heißt das: Die Analyse wird im besten Fall genauer, aber umso wichtiger wird auch die Selektion der Daten; die

Trennung von Wichtigem und Unwichtigem – von Informationsmüll und echten Schätzen in den Datenbeständen.

Die daraus resultierenden Ableitungen hinsichtlich Strategie, Leitideen, Botschaften, Argumenten und Maßnahmen bleiben als Kern der Konzeption auch in Zukunft uneingeschränkt erhalten. Im Gegenteil: Wenn immer mehr Unternehmen mit digitalen Verfahren, Methoden und Tools arbeiten, wird in Zukunft noch mehr kreativer Input benötigt, um sich im harten Kommunikationswettbewerb zu unterscheiden. Kommunikation aus der Datenbank heißt Kommunikation von der Stange. Content aus dem Computer heißt Content vom Fließband. Aus vergangenen Routinen werden Routinen für die Zukunft abgeleitet.

Das ist die große Chance für alle strategischen Planer, kreativen Gestalter und Ideengeber der Kommunikation. Der menschliche Faktor ist und bleibt die Seele des Kommunikationskonzepts. Was sich verändert, das ist die Rolle von Konzeptionerinnen und Konzeptionern. Lange genug haben wir von unserem Expertenstatus und Informationsvorsprung gelebt. Doch dieser Informationsvorsprung schrumpft vor dem Hintergrund rasant wachsender Datenberge in hohem Tempo zusammen. Dementsprechend sinkt auch die Bedeutung der Konzeptioner. Früher konnte man sich noch mit einem elitären Nimbus umgeben, heute wird man für derlei Attitüden fast schon ausgelacht. Klaus Schmidbauer und ich merken es heute schon im Job: Wir müssen uns viel stärker als Lösungsanbieter, Sparringspartner, Begleiter und Coaches positionieren, um beim Auftraggeber Gehör zu finden. Spätestens jedoch, wenn es darum geht, die richtigen Schlüsse zu ziehen, neue Ideen zu liefern, passgenaue Maßnahmen zu entwickeln und schlagkräftige Kooperationen zu bilden, sind engagierte Konzeptionerinnen und Konzeptioner mit ihren kreativen Vorschlägen und Lösungen auch in Zukunft gefragt. Da habe ich keine Sorge.

Kommunikationskonzeption im Jahr 2029

von Klaus Schmidbauer

Warum ich ausgerechnet das Jahr 2029 als Perspektivpunkt gewählt habe? Weil der Zukunftsforscher Ray Kurzweil prophezeit, dass in diesem Jahr das Pendel umschlägt und die Computer mit ihrer Denkleistung uns Menschen endgültig überholen.

Ich bin dann bereits im wohlverdienten Ruhestand und wohne in einer Mehrgenerationen-WG am Rande von Berlin. Ich stelle mir vor, dass irgendjemand das Handbuch „Wirksame Kommunikation – mit Konzept“ in einem

Archiv entdeckt und auf die Idee kommt, mich zu einem Vortrag einzuladen, um über das Kommunikationskonzept damals und heute zu sprechen. Ein spannendes Thema, denn zwischenzeitlich hatte sich viel getan und das alte Konzeptionsbuch liest sich 2029 wie ein Relikt aus vergangenen Zeiten.

Als ich damals im Jahr 2016 am Buch schrieb, da konnte ich den Paradigmenwechsel schon spüren, die Kommunikationsbranche war im Wandel begriffen, der Prozess der digitalen Transformation begann an Fahrt aufzunehmen, alte Gewissheiten der Werbung und der Public Relations fingen an zu erodieren. Es lag etwas in der Luft, was Joseph Schumpeter die „schöpferische Zerstörung" der vorhandenen Strukturen genannt hat.

Aber sprechen wir nicht über die Vergangenheit, sondern wenden wir uns der Gegenwart des Jahres 2029 zu. Während ich damals in meiner aktiven Zeit als Konzeptioner in meinem Gehirn die Erfahrungen von vielleicht 2.000 Konzepten aufrufen und intuitiv nutzen konnte, stehen meinen Konzeptioner-Kollegen von heute mehr als zwei Millionen Konzepte mit Milliarden von Metadaten in einer vernetzten Datenstruktur zur Verfügung. Während meine Erfahrungswerte damals oft nur noch schemenhaft präsent waren, können die Konzeptioner heute auf jede einzelne Information zurückgreifen. Nichts geht mehr verloren und kann jederzeit in Zusammenhang gebracht werden. Die Macht der großen Zahl hat 2029 nicht nur die Autobranche oder das Gesundheitswesen revolutioniert, auch beim Entwickeln von Kommunikationskonzepten ist nichts mehr so wie es früher einmal war.

Das fängt mit der Markt- und Zielgruppenanalyse an. Aus den ehemals groben und abstrakten Vorstellungen von den Zielgruppen, die sich hauptsächlich aus Vermutungen zusammensetzten, die wiederum aus standardisierten Studien abgeleitet wurden, ist ein fein gerastertes Profil entstanden, das nicht nur das gegenwärtige Einstellungs- und Verhaltensprofil der Zielgruppen sicher beschreibt, sondern auch Rückschlüsse auf die Verhaltensweisen in der Zukunft zulässt. Mit einer Wahrscheinlichkeit von 70 bis 80 Prozent lässt sich erkennen, wie sich die Zielgruppe zukünftig verhalten wird, die konzeptionellen Weichen können entsprechend gestellt werden. Denn so individuell einzigartig, wie uns manche Experten weiß machen wollen, ist unser Verhalten gar nicht. Wir verhalten uns nach Mustern, die überraschend vorhersehbar sind. So wie die Polizei über „Predictive Policing" zukünftige Tatorte erkennt und der Personalchef eines großen Unternehmens aufgrund seiner Daten relativ zuverlässig weiß, wer in nächster Zeit kündigen wird, so können die Kommunikationsleute heutzutage gut bestimmen, wo und wie sich die Kunden informieren, bevor sie ein Produkt kaufen.

Jetzt im Jahr 2029 schildern meine Konzeptioner-Kollegen dem Chatbot ihres Computersystems ein konkretes Kommunikationsproblem und ergänzen die notwendigen Basisdaten. Dann greift der Computer über „Big Data" auf einen riesigen Pool von Kommunikationskonzepten sowie damit zusammenhängenden Umsetzungsdokumentationen und Erfolgskontrollen zurück. Das Muster des Problems wird mit einem Universum von gespeicherten Daten verglichen und in Bruchteilen von Sekunden werden mehrere strategische Lösungswege mit ihren Erfolgswahrscheinlichkeiten vorgeschlagen. Zielsetzung, Zielgruppendefinition, Positionierung und Botschaften werden nicht mehr vom Konzeptioner in gemeinsamen Workshops mit den Beteiligten oder allein am Schreibtisch erarbeitet, das ist Vergangenheit. Der Computer entwickelt mögliche strategische Wege, entwirft nicht nur die Positionierung, sondern macht auch in verschiedenen Szenarien transparent, wie der Wettbewerb auf diese Position reagieren wird. Davon abgeleitet stellt er genau die Botschaften zusammen, die ausgehend von der Positionierung im Vergleich zum Wettbewerb die größte Durchschlagkraft bei der Zielgruppe haben dürften. Selbst beim Formulieren der Botschaften ist der Computer inzwischen schneller und vielleicht sogar textsicherer als wir Menschen.

Über das Dashboard der entsprechenden Software kann der Konzeptioner alle wichtigen Parameter seiner Konzeption jederzeit verändern und enthält sofort die angepassten Ergebnisse. Wenn er sich zum Beispiel nachträglich entschließt, dass im Vordergrund der Kommunikation nicht mehr das Ziel „Bekanntheitsgrad steigern" steht, stattdessen das Ziel „Image verbessern" oberste Priorität bekommen soll, verändern sich automatisch alle zusammenhängenden Schlussfolgerungen und das Konzept schwenkt um auf Imagekurs.

Alles in allem hat sich der Konzeptioner 2029 zum Piloten des Kommunikationskonzepts entwickelt, der durch den Computer als Autopiloten wesentlich entlastet wird. Er ist damit keinesfalls überflüssig geworden, aber seine Aufgabe hat sich fundamental gewandelt. Er stellt sicher, dass der Computer die richtigen Informationen erhält, überblickt die konzeptionellen Optionen und trifft die grundlegenden Kursentscheidungen. Der Computer arbeitet ihm zu, setzt ihn ins Bild und macht ihn schlau. Das ist keine Entmündigung, denn die strategischen Weichen werden weiterhin von Menschen gestellt. Das bedeutet im Einzelfall auch, dass sich der Konzeptioner aufgrund seiner Intuition und Erfahrung gegen die Lösung des Computers entscheidet.

Große Erleichterung bringt die digitale Transformation vor allem für den operativen Teil des Konzepts. Die Planung aller Maßnahmen und Medien wird komplett vom Computer übernommen – von der Zusammensetzung über die Intensität bis zum Timing der Aktivitäten. Wochenlange Planungsarbeit erledigt sich in Sekunden. Auch in der Umsetzung werden stets verschiedene Aktionswege und Module angeboten. Der Konzeptioner sichtet die Optionen und trifft anschließend die Entscheidung.

Herausragendes Kennzeichen der Kommunikation im Jahr 2029 ist die Differenzierung. Der Computer kennt die Zielgruppen und differenziert die Ansprache mit hoher Präzision. Die Zielgruppen werden quasi „singularisiert". So wird die neue vegane Frühstückscreme nicht mehr über Massenkommunikation frontal kommuniziert. Die Gegenwart gehört der Mikrokommunikation, die sich auf kleine Gruppen, teilweise sogar auf einzelne Personen der Zielgruppe fokussiert. Das heißt, Lisa Müller aus Frankfurt/Main wird anders angesprochen als Otto Mustermann aus Kiel. Die Entwicklung ist vergleichbar mit dem Gesundheitswesen, wo langsam aber sicher die Massenmedikamente verschwinden und für jeden einzelnen Patienten ein individuelles Medikament aufgrund aller vorhandenen Diagnosedaten zusammengestellt wird.

Die digitale Transformation in der Kommunikationsplanung bedeutet jedoch nicht, dass die Menschen der Kommunikation willenlos ausgeliefert sind und wie Marionetten auf die Impulse des Marketings reagieren. Transparenz und Vernetzung bestehen nicht nur auf Seiten des Kommunikationsabsenders, sondern auch bei den Kommunikationsempfängern. Über ihre Netzwerke durchschauen die Empfänger mögliche Manipulationen und wehren sich. Die Macht der Daten führt auch zu mehr Macht für die Konsumenten.

Durch permanentes Monitoring hat der Konzeptioner die Reaktionen von Zielgruppen und Markt unter Beobachtung, sein Dashboard zeigt alle relevanten Indikatoren 24 Stunden rund um die Uhr und weist sofort auf signifikante Abweichungen hin. Aufgrund der aktuellen Ergebnisse kann der Konzeptioner die Dosis, die Richtung und den Inhalt der Kommunikation jederzeit neu regulieren. Die Steuerung von Kommunikationsaktivitäten in Echtzeit ist möglich und nichts Ungewöhnliches mehr. Fehler im Kommunikationsprozess werden unmittelbar erkannt und sofort repariert. Das bedeutet auch, dass Krisensituationen in der Kommunikation den Absender nicht mehr überraschen und kalt erwischen. Der Computer erkennt frühzeitig erste Warnzeichen am Horizont der Metadaten, kann sie deuten, weist die Kommunikationsverantwortlichen darauf hin und schlägt adäquate Reaktionen vor.

In meinem Vortrag im Jahr 2029 berichte ich, dass mich am meisten die Tatsache begeistert, dass endlich das laut lärmende Getrommel der Kommunikation aufgehört hat. Damals Anfang der 2000er-Jahre hatten die Kommunikationsleute aus Angst, nicht gehört zu werden, ihren Kommunikationsdruck immer weiter erhöht und so einen lästigen „Communication Overload" erzeugt. 2029 ist in der Kommunikation endlich das Prinzip der Nachhaltigkeit angekommen. Die Kommunikation schießt nicht mehr breitstreuend mit der Schrotflinte, sondern beherrscht mit dem Skalpell den minimal invasiven Eingriff an der richtigen Stelle. In der Folge muss nur noch die Hälfte kommuniziert werden, um eine ausreichende Wirkung zu erzielen. Heute trifft man den Nerv der Zielgruppen und geht ihnen nicht mehr auf den Nerv, erkläre ich zum Abschluss meines Vortrags den Zuhörern und bedanke mich für die Aufmerksamkeit.

So wird es kommen. Oder auch ganz anders.

07

Konzeptbeispiel veranschaulicht die Praxis

› Die Vorbemerkung
› Das Briefing des Auftraggebers
› Das Konzept | 1. Analytische Basis
› Das Konzept | 2. Strategischer Kurs
› Das Konzept | 3. Operative Umsetzung

Die Vorbemerkung

Ein fiktiver Fall

Bei dem nachfolgenden Konzeptionsfall handelt es sich um ein fiktives Beispiel, das auf realen Fällen und Erfahrungen aus unserer Praxis basiert. Da sich viele unserer Kunden mit der Veröffentlichung ihrer realen Kommunikationskonzepte schwertun und der Darstellung vieler Fälle durch bestehende Vertraulichkeitserklärungen enge Grenzen gesetzt sind, haben wir uns entschlossen, unser Konzeptbeispiel ausgehend von einem fiktiven Kunden und seiner Aufgabenstellung zu entwickeln. Alle Ähnlichkeiten mit bestehenden Unternehmen und Dienstleistungen sind zufällig. Wir haben beim Setting und der Recherche jedoch darauf geachtet, dass alle Annahmen und Faktengrundlagen möglichst wirklichkeitsnah erfolgen.

Autoteile aus dem Drucker

Unser fiktiver Kunde ist die „Classic Car Parts AG" aus der Schweiz. So nennen wir ein kleines Start-up-Unternehmen, das sich einen neuen Markt erschließen und Ersatzteile für Oldtimer aus dem 3D-Drucker produzieren und vermarkten will.

Die Classic Car Parts AG geht an den Start
Sehr geehrte Damen und Herren,
Wir – die Classic Car Parts AG (CCP) – sind ein Start-up-Unternehmen aus dem schweizerischen Winterthur. Unser Unternehmen wurde 2012 von mir und zwei Freunden gegründet. Wir sind Absolventen der Eidgenössische Technische Hochschule Zürich, kurz ETH Zürich, und lernten uns 2010 während eines Forschungsprojekts des Fachbereichs Maschinenbau kennen. Als Liebhaber alter Autos entwickelten wir in vielen Treffen die Idee, mit den heutigen Möglichkeiten des 3D-Druckens zeitnah, kostengünstig und bedarfsgerecht Ersatzteile für Oldtimer nachzuproduzieren, die auf dem Markt für Ersatzteile nicht mehr oder nur noch sehr schwer zu erhalten sind. Die Besitzer von Oldtimern, Oldtimer-Werkstätten und spezialisierte Restaurationsbetriebe stehen häufig vor dem Problem, jahrelang nach einem speziellen Kühlergrill oder einem ganz besonderen Motorersatzteil zu suchen, um die gesuchten Teile dann irgendwo auf der Welt in einem schlechten Zustand auf einem Schrottplatz oder nur sehr teuer auf einem Teilemarkt im Internet zu finden. Manchmal bleibt die Suche trotz intensiver Bemühungen erfolglos – und was tun, wenn man das Ersatzteil partout nicht bekommt? Hier wird künftig CCP den Liebhabern von Oldtimern helfen.

Zum Hintergrund: Eine neue Technik revolutioniert die Produktion
Beschränkte sich die neue Technik des 3D-Druckens noch vor einigen Jahren auf die Herstellung einfacher dreidimensionaler Werkstücke, ist sie heute schon in der Lage, komplizierteste Teile in der Luft- und Raumfahrtindustrie, im Turbinenbau oder auch im medizinischen Bereich bei Körperimplantaten und Prothesen herzustellen. In einzelnen Industrieunternehmen wird gerade die Serienproduktion mittels 3D-Druck getestet und teilweise schon eingeführt. Experten sagen voraus, dass

aufgrund der kostengünstigeren Verfahrenstechniken schon bald ganze Branchen auf die neue Technik umsteigen werden. Die Vorteile liegen neben dem Kostenaspekt vor allem in der hohen Flexibilität der Herstellung. Sie ermöglicht künftig eine preisgünstigere Fertigung von kleinen Stückzahlen. Hohe Lagerkosten werden obsolet, da die Teile „just-in-time" dort gefertigt werden können, wo sie gebraucht werden. In einigen Industriebereichen wird schon hart kalkuliert, welche Vorteile sich durch wegfallende Transportkosten ergeben, wenn in die jeweiligen Zielmärkte nur noch die entsprechenden Dateien gesendet werden, um dann die benötigten Fertigungsteile vor Ort je nach Bedarf einfach auszudrucken.

Wir setzen Maßstäbe in 3D

Die vielfältigen Vorteile der neuen Hochtechnologie wollen wir von der Classic Car Part AG für uns und unsere Kunden nutzen. Für die verschiedensten Werkstoffe, bis hin zu besonderen Motor-Ersatzteilen, haben wir 3D-Drucker für unser neues Produktionslabor in Winterthur angeschafft und auf die speziellen Bedürfnisse hin angepasst. Mit der aus Mülheim an der Ruhr stammenden WESTCAR AG konnte einer der europaweit größten Autoteilehändler als Investor und Partner gefunden werden. Über die WESTCAR können wir bereits heute ein breites Spektrum von Teile-Vorlagen beschaffen. Für die Erstellung von Datensätzen kalkulieren wir zurzeit je nach Komplexität drei bis fünf Tage. Die reine Produktion dauert dann noch einmal maximal 24 Stunden, bis das Stück zur Weiterverarbeitung bereit ist – z.B. für die Verchromung oder für den Versand. Das heißt, die Kunden erhalten binnen maximal zehn Werktagen ein einbaufertiges Ersatzteil, nach dem sie unter Umständen schon mehrere Jahre gesucht haben. Und das zu einem Preis, der mindestens ein Drittel unter dem marktüblichen Preis liegt, bei manchen Teilen in Kleinserien sogar 70 Prozent.

Unsere Business-Strategie: Den Markt schrittweise entwickeln

Für die Bedienung der Maschinen und die Produktion der Modelle haben wir im letzten Quartal fünf Mitarbeiter eingestellt. In Marketing, Vertrieb und Service arbeiten weitere fünf Kollegen. Darüber hinaus sind noch zwei Mitarbeiter für Verwaltung und Buchhaltung zuständig, sodass aktuell 15 Beschäftigte inklusive uns drei Firmengründern/Vorständen bei CCP tätig sind. Die Kapitalgeber haben insgesamt 3 Mio. Schweizer Franken an Kapital zusammengetragen. Damit kann unser Unternehmen seine Kosten in den kommenden drei Jahren bewältigen. Die Grundlagen sind gelegt, der Markteintritt kann beginnen. Als ersten wichtigen Zielmarkt haben wir uns Deutschland ausgesucht. Durch eine Präsenz auf der „Techno Classica" in Essen – der Weltmesse für Oldtimer, Ersatzteile und Restaurierung – wollen wir unser neues Angebot der Oldtimer-Community und der Fachöffentlichkeit vorstellen. Parallel dazu sollen erste Kommunikationsmaßnahmen für den wichtigen Testmarkt Deutschland starten. Unser Unternehmen beabsichtigt im ersten Schritt, zunächst innerhalb der bundesdeutschen Oldtimer-Szene bekannt zu werden und Akzeptanz für das ungewöhnliche Angebot zu schaffen. Wir werden die Startphase nutzen, um erste Erfahrungen in der Kundenakquisition, Bestellaufnahme, Beratung und Auftragsabwicklung zu sammeln, um dann in zwei Jahren den Marktradius auf ganz Europa zu erweitern.

Unsere bisherige Kommunikation

Unser Unternehmensauftritt beschränkte sich bisher auf eine erste kleinere Webpräsenz mit Basisinformationen zum Unternehmen Classic Car Parts AG und einer Bestellmöglichkeit. Zurzeit haben wir in unserer Datei 28 Kunden, die zumeist aus der Schweiz oder dem benachbarten Süddeutschland kommen. In gut informierten Branchenkreisen kursieren einige Gerüchte, dass da in Winterthur etwas Großes im Entstehen ist, das den bisherigen Markt für Oldtimer-Ersatzteile kräftig durcheinander wirbeln wird. Offizielle Statements haben wir mit Verweis auf die intensive Forschungs- und Entwicklungstätigkeit bislang jedoch noch nicht herausgegeben. Sporadisch auftretende Presseanfragen wurden abgelehnt, entsprechendes Medienmaterial sowie weitergehendes Imagematerial ist nicht vorhanden. Ein messbarer Bekanntheitsgrad besteht noch nicht.

Ihre Kommunikationsaufgabe

Erstellen Sie ein Kommunikationskonzept für die CCP rund um die Leitmesse „Techno Classica“ in Essen, um einen ersten wichtigen Schritt in Richtung Marktkommunikation in Deutschland zu gehen und den dortigen Angebots-Testlaunch auf der Messe kommunikativ zu begleiten. Wir wollen die Aufmerksamkeit der deutschen Oldtimer-Community auf das neue spektakuläre Angebot lenken und gleichzeitig in den entsprechenden Fachmedien präsent sein. Und selbstverständlich kommt es uns darauf an, Kunden zu gewinnen. Sie konzentrieren sich auf die Kommunikation rund um die Messe und den Stand. Der Messestand selbst (Hardware) ist bereits an einen Basler Messebauer vergeben und nicht Bestandteil Ihrer Aufgabe. Die „Techno Classica“ findet im April statt. Der Aktionszeitraum, der abgedeckt werden soll, beträgt circa sechs Monate. Er umfasst ein bis zwei Monate vor Messebeginn sowie vier bis fünf Monate nach der Messe. Für die Kommunikation in diesem Zeitraum stehen 185.000 Franken zur Verfügung. Die Mittel sind beschränkt, da wir aktuell noch keine großen Umsätze erzielen. Bei kreativen Vorschlägen kann der Etat-Rahmen noch etwas erhöht werden, sofern Vorstand und Investoren von der Wirkung der Maßnahmen überzeugt sind.

Bitte stellen Sie das Konzept bis zur nächsten Vorstandssitzung am 21. Oktober fertig. Sie bekommen die Möglichkeit, Ihr Konzept im Rahmen einer Präsentation auf der Sitzung vorzustellen. Für Rückfragen in der Zwischenzeit stehe ich Ihnen gerne zur Verfügung.

Freundliche Grüße

Dr. Jürgen Vollegger
Vorstand Marketing und Vertrieb

Unsere Aufgabe

Die Classic Car Parts AG aus Winterthur geht neue Wege. Als erstes Unternehmen in Europa produziert sie mit ihren 3D-Druckern passgenaue Ersatzteile für Oldtimer. Im Frühling nächsten Jahres plant sie mit einem Messestand auf der „Techno Classica" in Essen den Start im Testmarkt Deutschland.

Aufgabe des vorliegenden Konzepts ist die strategische Ausrichtung der Startkommunikation in Deutschland vor dem Hintergrund des Messeauftritts in Essen. Bei der Ausrichtung der Kommunikation orientieren wir uns an folgenden Prämissen:

› **Kompatibilität:** Die Kommunikation ist auf die deutsche Zielgruppe ausgerichtet, soll aber gleichzeitig Erkenntnisse für den Markteintritt in ganz Europa liefern.

› **Flexibilität:** Da das Unternehmen neu und der Markt nicht ausgebildet ist, existieren keine gesicherten Erfahrungswerte. Die Kommunikation muss sich daher flexibel ausrichten und schnell an aktuelle Entwicklungen anpassen lassen.

› **Effizienz:** Da der Etat mit 185.000 Franken begrenzt und der Erfolgsdruck hoch ist, darf die Kommunikation nicht breit streuen, sondern muss entschlossen und gezielt auf die maßgeblichen Zielgruppen in Deutschland zugehen.

Das analytische Vorgehen

Das Unternehmen ist neu, das Angebot innovativ und der entsprechende Markt hat sich noch nicht gebildet. Entsprechend gründlich und ausführlich sind wir in die analytische Arbeit eingestiegen. Neben einem ausführlichen Briefinggespräch und einem Rebriefing mit CCP haben wir eine Reihe von Recherchen durchgeführt, deren Ergebnisse in das vorliegende Konzept eingeflossen sind:

› Sichtung und Begutachtung aller wichtigen Websites rund um Oldtimer in Deutschland
› Sichtung und Lektüre aller relevanten Oldtimer-Magazine
› Weltweite Internetrecherche in Richtung möglicher Konkurrenten

- Auswertung von mehreren aktuellen Studien zum Auto- bzw. Oldtimermarkt in Deutschland
- Gespräch mit einem Oldtimer-Experten und einem bekannten Blogger
- Besuch einer regionalen Oldtimermesse in Osnabrück
- Gespräche mit Oldtimer-Interessenten auf der Messe
- Verdeckter Besuch einer Oldtimer-Werkstatt in der Nähe von Weil am Rhein
- Telefongespräche mit sieben deutschen Kunden von CCP, alle aus dem Bodenseeraum

Die Situation im Überblick

Das Unternehmen

Die Classic Car Parts AG ist startklar. Die Testproduktion hat begonnen. Erste Aufträge – über die eigene kleine Website oder durch Mund-zu-Mund-Propaganda – werden bearbeitet. Die Qualität stimmt. Nachfragen ergeben, dass die Kunden rundum zufrieden sind.

Rund 97 Prozent aller nachgefragten Teile können hergestellt werden. Es bleiben nur einige sehr spezielle und komplexe Teile, die nicht produziert werden können.

Es geht aber nicht allein um Ersatzteile. Rund um die Teile wird die Classic Car Parts noch eine Reihe von Serviceleistungen anbieten und so das Angebot abrunden. Angedacht sind z.B. technische Zeichnungen, die den richtigen Einbau der Teile erleichtern oder ein Express-Service für gängige Ersatzteile.

Mit den bisherigen technischen Kapazitäten ist das Unternehmen in der Lage, monatlich bis zu 500 Aufträge entgegenzunehmen. 60 Einheiten/Monat im Testmarkt Deutschland werden sechs Monate nach der Messe in Essen angepeilt. CCP ist nach eigenen Angaben auf ein schnelles Wachstum hinreichend vorbereitet. Zu den Lieferanten der 3D-Drucker bestehen gute Beziehungen, sodass zusätzliche Maschinen zeitnah geordert werden können, sollte es notwendig werden. Die langfristigen Planungszahlen der CCP weisen aus, dass nach drei Jahren Geschäftsbetrieb in Europa 600 Teile/Monat abgesetzt werden. Deutschland hat sich mit 250 Teilen/Monat als Hauptmarkt etabliert.

Der Standort Schweiz

Die Schweiz steht als Produktionsstandort für Qualität, hohe Präzision und Zuverlässigkeit. Produkte „Made in Switzerland“ oder „Swiss made“ besitzen international einen hervorragenden Ruf. So zeichnet sich die Schweizer Wirtschaft laut Global Competitiveness Index nicht zuletzt durch ihre hohe Innovationsfähigkeit aus (weltweit Platz 1). Produkte mit dem berühmten Schweizer Kreuz erfreuen sich international einer hohen Beliebtheit und sind häufig nachgefragte Trendprodukte. Man spricht heute sogar von „swissness" als spezielle Form der Schweizer Coolness und des Schweizer Understatements.

Der Markt

Der Markt für ältere Fahrzeuge in Deutschland ist ein Milliardengeschäft. Rechnet man die Ausgaben für Oldtimer hoch, kommt eine aktuelle Marktstudie des IfD-Allensbach auf ein Marktvolumen in Deutschland von ca. 900 Millionen Euro beim Handel mit Oldtimer-PKW. Für die Restaurierung von Oldtimern werden in Deutschland pro Jahr noch einmal ca. 800 Millionen Euro ausgegeben. Die Budgets für die Wartung und Instandhaltung steigen im Bereich der Oldtimer seit Jahren stark an. Da viele Arbeiten in Eigenregie erledigt werden oder teilweise auch in einem Graumarkt stattfinden, ist das reale Marktvolumen im Milliardenbereich einzuschätzen.

Der Bestand an zugelassenen Oldtimer-Fahrzeugen (mit H-Kennzeichen und über 30 Jahre alt) ist von 280.000 Fahrzeugen im Jahr 2008 auf 420.000 im Jahr 2013 angewachsen, Tendenz weiter steigend. Denn auch die rund 1,3 Millionen Youngtimer-Fahrzeuge (15-29 Jahre alt) kommen allmählich in die Jahre. Zum Fahrzeugbestand mit H-Kennzeichen kommen mehr als 200.000 Fahrzeuge mit 07-Kennzeichen (inklusive Wechselkennzeichen) sowie eine unbekannte Anzahl an stillgelegten Fahrzeugen. Die durchschnittliche Fahrleistung der Automobile beträgt 2.500 Kilometer pro Jahr. Zusätzlich interessant: Auch bei den Motorrädern sind die Zahlen eindrucksvoll. So sind aktuell 410.000 Motorräder zugelassen, die älter als 30 Jahre sind. Auch hier steigt der Bestand rasant an.

Zwei Drittel aller Oldtimer wurden bereits restauriert. Neben der Restaurierung gehört die Reparatur zum Alltag von Oldtimer-Besitzern, denn Oldtimer sind extrem schadensanfällig. In beiden Fällen werden immer die passenden Ersatzteile benötigt, die bei vielen Fahrzeugen schon seit Jahrzehnten nicht mehr hergestellt werden.

Laut Allensbach-Studie bewerten mehr als 50 Prozent der Oldtimer-Fahrzeugbesitzer die Versorgung mit Ersatzteilen als ausreichend. Mehr als ein Drittel hat jedoch ernste Schwierigkeiten, die gewünschten Ersatzteile zu erhalten. Am attraktivsten (53 Prozent) sind Originalteile oder Originalnachfertigungen des Herstellers, gefolgt von Gebrauchtteilen (36 Prozent) und Anfertigungen anderer Hersteller (11 Prozent).

Die CCP hat bei einem bekannten Schweizer Forschungsinstitut eine Studie in Auftrag gegeben. Untersucht wird, wieweit durch den Einsatz von CCP-Teilen die Fahrzeug-Ausfallzeit bei Defekten durch Reparatur und Standzeiten sinkt. Im internen Sprachgebrauch ist von der „Fitness-Studie" die Rede. In ersten Einschätzungen wird mit einer Senkung der Ausfallzeiten um bis zu

70 Prozent gerechtet. Die Studie ist langfristig angelegt. Die Ergebnisse liegen erst einige Wochen nach der Messe „Techno Classica“ vor.

Konkurrenz und Partner

Bisher ist noch kein potenzieller Konkurrent in Sicht. Es gibt Gerüchte, dass ein weiterer „Player“ in Kalifornien im Entstehen ist und ein aktuelles Entwicklungsprojekt in Japan läuft. Die Unternehmen sind jedoch weit weg, noch nicht am Markt aufgetreten und es liegen keine konkreten Informationen dazu vor. Die Gerüchte zeigen aber, dass die CCP-Idee Marktchancen hat und die Zeit für den Markteintritt drängt. Wer sich als erster die Pole-Position sichert, hat die besten Voraussetzungen für eine erfolgreiche Markterschließung und einen damit verbundenen Markenaufbau.

Die wichtigste Konkurrenz liegt zurzeit noch im bisherigen klassischen Gebraucht-Teilemarkt, der allerdings sehr intransparent ist. Es gibt viele kleine spezialisierte Schrotthändler und Privatsammler von Ersatzteilen in Deutschland. Aber diese zu identifizieren und das notwendige passende Ersatzteil zu finden, gleicht der Suche nach einer Nadel im Heuhaufen. Oldtimer-Liebhaber brauchen viel Zeit und gute Nerven.

Ein attraktiver Partner ist die WESTCAR AG, die sich an der CCP AG beteiligt hat. Uns interessiert dabei nicht primär die finanzielle Seite, sondern das Marketing. WESTCAR betreibt 98 große SB-Märkte in ganz Deutschland. Ihre Kunden sind hauptsächlich männliche Autofahrer mit einer Tendenz zum DIY („Do-it-yourself“) am Auto.

Die Zielgruppen

Zu unterscheiden sind zwei primäre Zielgruppen, die mit der zukünftigen CCP-Kommunikation erreicht und als Kunden gewonnen werden sollen.

Zum einen handelt es sich um professionelle Restaurationsbetriebe und Werkstätten, deren unternehmerische Tätigkeit hauptsächlich im Wiederaufbau von alten Fahrzeugen, der Reparatur und Wartung von Oldtimern liegt. Bei diesen Betrieben gibt es nur wenige verlässliche Zahlen für Deutschland. Eine Eigenrecherche auf der Seite www.oldtimer.net hat ergeben, dass dort ca. 1.000 spezialisierte Betriebe gelistet sind, die sich über das gesamte Bundesgebiet verteilen. Darunter gibt es laut BBE-Studie rund 490 zertifizierte Betriebe. Die Mehrzahl der Betriebe ist relativ klein, die Zahl der Mitarbeiter liegt meist unter zehn Personen. Der Kostendruck ist groß und die Gewinne begrenzt. Classic Car Parts plant, in drei Jahren rund 30 Prozent der zertifizierten Betriebe als Kunden gewonnen zu haben.

Zum anderen geht es um die Ansprache von privaten Oldtimer-Besitzern, die ihr Fahrzeug selbstständig restaurieren und reparieren. Insgesamt gibt es über 4,4 Mio. Oldtimer-Interessierte in Deutschland, 19,3 Prozent davon besitzen Oldtimer-Fahrzeuge im Haushalt. Die Zielgruppe der Oldtimer-Besitzer ist zu 87,9 Prozent männlich geprägt. Das Durchschnittsalter der männlichen Oldtimer-Fans liegt bei über 53 Jahren (Bundesdurchschnitt: 42,7 Jahre). Der Anteil der Selbstständigen und Freiberufler ist mit 36,9 Prozent auffallend hoch (Bundesdurchschnitt: 12,05 Prozent). Das Haushalts-Nettoeinkommen von Oldtimer-Besitzern liegt bei 3.750 Euro (Bundesdurchschnitt: 2.988 Euro).

Während noch vor wenigen Jahren optische oder nostalgische Gründe für den Erwerb eines historischen Fahrzeugs zu mehr als 90 Prozent ausschlaggebend waren, finden sich heute zunehmend Käufer, die das „Garagengold" als wertstabile Geldanlage ansehen. Es gibt mittlerweile sogar Oldtimer-Fonds, die hohe Renditen versprechen. Top-Marken wie Mercedes oder Ferrari entwickeln sich zu Spekulationsobjekten – ähnlich wie im Kunstbereich. In der Summe überwiegen im Markt nach wie vor die klassischen Autoliebhaber. Auch wenn knapp 40 Prozent der Besitzer alter Autos mit dem Kauffaktor „Wertanlage" liebäugeln, verbinden sie jedoch primär mit ihrem Fahrzeug Individualität, Spaß am Design, Fahrspaß und Nostalgie. 35 Prozent könnte man als „Fundamentalisten" bezeichnen, ihnen sind Originalteile besonders wichtig und auch das lange Suchen nach dem Schatz gehört dazu. Alle anderen Besitzer sind eher als „Realos" zu bezeichnen. Wenn ihr Auto nicht mehr fährt, bevorzugen sie eine schnelle, problemlose Reparatur.

Für die Hälfte der Besitzer ist es ein großes Vergnügen, am eigenen Fahrzeug herumzuschrauben. Oldtimer-Besitzer sind Bastler. Fast 40 Prozent lassen nur bei größeren Reparaturen Werkstätten an das geliebte Automobil, 25 Prozent lassen alle Reparaturarbeiten komplett in Werkstätten durchführen. Der Anteil an Do-it-Yourself-Arbeiten steigt insgesamt, denn neben der Lust am Basteln spielen auch die Kosten eine Rolle.

56 Prozent der Oldtimer-Besitzer sind in einem Automobilclub – z. B. dem ADAC – organisiert, ca. 10 Prozent in Oldtimer-Clubs einer bestimmten Marke. Daneben gibt es markenunabhängige Oldtimer-Clubs, die von 8 Prozent der jeweiligen Besitzer genutzt werden.

Oldtimer-Interessierte sind keine Randzielgruppe. Zu den 4,4 Millionen Oldtimer-Interessierten in Deutschland gehören neben den 890.000 Oldtimer-Besitzern auch Oldtimer-Kaufinteressierte, die Leser von Oldtimer-Zeitschriften, die Nutzer oldtimerbezogener Internetangebote sowie die Besucher von Oldtimer-Veranstaltungen.

Das Oldtimer-Image

Grundsätzlich ist das Thema Oldtimer in Deutschland positiv besetzt. Mehr als die Hälfte der Deutschen (fast zwei Drittel der männlichen Pkw-Fahrer) freuen sich, wenn sie Oldtimer auf der Straße sehen. Oldtimer stärken das Ansehen und Image einer Automarke. Für über 50 Prozent der Deutschen sind Oldtimer ein technisches Kulturgut. Oldtimer sind den meisten Deutschen sympathisch, ihre Besitzer werden als ausgesprochene Individualisten wahrgenommen (39 Prozent).

Medien und Messen

Etwa 60 Prozent der 4,4 Millionen Oldtimer-Interessierten lesen regelmäßig oder gelegentlich Oldtimer-Zeitschriften. Dem gegenüber stehen 87 Prozent, die das oldtimerbezogene Internetangebot nutzen. Allerdings genießt die Quelle Internet ein deutlich geringeres Vertrauen als Oldtimer-Zeitschriften. Auch Treffen und Märkte werden deutlich vertrauenswürdiger wahrgenommen als das Web.

Zu den führenden Oldtimer-Zeitschriften zählen OLDTIMER MARKT, Autobild Klassik oder Motor Klassik. In der Regel liest der durchschnittliche Oldtimer-Fan mehrere Zeitschriften parallel. Führend sowohl bei Oldtimer-Besitzern wie bei Interessenten ist die Zeitschrift OLDTIMER MARKT.

Wichtige Internetangebote sind ebay.de, mobile.de, autoscout24.de sowie spezielle Websites wie oldtimer-markt.de, motor-klassik.de oder classicdriver.de. Weniger als ein Drittel der Nutzer oldtimerbezogener Internetseiten tauscht sich aktiv im Internet über Oldtimer aus. Die Mehrheit der Zielgruppe besucht jedoch regelmäßig Messen und Märkte. Bei Oldtimer-Teilemärkten sind es fast ein Drittel, die sogar mehrmals pro Jahr Veranstaltungen besuchen.

Die Classic Car Parts AG plant im Rahmen der Essener „Techno Classica“ im April nächsten Jahres den Einstieg in den Markt für Oldtimer-Ersatzteile. Die „Techno Classica“ ist die Weltleitmesse der Klassik-Branche mit jährlich fast 200.000 Besuchern aus über 40 Nationen. Sie ist der zentrale Handelsplatz und Branchentreffpunkt für Unternehmen, Oldtimer-Besitzer und Freunde alter Autos und Motorräder. Die Messe ist ein bewusst gewählter Ausgangspunkt, um das innovative Angebot von Classic Car Parts der Fachöffentlichkeit und den Fachmedien vorzustellen und bietet den optimalen Rahmen für den Verkaufsstart in Deutschland.

Die SWOT-Analyse

Die SWOT-Analyse ist ein Instrument, das im Regelfall die gegenwärtige Situation analysiert. Da Classic Car Parts noch nicht offiziell gestartet ist, lässt sich die Gegenwart nicht abbilden. Deshalb erweitern wir die SWOT-Methodik und schauen in die Zukunft. Es fließen nur relativ gesicherte Faktoren ein, von Spekulationen und vagen Hoffnungen nehmen wir Abstand. Wie wird die Performance der CCP und die Situation im Umfeld in einem Jahr aussehen? Wie lässt sich die zukünftige Ist-Situation der CCP kennzeichnen? Die SWOT-Analyse schaut nach vorne auf vier Felder:

- **Stärken:** Maßgebliche Pluspunkte und Talente des CCP-Angebots
- **Schwächen:** Erkennbare Nachteile und Handicaps des CCP-Angebots
- **Chancen:** Attraktive Optionen für CCP draußen im Umfeld
- **Risiken:** Gefahrenstellen und Sackgassen für CCP draußen im Umfeld

Damit unsere SWOT-Analyse eine präzise Ausrichtung bekommt und als Grundlage für die Kommunikationsstrategie von CCP taugt, muss sie korrekt justiert werden:

- **Kommunikationsobjekt:** Für wen oder was wird die SWOT entworfen? – Für die hochpräzisen Oldtimer-Präzisionsteile aus dem 3D-Drucker von Classic Car Parts.

- **Zielgruppe:** Aus welchem Blickwinkel betrachten wir die Fakten der SWOT? – Wir schauen auf den voraussichtlichen Stand der Dinge aus der Richtung der professionellen Oldtimer-Werkstätten und der privaten Oldtimer-Besitzer.

- **Zielraum:** Welchen geografischen Radius bekommt die SWOT? – Der Radius der SWOT umfasst den Testmarkt Deutschland, verliert aber nie aus den Augen, dass der Markt schnell internationale Dimensionen erreichen soll.

Im Rahmen von Briefing und Recherche wurden zahlreiche relevante Faktoren gefunden. In unserer SWOT konzentrieren wir uns auf die wesentlichen Punkte.

DIE SWOT-ANALYSE	
Stärken	**Schwächen**
Konkurrenzloses, innovatives Hightech-Produkt	CCP ist Neuling in der Branche
Exzellente Produktqualität, hohe Präzision	Kein deutsches Unternehmen
Getestetes, sicheres Produktionsverfahren	Kein Vertriebssystem
Sehr gutes Preis- / Leistungsverhältnis	Keinerlei Marketing-Erfahrungen
Nachfrage kann sofort bedient werden	Produktionsprobleme bei sehr speziellen Wünschen
Kurze Produktions- und Lieferzeiten	Kein persönlicher Kontakt zu Kunden
Die meisten individuellen Wünsche erfüllbar	
Ergänzende Serviceleistungen	
Solide Geschäftsbasis des Unternehmens	
Vorstände selbst Oldtimer-Fans	
Deutliche Senkung der Ausfallzeiten bei Defekt	
Chancen	**Risiken**
Wachstumsstarker Markt	Diffuser, kleinteiliger und heterogener Markt
Kaufkräftige Zielgruppe	Ersatzteilhandel sieht sich als Konkurrenz
Große Probleme bei Ersatzteilbeschaffung	Neue 3D-Konkurrenten werden entstehen
Intensives Mediennutzungsverhalten Zielgruppe	Originalteile werden favorisiert
Hoher Organisationsgrad der Szene	Relativ konservative Zielgruppe
Imagevorteil Schweizer Unternehmen	Ablehnende „Fundis“ in der Zielgruppe
Positives Image Oldtimer in Deutschland	Unübersichtliche Vielfalt an Clubs und Events
Partner WESTCAR bereit zur Unterstützung	
Medien interessiert am Thema	

Das Fazit der Analyse

Alles in allem stehen die Kommunikationschancen für die Classic Car Parts ausgesprochen gut! Das Unternehmen tritt mit einem deutlichen Vorsprung in den Markt ein, kann überzeugende Stärken und schlagende Argumente ins Gespräch bringen.

Mit dem neuen 3D-Drucker-Angebot von CCP bricht ein neues Zeitalter für Oldtimer an. Das endlose Suchen und die hohen Beschaffungspreise für seltene Teile gehören der Vergangenheit an. Das neue Angebot wird alte Strukturen der Oldtimer-Branche und das leidenschaftliche „Schatzsuchen" der Oldtimer-Fans zerstören. Dieser fundamentale Umbruch dürfte nicht nur Begeisterung, sondern auch Widerstand erzeugen.

Vor diesem Hintergrund muss der Einstieg in den Testmarkt Deutschland schnell und entschlossen, aber gleichzeitig auch mit Umsicht und Einfühlungsvermögen erfolgen. Es gilt, die Chancen des „First Movers" zu nutzen und die zu erwartenden Widerstände klug zu umgehen.

Allen Beteiligten der CCP muss klar sein, dass es nicht ausreicht, hervorragende Ersatzteile zu produzieren, ab sofort muss auch eine hervorragende Marketingkommunikation gestartet werden.

Die Kommunikationsziele

Die vorgegebene Aufgabenstellung von Classic Car Parts ist kurzfristig auf den Messeauftritt zur „Techno Classica" ausgerichtet. Das vorliegende Konzept erweitert die Aufgabe und richtet die Kommunikationsarbeit langfristiger aus. Messeauftritt und Testmarkt in Deutschland sind nur der erste Schritt auf dem Weg zum internationalen Erfolg. Das 3D-Angebot von CCP hat bahnbrechende Bedeutung und entsprechend ehrgeizig sind unsere Ziele formuliert.

Da der Markt sich schnell und dynamisch entwickelt, hat die CCP in ihrer Unternehmensplanung den langfristigen Horizont bei vier Jahren eingepegelt.

Langfristige Unternehmensziele
(in Deutschland und Europa nach vier Jahren)

› CCP setzt in Europa jährlich rund 7.200 individuell gefertigte 3D-Teile ab, davon rund 3.000 Teile in Deutschland.

› Deutschland hat sich als Hauptabsatzmarkt etabliert. CCP ist in Deutschland Marktführer geworden. Mindestens 30 Prozent der professionellen Oldtimer-Werkstätten nutzen den individuellen 3D-Teileservice.

Langfristige Kommunikationsziele
(in Deutschland und Europa nach 4 Jahren)

› Die Bekanntheit des CCP-Angebots bei der Zielgruppe der professionellen Werkstätten und der privaten Oldtimerbesitzer in Deutschland liegt bei 90 Prozent oder darüber.

› Mehr als zwei Drittel der Profis und privaten Fahrer akzeptieren Ersatzteile aus dem Drucker und sind bereit, diese Teile bei Bedarf einzusetzen.

› Die 3D-Teile von Classic Car Parts gelten in Szene und Branche als führend, was Qualität und Präzision angeht.

Kurzfristige Unternehmensziele
(in Deutschland vier Monate nach der „Techno Classica")

› Bis zum Ende der Kommunikationsperiode gelingt es, in Deutschland monatlich 60 Teile mit steigender Tendenz abzusetzen.

Kurzfristige Kommunikationsziele
(in Deutschland vier Monate nach der „Techno Classica")

› Auf der Messe in Essen konnten über 200 qualifizierte Kontakte von interessierten Werkstätten gesammelt werden. Etwa 30 Prozent der Kontakte sind zertifizierten Oldtimer-Werkstätten zuzuordnen.

› Im Vorfeld und nach dem Messeauftritt berichten fast alle deutschen Oldtimer-Special-Interest-Medien (online und offline) über das neue bahnbrechende Angebot von Classic Car Parts. 90 Prozent der Berichte sind positiv und spiegeln die Positionierung wider. Auch in anderen Auto- und Publikumsmedien gibt es eine messbare Resonanz.

› 50 Prozent der Oldtimer-Besitzer können sich (gestützt) an das neue Angebot von Classic Car Parts erinnern. 70 Prozent bewerten das Angebot positiv.

Die Zielgruppen | Struktur

Wen will CCP erreichen? Bei der Strukturierung der Zielgruppen konzentrieren wir uns zunächst nur auf den Testmarkt Deutschland und die dortige Zielgruppenkonstellation. Im Mittelpunkt stehen die zukünftigen Kunden in Deutschland, alle anderen Zielgruppen werden angemessen einbezogen.

Die Kunden-Zielgruppen
- › Zentrale Zielgruppen:
  - › 490 zertifizierte Profiwerkstätten für Oldtimer
  - › Ca. 585.000 private Oldtimer-Besitzer, die schnelle Lösungen bevorzugen
- › Sekundäre Zielgruppen:
  - › Alle übrigen Profiwerkstätten sowie die Oldtimer-Teile-Händler
  - › Alle übrigen Oldtimer-Besitzer in Deutschland

Die Mittler-Zielgruppen
- › Zentrale Zielgruppen:
  - › Alle deutschen Fach- und Special-Interest-Medien (Print und Online) für Oldtimer
  - › Der Partner WESTCAR mit seinen Verkaufsstellen
- › Sekundäre Zielgruppen:
  - › Multiplikatoren, Experten und Gurus der Oldtimer-Szene
  - › Die übrige Autopresse in Deutschland
  - › Die Autoredaktionen der Publikumspresse

Die Absender-Zielgruppen

- Zentrale Zielgruppen:
  - Die drei Vorstände als CCP-Protagonisten und Oldtimer-Fans
  - Die fünf Vertriebs- und Servicemitarbeiter als Kontaktpersonen zu den Kunden
- Sekundäre Zielgruppen:
  - Die übrigen gegenwärtigen (und zukünftigen) Mitarbeiter im Hintergrund
  - Die freien Mitarbeiter, die für den Messeeinsatz in Essen engagiert werden.

Die Zielgruppen | Persona

Im Brennpunkt der Kommunikation stehen die Kunden. Classic Car Parts kennt die eigenen Kunden noch nicht, es gibt nur wenige direkte Kontakte. Um das nötige Fingerspitzengefühl für die Ansprache zu entwickeln, zeichnen wir jeweils eine Persona für die beiden Segmente zertifizierte Profiwerkstätten und private Oldtimerbesitzer.

Kernzielgruppe Profiwerkstätte |
Oldtimer Garage von Klaus Schaible

© Christian Schulz - Fotolia.com

- Die Oldtimer Garage liegt im Industriegebiet einer schwäbischen Kleinstadt. Klaus Schaible (57) ist Eigentümer. Er betreibt die Werkstätte seit 27 Jahren.
- Als KFZ-Mechaniker und Oldtimerfan hat er sich schon früh selbstständig gemacht.
- Der Betrieb ist klein: zwei Mechaniker, ein Auszubildender und Schaibles Frau im Büro.
- Neben Oldtimern werden in der Werkstatt auch Youngtimer (15 bis 29 Jahre) repariert.
- Schaible hat eine persönliche Beziehung zu vielen seiner Kunden. Man duzt sich.
- Bei jedem Kundenbesuch wird viel gefachsimpelt und Neues ausgetauscht.
- Schaible nimmt an vielen Messen, Rallyes und Treffen teil. Er kennt sich in der Oldtimer-Welt aus.
- Hightech spielt in seiner Werkstätte keine Rolle, solides Handwerk dafür umso mehr.

- Nebenher restauriert Schaible Fahrzeuge, zurzeit einen „Oldsmobil Golden Rocket"
- Was kann ihn motivieren, mit CCP zusammenzuarbeiten? Eine Menge!
  - Er kämpft mit steigendem Kostendruck und seine Gewinne am Ende des Jahres sind mickrig.
  - Seine Kunden wollen nicht vertröstet werden, sondern eine schnelle Lösung bekommen.
  - Er muss bisher viele Kunden wegschicken, weil er nicht an die richtigen Teile kommt.
  - Er baut viele gebrauchte Teile ein, die anfällig sind und schnell Ärger machen.
  - Er ist stolz, wenn die Wagen nach seiner Reparatur ohne Mucken lange fahren.
  - Ausschlachtfahrzeuge und Ersatzteillager kosten ihm wertvollen Raum, erzeugen Chaos.

Kernzielgruppe Oldtimerbesitzer | Bernd Eckert aus Potsdam

© contrastwerkstatt - Fotolia.com

- Bernd Eckert ist 53 Jahre, verheiratet, seine zwei Kinder studieren in Berlin an der Technischen Universität. Er besitzt eine kleine Event-Agentur in der Landeshauptstadt Potsdam.
- Er wohnt nicht weit von Potsdam auf dem Land und hat eine große Garage.
- In der Garage stehen sein Geschäftswagen, der Wagen seiner Frau und ein Oldtimer.
- Der Oldtimer ist ein knallroter Citroen ID Break von 1956.
- Der Wagen macht öfter mal Ärger, besonders die Hydraulik muckt.
- Bernd Eckert repariert Kleinigkeiten selbst, nur bei echten Problemen geht's in die Werkstatt.
- Seine Leidenschaft ist aber nicht das Schrauben, sondern das Fahren und Gesehen werden.
- Beruflich und privat steht er im Leben und hat nur begrenzt Zeit für sein Hobby.
- Was kann ihn motivieren, seine Ersatzteile von CCP ausdrucken zu lassen?
  - Eckert hat wenig Zeit, ist beruflich und privat eingespannt.
  - Den ewigen Kampf um Ersatzteile empfindet er als lästig und frustrierend.

- Die neuen CCP-Teile kann er mit schriftlicher Anleitung selbst einbauen.
- Neue Teile sind robust, Eckert würde sogar neuralgische Teile präventiv tauschen.
- Wichtig ist ihm, dass sein geliebter Oldie fährt und nicht in der Garage verstaubt.

Die Positionierung

Wofür stehen die 3D-Präsizionsteile von Classic Car Parts? Welches Bild soll in den Köpfen verankert werden? Die Positionierung leitet sich aus den Stärken und Chancen ab und bestimmt, welche herausragende und einmalige Rolle das innovative Angebot in der zukünftigen Ansprache der Zielgruppen spielen soll. Der Besitzer ist stolz, wenn sein Oldie rollt. Auf diesen Stolz bauen wir auf:

> **Weniger Probleme, mehr Fahrspaß**
>
> Die grenzenlose Vielfalt der 3D-Präzisionsteile von Classic Car Parts ist eine bahnbrechende Neuheit für Oldtimer. Sie beschleunigt die Reparatur, bremst die Kosten und bringt dem Wagen neuen Schwung.

Die Positionierung wird in dieser Formulierung nicht nach draußen kommuniziert. Sie versteht sich vielmehr als einheitliche interne Richtgröße für die gesamte Kommunikation. Alle Botschaften und Themen orientieren sich an der beschriebenen Imageposition. Alle Maßnahmen wirken im Sinne der Positionierung. Das gesamte CCP-Team bekennt sich dazu und handelt entsprechend.

Die Botschaften

Was spricht für die CCP-Präzisionsteile von Classic Car Parts? Die strategischen Botschaften legen fest, welche beweiskräftigen Argumente die zukünftige Kommunikation prägen sollen. Wir unterscheiden zwischen Dachbotschaften für alle Zielgruppen und speziellen Teilbotschaften, die passgenau auf die Zielgruppe der Werkstätten zugeschnitten werden.

Die grundlegenden Dachbotschaften

Die Kommunikation konzentriert sich auf wenige markante Dachbotschaften, die einheitlich für alle Zielgruppen gelten und den inhaltlichen Kurs vorgeben:

› **Bahnbrechend präzise!** Bisher mussten Oldtimer-Freunde oft auf alte, gebrauchte und per Hand angepasste Teile zurückgreifen. Unsere neuen CCP-Präzisionsteile sind Schweizer Präzision, so exakt und robust wie Teile aus der Weltraumfahrt. Typische Verschleißteile halten rund 100.000 km, alle anderen Teile bis zu 250.000 km.

› **Bahnbrechend universell!** Bisher waren manche Ersatzteile für Oldtimer-Freunde so rar wie ein Sechser im Lotto. Mit den individuellen CCP-Präzisionsteilen können wir 97,3 Prozent aller gelisteten Oldtimer-Ersatzteile drucken. Auch für diffizile Ersatzteilprobleme bieten wir eine Lösung und bringen sogar Exoten wieder zum Laufen.

› **Bahnbrechend schnell!** Bisher haben Oldtimer-Freunde oft wochen- oder monatelang nach dem passenden Ersatzteil gesucht. Mit den einzigartigen CCP-Präzisionsteilen drucken wir bei entsprechenden Maßvorlagen in maximal zehn Werktagen. Der Oldtimer läuft sofort wieder und steht nicht endlos in der Garage.

› **Bahnbrechend preiswert!** Bisher mussten Oldtimer-Freunde einen hohen Preis für das passende Ersatzteil zahlen. Unsere einzigartigen CCP-Präzisionsteile liegen zwischen 30 und 70 Prozent unter den marktüblichen Preisen für gebrauchte oder neue Teile. Der Oldtimer läuft, ohne dass die Kosten davonlaufen.

Teilbotschaften für Werkstätten wie die „Oldtimer Garage"

Die knapp tausend Werkstätten – und vor allen die zertifizierten Betriebe – sind eine wichtige Zielgruppe für Classic Car Parts. Die Zielgruppe reagiert erfahrungsgemäß eher konservativ und zurückhaltend. Deshalb besteht die Gefahr, dass die innovativen CCP-Präzisionsteile bei ihnen erst einmal auf eine abwartende Defensive treffen. Dem wollen wir gezielt vorbeugen und die Werkstätten vom Start weg mit drei schlagenden Argumenten als „Profipartner" gewinnen:

› **Klarer Vorsprung zur Konkurrenz!** CCP-Präzisionsteile garantieren unserem Profipartner einen einzigartigen Verkaufsvorteil gegenüber allen anderen Werkstätten im Einzugsbereich mit einem garantierten Gebietsschutz.

› **Klarer Vorsprung beim Kunden!** CCP-Präzisionsteile „boosten" die Kundenzufriedenheit, denn unser Profipartner bietet seinen Kunden zukünftig schnelle, preiswerte und passgenaue Ersatzteillösungen, auf die Verlass ist.

- **Klarer Vorsprung in der Werkstatt!** Mit den CCP-Präzisionsteilen werden 90 Prozent Lagerfläche in der Werkstatt eingespart. Außerdem kann unser Profipartner endlich den Zeitaufwand seiner Arbeit genau kalkulieren und so unter dem Strich den Deckungsbeitrag pro Auftrag deutlich erhöhen.

Der strategische Weg

Wie bringen wir die Dach- und Teilbotschaften aus der Imageposition heraus zu den relevanten Zielgruppen? Der strategische Weg gibt die große Umsetzungsrichtung für den Testmarkt in Deutschland vor. Er nutzt aussichtsreiche Kommunikationschancen, schaltet Schwächen aus und vermeidet mögliche Gefahrenstellen.

Ist-Status aus der SWOT	Konsequenzen
› Wachstumsstarker Markt › Neue 3D-Konkurrenten entstehen	› Schnell und druckvoll kommunizieren, um den Markt zu besetzen
› Relativ konservative Zielgruppe	› Kommunikation wirkt vertraut: „Die sind wie wir!"
› Vorstände sind selbst große Oldtimer-Fans	› Vorstände in die Kommunikation als vertrauenswürdige Insider einbauen
› Zielgruppe reagiert auf Neues zögerlich › CCP-Neuerung unbekannt	› Die Präzisionsteile im Dialog und in der Demonstration nahe bringen
› Kein persönlicher Kontakt zum Kunden	› Persönliche Beratung forcieren, Personal gut schulen › Auf der zweiten Schiene Online-Beratung und Online-Service stärken
› Intensives Mediennutzungsverhalten › Medien interessiert am Thema › Hoher Neuigkeitswert	› Parallel zum Messeauftritt über die Medienschiene gehen › Thema in mehreren Wellen spielen, immer wieder ins Gespräch bringen › Neben Special-Interest-Medien auch nationale Publikumsmedien einbeziehen

Ist-Status aus der SWOT	Konsequenzen
› Imagevorteil Schweizer Unternehmen › Exzellente Produktqualität, hohe Präzision	› Das Image der Schweiz für die Kommunikation nutzen
› Kooperationspartner WESTCAR AG bereit zur Unterstützung	› Partner in die Kommunikation gezielt einbeziehen
› Ersatzteilhandel sieht sich als Konkurrenz	› Ersatzteilhandel permanent beobachten, bei entsprechenden Reaktionen sofort gegensteuern.

Die gestalterische und kreative Linie

Die Menschen sind auf sinnlich fassbare Reize geeicht. Speziell in der Einführungsphase, wenn der Auftritt neu ist, kommt deshalb der prägnanten und einheitlichen Gestaltung in Wort und Bild eine hohe Bedeutung da. Sinnlich fassbare Reize werden schneller gelernt, besser erinnert und sind damit ein wichtiger Erfolgsfaktor für die Bekanntmachung und Einführung der CCP-Präzisionsteile.

Wir wollen das Angebot von Classic Car Parts in Deutschland und international als Marke aufbauen. Das heißt, wir verbinden eine professionelle Markengestaltung mit festen Markenwerten. Die relevanten Markenwerte werden durch unsere Dachbotschaften definiert. Die gesamte Kommunikation baut auf diese Werte auf.

Grafische Gestaltung

Die bisherige Gestaltung ist nicht 100 Prozent markenkompatibel. Die Gestaltungselemente sind zwar professionell von einem Schweizer Grafikbüro entwickelt. Das Erscheinungsbild der Marke wirkt aber noch unscharf und wird nicht durchgängig eingesetzt. Mehr Disziplin und einige Präzisierungen sind notwendig.

Wie lautet der Markenname? Ist das Unternehmen die Marke oder das Angebot? Welche Botschaft vermittelt das Logo? Bisher wurde die Marke nicht einheitlich gehandhabt. In Zukunft legen wir großen Wert auf ein stringentes Markenbild:

› **Markenname:** Die Marke bezieht sich auf das Angebot. Immer wenn es um das Angebot geht, wird der Markenname „CCP-Präzisionsteile" genutzt. Alle anderen bieten Ersatzteile, von Classic Car Parts kommen Präzisionsteile. Abweichende Bezeichnungen und Varianten wie „Ersatzteile von Classic Car Parts" oder „CCP-Ersatzteile" sind passé.

› **Unternehmensname:** Immer wenn das Unternehmen handelnde Person ist, tritt sie als „Classic Car Parts" oder „CCP" auf. Die Rechtsform der AG wird nur dann beigefügt, wenn es rechtlich Pflicht ist.

› **Markenlogo:** Das bisherige Logo mit dem dynamisch fahrenden Porsche-Oldtimer wird beibehalten. Allerdings grenzt sich das Oldtimer-Logo nicht von Werkstätten- oder Messen-Logos ab. Deshalb modifizieren wir den Oldtimer, indem wir ihn an der Front digital aufpixeln und so assoziativ mit der innovativen 3D-Leistung verbinden. Die ergänzende Namenszeile „CCP-Ersatzteile" wird in „CCP-Präzisionsteile" geändert.

› **Markenfarbe:** Bisher verwendet CCP ein relativ dunkles Bordeauxrot. Wir regen den Wechsel zu einem helleren roten Farbton – dem „Schweizer Rot" – an. Das neue Rot ist assoziativ nah an der Schweiz und es wirkt aktiver, belebender. Als Kontrastfarbe setzen wir Weiß ein und lehnen uns damit ebenfalls an die Schweizer Nationalfarben an.

› **Markendesign:** Die anderen Designelemente wie Schriften, Linien, Verläufe werden nicht geändert. Es sollte lediglich ein Manual zum Einsatz der Elemente entwickelt werden. Alle Beteiligten halten sich an die Regeln des Manuals. Besonders wichtig ist eine hohe Disziplin beim gerade in der Entwicklung befindlichen Messestand.

Der Markenslogan
Der zukünftige Slogan bringt den Nutzen für die Zielgruppe auf den Punkt und leitet sich aus der Positionierung ab. Es geht der Zielgruppe vor allem darum, dass ihr Oldtimer immer fahrbereit ist. Kurz gesagt:

Wir machen, dass er fährt! CCP-Präzisionsteile

Der neue Slogan wird immer im Kontext des Markennamens genutzt. Beide Elemente gehören unlösbar zusammen. Wir setzen den Slogan massiv zu allen Gelegenheiten ein. Er wird quasi im „Powerplay" gefahren.

Die textliche Gestaltung
In der Einführungsphase sollten alle Beteiligten auf eine einheitliche Wortwahl bei den Schlüsselbegriffen achten. Ohne Ausnahme sprechen alle mit einer Stimme:

› **CCP-Präzisionsteile** – heißt das Angebot und lautet der Markenname.

› **Schweizer Präzision** – wenn es um die Qualität der Teile geht.

› **Classic Car Parts oder CCP** – ist der Absender und Unternehmensname.

› **CCP-Team, CCP-Garantie** – und andere zentralen Begriffe werden mit CCP etikettiert.

› **Teilewelt** – heißt es und nicht mehr wie bisher Ersatzteilsortiment.

› **Ready-to-drive** – nutzen wir als Schlüsselbegriff für den schnellen, umfassenden Service.

› **Profipartner** – so bezeichnen wir diejenigen Werkstätten, die mit CCP zusammenarbeitet.

Die kreative Leitidee
Gerade zum Start brauchen wir zusätzlichen Antrieb. Die Kraft der kreativen Leitidee soll diesen Antrieb liefern. Unsere Idee ist relativ aufwendig in der Vorbereitung, aber bietet eine enorme Kommunikationschance. Der Marketingvorstand von CCP besitzt einen Goggomobil TS250 Coupé aus dem Jahr 1957. Der Oldtimer ist rot und weiß – also in unseren Markenfarben – lackiert.

© Lothar Spurzem

Mit Hilfe der 3D-Drucker von CCP ist es – nach Angaben der Techniker – möglich, fast alle Teile dieses kleinen Oldtimers auszudrucken. Lediglich Sitze, Stoffteile und Kabelstränge müssen extra produziert, respektive angepasst werden. Wir schaffen also einen eineiigen Zwilling. Es gibt zwei fahrbereite Goggos, die nicht zu unterscheiden sind, gleiche Ausführung, gleiche Farbe, sogar die Patina ist gleich. Der eine ist das Original von 1957, der andere ein Klon direkt aus dem 3D-Drucker.

Die Zwillingsfahrzeuge werden zum Aufhänger und Schlüsselbild unserer Einführungskommunikation in Deutschland. Die beiden Zwillinge dienen als Blickfang auf dem Messestand, als Aufhänger für umfangreiche Pressearbeit und als Buzz-Thema im Internet.

Die Themenplanung

Unsere CCP-Präzisionsteile sind neu und innovativ, die Medien haben noch nicht darüber berichtet und die Zielgruppen kennen sie nicht. Die Themenplanung nutzt diesen Neuigkeitswert und konzentriert sich auf drei große Themenaufhänger:

› **Neues Zeitalter für Oldtimer** – mit den CCP-Präzisionsteilen aus der Schweiz.

› **Zwei wie aus einem Ei** – Goggomobil Coupé aus dem Drucker wiedergeboren.

› **Ready-to-drive** – Neue Studie: Mit CCP-Präzisionsteilen Senkung der Ausfallzeit um 70 Prozent.

Wichtig ist die richtige Dramaturgie der Themen. Wir steigen mit dem „Neuen Zeitalter“ ein, schalten mit „Zwei aus einem Ei“ einen Gang höher und setzen mit „Ready to drive“ zum Schlussspurt an.

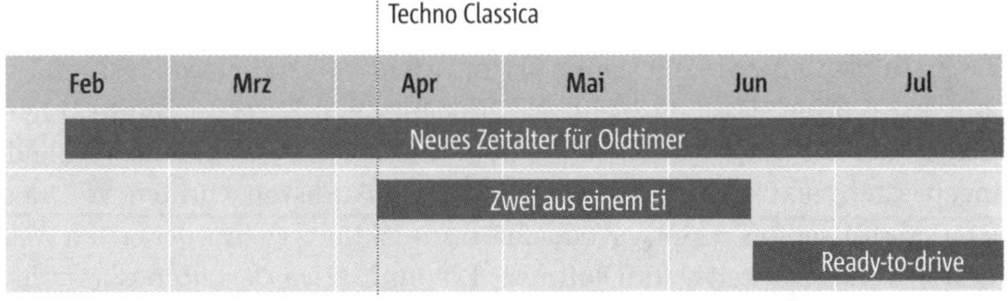

Aus aktuellem Anlass können weitere Themen hinzukommen, sofern sie gute Resonanzchancen bieten. Classic Car Parts richtet ein entsprechendes Monitoring ein. Themenüberraschungen werden zeitnah erkannt und sofort für die eigene Medienarbeit benutzt. Die Themenplanung ist auf den Probelauf in Deutschland zugeschnitten. Sie kann in modifizierter Form auch für die internationale Kampagne genutzt werden.

1. Maßnahmen vor der Messe

1.1 Ansprache Werkstätten

Die 1.000 Werkstätten und deren Adressen sind bekannt und liegen Classic Car Parts vor. Um möglichst schnell eine breite Resonanz zu bekommen und Kunden zu gewinnen, geht die Kommunikation den direkten Weg über die Adressen.

Die erste Ansprache erfolgt nicht via Internet oder E-Mail. Die Online-Wege sind zu flüchtig und oberflächlich. Wir schreiben die Werkstätten vielmehr mit einem **Mailing** persönlich per Post an. In der Vorbereitung kommt es darauf an, die vorhandenen Adressen aufzuwerten. Das heißt, die Aktualität der Adressen muss überprüft, der direkte Ansprechpartner bestimmt und in einigen Fällen müssen wahrscheinlich Telefonnummern und E-Mail-Adressen ergänzt werden. Die notwendige Recherche läuft per Internet und Telefon. Etwa 6 Wochen vor der „Techno Classica" wird dann das Mailing versandt. Der Brief besteht aus einem Anschreiben mit persönlicher Anrede, mit Einladung auf den Messestand und echter Unterschrift des CCP-Vorstands. Dazu kommt ein Angebotsfolder im DIN-Lang-Format, der neugierig auf den Quantensprung der CCP-Präzisionsteile macht.

Einige Tage vor der Messe versenden wir per E-Mail eine **Erinnerung**, die noch einmal unser Thema ins Gedächtnis ruft und auf den Messestand einlädt.

1.2 Ansprache Oldtimer-Besitzer

Ebenfalls vor Start der Messe beginnt die Ansprache der 890.000 Oldtimer-Besitzer. Die Ansprache erfolgt über Internet und Medien. Über diese Wege werden parallel auch die Werkstätten auf einer zweiten Flanke erreicht.

Die **erste Medienwelle** mit dem elektronischen Versand eines Presse-Infos läuft im Februar. Das Info geht an alle deutschen Special-Interest-/Fachmedien der Oldtimer-Branche offline und online. Mit einem entsprechend angepassten Text werden auch wichtige Publikumszeitschriften von der ADAC-Motorwelt bis zu Spiegel oder Stern kontaktiert. Thema der ersten Welle ist das „neue Zeitalter für Oldtimer". Die innovative Gestaltungskraft der CCP-Präzisionsteile wird herausgestellt.

Direkt vor der Messe in Essen schließt sich dann die **zweite Medienwelle** an. Aufhänger ist dieses Mal „Zwei aus einem Ei". Der erste Oldtimer-Klon der Welt wird in Wort und Bild präsentiert. Der Versand geht wiederum an Special-Interest-/Fachpresse und parallel an Publikumsmedien. Wichtig ist die Kraft des Bildes: Die rotweißen Zwillinge müssen mit einem professionellen Foto sehenswert in Szene gesetzt werden.

Zeitlich parallel zur zweiten Welle starten wir die **Medieneinladung** auf den Messestand. Die Einladung senden wir gezielt an relevante Redakteure, freie Journalisten und Blogger aus der Oldtimer-Szene. Die entsprechenden Adressen werden im Rahmen einer Internetrecherche zusammengestellt. Die Einladung geht per E-Mail an die Empfänger. Bei den maßgeblichen Medienkontakten wird anschließend noch einmal persönlich per Telefon nachgefasst.

Auf der Messe nutzt CCP die breite Anwesenheit der Medienvertreter. Es wird eine **Pressemappe** mit allen wichtigen Informationen und starken Fotos zusammengestellt und in die Pressefächer der akkreditierten Journalisten gelegt. Zusätzlich findet eine **kleine Pressekonferenz** am Vormittag des zweiten Messetages statt. CCP nutzt dazu nicht die vorhandenen Medienräume, die Journalisten kommen vor Ort an den Stand und erleben die Zukunft der Oldtimer live.

Mit den ersten Kommunikationsmaßnahmen und der anschließenden breiten Medienresonanz wird Interesse erzeugt und Richtung **Website** kanalisiert. Die CCP-Website funktioniert als Informationsplattform, Serviceportal und Online-Shop zugleich. Im gegenwärtigen Ausbaustadium wird die Website diesem Anspruch jedoch nicht gerecht. Es ist unbedingt erforderlich, bis zum Start der Kommunikation im Februar einen erheblichen Ausbau vorzunehmen. Der Ausbau muss gleichzeitig auf drei Ebenen erfolgen: Funktionalität, Inhalte und Design.

Integrativer Bestandteil der Website ist ein kurzer **Videoclip**, der den Quantensprung ins Bild setzt. Die Clip-Handlung reicht vom defekten Oldtimer über den Kontakt mit Classic Car Parts, der Herstellung und dem Einbau der CCP-Präzisionsteile bis zum erfolgreichen Zünden und Durchstarten des Oldtimers. Herzstück ist der magische Prozess des 3D-Druckens. Wie von Zauberhand wächst in wenigen Fast-Motion-Sekunden ein nagelneues CCP-Präzisionsteil. Die Produktion könnte in Zusammenarbeit mit den Studenten der Filmhochschule Zürich erfolgen. Ein entsprechendes Kooperationsangebot liegt bereits vor. Das Ziel von Website und Clip ist: Alle, die neugierig auf die Seite kommen, nehmen einen überzeugenden ersten Eindruck mit und empfehlen weiter.

Noch ein Hinweis: Im Rebriefing haben wir mit CCP bereits über Facebook, Twitter und andere soziale Medien gesprochen. Die finanziellen Ressourcen für eine Betreuung von Facebook sind begrenzt und das Personal in der Testmarktphase stark eingespannt. Unsere Zielgruppe ist über 50 Jahre und an Social Media wenig interessiert. Deshalb empfehlen wir, auf der kurzen Distanz von einem Engagement auf Facebook & Co abzusehen.

1.3 Ansprache Mitarbeiter

Nach Verabschiedung des vorliegenden Kommunikationskonzepts lädt Classic Car Parts alle Mitarbeiter ins Labor der ETH Zürich zum **Kick-off** ein. Dort, wo jeden Tag an der Zukunft gearbeitet wird, stellen wir die Kommunikation für den Testmarkt Deutschland vor. Im Rahmen dieser Präsentation wird vor allem die tragende Rolle der Mitarbeiter herausgearbeitet.

Rechtzeitig vor der Messe „Techno Classica" beginnen die **Trainings** der Kollegen. Trainiert werden die drei Vorstände, alle fünf Mitarbeiter im Kunden- bzw. Messekontakt inklusive der Hilfskräfte auf dem Messestand. Durch das Training soll sichergestellt werden, dass die Kollegen im Gespräch im Sinne von Positionierung und Botschaften kommunizieren und sich dabei auf die Interessen der Hauptzielgruppen Werkstätten und Oldtimer-Besitzer einstellen.

Zum Trainingsprogramm gehört auch ein Medientraining für den Vorstand Marketing und die Mitarbeiterin, die ab Januar für die Pressearbeit zuständig sein soll. Im Rebriefing haben wir vorgeschlagen, für die Einführungswochen eine erfahrene deutsche PR-Agentur einzubeziehen. Classic Car Parts hat sich für eine „Bordmittellösung" entschieden. Umso wichtiger ist ein solides Medientraining, das einen sattelfesten medialen Auftritt sicherstellt.

2. Die Maßnahmen zur Messe

Grundsätzliche Ausrichtung

Die Standgestaltung ist nicht Aufgabe des Konzepts und bereits in Arbeit. Dennoch wollen wir an dieser Stelle auf einige Anforderungen/Schnittstellen für den Messestand hinweisen, die erfüllt sein müssen, damit Kommunikation und Stand zusammenpassen:

› **Markendesign und Wording:** Der CCP-Stand setzt alle in diesem Konzept beschriebenen Designänderungen um und ist damit gestalterisch auf der Höhe der Zeit.

› **Stil und Ambiente:** Der Messestand wirkt für Oldtimer-Freunde vertraut („Die sind wie wir!"), aber doch eine Idee innovativer.

› **Botschaften und Themen:** Die Messetafeln und andere Präsentationselemente stellen unsere Inhalte markant heraus.

› **Raum und Beratung:** Das vorliegende Konzept braucht einen angemessen großen Raum zur Präsentation der beiden Goggomobil Coupé und anderer Highlights. Zudem müssen Raumaufteilung und Standausstattung der hohen Bedeutung der persönlichen Beratung Rechnung tragen. Die CCP-Berater finden ein ideales Umfeld vor.

2.1 Ansprache der Werkstätten

Kernzielgruppe auf der Messe sind die Oldtimer-Werkstätten. Nach Auskunft der Messeveranstalter ist davon auszugehen, dass die Mehrzahl der Werkstätten als Besucher und teilweise sogar als Aussteller auf der Messe präsent ist.

Unser Ziel ist es, dass möglichst viele den Stand besuchen und ein persönliches Gespräch mit dem CCP-Team führen.

Der Stand ist so gestaltet, dass er gute Voraussetzungen für Gespräche bietet. Die 3 Vorstände und die Mitarbeiter mit Beraterfunktion sind vor Ort. Angebotsfolder und Verkaufsunterlagen (Preislisten, Geschäftsbedingungen) liegen bereit. Über Tablets, Drucker, Software und einen Online-Zugang können direkt vor Ort Angebote erstellt und Druckaufträge erteilt werden.

Als zusätzliche Hilfestellung für die Gespräche steht eine **CCP-Präsentation** bereit. Die gesamte Standbesatzung verfügt über Tablets, außerdem haben sie laut Auskunft des Messebauers einen LCD-Screen zur Verfügung. Über beide Medien kann die Präsentation laufen. Sie ist in PowerPoint erstellt und unterstützt die wesentlichen CCP-Argumente mit Infografiken, Fotos und Videoclips. Über eine Navigationsleiste kann der CCP-Berater auf jeden Punkt der Präsentation zuspringen und die Inhalte je nach Gesprächsverlauf punktgenau einsetzen. Die CCP-Präsentation bleibt auch nach der Präsentation während der Roadshow im Einsatz.

Um die Werkstätten (bzw. Medienvertreter und andere VIPs) auf den CCP-Stand zu holen und dort zu halten, setzen wir eine innovative **3D-Demonstration** als Highlight ein. Diesen wichtigen Standbesuchern setzen wir die neuen Hololens-Brillen von Microsoft auf, die mit ihrer Augmented Reality-Technik 3D-Bilder mitten in den realen Raum projizieren. Die Besucher trauen ihren Augen nicht, denn auf einem 3D-Drucker entsteht in Sekundenschnelle eine virtuelle Kardanwelle. Der Drucker ist real auf dem Stand, der Druck erfolgt virtuell und in Zeitraffer. Die virtuelle 3D-Demonstration wird bereits in unserer Einladung angekündigt. Hololens ist zurzeit eine der großen technischen Sensationen in den Medien. Unsere männliche, technisch interessierte Zielgruppe aus den Werkstätten wird die Demonstration unbedingt miterleben wollen.

Nach der Messe wollen wir im Gedächtnis und in Kontakt bleiben. Das **3D-Give-away** hilft uns dabei. Zur Realisierung nutzen wir einen 3D-Drucker aus der CCP-Produktion. Wichtige Standbesucher laden wir ein, sich über unsere Tablets mit einer speziellen App fotografieren zu lassen. Aus dem Foto druckt die Schweizer Werkstatt mit einem Metall-Drucker die Person als 3D-Figur aus. Den metallenen Doppelgänger senden wir mit einem Begleitbrief nach der Messe an die Standbesucher. Der Aha-Effekt der Figur stellt sicher, dass die CCP-Präzisionsteile im Gedächtnis der Zielgruppe bleiben.

2.2 Ansprache der Oldtimer-Besitzer

Die zweite wichtige Zielgruppe sind die Oldtimer-Besitzer. Zwar schließen wir auch reine Oldtimer-Fans ohne eigenes Fahrzeug nicht aus, schneiden die

Standpräsentation aber nicht auf sie zu. Sie bilden für uns eher das Publikum im Hintergrund.

Für die Besitzer präsentieren wir die **Zwillinge zum Anfassen** mitten auf dem Stand. Die beiden rotweißen Goggomobil Coupé stehen im Scheinwerferlicht und lassen sich von allen Seiten bewundern. Standbesucher, die mehr wissen wollen, wenden sich an das CCP-Team. Stellt sich heraus, dass der Gesprächspartner ein Oldtimer-Besitzer (oder eine Oldtimer-Werkstatt) ist, dann vertieft der CCP-Mitarbeiter das Gespräch. Er lädt sein Gegenüber ein, die Motorhaube zu öffnen, sich in die Fahrzeuge zu setzen oder sogar unter die Autos zu schauen. Einzelne typische CCP-Präzisionsteile aus dem Auto liegen zu Demozwecken bereit und werden vorgeführt. Die Standbesucher vergleichen und stellen fest, dass es keinen Unterschied zwischen den beiden Wagen gibt.

Auch die angesprochenen Oldtimer-Besitzer sollen Classic Car Parts im Gedächtnis behalten. Die 3D-Metallfiguren wären für diese große Zielgruppe allerdings viel zu kostenaufwendig. Daher gehen wir einen anderen Weg und produzieren eine spezielle **CCP-Visitenkarte** zur Messe. Dabei handelt es sich um eine sogenannte „Ventikularkarte" – die schon zu Zeiten des Goggomobils ein beliebter Blickfang war, damals noch unter der Bezeichnung „Wackelbild". Die Karte hat auf der einen Seite die CCP-Kontaktdaten und auf der anderen Seite das besagte Wackelbild. Das Bild wechselt zwischen zwei Phasen. Die erste Phase zeigt ein typisches altes, ölverschmiertes Ersatzteil vorher, die zweite Phase das gleiche Teil als solides, neues CCP-Präzisionsteil nachher. Auf der „Techno Classica" werden wahrscheinlich auf allen Ständen Visitenkarten verteilt. Aber eins ist sicher, unsere Karte dürfte die ungewöhnlichste sein.

2.3 Ansprache des CCP-Teams

Im Blickpunkt der internen Kommunikation steht das CCP-Team vor Ort auf dem Messestand. Dazu gehören neben den Vorständen und Beratern auch die freien Hilfskräfte. Alle Beteiligten sind zum ersten Mal auf der „Techno Classica" und – bis auf die drei Vorstände – sind alle auch zum ersten Mal auf einer Oldtimer-Messe und dort fünf Tage permanent im Gespräch mit der Zielgruppe. Das Team wurde im Vorfeld zwar gründlich vorbereitet, aber auf der Messe sollte unbedingt nachgesteuert werden.

Alle wohnen im gleichen Hotel. Das tägliche **Frühstücks-Briefing** findet morgens vor der Messe statt. Im Briefing werden Erfahrungen und Erkenntnisse des Vortages ausgetauscht, Probleme offen besprochen und der Kommunikationskurs für den kommenden Tag festgelegt. Da wir noch keine Erfahrungswerte mit den CCP-Präzisionsteilen und der Messe haben, kann es durchaus zu Kurskorrekturen im Laufe der Messe kommen. Das Briefing wird vom Marketingvorstand durchgeführt. Grundlage ist eine kurze Checkliste, die jeden Morgen vor dem Start abgearbeitet wird.

Bereits im Rebriefing-Gespräch wurde über einen **Wettbewerb** des CCP-Teams gesprochen. Auf der Messe wird nicht nur informiert, es können auch CCP-Präzisionsteile bestellt werden. Alle Mitglieder des CCP-Teams nehmen am Wettbewerb teil. Es wird eine Art „Oldtimer-Rallye" veranstaltet. Sieger der Rallye ist der Mitarbeiter, der die meisten Bestellungen für CCP-Präzisionsteile gesammelt hat. Die genaueren Wettbewerbsregeln und der Preis für den Sieger müssen noch geklärt werden.

3. Maßnahmen nach der Messe

Nach der Messe wollen wir den Aufwind des Interesses nutzen, um mit den CCP-Präzisionsteilen weiter im Fokus zu bleiben. Die Kommunikationsmaßnahmen orientieren sich wieder an den drei zentralen Zielgruppen.

3.1 Ansprache Werkstätten

Es beginnt mit der **Messenachbereitung**. Bei allen Kontaktgesprächen auf der Messe werden schriftliche Profile angefertigt, die neben der Adresse den Grad und die Art des Interesses erfassen. In den Tagen und Wochen nach der Messe werden diese Kontakte per Brief angeschrieben. Keine Serienbriefe! Jeder Brief sollte individuell auf den Kontakt zugeschnitten sein. Bei den zertifizierten Werkstätten, wo ein hohes Interesse vorausgesetzt werden kann, fasst das CCP-Team wenig später noch einmal telefonisch nach.

Um das Interesse aufzufrischen, veröffentlicht Classic Car Parts Mitte Juni die Ergebnisse der „Fitness-Studie" eines beauftragten Forschungsinstituts. Untersucht wird, wie stark sich durch den Einsatz von CCP-Ersatzteilen der Reparaturausfall und Stillstand von Oldtimern verringert. Es ist von einer signifikanten Verbesserung der „Fitness" auszugehen. Erste Schätzungen gehen von 60 bis 70 Prozent Steigerung aus. „Wir machen, dass er fährt" heißt der Slogan und die Studie stellt diese Aussage eindrucksvoll unter Beweis. Die Werkstätten bekommen die Ergebnisse der Studie als Erste, sogar noch vor den Medien.

Als erste sollen die Werkstätten die Resultate der Studie erfahren. Mit einem **E-Mailing zur „Fitness-Studie"** informiert das CCP-Team alle Werkstätten. Je nach Status (Kein Kontakt / Kontakt / Kunde) werden die Mailinhalte textlich angepasst. Die Studienergebnisse sind auf zwei bis drei wichtige Fakten komprimiert und können bei Überfliegen des Mailings sofort erfasst werden.

Durch die verschiedenen Kommunikationsmaßnahmen entsteht Nachfrage. In ganz Deutschland werden Kunden gewonnen, die CCP-Präzisionsteile einsetzen. Jetzt kommt es darauf an, diese Erstkunden zu binden und zu Stammkunden zu machen. Deshalb startet sofort nach der Essener Messe die **Kundenpflege**. Die Pflege soll hauptsächlich online erfolgen. Jeder Kunde hat einen persönlichen passwortgeschützten Servicebereich auf der Website. Der Bereich bietet ihm bestimmte Servicevorteile, z. B. Lieferung zu garantierten Terminen, Expresslieferung bei Standardteilen, technische Zeichnungen als Einbauhilfe. Eine Hotline via Skype hilft Kunden weiter, die Fragen zum Einbau der CCP-Präzisionsteile haben.

In späteren Jahren soll die Kundenpflege systematisch weiter ausgebaut werden. Zur Diskussion stehen u. a. eine Wissensdatenbank für die Online-Reparatur, Webinare für Einsteiger und Fortgeschrittene, sowie ein Online-Forum für den Austausch der Kunden untereinander.

2.2 Ansprache Oldtimer-Besitzer

Wir haben im Rahmen der Recherche Kontakt mit dem CCP-Partner WESTCAR AG aufgenommen. Der Fahrzeugteile-Händler hat sein grundsätzliches Einverständnis erklärt, Classic Car Parts in der Kommunikation zu unterstützen. Dabei sind auch Maßnahmen am Point of Sale denkbar.

Nach der Messe im April startet eine **Roadshow** zu den acht größten SB-Märkten der WESTCAR AG in Deutschland. An jedem Standort sind wir von Dienstag bis Sonnabend präsent. Wir bekommen jeweils eine Aktionsfläche von rund 25 qm in der besten Lauflage der Märkte zur Verfügung gestellt. Auf der Fläche präsentieren wir unsere beiden eineiigen Zwillinge, die rot-weißen Goggomobile. Ein kleines Beratungsteam von zwei Personen ist vor Ort und kann qualifizierte Gespräche mit Interessenten führen. Direkt von der Aktionsfläche können Angebote eingeholt und Bestellungen aufgegeben werden. WESTCAR bietet an, an jedem Standort eine Pressemitteilung an die örtliche Lokalpresse zu senden und in der wöchentlichen Zeitungsbeilage eine halbe Seite für die Zwillinge und die CCP-Präzisionsteile zu reservieren.

Die lokalen Roadshows werden auch national bekannt gemacht. Dazu starten wir unmittelbar nach der „Techno Classica" die **dritte Medienwelle**. Eine Pressemitteilung geht gezielt an die Special-Interest- und Fachpresse offline wie online. Die Mitteilung fasst noch einmal kurz die Erfolge der Essener Messe zusammen, um dann die Roadshow herauszustellen. Alle Oldtimer-Besitzer, die nicht in Essen dabei waren, haben die Chance, sich den Quantensprung der CCP-Präzisionsteile in acht großen deutschen Städten anzuschauen.

Den Abschluss der Roadshow bilden die Berliner Classic Days im Juni. Beim **Berliner Finale** präsentieren wir die Zwillinge und die CCP-Präzisionsteile beim Open Air auf dem Kurfürstendamm. Höhepunkt ist die Verlosung des Nachbaus unseres Goggomobils für einen guten Zweck auf der großen Hauptbühne. Erste Kontakte mit dem Veranstalter hat es bereits gegeben. Im Rahmen der Bühnenshow bekommen wir die Möglichkeit, die einzigartigen Vorteile der CCP-Präzisionsteile noch einmal ausführlich darzustellen.

Zu den Classic Days in Berlin werden viele Fachjournalisten vor Ort sein. Deshalb startet Classic Car Parts die **vierte Medienwelle** und veranstaltet eine Pressekonferenz in der Hauptstadt, die erstmals die sensationellen Ergebnisse der „Fitness-Studie“ für Oldtimer vorstellt. Alle Medien, die nicht auf der Konferenz waren, erhalten noch am gleichen Tag eine Pressemitteilung. Die markanten Ergebnisse werden als Infografik anschaulich aufbereitet.

2.3 Ansprache CCP-Team

Zum Abschluss vor den Sommerferien organisieren wir einen **Bilanz-Workshop** („Debriefing“) mit allen beteiligten CCP-Mitarbeitern und den Vorständen. Der Workshop arbeitet die Kommunikationsaktivitäten der letzten Monate aus Sicht der Mitarbeiter auf. Die Kollegen berichten von ihren Erfahrungen, arbeiten Schwachpunkte heraus und machen Vorschläge für Verbesserungen der Kommunikation. Die Ergebnisse des Workshops sollen in die Planung des nächsten Kommunikationskonzepts einfließen und den Wirkungsgrad erhöhen.

Ein halbes Jahr harter und erfolgreicher Arbeit liegt hinter den Kollegen. Als Dankeschön veranstaltet Classic Car Parts für alle zum Abschluss der Testphase in Deutschland ein **Incentive-Wochenende**. Unter dem Motto „Unser Team als Gipfelstürmer“ geht es für zwei Tage über die Wolken in das höchste Hotel der Schweiz auf 3.100 Meter.

Die zeitliche Dramaturgie

Wann passiert was? Das nachfolgende Schaubild gibt einen zeitlichen Überblick zu den Aktivitäten der Kommunikation auf dem Testmarkt in Deutschland. Es sind noch keine terminlichen Details erfasst. Uns geht es um den groben zeitlichen Rahmen. Die einzelnen Maßnahmen stützen und ergänzen sich und bilden einen sechsmonatigen Spannungsbogen.

Die Zeit drängt! Die Vorbereitung der Kommunikationsaktivitäten auf dem Testmarkt Deutschland muss umgehend beginnen. Denn einige Maßnahmen wie die Roadshow oder die Aktion zu den Classic Days brauchen eine längere Vorbereitungszeit.

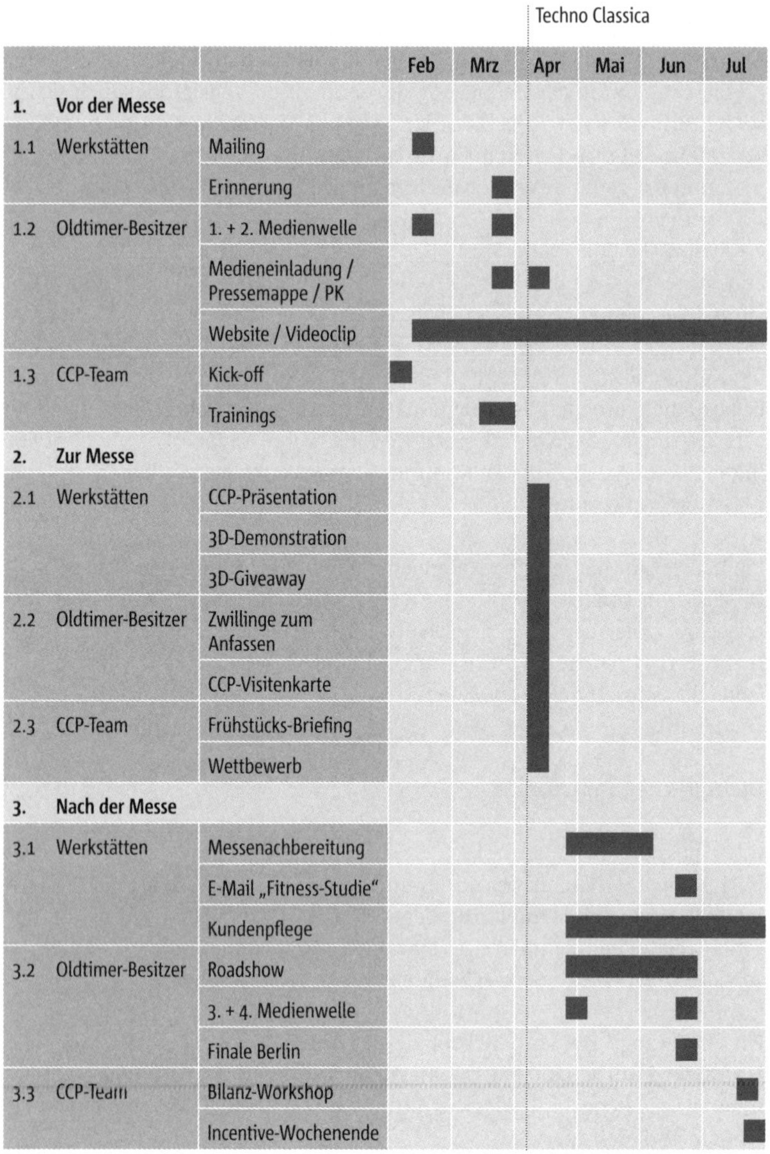

Techno Classica

			Feb	Mrz	Apr	Mai	Jun	Jul
1.	**Vor der Messe**							
1.1	Werkstätten	Mailing						
		Erinnerung						
1.2	Oldtimer-Besitzer	1. + 2. Medienwelle						
		Medieneinladung / Pressemappe / PK						
		Website / Videoclip						
1.3	CCP-Team	Kick-off						
		Trainings						
2.	**Zur Messe**							
2.1	Werkstätten	CCP-Präsentation						
		3D-Demonstration						
		3D-Giveaway						
2.2	Oldtimer-Besitzer	Zwillinge zum Anfassen						
		CCP-Visitenkarte						
2.3	CCP-Team	Frühstücks-Briefing						
		Wettbewerb						
3.	**Nach der Messe**							
3.1	Werkstätten	Messenachbereitung						
		E-Mail „Fitness-Studie"						
		Kundenpflege						
3.2	Oldtimer-Besitzer	Roadshow						
		3. + 4. Medienwelle						
		Finale Berlin						
3.3	CCP-Team	Bilanz-Workshop						
		Incentive-Wochenende						

Die Erfolgskontrolle

Wo setzen wir die Sensoren an? Weil wir uns auf einem Testmarkt befinden und noch keinerlei Erfahrungswerte haben, ist die Erfolgskontrolle von hoher Bedeutung. Wir rechnen damit, dass die CCP-Kommunikation an einigen Stellen noch einmal nachjustiert werden muss. Dazu benötigen wir die

Ergebnisse der Erfolgskontrolle als Orientierungsgröße. Neben der Kontrolle aller Aktivitäten und Maßnahmen auf der operativen Ebene kommt es uns vor allem auf die Überprüfung der kurzfristigen Zielsetzung an:

› **Ziel:** Auf der Messe in Essen konnten 200 qualifizierte Kontakte zu Oldtimer-Werkstätten aufgebaut werden. Etwa 30 Prozent der Kontakte sind zertifizierten Werkstätten zuzuordnen. > **Evaluation:** Was ist ein qualifizierter Kontakt? Die Kriterien werden im Vorfeld in einer Liste festgelegt. Die gesammelten Messekontakte erfassen wir in einer Datenbank und werten sie entsprechend der Kriterien aus.

› **Ziel:** Im Vorfeld und nach dem Messeauftritt berichten fast alle deutschen Special-Interest-Oldtimer-Medien (online und offline) über das bahnbrechende Angebot von Classic Car Parts. 90 Prozent der Berichte sind positiv und spiegeln unsere Positionierung wider. Auch in anderen Auto- und Publikumsmedien gibt es eine messbare Resonanz. > **Evaluation:** Über einen professionellen Medienbeobachtungdienst erfassen wir die gesammelte Medienresonanz von Februar bis einschließlich Juli. Die Auswertung erfolgt sowohl quantitativ wie qualitativ.

› **Ziel:** 50 Prozent der Oldtimer-Besitzer können sich (gestützt) an das neue Angebot von Classic Car Parts erinnern. 70 Prozent bewerten das neue Angebot positiv > **Evaluation:** Gemeinsam mit einem Marktforschungsinstitut führen wir im Juni auf den Berliner Classic Days eine professionelle Zielgruppenbefragung durch.

Selbstverständlich behalten wir auch das kurzfristige Unternehmensziel im Blick: Der durchschnittliche Absatz von 60 Teilen monatlich in Deutschland. Hier geben die Vertriebsstatistiken am Ende der Periode genau Auskunft. Zudem beobachten wir vor, während und nach der Messe mögliche Wettbewerber und Kritiker – vor allem Händler für Oldtimer-Ersatzteile und „Fundamentalisten“ unter den Oldtimerbesitzern. Bei spürbaren Gegenbewegungen reagieren wir sofort.

Die Budgetierung

Der Etat (ohne Messestand) liegt bei 185.000 Franken netto. Es ist noch zu früh für eine detaillierte Kalkulation. Erst nach der Abstimmung des Kommunikationskonzepts mit Classic Car Parts und eventuellen inhaltlichen Anpassungen können entsprechende Angebote eingeholt und die Kosten genau budgetiert werden. Im vorliegenden Konzept haben wir erst einmal eine grobe Budgetaufteilung vorgenommen, die auf Erfahrungswerten und Absprachen mit Classic Car Parts basiert.

Pos.	Aktivität	Bemerkung	Summe
1.	**Vor der Messe**		
1.1	Ansprache Werkstätten		
	Mailing	500 Aussendungen	4.000 Fr.
	Erinnerung	per E-Mail	1.000 Fr.
1.2	Ansprache Oldtimer-Besitzer		
	1. und 2. Medienwelle		3.000 Fr.
	Medieneinladung, Pressemappe, PK		6.000 Fr.
	Website / Videoclip	Vorhandene Website ausbauen	25.000 Fr.
1.3	Ansprache CCP-Team		
	Kick-off	Anreise, Catering	1.000 Fr.
	Trainings	durch externe Profis	8.000 Fr.
2.	**Zur Messe**		
2.1	Ansprache Werkstätten		
	CCP-Präsentation	Nur vorhandene Fotos, Videos	4.000 Fr.
	3D-Demonstration	Hardware, Produktion	16.000 Fr.
	3D-Give-away	Eigener Drucker, Selbstkosten	2.000 Fr.
2.2	Ansprache Oldtimer-Besitzer		
	Zwillinge zum Anfassen	Eigener Drucker, Selbstkosten	8.000 Fr.
	CCP-Visitenkarte		2.500 Fr.
2.3	Ansprache CCP-Team		
	Frühstücks-Briefing	aus Etat „Personal“	---
	Wettbewerb	Preis für Sieger	2.500 Fr.
3.	**Nach der Messe**		
3.1	Ansprache Werkstätten		
	Messenachbereitung	ca. 200 Kontakte	3.000 Fr.
	E-Mail „Fitness-Studie“		1.000 Fr.
	Kundenpflege		16.000 Fr.

Pos.	Aktivität	Bemerkung	Summe
3.2	Ansprache Oldtimer-Besitzer		
	Roadshow		50.000 Fr.
	3. und 4. Medienwelle		3.000 Fr.
	Berliner Finale		15.000 Fr.
3.3	Ansprache CPP-Team		
	Bilanz-Workshop	aus Etat „Personal"	-
	Incentive-Wochenende	Anreise, Übernachtung, Essen	5.000 Fr.
4.	**Erfolgskontrolle**		12.000 Fr.
	Gesamt (Netto in Franken)		**185.000 Fr.**

Das Rücklicht

Im Rahmen unserer Recherche haben wir mit vielen netten Leuten aus der Oldtimer-Szene gesprochen. Besonders in Erinnerung geblieben ist uns ein Gespräch auf der regionalen Oldtimermesse in Osnabrück. Unsere Gesprächspartnerin war eine ältere Oldtimer-Liebhaberin, wir schätzen ihr Alter auf weit über 70 Jahre. Sie sagte zu uns: „Oldtimer machen dir das Leben nicht leicht, aber nur Langeweiler wünschen sich ein leichtes Leben ..."

08

Anhang

› Bildverzeichnis
› Literaturhinweise
› Autoren im Profil
› Index
› Quellenverzeichnis

Abbildungsverzeichnis

14 Abb. 1: Der schmale Spalt der bewussten Wahrnehmung
26 Abb. 2: Funktionen des Kommunikationskonzepts
34 Abb. 3: Management-Bausteine der Kommunikation
35 Abb. 4: Die zwei Seiten der Kommunikation
39 Abb. 5: Die normative Basis des Konzepts
43 Abb. 6: Verschiedene Konzeptionstypen
56 Abb. 7: Zeitspanne für Konzepterstellung
57 Abb. 8: Aufwand für Analyse, Strategie und Umsetzungsplanung
60 Abb. 9: Kostenbeispiel für ein Konzept
61 Abb. 10: Beispiel für eine Bewertungsmatrix
68 Abb. 11: Der analytische Block im Überblick
69 Abb. 12: Die vier Aufgabenfelder
74 Abb. 13: Die Schritte des Briefings im Überblick
99 Abb. 14: Der Briefingkompass
106 Abb. 15: Der Rechercheprozess im Überblick
114 Abb. 16: Die Sekundärrecherche im Einsatz
120 Abb. 17: Primärrecherche im Einsatz
125 Abb. 18: Abgestimmte Dramaturgie von Briefing und Recherche
126 Abb. 19: Die Faktensammlung
128 Abb. 20: Faktenspiegel als Informationskonzentrat
134 Abb. 21: Das Kreuzschema der SWOT-Analyse
144 Abb. 22: Werkzeuge für spezielle Analysen
145 Abb. 23: Die PEST- / STEP-Analyse
148 Abb. 24: Stakeholder-Map: Einstellung / Einfluss
151 Abb. 25: Konkurrenzanalyse in Form einer Tabelle
151 Abb. 26: Konkurrenzanalyse in Form eines Polaritätenprofils
152 Abb. 27: Konkurrenzanalyse in Form einer Matrix
153 Abb. 28: Imageanalyse Eigenbild / Fremdbild
154 Abb. 29: Imageanalyse: Ziel-Bild / Ist-Bild
156 Abb. 30: Die Matrix der Themenanalyse
158 Abb. 31: Die Alternativen zur SWOT
159 Abb. 32: Die Stärken- und Schwächen-Analyse
160 Abb. 33: Die Kraftfeldanalyse
161 Abb. 34: Die SOFT-Analyse
162 Abb. 35: Die SOAR-Analyse
163 Abb. 36: Die GAP-Analyse
166 Abb. 37: Weiterführende Analysewerkzeuge
168 Abb. 38: Der Ist- / Soll-Vergleich
171 Abb. 39: Die SWOT-Matrix
180 Abb. 40: Die strategische Schrittfolge im Überblick
184 Abb. 41: Die Kommunikationsziele innerhalb des Zielsystems
188 Abb. 42: Die drei Arten der Kommunikationsziele

192 Abb. 43: Die zeitliche Abfolge der Kommunikationsziele
196 Abb. 44: Die ausformulierte Zielaussage
201 Abb. 45: Ziele und Erfolgskontrolle
204 Abb. 46: Zielgruppen im Wandel
208 Abb. 47: Zielgruppen in Marketing und Kommunikation
215 Abb. 48: Die Sinus-Milieus 2015
216 Abb. 49: Das Semiometrie-Modell
217 Abb. 50: Die Werte der GIM-Zielgruppen-Galaxie
218 Abb. 51: Limbic Map
219 Abb. 52: Die limbischen Typen
221 Abb. 53: Das Diffusionsmodell am Beispiel iPhone
224 Abb. 54: Funktionelle Grundordnung der Zielgruppen
229 Abb. 55: Pragmatische Form der Zielgruppenreduktion
231 Abb. 56: Grundlegende Merkmale von Zielgruppen
239 Abb. 57: Von der Positionierung zum Image
241 Abb. 58: Zweidimensionale Positionierungsmatrix
242 Abb. 59: Die dreidimensionale Positionierungsmatrix
243 Abb. 60: Das Markensteuerrad
244 Abb. 61: Leitbild mit Vision und Mission
246 Abb. 62: Die Corporate Identity
250 Abb. 63: Zielgruppenorientierte Positionierung eines Waschsalons
255 Abb. 64: Die Positionierung überprüfen
266 Abb. 65: Komponenten einer Botschaft
270 Abb. 66: Spezialisierung der Teilbotschaften
273 Abb. 67: Duale Codierung der Botschaften
274 Abb. 68: Beispiel eines Moodboards
277 Abb. 69: Strategische Navigation mithilfe der SWOT
280 Abb. 70: Das Hebelprinzip des Ist- / Soll-Vergleichs
281 Abb. 71: Dimensionen der Strategie
285 Abb. 72: Das Strategietableau
290 Abb. 73: Die Umsetzungsplanung im Überblick
293 Abb. 74: Die Themen zwischen Strategie und Umsetzung
297 Abb. 75: Der Lebenszyklus eines Themas
309 Abb. 76: Kritische Themen eines Unternehmens
314 Abb. 77: Inhalte und Einsatz der Themen bestimmen
315 Abb. 78: Konkrete Inszenierung eines Themas
316 Abb. 79: Zeitliche Dramaturgie der Themen
319 Abb. 80: Die Macht der Bilder
324 Abb. 81: Die kreative Leitidee ist total
325 Abb. 82: Eine Geste als Symbolik
330 Abb. 83: Verbrauchte Ideen
342 Abb. 84: Kommunikationsmix 1987
344 Abb. 85: Kommunikationsmix 2016
357 Abb. 86: Beispiel für ein monopolares Netz

358 Abb. 87: Beispiel für ein multipolares Netz
367 Abb. 88: Die Bereiche der Werbung
371 Abb. 89: Bereiche der Public Relations
376 Abb. 90: Die Bereiche der Verkaufsförderung
381 Abb. 91: Die Bereiche des Direkt- und Dialogmarketings
387 Abb. 92: Die Bereiche des Events
391 Abb. 93: Die Bereiche der Online-Kommunikation
394 Abb. 94: Kommunikation im Social-Media-Universum
400 Abb. 95: Interne Kommunikation
404 Abb. 96: Die Bereiche des Sponsorings
417 Abb. 97: Grenzen der Kommunikation überschreiten
423 Abb. 98: Die Kick-off-Dramaturgie
423 Abb. 99: Konstante Dramaturgie
424 Abb. 100: Die Wellendramaturgie
425 Abb. 101: Die Guerilla-Dramaturgie
425 Abb. 102: Die Intervall-Dramaturgie
426 Abb. 103: Die Schlusspunkt-Dramaturgie
428 Abb. 104: Dramaturgie für eine Kampagne
429 Abb. 105: Zeitübersicht der Vorbereitung als Balkendiagramm
430 Abb. 106: Timing mit integrierter Strategie
442 Abb. 107: Ebenen der Evaluation
458 Abb. 108: Ableitung des Budgets
471 Abb. 109: Das Kommunikationskonzept im Überblick
483 Abb. 110: Raumsituation während einer Präsentation
485 Abb. 111: Netto- und Bruttopräsentationszeit
488 Abb. 112: Präsentationstechnik im Wandel
492 Abb. 113: Reduktion der Fakten im Präsentationsvortrag
493 Abb. 114: Aufteilung des Präsentationsvortrags
497 Abb. 115: Überladene Folie
501 Abb. 116: Durchschnittliche Anzahl der Folien im Vortrag
507 Abb. 117: Verschenktes Finale
538 Abb. 118: Das Konzept in der Umsetzung

Literaturhinweise

Marketing

- Becker, Jochen: Marketing-Konzeption: Grundlagen des zielstrategischen und operativen Marketing-Managements. München, Verlag Vahlen, 10. Auflage 2012
- Meffert, Heribert; Burmann Christoph; Kirchgeorg, Manfred: Marketing: Grundlagen marktorientierter Unternehmensführung Konzepte – Instrumente – Praxisbeispiele. Wiesbaden, Springer-Gabler, 12. Auflage 2014

Grundlagen der Kommunikation

- Bruhn, Manfred: Kommunikationspolitik – Systematischer Einsatz der Kommunikation für Unternehmen. München, Vahlens Handbücher, 8. Auflage 2015
- Bruhn, Manfred: Integrierte Unternehmens- und Markenkommunikation: Strategische Planung und operative Umsetzung. München, Vahlen, 9. Auflage 2014
- Mast, Claudia: Unternehmenskommunikation. Stuttgart, utb-Verlag, 6. Auflage 2015
- Jorzik, Oliver; Ruisinger, Dominik: Public Relations, Leitfaden für ein modernes Kommunikationsmanagement. Stuttgart, Schäffer-Poeschel, 2. Auflage 2013

Markenkommunikation

- Esch, Franz-Rudolf: Strategie und Technik der Markenführung. München, Vahlen, 9.Auflage 2014
- Esch, Franz-Rudolf: Moderne Markenführung: Grundlagen – Innovative Ansätze – Praktische Umsetzungen. Wiesbaden, Gabler, 4. Auflage 2013

Kommunikationskonzeption

› Hansen, Renée; Bernoully, Stephanie: Konzeptionspraxis: Eine Einführung für PR- und Kommunikationsfachleute. Mit einleuchtenden Betrachtungen über den Gartenzwerg. Frankfurt, Frankfurter Allgemeine Buch, 6. Auflage 2013

› Schmidbauer, Klaus: Vorsprung mit Konzept: Erfolgreiche Konzepte für die Unternehmens- und Marketingkommunikation entwickeln. Potsdam, Talpa-Verlag, 2011

› Hartleben, Ralph-Eric; von Rhein, Wolfram: Kommunikationskonzeption und Briefing: Ein praktischer Leitfaden zum Erstellen zielgruppenspezifischer Konzepte. Erlangen, Publicis, 3. Auflage 2014

Anwendungsgebiete der Kommunikation

› Kloss, Ingomar: Werbung – Handbuch für Studium und Praxis. München, Verlag Vahlen, 5. Auflage 2012

› Führmann, Ulrike; Schmidbauer, Klaus: Wie kommt System in die interne Kommunikation? Ein Wegweiser für die Praxis. Potsdam, Talpa-Verlag, 3. Auflage 2016

› Möhrle, Hartwig: Krisen-PR: Risiken und Krisen souverän managen – Das Handbuch der Kommunikations-Profis. Frankfurt, Frankfurter Allgemeine Buch, aktualisierte Auflage 2016

› Sammer, Petra: Storytelling – Die Zukunft von PR und Marketing. Köln, O'Reilly-Verlag, 1. Auflage 2014

› Bernecker, Michael; Beilharz, Felix: Social Media Marketing: Strategien, Tipps und Tricks für die Praxis. Bergisch-Gladbach, DIM, 3. Auflage 2012

› Schindler, Marie-Louise; Liller, Tapio: PR im Social Web – Das Handbuch für Kommunikationsprofis. Köln, O'Reilly-Verlag, 3. Auflage 2014

› Löffler, Miriam: Think Content! Content-Strategie, Content-Marketing, Texten fürs Web. Bonn, Galileo Press, 1. Auflage 2014

› Ruisinger, Dominik: Online Relations. Leitfaden für moderne PR im Netz. Stuttgart, Schäffer-Poeschl, 2. Auflage 2011

› Ruisinger, Dominik: Die digitale Kommunikationsstrategie. Praxis-Leitfaden für Unternehmen. Stuttgart, Scheffer-Poeschel, 1. Auflage 2016

› Von Graeve, Melanie: Events professionell managen: Das Handbuch für Veranstaltungsorganisation. Göttingen, Business Village, 2. Auflage 2014

› Thinius, Jochen; Untiedt, Jan: Events – Erlebnismarketing für alle Sinne: Mit neuronaler Markenkommunikation Lebensstile inszenieren. Heidelberg, Springer Gabler, 1. Auflage 2013

› Wirtz, Bernd-W.: Direktmarketing: Grundlagen – Instrumente – Prozesse. Heidelberg, Springer Gabler, 4. Auflage 2016

› Bortoluzzi Dubach, Elisa; Frey, Hansrudolf: Sponsoring: Der Leitfaden für die Praxis. Berlin, Haupt-Verlag, 6. Auflage 2011

Erfolgskontrolle / Controlling

› Wippersberg, Julia: Ziele, Evaluation und Qualität in der Auftragskommunikation: Grundlagen für Public Relations, Werbung und Public Affairs. Konstanz, UVK, 2012

› Pepels, Werner: Erfolgsfaktor Marketing-Controlling: Beschaffung, Kommunikation und Vertrieb effektiv steuern. Düsseldorf, Symposion Publishing, 2. Auflage 2013

› Besson, Nanette: PR-Evaluation und Kommunikations-Controlling: Public Relations optimieren und steuern. Ein Handbuch für PR-Praktiker. Edingen-Neckarshausen. Dr. Besson-Fachverlag, 1. Auflage 2012

Design und Kreation

› Beyrow, Matthias; Daldrop, Norbert: Corporate Identity und Corporate Design. Stuttgart, avedition, 3. Auflage 2013

› Pricken, Maria: Kribbeln im Kopf – Kreativitätstechniken und Brain-Tools. Schmidt-Hermann-Verlag, Mainz, 11. Auflage 2010

Präsentation

- Reynolds, Garr: Zen oder die Kunst der Präsentation: Mit einfachen Ideen gestalten und präsentieren. Heidelberg, dpunkt, 2. Auflage 2013

- Duarte, Nancy: slide:ology: Oder die Kunst, brillante Präsentationen zu entwickeln. Köln, O'Reilly-Verlag, 1. Auflage 2009

Kommunikationspsychologie / -soziologie

- Arielly, Daniel: Denken hilft zwar, nützt aber nichts: Warum wir immer wieder unvernünftige Entscheidungen treffen. München, Droemer, 2008 / 2015

- Aronson, Elliott; Wilson, Timothy und Akert, Robin: Sozialpsychologie. Hallbergmoos, Pearson Studium, 8. Auflage 2014

- Cialdini, Robert: Die Psychologie des Überzeugens: Wie Sie sich selbst und Ihren Mitmenschen auf die Schliche kommen. Bern, Verlag Hans Huber, 7. Auflage 2013

- Gigerenzer, Gerd: Risiko: Wie man die richtigen Entscheidungen trifft. München, btb-Verlag, 1. Auflage 2014

- Kahneman, Daniel: Schnelles Denken, langsames Denken. München, Pantheon Verlag / Random House, 1. Auflage 2014

- Zich, Christian: Intelligente Werbung, Exzellentes Marketing: Ein praktischer Leitfaden zu Kundenpsychologie und Neuromarketing, Prozessen und Partnermanagement. Erlangen, Publicis, 1. Auflage 2012

Klassiker

- Bernays, Edward: Propaganda: Die Kunst der Public Relations. Nachdruck der Erstauflage von 1928. Freiburg, orange-press, 3. Auflage 2011

- Le Bon, Gustave: Psychologie der Massen. Erstauflage von 1895. Neuenkirchen, Nikol, 1. Auflage 2009

Quellenverzeichnis

Die nachfolgenden Quellenangaben beginnen alle mit „vgl.". Das hat einen Grund: Wir haben Inhalte nur selten wortwörtlich übernommen und zitiert. Stattdessen geben wir im Folgenden alle Quellen an, die wir bei der Erstellung dieses Buches genutzt haben. Die Quellen haben uns informiert und inspiriert. Viele der Quellen beinhalten zusätzliche Informationen für alle, die sich intensiver für die entsprechenden Themen interessieren. Wer also tiefer einsteigen will, der sollte dieses Quellenverzeichnis nutzen.

1 vgl. Esch, Franz-Rudolf: Strategie und Technik der Markenführung. München, Vahlen, 8. Auflage 2014, S. 29

2 vgl. Bruhn, Manfred: Unternehmens- und Marketingkommunikation – Handbuch für ein integriertes Kommunikationsmanagement. München, Vahlen, 2005, S. 78

3 vgl. Pilot Mediamarkt 2012 – Entwicklung des Werbemarktes / Trends 2013. Hamburg 2013, S. 40

4 vgl. Bohn, Frederic: Virales Marketing: Mit besonderer Berücksichtigung der Kundenbeziehungen im Web 2.0. Hamburg, Diplomica, 2012, S. 3

5 DPMA Jahresbericht 201: https://presse.dpma.de/docs/pdf/jahresberichte/jahresbericht2015.pdf

6 https://de.statista.com/statistik/daten/studie/167001/umfrage/werbetreibende-mit-den-hoechsten-ausgaben-fuer-werbung/

7 vgl. Scheier Christian, Held, Dirk: Wie Werbung wirkt – Erkenntnisse des Neuromarketings. Planegg, Haufe, 2007, S. 57-48

8 Dueck Gunter: Abschied vom Homo Oeconomicus – Warum wir eine neue ökonomische Vernunft brauchen. Frankfurt, Eichborn, 2008, S. 9 ff

9 vgl. Schneider, Michael; Mustafic, Maida: Gute Hochschullehre: Eine evidenzbasierte Orientierungshilfe – wie man Vorlesungen, Seminare und Projekte effektiv gestaltet. Heidelberg, Springer, 2015, S. 92

10 vgl. Damasio, Antonio: Descartes´ Irrtum – Fühlen, Denken und das menschliche Gehirn. München, List, 2000, S. 64-85

11 vgl. Cialdini, Robert B.: Die Psychologie des Überzeugens – Ein Lehrbuch für alle, die ihren Mitmenschen und sich selbst auf die Schliche kommen wollen. Bern, Huber, 5. Auflage 2008, S. 107

12 vgl. Dörrbecker, Klaus; Fissenewert-Goßmann, Renée: Wie Profis PR-Konzeptionen entwickeln – Das Buch zur Konzeptionstechnik. Frankfurt, IMK, 1. Auflage 1996, S. 21

13 vgl. Schmidbauer, Klaus; Knödler-Bunte, Eberhard. Das Kommunikationskonzept – Konzepte entwickeln und präsentieren. Potsdam, UMC University Press, 2004, S. 35-38

14 Leipziger, Jürg W.: Konzepte entwickeln – Handfeste Anleitungen für bessere Kommunikation. Frankfurt, Frankfurter Allgemeine Buch, 2009, S. 16

15 vgl. Dörrbecker, Klaus; Fissenewert-Goßmann, Renée: Wie Profis PR-Konzeptionen entwickeln – Das Buch zur Konzeptionstechnik. Frankfurt, IMK, 1. Auflage 1996, S. 239

16 vgl. Busch, Rainer; Fuchs, Wolfgang; Unger, Fritz: Integriertes Marketing – Strategie – Organisation – Instrumente. Wiesbaden, Gabler, 4. Auflage 2008, S. 506-507

17 vgl. Zerfaß, Ansgar: Unternehmensführung und Öffentlichkeitsarbeit – Grundlegung einer Theorie der Unternehmenskommunikation und Public Relations. Wiesbaden, VS-Verlag, 3. Auflage 2010, S. 406

18 vgl. Sauter, Rebekka: Cross-Media-Kampagnen – Aspekte der inhaltlichen und formalen Integration. Hamburg, Diplomica, 2006, S. 16

19 vgl. Schuh, Günther, Kampker, Achim: Strategie und Management produzierender Unternehmen. Heidelberg, Springer, 2. Auflage 2011, S. 201 ff

20 vgl. Klewes, Joachim: Die Kunst, Public Relations strategisch zu planen. In: Joachim Klewes und Rita Stark (Hrsg.): Kommunikationsplanung. PR-Fernstudium Studienband 7, PR Kolleg Berlin, Berlin, 1999, S. 8 ff

21 vgl. Götze, Uwe: Szenario-Technik in der strategischen Unternehmensplanung. Wiesbaden, DUV, 2. Auflage 1993, S. 71 ff

22 vgl. Pietzcker, Dominick: Kampagnen führen – Potenziale professioneller Kommunikation im digitalen Zeitalter. Wiesbaden, Springer, 2016

23 vgl. DPRG-Honorar- und Trendbarometer 2010, Studie durchgeführt vom Skopos-Institut. Berlin 2010, S. 26

24 vgl. Meixner, Markus: Das Agenturbriefing – Inhalte und Aufbau. Norderstedt, Grin, 1. Auflage 2011, S. 5

25 vgl. Schmidbauer, Klaus: Professionelles Briefing – Marketing und Kommunikation mit Substanz, Göttingen. BusinessVillage, 2007, S. 51-71

26 vgl. Schmidbauer, Klaus; Knödler-Bunte, Eberhard. Das Kommunikationskonzept – Konzepte entwickeln und präsentieren. Potsdam, UMC University Press, 2004, S. 81

27 vgl. Back, Louis, Beuttler, Stefan: Handbuch Briefing – Effiziente Kommunikation zwischen Auftraggeber und Dienstleister. Stuttgart, Schäffer-Poeschel, 2003, S. 240-241

28 vgl. Schöfthaler, Ele: Die Recherche – Ein Handbuch für Ausbildung und Praxis. Berlin, Econ, 2006, S. 74-86

29 vgl. Ebd. S. 74-86

30 vgl. http://www.b4p.media/online-auswertung/(abgerufen am 10. Mai 2016)

31 vgl. Schmidbauer, Klaus; Knödler-Bunte, Eberhard. Das Kommunikationskonzept – Konzepte entwickeln und präsentieren. Potsdam, UMC University Press, 2004, S. 80-81

32 vgl. Bickhoff, Nils: Quintessenz des strategischen Managements- Was Sie wirklich wissen müssen, um im Wettbewerb zu überleben, Heidelberg, Springer, 2009, S. 30-33

33 vgl. Bruhn, Manfred: Unternehmens- und Marketingkommunikation – Handbuch für ein integriertes Kommunikationsmanagement. Vahlen, München 2005, S. 131-132

34 vgl. Zerres, Michael P.: Handbuch Marketing-Controlling, Heidelberg, Springer, 3. Auflage 2005, S. 14-15

35 vgl. Prieß, Arne; Spörer, Sebastian: Zeit und Projektmanagement – Neurowissenschaft und Methodenwissen erfolgreich. Freiburg, Haufe, 2014; S. 190-195

36 vgl. Meyer, Helga; Reher, Heinz-Josef: Projektmanagement – Von der Definition über die Projektplanung bis zum erfolgreichen Abschluss. Wiesbaden, Springer-Gabler, 2016, S. 64-65

37 vgl. Kerth, Klaus; Asum, Heiko; Stich, Volker: Die besten Strategie-Tools in der Praxis. Hansa, München, 6. Auflage 2015, S. 139-140

38 vgl. Schmidbauer, Klaus; Knödler-Bunte, Eberhard. Das Kommunikationskonzept – Konzepte entwickeln und präsentieren. Potsdam, UMC University Press, 2004, S. 100-101

39 vgl. Kullmann, Mathias: Strategisches Mehrmarkencontrolling. Ein Beitrag zur integrierten und dynamischen Koordination von Markenportfolios. Bremen, Deutscher Universitätsverlage, 2006, S. 115

40 vgl. Wache, Thies; Brammer, Dirk: Corporate Identity als ganzheitliche Strategie. Wiesbaden, DUV, 1993, S. 129-130

41 vgl. Todnem By, Runem; Macleod, Calum: Managing Organisational Change in Public Services- International Issues, Challenges an Cases. New York, Routledge, 2009, S. 51-52

42 vgl. Ischebeck, Katja: Erfolgreiche Konzepte – Eine Praxisanleitung in 6. Schritten. Offenbach, Gabal, 2013, S. 100-101

43 vgl. Pühl Harald: Handbuch Supervision und Organisationsentwicklung Wiesbaden, VS-Verlag, 3. Ausgabe 2009, S. 169

44 vgl. Stavros, Jacqueline M.; Hinrichs, Gina: The Thin Book of SOAR – Building Strengths-Based Strategies. Bend, Thin Books, 2009

45 vgl. Forthmann, Jörg: Praxishandbuch Public Relations – Mehr Erfolg für Kommunikationsexperten. Weinheim, Wiley, 2008, S. 90

46 vgl. Hansen, Renée; Schmidt, Stephanie: Konzeptionspraxis – Eine Einführung für PR- und Kommunikationsfachleute. Frankfurt, Frankfurter Allgemeine Buch, 4. Auflage 2009, S. 66

47 vgl. Sattes, Ingrid; Brodbeck, Harald; Bichsel, Andres; Spinas, Philipp: Praxis in kleinen und mittleren Unternehmen – Checklisten für die Führung und Organisation in KMU. Zürich, vdf, 2001, S. 44-46

48 vgl. Hauser, Peter; Brauchlin, Emil: Integriertes Management in der Praxis – Die Umsetzung des St. Galler Erfolgskonzeptes. Frankfurt, Campus, 2013, ab S.70

49 vgl. Mayerhofer; Grusch; Mertzbach: Corporate Social Responsibility-Einfluss auf die Einstellung zu Unternehmen und Marken. Wien, facultas, 2008, S. 5-10

50 vgl. Becker, Jochen: Marketingkonzeption – Grundlagen des zielstrategischen und operativen Marketingmanagements. München, Vahlen, 9. Auflage 2009, ab S. 60

51 vgl. Mast, Claudia: Unternehmenskommunikation. München, UVK/Lucius, 6. Auflage 2016, S. 128

52 vgl. Ebd. S. 129

53 vgl. Esch, Franz-Rudolf: Strategie und Technik der Markenführung. München, Vahlen, 8. Auflage 2014, S.29

54 vgl. Kucklick, Christoph: Die granulare Gesellschaft – Wie das Digitale unsere Wirklichkeit auflöst. Berlin, Ullstein, 2. Auflage 2015

55 vgl. Brandeins online: Flipper statt Bowling. http://www.brandeins.de/archiv/2015/marketing/wie-funktioniert-gutes-marketing-flipper-statt-bowling/, (Stand: 6. September 2016)

56 vgl. Bruhn, Manfred: Kommunikationspolitik – Systematischer Einsatz von Kommunikation in Unternehmen. München, Vahlen, 8. Auflage 2015, S. 206-208

57 vgl. Informationen zu den Sinus Milieus 2004. Heidelberg, Sinus Markt und Sozialforschung, 1/2015, S. 14

58 vgl. Allgayer, Florian: Zielgruppen finden und gewinnen – Wie Sie sich in die Welt Ihrer Kunden versetzen. Landsberg am Lech, MI, 2007, S. 224-237

59 vgl. Kalka, Jochen; Allgayer, Florian: Der Kunde im Fokus – Die wichtigsten Zielgruppen im Überblick. München, Redline, 2007, S. 117-187

60 vgl. Häusel, Dr. Hans-Georg: Brainscript – Warum Kunden kaufen. Planegg, Haufe-Verlag, 2005, S. 16 ff

61 vgl. Häusel, Dr. Hans-Georg: Emotional Boosting – Die hohe Kunst der Kaufverführung. Planneg, Haufe, 2009, S. 36

62 vgl. Kuder, Martin: Kundengruppen und Produktlebenszyklus – Dynamische Zielgruppenbildung am Beispiel der Autoindustrie. Wiesbaden, Gabler, 2005, S. 41-54

63 vgl Weblog „Startup Q8 – Let´s learn from each other" – Everything New has an Adoption Circle – https://startupq8.com/tag/early-adopters/, (Stand: 5. September 2016)

64 vgl. Armstrong, David Lee; Kam Wai Yu: The Persona Principle – How to suceed in Business with Image-Marketing. New York, Fireside, 1997, S. 8 ff

65 vgl. Ries, Al; Trout, Jack: Positioning – die neue Werbestrategie. Hamburg, MacGraw-Hill, 1986, S. 19

66 vgl. Großklaus, Reiner H. G.: Positionierung und USP – Wie Sie eine Alleinstellung für ihre Produkte finden und umsetzen. Wiesbaden, Springer Gabler, 2. Auflage 2015, S. 4 ff

67 vgl. Preißner, Andreas: Marketing auf den Punkt gebracht. München, Oldenbourg; 2008, S. 182

68 vgl. Esch, Franz-Rudolf: Strategie und Technik der Markenführung. München, Vahlen, 9. Auflage 2014, S. 102 ff

69 vgl. Johnson, Gary; Scholes, Kevan; Whittington, Richard: Strategisches Management – eine Einführung. München, Pearson, 9. Auflage 2011, S. 212-214

70 vgl. Glöckler, Thomas: Strategische Erfolgspotenziale durch Corporate Identity. Wiesbaden, Gabler, 2. Auflage 1995, S. 24 ff

71 vgl. Großklaus, Rainer H. G.: Die 140 besten Checklisten zur Marketingplanung, Landsberg/Lech, MI Fachverlag, 2006, S. 198-199

72 vgl. Lenge, Andreas: Entwickeln Sie Ihr Alleinstellungsmerkmal- Ihren USP. Berlin, epubli, 2014, S. 9 ff

73 vgl. Trommsdorff, Volker; Steinhoff, Fee: Innovationsmarketing. München, Vahlen, 2. Auflage 2013, S. 79 ff

74 vgl. Pepels, Werner: B2B-Handbuch General Management – Unternehmen marktorientiert steuern. Düsseldorf, symposion, 2. Auflage 2008, S. 161

75 vgl. Keupen, Kindervater, Dertinger, Heim: Das Diktat der Markenführung – 11 Thesen zur nachhaltigen Markenführung und -implementierung. Wiesbaden, GWV, 2009, S. 310

76 vgl. Ebd. S. 310

77 vgl. Hundt, Markus; Biadala, Dorata: Handbuch Sprache der Wirtschaft. Berlin, Gryter, 2015, S. 141-144

78 vgl. Esch, Franz-Rudolf: Wirkung integrierter Kommunikation – ein verhaltenswissenschaftlicher Ansatz für die Werbung. Wiesbaden, Springer, 3. Auflage 2001, S. 130-133

79 vgl. Mardt, Niklas: Crossmedia: Werbekampagnen erfolgreich planen und umsetzen. Wiesbaden, Gabler, 2009, S. 197

80 vgl. Cialdini, Robert B.: Die Psychologie des Überzeugens. Berlin, Huber, 5. Auflage 2008, S. 66-71

81 vgl. Bruhn, Manfred; Aerni, Markus: Integrierte Kommunikation – Grundlagen mit zahlreichen Beispielen. Zürich, Compendio, 2. Überarbeitete Auflage 2012, S. 135

82 vgl. Heath, Robert L.; Palenchar, Michael J.: Strategic Issues Management – Organisations und Public Policy Challenges. Los Angeles, Sage, 2009, ab S. 199

83 vgl. Eck, Klaus; Eichmeier, Doris: Die Content-Revolution im Unternehmen – Neue Perspektiven durch Content-Marketing und -Strategie. Freiburg, Haufe Gruppe, 2014, S. 35-52

84 vgl. Metzinger, Peter: Business Campaigning – Strategien für turbulente Märkte, knappe Budgets und große Wirkungen. Berlin, Springer, 2. Auflage 2006, S. 182-183

85 vgl. Bentele, Günther, Rosenthal Matthias: Deutscher Kommunikationskodex. Berlin, Deutscher Rat für Public Relations, www.kommunikationskodex.de

86 vgl. Rosenzweig, Phil: Der Halo-Effekt – Wie Manager sich täuschen lassen. Offenbach, Gabal, 2008, S. 76 ff

87 vgl. Krüger, Florian: Corporate Storytelling – Theorie und Emperie narrativer Public Relations in der Unternehmenskommunikation. Heidelberg, Springer, 2014, S. 65-66

88 vgl. Jäckel, Michael: Medienwirkungen – Ein Studienbuch zur Einführung. Wiesbaden, VS-Verlag, 3. Auflage 2005, S. 175-176

89 vgl. Mast, Claudia: Erfolgreich durch effektive Mitarbeiterkommunikation – Ein Leitfaden für Führungskräfte in Kreditinstituten. Stuttgart, Deutscher Sparkassenverlag, 2003, S. 133-134

90 vgl. Hillmann, Mirco: Unternehmenskommunikation kompakt – das 1 x 1 für Profis. Wiesbaden, Gabler, 2011, S. 63-70

91 vgl. Zand, Babak: Content-Mapping – In 5 Schritten mehr Reichweite für Ihren Content schaffen. http://www.babak-zand.de/content-mapping-mit-einem-inhalt-unterschiedliche-zielgruppen-erreichen/ (Stand: 25. Juni 2016)

92 vgl. Esch, Franz-Rudolf: Wirkung integrierter Kommunikation – Ein verhaltenswissenschaftlicher Ansatz für die Werbung. Wiesbaden, Springer, 2001, S. 135

93 vgl. Sammer, Petra, Heppel, Ulrike: Visual Storytelling – Visuelles Erzählen in PR & Marketing. Heidelberg, O'Reilly, 2015, S. 68

94 vgl. „Ein Bild sagt mehr als tausend Worte – Die Macht der visuellen Kommunikation", Infografik, http://t3n.de/news/visuelle-kommunikation-bild-sagt-mehr-tausend-worte-551201/ (Stand: 25. Juni 2016)

95 vgl. Seebohn, Joachim: Kompaktlexikon Werbepraxis – 1.400 Begriffe nachschlagen, verstehen, anwenden. Wiesbaden, Gabler, 3. Auflage 2005, S. 124

96 vgl. Hensel, Daniela: Understanding Branding – Strategie und Designprozesse in der Markenentwicklung verstehen und Umsetzen. München, Stiebner, 2015, S. 96-100

97 vgl. Förster, Kati: Strategien erfolgreicher TV Marken – Eine internationale Analyse. Wiesbaden, VS-Verlag, 2011, S. 157

98 vgl. Kreuzer, Ralf T.; Merkle Wolfgang: Die neue Macht des Marketing – wie Sie Ihr Unternehmen mit Emotion, Innovation und Präzision profilieren. Wiesbaden, Gabler, 2008, S. 251-252

99 vgl. Adjouri, Nicholas: Alles, was Sie über Marken wissen müssen – Leitfaden für das erfolgreiche Management von Marken. Wiesbaden, Springer Gabler, 2014, S. 39

100 vgl. Förster, Hans-Peter: Corporate Wording. In: Hundt, Markus; Biadala, Dorota: Handbuch Sprache in der Wirtschaft. Berlin, de Gruyter, 2015, Ab S. 459

101 vgl. Abracht, Jörg: So lasst uns denn Gehirne melken. In: Müller-Jung, Joachim: Die Kraft des Geistes – Wie das Gehirn uns denken, lernen und kreativ sein läßt. Frankurt / M., FAZ, 2015

102 vgl. Schawel, Christian; Billing, Fabian: Top 100 Management-Tools – Von ABC-Analyse bis Zielvereinbarung. Wiesbaden, Springer, 4. Auflage 2012, S. 252-254

103 vgl. Ebd. S. 183-185

104 vgl. Ebd. S. 301-303

105 vgl. Motto, Petra: Präsentieren, Moderieren, Faszinieren. Herdecke, Witten, W3L-Verlag, 2009, S. 258-259

106 vgl. Winkelhofer, Georg: Kreativ managen – Ein Leitfaden für Unternehmer, Manager, Projektleiter. Berlin, Springer, 2006, S. 96-99

107 vgl. Weis, Prof. Dr. Hans Christian: Marketing – Kompendium der praktischen Betriebswirtschaft. Ludwigshafen, Kiehl, 6. Auflage 1987, S. 284

108 vgl. Grauel Ralf: Intrigante Kommunikation – Was Wirtschaft treibt. Hamburg, Artikel aus brand eins, Ausgabe 5 / 2001

109 vgl. Jorzik, Oliver / Ruisinger, Dominik: Public Relations – Leitfaden für ein modernes Kommunikationsmanagement., Stuttgart, Schaeffer Poeschl, 2013, S. 28

110 vgl. Emrich, Christin: Multichannel-Management – Gestaltung einer multioptinonalen Medienkommunikation. Stuttgart, Kohlhammer, 2009, S. 19 ff

111 vgl. Bruhn, Manfred: Unternehmens- und Marketingkommunikation – Handbuch für ein integriertes Kommunikationsmanagement. München, Vahlen, 2005, S. 79

112 vgl. Holland, Heinrich: Direktmarketing – im Dialog mit dem Kunden. München, Vahlen. 3. Auflage 2011, S. 5-7

113 vgl. Pressemitteilung zur Studie „Digital Consumer 2015", defacto digital research GmbH, Erlangen, 11. September 2015

114 vgl. Cavazza, Frédéric: Social Media Landscape 2016. http://www.fredcavazza.net/2016/04/23/social-media-landscape-2016 (Stand 5. September 2016)

115 vgl. Schmidbauer, Klaus; Knödler-Bunte, Eberhard: Das Kommunikationskonzept – Konzepte entwickeln und präsentieren. Potsdam, UMC, 2004, S. 213-214

116 vgl. Herbst, Dieter Georg: Storytelling. Konstanz und München, UVK-Verlagsgesellschaft, 3. Auflage 2014, S. 103

117 vgl. Besson, Nanette: Strategische PR-Evaluation – Erfassung, Bewertung und Kontrolle von Öffentlichkeitsarbeit. Wiesbaden, Springer, 2003, S. 27

118 vgl. Ebd. S. 27

119 vgl. Piwinger, Manfred; Zerfaß, Ansgar: Handbuch Unternehmenskommunikation. Wiesbaden, Gabler, 2007, S. 314

120 vgl. Forthmann, Jörg: Praxishandbuch Public Relations – Mehr Erfolg für Kommunikationsexperten. Weinheim, Wily, 2008, S. 114

121 vgl. Knödler, Torsten: Public Relations und Wirtschaftsjournalismus – Erfolgs- und Risikofaktoren für einen win-win. Wiesbaden, VS, 2005, S. 172-175

122 vgl. Kleemann, Frank; Krähnke, Uwe; Matuscheck, Ingo: Interpretative Sozialforschung – Eine Einführung in die Praxis des Interpretierens. Wiesbaden, Springer, 2. Auflage 2013, S. 208

123 vgl. Baier, Daniel; Brusch, Michael: Conjoint-Analyse – Methoden, Anwendungen, Praxisbeispiele. Heidelberg, Springer, 2008, S. 43-83

124 vgl. Pfefferkorn, Eva-Julia: Kommunikationscontrolling in Verbindung mit Zielwerten des Marktwertes. Wiesbaden, GWV, 2009, S. 37-39

125 vgl. Link, Jörg; Weiser, Christoph: Marketingcontrolling – Systeme und Methoden für mehr Markt- und Unternehmenserfolg. München, Vahlen, 3. Auflage 2014, S. 321

126 vgl. Etatkalkulator – Aktuelle Daten, Fakten, Preise für die aktuelle Marketing-; Kommunikations- und Werbepraxis. Freiburg, ccvision, 2016

127 vgl. Sontowski, Harald; Krauß, Frieder: Das Prezi-Buch für spannende Präsentationen. Köln, O'Reilly, 2014, S. 19 ff

128 vgl. Nowroth, Maximilian: Powerpoint nervt! Hier sind drei Alternativen. Wirtschaftswoche Online, http://www.wiwo.de/erfolg/beruf/praesentationen-powerpoint-nervt-hier-sind-drei-alternativen/13015770.html (Stand 25. Juni 2016)

129 vgl. Anti-PowerPoint Partei nimmt an den Schweizer Parlamentswahlen teil. Presseportal.de, 01. 10.2015, http://www.presseportal.de/pm/101835/3136273 (Stand 25. Juni 2016)

130 vgl. Gray, David; Brown, Sunni; Macanufo, James: Gamestorming – Ein Praxisbuch für Querdenker, Moderatoren und Innovatoren. Köln, O`Reilly, 2011, S. 117

131 vgl. Bohinc, Tomas: Kommunikation im Projekt – Schnell, effektiv und ergebnisorientiert informieren. Offenbach, Gabal, 2014, S. 85-89

132 vgl. Hermann-Ruess, Anita; Ott, Max: Das gute Webinar – Das ganze Know-how für bessere Online-Präsentationen. Wiesbaden, Springer-Viewegg, 2014, S. 11-22

133 vgl. Siebold, Matthias: Business Cases im Controlling – Entscheidungsvorlagen erstellen und präsentieren. Freiburg, Hauffe, 2015, S. 43-48

134 vgl. Engelfried; Justus, Zahn, Sebastian: Wirkungsvolle Präsentationen von und in Projekten. Wiesbaden, SpringerGabler, 2012, S. 118

135 vgl. Gottschling: Stefan: Die Redigiertafel – Einfach besser schreiben (Texter-Tools). Augsburg, SGV-Verlage, 2012, Vorder- und Rückseite

136 vgl. Sutherland, Jeff: Die Scrum-Revolution – Management mit der bahnbrechenden Methode der erfolgreichen Unternehmen. Frankfurt, Campus, 2015, S. 9 ff

Stichwortverzeichnis

A
Advertorial 367
Agenda Setting 305
Augmented Reality 388, 500, 581
Aktionskonzept 43, 47–48, 56–57, 354, 362, 410
Alleinstellungsmerkmal
  CIA 248
  UCP 248
  UMP 248
  UPP 248
  USP 248, 249
Analyse 65–176
Aufgabe, Aufgabenstellung 69–73

B
Balanced Scorecard 452
Bartering 413–415
Befragung 122–123, 448–450
Beobachtung 121, 123, 449
Bezugsgruppen 210–211
Weblogs, Blogs 116, 392, 394
Botschaften
  Dachbotschaften 270, 286
  Teilbotschaften 270–273
  Werbebotschaften 13
Briefing
  Debriefing 97–98, 540–542
  Feedback-Briefing 94–95
  Mündliches Briefing 82–87
  Nachbriefing 94
  Rebriefing 90–93, 113, 125, 174, 195, 416
  Schriftliches Briefing 75 -80
  Update-Briefing 94
Budget, Budgetierung 457–474, 587

C
Change 34, 45, 160, 161, 372, 439
Claim 331
Communication Scorecards 452
Content, Content Marketing 290, 293, 295, 314, 315, 368, 545
Controlling 46, 186, 437, 441, 444, 457–460, 470

Corporate Citizenship 372, 403, 464
Corporate Identity
  Corporate Behaviour 246
  Corporate Communication 246
  Corporate Design 150, 246, 328–330, 496, 498–499
Corporate Social Responsibility 39, 185, 371–272, 403
Cross Media, crossmedial 37, 343

D
Delphi-Methode 448
Direktmarketing/Dialogmarketing 37, 379–384
Dramaturgie 283, 316, 419–432
Dialoggruppen 209–210
Diffusionsmodell 220–221, 355
Dokumentation 102, 115, 429, 517–534

E
Employer Branding 186
Erfolgskontrolle 26, 27, 97, 201, 432–456, 519, 531
Etatplanung 457–474
Evaluierung, Evaluation 97, 98, 201, 434–456
Events, Corporate Events 371, 384–390
Eventmarketing 384–390
Executive Summary 54, 517, 528–530

F
Faktenspiegel 68, 102, 126–131, 178, 231, 234, 266
Facebook 348, 358, 392–393, 451
Fokusgruppe 448, 451
Face to Face-Kommunikation 400
Fremdbild-/Eigenbild-Analyse 153–154, 155
Framing 307

G
GAP-Analyse 163–165
Gehirnforschung 14, 218–220
Guerilla-Kommunikation 387, 388, 425

H
Halo Effect 306
Handout 102, 476, 490–491, 517, 519–521
Homo Öconomicus 15, 18

Huckepack-Strategie 306
Human Relations 185, 398–402

I
Imageanalyse 153–154, 440, 450
Integrierte Kommunikation 35, 37, 38, 59, 261, 321, 323, 416–417
Interne Kommunikation 227, 245, 387, 398–402
Intranet 40, 100, 392, 399–402
Investor Relations 36, 344, 370, 373
Issue Management 156, 293, 308, 371, 372
Ist-/Soll-Vergleich 166, 167–170, 278–279, 339

J
Jahreskonzept 43, 45–46, 56, 57, 163, 316, 419

K
Kampagne, Kampagnenkonzept 43, 46, 56, 57, 428, 522, 523
Key Visual 329, 337, 375
Kommunikationsziele
  Kognitive, affektive, konative Ziele 188–190
  Kurzfristige, langfristige Ziele 192–193, 195, 202, 285–286, 350
Kommunikatives Grundrauschen 228, 421
Konkurrenzanalyse 144, 150–152
Konzeptskizze 43, 49, 56, 57
KPI 441, 452, 458, 543
Kraftfeldanalyse 158, 160
Kreative Leitidee 38, 151, 257, 323–328, 333, 341, 443
Kreativtechniken
  635-Methode 337
  6-Hüte-Methode 338–339
  Brainstroming 300, 302, 333–336, 354, 355
  Brainwriting 337–338
  Collective Notebook 337–338
Krisenkommunikation 44, 257, 383

L
Leitbild, Mission, Vision 100, 184, 244–245
Live-Kommunikation 384, 388
LinkedIn 116, 187, 394
Lobbying 372
Logo 328, 329, 407, 410
Licensing 344, 410–412

M
Management Summary 32, 528, 530, 532
Markensteuerrad 243, 244
Marketingkommunikation 35–37,321,344–345
Marketingmix 36, 185, 284
Marketingziele 39, 100, 185, 190, 202, 458
Maßnahmenkonzept 34, 43, 48, 56, 57
Maßnahmenplanung 341–365
Masterplan 43, 45, 56, 57
Medienarbeit 371, 374, 390
Medienresonanzanalyse 200, 440, 446, 447
Merchandising 420–413
Mittlerzielgruppen 225
Mobile Marketing 54, 381, 382
Monitoring 147, 297, 372, 442, 443, 451, 455
Motive 232, 255
Multiplikatoren 226, 282

N
Networking, Netzwerke 371, 273, 394, 403, 415
Newsletter 372, 382, 383, 384, 392, 392, 401
Nonverbale Kommunikation 273, 319, 449

O
Online-Kommunikation 233, 390–398, 435, 442, 463
Online Relations 36, 344, 371, 373
Operative Planung 34, 86, 277, 289–365, 444

P
Peer-Group 210, 211, 217, 226
Persona-Modell 231, 233–237
PEST-/STEP-Analyse 144, 145, 146
Pitch 50, 58, 139, 514
Podcast 372, 401
Point of Sale (POS) 375, 424
Positionierung
  Neupositionierung 258
  Strategische, taktische Positionierung 256–257
  Umpositionierung 257
Positioning Matrix 249, 250
Positioning Statement 250, 253, 520
Präsentation 457–516
Pressearbeit 225, 371

Pretest/Posttest 201, 448
Priming 307
Product Placement 344, 407–410
Projektkonzept 43, 47–48, 56, 57
Public Affairs 371, 372, 373
Public Relations 370–375

R
Recherche
Aktualisierungsrecherche 106, 124
Ergänzungsrecherche 106, 124
Hauptrecherche 106, 111–124
Nachrecherche 106, 124, 148, 213, 231, 266, 310, 359
Primärrecherche 106, 119–123, 150
Recherche-Abgleich 106, 123
Rechercheplanung 106–107
Sekundärrecherche 106, 112–118
Teamrecherche 108, 109, 123
Vorrecherche 106, 125
Relaunch 329
Risikokommunikation 308
Roundtable 119, 122, 154

S
Sales Promotion 375–379
SEO/SEM 391, 392
Sinus-Milieus 215–216, 450
Slogan 100, 251, 325, 326, 331–332
SOAR-Analyse 158, 162–163
SOFT-Analyse 157, 159, 160–162
Social Media 391, 393–395
Sponsoring 344, 403–407
Special Interest-Medien 117, 205
Stakeholder, Stakeholder-Analyse 36, 146–150, 210, 370
Stakeholder-Map 148
Stärken-/Schwächen-Analyse 157, 158–159
Storytelling 97, 251, 311, 312, 427
Strategieskizze 34, 43, 44, 56, 57
Strategieszenario 43–44, 56, 57
Strategischer Weg 276–288
SWOT-Analyse 132–143, 562–563
SWOT-Matrix 166, 171–173, 281
Szenario-Technik 44

T
Testimonial 226, 282, 325, 469
Themenanalyse 144, 156–157
Themenplanung 292–319, 351, 577
Twitter 392, 435, 452

U
Umsetzungsplanung 289–474
Unternehmenskommunikation 35–36
Unternehmenskultur 395, 401, 463
Unternehmensziele 27, 39, 100, 407, 437, 566

V
Veranstaltungen 384–390
Verhaltensökonomie 12
Verkaufsförderung, VKF 375–379

W
Werbeagentur 321, 487
Werbereaktanz 14
Wiki 129, 394, 401

X
XING 116, 119, 394, 446

Z
Zeitplanung 291, 313, 419–433
Ziele
  Interne, externe Ziele 193
  Kognitive, affektive, konative Ziele 188–190
  Kurzfristige, langfristige Ziele 192–193, 195, 202, 285–286, 350
  Primäre, sekundäre Ziele 194–195
Zielgruppen
  Interne, externe Zielgruppe 227
  Primäre, sekundäre Zielgruppen 222, 223, 230
  Buyers Persona 233
  NIMBYS 210

Autoren im Profil

Wie alles anfing ...

Treffen sich zwei Konzeptioner im Theater ... Nein, das ist kein Witz! Im Ballhaus Ost, einer bekannten Spielstätte für freie Theater am Prenzlauer Berg in Berlin, trafen wir – Klaus Schmidbauer und Oliver Jorzik – Ende 2014 durch einen reinen Zufall wieder aufeinander. Zwar kannten wir uns schon seit fast 20 Jahren, jedoch hatten wir uns beruflich aus den Augen verloren und seit Jahren keinen Kontakt mehr gehabt. Ohne voneinander zu wissen, waren wir beide als Experten für einen Marketingwettbewerb der freien Berliner Theaterszene engagiert worden. Während der Präsentationsshow der Finalisten saßen wir im Publikum und drückten unseren Favoriten die Daumen. Es waren tolle Theatergruppen und kreative Wettbewerbspräsentationen.

In der Pause bei einer Tasse Kaffee kam Oliver auf die Idee, dass man doch zusammen ein Handbuch der Kommunikationskonzeption schreiben könne. Klaus stimmte nach kurzer Bedenkzeit zu. Was sich anschloss, waren zwei Jahre harte Arbeit am Manuskript mit mehreren Abstimmungstreffen in der Küche von Klaus in Berlin Tempelhof. Im März 2017 war das Manuskript dann endlich fertiggestellt.

Übrigens haben wir im Ballhaus Ost am Finaltag beide völlig danebengelegen. Die von uns favorisierten Theaterprojekte gingen leer aus. Die Jury wählte andere Favoriten. In Marketing und Kommunikation muss man mit solchen Überraschungen rechnen, gerade das macht die Arbeit spannend und treibt uns an.

Klaus Schmidbauer

Klaus Schmidbauer aus Berlin ist Spezialist für strategische Kommunikationskonzepte. In der Kommunikationsbranche arbeitet er seit 1981. Sein erstes Konzept hat er im Jahr 1987 entwickelt. Bis heute sind über 1.500 Kommunikationskonzepte für Unternehmen, Ministerien, Behörden, Stiftungen und Vereine im gesamten deutschsprachigen Raum entstanden. In den meisten Fällen entwickelt er die Konzepte nicht in seinem Büro am Schreibtisch, sondern in gemeinsamen Workshops mit den Auftraggebern. Parallel vermittelt er als Dozent und Referent die Praxis der Konzeption jedes Jahr in zahlreichen Vorlesungen, Seminaren und Tagungen. Unter anderem hat er einen Lehrauftrag an der Technischen Universität Berlin. Zu seinen Veröffentlichungen gehören die Fachbücher „Vorsprung mit Konzept – Erfolgreiche Konzepte für die Unternehmenskommunikation entwickeln“ und „Wie kommt System in die interne Kommunikation? – Ein Wegweiser für die Praxis". Weitere Informationen zum Autor finden Sie auf der Website www.schmidbauer-berlin.de und im Blog www.konzeptionerblog.de.

Oliver Jorzik

Oliver Jorzik ist Diplom-Politologe und Geprüfter PR-Berater (DAPR). Seit mehr als 10 Jahren unterstützt er Unternehmen und Nonprofit-Organisationen bei der Professionalisierung ihrer Kommunikationsarbeit: bei der Optimierung von Texten on- wie offline, bei strategischer Medienarbeit und Kommunikationsplanung sowie der wirksamen Marken- und Produktkommunikation. Das Kundenspektrum reicht dabei von kleinen und mittelständischen Unternehmen über Nonprofit-Organisationen bis zu Verbänden und Institutionen. Zuvor war er acht Jahre als Studienleiter bei einem PR-Ausbildungsinstitut tätig und für die Beraterausbildung zuständig. Er lehrt seit 2004 als PR-Dozent bei verschiedenen Weiterbildungsinstitutionen wie der Deutschen Akademie für Public Relations (DAPR) oder der Steinbeis School of Innovation + Innovation (SMI). Zudem ist er Autor des Fachbuches „Public Relations – Leitfaden für ein modernes Kommunikationsmanagement", das im Frühjahr 2013 in der zweiten Auflage beim Stuttgarter Wirtschaftsverlag Schäffer-Poeschel erschienen ist. Zusätzliche Informationen und Kontaktmöglichkeiten finden sich über die Website www.berlin-pr.com sowie über XING und LinkedIn.

Wir sagen Danke für die viele Unterstützung!

Ein Fachbuch ist in den seltensten Fällen das isolierte Ergebnis der jeweiligen Autoren. Auch unser Buch konnte nur entstehen, weil viele Menschen mitgeholfen haben und uns mit ihrem kreativen und methodischen Input großartig unterstützt haben. Besonders hervorheben möchten wir Ulrike Führmann, die uns als Beta-Leserin frühzeitig wertvolle Hinweise gegeben hat, um das Buch methodisch gut auszurichten. Unser Dank gilt auch Swetlana Meier, die in der Korrekturphase die sprachlichen Stolpersteine, die unvermeidlich auftreten, akribisch aufgespürt und beseitigt hat. Danke auch an Matthias Fischer und Priska Wollein von der M8 Medien GmbH, die uns bei der Kreativgestaltung des Fallbeispiels wunderbar geholfen haben. Und auch an Dr. Erwin Hasselberg vom Talpa-Verlag, der uns mit Geduld und Engagement durch den Schaffensprozess begleitet hat. Last but not least bedanken wir uns bei unseren Familien, die alle Höhen und Tiefen unmittelbar erlebt haben. Dieses Buch ist als Praktikerbuch vollständig an freien Tagen, an Wochenenden und während der sowieso knappen Urlaubsperioden entstanden. Dies war nur möglich, weil wir in unseren Familien unglaublich viel Verständnis und Unterstützung erhalten haben. Dafür noch einmal ganz besonders ein richtig großes Dankeschön.

Ulrike Führmann

Klaus Schmidbauer

Wie kommt System in die interne Kommunikation?

Ein Wegweiser für die Praxis

Laut einer aktuellen Studie schieben 70 % der Mitarbeiter Dienst nach Vorschrift und weitere 15 % haben innerlich gekündigt. Gute Fachkräfte sind immer schwerer zu finden. Die Babyboomer-Generation nähert sich der Rente. Interne Kommunikation ist wichtiger denn je!

Doch wie soll künftig kommuniziert werden? Soziale Netzwerke im Unternehmen forcieren? Wissen über Wikis weitergeben? Dialog-Instrumente verstärken? Die Autoren Ulrike Führmann und Klaus Schmidbauer geben eine klare Antwort: Die interne Kommunikation braucht vor allem mehr System. Die anstehenden Herausforderungen lassen sich nicht mit Aktionismus, sondern nur mit konzeptionellem Weitblick angehen.

Die 3. Auflage des erfolgreichen Arbeitsbuches für die interne Kommunikation wurde von den Autoren gründlich überarbeitet, erweitert und aktualisiert. Das Buch ist für die Praxis geschrieben und will sich im Kommunikationsalltag nützlich machen. Die gesamte konzeptionelle Schrittfolge vom Erkennen des Problems bis zum fertigen Konzept wird anschaulich und verständlich erklärt. Zahlreiche Beispiele, Schaubilder und Checklisten unterstützen das Verständnis. „Wie kommt System in die interne Kommunikation?“ spricht alle an, die sich für interne Kommunikation interessieren oder sich in diesem Bereich engagieren. Einsteiger finden eine hilfreiche Gebrauchsanweisung, erfahrene Profis viele wertvolle Hinweise und neue Ideen.

ISBN 978-3-933689-15-3 / 29,80 €
im Buchhandel und bei www.talpa.de